기업 경영자와 현장 실무자를 위한

PSM
길라잡이

| 송지태 지음 |

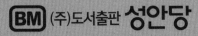
(주)도서출판 성안당

■ 도서 A/S 안내

저자 문의 : sjt0202@ksise.co.kr(송지태)

본서 기획자 e-mail : coh@cyber.co.kr(최옥현)

홈페이지 : http://www.cyber.co.kr   전화 : 031) 950-6300

연번	위치	설명	QR코드
1	2-1. 공정안전자료	「고용노동부고시」 공정안전보고서의 제출·심사·확인 및 이행상태평가 등에 관한 규정	공정안전보고서 고시
2	2-1-1. 2) 물질안전보건자료	안전보건공단 MSDS검색 사이트	MSDS검색
3	2-1-1. 2) 물질안전보건자료	「고용노동부고시」 화학물질의 분류·표시 및 물질안전보건자료에 관한 기준	화학물질의 분류
4	2-1-2. 3) 배관 및 개스킷 명세	국제철강규격[자료]	국제철강규격
5	2-1-2. 4) 안전밸브 및 파열판 명세	KOSHA GUIDE (안전밸브 및 파열판)	안전밸브, 파열판
6	2-1-2. 4) 안전밸브 및 파열판 명세	안전밸브 작동원리[자료]	안전밸브 작동 원리
7	2-1-2. 4) 안전밸브 및 파열판 명세	파열판 설치 및 관리 동영상[자료]	파열판 설치, 관리
8	2-1-4. 6) 가스누출 감지경보기 설치계획	KOSHA GUIDE (가스누출 감지경보기 등의 설치 및 보수에 관한 지침)	가스감지기 지침

연번	위치	설명	QR코드
9	2-1-5. 1) 폭발위험장소 구분도	KS규격 KS C IEC60079-10-1 (폭발성 분위기-가스)	KS규격(가스폭발)
10	2-1-5. 1) 폭발위험장소 구분도	KS규격 KS C IEC60079-10-2 (폭발성 분위기-분진)	KS규격(분진폭발)
11	2-1-5. 3) 전기 단선도 및 접지계획	KOSHA GUIDE (전기 단선도 작성 지침)	전기단선도
12	2-1-5. 3) 전기 단선도 및 접지계획	KOSHA GUIDE (접지설비 계획 및 유지관리)	접지설비 계획
13	2-1-7. 1) 플레어스택	KOSHA GUIDE (플레어시스템 설계·설치 및 운전에 관한 기술지침)	플레어 설계 설치
14	2-1-7. 1) 플레어스택	KOSHA GUIDE (플레어시스템의 녹아웃드럼 설계 및 설치에 관한 기술지침)	플레어시스템 녹아웃
15	2-1-7. 1) 플레어스택	KOSHA GUIDE (플레어시스템의 역화방지설비 설계 및 설치에 관한 기술지침)	플레어시스템 역화방지
16	2-2-1. 안전운전지침서	KOSHA GUIDE (안전운전절차서)	안전운전지침

연번	위치	설명	QR코드
17	2-2-2. 설비점검·검사 및 보수·유지계획 및 지침서	KOSHA GUIDE (점검 지침)	점검 지침
18	2-2-3. 안전작업허가	KOSHA GUIDE (안전작업허가 지침)	작업허가 지침
19	2-2-4. 도급업체 안전관리계획	KOSHA GUIDE (도급업체안전관리)	도급 지침
20	2-2-5. 근로자 등 교육계획	KOSHA GUIDE (공정안전교육)	교육 지침
21	2-2-6. 가동 전 점검지침	KOSHA GUIDE (가동 전 점검 지침)	가동전 점검
22	2-2-7. 변경요소 관리계획	KOSHA GUIDE (변경요소 관리계획)	변경관리 지침
23	2-2-8. 자체감사 계획	KOSHA GUIDE (자체감사 지침)	자체감사 지침
24	2-2-9. 공정사고 조사 계획	KOSHA GUIDE (공정사고 조사 지침)	사고조사 지침

연번	위치	설명	QR코드
25	2-3-1. 비상사태의 구분	KOSHA GUIDE (비상조치계획)	비상계획 지침
26	3-1-3. 2) 위험성평가 절차 및 방법	안전보건공단 사이트 위험성평가 실시규정(샘플)	위험성평가 규정(샘플)
27	3-1-3. 2) 위험성평가 절차 및 방법	안전보건공단 사이트 KRAS 사용자매뉴얼	KRAS 사용자매뉴얼
28	3-1-3. 2) 위험성평가 절차 및 방법	안전보건공단 사이트 KRAS(체크리스트) 사용방법 동영상	KRAS(체크리스트)
29	3-1-3. 2) 위험성평가 절차 및 방법	안전보건공단 사이트 KRAS(5단계) 사용방법 동영상	KRAS(5단계)
30	3-1-3. 4) KRAS 응용사례	안전보건공단 사이트 위험성평가 우수사례	KRAS 우수사례
31	3-3-1. 3) 프로그램을 이용한 모델링	ALOHA[자료]	ALOHA
32	3-3-1. 3) 프로그램을 이용한 모델링	KORA[자료]	KORA

연번	위치	설명	QR코드
33	6. PSM 질의회시	PSM 질의회시집 [자료]	PSM 질의회시집
34	[첨부자료] 1-2. 화학물질관리법	「유독물질의 지정고시」 [별표] 유독물질	유독물질
35	[첨부자료] 1-2. 화학물질관리법	「환경부고시」 제한물질·금지물질의 지정 [별표2, 3] 제한물질	제한물질
36	[첨부자료] 1-2. 화학물질관리법	「환경부고시」 제한물질·금지물질의 지정 [별표4, 5] 금지물질	금지물질
37	[첨부자료] 1-2. 화학물질관리법	「화학물질관리법 시행규칙」 [별표10] 사고대비물질별 수량 기준	사고대비물질

머리말

    2016년 10월 「PSM 길라잡이」를 출간, 사용하여 오다가 2020년 1월 16일 산안법을 전면 개정하면서 법 제44조, 제45조 그리고 제46조에 공정안전보고서의 작성·제출·심사·확인 및 이행상태 평가 등에 관한 규정을 체계화하여 공정안전보고서의 법적틀을 마련하게 됨에 따라 본서 「PSM 길라잡이」 또한 보완이 필요하게 되었습니다.

    그리고 「PSM 길라잡이」를 찾고 있는 많은 기업과 전국 안전보건 관련 학과 대학원생들의 성원에 보답하고자 지난 5년간 발견된 오탈자는 물론 PSM 컨설팅과 사업장 안전진단을 하면서 축적한 많은 자료와 경험을 반영하고 개정된 관련 규정을 정리하여 성안당과 「PSM 길라잡이」를 보완·출판하게 되었습니다.

    특히, 기업의 입장에서 필요로 할 수 있는 관련 질의회시들과 중대산업사고의 국내·외 사고사례, 그리고 위험성평가에서는 현장의 각 공정에 쉽게 적용할 수 있도록 많은 유사한 예를 모으고 정리하는 데 역점을 두었습니다.

    첫째, 3년여 동안 개정된 관련 규정과 고시들을 새롭게 정리하고 방폭과 관련하여 달라진 적용대상과 기업이 현장에서 많이 사용할 수 있다고 판단되는 점화원, 가연성물질 자료들을 대폭 보완하였습니다.

    둘째, PSM 관련 주요 질의회시들의 유사한 것들을 정리하고 분야별로 분류하였습니다. 주로 안전보건공단의 유권해석들입니다.

셋째, 공정안전보고서에 많이 인용되는 위험성평가 기법을 선별하여 많은 응용사례를 제시, 기업관계자가 업무에 보다 쉽게 활용할 수 있도록 하였습니다.

이러한 일련의 내용들이 기업의 중대산업사고 예방활동에 크게 기여할 수 있었으면 하는 바람으로 많은 전문가의 의견도 함께 수렴하였습니다.

끝으로 이 책이 완성되기까지 아낌없는 도움을 주신 성안당 출판사 최옥현 전무, 조규선 교수, 양원백 교수, 고용노동부 중대산업사고 예방센터에 근무하는 후배들, 그리고 우리 안전환경과학원의 이상탁 이사, 전풍림 본부장, 이종인 본부장, 김가희 대리에게도 진심으로 감사드립니다.

한국안전환경과학원 대표 **송 지 태**

이 책의 차례

제6장 PSM 질의회시

부록 첨부자료

제 **1** 장

공정안전관리(PSM)
도입배경과 개요

1-1 PSM 제도의 역사적 배경

역사적으로 중대산업사고 예방활동은 지리적 특성 등의 이유로 유럽에서 가장 먼저 시작된다. 그러나 이를 제도화하고 시행한 것은 미국이 먼저이다.

석유화학물질의 생산이 대형화, 자동화하면서 이로 인해 파생되는 석유화학물질에 의한 사고위험성은 누출이나 화재·폭발 등으로 나타나게 되었다. 이러한 대형의 중대산업사고는 1940년 이후 전 세계적으로 선·후진국에 관계없이 발생되었고 해당국은 물론 국제기구에서 앞다투어 예방을 위한 활동을 전개하게 된다.

1-1-1 국제적 현황

1) 유럽

1976년 이탈리아 세베소의 의료용 비누 제조공장에서 발생한 유독 화학물질 다이옥신의 대량 누출로 인근 전 지역이 오염되고 사상자 7,000여명이 발생하는 대참사를 계기로 유럽공동체 국가(EU)들은 일명 「세베소 지침(EU Seveso Ⅰ Directive, 1982)」을 채택하고, 이를 근거로 하여 각국에서 중대 산업사고 예방을 위한 법제화를 실시하게 되었다.

모든 회원국들은 CA(Competent Authority)에 가입을 하고, CA는 대상 사업장의 안전보고서를 검사하고, Operator에게 정보를 요구하고, 발견되거나 제기된 문제에 대해 허용, 금지여부를 결정하여 결과를 제공해 주도록 명시된 지침이다.

이때까지만 해도 유럽각국이 자국민의 안전을 위해 법령들을 각각 제정·운영하여왔으나 서로 인접해 있는 지리적 특성과 중대산업사고가 미치는 영향이 자국에만 한정되는 것이 아니고 인접한 여러나라에 미치므로 사고의 예방과 대응을 위해서는 유럽연합(EU) 차원에서 공동대응해야 한다는 패러다임의 변화가 생기게 되었다. 즉 대형산업사고를 효과적으로 예방하기 위해서는 유럽연합 공동의 법제화가 이루어져야한다는 것이다. 그 결과 유럽연합지침(EU Directive)으로 제정, 공포하고 각국이 법제화를 하게 되었다. 그러던 중 스위스 바젤과 우크라이나의 체르노빌에서 사고가 연이어 일어나면서 재해가 국경을 넘어 다른 나라에 영향을 미치는 것에 대한 대응(Cross Frontier)으로 유럽지침도 강도를 높여 수정되었다.

유럽연합은 1997.2.3. 「세베소 Ⅱ지침」을 발효시켜 보다 강도를 높여 주민의 안전과 환경을 보호하기로 결정한다. 따라서 유럽연합의 각국들은 세베소 지침Ⅱ의 발효일로부터 24개월 이내인 1999.2.3. 까지 자국의 공정안전관리제도를 시행하게 된다.

세베소 지침Ⅱ의 주요 개정내용은 다음과 같다.
① 중대 산업사고를 발생시키는 유해·위험물질을 실제 보유하고 있는 유해·위험물질 뿐만 아니라 사고 발생 시 또는 위험물질 취급 부주의로 인하여 생성 될 수 있는 위험물질까지 포함하도록 하여 세베소 지침 Ⅱ 적용을 받는 대상을 확대하고,
② 공장내부의 비상조치계획은 최소한 3년 주기로 운전원에 의하여 검토, 점검하고 필요하다면 수정토록 하였으며,
③ 공장외부의 비상조치계획은 최소한 3년 주기로 행정당국이 검토, 점검하고 필요하다면 수정하여야 하며,
④ 신규설비나 기존설비의 부지변경 또는 새로운 개발 등 토지이용계획을 수립하는 때에는 세베소 지침 Ⅱ의 목적에 따라 중대 산업사고를 예방과 그 피해 최소화대책을 마련하여야한다.

2) 미국

중대산업사고 예방을 위해 유럽연합이 세베소 지침과 같은 체계적인 공정안전관리제도를 도입, 시행하고 있었던 것에 비해 미국의 대응은 많이 늦었다.

그러나 미국은 1984년 인도 보팔의 MIC(Methyl Isocyanate)누출사고를 계기로 중대 산업사고의 예방과 대응이 무엇보다 중요함을 인식하고 공정안전관리(Process Safety Management : PSM)제도를 발전시켰다. 즉, 공정안전관리제도의 시작은 유럽연합에서 먼저 하였지만 이를 체계화한 것은 미국이었다. 이에 유럽연합도 자극을 받아 미국의 「OSHA(Occupational Safety and Health Administration)」와 유사한 기구인 EU-OSHA를 1996년 발족시켜 운영하고 있다.

화학물질에 대한 공정안전관리의 주요목적은 화학물질이나 제품이 근로자와 다른 사람들에게 노출되어 심각한 재해를 초래할 수 있는 누출사고를 예방하는 것이다.

미국은 효과적인 「공정안전관리계획」을 수행하기 위하여 전 공정을 실사하는 구조적인 접근방식을 채택하고 있으며, 공장설계, 공정기술, 운전 및 보수절차, 비상운전시의 절차, 비상조치계획, 훈련계획 등 공정에 영향을 미치는 모든 것이 포함되도록 하고 있다. 위험물질의 누출을 방지하거나 완화시키기 위한 설계 및 작업공정에서의 다양한 대책이 마련되어야 하고 이들의 기능을 확실하게 강화시키도록 하고 있다. 또한, OSHA 기준은 청정공기법(Clean Air Act)에 의하여 환경보호국의 위험관리계획(Risk Management Plan)에서도 이의 기준을 준수하도록 요구하고 있다. 이렇게 함으로써 이 두 가지 요구를 공정안전관리계획에 통합하여야 하는 사업주는 이들 내용을 더욱 완벽하게 준수할 뿐만 아니라 주변 공동체와도 신뢰 관계를 유지할 수 있게 된다.

「공정안전보고서」의 작성대상은 10,000파운드(4,535.9kg)이상의 가연성액체나 가스를 포함한 공정 또는 136종의 유해위험물질 중 하나 이상의 물질을 규정수량 이상 보유한 설비이며, 미국 노동성은 위험성평가를 포함하는 14개 주요사항에 대한 이행의무를 부과하고 있다.

우리나라와는 달리 미국은 공정안전보고서의 작성을 사업장의 자율에 맡기고 있으며 이를 심사하는 절차도 없다. 그러나 위험성분석과 대책수립 단계에서는 근로자 대표의 의견을 수렴하도록 하고 있다. 또한 공정안전보고서의 작성여부를 확인하는 절차도 따로 없으나 중대산업사고, 사망사고 등의 발생사업장에 대해서는 확인이나 계획점검을 실시하고 위반사항 발견 시 엄청난 과태료를 부과하고 있다.

3) 일본

일본은 1973년 에틸렌 플랜트 화재 등 연속적인 화재폭발사고와 옥외 탱크저장소 중유 유출로 해양오염사고가 발생하자 1975년 「석유콤비나트 등 재해방지법」을 제정, 시행하고 있다. 이 법은 다량의 인화성 물질 또는 고압가스를 취급하고 있는 지역을 석유화학콤비나트 특별방재구역으로 지정하여 인근 주거지역과의 완충지역설치, 사업장의 방재체계 구축 등을 규정하고 있다.

1985년에는 각종 안전관련법령을 개정, 유럽의 세베소 지침을 반영한 위해위험방지규정도 제정하였다. 적용대상은 크게 석유 1,000 킬로리터 이상, 고압가스 20만 세제곱미터 이상, 석유 이외의 소방법에 규정한 위험물 등을 취급하는 사업장이다

이들 사업장은 「석유콤비나트 등 방재계획」을 작성, 매년 검토하고 필요한 경우 수정하도록 의무를 부과하고 있다.

4) 국제기구

인도의 보팔사고 이후에 여러 국제기구에서는 각자마다의 지침을 수립하고 회원국에 보급하는 등 중대산업사고를 예방하고 피해를 최소화하기 위하여 여러 가지 활동을 전개하고 있다.

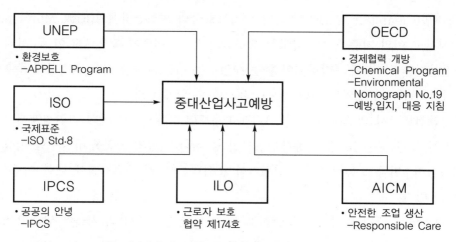

[그림 1-1] 국제기구의 중대산업사고 예방활동

각 기구별 추진사항을 살펴보면 유엔의 산하기구인 UNEP(United Nations Environmental Program)에서는 화학공장의 사고로부터 공공의 안전과 환경오염을 예방하기 위하여 APELL(Awareness, Preparedness for Emergency at Local Level)이라는 안전 프로그램을 개발하여 회원국에 보급하고 있고, OECD(Organization for Economic Cooperation and Development)에서도 여러 가지 가이드라인과 지침을 제정하여 회원국과 비회원국에 지침의 요구 사항들을 준수할 것을 촉구하고 있으며, ISO(International Standards Organization)에서는 품질인증(ISO-9000), 환경인증(ISO-14000)에 이어 사업장의 안전보건환경에 대한 국제기준을 제정하려 하고 있다.

한편 국제노동기구에서는 '76년 세베소 사고와 '84년 보팔사고를 계기로 '85년 화학물질 안전결의안을 채택하였으며, '88년 Major hazard control 교본 발간과 '90년 Code of practice 발간을 이사회에서 결정하고 '91년 제9차 총회 1차 토의를 거쳐 '93년 6월 중대산업사고예방에 관한 협약(제174호)을 채택한 바 있다.

또한 IPCS(International program chemical safety)에서는 화학물질의 유해·위험성으로부터 공공의 안녕을 도모하기 위해 화학물질로 인한 사고예방프로그램을 추진하고 있으며 민간단체인 AICM(Association of International Chemical Manufacturer's)에서는 Responsible Care라는 프로그램을 가지고 마치 인간이 요람에서부터 무덤에 갈 때까지 사회보장이 되어야 한다는 이론과 같이 화학물질 제조자들은 화학물질을 개발에서부터 제조, 운송, 보관, 사용, 폐기할 때까지 책무(Stewardship)를 갖고 화학물질로 인한 중대산업사고의 예방과 사고로 인한 인적, 물적, 환경적 문제에 대처하자는 활동을 하고 있다. 그 외에도 유독화학물질에 관한 아젠다21장의 권고에 따라 전 세계적으로 건전한 화학물질관리를 촉진하기위한 국제 조정그룹인 IOMC(Inter-Organization Programme for the Sound Management of Chemicals)가 '95년에 설립되었는데 FAO, ILO, UNEP, UNIDO, WHO, OECD, UNITAR, World-bank, UNDP가 가입되어 있다. 아울러 이러한 안전환경의 문제는 우루과이라운드 이후에 WTO가 출범하여 이를 중심으로 여러 가지 무역규제가 생기고 있는데 앞으로 더욱 더 가속화되리라 예상된다.

1-1-2 우리나라

1955년 충주비료와 1958년 호남비료의 착공과 1960년대 초부터 정부의 중화학공업 육성정책을 근간으로 하는 경제개발 5개년 계획을 시행하면서 석유화학분야는 많은 발전을 거듭해 왔다. 또한 각종 공정설비의 규모가 대형화되고 고압화, 고마력화 되었고 사용하는 물질도 인체에 유해하거나 위험해지면서 화재, 폭발 및 독성물질 누출사고의 발생가능성도 같이 증가되었다.

특히, 석유화학공업은 장치산업이면서 사업장의 규모도 크고 사용하는 원료나 제품도 인체에 유해·위험한 경우가 대부분이기 때문에 사고발생 시 미치는 영향 또한 기업 근로자 뿐만 아닌 인근 지역의 불특정 다수 주민에게까지 심대한 영향을 주게 된다.

당시 울산, 여수 공업단지를 중심으로 한 대기업에서는 대형사고의 예방과 사고발생 시 야기되는 막대한 피해액에 대한 보상보험 가입이 필요하였지만 당시 공정안전관리 등 체계적인 안전관리 시스템을 갖추지 못한 우리나라 기업을 외국의 재보험사들은 기피하거나 터무니없이 많은 가입비용을 요구하였다.

　이와 같이 점증되는 기업의 공정안전관리 시스템의 필요성과 정부와 안전보건공단의 중대사고 예방시스템 도입의 필요성이 일치되면서 이미 미국, 유럽 등 선진국에서 시행하고 있던 공정안전관리(Process Safety Management) 제도를 1995년 1월 4일 산업안전보건법 개정 시 도입하게 되었다. 도입 전 국제노동기구(ILO)와 안전보건공단을 중심으로 중대산업사고 예방을 위한 세미나 등 각종 노력이 병행되었음은 물론이다.

　당시의 동력자원부와 가스안전공사의 가스안전관리 종합체계(Safety Management System, SMS)도 같은 시기에 추진되면서 중복규제라는 지적은 현재까지도 계속된다.

1-2. 공정안전관리(PSM) 개요

1-2-1 PSM 관련 법령체계

기존 공정안전관리의 법적 체제는 1995년 산업안전보건법 제49조(안전보건진단) 2항으로 법적 근거를 만들어 임시로 시행해 오다가 산업안전보건법을 전면 개정한 2020년 1월 16일에야 법 제44조, 제45조, 그리고 제46조에 공정안전보고서의 작성·제출·심사·확인 및 이행상태평가 등을 규정하면서 체계적인 법적 틀을 마련하게 되었다.

공정안전관리제도는 사업장 내의 모든 근로자가 자발적으로 참여, 과학적인 방법으로 주요 위험설비에 잠재되어 있는 위험성을 찾아내고 이 위험성을 제거하거나 사고의 영향을 최소화하는 기법이다. 이는 실현 가능하고 경제적인 대안을 강구하여 시행하는 제도로 기본적으로 모든 기술 사항이나 업무 처리절차는 문서화하되 현장과 일치되어야 하며 이렇게 문서화된 자료들을 기초로 하여 철저히 시행하도록 규정하고 있다.

따라서, 공정안전관리제도는 지금까지의 안전관리 차원이 아닌 사업장의 경영, 생존 차원에서 접근하여야 한다. 다음 [그림 1-2]는 공정안전관리제도 관련 법령체계이다.

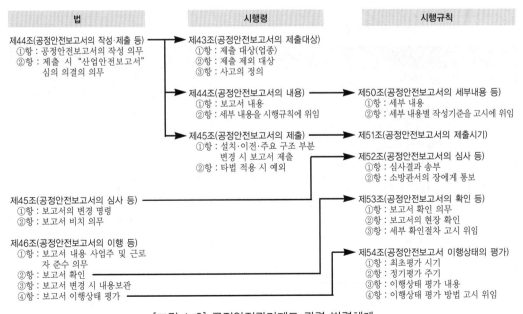

[그림 1-2] 공정안전관리제도 관련 법령체계

1-2-2 적용대상

공정안전보고서는 유해·위험설비를 보유하고 있는 사업장으로 2014년 9월 13일을 기준으로 5인 이상 사업장에서 5인 미만 전사업장으로 확대 적용 되었다. 「○○글로벌」구미 불산 누출사고가 확대 적용의 직접적 계기가 되었다.

크게 7개 업종으로 분류되는 사업장과 유해위험물질(51종)을 규정수량이상 제조·취급·저장하는 설비 및 그 설비의 운영과 관련된 다음의 모든 공정설비를 대상으로 하고 있다.

▷ 7개 업종에 해당되는 사업장

- 원유정제 처리업(19210)
- 기타 석유정제물 재처리업(19229)
- 석유화학계 기초화학물 또는 합성수지 및 기타 플라스틱물질 제조업(20111/20320, 다만, 합성수지 및 기타 플라스틱물질 제조업은 별표 13의제1호 또는 제2호에 해당하는 경우)
- 질소화합물, 질소·인산 및 칼리질 비료 제조업(20201) 중 질소질 비료 제조
- 복합비료 제조업(단순혼합 또는 배합은 제외, 20202)
- 농약제조업(원제제조, 20412)
- 화약 및 불꽃제품제조업(20494)

[표 1-1] 유해위험물질 규정량[산업안전보건법 시행령 별표 13]

번호	유해·위험물질	규정량(kg)
1	인화성 가스	제조·취급 : 5,000(저장 : 200,000)
2	인화성 액체	제조·취급 : 5,000(저장 : 200,000)
3	메틸 이소시아네이트	제조·취급·저장 : 1,000
4	포스겐	제조·취급·저장 : 500
5	아크릴로니트릴	제조·취급·저장 : 10,000
6	암모니아	제조·취급·저장 : 10,000
7	염소	제조·취급·저장 : 1,500
8	이산화황	제조·취급·저장 : 10,000
9	삼산화황	제조·취급·저장 : 10,000
10	이황화탄소	제조·취급·저장 : 10,000
11	시안화수소	제조·취급·저장 : 500
12	불화수소(무수불산)	제조·취급·저장 : 1,000
13	염화수소(무수염산)	제조·취급·저장 : 10,000

번호	유해 · 위험물질	규정량(kg)
14	황화수소	제조 · 취급 · 저장 : 1,000
15	질산암모늄	제조 · 취급 · 저장 : 500,000
16	니트로글리세린	제조 · 취급 · 저장 : 10,000
17	트리니트로톨루엔	제조 · 취급 · 저장 : 50,000
18	수소	제조 · 취급 · 저장 : 5,000
19	산화에틸렌	제조 · 취급 · 저장 : 1,000
20	포스핀	제조 · 취급 · 저장 : 500
21	실란(Silane)	제조 · 취급 · 저장 : 1,000
22	질산(중량 94.5% 이상)	제조 · 취급 · 저장 : 50,000
23	발연황산(삼산화황 중량 65% 이상 80% 미만)	제조 · 취급 · 저장 : 20,000
24	과산화수소(중량 52% 이상)	제조 · 취급 · 저장 : 10,000
25	톨루엔 디이소시아네이트	제조 · 취급 · 저장 : 2,000
26	클로로술폰산	제조 · 취급 · 저장 : 10,000
27	브롬화수소	제조 · 취급 · 저장 : 10,000
28	삼염화인	제조 · 취급 · 저장 : 10,000
29	염화 벤질	제조 · 취급 · 저장 : 2,000
30	이산화염소	제조 · 취급 · 저장 : 500
31	염화 티오닐	제조 · 취급 · 저장 : 10,000
32	브롬	제조 · 취급 · 저장 : 1,000
33	일산화질소	제조 · 취급 · 저장 : 10,000
34	붕소 트리염화물	제조 · 취급 · 저장 : 10,000
35	메틸에틸케톤과산화물	제조 · 취급 · 저장 : 10,000
36	삼불화 붕소	제조 · 취급 · 저장 : 1,000
37	니트로아닐린	제조 · 취급 · 저장 : 2,500
38	염소 트리플루오르화물	제조 · 취급 · 저장 : 1,000
39	불소	제조 · 취급 · 저장 : 500
40	시아누르 플루오르화물	제조 · 취급 · 저장 : 2,000
41	질소 트리플루오르화물	제조 · 취급 · 저장 : 20,000
42	니트로 셀룰로오스(질소 함유량 12.6% 이상)	제조 · 취급 · 저장 : 100,000
43	과산화벤조일	제조 · 취급 · 저장 : 3,500
44	과염소산 암모늄	제조 · 취급 · 저장 : 3,500
45	디클로로실란	제조 · 취급 · 저장 : 1,000
46	디에틸 알루미늄 염화물	제조 · 취급 · 저장 : 10,000
47	디이소프로필 퍼옥시디카보네이트	제조 · 취급 · 저장 : 3,500
48	불산(중량 10% 이상)	제조 · 취급 · 저장 : 10,000
49	염산(중량 20% 이상)	제조 · 취급 · 저장 : 20,000
50	황산(중량 20% 이상)	제조 · 취급 · 저장 : 20,000
51	암모니아수(중량 20% 이상)	제조 · 취급 · 저장 : 50,000

비 고

1. 인화성 가스란 인화한계 농도의 최저한도가 13% 이하 또는 최고한도와 최저한도의 차가 12% 이상인 것으로서 표준압력(101.3kPa)하의 20℃에서 가스 상태인 물질을 말한다.
2. 인화성 가스 중 사업장 외부로부터 배관을 통해 공급받아 최초 압력조정기 후단 이후의 압력이 0.1MPa(계기압력) 미만으로 취급되는 사업장의 연료용 도시가스(메탄 중량성분 85% 이상으로 이 표에 따른 유해·위험물질이 없는 설비에 공급되는 경우에 한정한다)는 취급 규정량을 50,000kg으로 한다.
3. 인화성 액체란 표준압력(101.3kPa)에서 인화점이 60℃ 이하이거나 고온·고압의 공정운전조건으로 인하여 화

재·폭발위험이 있는 상태에서 취급되는 가연성 물질을 말한다.

4. 인화점의 수치는 테그밀폐식 또는 펜스키말테식 등의 인화점 측정기로 표준압력(101.3kPa)에서 측정한 수치 중 작은 수치를 말한다.

5. 유해·위험물질의 규정량이란 제조·취급·저장 설비에서 공정과정 중에 저장되는 양을 포함하여 하루 동안 최대로 제조·취급 또는 저장할 수 있는 양을 말한다.

6. 규정량은 화학물질의 순도 100%를 기준으로 산출하되, 농도가 규정되어 있는 화학물질은 해당 농도를 기준으로 한다.

7. 사업장에서 다음 각 목의 구분에 따라 해당 유해·위험물질을 그 규정량 이상 제조·취급·저장하는 경우에는 유해·위험설비로 본다.

   가. 한 종류의 유해·위험물질을 제조·취급·저장하는 경우 : 해당 유해·위험물질의 규정량 대비 하루 동안 제조·취급 또는 저장할 수 있는 최대치 중 가장 큰 값($\frac{C}{T}$)이 1 이상인 경우

   나. 두 종류 이상의 유해·위험물질을 제조·취급·저장하는 경우 : 유해·위험물질별로 가목에 따른 가장 큰 값($\frac{C}{T}$)을 각각 구하여 합산한 값(R)이 1 이상인 경우로, 그 계산식은 다음과 같다.

$$R\frac{C_1}{T_1} + \frac{C_2}{T_2} + \cdots\cdots\cdots + \frac{C_n}{T_n}$$

     주) C_n : 유해·위험물질별(n) 규정량과 비교하여 하루 동안 제조·취급 또는 저장할 수 있는 최대치 중 가장 큰 값

         T_n : 유해·위험물질별(n) 규정량

8. 가스를 전문으로 저장·판매하는 시설 내의 가스는 제외한다.

1-2-3 PSM 업무처리 절차

공정안전관리(PSM)제도는 대상 사업장에서 공정안전보고서를 작성하여 보고서를 안전보건공단에 제출하고 안전보건공단은 제출한 공정안전보고서가 적절하게 작성되었는지를 확인하여 그 결과를 고용노동부에 통보하는 일련의 제도이다.

고용노동부는 4년마다 정기적으로 공정안전보고서의 내용대로 사업장에서 이행을 하고 있는지 심사 및 평가를 하여 그 결과의 등급에 따라 차등적 관리를 하고 있다.

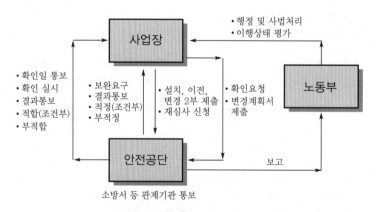

[그림 1-3] PSM 업무 절차

1) PSM 보고서 작성제출

유해·위험설비 등 적용대상 사업장은 설치·이전 또는 주요 구조부분의 변경 시 공사 착공일 30일 전까지 공정안전보고서 2부를 안전보건공단에 제출하면 된다.

「고용노동부고시 제2023-21호」 제6조(작성자)에 의거 보고서를 작성할 수 있는 자의 자격은 기계, 금속, 화공, 요업, 전기, 전자, 안전관리 또는 환경분야의 자격에 따른 경력을 보유한 사람으로서, 공단에서 실시하는 PSM 관련 교육과정 28시간 이상의 관련교육을 이수한 사람이 1명 이상 포함되어야 한다.

2) PSM 보고서의 심사, 확인

보고서를 제출받은 안전보건공단은 30일 이내에 심사하여야 하고 서류보완이 필요한 경우 30일 이내에서, 사업주의 요청 시 30일 범위에서 연장이 가능하다.

심사결과는 「적정」, 「조건부 적정」이 있고 「부적정」인 경우 고용노동부의 변경명령에 의해 명령을 받은 날로부터 3개월 이내에 변경완료 후 재심사를 신청할 수 있다.

현장확인 절차는 신규설비의 경우 설치과정에서 확인하고, 설치완료 후 시운전 단계에서 실시하며, 기존설비는 심사완료 후 3개월 안에, 중대한 변경설비는 완료 후 1개월 안에 실시하게 된다.

3) PSM 이행상태 평가

보고서의 심사 및 확인 후에는 보고서의 내용대로 이행되고 있는지를 주기적으로 평가하게 된다. 그리고 평가결과에 따른 안전관리 수준에 따라 노동부의 점검이나 기술지도 등에서 차등 관리를 받게 된다.

[표 1-2] 이행상태 평가 구분

구 분	시행시기
신규평가	– 보고서의 심사 및 확인 후 1년이 경과한 날부터 2년 이내 – 사업주가 변경된 날부터 1년 이내[2016.8.18. 개정]
정기평가	– 신규평가 후 4년마다 또는 재평가 후 4년마다
재 평 가	평가일로부터 1년이 경과한 사업장으로 아래의 경우 4개월 이내 – 사업주가 재평가를 요청한 경우 – P등급, S등급 사업장 지도·점검결과 위험물질의 제거·격리 없이 용접·용단 등 화기작업을 수행하는 경우[2017.6.28. 개정] – 화학설비, 물질변경에 따른 변경관리절차를 준수하지 않은 경우 – 중대산업사고가 발생한 경우

재평가는 종래의 규정에서는 사업장에서 요청한 경우에만 해당되었지만, 2016년 개정된 「고용노동부고시 제2016-40호」에서는 재평가 대상이 [표 1-2]와 같이 추가되었다. 또한 이행상태 평가의 배점기준도 아래 [표 1-3]과 같이 변경되었다.

[표 1-3] 이행상태 평가 배점기준

항목	최고 실배점	최고 환산점수
안전경영과 근로자참여	370	21.0
공정안전자료	70	5.0
공정위험성평가	130	5.5
안전운전 지침과 절차	80	4.0
설비의 점검·검사·보수계획, 유지계획 및 지침	120	5.5
안전작업허가 및 절차	80	8.5
도급업체 안전관리	100	8.0
공정운전에 대한 교육·훈련	70	5.0
가동전 점검지침	60	3.0
변경요소 관리계획	70	7.0
자체감사	90	4.0
공정사고조사 지침	90	3.0
비상조치계획	80	3.5
현장확인	210	17.0
계	1,620	100

평가반은 고용노동부 중대산업사고예방센터 소속 감독관 2~3명이 되고 평가항목은 사업주 등 관계자면담, 보고서 및 이행관련 문서 확인, 현장확인으로 이루어지는 데 가장 중요한 사항은 공장장, 부장, 과장, 현장 작업자, 도급업체 작업자, 정비부서 직원 그리고 안전보건관리자 등 관계자의 PSM보고서 내용과 자신의 역할에 대한 숙지여부를 확인하는 면담이다.

평가결과에 따라 P등급(Progressive), S등급(Stagnant), M+등급(Mismanagement +), M-등급(Mismanagement -)의 4등급으로 나누어 등급에 따라 차등 관리하고 있다. 평가등급별 관리기준은 다음과 같다.

[표 1-4] 이행상태 평가등급 및 관리

구 분	일반기준	단순위험설비 보유 사업장
P등급(90점 이상)	1회/4년 점검	
S등급(80점 이상~90점 미만)	1회/2년 점검	
M+등급(70점 이상~80점 미만)	1회/2년 점검 및 1회/2년 기술지도	1회/2년 점검
M-등급(70점 미만)	1회/1년 점검 및 1회/2년 기술지도	1회/2년 점검 및 1회/4년 기술지도

비고

1. 감독대상으로 선정되어 감독(중방센터 감독팀 또는 기술지원팀이 포함되어 공정안전보고서 이행실태를 확인한 경우에 한함)을 실시한 경우에는 해당 연도 공정안전보고서 이행상태 점검을 감독으로 대체
2. S등급 사업장은 민간전문가로부터 자체감사를 받으면 당기 또는 차기 점검 1회 면제(단, 2회 연속 면제는 불가)
3. 이행상태평가결과 등급이 우수한 사업장이 영세사업장에 대한 매칭컨설팅 지원 등 고용노동부의 지침에 따라 지원업무를 수행한 경우 차기 점검 1회 면제(단, 제2호의 자체감사에 따른 중복면제 불가)
4. 기술지도는 사업장(사업주)에서 원하는 경우(서면 신청)에만 실시(가급적 점검 시기의 ±6개월 이내에는 금지)하되, 일반기준 M±등급은 4년(평가주기) 이내에 1회는 의무적으로 실시
5. 단순위험설비 보유 사업장"은 위험물질을 원재료 또는 부재료로 사용하지 않고 단순히 저장·취급을 목적으로 설치된 설비(저유소, LNG 및 LPG 저장소, 인화성 액체·가스 및 급성독성물질을 가열, 건조하지 않는 LNG·LPG 가열로·보일러 및 내연력발전소 등)만을 보유한 사업장 및 낮은 농도의 수용액 제조·취급·저장(중량 40% 미만의 불산, 중량 30% 미만의 염산, 중량 20% 미만의 암모니아수)하는 사업장으로서 중방센터장이 구분한 사업장

2018년 6월 말 기준 2,125개 공정안전보고서 제출 대상사업장 중 이행수준 평가현황은 다음과 같다.

[표 1-5] 공정안전보고서 이행평가 현황

소계	P등급	S등급	M+등급	M-등급	미부여 (신규 등)
2,125 (100%)	108 (5.1%)	600 (28.2%)	752 (35.4%)	337 (15.9%)	328 (15.4%)

4) PSM보고서의 주요내용

산업안전보건법 시행령 제44조에 따라 공정안전 각종자료, 공정위험성평가서, 안전운전계획, 비상조치계획 그리고 기타 고시에서 정하는 필요한 사항을 포함하도록 규정하고 있다. 더 자세한 내용은 제2장에서 기술한다.

다음은 공정안전보고서의 12대 요소를 단계별로 알기 쉽게 정리한 것이다.

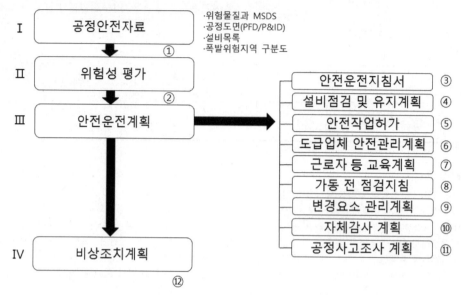

[그림 1-4] 공정안전보고서 12대 요소의 단계별 절차

1-3. 국내·외 중대산업사고 사례

1960년대 중반부터 시작된 중화학공업 육성 정책에 따라 우리나라의 중화학공업은 모든 산업분야 발전의 견인차 역할을 하였으며 산업구조를 근대화시킴으로써 우리나라를 신흥 공업국으로 발전시키는데 중추적 역할을 하였다.

그러나 기존의 설비들이 노후화되고 신공정설비가 고압화, 고마력화 되면서 사고발생 시 위험의 치명도와 발생빈도수가 많아질 것이 분명한 만큼 앞서의 중대산업사고를 분석하고 대책을 살펴봄이 국민의 안전은 물론 기업의 산재예방을 위해 중요하다고 생각한다.

2012년 발생한 구미 「○○글로벌」 불산 누출사고 이후 매년 크고 작은 화재·폭발 및 화학물질 누출 등의 사고가 잇따라 발생되어 국민의 안전에 대한 인식과 우려가 커지면서 중대산업사고 발생을 예방하고 사고발생 시 피해를 최소화하기 위하여 범정부적인 체계화된 종합안전대책을 마련하여야 한다는 목소리도 커지고 있다.

이 사고의 사망자 수는 5명이지만 지역주민 12,000여 명이 병원치료를 받고 사고발생 인근지역이 특별재난지역으로 선포되었다.

2013년 발생한 「○○전자 화성사업장」 불산 누출사고는 근로자 1명이 사망한 사고였지만 그 사고로 불특정 다수의 시민이 피해를 볼 수도 있었다는 우려에 사회적 파장은 컸다.

늦게나마 정부가 공장설비 및 근로자의 안전 문제뿐 아니라 공장외부의 주민 등 불특정한 인명과 재산, 환경문제까지 야기하는 중대산업사고 등에 체계적으로 대응하기 위하여 전국의 주요산업단지별로 「화학재난합동방재센터」를 설립하고 고용노동부의 산재예방, 행정안전부의 소방, 구인, 피난 그리고 환경부의 환경오염방지 업무를 위한 합동팀을 구성, 상시적으로 대응토록 종합방재시스템을 구축, 운영하기에 이르렀다.

참고로 국내·외의 대표적인 중대산업사고 사례를 살펴보고 각국이 어떻게 대응하고 사고의 예방과 피해최소화를 위한 제도화 조치를 하였는지 살펴보기로 하자.

1-3-1 외국의 주요사례

1) 영국 「플릭스보로우(Flixborough)」 폭발사고(1974)

가) 사고개요

1974년 7월 1일 Lincolnshire에서 발생한 사고로 영국에서 가장 큰 화학공장 폭발사고이다. 이 사고로 28명의 근로자가 사망하고 공정 내에서 36명, 공정 외 지역에서 53명이 부상을 입었다. 증기운 폭발의 대표적 사례로 꼽힌다.

폭발력은 TNT 16톤에 상당하며 주변 마을이 파괴되고 50여 km 떨어진 Grimsby 마을까지 피해와 영향을 미쳤다.

[그림 1-5] 사고 전후

나) 사고 원인

Cyclohexane을 촉매로 카프로락탐을 제조하는 설비에서 Cyclohexanol이 누설되어 폭발한 대표적인 증기운 폭발(Vapor Cloud Explosion, VCE) 사고이다.

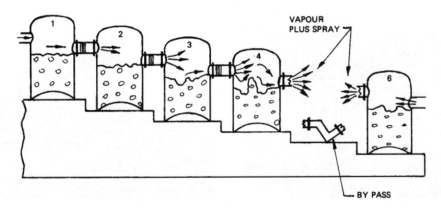

[그림 1-6] Cyclohexanol 바이패스 배관 폭발

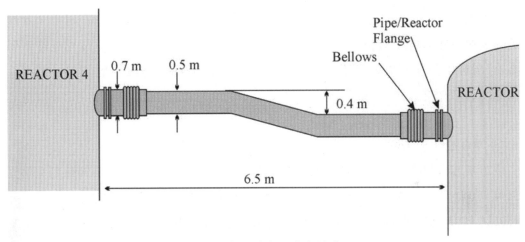

[그림 1-7] 바이패스 배관 상세도

1974년 3월 27일 제5반응기에서 Cyclohexanol이 누설되고 있는 것을 근로자가 최초 발견하였다. 이 반응기는 0.5in 연강판과 0.125in의 스테인리스 강으로 제작되었는데, 제5반응기 연강부에 수직 균열이 발견되고, 스테인리스 강부에도 결함이 있는 것으로 판명되어 공장에서는 운전을 정지한 후 문제가 된 제5반응기는 가동중단하고 제4반응기에서 제6반응기로 바이패스를 설치하여 4월 1일부터 플랜트를 재가동하였다. 그러나 5월 29일 반응기 스톱밸브가 새는 것을 발견, 또 다시 가동정지, 수리 후 6월 1일 재가동하였으나 결국 20in 바이패스관이 파열되면서 폭발이 발생되었다. 원인조사 결과 전문가의 검토과정 없이 임의 설치된 바이패스관이 진동, 압력, 급격한 열팽창 응력 등을 견디지 못하고 파열된 것으로 확인되었다.

[그림 1-8] 사고 후 공장 전경

　최초 제5반응기의 이상을 발견하였을 때 공정을 이해하고 있는 전문가나 설계 전문가 등이 참여하여 나머지 반응기에 대한 철저한 결함검사를 실시하고 바이패스 배관의 진동 흡수, 열팽창 등을 감안한 적정 벨로우즈 선정이나 설계검토가 있었다면 사고는 발생하지 않았을 것이다.

다) 후속조치 및 대책

　사고 후 영국정부는 권고위원회(ACMH)를 발족시켜 동종시설에 대한 규제를 강화하였으며, 중대한 잠재위험이 있는 시설은 안전보건청(HSE)에 의한 엄격한 감독을 실시토록 하고 용기와 배관에 대한 규제를 강화하였다. 안전보건청(HSE)는 그 해 'Health & Safety at Work etc Act'를 제정하여 공포하였으며, 76년 Seveso 사고로 인해 발의된 EC Directive에 따라 'CIMAH'를 제정하였으며, 「Seveso Ⅱ Directive」에 따라 'COMAH(Control of Major Accident Hazard)'를 제정, 현재까지 운영해 오고 있다. 2015년에는 COMAH 제도를 대폭 강화하여 동일 작업장 내에 있는 모든 하청업체까지도 사고 대응에 관한 정보를 공시하도록 하였다.

2) 이탈리아 「세베소(Seveso)」 독성가스 누출사고(1976)

가) 사고개요

　1976년 7월 이탈리아 세베소의 한 공장에서 트리클로로페놀(Trichlorophenol) 공정의 이상반응으로 파열판이 파열되어 다이옥신과 염소가스 등의 독성가스가 누출되어 많은 사상자가 발생하고 토지 또한 오염시킨 사고이다.

누출된 가스는 약 1시간 동안 세베소를 비롯한 5km 이내의 마을에 퍼져나가 사상자 약 7,000명이 발생되었으며 7만 7천여 마리의 가축이 폐사되고 많은 임산부의 유산의 원인이 되었으며 인근의 곡식이나 과일을 전량 폐기해야하는 등의 피해를 발생시켰다.

[그림 1-9] 세베소 독성가스 누출 사고

나) 사고원인

사고발생 전날 「회분식 반응기」로 작업을 종료하면서 히팅코일의 스팀공급을 차단하고 교반기 작동을 종료시킨 후 퇴근한 상태로 사고 당일 현장 통제실에는 아무도 없는 상태였다. 작업 종료 후 반응기의 압력이 증가되기 시작하였고 결국 파열판이 파열되어 다이옥신 등의 독성가스가 대기로 방출되었다.

반응기 압력이 증가된 원인은 히팅코일에 잔류된 1.2MPa의 과열증기의 열에 의한 반응으로 추측되고 있다. 히팅코일에 잔류되어 있던 고압의 스팀은 반응기 자켓(Jacket) 표면 온도를 증가시키기에 충분하였고 이 열에 의해 반응기 내부에 남아있던 물질의 발열반응이 시작된 것으로 추정된다.

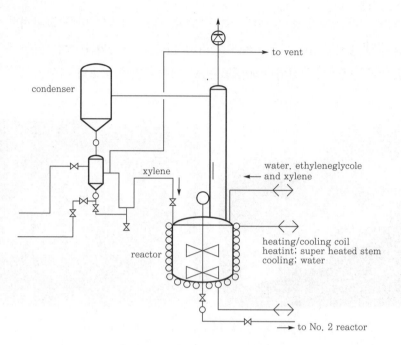

condenser

to vent

xylene

water, ethyleneglycole and xylene

heating/cooling coil
heatint; super heated stem
cooling; water

reactor

to No. 2 reactor

[그림 1-10] 반응기 주변 개요도

이 사고 후 독성물질의 누출이 1시간 이상 계속되었음에도 다이옥신 등 유독물질이 누출된 것을 알리지도, 인지하지도 못한 비상대응의 결함이 중대산업사고로 확대된 것으로 판단된다.

다이옥신은 무색, 무취의 맹독성 물질로 사고가 발생한 순간부터 다음날 정오까지 공장에서 누출된 맹독성 가스는 흰 구름처럼 퍼져 주민들이 살고 있는 지역에 쌓였고 아이들은 하얀 거품이 눈 같다며 가지고 놀 정도로 이 물질이 다이옥신 잔여물로 맹독성이 있음을 아무도 몰랐다고 한다.

사고가 있었던 날 밤부터 사람들은 두통과 메스꺼움을 호소했고 눈이 부어오르고 피부에 기포가 생겼는데 주변의 의사들은 회사로부터 독성물질에 대한 정보를 제공받지 못해 제대로 된 처방을 내리지 못했던 것으로 알려졌다. 이로 인해 수 천마리의 가축이 죽고 식물들이 죽었으며 많은 사람들이 병원에 입원, 사고 후 2주가 지나서야 정부가 조치한 것은 긴급대피령을 내린 것이 전부였다.

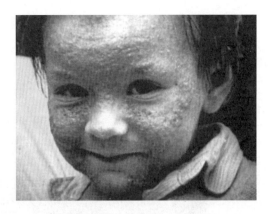

[그림 1-11] 통제된 마을과 누출사고 피해자

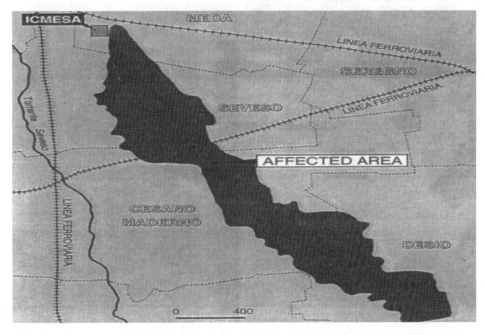

[그림 1-12] 누출사고의 영향을 받은 지역

다) 후속조치 및 대책

이 사고를 계기로 EC(유럽공동체)에서 1982년 세베소 지침, 1996년에 위험물질을 포함하는 주요 사고피해 대응 조치에 관한 지침(세베소 지침 Ⅰ, Ⅱ)을 제정하게 되었다.

시스템적인 안전관리 강화와 주변에 거주하는 주민에 대한 위험정보의 제공과 홍보, 비상대피계획 등 지역사회 전체에 대한 시스템 안전관리 등이 그 내용이다.

3) 인도 「보팔(Bophal)」 MIC 누출사고(1984)

가) 사고개요

미국계 다국적기업 유니언 카바이드사의 살충제(농약) 공장에서 독성가스가 누출되어 하룻밤에 수만 명이 사망한 사고이다. 사망자 수의 집계가 저마다 다르지만 약 3만명 사망하고 15만명이 장애와 후유증에 시달렸으며, 50만명이 가스중독으로 인한 직·간접의 피해를 입은 사고로 중대 산업사고 사례 중 가장 자주 인용된다.

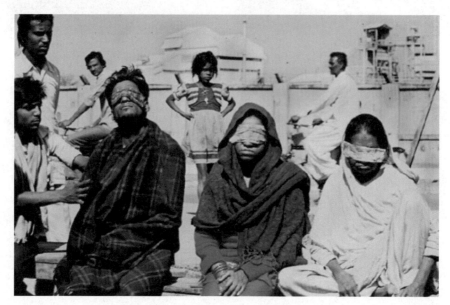

[그림 1-13] 누출사고 피해자

나) 사고원인

보팔 가스 누출은 MIC(Methyl Isocyanate) 저장탱크에 물이 인입되면서 시작되었다. 그로 인한 비정상반응으로 압력이 과도하게 높아지면서 저장탱크의 밸브가 파열되어 탱크 내의 MIC가 누출되었다. 이 탱크는 항상 높은 압력이 걸림으로 저온상태가 유지되어야 하는 시설이다. 온도가 올라갈 경우 내부 압력이 증가해 폭발할 위험이 있기 때문이다. 그럼에도 불구하고 안전시설은 제대로 구비되어 있지 않은 상태였다. 설계비용을 최대한 줄이기 위해 검증되지 않은 설계방식을 도입하였으며, 탱크의 압력지시계, 온도조절 기능조차도 잘 갖추어져 있지 않은 상태였다. 또한 보수(Maintenance) 자재가 충분히 확보되지 않았고 인력도 부족하여 안전관리자가 소홀할 수밖에 없는 상태였다. 플레어스택(Flare stack)설계도 잘못된 것으로 조사되었다.

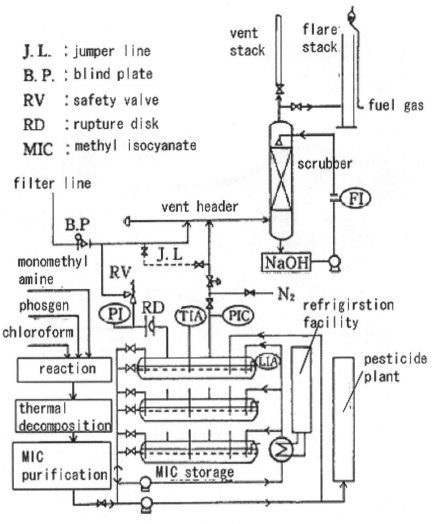

[그림 1-14] 사고공정의 설비 개요도

다) 사고 확대 요인

작업반장이 최초 MIC누출을 보고받은 후 휴식시간 후에 조치를 취하겠다고 생각할 정도로 비상대응에 대해 안이한 생각을 가지고 있었다. 그러나 휴식시간이 끝난 후에는 사고가 급속도로 진행된 후가 되었다.

MIC를 희석시키기 위해 살수장치를 가동했지만 가스가 배출되던 배관 끝에 까지 물은 도달하지 못했고, 배출가스를 흡수·정화하는 「스크러버(Scrubber)」는 당시에 수리 중이었으며 중화제인 가성소다도 준비되지 않았다.

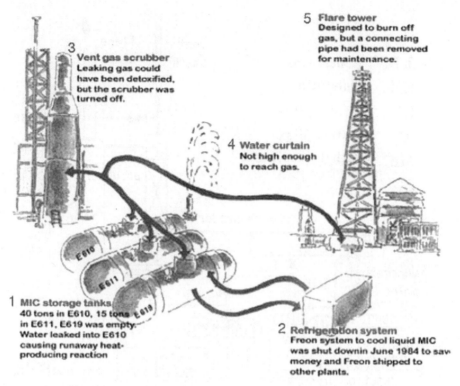

[그림 1-15] 미 작동된 유니언카바이드사의 살충제공장 안전장치들

또한, 사고 공장은 인구 밀집지역 주변에 위치하고 있었으며, 가스유출 1시간이 지나서야 주민대피경보가 울렸다. 그러나 그 경보조차 설명 없이 곧 꺼져 주민들은 대수롭지 않은 사고로 여겼다. 공장에서는 바람방향정보가 공보시스템을 통해 제공되고 직원들은 바람을 피해 대피하였음에도 주민 경보는 경보가 설명없이 중단되고 몇 시간 후 다시 작동했지만 그 때는 이미 수백 명이 사망한 뒤였다.

라) 후속조치 및 대책

보팔공장에서는 이전에도 크고 작은 사고가 자주 발생했었다. 1982년 유니언 카바이드 본사에서 파견한 조사팀에서도 이미 안전상의 많은 문제점을 지적하였었다. 지역신문에서도 이러한 문제들이 제기되었으며 노조에서도 위험성에 대해 회사 상부와 정부에 보고하였지만 적절한 조치는 취해지지 않았고 묵살되기 일쑤였다.

유니언 카바이드는 영향력 있는 정치인과 공무원 출신을 고용해 정부와 좋은 관계를 유지하고 있었다. 보팔사고는 시스템 설계와 운영에서 안전기준 준수와 기업의 윤리의

식, 그리고 정부의 관리·감독 의지가 얼마나 중요한지 잘 보여주는 사례가 되었다. 또한 주변에 유해·위험물질 취급시설이 있는 경우, 지역사회에도 이러한 시설에 대한 정보가 제공되어야 하며, 다양한 사고 상황(최악, 대안)에 대한 대응방안의 준비가 필요하다는 것을 일깨워준 좋은 사례이다.

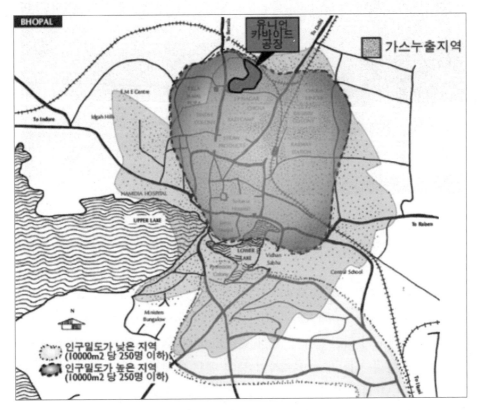

[그림 1-16] 누출사고 현장과 피해범위

4) 미국 「파사데나(Pasadena)」 폭발사고(1989)

가) 사고개요

1989년 10월 23일 미국 텍사스 주 파사데나(Pasadena)에 있는 필립스66공장 (Phillips66 Company)의 HCC(Houston Chemical Complex)에서 발생한 폭발·화재 사고 또한 중대산업사고의 대표적 예이다. 초기 폭발은 리히터 규모로 3.5를 기록했으며, 화재 사고를 진압하기 위해 10시간이나 걸렸다. 이 사고로 23명의 근로자가 사망하고 314명(185명의 Phillips66 Company 직원과 129명의 계약직 직원)이 부상을 입었다.

[그림 1-17] 사고 당시 현장사진

나) 사고원인

이 사고는 공장의 정기적인 유지 보수 작업기간 중에 폴리에틸렌 반응기 중 하나에서 매우 인화성이 높은 공정가스가 분출되면서 발생하였다. 85,000 파운드(39t) 이상의 고인화성 가스가 개방되어 있던 밸브를 통해 순식간에 대기 중으로 방출되었는데, 이는 반응기의 하부에 막힌 수지를 제거하는 작업 중에 밸브 개폐용 압축공기 호스를 서로 잘못 연결하였기 때문으로 원인이 밝혀졌다.

즉, 일상적인 유지 보수 동안 차단밸브인 볼밸브는 닫혀있었고 동 밸브를 열고 닫는 압축공기의 호스는 안전조치를 위해 실제로 분리시켰다. 그런데 작업 종료 후 이 밸브 개폐용 압축공기의 호스를 다시 연결하면서 호스를 뒤바꿔 연결한 것이 결정적 사고원인이 되었다. 결과적으로 제어실의 스위치가 "밸브 닫힘" 위치에 있을 때 밸브가 열려 있게 된 것이다. 그 후, 밸브는 닫힘 상태로 되어 있을 것으로 알고 제어실에서 조작하였으나 개방되어 있었고 반응기 내용물이 대기 중에 분출되어 증기운을 형성한 상태에서 점화원에 의해 폭발이 발생하게 되었다.

※ 사고조사 결과에 대한 OSHA의 지적사항은 다음과 같다.

- 공정 위험성평가 실시 소홀
- 부적절한 표준 운영 절차 (SOP)
- 비 페일 세이프(Non-fail-safe) 블록 밸브
- 부적절한 유지 보수 작업허가 시스템
- 부적절한 잠금 / 태그 아웃(LOTO ; Lockout/Tagout) 절차
- 가연성 가스 검출 및 경보 시스템 부재
- 점화원의 존재
- 인접 건물의 부적절한 환기시스템
- 화재 시 사용가능한 소방시스템 유지관리 미흡
- 제어실과 위험공정 간의 안전거리 유지 미흡
- 건물 간 이격거리 부적절
- 반응기들과 제어실간 격리 불충분

[그림 1-18] 사고 전후 공장 전경

다) 후속조치 및 대책

텍사스 항공 통제위원회, 해리스 카운티 공해 통제위원회, 연방항공관리국 (FAA), 미국해안경비대, 산업안전보건국(OSHA) 및 미국환경보호국(EPA)이 정부기관과 협력하여 Phillips66 Company는 공장 주변에 1마일 비행 금지 구역을 요청하였고 FAA가 이를 승인, 시행하였다. 미국해안경비대와 휴스턴항 소방정은 Houston Ship Channel을 가로 질러 고립되어 있던 100명 이상의 사람들을 안전하도록 대피시켰다.

원격으로 작동되는 페일 세이프 차단밸브는 통합된 플랜트 소방용수 시스템에 존재하

지 않아 페일세이프 차단밸브를 시스템에 넣기로 하였으며, 실질적인 위험성평가를 실시하고 부적절한 표준운영절차를 개정하는 등의 조치를 취하도록 하였다.

조사 결과 OSHA는 566건의 고의적인 위반과 9건의 중대한 위반에 대하여 총 5,666,200달러의 벌금을 회사에 부과했으며, 유지보수업체(Fish Engineering and Construction, Inc)에 181건의 고의적인 위반과 12건의 중대한 위반 건으로 총 729,600 달러의 벌금을 부과하였다.

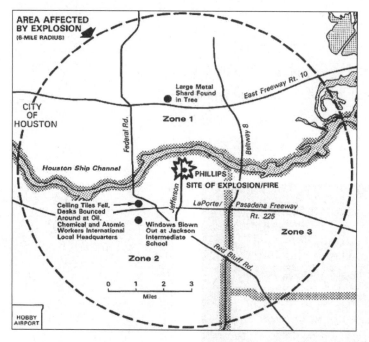

[그림 1-19] 폭발 영향을 받은 Phillips66 Company지역 평면도

5) 미국 「텍사스(Texas City)」 정유공장 화재폭발 사고(2005)

가) 사고개요

2005년 3월 23일 BP 텍사스시티 정유공장에서 이성질체화 공정장치의 가동정지 후 정비작업이 완료되지 않은 상태에서 재가동을 위해 시운전을 하던 중 압력조절실패 등으로 인하여 무거운 라피네이트(Raffinate)가 과충전(Overcharge)되어 스플리터(Splitter) 상부로 올라가고 과압이 걸려 안전밸브를 작동시켜 플레어로 연결되지 않은 블로우다운(Blowdown) 스택(Stack)으로 넘어갔다. 스택으로 넘어간 뜨거운 라피네이트 가스는 증기운을 형성하였고 드럼에서는 오버플로우가 되어 하수로로 배출되던 중 마

침 스택 근처(이격거리 : 8m)에 공회전 중이던 디젤차량의 배기구 가스에 점화, 폭발하여 15명의 노동자가 사망하고 180명 이상이 부상을 입었다.

Texas City Refinery는 주에서 두 번째로 큰 정유 공장이었으며 2000년 1월 1일자로 하루 43만 7천 배럴(69,500m³)의 투입량을 가진 미국에서 세 번째로 큰 규모의 정유공장이다.

참고로 이성질체화 설비는 다양한 화학공정을 통해 저옥탄 탄화수소를 무연휘발유에 혼합될 수 있는 고옥탄 탄화수소로 전환시키기 위한 설비이다.

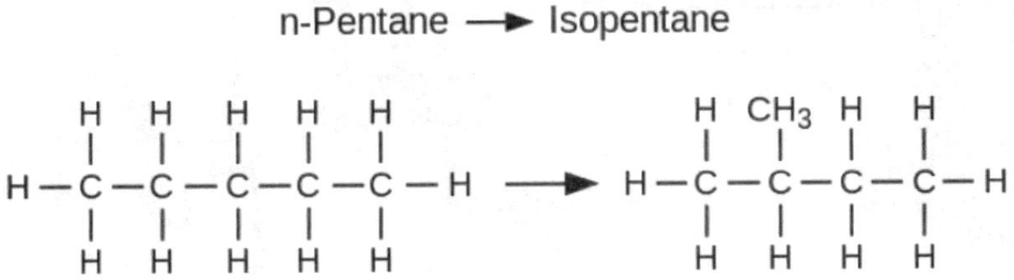

[그림 1-20] 전형적인 이성질체화 반응식

나) 사고원인

가동 전 필수안전절차인 PSSR(BP Pre-Startup Safety Review) 절차가 완료되지 않은 상태로 시운전을 개시하면서 라피네이트가 스플리터 상부로 넘어가고 압력조절이 안된 원인은 설비측면에서 압력 제어밸브(PV-5002)가 작동되지 않았으며, 스플리터 타워 하부의 유체 레벨메터(LSH-5102)의 결함과 스플리터 타워 레벨 트랜스미터의 교정 미실시와 블로우다운 드럼의 레벨 경보 미작동 등을 들 수 있다. 또 다른 원인으로 주 감독관이 가동 절차를 계속해서는 안 된다고 이미 지적하였음에도 이행하지 않은 관리적 문제가 지적될 수 있다.

탑에 남아있는 질소와 관련 파이프의 압력이 증가함에 따라 시스템에 압력이 형성되기 시작했으나 작업자는 타워 하부의 과열로 인한 상승으로 오인하여 압력을 방출했다 (Human Error).

이러한 비정상적인 상황에서 고온의 라피네이트가 블로우다운 드럼과 스택으로 흘러들어가 채워지면서 일부 유체는 블로우다운 드럼으로부터 하수 시스템으로 유입되기 시작했지만 하이 레벨 경보 소리가 나지 않았으며 블로우 다운 스택으로부터 약 25피트 (8m)에 주차, 공회전 중에 있던 디젤 엔진 픽업 트럭의 배기가스에 점화되어 폭발이 발생하였다.

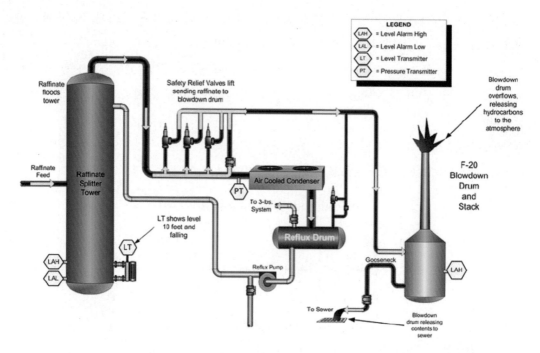

[그림 1-21] 라피네이트 스플리터 타워가 과충전된 결과와 후속 스택을 통해 인화성 탄화수소 방출

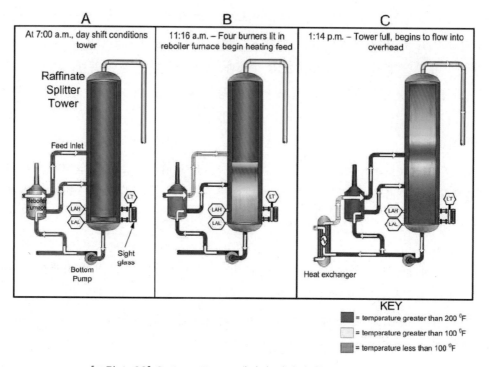

[그림 1-22] Splitter Tower에서의 시간별 원료의 가열 현황

다) 후속조치 및 대책

BP사 경영자가 유해위험요소, OSHA 규정, 현장 이력에 관해 광범위한 정보를 보유하고 있음에도 개선이 이뤄지지 않아, 동사에 대해 외부 전문가를 포함한 포괄적인 조사와 공정안전관리 프로그램의 정상 실시여부에 역점을 두고 대책을 마련하기로 하였다.

시스템적 대책으로 기업의 단순 비용 절감이 아닌 플랜트 인프라에 대한 투자, 안전 문화 및 주요 사고 예방 프로그램에 대한 기업 감독 강화와, 산업안전이 아닌 공정 안전중심의 안전관리를 하도록 하였다. 트레일러를 ISOM 프로세스 유닛과 너무 가깝게 배치하지 않도록 하고, 사업자 교육의 강화와 신생 기업 운영에 대한 유능한 감독의 선임, 개인과 부서 간의 의사소통이 원활하게 이루어지도록 하였다.

기술적 대책으로 크기가 불충분한 블로우다운 드럼, 유지 보수, 작동 불능 알람 및 레벨 센서, 안전한 플레어시스템을 위해 오래된 블로우다운 드럼 및 스택의 교체가 요구되었다.

[그림 1-23] 사고공장의 당시 현장소화활동

[그림 1-24] 사고 후 피해 전경

1-3-2 우리나라의 주요사례

1) 울산 화학공장 증기운 폭발사고(2011)

가) 사고개요

2011년 8월 울산 남구 소재 OO㈜ 울산공장 폴리스티렌(Polystyrene, PS) 제조공정에서 정기보수 후 시운전 중에 2차 중합반응관의 반응폭주로 인한 압력상승으로 파열판이 동작되면서 토출배관으로 다량의 유증기가 분출되어 증기운을 형성한 상태에서 미상의 점화원에 의해 증기운폭발(Vapor Cloud Explosion : VCE)이 발생하였고, 전 공정으로 화재가 확산되어 근로자 7명과 탱크로리 기사 1명이 부상을 입고 PS제조공정이 반파된 사고이다.

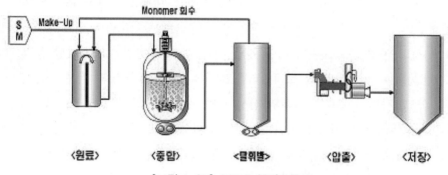

[그림 1-25] GPPS 공정흐름도

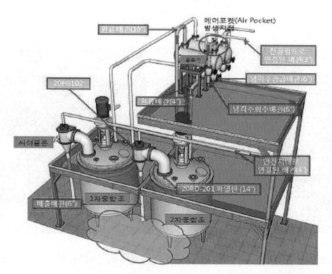

[그림 1-26] 폴리스티렌공장의 폭발사고 공정

나) 사고원인

사고가 발생한 2차 중합반응관의 응축기는 발열반응으로 발생하는 열을 제거하기 위하여 설치되어 있으며 정기보수 후 응축기 내의 튜브에 있는 공기를 제거하지 않아 기화된 증기를 응축시킬 수 없었다. 이로 인해 반응관의 온도가 점진적으로 상승하면서 압력도 상승하여 파열판이 동작되었으나 안전지대로 배출되어야 할 고온의 유증기가 공정 내에서 머무르며 증기운을 형성하였다. 이와 같이 폭발 분위기가 형성된 상태에서 탱크로리의 엔진과 비방폭구조의 조작반 등이 점화원으로 작용하여 폭발 및 화재가 발생한 것으로 추정된다.

[그림 1-27] 폭발사고 현장

다) 후속조치 및 대책

중합 반응관의 응축기는 해체 후 재체결 시에는 응축기의 성능을 유지하기 위해서 공기를 제거하도록 운전표준서에 반영하여야 하며 파열판에서 배출되는 위험물은 연소, 흡수, 세정, 포집 등의 방법으로 안전하게 처리되어야 한다. 고압상태의 인화성물질의 대량 배출로 완전한 처리가 불가능할 경우에는 외부배출이 되더라도 안전한 장소로 유도하여 배출하여야 한다.

인화성 액체가 누출될 경우 점화원이 될 수 있는 탱크로리 등은 출입을 금지하여야 하며 인화성 액체를 다량으로 취급하는 공정과 인접구역은 「폭발위험장소」로 구분하고 적절한 방폭성능을 가진 전기기계기구를 설치하여야 한다.

2) 구미 불산 누출사고(2012)

가) 사고개요

구미시 산동면에 위치한 「OO글로벌(근로자수 : 7명)」에서 불산 하화작업 중 불산이 누출되어 5명이 숨지고, 5명이 중상을 입었다. 아울러 2,000여명 이상의 인근 지역주민들이 건강상의 피해를 보았고 주변지역의 가축과 농작물이 큰 피해을 입은 사고이다.

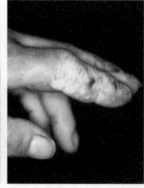
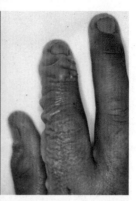

[그림 1-28] 가스누출현장   [그림 1-29] 불산에 노출되어 부상한 신체부위

나) 사고원인

사고의 1차 원인은 작업자의 실수로 인한 밸브 오조작이지만 당시의 레버식 개폐장치는 언제든 오조작의 가능성이 있었다.

전체적으로 비상대응시스템이 제대로 가동되지 않아서 일어난 사고라 할 수 있겠다. 사고현장에 출동한 소방대원 300여명은 해당 물질에 대한 정보는 물론 유독물질에 대한 적절한 보호장구 없이 현장에 투입되었고 소방관 대부분은 불산에 노출될 수밖에 없었다. 소방차는 중화제가 떨어지자 물을 뿌렸고 그러한 희석작업으로 인해 고농도 피해는 줄일 수 있었으나 저농도 피해구역은 배 이상으로 늘어나는 또 다른 부작용을 초래하였다.

당시는 불산의 위험성이 잘 알려지지 않아 사고 발생 후 대피하였던 주민들이 하루 만에 복귀하는 등 독성물질에 대한 정보제공 시스템이 가동되지 않음으로 인해 그 피해를 키우게 되었다.

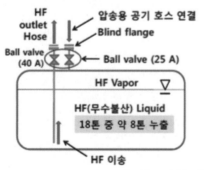

[그림 1-30] 사고 발생 컨테이너 탱크

다) 후속조치 및 대책

우선 「글로브 밸브」를 설치하고 개폐의 방향을 표시하는 등의 조치를 하였어야 했다. 비상대응시스템의 구축과 유해위험물질에 대한 정보의 공유가 필수적이라 할 수 있겠다.

사고 후, 재난에 대한 국가적 차원의 대응역량이 부족하다는 지적이 비등해지자 주요 산업단지에 화학구조센터를 신설하고, 특수사고 대응단이 2013년 출범하였다. 2014년 세월호 참사 직후 국민안전처(현, 행정안전부)가 출범하면서 현재는 환경팀, 화학구조팀, 산업안전팀, 가스안전팀, 지자체팀으로 구성된 화학재난 합동방재센터가 7개 권역(시흥, 구미, 울산, 여수, 익산, 서산, 충주)에 설치되어 있다.

3) 경북 영주 ○○○사 폭발사고(2012)

가) 사고개요

2012년 4월 5일 오전 8시 45분경 경북 영주시 NF3(삼불화질소) 등 무기화학제품 생산업체의 NF3 5공장 정제공장에서 폭발이 일어나 1명 사망, 4명 부상한 사고로 공장에서 불과 2km 떨어진 영주시민 모두가 불안해한 사고이다. (2명 전신화상, 2명 고막파열)

[그림 1-31] 사고가 발생한 ○○○사 영주공장

나) 사고원인

고장 난 펌프를 수리하기 위해 펌프 및 가스배관에 설치되어 있는 보냉커버를 해체하는 작업 중 펌프 내부에서 발생한 폭발적 압력상승과 그로 인한 화염발생사고이다.

[그림 1-32] 사고발생 현장

다) 후속조치 및 대책

가스배관이 노후되면 화재·위험에 노출될 수 있으므로 주기적인 점검과 관리가 필요하다. 또한, 회사 내 제조설비에 대하여 점검, 정비 및 유지관리에 관한 사항과 그 절차에 관하여 필요한 사항을 규정함으로써 설비가 항상 최적의 성능과 안전운전을 확보하기 위한 '설비 검사 및 보수, 유지계획 및 지침서'를 제정, 운영하여야 한다.

4) 여수 화학공장 HDPE 사일로(Silo) 폭발사고(2013)

가) 사고개요

여수석유화학공단 소재 OO산업의 고밀도폴리에틸렌(High Density Polyethylene, HDPE) 분말 저장탱크(Silo)의 하부에서 정비작업 중 사일로 하부 측면에 맨홀을 부착하기 위해 구멍을 뚫은 후 맨홀을 붙이는 용접작업 중 용접불티가 사일로 내부에 잔존한 HDPE 분진에 점화되고 분해증기에 의해 폭발이 발생하여 사일로 상부의 플랫폼 설치작업자 및 맨홀설치작업자 중 6명 사망, 4명 중상, 8명 경상의 피해가 발생한 사고이다.

[그림 1-33] 화재발생 및 폭발사고 현장

나) 사고원인

사고의 원인은 가연성 분진을 완전히 제거하지 않고 용접작업을 한 것이다.

용접작업 전 물세척 등의 안전조치를 실시하지 않아 발생한 사고로 용접작업에 대한 작업허가서 발행 시에 가연성 분진의 존재와 분진폭발 위험성에 대한 조치를 요구하지 않은 것이 사고의 주요인이라 할 수 있다.

협력업체에 물질특성, 현장조건, 화재 및 폭발 위험성 등에 대한 정보전달이 미흡하였으며, 교육적인 면에서는 관리감독자, 근로자, 협력업체 근로자들에게 가연성 분진의 화재 및 폭발특성, 안전조치, 작업 전 제거방법 등에 대한 교육이 부족하여 사고의 피해를 키우게 되었다.

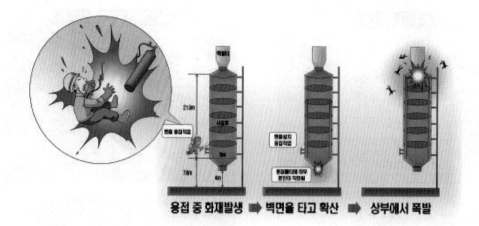

[그림 1-34] 화재·폭발 사고 전개과정

다) 후속조치 및 대책

점화원이 될 수 있는 가연물이 사일로에 있는 상태에서 화기작업을 하지 않도록 정비작업 전 사일로 내부의 가연물을 완전히 제거하고 작업을 하고, 분진으로 인한 폭발위험도 안전작업허가서 발급 시에 점검하도록 절차서 및 허가서의 양식을 보완하여야 한다.

또한 원청과 협력업체는 작업조건 및 현장의 안전보건에 필요한 충분한 정보를 교환하여야 하며 원청업체에서는 정비기간을 단축하기 위하여 중요한 안전조치를 소홀히 하거나 생략하지 않도록 협력업체관리를 철저히 실시하여야 한다.

설비적인 면에서는 폭발 시 폭발압력을 해소하기 위한 폭발 방산구를 설치하여야 한다.

5) 울산 화학공장 집수조 폭발사고(2015)

가) 사고개요

2015년 7월 3일(금) 09:16분경 울산 OO케미칼 2공장 폐수처리장의 폐수 및 악취제거 환경설비 개선공사를 위해 고농도 폐수 집수조 상부에서 폐수이송배관 연결작업을 하던 중 폐수 집수조 내부의 폭발 영향으로 협력업체 근로자 6명이 사망(집수조 크기 : 가로 14.8m×세로 12.8m×높이 5.8m, 내용적 800m³)한 사고이다.

[그림 1-35] 폭발사고 현장

나) 사고원인

사고발생 폐수 집수조는 공정에서 방출되는 고농도 폐수를 모으는 집수조로 상부에 배풍기(B-2452-A)가 설치되어 있었으나, 배풍기 후단에 연결되는 폭기조 공사를 하기 위해 2015년 6월 18일부터 가동을 중지하여 집수조 내부에 생성된 인화성 증기를 원활하게 배출하지 못하였고, 집수조에 유입된 폐수에 포함된 VAM에서 발생된 증기는 공기보다 무거워(비중3) 집수조 내부 공간에 체류하여 폭발 분위기가 형성된 상태에서 아르곤 AC/DC TIG 용접에 의한 비산불티 또는 고속절단기 및 핸드그라인더의 가공재 불티가 점화원이 되어 폭발한 것으로 추정된다.

[그림 1-36] 사고발생 현장 및 폐수저장조 내부

다) 후속조치 및 대책

점화원이 될 수 있는 작업을 보수정비업체가 해야만 할 경우에는 안전작업허가가 형식적, 의례적이 아닌 철저한 확인과 교육 후 발급되어야 하며, 원청업체에서는 집수조 등에 폭발분위기가 형성되지 않도록 배풍기의 설치, 작동여부를 일상으로 확인해야 하고 특히, 작업 전 산소농도 측정 등의 자료를 협력업체에 제공하여 협력업체가 제대로 된 위험성평가를 한 후 안전작업을 할 수 있도록 하여야 한다.

6) 시흥 바이오디젤 증발기 폭발사고(2016)

가) 사고개요

2016년 12월 22일(목) 17 : 32경 경기도 시흥시 소재 ○○산업의 바이오 디젤 증류1호기 증발기 부분에서 폭발, 화염 전개로 부스터(Booster) 펌프스테이션 상부에서 작업하고 있던 근로자 1명이 사망한 재해이다.

[그림 1-37] 사고발생 현장

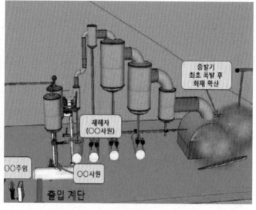

[그림 1-38] 사고발생상황

나) 사고원인

증류1호기 부스터펌프를 정비하기 위해 증류설비의 진공이 완전히 해체되지 않은 상태에서 대기벤트 밸브를 개방함으로써 외부공기가 증발기 등 설비내부로 유입된 공기(산소)와 함께 증발기의 유증기가 증발기 측면에 설치된 액위전송기(Level Transmitter : LT) 가이드의 상부노즐을 통해 가이드 상부공간으로 유입되어 폭발분위기가 형성되었고 액위 전송기(LT)가 점화원으로 작용하여 화재폭발이 일어났을 것으로 추정된다.

다) 후속조치 및 대책

정비 및 보수작업 전에는 화재폭발을 방지하기 위하여 설비 내부에 있는 인화성액체를 방출하고 내부 인화성 증기를 불활성화하고 환기 조치하여 폭발분위기 형성을 예방하여야 한다. 인화성액체의 증기가 존재하여 폭발화재가 발생할 우려가 있는 증발기, 핏치 탱크 및 제품탱크 내부에 유증기가 다량으로 존재 시 충분한 퍼지 및 환기가 중요하다. 바이오 디젤 증류설비 내부 인화성액체 및 인화성 가스가 상시 존재하는 설비를 유지·보수할 때에는 설비 내부를 확실히 퍼지 및 환기시켜야 하며 증발기 내부에 설치되어 있는 액위 전송기(Level Transmitter : LT) 등 전기장치는 점화원이 될 수 있으므로 작업 전 전기장치의 전원을 차단하여야 한다.

제2장

공정안전보고서 구성요소

2-1 공정안전자료

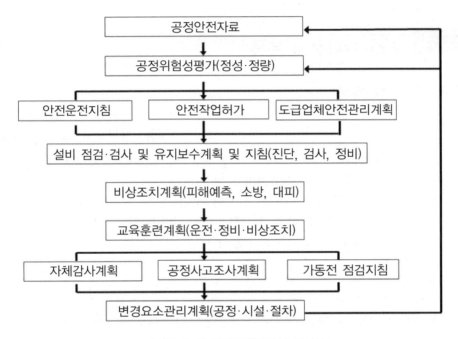

[그림 2-1] 공정안전관리의 구성요소

공정안전자료는 12대 공정안전관리요소 중 가장 기본이 되는 부분이다. 따라서 공정안전을 확보하기 위해서는 정확한 공정안전자료가 확보되어야 한다.

공정안전자료의 세부항목으로는 유해·위험물질 목록, 장치 및 설비 명세, 공정도면, 폭발위험장소 구분 및 전기단선도 등이 있다. 자세한 내용은 **고용노동부고시 제2023-21호 (공정안전보고서의 제출·심사·확인 및 이행상태평가 등에 관한 규정) 제19조** 내지 제26조에서 정하고 있다.

다음은 '고용노동부고시 제2023-21호'이다.

공정안전보고서 고시

고용노동부고시 제2023-21호
공정안전보고서의 제출·심사·확인 및 이행상태평가 등에 관한 규정

2-1-1 유해·위험물질 목록

1) 유해·위험물질 목록

고용노동부고시 제2023-21호

제20조(유해·위험물질 목록) ① 유해·위험 물질목록은 별지 제13호서식의 유해·위험물질 목록에 다음 각 호의 사항에 따라 작성하여야 한다.
  1. "노출기준"란에는 고용노동부장관이 고시한「화학물질 및 물리적인자의 노출기준」에 따른 시간가중평균노출기준을 기재하고, 위 고용노동부 고시에 규정되어 있지 않은 물질에 대하여는 통상적으로 사용하고 있는 시간가중평균노출기준을 조사하여 기재한다.
  2. "독성치"란에는 취급하는 물질의 독성값(경구, 경피, 흡입)을 기재한다.
  3. "이상반응 유무"란에는 이상반응을 일으키는 물질 및 조건을 기재한다.
② 유해·위험물질목록에는 법 제41조에 따라 작성된 물질안전보건자료를 첨부하여야 한다.

【별지 제13호서식】

유해·위험물질 목록

화학물질	CAS No	분자식	폭발한계 (%)		노출기준	독성치	인화점(℃)	발화점(℃)	증기압 (20℃, mmHg)	부식성 유무	이상반응 유무	일일 사용량	저장량	비고
			하한	상한										

주) ① 유해·위험물질은 제출대상 설비에서 제조 또는 취급하는 모든 화학물질을 기재합니다.
  ② 증기압은 상온에서 증기압을 말합니다.
  ③ 부식성 유무는 있으면 ○, 없으면 ×로 표시합니다.
  ④ 이상반응 여부는 그 물질과 이상반응을 일으키는 물질과 그 조건(금수성 등)을 표시하고 필요시 별도로 작성합니다.
  ⑤ 노출기준에는 시간가중평균노출기준(TWA)을 기재합니다.
  ⑥ 독성치에는 LD50(경구, 쥐), LD50(경피, 쥐 또는 토끼) 또는 LC50(흡입, 4시간 쥐)을 기재합니다.

길라잡이

PSM 대상 설비에서 취급·저장하는 원료, 부원료, 첨가제, 촉매, 촉매보조제, 부산물, 중간 생성물, 중간제품, 완제품 등 모든 유해·위험물질을 [별지 제13호서식]에 기입하여야 한다.

가) 분자식란에는 구조식 또는 분자식을 기입하되 가능하면 구조식을 기입한다. 혼합물인 경우에는 혼합물을 구성하는 물질의 조성(%)도 함께 기입한다. 단 그 물질의 구조식, 분자식 또는 조성 등이 제조업체의 영업기밀에 해당되는 경우에는 기록하지 아니할 수 있다.

나) 폭발한계란에는 그 물질의 대기 중에서의 폭발한계치를 상·하한으로 나누어 기입하고, 분진 폭발성 물질인 경우에는 폭발한계치를 기입한다.

다) 허용농도란에는 고용부장관이 고시한 "유해물질의 허용농도"에 규정된 시간가중평균농도(TWA)를 우선적으로 기입한다. 고용노동부고시에 규정되어 있지 않은 물질에 대하여는 통상적으로 사용하고 있는 시간가중평균농도를 문헌 등에서 조사하여 기입한다.

※ 시간가중평균농도(TWA)는 1일 8시간 작업을 기준으로 하여 유해요인의 측정농도에 발생시간을 곱하여 8시간으로 나눈 농도를 말한다.

라) 독성치란에는 취급하는 물질의 상태가 액체 또는 고체인 경우에는 치사량(LD50 : 경구, 경피, 쥐 또는 토끼)을, 기체인 경우에는 치사농도(LC50 : 흡입, 쥐, 4시간)를 기입한다. 그 단위는 LD50은 mg/kg, LC50은 ppm으로 기입한다.

※ 종전의 규정에는 '독성치'란에 액체·고체는 경구(흡입), 경피(피부 접촉) 독성치를 기재하고, 기체는 흡입 독성치를 기재하도록 하였으나, 2016. 8. 18. 이후 개정된 고시에는 성상에 관계없이 독성치(경구, 경피, 흡입)를 모두 기재하도록 변경되었다.

마) 인화점 및 발화점란에는 그 물질이 갖는 인화점 및 발화점을 섭씨 온도로 기입한다. 특히 인화점은 혼합물에 대하여도 기입한다.

바) 증기압은 20℃에서 그 물질이 갖는 수치를 mmHg 단위로 기입한다.

사) 부식성 유무는 그 물질이 특정 재질에 미치는 부식성이 있는 경우에는 ○표를, 없는 경우에는 ×표를 하되 가능하면 부식성이 있는 재질과 부식정도(mm/year)등을 기입한다.

아) 이상반응 유무란에는 그 물질과 접촉·혼합시에 이상반응을 일으킬 수 있는 물질, 이상반응조건, 그 영향 등을 기입한다.

자) 일일사용량란에는 그 설비에서 취급하는 양을 24시간 기준 1일 사용량을 기입하고
　 저장량 란에는 그 저장설비의 설계용량을 기입한다. 그 설비가 회분식 공정인 경우
　 에는 사용량을 24시간 기준으로 환산하여 기입한다.

차) 유해·위험물질 목록에는 법 제111조 규정에 의하여 작성되어 제공된 물질안전보건
　 자료(Material Safety Data Sheets, MSDS)를 첨부한다.

다음은 MSDS에 자주 사용되는 용어들이다.

[표 2-1] MSDS에 자주 사용되는 용어들

용 어	내 용
CAS No.	CAS No(CAS등록번호)는 Chemical Abstracts Service Registration Number의 약자로 미국 화학협회가 지정한 고유번호임. 화학물질은 관용명, 이명 등이 많아 찾는데 어려움이 있을 수 있으나 국제적으로 통용되는 CAS No.로 조회를 하면 정확하고 쉽게 알 수 있음.
폭발한계 (하한, 상한)	가연성 기체/증기와 공기와의 혼합 기체에 아크 등 점화원이 존재할 경우 폭발을 일으키는 한계농도로서 폭발(연소)범위의 하한을 LEL(Lower Explosive Level), 상한을 UEL(Upper Explosive Level)이라 함.
TWA (시간가중평균 노출기준)	1일 8시간 작업 동안 노출될 수 있는 시간가중평균 허용농도(TWA : Time Weighted Average)를 나타내는 TLV(Threshold Limit Value) 값으로 거의 모든 근로자가 나쁜 영향을 받지 않고 노출될 수 있는 농도임. 유해인자의 측정치에 발생시간을 곱하여 8시간으로 나눈 값임.
STEL(단시간 노출기준)	작업장의 TWA가 기준치 이하라고 하더라도 15분 동안 노출되어서는 안 되는 시간가중평균노출값(STEL : Short Term Exposure Limit)을 나타내는 TLV값임.
최고노출기준 (C)	근로자가 1일 작업시간 동안 잠시라도 노출되어서는 아니되는 기준을 말하며, 노출기준 앞에 "C"를 붙여 표시함.
LD50 (경구, 쥐)	쥐에 대한 투입실험에 의하여 실험 개체의 50%를 사망시킬 수 있는 물질의 양. LD50(경구, 쥐)이 300mg/kg(체중) 이하인 화학물질은 급성독성 물질임
LD50(경피, 쥐 or 토끼)	쥐 또는 토끼에 대한 경피흡수 실험에 의하여 실험동물의 50%를 사망시킬 수 있는 물질의 양. LD50(경피, 토끼 또는 쥐)이 1,000mg/kg(체중) 이하인 화학물질은 급성독성 물질임.
LC50(쥐, 4시간 흡입)	쥐에 대한 4시간 동안의 흡입실험에 의하여 실험동물의 50%를 사망시킬 수 있는 농도. 가스 LC50(쥐, 4시간 흡입)이 2,500ppm(체중) 이하인 물질, 증기 LC50(쥐, 4시간 흡입)이 10mg/L이하인 화학물질, 분진 또는 미스트 LC50이 1mg/L 이하인 화학물질은 급성독성 물질임.
부식성	직접 또는 간접적으로 재료를 침해하는 성질 ※부식성물질 : 화학적인 작용으로 금속을 부식시키는 물질로서, 부식성 산류와 부식성 염기류로 구분할 수 있음. 농도 20% 이상인 염산, 황산, 질산, 농도 60% 이상인 인산, 아세트산, 불산, 농도 40% 이상인 수산화나트륨, 수산화칼륨 등을 예로 들 수 있음.

2) 물질안전보건자료(Material Safety Data Sheets, MSDS)

보통 물질안전보건자료(MSDS)는 제조사나 납품업체로부터 제공된다. MSDS는 아래와 같이 16개 항목으로 구성되어 있다.

간혹 「안전보건공단」에 있는 참고용 자료를 다운로드 받아 사용하는 경우가 있는데, 이는 범용적 자료로 제조사에서 만든 자료와는 그 내용이 다를 수 있으므로 참고용으로 주의하여 사용하여야 한다.

[표 2-2] 물질안전보건자료의 세부항목

- 화학제품과 회사에 관한 정보
- 구성성분의 명칭 및 조성
- 위험·유해성
- 응급조치 요령
- 폭발·화재 시 대처방법
- 유출사고 시 대처방법
- 취급 및 저장방법
- 노출 방지 및 개인 보호구
- 물리화학적 특성
- 안정성 및 반응성
- 독성에 관한 정보
- 환경에 미치는 영향
- 폐기시 주의사항
- 운송에 필요한 정보
- 법적 규제 사항
- 기타 참고 사항

앞서와는 달리 업체에서 제공한 MSDS에 필수 정보가 누락되었거나 잘못 기재된 경우도 있으므로 안전보건공단의 MSDS와 비교가 필요하다. 「산업안전보건법」에서 MSDS에 대해 요구하는 사항은 관련 고시를 통해 확인해야 하며 다음 QR코드로 확인할 수 있다.

안전보건공단 MSDS 검색	화학물질의분류·표시 및 물질안전 보건자료에 관한 기준 (고용노동부고시 제2020-130호)

번호	화학물질	CAS No	분자식	폭발한계 (%)		노출기준	독성치	인화점(℃)	발화점(℃)	증기압 (20℃, mmHg)	부식성 유무	이상반응 유무	일일 사용량	저장량	비고
				하한	상한										
							LS50(경구) 6200mg/kg, Rat. LC50(흡입) 20000 pp 10 hr Rat LD50(경피)자료 없음					점화원, 열 화염 등 피해야 함 (MSDS참조 10. 안전성 및 반응성)			

[그림 2-2] 유해ㆍ위험물질 목록 작성(예)

2-1-2 유해ㆍ위험설비의 목록 및 명세

1) 동력기계 목록

고용노동부고시 제2023-21호

제21조(유해ㆍ위험설비의 목록 및 명세) ① 유해ㆍ위험설비 중 동력기계 목록은 별지 제14호서식의 동력기계 목록에 다음 각 호의 사항에 따라 작성하여야 한다.

1. 대상 설비에 포함되는 모든 동력기계는 모두 기재
2. "명세"란에는 펌프 및 압축기의 시간당 처리량, 토출측의 압력, 분당회전속도 등, 교반기의 임펠러의 반경, 분당회전속도 등, 양중기의 들어 올릴 수 있는 무게, 높이 등 그 밖에 동력기계의 시간당 처리량 등을 기재
3. "주요 재질"란에는 해당 기계의 주요 부분의 재질을 재질분류기호로 기재
4. "방호장치의 종류"란에는 해당 설비에 필요한 모든 방호장치의 종류를 기재

【별지 제14호서식】

동력기계 목록

동력기계 번호	동력 기계명	명 세	주요 재질	전동기용량 (kW)	방호ㆍ보호 장치의 종류	비고

주) ① 방호ㆍ보호장치의 종류에는 법적인 안전/방호장치와 모터보호장치(THT\R, EOCR, EMPR등) 등을 기재합니다.
　　② 비고에는 인버터 또는 기동방식 등을 기재합니다.

가) 동력기계번호는 공정별로 구분을 할 수 있도록 번호를 지정하고 P&ID 등의 도면 상의 설비번호와 일치하여야 한다.

나) 동력기계목록은 대상공정에서 사용되는 모든 동력기계를 기입하여야 한다. 용기에 설치된 교반기, 창고 등에 설치된 전동 셔터(Shutter), Crane/Hoist 등도 빠짐없이 기입한다.

예를 들면 명세란에는 펌프 및 압축기의 시간당 처리량, 토출 측의 압력, 분당회전속도, 교반기 임펠러의 반경 등의 정보가 기재되어야 한다.

[표 2-3] 주요명세 작성 예시

- 펌프류, 압축기류, Fan류 : 용량(㎥/hr)×토출압력(MPa)×분당회전속도(rpm)
- 교반기 : 임펠러의 반경(mm)×분당회전속도(rpm)
- 양중기 : 정격용량(Ton)×양정(mm)×Span(mm)×주행거리(mm)

다) 주요 재질란에는 아래 [그림 2-3]과 같이 해당 기계의 주요 부분의 사용재질을 KS 또는 ASTM 등의 재질분류기호로 기재한다.

	2.2.1 동력기계목록		표준번호 : -PSM-221 제정일자 : . . 개정일자 : . . 개정차수 : 차	장번호	221
				Page	페이지

기계번호	동력기계명	명 세	주요재질	전동기 용량(kw)	방호장치의 종류	비 고
P-101A	95% Ethyl Alcohol No.1 Feed Pump	(12.5m³/hr) x (0.3MPa) x (3500rpm)	Casing: STS304 Impeller: STS304 Shaft: STS304	2.2	방호커버 EOCR	원심펌프 방폭형
P-101B	95% Ethyl Alcohol No.2 Feed Pump	(12.5m³/hr) x (0.3MPa) x (3500rpm)	Casing: STS304 Impeller: STS304 Shaft: STS304	2.2	방호커버 EOCR	원심펌프 방폭형
P-201A	Flushing Water Feed Pump	(50m³/hr) x (0.098MPa) x (1740rpm)	Casing: STS304 Impeller: STS304 Shaft: STS304	2.2	방호커버 EOCR	원심펌프

[그림 2-3] 동력기계 목록(예)

라) 전동기 용량란에는 해당 기계에 설치된 전동기의 용량을 kW단위로 기입하며, 전동기 이외의 동력수단(Steam 등)에 의해 작동되는 것은 동력열량 단위를 kW로 환산하여 기입한다.

마) 방호장치의 종류란에는 그 동력기계에 필요한 방호장치의 이름을 모두 기입하되

산업안전보건법에서 요구하는 방호장치의 이름은 필히 빠짐없이 기록한다.

[표 2-4] 방호장치 기입 예시

- 정변위펌프 : 안전밸브 설치 여부 기입.
- 양중기(Crane/Hoist) : 과부하방지장치, 권과방지장치, 비상정지스위치, Stopper장치 등

바) 비고란에는 펌프 및 압축기인 경우에 그 형식 분류 인버터 등 기동방식을 기입한다.

2) 장치 및 설비 명세

고용노동부고시 제2023-21호

제21조(유해·위험설비의 목록 및 명세) ② 장치 및 설비 명세는 별지 제15호 서식의 장치 및 설비 명세에 다음 각 호의 사항에 따라 작성하여야 한다.
  1. "용량"란에는 탑류의 직경·전체길이 및 처리단수 또는 높이, 반응기 및 드럼류의 직경 · 길이 및 처리량, 열교환기류의 시간당 열량·직경 및 높이, 탱크류의 저장량 · 직경 및 높이 등을 기재
  2. 이중 구조형 또는 내외부의 코일이 설치되어 있는 반응기 및 드럼류는 동체 및 자켓 또는 코일에 대하여 구분하여 각각 기재
  3. "사용 재질"은 재질분류 기호로 기재
  4. "개스킷의 재질"은 상품명이 아닌 일반명을 기재
  5. "계산 두께"는 부식여유를 제외한 수치를 기재
  6. "비고"에는 안전인증, 안전검사 등 적용받는 법령명을 기재

【별지 제15호서식】

장치 및 설비 명세

장치번호	장치명	내용물	용량	압력(MPa)		온도(℃)		사용재질			용접효율	계산두께(mm)	부식여유(mm)	사용두께(mm)	후열처리여부	비파괴율검사(%)	비고
				운전	설계	운전	설계	본체	부속품	개스킷							

주) ① 압력용기, 증류탑, 반응기, 열교환기, 탱크류 등 고정기계에 해당합니다.
   ② 부속물은 증류탑의 충진물, 데미스터(Demister), 내부의 지지물 등을 말합니다.
   ③ 용량에는 장치 및 설비의 직경 및 높이 등을 기재합니다.
   ④ 열교환기류는 동체측과 튜브측을 구별하여 기재합니다.
   ⑤ 자켓이 있는 압력용기류는 동체측과 자켓측을 구별하여 기재합니다.

유해위험설비의 장치 및 설비 명세의 세부적인 작성방법은 '공정안전보고서의 제출·심사·확인 및 이행상태평가 등에 관한 규정'을 참조하여 다음과 같이 작성하여야 한다. 여기서 장치 및 설비라 함은 탑(Tower)류, 반응기류, Drum 및 Vessel류, 열교환기류, 가열로류(Heater/Furnace), 탱크류, 원심분리기, 집진기 등 모든 고정설비(Stationary Equipment)를 말한다.

가) 장치번호는 P&ID상의 장치 번호와 일치시켜 기입한다.

나) 용량란에는 탑류의 직경, 전체길이 및 처리단수 또는 높이, 반응기 및 드럼류의 직경, 길이 및 처리량, 열교환기류의 시간당 전열량 및 전열 면적, 가열로류의 시간당 열량, 직경 및 높이, 탱크류의 저장량, 직경 및 높이 등을 기입한다.

[표 2-5] 주요장치 및 설비 명세 작성 예시

- 탑류 : 직경(mm)×전체길이(mm)×단수
- 반응기류 : 직경(mm)×전체길이(mm)
- 열교환기류 : 전열량(kcal/hr)×전열면적(m²)×형식(AUE)
- 가열로류 : 전열량(kcal/hr)×직경(mm) x 높이(mm)×PS 개수
- 탱크류 : 저장량(m³)×직경(mm) x 높이(mm)

다) 열교환기류는 동체(Shell)측과 튜브(Tube)측을 구분하여 모든 사항을 기재하며, 튜브측의 사용재질은 본체란에는 Channel 및 Channel Cover의 재질을, 부속품란에는 Tube 및 Tube Sheet의 재질을 기입한다.

이중 구조형(Jacket 구조형) 또는 내외부 코일이 설치되어 있는 반응기 및 드럼류는 동체 및 자켓/코일에 대하여 구분하여 모든 사항을 기입한다.

사용재질은 KS 또는 ASTM 등의 분류기호로 기입한다.

라) 개스킷의 재질은 특정 상품명이 아닌 일반명을 기입한다. 특히 「장치와 개스킷 등의 부속품」을 선정할 때는 재질뿐만이 아니라 제품의 보관, 관리상태 등도 확인하여야 한다.

마) 계산두께는 부식여유를 제외한 강도에 필요한 최소 두께를 기입한다. 즉, 계산 두께와 부식여유의 합은 실사용 두께보다 작게(계산두께＋부식여유≤사용두께)되도록 기입한다.

바) 용접효율 및 비파괴 검사율은 고용부고시에서 정하는 압력용기 제작기준·안전기준 및 검사기준의 용접이음의 효율을 참조하기 바란다.

사) 용접후 응력제거를 위한 열처리 여부는 고용부고시에서 정하는 압력용기 제작기준·안전기준 및 검사기준에 따르던지 사업주가 요구하는 용접부위에 대하여 후열처리 여부를 정확히 기입한다. 특히 열교환기 및 탱크류의 열처리부위는 정확히 기입한다.

3) 배관 및 개스킷 명세

고용노동부고시 제2023-21호

제21조(유해·위험설비의 목록 및 명세) ③ 배관 및 개스킷 명세는 별지 제16호 서식의 배관 및 개스킷 명세에 다음 각 호의 사항에 따라 작성하여야 한다.

1. 해당 설비에서 사용되는 배관에 관련된 사항은 공정 배관·계장도(Piping & Instrument Diagram, P&ID)상의 배관 재질 코드별로 기재
2. "분류코드"란에는 공정 배관·계장도 상의 배관분류 코드를 기재
3. "유체의 명칭 또는 구분"란에는 관련 배관에 흐르는 유체의 종류 또는 이름을 기재
4. "배관 재질"란에는 사용 재질을 재질분류 기호로 기재
5. "개스킷 재질 및 형태"란에는 상품명이 아닌 일반적인 명칭 및 형태를 기재

【별지 제16호서식】

배관 및 개스킷 명세

분류 코드	유체의 명칭 또는 구분	설계 온도	설계 압력	배관 재질	개스킷 재질 및 형태	비파괴검사율	후열처리여부	비고

주) ① 분류코드란에는 공정배관계장 도면상의 배관분류 코드를 기재합니다.
② 배관재질란은 KS/ASTM 등의 기호로 기재합니다.
③ 개스킷 재질 및 형태란에는 일반명 및 형태를 기재하고 상품번호는 기재하지 아니합니다.

길라잡이

개스킷은 Sheet Gasket, Spiral-Wound Gaskets, Metal O-ring, Oval Ring 등의 종류가 있으며 사용 소재에 따라 그 특성과 용도가 달라진다. 그러므로 개스킷 선정시에는 운전온도 및 압력, 파이프 규격, 온도 사이클, 비용, 유체의 화학성분, 내화성 등

을 세심히 고려하여야 한다. 일반적으로 많이 쓰는 Sheet Gaskets은 온도 및 압력 증가에 따른 내구성이 떨어질 수 있으므로 Spiral-Wound Gaskets 등의 적절한 개스킷을 선정하는 것이 중요하다.

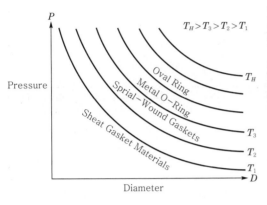

[그림 2-4] 운전조건에 따른 개스킷의 선정

[그림 2-5] Spiral-Wound Gaskets

가) 배관 및 개스킷 명세 상의 분류코드는 다음과 같다.

[표 2-6] 배관 번호 예시

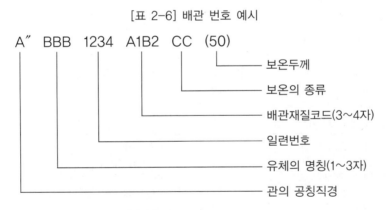

주) KS, KOSHA GUIDE, ASTM/ANSI Code 참조

[표 2-7] 개스킷의 선정지침

개스킷의 종류			최고 사용온도 (℃)	최고사용압력 (호칭압력)	비 고
판형개스킷 (Sheet Gasket)	압축석면 비석면압축 Sheet 테프론 순흑연(Graphite) 고무		400 400 230 800 100~250	300 (PN 50)	
스파이럴형 개스킷 (Spiral Wound Gasket)	파형박판 (Hoop)	SUS 304 SUS 316 SUS 316L SUS 321/347 Monel Inconel 600 Titanium	500 600 800 850 800 850 500	2500 (PN 420)	다음과 같은 조건에서 사용되는 개스킷은 내·외면 붙이가 있는 것이어야 함. 1. 호칭지름>600mm(24")이며, 호칭압력>900(PN150) 2. 350mm<호칭지름<600mm이며, 호칭압력>1500(PN420) 3. 100mm<호칭지름<350mm이며, 호칭압력>2500(PN420)
	충전재 (Filler)	석면 테프론 순흑연	600 230 850		
금속피복형 개스킷 (Metal Jacket Gasket)	연강(Soft Iron) 5Cr-0.5Mo강 SUS 304/304L SUS 316/316L 구리 알루미늄 티타늄 Monel SUS 321/347		530 650 800 800 400 430 800 800 850	300 (PN 50)	
금속개스킷 (Metal Gasket)	연강(Soft Iron) 5Cr-0.5Mo강 SUS 304/304L SUS 316/316L 구리 알루미늄 티타늄 Monel SUS 321/347		530 650 800 800 400 430 800 800 850	1. 주름형 (Corrugated) : 300(PN50) 2. 톱니형 (Serrated) : 600(PN100) 3. 링형 (Ring Joint) : 모든 압력범위	

주) ① 본 선정지침은 취급하는 위험물질이 개스킷재질에 대하여 비부식성이며 비반응성인 것을 기준으로 작성되었으므로 유체의 물리화학적 특성에 따라 최고사용온도 및 압력을 조정하여야 한다.
② 최고사용압력은 플랜지의 공칭압력을 말한다.
③ 스파이럴형 개스킷은 파형박판 및 충전재의 사용온도를 동시에 만족할 수 있도록 재질을 선택하여야 한다.
④ 고무재질은 고무의 특성에 따라 사용온도를 결정하여야 한다.
⑤ 본 선정 지침을 벗어난 온도·압력범위에서 사용하고자 할 때는 전문제조업체와 상의하여 결정할 수 있다.

다음은 배관금속재질에 대한 분류기호이다.

[표 2-8] 배관금속재질별(강종) 분류기호

품명		KS	JIS	ASTM	비 고
IPE	탄소강	SPP	SGP		
		SPPS38	STPG370	A53-A	
		SPPS42	STPG410	A53-B	
		SPHT38	STPT370	A106-A	
		SPHT42	STPT410	A106-B	
	스텐레스강	STS304TP	SUS304TP	A312-TP304	
		STS316TP	SUS316TP	A312-TP316	[국제철강규격]
강판	탄소강	SS400	SS400	A283-C	
		–	–	A285-C	
		SB410	SB410	A515-60	
		SB480	SB480	A515-70	
		SGV410	SGV410	A516-60	
		SGV480	SGV480	A516-70	
	스텐레스강	STS304	SUS304	A240-304	
		STS316	SUS316	A340-316	

나) 개스킷 재질 및 형태란에는 그 사용재질을 재질분류 기호로 기입하고 또한 개스킷의 형식을 기입하되 상품명이 아닌 일반명을 기입한다.

다) 비파괴 검사율란에는 실제 그 배관에 실시할 비파괴검사율을 KOSHA CUIDE 또는 ASTM/ANSI 31.3등에 준하여 기입한다.

라) 후열처리란은 그 재질의 특성에 따라 코드 또는 사업주의 요구에 따라 실시하고 그실시 여부를 기입한다.

4) 안전밸브 및 파열판 명세

고용노동부고시 제2023-21호

제21조(유해·위험설비의 목록 및 명세) ④ 안전밸브 및 파열판 명세는 별지 제17호 서식의 안전밸브 및 파열판 명세에 다음 각 호의 사항에 따라 작성하여야 한다.

1. 설정압력 및 배출용량은 안전보건규칙 제264조 및 제265조에 따라 산출하여 설정한다.
2. "보호기기 번호"란에는 안전밸브 또는 파열판이 설치되는 장치 및 설비의 번호를 기재한다.
3. 보호기기의 운전압력 및 설계압력은 별지 제15호서식의 장치 및 설비 명세에 기록된 운전압력 및 설계압력과 일치하여야 한다.
4. 안전밸브 및 파열판의 트림(Trim)은 취급하는 물질에 대하여 내식성 및 내마모성을 가진 재질을 사용하여야 한다.
5. 안전밸브와 파열판의 정밀도 오차범위는 아래 기준에 적합하여야 한다.

구분	설정압력	설정압력 대비 오차범위
안전밸브	0.5 MPa 미만	±0.015 MPa 이내
	0.5 MPa 이상 2.0 MPa 미만	±3% 이내
	2.0 MPa 이상 10.0 Mpa 미만	±2% 이내
	10.0 MPa 이상	±1.5% 이내
파열판	0.3 MPa 미만	±0.015 MPa 이내
	0.3 MPa 이상	±5% 이내

6. "배출구 연결 부위"란에는 배출물 처리 설비에 연결된 경우에는 그 설비 이름을 기재하고, 그렇지 않은 경우에는 대기방출이라고 기재한다.
7. 〈삭 제〉
8. "정격용량"란에는 안전밸브의 정격용량을 기재한다.

【별지 제17호 서식】

안전밸브 및 파열판 명세

계기번호	내용물	상태	배출용량 (kg/hr)	정격용량 (kg/hr)	노즐크기		보호기기압력			안전밸브 등			정밀도 (오차범위)	배출연결부위	배출원인	형식
					입구	출구	기기번호	운전 (MPa)	설계 (MPa)	설정 (MPa)	몸체재질	TRIM 재질				

주) ① 배출원인에는 안전밸브의 작동원인(냉각수 차단, 전기공급중단, 화재, 열팽창 등) 중 최대로 배출되는 원인을 기재합니다.
② 형식에는 안전밸브의 형식(일반형, 벨로우즈형, 파일럿 조작형)을 기재합니다.

길라잡이

2016.8.18. 변경된 고시에는 안전밸브의 정격용량과 안전밸브의 소요 배출용량을 비교하여 안전밸브 선정의 적정성을 확인할 수 있도록 서식(별지 제17호)에 **정격용량을 추가**하였고, **배출원인란**에는 안전밸브의 작동원인(냉각수 차단, 전기공급 중단, 화재, 열팽창 등)을 기재토록 변경되었다.

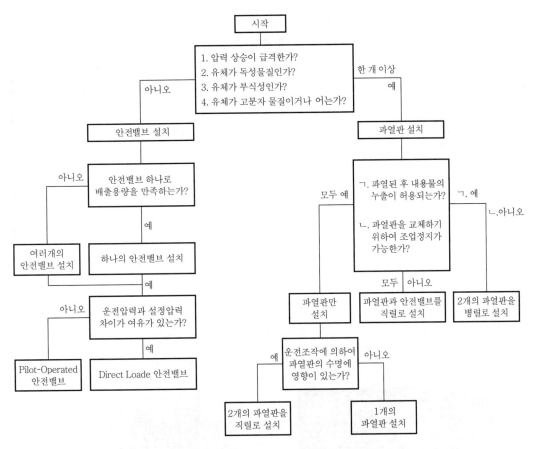

[그림 2-6] 안전밸브 및 파열판 선정흐름도

가) 안전밸브는 기기나 배관의 압력이 일정한 압력을 넘었을 경우 자동으로 작동하여 압력을 방출시키는 장치이고, 파열판은 정해진 압력에서 파열하여 압력을 제거함으로써 용기나 배관 등의 내압 이상상승에 따른 본체의 파괴를 방지하는 장치이다. 두 가지 설비 모두 사용목적은 같으나 구조와 작동원리에 차이가 있다. 일반적으로 안전밸브를 사용하지만, 다음의 경우에는 파열판을 설치하여야 한다.

① 반응폭주 등 급격한 압력상승의 우려가 있는 경우

② 독성물질의 누출로 인해 주위 작업환경을 오염시킬 우려가 있는 경우

③ 운전 중 안전밸브에 이상물질이 누적되어 안전밸브의 기능을 저하시킬 우려가 있는 경우

④ 유체의 부식성이 강하여 안전밸브 재질 선정에 문제가 있는 경우

나) 파열판은 다음과 같은 특성(장단점)을 가지고 있다.

[표 2-9] 파열판의 장단점

장 점	단 점
1. 파열 전에는 새지 않음 2. 열교환기 튜브의 파열 혹은 내부 폭연작용에 의한 급격한 압력 상승의 보호 3. 저렴하게 방식성능 제공 가능 4. 파울링이나 플러깅에 강함 5. 압력보호와 해제 기능을 동시에 제공 6. 넓은 방출 범위를 요구하는 저빈도 2차 보호 장치 기능 제공	1. 방출 후 닫히지 않음 2. 파열압을 시험할 수 없음 3. 주기적인 교체가 필요함 4. 기계적인 충격에 민감함 5. 온도에 민감함 6. 고비용

이러한 단점을 보완하기 위해 안전밸브와 파열판을 이중으로 설치하여 사용하기도 한다. 안전밸브 및 파열판 설치에 관한 기술적 사항은 「KOSHA GUIDE D-18-2020 안전밸브 등의 배출용량 산정 및 설치 등에 관한 기술지침」을 참조하기 바란다.

다음 [그림 2-7], [그림 2-8]은 안전밸브와 파열판의 실례이다.

[그림 2-7] 안전밸브

[그림 2-8] 파열판

안전밸브 및 파열판 KOSHA GUIDE	안전밸브 작동원리	파열판 설치 및 관리 동영상

안전밸브나 파열판을 구매 전에 해당제품이 안전인증을 받았는지, 적정분출량이 나오는지 확인할 수 있는 '안전인증서'와 '분출량 계산서'를 확인하여야 한다.

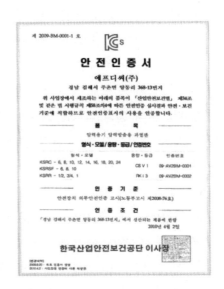

[그림 2-9] 안전인증서

안전밸브 및 파열판 명세 기입에 대하여 좀 더 구체적으로 설명하면 다음과 같다.

가) **계기 번호란**에는 P&ID 상의 안전밸브 또는 파열판 각각의 번호(Tag Number)를 기입한다.

나) **내용물란**에는 안전밸브 또는 파열판을 통하여 배출되는 화학물질의 종류를 기입한다.

다) **상태란**에는 안전밸브 또는 파열판을 통하여 배출되는 화학물질의 상(Phase)을 액체, 기체 또는 액체+기체 등으로 구분하여 기입한다.

라) **배출용량란**에는 안전밸브 또는 파열판을 통하여 배출되는 화학물질의 양을 kg/hr

단위로 기입한다. 여기에서 요구하는 배출량은 공정의 압력 분출 요인에 따라 요구되는 분출량 중에서 최대 분출 요구량으로 하여야 한다. 배출 용량의 산출은 안전보건기술지침의 "안전밸브의 배출용량 및 설정압력 산정 자료"를 참조하여 산정하고, 배출 용량을 산출한 근거를 첨부한다.

마) **정격용량란**에는 안전밸브의 정격용량을 기입한다.

노즐의 크기란에는 안전밸브의 Inlet Nozzle과 Outlet Nozzle의 크기를 배관 공칭 규격으로 Inch 단위로 기입하고, 정격용량은 안전밸브 제조사가 제공하는 산출자료를 첨부한다.

바) **보호기기의 번호란**에는 안전밸브 또는 파열판을 설치하여 보호하고자 하는 장치, 설비 번호(Tag Number)를 기입하되, 장치 및 설비명세상의 번호를 기입한다. 배관 보호를 목적으로 설치되는 경우에는 기입하지 않아도 된다.

보호기기의 운전·설계압력은 보호하고자 하는 장치 및 설비의 운전·설계 압력을 기입하되, 장치 및 설비 명세상의 운전·설계 압력과 일치되도록 기입한다.

사) **안전밸브 등의 설정 압력란**에는 안전밸브 또는 파열판의 Setting Pressure를 기입하되 안전보건기술지침의 "안전밸브의 배출용량 및 설정압력 산정자료"를 기준하여 설정·기입한다.

정밀도(오차범위)는 안전밸브인 경우 설정압력이 0.5MPa 미만인 경우에는 설정압력에서 ±0.015MPa, 설정압력이 0.5MPa 이상 2.0MPa 미만인 경우에는 설정압력의 ±3% 이내, 설정압력이 2.0MPa 이상 10.0MPa 미만인 경우에는 설정압력의 ±2% 이내, 설정압력이 10.0MPa 이상인 경우에는 설정압력의 ±1.5% 이내라고 기입하고, 파열판인 경우에는 설정 압력이 0.3MPa 미만인 경우 설정압력에서 ±0.015MPa, 설정압력이 0.3MPa 이상인 경우 설정압력의 ±5% 이내라고 기입한다.

아) **배출연결 부위란**에는 배출물 처리설비에 연결된 경우에는 그 설비 이름을, 대기 방출인 경우에는 대기방출 이라고 기입한다.

배출원인에는 안전밸브의 작동원인(냉각수 차단, 전기공급중단, 화재, 열팽창 등) 중 최대로 배출되는 원인을 기재한다.

자) **형식란**에는 안전밸브의 형식(일반형, 벨로우즈형, 파일럿 조작형)을 기재한다.

고용노동부고시 제2023-21호

제22조(공정도면)

① 공정개요에는 해당 설비에서 일어나는 화학반응 및 처리방법 등이 포함된 공정에 대한 운전조건, 반응조건, 반응열, 이상반응 및 그 대책, 이상발생 시의 인터록 및 조업중지조건 등의 사항들이 구체적으로 기술되어야 하며, **이 중 이상발생 시의 인터록 작동조건 및 가동중지 범위 등에 관한 사항은 별지 제17호의2서식의 이상발생 시 인터록 작동조건 및 가동중지 범위에 작성하여야 한다.**

② 공정흐름도(Process Flow Diagram, PFD)에는 주요 동력기계, 장치 및 설비의 표시 및 명칭, 주요 계장설비 및 제어설비, 물질 및 열 수지, 운전온도 및 운전압력 등의 사항들이 포함되어야 한다. 다만, 영 제43조제1항제1호부터 제7호까지에 해당하지 아니하는 사업장으로서 공정특성상 공정흐름도와 공정배관·계장도를 분리하여 작성하기 곤란한 경우에는 공정흐름도와 공정배관·계장도를 하나의 도면으로 작성할 수 있다.

③ 공정배관·계장도(Piping & Instrument Diagram, P&ID)에는 다음 각 호의 사항을 상세히 표시하여야 한다.

1. 모든 동력기계와 장치 및 설비의 명칭, 기기번호 및 주요 명세(예비기기를 포함한다) 등

2. 모든 배관의 공칭직경, 라인번호, 재질, 플랜지의 공칭압력 등

3. 설치되는 모든 밸브류 및 모든 배관의 부속품 등

4. 배관 및 기기의 열 유지 및 보온·보냉

5. 모든 계기류의 번호, 종류 및 기능 등

6. 제어밸브(Control Valve)의 작동 중지 시의 상태

7. 안전밸브 등의 크기 및 설정압력

8. 인터록 및 조업 중지 여부

④ 유틸리티 계통도에는 유틸리티의 종류별로 사용처, 사용처별 소요량 및 총 소요량, 공급설비 및 제어개념 등의 사항을 포함하여야 한다.

⑤ 유틸리티 배관·계장도(Utility Flow Diagram, UFD)에는 공정배관·계장도에 표시되는 모든 것을 포함하여야 한다.

【별지 제17호의2서식】

이상발생시 인터록 작동조건 및 가동중지 범위

인터록 번호	대상설비 번호	설정값				감지기 번호	최종 작동설비	가동중지 범위	점검주기	비고
		온도 (℃)	압력 (MPa)	액위 (m)	기타					

주) ① 인터록번호는 다른 인터록과 구분되는 번호를 기재합니다.·
② 대상설비는 인터록 및 조업중지가 되는 설비명을 기재합니다.
③ 설정값에는 미리 설정한 온도, 압력, 액위 등을 순차적으로 기재합니다.
④ 감지기번호(계기번호)는 설정된 온도, 압력, 액위 등의 감지기의 번호를 기재합니다.
⑤ 최종작동설비는 인터록에 의해 최종 작동되는 설비를 기재합니다.
⑥ 가동중지범위는 인터록에 의해 가동중지되는 범위를 기재합니다.
⑦ 점검주기는 감지기, 최종작동설비 등의 점검주기를 기재합니다.

길 라 잡 이

2016.8.18. 개정된 고시에서는 유해·위험설비의 인터록(연동장치)의 작동 조건 및 가동중지 범위 등을 제출받아 적정성을 확인하기 위해 [별지 제17호의2서식]이 추가되었다. 공정도면은 다음과 같이 분류된다.

1) 공정개요와 공정흐름도(PFD)

공정개요는 공정에 대한 개략적인 설명이며, 공정흐름도(PFD)는 공정계통과 장치설계 기준을 나타내주는 도면으로 주요장치, 장치간의 공정연관성, 운전조건, 운전변수, 물질·에너지 수지, 제어설비 및 연동장치 등의 기술적 정보를 파악할 수 있는 도면을 말한다.

공정개요와 PFD를 좀 더 구체적으로 설명하면 아래와 같다.

가) 공정개요(Process Description)

공정개요는 단위공정(Unit Process)별로 화학반응식, 처리방법을 구체적으로 간단하게 기술하되 다음의 사항들이 필히 포함되어야 한다.

[표 2-10] 공정개요의 주요내용

- 운전조건(온도·압력 등) • 반응조건(온도·압력 등)
- 반응열(kcal/k-mole) • 이상반응 여부 및 그 대책
- 이상발생(Emergency) 시의 인터록 및 Shutdown 조건 등
- 산화반응인 경우 Flammability Triangular Diagram

나) 공정흐름도(Process Flow Diagram : PFD)

공정흐름도는 제조공정을 한눈에 알아볼 수 있도록 되어있는 도면으로 기본적인 제조 개요, 공정제어의 개념, 제조설비의 종류 및 형태 등이 표현되어야 하며, 다음의 사항들이 포함되어야 한다. 공정흐름도 상에는 예비용 장치류 및 병렬로 연결된 장치류 등은 표시되지 않으며 또한 통상적인 밸브도 표시하지 않는다.

[표 2-11] 공정흐름도의 주요내용

- 물질수지 및 열수지(Material & Heat Balance Data)
- 처리방법 및 흐름의 방향(Flow Scheme & Direction)
- 기본적인 제어계기류(Basic Control Instrument)
- 온 도
- 압 력
- 압력용기 등 장치 및 설비의 치수(Dimension)
- 펌프·압축기의 용량(Capacity)
- 열교환기 및 가열로의 용량(Heat Duty)

공정흐름도(PFD)는 「KOSHA GUIDE D-39-2012 공정흐름도 작성에 관한 기술지침」에 의거하여 작성한다.

다음 [그림 2-10]은 PFD에 대한 작성 예시이다.

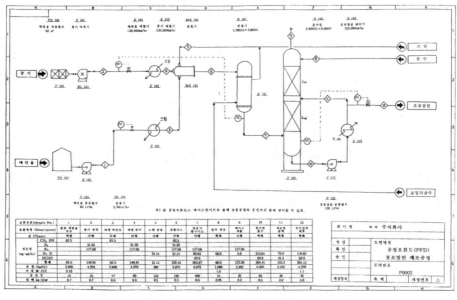

[그림 2-10] PFD 작성 예시

2) 공정 배관 · 계장도(P&ID)

공정의 시운전(Start-up operation), 정상운전(Normal operation), 운전정지(Shut down) 및 비상정지(Emergency Shutdown)시에 상호간의 연관관계를 나타내 주며 상세설계, 건설, 변경, 유지보수 및 운전 등에 필요한 기술적 정보를 파악할 수 있는 도면을 말한다.

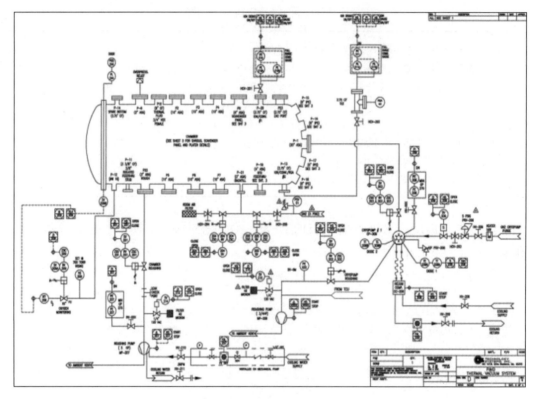

[그림 2-11] P&ID 예시

P&ID는 「KOSHA GUIDE D-29-2012 공정배관 · 계장도 작성에 관한 지침」에 따라 작성되어야 한다. P&ID 등의 도면과 현장은 일치해야 하는데, 실제 현장에서 공정변경이 발생할 경우 도면에 반영이 되지 않거나 반영이 지연되는 경우가 많아 PSM 평가 시 지적이 되곤 한다.

P&ID를 좀 더 구체적으로 설명하면 아래와 같다.

가) P&ID는 모든 공정의 기본이 되는 도면으로 공정에 꼭 필요한 기본 지침서이며, 다음 [표 2-12]와 같이 여러 용도에 없어서는 안 되는 도면이다.

[표 2-12] 공정·배관계장도의 용도

• 제조공정운전(Operation)의 기본서 • 설비의 시운전시의 길잡이 • 건설을 위한 상세설계의 기본

나) P&ID에는 배관, 계기, 기계장치류 등에 대하여 다음과 같은 사항 등이 모두 포함 되어야 한다(고시 제2023-21호 참조).

[표 2-13] 공정·배관 계장도의 상세내용

• 모든 기계장치류(예비기기를 포함한 동력기계, 장치) 표시 • 모든 기계장치류의 이름, 기계장치번호, 치수, Elevation 등 주요명세 • 회전기의 동력원 • 모든 배관의 Size, Line Number, 재질, Flange Rating(공칭압력 등) • 기계장치 및 배관의 보온 및 Tracing 여부 • 모든 배관의 밸브 등 Accessory(Strainer, Expansion Joint, Sample Connection, Drain, Vent 등) • 모든 계기류의 번호, 종류 및 기능 등 • Control Valve(제어밸브)의 Size • Control Valve의 작동중지 시의 상태(Failure Close 또는 Failure Open) • 안전밸브의 크기 및 설정압력 • 인터록(Interlock) 및 조업중지(Shut-Down) 여부

다) P&ID상에 기계, 배관, 계장 등 각 분야별로 운전 및 보수유지에 필요한 사항들을 요약하여 정리하면 다음 [표 2-14]와 같다.

[표 2-14] 기계·배관·계장류의 요약

구 분	내 용
기계장치류	타워, 반응기, 드럼, 열교환기 및 리보일러, 응축기및 냉각기, 직화식 가열기, 펌프, 압축기, 탱크, 릴리프 밸브
배관류	역류방지밸브, 이중차단밸브, 보온 및 Heat Tracing, Free Draining
계기류	온도, 압력, 유량측정기 액위측정기, Differential Instrument, Panel Instrument

3) 유틸리티계통도(Utility Balance Diagram)

유틸리티설비에 대하여 '공정흐름도 작성에 관한 지침'에 준하여 작성한다.

[표 2-15] 유틸리티 계통도의 포함 사항

- 사용처
- 사용처별 소요량 및 총소요량
- 공급설비(Generation System)
- 공정제어 개념

4) 유틸리티 배관 계장도(UFD)

유틸리티설비에 대하여 '공정배관계장도 작성에 관한 지침'에 준하여 작성한다.

단위 공장에서 사용되는 모든 유틸리티에 관련된 배관·계장도면으로, UFD의 구성은 P&ID와 동일한 구성을 가지며 2가지 종류의 UFD를 작성한다.

- 제조시설에 관련된 계통도(System UFD)
- 사용처별 분배계통도(Distribution UFD)

간단한 공정인 경우에는 P&ID에 같이 작성할 수 있다.

다음은 P&ID 등의 도면에서 많이 사용되는 심볼(Symbols)이다.

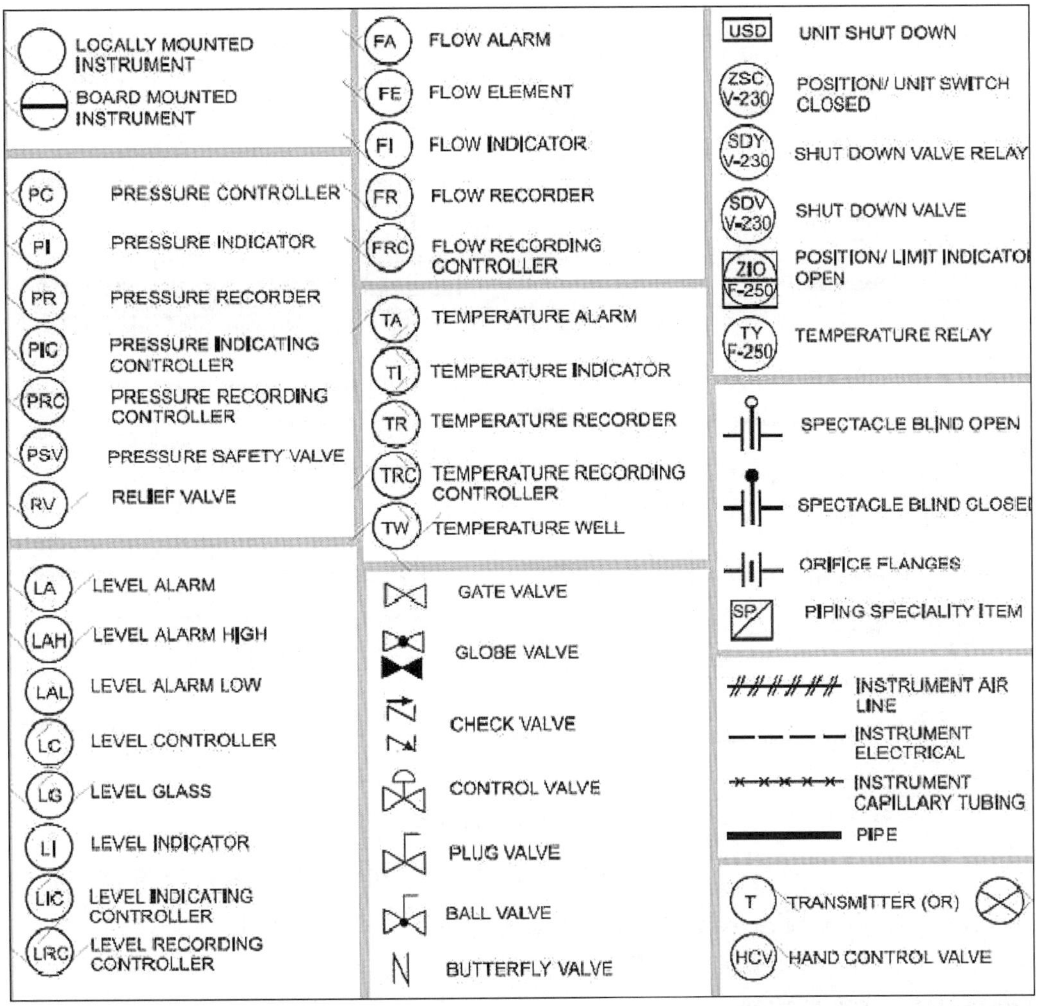

[그림 2-12] 계측기, 밸브류 등 도면에 자주 사용되는 심볼(Symbols)

다음은 공정안전관리 보고서 도면에 자주 사용되는 장비들의 기호의 예이다.

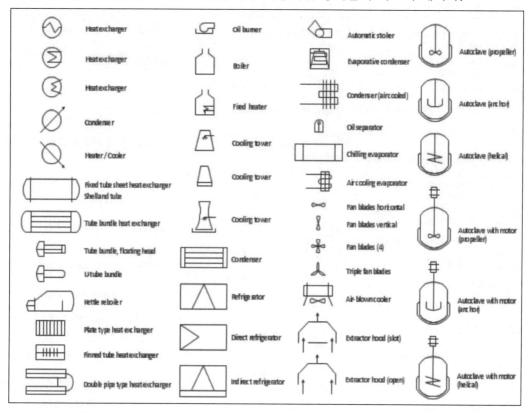

[그림 2-13] 장치 기호

다음은 Gauge에 대한 도면상의 표기와 실제 설비를 비교한 것이다.

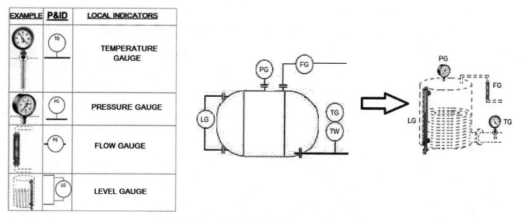

[그림 2-14] P&ID에서의 Gauge 예시

다음은 Transmitters에 대한 도면상의 표기와 실제 설비를 비교한 것이다.

EXAMPLE	P&ID	TRANSMITTERS
	TT	TEMPERATURE TRANSMITTER
	PT	PRESURE TRANSMITTER
	FT	FLOW TRANSMITTER
	LT	LEVEL TRANSMITTER

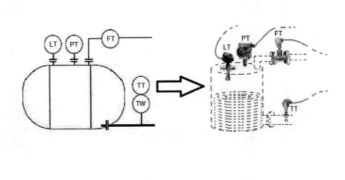

[그림 2-15] P&ID에서의 Transmitter 예시

다음은 Switches에 대한 도면상의 표기와 실제 설비를 비교한 것이다.

EXAMPLE	P&ID	SWITCHES
	TSH High value trip / TSL Low value trip	TEMPERATURE SWITCH
	PSH High value trip / PSL Low value trip	PRESSURE SWITCH
	FSH High value trip / FSL Low value trip	FLOW SWITCH ·
	LSH / LSL	LEVEL SWITCH
Note: If there are several high or low values, it could be used several "H" or "L". For example: "LSH" (for high) and "HH" (for very high) or "LSL" (for low) and "LSLL" (for very low)		

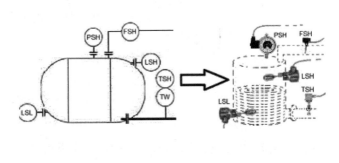

[그림 2-16] P&ID에서의 Switch 예시

다음은 Valve에 대한 도면상의 표기와 실제 설비를 비교한 것이다.

EXAMPLE	P&ID	VALVE TYPES
CLOSE OPEN		GATE VALVE
CLOSE OPEN		GLOBE VALVE
CLOSE OPEN		ANGLE VALVE
CLOSE OPEN		BUTTERFLY VALVE
CLOSE OPEN		BALL VALVE
CLOSE OPEN		PLUG VALVE
CLOSE OPEN		ECCENTRIC ROTARY DISC VALVE

EXAMPLE	P&ID	VALVE ACCESSORIES
		HANDWHEEL
		DIAPHRAGM ACTUATOR
		SAFETY AND RELIEF VALVES
		POSITIONER
		PISTON
	M	MOTOR VALVE
	S	SOLENOID VALVE

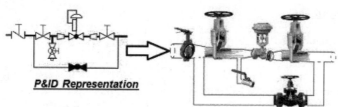

P&ID Representation

[그림 2-17] P&ID에서의 Valve

다음은 여러 가지 Instrument에 대한 표기 방법이다.

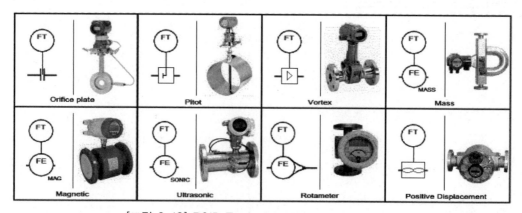

[그림 2-18] P&ID Typical Instrument Drawings

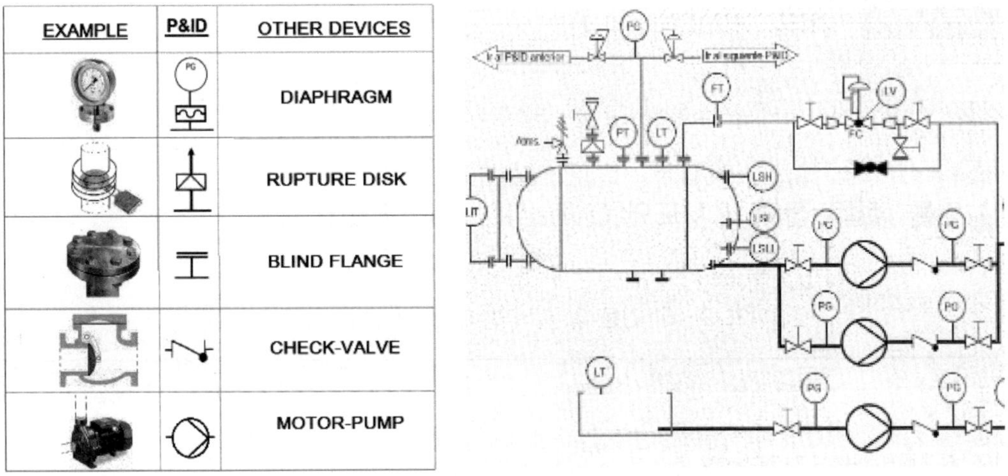

EXAMPLE	P&ID	OTHER DEVICES
	PG	DIAPHRAGM
		RUPTURE DISK
		BLIND FLANGE
		CHECK-VALVE
		MOTOR-PUMP

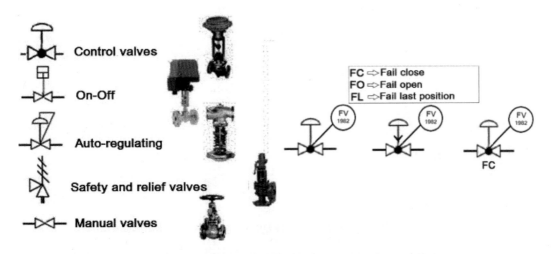

[그림 2-19] P&ID에서의 기타 Equipment

Control valves

On-Off

Auto-regulating

Safety and relief valves

Manual valves

FC ⇨ Fail close
FO ⇨ Fail open
FL ⇨ Fail last position

FV 1982

FV 1982

FV 1982

FC

[그림 2-20] P&ID Typical Valve Drawings

2-1-4 건물·설비의 배치도

건물·설비의 배치도에는 다음의 1), 2), 3) 항의 도면이 포함되어야 한다.

1) 건물·설비 전체 배치도면(Overall Plot Plan)

[표 2-16] 건물 및 설비의 배치도에 포함 사항

- 소방도로폭
- 진북 표시
- 축척(Scale)
- 각종 건물 및 설비의 위치
- 건물과 건물사이의 거리
- 건물과 단위공정 설비간의 거리
- 단위공정 설비와 플레어스택간의 거리
- 단위공정 설비와 저장탱크 설비간의 거리
- 중앙제어실과 단위공정 설비간의 거리

소방도로폭, 진북 표시, 축척(Scale)은 중요한 사항이므로 누락시키지 않도록 주의하여야 한다.

2) 설비 배치도면

[표 2-17] 설비 배치도에 포함 사항

- 각 기계 장치류간의 거리
- 각 기계 장치류의 설치 높이(Elevation)
- 각 기계 장치류의 보수·유지 공간

다음 그림은 「산업안전보건기준에 관한 규칙」 [별표 8]의 안전거리를 나타내었다.

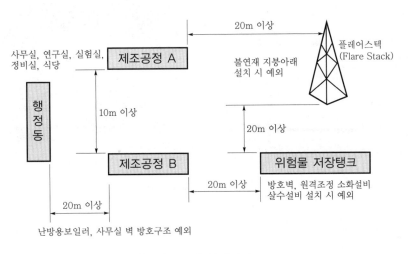

[그림 2-21] 안전거리

3) 건물 및 철 구조물의 평면도 및 입면도

고용노동부고시 제2023-21호

제23조(건물·설비의 배치도 등) 각종 건물, 설비 등의 전체 배치도에 관련된 사항들은 다음 각 호의 사항에 따라 작성하여야 한다.

1. 각종 건물, 설비의 전체 배치도에는 각종 건물 및 설비위치, 건물과 건물 사이의 거리, 건물과 단위설비 간의 거리 및 단위설비와 단위설비 간의 거리 등의 사항들이 표시되어야 하고 도면은 축척에 의하여 표시
2. 설비 배치도에는 각 기기 간의 거리, 기기의 설치 높이 등을 축척에 의하여 표시
3. 기기 설치용 철구조물, 배관 설치용 철구조물, 제어실(Control Room) 및 전기실 등의 평면도 및 입면도 등을 각각 작성

길라잡이

위 1), 2), 3) 3개 항목은 도면과 현장이 일치하도록 작성이 되어야 한다. 설비의 배치 시에는 위험설비 간의 이격거리, 건축물의 구조, 건축자재의 종류 등을 사전에 검토하여야 하며, 「산업안전보건법」, 「위험물안전관리법」, 「고압가스안전관리법」, 「화학물질관리법」 등을 종합적으로 검토하여 각 법에서 요구하는 충분한 안전거리를 확보하여야 한다.

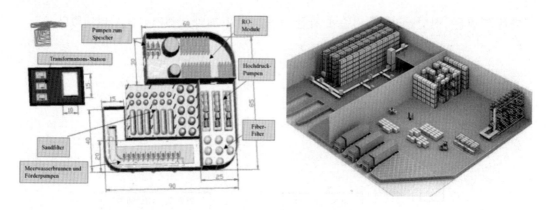

[그림 2-22] 배치도 예시

4) 내화구조 명세

고용노동부고시 제2023-21호

제23조(건물·설비의 배치도 등) 4. 철구조물의 내화처리에 관한 사항은 다음 각 목의 사항에 따라 작성

　가. 설비내의 철구조물에 대한 내화(Fire Proofing) 처리 여부를 별지 제18호서식 "내화구조 명세"에 기재하고 이에 관련된 상세도면을 작성

　나. 상세도면에는 기둥 및 보 등에 대한 내화 처리방법 및 부위를 명확히 표시

　다. 내화처리 기준은 안전보건규칙 제270조를 참조하여 작성하되 이 기준은 내화에 대한 최소의 기준이므로 사업장의 상황에 따라 이 기준 이상으로 실시

【별지 제18호서식】

내화구조 명세

내화설비 또는 지역	내 화 부 위	내화시험기준 및 시간	비 고

주) ① 내화설비 또는 지역은 건축물명, 배관지지대명, 설비명 등을 기재합니다.
　② 내화부위는 내화의 범위(예 : 배관지지대 등)를 기재합니다.
　③ 내화시험기준 및 시간은 한국산업규격에 따른 내화시험방법에 의하여 기재합니다.

건물설비의 배치도 등에서 철구조물의 내화처리는 다음 3가지 사항을 준수하여 작성 및 첨부한다.

① 안전보건규칙 제270조에 준하여 내화처리를 하여야 한다.

② 내화처리 내용을 [별지 제18호] 서식에 따라 기입한다. ([표 2-18] 참조)

③ 내화처리 부위 및 방법에 대한 상세도면을 작성하여 첨부한다.

④ 내화도료로 시공 시 해당 도료의 내화시험성적서를 첨부한다.

※안전보건규칙 제270조

안전보건규칙 제270조(내화기준) ①사업주는 제230조제1항에 따른 가스폭발 위험장소 또는 분진폭발 위험장소에 설치되는 건축물 등에 대해서는 다음 각 호에 해당하는 부분을 내화구조로 하여야 하며, 그 성능이 항상 유지될 수 있도록 점검·보수 등 적절한 조치를 하여야 한다. 다만, 건축물 등의 주변에 화재에 대비하여 물 분무시설 또는 폼헤드(Form Head) 설비 등의 자동소화설비를 설치하여 건축물 등이 화재 시에 **2시간 이상** 그 안전성을 유지할 수 있도록 한 경우에는 내화구조로 하지 아니할 수 있다.

1. 건축물(즉, 기계장치 설치용, Piperack등 철구조물)의 기둥 및 보 : 지상 1층(지상 1층의 높이가 6m를 초과하는 경우에는 6m) 까지

2. 위험물 저장·취급용기의 지지대(기계장치의 자체 Skirt, Leg등의 높이가 30cm 이하인 것은 제외한다.) : 지상으로 부터 지지대의 끝부분 까지

3. 배관 · 전선관 등(배관 및 전선 Cable 설치용 철구조물(Local Support 포함))의 지지대 : 지상으로부터 1단(1단의 높이가 6m를 초과하는 경우에는 6m) 까지

※ [별지 제18호] 서식

다음 [표 2-18]은 내화구조 명세의 작성 예이다.

[표 2-18] 별지 18호 서식 "내화구조 명세" 작성 예시

내화설비 또는 지역	내화부위	내화시험기준 및 시간	비 고
V-530 가스처리설비 공장동	지지대 전체 1층까지	KSF 2257에 의한 1시간 가열결과 시험체 강재표면의 평균온도는 538℃ 이하, 최고온도는 649℃ 이하	내화 모르타르 적용

철골 구조용 강재는 500~600℃에서 응력이 50% 저하되고 800℃ 이상이면 응력이 0에 도달한다. 따라서 화재 발생 시 강재의 온도상승에 의한 내력저하를 최소화하기 위해 다음 [표 2-19]와 같은 내화처리가 필요하다.

[표 2-19] 내화처리 공법의 종류

	타설공법		조적공법
	거푸집을 설치하고 콘크리트 또는 경량콘크리트 타설		벽돌 또는 (경량)콘크리트블록을 시공
	미장공법		도장공법
	철골부재에 메탈라스를 부착하고 단열 모르타르 시공		내화페인트를 피복
	뿜칠공법		성형판 붙임공법
	암면과 시멘트 등을 혼합하여 뿜칠 방식으로 시공		PC판, ALC판, 무기섬유강화 석고보드 등을 철골부재에 부착

※ 내화시공 시 유의사항은 다음과 같다.
① 바탕처리
    ㉮ 강재면의 들뜬 녹, 기름, 먼지 등을 제거하여 부착성 향상
    ㉯ 타설공법 적용 시 강재면에 녹막이 도장 금지
    ㉰ 바탕처리 후 신속히 시공
② 재료의 보관
    ㉮ 흡수와 오염 및 판재의 휨, 균열, 파손에 주의
    ㉯ 재료는 지정된 유효기간 내에 사용

③ 시공

　㉮ 시공 중 내화피복재에 물이 묻지 않도록 주의

　㉯ 분진의 비산 우려가 있을 경우 시트 등으로 비산을 방지

　㉰ 적정 시공두께를 확보

　㉱ 습식공법의 경우 외기 온도 5℃ 이상에서 작업

내화시공 시 샘플포인트를 두어야 하며, 완료되었으면 계획이나 기준대로 시공이 이루어졌는지 확인을 해야 한다. 미장공법이나 뿜칠공법은 핀 등을 이용해 두께측정을 실시한다. 도장공법은 도막 두께측정기를 이용하고 조적공법이나 붙임공법 등은 자재 반입 시 두께 및 비중을 확인해야 한다.

5) 소화설비 설치계획, 화재탐지 및 경보설비 설치계획

고용노동부고시 제2023-21호

제23조(건물·설비의 배치도 등)　5. 소화설비 설치계획을 [별지 제17호의3서식] 또는 소방 관련법(위험물안전관리법 등) 서식의 소화설비 설치계획에 작성하고 소화설비 용량산출 근거 및 설계기준, 소화설비 계통도 및 계통 설명서, 소화설비 배치도 등의 서류 및 도면 등을 작성한다.

　6. 화재탐지·경보설비 설치계획을 별지「제17호의4서식」또는 소방 관련법(위험물안전관리법 등) 서식 화재탐지·경보설비 설치계획에 작성하고 화재탐지 및 경보설비 명세 배치도 등의 서류 및 도면 등을 작성한다.

【별지 제17호의 3서식】

소화설비 설치계획

설치지역	소화기	자동확산소화기	자동소화장치	옥내소화전	스프링클러	물분무소화설비	포소화설비	CO_2소화설비	할로겐화합물소화설비	청정소화약제소화설비	옥외소화전

주) ① 설치지역별로 소화기 등 소화설비의 설치개수를 기재합니다.
　② 스프링클러 등 수계소화설비는 Deluge(딜루지) 밸브 등의 설치개수를 기재합니다.
　③ CO_2 소화설비 등 가스계소화설비는 기동용기 등의 설치개수를 기재합니다.
　④「소방시설 설치·유지 및 안전관리에 관한 법률 시행령」별표 1 및「위험물안전관리법 시행규칙」별표 17에 따라 분말소화설비 등 다른 형태의 소화설비를 추가하여 기재합니다.

【별지 제17호의4서식】

화재탐지경보설비 설치계획

설치 지역	단독경보형 감지기	비상 경보설비	시각 경보기	자동화재 탐지설비	비상방송 설비	자동화재 속보설비	통합감시 시설	누전 경보기

주)「소방시설 설치·유지 및 안전관리에 관한 법률 시행령」별표 1 및 「위험물안전관리법 시행규칙」별표 17에 따라 다른 형태의 경보설비가 설치된 경우에는 추가하여 기재합니다.

길라잡이

2016.8.18. 고시의 개정 시 '소화설비, 화재탐지·경보설비 및 가스누출감지경보기 설치계획의 작성은 [별지 제17호의3,4서식]으로 작성토록 서식을 추가하였다.

사업장 내의 건축물, 화학설비, 위험물 건조설비, 아세틸렌 용접장치, 폭발·화재의 원인이 되는 물질 취급 장소에는 화재탐지 및 경보설비를 갖추어야 하며, 사업장 내에는 화재탐지 및 경보설비 배치도 및 소화기를 포함한 소화설비 배치도를 작성하여야 한다. 또한 사업장 내에 설치된 모든 소화설비에 대한 설치 현황표를 작성·비치한다. 설치된 고정설비 소화설비에 대한 계통설명서 및 설계기준서를 작성하고 전 근로자를 대상으로 주기적인 교육과 실습훈련을 실시하여 유사시에 즉각 대응할 수 있도록 체계적으로 관리하여야 한다. 다음 [표 2-20], [표 2-21]은 소화설비 계통설명서와 설계기준서에 포함하여야 할 사항들이다.

[표 2-20] 소화설비 계통설명서에 포함 사항

- 각 고정식 소화설비에 대한 계통도 및 계통설명서
- 각 고정식 소화설비에 대한 기동정지 운전, 정상운전 및 비정상 운전시의 작동방법을 포함한 계통운전 조건
- 화재탐지 및 경보설비 배치도
- 소화설비 배치도 및 공사용 도면
- 화재탐지, 경보설비, 이동식 및 고정식 소화설비를 포함한 사업장내의 전 소화설비 설치 현황표(화학소방차도 포함)
- 각 소화설비별 방호대상물 현황표

[표 2-21] 소화설비 설계기준서에 포함한 사항

• 설계적용 규격 및 표준
• 각 소화설비별 주요기기에 대한 사양서(화재탐지, 경보설비, 이동식 및 고정식 소화설비)
• 각 소화설비별 약제량 및 용수량 산출근거 및 계산서
• 각 소화설비별 네트워크(Net Work) 해석을 통한 말단 Line에서의 유량 및 압력산출 근거 및 계산서
• 소화설비 설치 적정여부 검토서
– 소화수량, 소화펌프 용량 및 압력적정여부
– 포소화설비 등 각종 소화설비 위치 적정 여부
– 탱크주위 방유제 설치 적정 여부
– 예비동력 설치 여부
– 화재탐지 및 경보설비 설치 적정 여부

화재탐지 및 경보설비 배치도에는 다음 사항이 포함되어야 한다.

• 화재탐지, 경보설비에 대한 사양서

• 화재탐지 및 경보설비 배치도

• 화재탐지 및 경보설비 설치 적정여부

　소화설비와 화재탐지경보설비 설치계획은 소방시설이나 위험물시설 허가 시 우선적으로 계획이 수립된다. 따라서 설계기준이나 용량산출 근거 등 필요한 자료는 소방시설 허가서를 준용하여 작성한다. PSM 사업장의 경우 소방용 설비 설치 시 방폭구역 안에 비방폭형 소방용 시설이 설치되지 않도록 주의 하여야 한다.

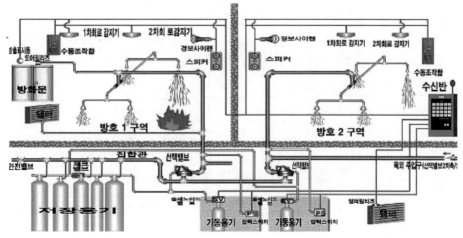

[그림 2-23] 소방설비 계통도

6) 가스누출 감지경보기 설치계획

고용노동부고시 제2023-21호

제23조(건물·설비의 배치도 등) 7. 심사대상 설비에서 취급·저장하는 화학물질의 누출로 인한 화재·폭발 및 독성물질의 중독 등에 의한 피해를 방지하기 위하여 누출이 예상되는 장소에는 해당 화학물질에 적합한 가스누출감지 경보기 설치계획을 별지 제17호의 5서식의 가스누출감지경보기 설치계획에 작성하고 감지대상 화학물질별 수량 및 감지기의 종류·형식, 감지기 종류·형식별 배치도 등의 서류 및 도면 등을 작성한다.

【별지 제17호의 5서식】

가스누출감지경보기 설치계획

감지기 번호	감지 대상	설치 장소	작동 시간	측정 방식	경보 설정값	경보기 위치	정밀도	경보시 조치내용	유지 관리	비고

주) ① 감지대상은 감지하고자 하는 물질을 기재합니다.
② 설치장소는 구체적인 화학설비 및 부속설비의 주변 등으로 구체적으로 기재합니다.
③ 경보설정치는 폭발하한계(LEL)의 25% 이하, 허용농도 이하 등으로 기재합니다.
④ 경보 시 조치내용은 경보가 발생할 경우 근로자의 조치내용을 기재합니다.
⑤ 유지관리에는 교정 주기 등을 기재합니다.

길라잡이

가스누출감지경보기는 사업장내에서 취급 저장하는 화학물질의 누출로 인한 화재·폭발 및 독성물질의 중독 등에 의한 피해를 방지하기 위하여 누출이 발생할 수 있는 장소를 예측하여 해당가스에 적합한 감지기를 설치하여야 한다. 다음 [표 2-22]는 경보기의 설치계획과 배치도에 포함할 사항이다.

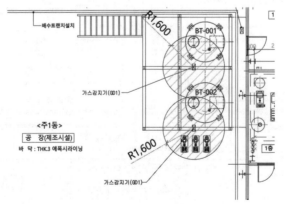

[그림 2-24] 가스누출감지기

[표 2-22] 가스누출감지 경보기 설치계획 및 배치도에 포함 사항

- 위험물질 누출감지 및 경보설비 적정여부
- 특정 화학물질 누출감지 및 경보설비 적정여부
- 감지대상 화학물질별 수량
- 감지기 종류, 형식 및 사양서 : 종류 및 형식, 정밀도, 검·교정 및 점검주기
- 가스감지기 배치도면, 경보기 설치계획

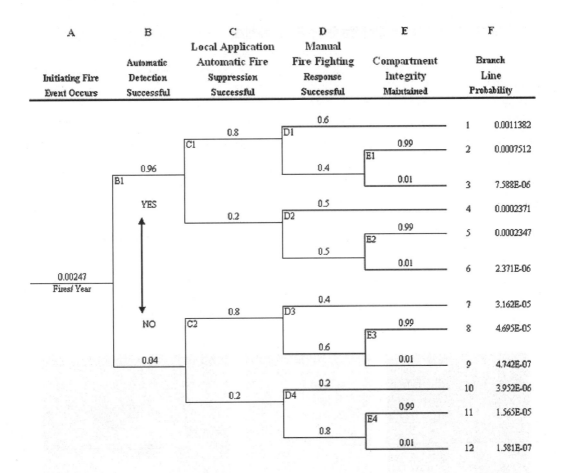

가스감지기 설치 수량에 대해서는 산업안전보건법상 규정은 없으나 화학물질관리법, KOSHA GUIDE 및 「산업안전기준에관한 규칙」 제258조 가연성 또는 독성물질의 가스나 증기의 누출을 감지하기위한 가스누출감지경보장치를 설치하도록 규정하고 있다. 해당 내용은 다음 QR코드를 통해 확인할 수 있다.

이에 관해서는 KOSAH GUIDE P-166 가스누출감지경보기 설치 및 유지보수에 관한 기술지침을 참조한다. 인화성 액체, 부식성 물질, 산화성 물질 등 액체 위험물의 저장탱크 주위에는 누액감지기를 포함하여 [별지 제17호의5서식]에 작성한다.

가스누출감지경보기 등의 설치 및 보수에 관한 지침

7) 세척·세안시설 및 안전보호장구 설치계획

고용노동부고시 제2023-21호

제23조(건물·설비의 배치도 등) 8. 심사대상 설비에서 취급·저장하는 화학물질에 근로자가 다량 노출되었을 경우에 대한 세척·세안시설 및 안전보호 장구 등의 설치계획·배치에 관하여 안전 보호장구의 수량 및 확보계획, 세척·세안 시설 설치계획 및 배치도 등의 서류 및 도면 등을 작성

길라잡이

안전보호 설비의 설치·배치 계획서에는 종류·용도·수량·위치 등이 명시되어야 한다. 이에 관하여는 KOSAH GUIDE D-44 세안설비 등의 성능 및 설치에 관한 기술지침을 참고한다.

세척·세안설비는 다음과 같은 형태의 제품이 많이 사용되고 있다.

[그림 2-25] 세척·세안설비

세척·세안설비를 시설해 놓고는 동파방지나 리크 등의 이유로 물 공급을 차단하는 사례가 종종 발견된다. 성능을 무효화시키기 보다는 노출위험지역에서 가까운 곳에 화장실이나 목욕탕 등이 있다면 그곳에 세안설비를 설치하는 것도 대안 중 하나가 될 수 있겠다.

안전보호장구는 산업안전보건법에서 정한 안전인증을 득한 보호장구를 구입·배치해야 한다. 안전인증을 취득한 제품은 다음 [그림 2-26]과 같은 안전인증 표시가 부착되어 있다.

[그림 2-26] 안전인증 표시

8) 국소배기장치 개요

고용노동부고시 제2023-21호

제23조(건물·설비의 배치도 등) 9. 해당 설비에 설치하는 국소배기장치 설치계획은 별지 제19호서식의 국소배기장치 개요에 작성하되, 다음 각 목의 사항을 포함하여야 한다.

【별지 제19호서식】

국소배기장치 개요

공정 또는 작업장명	실내외 구분	발생원	유해물질 종류	후드 형식	후드의 제어풍속 (m/s)	덕트내 반송속도 (m/s)	배풍량 (㎥/min)	전동기		배기 및 처리순서
								용량 (kW)	방폭 형식	

주) ① 발산원은 유해물질 발생설비를 기재합니다.
　② 유해물질 종류는 유해가스명 또는 분진명 등을 기재합니다.
　③ 후드의 제어풍속은 발생원에서 후드입구로 흡입되는 풍속을 말합니다.
　④ 배기 및 처리순서는 유해물질 발생에서부터 처리, 배출까지의 모든 설비를 순서대로 기재합니다.(예 : 집진기, 세정기 등을 기재하고 필요시 후드, 덕트, 배기구, 배풍기 및 공기정화장치의 상세도면과 명세 등 별도 작성 제출)

길 라 잡 이

    대부분의 국소배기장치는 대기환경보전법에 의한 대기방지시설과 중복되는 경우가 많다. [별지 제19호 서식]은 대기환경보전법에 의해 허가·신고 된 내역을 참조하면 도움이 될 수 있다. 다음 그림은 배출설비가 포함된 국소배기장치이다.

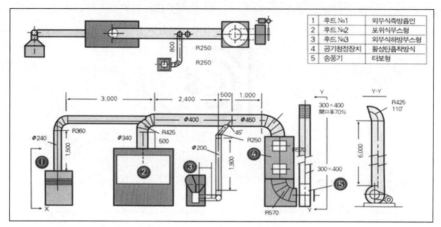

[그림 2-27] 국소배기장치 계통도

▷ 발생원 : 유해물질의 증기가 발생하는 설비 또는 기기

▷ 유해물질 종류 : 후드로 포집하고자 하는 취급물질명(가스/분진)

▷ 별지 제19호 서식에서 후드 형식란에는 후드의 형태 즉 포위식, 측방흡인형, 하방흡인형, 상방흡인형 등을 기입한다. 다음 [그림 2-28]은 후드의 형태 중 대표적인 것이다.

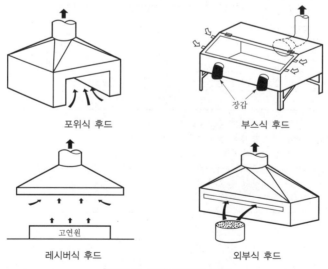

[그림 2-28] 후드의 종류

▷ 후드의 제어 풍속란에는 발생원의 후드 입구에서의 흡입 풍속을 안전보건기준에 관한 규칙 별표 13에서 규정한 다음의 기준 이상으로 기입한다.

▷ 배풍량은 제어속도와 반송속도 이상으로 작동할 수 있도록 설계하며 그 값을 기입힌다. 이 산출 근거를 첨부한다.

산업안전보건기준에 관한 규칙 [별표 13]

관리대상 유해물질 관련 국소배기장치 후드의 제어풍속(제429조 관련)

물질의 상태	후드 형식	제어풍속(m/sec)
가스 상태	포위식 포위형	0.4
	외부식 측방흡인형	0.5
	외부식 하방흡인형	0.5
	외부식 상방흡인형	1.0
입자 상태	포위식 포위형	0.7
	외부식 측방흡인형	1.0
	외부식 하방흡인형	1.0
	외부식 상방흡인형	1.2

비고
1. "가스 상태"란 관리대상 유해물질이 후드로 빨아들여질 때의 상태가 가스 또는 증기인 경우를 말한다.
2. "입자 상태"란 관리대상 유해물질이 후드로 빨아들여질 때의 상태가 흄, 분진 또는 미스트인 경우를 말한다.
3. "제어풍속"이란 국소배기장치의 모든 후드를 개방한 경우의 제어풍속으로서 다음 각목에 따른 위치에서의 풍속을 말한다.
   가. 포위식 후드에서는 후드 개구면에서의 풍속
   나. 외부식 후드에서는 해당 후드에 의하여 관리대상 유해물질을 빨아들이려는 범위 내에서 해당 후드 개구면으로부터 가장 먼 거리의 작업위치에서의 풍속

▷ 배기 및 처리순서 : 유해물질을 후드에서 포집하여 정화처리설비까지 처리순서대로 장치명을 기입한다.

※ 스모크테스트

- 국소배기장치의 간이 성능테스트로 후드라인의 성능을 평가하는 방법이다. 유입기류의 상태를 확인하는 테스트로 발연관을 이용하여 후드에서 연기를 잘 흡입하는지 여부를 파악할 수 있다. 추가적으로 풍속계를 이용하여 제어풍속 및 흡입유량을 측정하여 후드의 성능을 평가할 수 있다.

[그림 2-29] 스모크테스트
(출처:산업환기시스템진단! 무엇을 어떻게
할 것인가?, 창원대학교, 하현철)

2-1-5 폭발위험장소 구분도 및 전기단선도

1) 폭발위험장소 구분도

고용노동부고시 제2023-21호

제24조(폭발위험장소 구분도 및 전기단선도 등) ① 가스 폭발위험장소 또는 분진 폭발위험장소에 해당되는 경우에는「한국산업표준(KS)」에 따라 "폭발위험장소 구분도 및 방폭기기 선정기준"을 다음 각 호의 사항에 따라 작성하여야 한다.
  1. 폭발위험장소 구분도에는 가스 또는 분진 폭발위험장소 구분도와 각 위험원별 폭발위험장소 구분도표를 포함한다.
  2. 방폭기기 선정기준은 별지 제20호서식의 방폭전기/계장 기계 · 기구 선정기준에 작성하되, 각 공장 또는 공정별로 구분하여 해당되는 모든 전기 · 계장기계 · 기구를 품목별로 기재한다.
  3. 방폭기기 형식 표시기호는「한국산업표준(KS)」에 따라 기재한다.

길라잡이

2015년 국제표준 IEC 60079-10-1이 개정되면서 이와 관련된 KS표준이 개정되었으며 그 주요개정내용은 다음과 같다.

▷ 이 표준의 적용 배제 대상에 "저압의 연료가스가 취사, 물의 가열(water heating), 기타 유사한 용도로 사용되는 상업용 및 산업용 기기(appliances). 다만, 해당설비(installation)가 관련 도시가스사업법에 부합되는 경우에 한함"이 추가됨.

※ 배제 대상의 "저압"이란 : 도시가스사업 시행규칙 제2조(정의)에 의해 0.1MPaG 미만으로 제조업에서 열원을 공급하는 스팀보일러가 이에 해당된다.

▷ 저압 가스/증기, 고압 가스/증기, 액화 가스/증기, 인화성 액체 등에 따른 폭발위험 장소의 형태가 추가됨.

▷ 2차 누출등급에서 고정부의 기밀부위, 저속 구동 부품류의 기밀부위, 고속 구동 부품류의 기밀부위 등에 관한 누출 구멍의 단면적이 추가됨.

▷ 액체, 가스 등의 누출률 계산에 누출계수(Cd)를 적용함.

▷ 액체 누출의 경우, 누출률이 아닌 증발률을 적용하여 희석등급 등을 결정함.

▷ 가상체적이 아닌 차트(누출특성 vs. 환기속도)에 의한 희석등급 결정방법을 제시함.

▷ 차트(누출특성 vs. 누출유형)에 의한 폭발위험장소의 범위 결정방법을 제시함.

고용노동부고시 2023-21호의 제24조 폭발위험장소 구분은 「국가표준인증 통합정보 시스템」에서 찾아 볼 수 있다. 폭발성 분위기는 인화성 증기 또는 가스에 의한 폭발성 가스 분위기와 가연성 분진에 의한 폭발성 분진 분위기로 구분된다. 이 표준은 인화성 증기 또는 가스가 형성될 수 있는 위험장소를 구분하는 지침을 제공하며, 그 목적은 이러한 장소에서 사용되는 장비를 적절히 선정하기 위한 것이다. 폭발위험장소의 구분에 관한 내용은 다음 QR코드를 통해 확인한다.

KS C IEC60079-10-1 (폭발성 분위기-가스)	KS C IEC60079-10-2 (폭발성 분위기-분진)

가) 가스, 증기 폭발위험장소의 종류

현재 우리나라에서는 KS C IEC 기준에 따라 가스폭발 위험지역에 대해 0종, 1종, 2종 3개로 구분하고 있다.

① 0종 장소

폭발성 가스분위기가 연속적으로 장기간 또는 빈번하게 존재할 수 있는 장소를 말하며, 용기내부, 장치 및 배관의 내부 등의 장소는 0종 장소로 구분한다.

② 1종 장소

폭발성 가스분위기가 정상작동(운전) 중 주기적 또는 빈번하게 생성되는 장소를 말하며, 위험물을 직접 취급 또는 사용하는 장소, 0종 장소의 근접주변, 송급통구의 근접주변, 운전상 열게 되는 연결부의 근접주변, 배기관 유출구의 근접주변 등의 장소는 1종 장소로 구분한다.

③ 2종 장소

폭발성 가스분위기가 정상작동(운전) 중 조성되지 않거나 조성된다 하더라도 짧은 시간에만 지속할 수 있는 장소를 말하며, 이 경우 이상상태라 함은 지진 등 기타 예상을 초월하는 극히 빈도가 낮은 재난상태 등을 지칭하는 것이 아니고 상용의 상태 즉, 통상적인 운전상태, 통상적인 유지보수 및 관리상태 등에서 벗어난 상태를 지칭하는 것으로 일부 기기의 고장, 기능상실, 오작동 등의 상태가 이에 해당한다. 0종 또는 1종 장소의 주변영역, 용기나 장치의 연결부 주변영역, 펌프의 봉인부 주변영역, 개스킷, 패킷 등의 주위 등은 2종 장소로 구분할 수 있다. 핏트, 트렌치 등과 같이 이상상태에서 위험분위기가 장시간 존재할 수 있는 영역은 1종 장소로 구분한다.

다음 [그림 2-30]은 폭발 위험장소 구분도의 예이다.

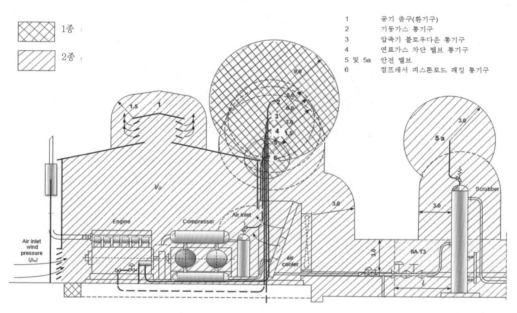

[그림 2-30] 폭발위험장소 구분도(예시)

※ 정확성

위의 그림과 같이 폭발위험장소를 정확히 평가 한다면 1종 장소로 구분되는 곳은 아주 제한적이다. 누출 원인이 가장 많은 곳은 글랜드 패킹(gland Packing)으로 볼 수 있는데, 이것에 의해 분당 0.95L로 외부지역에 누출되는 경우를 가정하더라도 이 지역에서 가연성 가스 검출기를 동작시키는 것은 쉽지 않은 일이다. 인화성 액체 및 가연성 가스, 증기가 누출되는 양은 폭발위험장소를 선정하는데 있어서 가장 중요한 요소로 정확한 판단이 필요하며 이에 근거해서 폭발위험장소를 구분하고 방폭설비 사용여부를 결정하는 중요한 자료가 된다.

다음 [그림 2-31]은 0종, 1종, 2종, 20종, 21종 비폭발 위험장소의 표시 방법이다.

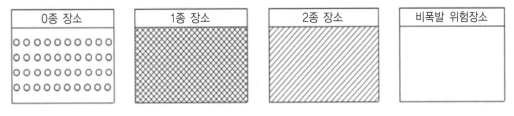

[그림 2-31A] 폭발위험장소별 구분 표기 방법

[그림 2-31B] 분진 폭발위험장소별 구분 표기 방법

나) 분진폭발위험장소의 종류

① 20종 장소

0종 장소는 공기 중에 가연성·분진운의 형태가 연속적, 장기간 또는 단기간 자주 폭발분위기로 존재할 수 있는 장소를 말하며 호퍼, 사일로, 집진장치, 배합기, 건조기, 덕트 내부, 생산 및 취급 장비를 포함한다.

② 21종 장소

a) 대부분의 환경에서, 21종 장소의 범위는 분진폭발 혼합물을 발생시키는 환경과 관련된 누출원을 평가함으로써 정할 수 있다.

b) 21종 장소는 공기 중에 가연성 분진운의 형태가 정상작동 중 빈번하게 폭발분위기를 형성할 수 있는 장소를 말하며, 21종 장소의 범위는 다음과 같다.

(a) 분진폭발 혼합물이 발생할 수 있는 일부 분진취급 장비의 내부

(b) 분진의 양, 유량, 분진 입자 및 분진생성물의 수분함유량과 관련된 누출원에 의해 형성되는 장비 외부 지역. 일반적으로 그 범위는 누출원 주위 1m면 충분하다(단단한 바닥 또는 지면에서 수직 범위), 건물 외부(개방 장소)에서의 21종 장소는 바람, 비 등과 같은 기후 영향에 따라 변할 수 있다.

(c) 분진 확산 범위가 구조물(벽 등)에 의하여 제한되는 경우, 범위를 정할 때 그 표면을 고려할 수 있다.

③ 22종 장소

a) 22종 장소는 공기 중에서 가연성 분진운의 형태가 정상 작동 중 폭발분위기를 거의 형성하지 않고, 만약 발생한다 하더라도 단기간만 지속할 수 있는 장소를 말한다.

b) 대부분의 환경에서, 22종 장소의 범위는 분진폭발 혼합물을 발생시키는 환경과 관련된 누출원을 평가함으로써 정할 수 있다.

c) 누출원에 의해 형성되는 장소 범위는 분진의 양, 유량, 입자크기, 생성물의 수분함유량 등의 여러 분진 변수에 따라 변한다.

(a) 일반적으로 22종 장소는 누출원 주위 및 21종 장소 밖 1m이면 충분하다. 건물 밖(개방 장소)에서 22종 장소의 경계는 바람, 비 등과 같은 기후 영향에 따라 다소 축소시킬 수 있다.

(b) 분진의 확산이 구조물(벽 등)에 의해 제한되는 경우, 그 구조의 표면은 지역의 경계로 간주될 수 있다.

d) 22종 장소로 구분할 때 고려되는 사항 이외에 모든 장소에서 실제 상황을 고려할 필요가 있다.

e) 간헐적으로 열리는 환기설비와 같은 배출구 주위, 옥내에 위치하나 21종 장소로 구분되지 않은 장소(맨홀이 있는 용기 등과 같이 구조물로 제한되지 않은 곳)는 22종 장소로 구분하여야 한다.

주) 만약, 장소구분을 재검토하는 중에 당초의 22종 장소 이외에서 축적된 분진층이 발견되었다면, 분진층의 범위와 생성되는 분진운을 생성시키는 분진층의 교란상태를 고려하여 장소구분을 확대할 필요가 있다.

다) 비폭발 위험장소

기기동작 중 또는 어떤 기기로부터 인화성 혼합물이 아주 희소하게 누출될 경우에는 폭발위험장소로 구분하지 않는다. 예를 들면 다음과 같은 경우는 폭발성 물질이 취급되

고 저장되더라도 비위험 장소로 구분될 수 있다.

① 환기가 충분히 이루어지고 있고 인화성 또는 가연성 액체가 간헐적으로 사용되는 배관으로 적절한 유지관리가 이루어지는 폐쇄 배관 주위

㉮ 환기가 불충분한 장소에 설치된 배관으로 밸브, 핏팅, 플랜지 등 이상 발생 시 누설될 수 있는 부속품이 전혀 없고 모두 용접으로 접속된 배관 주위

㉯ 가연성 물질이 완전히 밀봉된 수납용기 속에 저장되고 있는 경우의 수납용기 주위

㉰ 연소하한(LFL)의 25%에 도달하지 못할 정도의 가스, 증기를 배출하는 인화성 물질 또는 가연성 가스를 사용하는 장소

㉱ 액체의 내부

라) 폭발위험장소 구분도 작성

① 폭발위험장소 구분은 인화성 또는 가연성 물질이 지속적으로 존재하는 장소(0종 장소), 정상적으로 위험분위기가 존재하기 쉬운 장소(1종 장소), 이상 상태 하에서 위험분위기가 존재할 수 있는 장소(2종 장소)로 구분된다.

② 분진폭발에 의한 폭발위험장소의 구분은 정상적인 상태에서 분진이 부유하거나 퇴적되어 위험분위기를 생성하는 장소(21종 장소), 설비의 고장이나 비정상적인 동작으로 인하여 위험분위기가 간헐적으로 조성될 수 있는 장소에서 분진이 퇴적되어 전기 기기가 열 방산을 방해 받거나 고장, 비정상적인 운전에 의해 점화의 우려가 있는 장소(22종 장소)로 구분된다.

③ 폭발위험장소 범위는 가연성 또는 폭발성 물질의 양, 물질의 증기밀도, 사용온도, 사용압력 또는 저장압력, 환기 등 운전 및 취급조건에 따라 범위를 결정한다.

④ 구분도면의 작성은 공정설비중의 누출원이 될 수 있는 회전기기의 밀봉장치, 회전기기, 용기 및 열교환기 등의 플랜지(Flange) 혹은 연결부위, 밸브(Valve) 및 계기류의 연결부위 등이 방폭지역 경계를 정하는 기준으로 방폭지역의 범위에 따라 공정, 설비 및 전기안전에 관한 공학적 지식을 충분히 갖춘 사람이 작성하여야 한다.

⑤ 폭발위험장소 구분도의 작성은 KOSHA GUIDE E-153-2017 "가스폭발 위험장소 범위설정에 관한 기술지침"에 의하여 정확하게 작성하여야 한다.

⑥ 폭발위험장소구분도 작성방법 중 계산에 의한 것은 다음 절차에 따른다.

[표 2-23] 방폭구역 구분 절차도

[제1단계] 누출원 파악 ⇨ [제2단계] 누출등급 결정 ⇨ [제3단계] 환기등급 결정 ⇨ [제4단계] 환기유효성 결정 ⇨ [제5단계] 위험장소 종류 결정

[제1단계] 누출원파악

(1) 연속누출원

① 대기와 연결되는 고정통기구(vent)가 설치된 고정지붕식 저장탱크(Fixed Roof Tank) 내부의 인화성액체 표면

② 지속적으로 또는 또는 장기간 대기 중에 개방되는 인화성액체의 표면(예 : 유수분리기)

(2) 1차 누출원

① 정상작동 중 가연성 물질이 누출될 수 있는 압축기·밸브·펌프 등의 기밀부

② 정상작동 중의 배수 과정에서 대기로 인화성 물질이 누출될 수 있는 인화성 액체를 저장하고 있는 용기의 배출구

③ 정상작동 중 대기 중으로 가연성 물질의 누출이 예상되는 시료채취점

④ 정상작동 중 대기 중으로 가연성 물질의 누출이 예상되는 안전 밸브, 통기구(Vent), 기타 개구부

(3) 2차 누출원

① 정상작동 중에는 가연성 물질의 누출이 예상되지 않는 압축기·밸브·펌프 등의 기밀부

② 정상작동 중에는 가연성 물질의 누출이 예상되지 않는 플랜지·연결부위·파이프 피팅류(Fitting)

③ 정상작동 중에는 가연성 물질의 누출이 예상되지 않는 시료채취점

④ 정상작동 중에는 대기 중으로 가연성 물질의 누출이 예상되지 않는 안전밸브, 통기구(Vent),기타 개구부 등

다음은 산업용 펌프(옥외, 지면설치)를 이용한 인화성액체의 펌핑작업에 대한 누출원 파악의 예이다

[예 1]

산업용 펌프[기계 실(다이어프램)을 이용, 옥외 및 지면 설치, 인화성 액체를 펌핑]

누출 특성 :

인화성 물질	벤젠(CAS no. 71-43-2)
몰 질량	78.11kg/mol
인화하한, LFL	1.2%vol.(0.012vol./vol.)
자연발화온도, AIT	498℃
가스밀도, ρ_g	3.25kg/m³(대기조건에서 계산)
	가스밀도는 [그림 2-32] 그래프의 커브로 나타남.
누출원, SR	기계 실
누출등급	2차(실 손상으로 인한 누출)
액체누출률, W	0.19kg/s(누출계수 C_d=0.75, 구멍 크기 S=5mm²)
	액체밀도는 ρ=876.5kg/m³, 압력차 $\Delta \rho$=15bar
가스누출률, W_g	3.85×10⁻³kg/s, 누출 지점에서 증기화된 액체비율을 고려하여 결정(W의 2%); 남은 액체는 배출
누출 특성, $W_g l (\rho_g \times k \times LFL)$	0.2m/s
안전계수, k	0.5(LFL과 관련된 높은 불확실성)

[제2단계] 누출등급결정

  (1) 연속누출 : 연속, 빈번 또는 장기간 발생할 수 있는 누출

  (2) 1차 누출 : 정상작동 중에 주기적 또는 때때로 발생할 수 있는 누출

  (3) 2차 누출 : 정상작동 중에는 발생하지 않으나, 누출된다 하더라도 아주 드물거나 단기간 동안의 누출

[제3단계] 환기 등급결정

희석등급(아래그림 참조)   중희석
폭발위험장소 종별   2종 장소
설비 그룹 및 온도등급   IIA T1

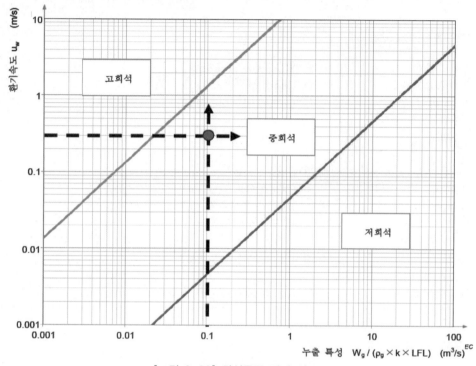

[그림 2-32] 희석등급 평가 차트

여기에서

$$\frac{W_g}{\rho_g k\ LFL} : 누출\ 특성(\mathrm{m^3/s})$$

$$\rho_g = \frac{\rho_a M}{RT_a} : 가스/증기의\ 밀도(\mathrm{kg/m^3})$$

$$k : LFL\ 안전계수(일반적인\ 값\ 0.5{\sim}1.0)$$

희석 등급은 수평 및 수직 축에 표시되는 각각의 값 교차점을 찾아서 구한다. '고희석' 및 '중희석'의 차트 영역을 나누는 직선은 $0.1\mathrm{m^3}$의 인화성 물질 부피를 나타내므로, 곡선 좌측의 교차 지점은 인화성 물질 부피가 더 작다는 것을 의미한다.

　기류에 중요한 제약이 없는 옥외의 장소의 경우, '고희석'의 조건을 충족하지 못한다면 희석 등급은 '중희석'으로 한다. 일반적으로 야외상태에서 '저희석'은 발생하지 않는다. 예를 들어, 웅덩이(Puddle)와 같이 기류에 제약이 있는 상태는 밀폐된 지역과 같은 방식을 고려한다.

　옥내용의 경우, 사용자는 배경농도(평균적으로 Xb는 궁극적으로는 누출원과 환기플럭스(f)의 상대적인 크기와 관련되어 정해지지만, 그 시간척도는 공기 교체주기에 반비례)로 평가할 수 있고, 만약 배경농도가 LFL의 25%를 넘는다면 희석등급은 일반적으로 '저희석'으로 간주한다.

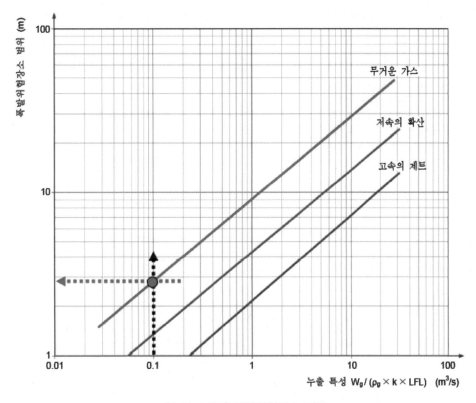

[그림 2-33] 폭발위험장소 범위

[제4단계] 환기유효성결정

　(1) 우수(Good) : 환기가 실제적으로 지속되는 상태

　(2) 양호(Fare) : 환기가 정상작동이 지속됨이 예측되는 상태. 빈번하지 않은 단기간 중단은 허용된다.

(3) 미흡(Poor) : 환기가 양호 또는 우수 기준을 충족하지 않지만, 장기간 중단이 발생하는 것으로 예상되지 않은 상태.

[표 2-24] 누출등급과 환기유효성에 의한 폭발위험 장소의 종별

누출등급	환기유효성						
	고희석			중희석			저희석
	환기이용도						
	우수(good)	양호(fair)	미흡(poor)	우수	양호	미흡	우수, 양호, 미흡
연속	비위험 (0종 NE)[a]	2종 장소 (0종 NE)[a]	1종 장소 (0종 NE)[a]	0종 장소	0종 장소 + 1종 장소	0종 장소 + 1종 장소	0종 장소
1차	비위험 (1종 NE)[a]	2종 장소 (1종 NE)[a]	2종 장소 (1종 NE)[a]	1종 장소	1종 장소 + 2종 장소	1종 장소 + 2종 장소	1종 또는 0종 장소[c]
2차[b]	비위험 (2종 NE)[a]	비위험 (2종 NE)[a]	2종 장소	2종 장소	2종 장소	2종 장소	1종 및 0종 장소[c]

[a] 0종 NE, 1종 NE, 2종 NE는 정상조건에서는 무시할 수 있는 범위의 이론적 폭발위험장소를 말한다.
[b] 2차 누출등급으로 형성된 2종 장소가 1차 또는 연속 누출등급에 의한 범위보다 클 수 있다. 이 경우, 더 큰 거리를 선정하는 것이 바람직하다.
[c] 환기가 아주 약하고 실제로 폭발성 가스 분위기가 지속되는 누출의 경우(즉, 환기 없는 것에 가까운 상태)에는 0종 장소에 할 수 있다.
'+'는 '~에 둘러싸여 있음'을 뜻한다.
자연환기가 일어나는 밀폐공간에서의 환기이용도는 '우수'로 고려해서는 안 된다.

[제5단계] 위험장소 종류 결정

폭발위험장소 구분은 인화성 또는 가연성 물질이 지속적으로 존재하는 장소(0종 장소 : 펌프내부 외), 정상적으로 위험분위기가 존재하기 쉬운 장소(1종 장소 : Pump Seal, Flange, Sump 등), 이상 상태 하에서 위험분위기가 존재할 수 있는 장소(2종 장소 : 그 외 장소)로 구분한다.

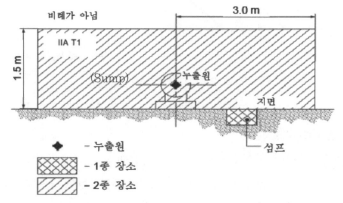

[그림 2-34] 폭발위험장소 구분도(예시 1)

2) 방폭 전기 계장기계기구 선정기준

고용노동부고시 제2023-21호

제24조(폭발위험장소 구분도 및 전기단선도 등)
  2. 방폭기기 선정기준 작성 시에는 별지 제20호 서식 방폭전기/계장 기계·기구 선정기준에 의하여 작성하되, 각 공장 또는 공정별로 구분하여 해당되는 모든 전기·계장기계·기구를 품목별로 기재
  3. 방폭기기 형식 표시기호는 「한국산업표준(KS)」에 따라 기재

【별지 제20호서식】

방폭전기/계장 기계·기구 선정기준

설치장소 또는공정	전기/계장기계·기구명	폭발위험장소별 선정기준(방폭형식)		
		0종장소	1종장소	2종장소

주) ① 전기/계장기계·기구명에는 전동기, 계측장치 및 스위치 등 폭발위험장소 내에 설치될 모든 전기/계장 기계·기구를 품목별 또는 공정별, 품목별로 기재합니다.
　② 방폭형식 표시기호는 한국산업규격에 따릅니다.(예 : 내압방폭형 누름스위치 – Exd Ⅱ B T4 등)

[전기설비의 방폭등급 작성 방법]

방폭구조		설비등급		온도등급
EX	**d**	**Ⅱ**	**c**	**T6**
Explosion protected Meets IEC standards EEx=meets CELELEC Standards AEx=Equipment conforms to NEC	Type of protection D="flameproof"	Group Ⅱ = surface Work Group I =Underground Work	Gas Subdivision Group C= Hydrogen	Temperature Class TG=max 85℃

분류	기호
내압	d
압력	p
안전증	e
유입	o
본질안전	ia, ib
비점화	n
몰드	m
충전	q
특수	s
특수방진	SDP
보통방진	DP
방진특수	ZDP

분류		기호
산업용 Ⅱ	가스증기	A B C
	분진	11 12 13

분류	최고표면/발화 온도(℃)
T1	300<t≦450
T2	200<t≦300
T3	135<t≦200
T4	100<t≦135
T5	85<t≦100
T6	t≦850

 Distinctive CENELEC mandatory marking for equipment useable in explosive atmospheres. Sometimes broadly used for IEC Ex equipment.

1) 내압방폭의 경우 가스 종류는 IIA, IIB, IIC에 따라 분류
  예) IIA : 프로판, IIB : 에틸렌, IIC : 수소 또는 아세틸렌
2) 압력방폭(Ex p), 안전증방폭(Ex e), 비점화방폭(Ex n) 구조는 가스 등급을 구분 표지하지 않음.
＊ 비점화 방폭구조인 경우 내부 비점화성 부품 또는 에너지 제한 설비나 회로가 포함되어 있는 경우 가스 종류 구분 표기함(IIA, IIB, IIC).
※ 출처 : 한국방폭인증센터 홈페이지(http://www.iecex.co.kr)

길라잡이

폭발위험장소에 전기설비를 설치하는 경우에는 인화성 가스, 증기 또는 분진에 의한 화재폭발을 방지하기 위해 사전 조치가 필요하다. 점화원을 갖고 있는 전기기계·기구는 폭발위험장소가 아닌 안전한 장소에 설치하는 것이 이상적이나 그렇지 못할 경우에는 화재폭발이 발생되는데 필요한 3요소 즉 가연성물질, 점화원, 산소 중 어느 한 가지 이상이 제거될 수 있도록 전기설비가 설계, 제작, 시공되어야 한다.

▷ 이러한 방폭 전기설비의 구조는 형식에 따라 다음 [표 2-25]와 같이 구분한다.

[표 2-25] 방폭구조의 종류

기호	방폭구조	내용
Ex d	내압 방폭구조	점화원에 의해 용기 내부에서 폭발이 발생할 경우에 용기가 폭발압력에 견딜 수 있고, 화염이 용기 외부의 폭발성 분위기로 전파되지 않도록 한 방폭구조
Ex p	압력 방폭구조	외함 내부의 보호가스 압력을 외부 대기 압력보다 높게 유지함으로써 외부 대기가 외함 내부로 유입되지 아니하도록 한 방폭구조
Ex e	안전증 방폭구조	전기기기의 과도한 온도 상승, 아크 또는 불꽃 발생의 위험을 방지하기 위하여 추가적인 안전조치를 통한 안전도를 증가시킨 방폭구조 (다만, 정상운전 중에 아크나 불꽃을 발생시키는 전기기기는 안전증 방폭구조의 전기기기 범위에서 제외)
Ex ia Ex ib	본질안전 방폭구조	폭발분위기에 노출되어 있는 기계·기구 내의 전기에너지, 권선 상호접속에 의한 전기불꽃 또는 열 영향을 점화에너지 이하의 수준까지 제한하는 것을 기반으로 하는 방폭구조
Ex n	비점화 방폭구조	전기기기가 정상작동과 규정된 특정한 비정상상태에서 주위의 폭발성 가스분위기를 점화시키지 못하도록 만든 방폭구조
Ex o	유입 방폭구조	유체 상부 또는 용기 외부에 존재할 수 있는 폭발성 분위기가 발화할 수 없도록 전기설비 또는 전기설비의 부품을 보호액에 함침시키는 방폭구조
Ex m	몰드 방폭구조	전기기기의 불꽃 또는 열로 인해 폭발성 위험분위기에 점화되지 않도록 컴파운드를 충전해서 보호한 방폭구조
Ex q	충전 방폭구조	폭발성 가스 분위기를 점화시킬 수 있는 부품을 고정하여 설치하고, 그 주위를 충전재로 완전히 둘러싸서 외부의 폭발성 가스 분위기를 점화시키지 않도록 하는 방폭구조
Ex s	특수 방폭구조	기타의 방법으로 폭발성 가스 또는 증기에 인화를 방지시킨 방폭구조
Ex SDP	특수방진 방폭구조	틈새, 접합면 등으로 분진이 용기 내부에 침입하지 않도록 한 방폭구조
Ex DP	보통방진 방폭구조	틈새, 접합면 등으로 분진이 용기 내부에 침입하기 어렵게 한 방폭구조
Ex XDP	방진특수 방폭구조	기타의 방법으로 방진, 방폭 성능이 확인된 방폭구조

▷ 이상의 방폭구조는 가스증기와 분진 등 대상에 따라 달라진다. IEC규격에서 가스, 증기대상의 전기기기 방폭구조로는 내압, 압력, 유입, 안전증, 본질안전, 비점화, 몰드, 충전 및 특수방폭구조로 분류한다. 분진대상 방폭구조로는 분진내압, 분진몰드, 분진본질안전, 분진압력 방폭구조로 구분할 수 있다.

가) 가스, 증기 대상

① 내압방폭구조 (Type "d" : Flame Proof enclosure)

"내압방폭구조"라 함은 용기내부에서 폭발성 가스 또는 증기가 폭발하였을 때 용기가 그 압력에 견디며 또한 접합면, 개구부 등을 통해서 외부의 폭발성 가스·증기에 인화되지 않도록 한 구조를 말한다.

즉, 내압방폭성능이라는 특별한 성능을 가진 용기 중에 현재적 또는 잠재적 점화원을 갖는 전기기기를 넣어, 예를 들면 해당 용기의 내부에 폭발성 분위기가 침입하여 폭발이 발생하여도 주위의 폭발성 분위기에는 폭발이 미치지 않도록 하는 것이 내압방폭구조의 강구방법이다.

이 때문에 내압방폭구조 전기기기의 용기는 대상가스 또는 증기의 폭발압력에 견디도록 견고하게 함과 동시에 접합면의 틈새 등으로 화염일주가 되지 않도록 정밀하게 설계·제작하고 유지할 필요가 있다.

또한, 내압방폭구조에서는 용기의 내부에 주위의 폭발성 분위기가 침입하는 것과 침입한 폭발성 분위기가 내부의 점화원에 접촉되어 폭발하는 것을 가정하고 있다. 그러므로 용기가 필요로 하는 내압방폭성능을 구비하고 있다면, 폭발방지의 관점에서 내장하는 전기기기에 특별한 제약은 없으며 일반제품을 그대로 내장하여 사용하여도 된다. 내압방폭구조의 예시는 [그림 2-35]와 같다.

[그림 2-35] 내압방폭구조의 예시

② 압력방폭구조 (Type "p" : Pressurized enclosure)

"압력방폭구조"라 함은 용기 내부에 보호가스(신선한 공기 또는 불활성가스)를 압입하여 내부압력을 유지함으로써 폭발성 가스 또는 증기가 용기 내부로 유입되지 않도록 한 구조를 말한다.

즉, 가스 또는 증기의 내부방출원이 없는 전기기기에 적용하는 경우, 현재적 또는 잠재적인 점화원을 갖는 전기기기에 대해서 점화원으로 될 수 있는 부분을 용기로 둘러쌓아 용기내부에 보호가스를 가압하여 채우는 것에 의해, 주위의 폭발성 분위기가 분리되어 점화원과 폭발성 분위기를 공존시키지 않도록 하는 것이 압력방폭구조이다.

이 때문에 압력방폭구조의 용기는 보호가스의 내부압력에 충분하게 견뎌야 함과 동시에 보호가스의 누설이 적도록 하고 또한, 내부압력이 소정의 값 미만으로 저하된 경우에 작동하는 보호장치를 구비할 필요가 있다.

더구나 이 방폭구조에서는 용기의 내부에 폭발성 분위기의 침입을 허용하지 않기 때문에 내장하는 전기기기는 폭발방지의 관점에서 특별한 제약은 없다. 그러나 보호가스를 송급하는 설비나 보호장치를 필요로 하는 것으로 소형의 단일기기 등에 적용하는 것은 경제적으로 불리하다.

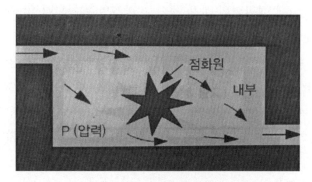

[그림 2-36] 압력방폭구조의 예시

가스 또는 증기의 내부방출원이 있는 전기기기에 적용하는 경우, 용기의 내부에 가스 또는 증기의 방출원이 있는 전기기기에서는 용기내부의 보호 가스의 압력을 높게 유지하여 주위의 폭발성 분위기의 침입을 방지하는 것만으로는 방폭적 장치가 불충분한 경우가 있고, 더욱이 용기내부로 방출된 가스 또는 증기에 의한 폭발을 방지하는 조치를 강구하지 않으면 안된다. 그 수단으로써 보호가스에 불활성 가스를 사용하는 투입식 압력방폭구조도 유효하지만, 보호가스로서 공기를 사용하는 경우는 가스 또는 증기의 방출량에 대하여 충분한 양의 공기를 공급하여 용기내부의 가스 또는 증기의 농도를 항상 폭발하한값보다 충분하게 낮은 값으로 억제하여야 한다. 이것이 희석식 압력방폭구조의 요건이다. 압력방폭구조의 예시는 [그림 2-36]과 같다.

③ 유입방폭구조 (Type "o" : Oil immersed enclosure)
"유입방폭구조"라 함은 전기불꽃, 아크 또는 고온이 발생하는 부분을 기름속에 넣고, 기름면 위에 존재하는 폭발성 가스 또는 증기에 인화되지 않도록 한 구조를 말한다.

즉, 현재적 또는 잠재적인 점화원을 갖는 전기기기에 대하여 점화원으로 되는 부분을 기름에 넣어 주위의 폭발성 분위기로부터 격리하여 점화원과 폭발성 분위기를 공유시키지 않도록 하는 것이 유입방폭구조이다.

이 방폭구조는 일반적으로 전기절연과 폭발방지의 양면의 목적으로 사용되지만, 방폭상의 특징으로서는 유면으로부터 전기불꽃을 발생하는 부분(점화원)까지 깊이를 충분하게 확보하고 또한, 기름의 분해에 의하여 발생하는 가연성 가스를 축적시키지 않도록 하는 것이 필요하다.

또한, 이 방폭구조의 전기기기에서는 기름에 젖지 않은 전기적 부분은 다른 방폭구조(일반적으로는 안전증방폭구조)에 의한 것이므로, 그 부분의 방폭구조의 종류 등을 선정상, 사용상 고려할 필요가 있다. 유입방폭구조의 예시는 [그림 2-37]과 같다.

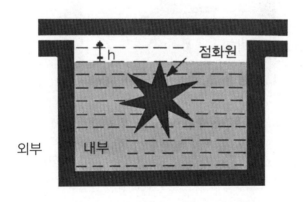

[그림 2-37] 유입방폭구조의 예시

④ 안전증방폭구조 (Type "e" : Increased safety enclosure)

"안전증방폭구조"라 함은 정상운전 중에 폭발성 가스 또는 증기에 점화원이 될 전기불꽃, 아크 또는 고온 부분 등의 발생을 방지하기 위하여 기계적, 전기적, 구조상 또는 온도상승에 대해서 특히 안전도를 증가시킨 구조를 말한다.

즉, 잠재적인 점화원만을 갖는 전기기기에 대해서 현재적인 점화원을 만드는 것과 같은 고장이 일어나지 않도록 전기적, 기계적 및 온도적으로 안전도를 증가시키는 것이 안전증방폭구조이다.

이 방폭구조는 정상 사용상태에서는 폭발성 분위기의 점화원으로 될 수 있는 전기불꽃 또는 고온부를 발생하지 않는 전기기기이며 더욱이 안전도를 증가시키는 조치를 유효하게 강구하는 전기기기에 한하여 적용하고 있는 것이다. 점화원으로 되는 전기불꽃 또는 고온부의 발생을 억제하는 수단으로서는 기계적 강도의 증가, 절연성능의 증가, 접속부의 강화, 온도상승의 저감 등 전기기기의 설계 및 제조에 따른 제 요건 외에 전기기기의 종류에 대하여 적절한 보호장치를 부가하는 것이 필요하다. 안전증방폭구조의 예시는 [그림 2-38]과 같다.

[그림 2-38] 안전증방폭구조의 예시

⑤ 본질안전방폭구조 (Type "i" : Intrinsically safe enclosure)

"본질안전방폭구조"라 함은 정상시 및 사고시(단선, 단락, 지락 등)에 발생하는 전기불꽃, 아크 또는 고온에 의하여 폭발성 가스 또는 증기에 점화되지 않는 것이 점화시험, 기타에 의하여 확인된 구조를 말한다.

즉, 정상상태 뿐만아니라 가정한 이상상태에 있어서도 전기불꽃 또는 고온부가 주위의 폭발성 분위기에 대하여 현재적 또는 잠재적인 점화원으로서 작용하지 않도록 전기회로에서의 소비에너지를 억제하는 것이 본질안전방폭구조이다.

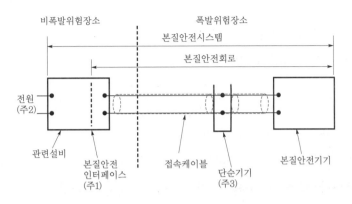

[그림 2-39] 본질안전 시스템의 구성 예

본질안전방폭구조는 전기회로의 전압, 전류 등의 값이 어떤 한도 이하에서 동작하도록 된 전기기기에 적용할 수 있는 방폭구조이다. 실제로는 전기회로에서 발생하는 전기불꽃이 어떠한 전기적 파라미터의 경우에 폭발성 분위기에서 점화하는가의 한계를 표시한 데이터 등을 참고로 하여, 어느 정도의 기준으로서 전기회로를 설계하여, 그 회로에 실제로 전기불꽃을 발생시켰을 때 폭발성 분위기로의 점화 유무를 시험에 의하여 확인하여 본질안전 방폭성능을 판정한다.

또한, 미약한 전기불꽃에서는 폭발성 분위기로 점화되지 않는 것(가스 또는 증기의 종류 등에 점화 에너지에 한계가 있는 것)은 예부터 알려져 왔지만 실제의 전기기기에서 그들을 판정하는 확실한 기술적 수단이 없었다. 그러나 IEC Pub. 60079-3의 불꽃점화시험장치가 규격화되어 감도나 재현성도 좋은 불꽃점화시험이 가능하게 되었고, 본질안전방폭구조의 실용화 기술이 확립되었다. 본질안전방폭구조의 예시는 [그림 2-40]과 같다.

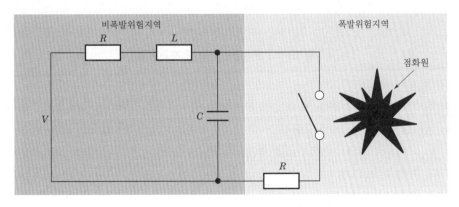

[그림 2-40] 본질안전방폭구조의 예시

본질안전방폭구조는 방폭구조 중에서 가장 안전한 방폭구조임에는 틀림없으나 실제 산업현장에서 이용 가능한 전력(전압, 전류)은 매우 작다는 단점을 가지고 있다.

[그림 2-40]은 IEC Pub. 60079-3의 저압회로 개폐불꽃 점화시험장치를 이용하여 측정한 저항성 회로의 전압과 최소 점화전류의 관계를 나타낸 것이다. 이 데이터를 실제의 본질안전과 관련된 회로에 적용할 때에는 반드시 해당 본질안전방폭구조의 안전율을 적용하여 설계를 하여야 한다. 또한 이 도표의 부하에 접속된 전원은 단순 전원공급기(예 : 축전지)를 사용하여 측정한 값이기 때문에 정전압, 정전류 전원공급기의 경우는 적용상 주의를 요한다. [그림 2-41]은 실제 현장에서 적용 가능한 본질안전 회로의 제한영역을 나타낸 것이다.

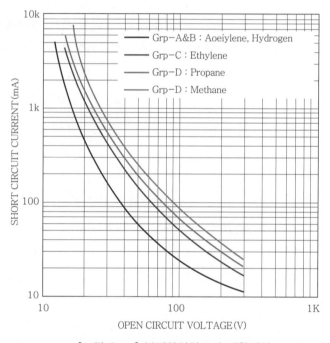

[그림 2-41] 본질안전회로의 제한영역

[표 2-25]에서 방폭성능의 확인 및 방폭구조의 표시를 필요로 하지 않는 단순기기(Simple Apparatus)는 폭발위험장소에 설치 시에는 [그림 2-42]와 같은 안전유지기(Safety Barrier)와 함께 설치하여야 한다.

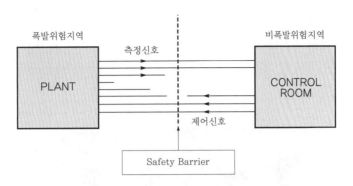

[그림 2-42] 단순기기와 안전유지기의 관계

⑥ 비점화방폭구조 (Type "n" : Non sparking Non incendive enclosure)

"비점화방폭구조"라 함은 정상동작 상태에서는 주변의 폭발성 가스 또는 증기에 점화시키지 않고, 점화시킬 수 있는 고장이 유발되지 않도록 한 구조를 말한다.

즉, 2종장소용 간이방폭구조라고 하는 비점화방폭구조는 IEC Pub. 60079-15 「n형 방폭구조의 전기기기」에 해당되며, 2종장소만에 설치하는 것을 전제로 하여 고안해 낸 각종 개념에 의한 방폭구조의 총칭이다.

IEC Pub. 60079-15에서 규정하고 있는 2종장소용 비점화방폭구조는,

㉮ 스파크가 발생하지 않는 전기기기(Non sparking Electrical Apparatus, 기호 : Ex nA),

㉯ 접점이 통기제한 용기 이외의 용기에 의해 적절하게 보호되고 동작시에 아크, 스파크 또는 고온표면을 발생하는 전기기기(Apparatus Producing Operational Arcs, Sparks or Hot Surfaces, 기호 : Ex nC),

㉰ 통기제한 용기(Restricted Breathing Enclosures 기호 : Ex nR)로 구분된다. 그리고 ㉯의 동작시에 아크, 스파크 또는 고온표면을 발생하는 전기기기의 구성부품에 적용하는 보호방법으로서는 ㉰의 통기제한 용기에 수납하는 것 외에 5종류가 있다.

a) 수납차단기구(Enclosed-break Device)

b) 비점화 부품(Non-incendive Component)

c) 용융밀봉기구(Hermetically-sealed Device)

d) 밀폐밀봉기구(Sealed Device)

e) 에너지 제한기기 및 회로(Energy Limited Apparatus and Circuits)

이들 중 a)와 b)는 구조요건의 제한이 없는 내압방폭구조와 같으며, c)와 d)는 과거에 방폭적 신뢰성이 낮아서 방폭구조로 제외했던 밀봉구조로 분류한 것이며, e)는 안전율 및 고장을 고려하지 않은 본질안전방폭구조와 같은 것이다.

비점화방폭구조의 예시는 [그림 2-43]과 같다.

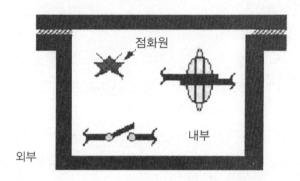

[그림 2-43] 비점화방폭구조의 예시

⑦ 몰드방폭구조 (Type "m" : Encapsulation enclosure)

"몰드방폭구조"라 함은 폭발성 가스 또는 증기에 점화시킬 수 있는 전기불꽃 또는 고온 발생부분을 컴파운드로 밀폐시킨 구조를 말한다.

즉, 현재적 또는 잠재적인 점화원을 갖는 전기기기에 대하여 주위의 폭발성 분위기에 점화되지 않도록 점화원으로 되는 부분을 절연성의 컴파운드로 포입(Encapsulation)한 것이 몰드방폭구조이다. 전기부품을 포입시 주된 수단으로서는 엔버딩과 포팅이 있다.

여기에서 엔버딩이란 몰드에 전기부품을 넣어 전기부품의 주위에 컴파운드를 주입하여 완전하게 포입하여 컴파운드가 응고한 후, 몰드를 제거하여 포입된 부품을 떼어내는 몰드방폭구조의 예시는 [그림 2-44]와 같다.

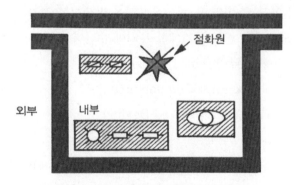

[그림 2-44] 몰드방폭구조의 예시

⑧ 충전(充塡)방폭구조 (Type "q" : Sand filled apparatus enclosure)

"충전방폭구조"라 함은 점화원이 될 수 있는 전기불꽃, 아크 또는 고온 부분을 용기 내부의 적정한 위치에 고정시키고 그 주위를 충전물질로 충전하여 폭발성 가스 및 증기의 유입 또는 점화를 어렵게 하고, 화염전파를 방지하여 외부의 폭발성 가스 또는 증기에 인화되지 않도록 한 구조를 말한다. 즉, 주로 잠재적인 점화원을 갖는 전기기기에 대하여 점화원으로 되는 부분을 석영가루나 유리입자 등의 충전물로 완전하게 덮어 주위의 폭발성 분위기의 점화를 방지하는 것이 충전방폭구조이다.

이와 같은 충전 물질의 사이에도 폭발성 분위기는 침투하므로, 이 충전물질을 유입방폭구조에서 기름과 같다고 하는 것은 무리이나, 충전물질 사이를 화염이 전파하는 것은 아니므로, 이들의 충전물질에 의하여 결과적으로 점화원과 폭발성 분위기와의 격리를 달성할 수 있다. 충전방폭구조의 예시는 그림 [2-45]와 같다.

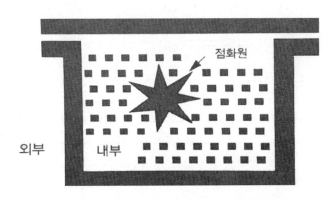

[그림 2-45] 충전방폭구조의 예시

⑨ 특수방폭구조 (Type "s" : special enclosure)

"특수방폭구조"라 함은 상기 ①~⑧ 구조 이외의 방폭구조로서 폭발성 가스 또는 증기에 점화를 또는 위험분위기로 인화를 방지할 수 있는 것이 시험, 기타에 의하여 확인된 구조를 말한다.

즉, 특수방폭구조에 대해서는 총괄적인 요건만 표시되어 있다.

현재 우리나라에서는 폭발성 가스 및 증기에 대한 9가지 방폭구조에 대하여 안전인증을 실시하고 있다.

방폭 시스템에서 최후의 수단(수동적 대처방법)으로서 방폭구조 전기기계·기구를 사용하는 국한적 억제방식은 점화원 격리, 점화원이 발생하지 않도록 안전도 증가, 점화원의 에너지 제한 및 점화가 발생된 화염의 전파방지 등으로 크게 나눌 수 있다. [표 2-26] 은 앞서 설명한 9가지 방폭구조를 이와 같은 억제방식으로 그룹화시킨 것이다. 억제방식 별 및 전기기기를 그룹화시킨 것이기 때문에 대상 전기기기는 제조기술에 따라 억제방식 을 벗어 날 수 있다.

[표 2-26] 국한적 억제방식의 분류

억제방식	방폭구조	대상 전기기기
격리 Segregation	• 유입(Oil Immersion) • 압력(Pressurization) • 충전(Powder Filling) • 몰드(Encapsulation)	• 변압기, 스위치 기어 • 제어실, 분석계 • 계측기 • 퓨즈 • 계측기, 컨트롤 기어
안전도 증가 Refined mechanical Design	• 안전증(Increased Safety) • 비점화(Non-Incendive)	• 전동기, 등기구, 박스 • 전동기, 등기구, 용기
에너지 제한 Energy Limiting	• 본질안전(Intrinsic Safety)	• 계측기, 컨트롤 기어
화염전파방지 Containment	• 내압(Flameproof)	• 스위치 기어, 모터, 펌프
특수 Special	• 특수(Special)	• 가스 검지기

[표 2-27] 가스, 증기로 인한 폭발위험장소 종별에 따른 전기기기 선정기준

구분	전기기기 종류
0종장소	• 본질안전방폭구조(ia), 몰드방폭구조(ma) • 0종 장소에서 사용하도록 특별히 고안된 방폭구조
1종장소	• (가)항에서 규정한 전기기기 • 내압방폭구조(d) • 압력방폭구조(p) : Px, Py, Pz • 유입방폭구조(o) • 안전증방폭구조(e) • 본질안전 방폭구조(ia 또는 ib) • 충전방폭구조(q) • 몰드형 방폭구조(m, mb) • 1종 장소에서 사용하도록 특별히 고안된 방폭구조(s)
2종장소	• (가), (나)에서 규정한 전기기기 • 비점화형 방폭구조(n) • 본질안전 방폭구조(io) • 압력방폭구조(ic) • 슬립링, 정류자 등 스파크를 발생시키는 부분이 없는 회전기기로서 정상운전 시의 최고 표면온도가 당해물질 발화온도의 80%를 초과하지 않는 비방폭형기기 • 스타터 등 스파크를 발생시키는 스위치 류가 없는 고정 설치된 조명기구로서 정상사용 시 최고 표면온도가 당해물질 발화온도의 80%를 초과하지 않는 비방폭형 기기 • 2종장소에서 사용하도록 특별히 고안된 방폭구조(s)

나) 분진 대상

① "분진내압(粉塵耐壓) 방폭구조, tD"

주변의 분진입자가 침입할 수 없도록 된 특수 방진 밀폐함 또는 전기설비의 안전운전에 방해될 정도의 분진이 침투할 수 없도록 한 보통 방진 밀폐함을 갖는 방폭구조를 말한다.

② "분진몰드 방폭구조, mD"

분진층 또는 분진운의 점화원을 방지하기 위하여, 전기불꽃 또는 열에 의한 점화가 될 수 있는 부분을 콤파운드로 덮은 방폭구조를 말한다.

③ "분진본질안전 방폭구조, iD"

폭발성 분진분위기에 노출되어 있는 기계·기구 내의 전기에너지, 권선 상호간의 전기불꽃 또는 열의 영향을 점화에너지 이하의 수준까지 제한하는 것을 기반으로 하는 방폭구조를 말한다.

④ "분진압력(粉塵壓力) 방폭구조, pD"

밀폐함 내부에 폭발성 분진 분위기의 형성을 막기 위하여 주위환경보다 높은 압력을 가하여 밀폐함에 보호가스를 적용하는 방폭구조를 말한다.

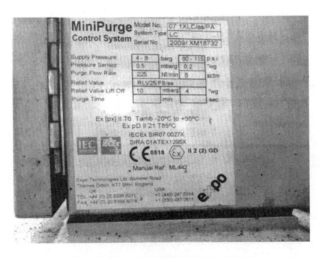

[그림 2-46] 분진 방폭구조 예(pD)

※ 분진으로 인한 폭발위험장소 종별에 따른 전기기기

[표 2-28] 방폭구조의 종류

분진의 형태	20종 장소	21종 장소	22종 장소
비도전성	tD A20 tD B20 iaD maD	tD a20 또는 tD A21 tD B20 또는 tD B21 iaD 또는 mbD pD	tD a20 또는 tD A21 또는 tD A22 tD B20 또는 tD B21 또는 tD B22 iaD 또는 mbD pD
도전성	tD A20 tD B20 iaD maD	tD a20 또는 tD A21 tD B20 또는 tD B21 iaD 또는 mbD pD	tD a20 또는 tD A21 또는 tD A22 IP6X tD B20 또는 tD B21 또는 tDB22 iaD 또는 mbD pD icD, pD

주) 분진방폭구조의 종류별 표시
　　tD : 분진내압방폭구조
　　pD : 분진압력방폭구조
　　iD : 분진본질안전방폭구조
　　mD : 분진몰드방폭구조
　　IP6X : 용기의 보호등급

참고로 분진폭발위험장소의 범위는 분진 누출원의 끝으로부터 그 위험이 더 이상 존재하지 않는 점까지를 범위로 하여 정한다. 아주 미세한 분진은 건물 내의 공기 흐름에 따라 누출원으로부터 상부로 확산된다는 사실을 고려한다. 장소구분 시에는 분류된 지역사이의 구분되지 않은 작은 지역이 있을 경우, 이를 포함한 전체범위를 구분하도록 한다.

※ 분진층의 위험성

① 파우더를 취급 또는 처리하는 분진 컨테인먼트 내부에서, 분진이 공정 전체에 있다면 분진층의 두께를 제어할 수 없는 경우가 종종 있을 수 있다.

② 기본적으로 장비 외부의 분진층의 두께는 청소(House keeping)로 제어할 수 있다. 누출원에서 고려할 사항을 검토 할 때, 설비 관리에서 청소 상태와 일치시키는 것을 필수 요소로 한다. 예를 들어, 장비 선정 책임이 있는 사람이 설비에 분진층이 없는 것으로 예측했다면, 표면 분진층의 최대 허용 두께에서 5mm 이하는 수용 가능하다 (청소 주기에 따라 아주 짧은 기간 중단 감안).

③ 분진층의 고온 표면 점화의 위험성과 분진 점화를 방지하기 위해 선정된 장비의 최대 허용 표면온도에 대하여는 별도 검토가 필요하다.

방폭기기는 다음과 같은 방법으로 우리나라도 유럽공동체(EU)의 인증마크를 준용해 해당설비에 표시를 한다.

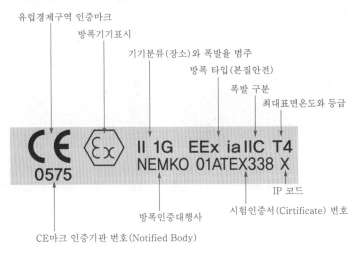

유럽경제구역 인증마크
방폭기기표시
기기분류(장소)와 폭발율 범주
방폭 타입(본질안전)
폭발 구분
최대표면온도와 등급

CE 0575 ⟨Ex⟩ II 1G EEx ia IIC T4
NEMKO 01ATEX338 X

IP 코드
방폭인증대행사
시험인증서(Cirtificate) 번호
CE마크 인증기관 번호(Notified Body)

[그림 2-47] 방폭기기 표시방법

다음은 방폭구조 예이다. 내압방폭형 설비는 다음 [그림 2-48]과 같다.

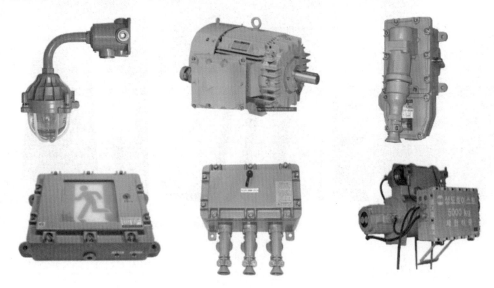

[그림 2-48] 내압방폭형 설비

압력방폭구조, 분진 방폭구조의 예는 다음 [그림 2-49] [그림 2-50]과 같다.

[그림 2-49] 압력 방폭 구조

[그림 2-50] 분진 방폭구조

안전증방폭구조, 방폭케이블, Safety Barrier Panel의 예는 다음 [그림 2-51], [그림 2-52] [그림 2-53]과 같다.

[그림 2-51] 안전증 방폭구조

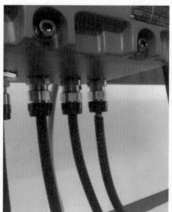

[그림 2-52] 방폭케이블

[그림 2-53] Safety Barrier Panel

※ 방폭 전기기기의 선정요건

① 방폭 전기기기가 설치될 폭발위험장소의 등급 구분

② 가스 등의 발화온도

③ 내압방폭구조의 경우 최대 안전틈새

④ 본질안전방폭구조의 경우 최소점화 전류

⑤ 압력방폭구조, 유입방폭구조, 안전증방폭구조의 경우 최고 표면온도

⑥ 방폭 전기기기가 설치될 장소의 주변온도, 표고 또는 상대습도, 먼지, 부식성 가스 또는 습기 등(IP등급)의 환경조건

⑦ 모든 방폭 전기기기의 선정은 가스 등의 발화온도의 분류와 적절히 대응하는 온도 등급

⑧ 사용 장소에 가스 등이 2종류 이상 존재할 수 있는 경우에는 가장 위험도가 높은 물질의 위험특성

⑨ 사용 중에 전기적 이상상태에 의하여 방폭성능에 영향을 줄 우려가 있는 전기 기기

이상의 요건들을 감안하여 최적의 방폭기기를 선정하여야 한다. 참고로 제조회사에서 제공하는 먼지와 물, 물리적 충격 등에 어느 정도의 보호정도를 보유하고 있는지를 나타내는 국제보호등급에는 IP등급과 IK등급이 있다.

※ IP등급 : 국제적으로 통용되는 먼지와 물에 대한 보호정도를 나타내는 등급이다. 'IP54'와 같이 두 자리의 숫자로 표현되는데 첫 번째 숫자는 고체에 대한 보호정도(방진)를 나타내고, 두번째 숫자는 액체에 대한 보호정도(방수)를 나타낸다.

※ IK등급 : 물리적 충격에 대한 보호정도를 나타내는 등급으로 등급별 강도의 기준은 충격을 가하는 물체의 무게와 높이에 의해 결정된다. 01~10까지의 등급이 있는데, IK10은 5kg의 물체를 40cm 높이에서 떨어뜨려도 이상이 없는 것을 의미한다.

다음 [그림 2-54]는 IP, IK등급의 구분을 나타낸다.

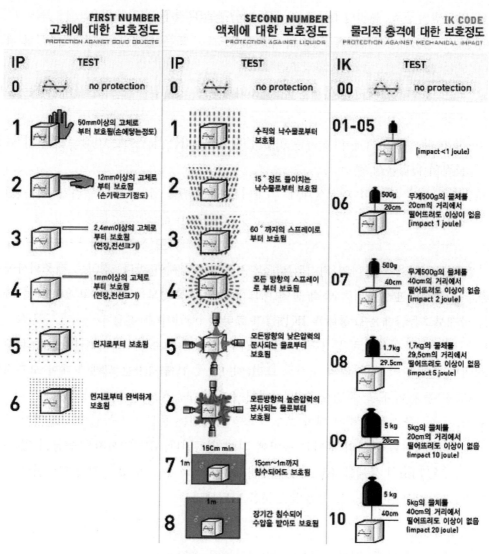

[그림 2-54] IP, IK등급 구분

3) 전기 단선도 및 접지계획

고용노동부고시 제2023-21호

제24조(폭발위험장소 구분도 및 전기단선도 등) ② 전기단선도는 수전설비의 책임분계점부터 저압 변압기의 2차측(부하설비 1차측)까지를 말하며, 이 단선도에는 다음 각 호의 사항을 포함하여야 한다.

1. 부스바(bus-bar) 또는 케이블의 종류, 굵기 및 가닥수 등
2. 변압기의 종류, 정격(상수, 1·2차 전압), 1·2차 결선 및 접지방식, 보호방식, 전동기 등 연동장치와 관련된 기기의 제어회로
3. 각종 보호장치(차단기, 단로기)의 종류와 차단 및 정격용량, 보호방식 등
4. 예비 동력원 또는 비상전원 설비의 용량 및 단선도
5. 각종 보호장치의 단락용량 계산서 및 비상전원 설비용량 산출계산서(해당될 경우에 한정한다)

③ 심사대상기기, 철구조물 등에 대한 접지계획 및 배치에 관한 서류 · 도면 등은 다음 각 호의 사항에 따라 작성하여야 한다.

1. 접지계획에는 접지의 목적, 적용법규 · 규격, 적용범위, 접지방법, 접지종류(계통접지, 기기접지, 피뢰설비접지, 정밀장비접지 및 정전기 등을 포함) 및 접지설비의 유지관리 등을 포함한다.
2. 접지 배치도에는 접지극의 위치, 접지선의 종류와 굵기 등을 표기한다.

길라잡이

2016.8.18. 개정된 고시는 전기단선도에 전동기, 보호방식 등의 연동장치와 관련된 기기의 제어회로를 포함하도록 규정하고 있다.

전기단선도란 전기설비에 공급되는 전원에 관련된 모든 사항을 단선으로 작성한 전기계통도로서 계통의 일반적인 접속 상태를 일목요연하게 표시하여 전기설비 설치계획, 설계, 공사, 운전 및 유지보수 등에 활용할 수 있도록 작성된 도면을 말한다. 다음은 전기단선도의 예시이다.

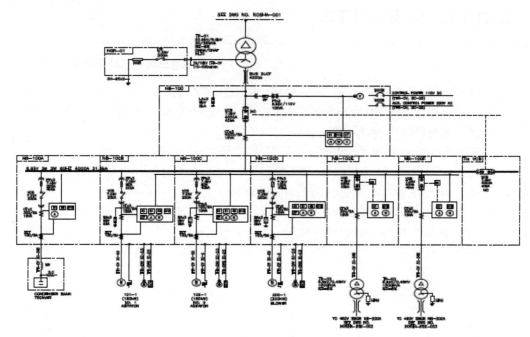

[그림 2-55] 고압전기단선도의 예시

전기단선도란 전기설비에 공급되는 전원에 관련된 모든 사항을 단선으로 작성한 전기 계통도로서 계통의 일반적인 접속 상태를 일목요연하게 표시하여 전기설비의 계획, 설계, 공사, 운전 및 유지 보수 등에 활용할 수 있도록 작성된 도면을 말한다. 그 작성은 「KOSHA GUIDE E-46-2013 전기단선도 작성에 관한 기술지침」에 따라 하여야 한다.

접지는 감전사고 방지, 설비보호, 정전기 방지, 보호장치의 동작, 노이즈 억제 등을 목적으로 한다. 접지는 「KOSHA GUIDE E-92-2017 접지설비 계획 및 유지관리에 관한 기술지침」에 따라 이루어져야 한다.

수변전설비도면은 빌딩이나 공장의 조명, 동력, 전열 등의 부하 설비에 적당한 전력을 공급하기 위하여 각 설비에 적합한 전압으로 수전하여 변전하는 설비의 도면이다.

전기단선도	접지설비 계획
전기단선도 작성에 관한 기술지침	접지설비 계획 및 유지관리에 관한 기술지침

2-1-6 안전설계 · 제작 · 설치 지침서

고용노동부고시 제2023-21호
제25조(안전설계 제작 및 설치 관련 지침서) 모든 유해 · 위험설비에 대해서는 안전설계 · 제작 및 설치 등에 관한 설계 · 제작 · 설치관련 코드 및 기준을 작성하여야 한다.

안전설계 · 제작 및 설치관련 지침서의 작성 목적은 각 설비별 설계관련 코드 및 기준을 참고하며, 설계시 필요한 계산서, 설치시방서, 운전보수 지침서 등을 작성하여 유사시에 즉각 활용할 수 있도록 하는데 있다. 안전설계 제작 및 설치관련 지침은 다음의 내용들이 고려되어야 한다.

1) 안전설계·제작 지침서

　가) 기기별 제작, 안전, 검사기준(운전조건, 설계조건, 재질, 사용두께, 열처리 및 비파괴검사 등 제작, 안전기준 적정여부)

　나) 기기별 사양서

　다) 계산서

　라) 특별고려사항(부식, 소음, 진동 등)

2) 설치 지침서

　가) 기계, 장치 및 설비의 위험요소를 파악할 수 있는 기기별 외관도, 카탈로그

　나) 각 기기에 대한 운전 및 정지방법(정상, 비정상 운전조건 포함)

　다) 각 기기 및 부속품의 보수·유지방법

　라) 부속품에 대한 Spare part list 및 생산업체명

　마) 특별한 안전장치가 있을 시 안전장치 사양

　바) 각 기기 설치방법 및 설치 시 유의해야 할 점

안전설계 및 설치 관련 지침은 다음 표의 지침들을 참조하여 작성한다.

[표 2-28] 안전설계·제작·설치 지침서

번호	구 분	CODE & STANDARD
1	Pressure Vessel	ASME SEC. VIII
2	Boilers	Manufactural Standard
3	Building / Structure	AISC/ ACI/ ANSI/ UBC Uniform Building
4	Electrical	KS/ IEC/ NEC/ ANSI/ IEEE/ NEMA/ API/ NFPA/ JEC/ JEM/Local code & Regulations
5	Instrument	IEC/ API/ ISA
6	Sanitary	Korea Laws
7	Aircraft Warning	CAA/ DCA
8	Safety	IP/ NFPA/ UL/ OSHA
9	Water pollution	Korea Laws
10	Air pollution	Korea Laws
11	Noise	Korea Laws
12	Fire Protection	NFPA
13	Piping	ASME/ ANSI B31.3
14	Concrete	Korea Laws
15	Materials	ASTM/ ASME Sec.VII/ DIN/ JIS/ KS
16	Mechanical Equipment	API/ANSI/ ISO/ KS/ Manufacturer Standard
17	Welding	ASME/ AWS
18	Heat Exchangers	ASME/ TEMA/API
19	Tanks	API650/ API620

2-1-7 그 밖에 관련된 자료

고용노동부고시 제2023-21호

제26조(그 밖에 관련된 자료) ① 플레어스택을 포함한 압력방출설비에 대하여는 플레어스택의 용량 산출근거, 플레어스택의 높이 계산근거 및 압력방출설비의 공정상세도면(P&ID) 등의 사항을 작성하여야 한다.
② 환경오염물질의 처리에 관련된 설비에 대하여는 설비 내에서 발생되는 환경 오염물질의 수지, 처리방법 및 최종 배출농도 등의 사항을 작성하여야 한다.

1) 플레어스택

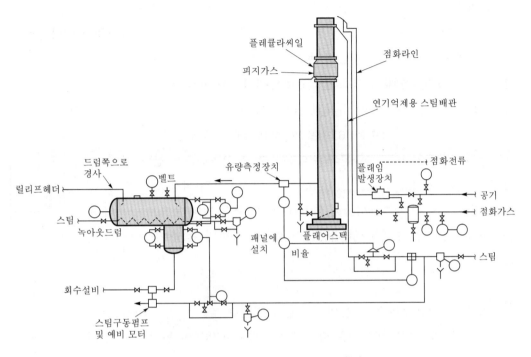

플레큘라씨일

피지가스

점화라인

연기억제용 스팀배관

드럼쪽으로 경사

벨트

유량측정장치

플래임 발생장치

점화전류

릴리프헤더

공기

스팀

점화가스

녹아웃드럼

패널에 설치

플래어스택

비율

스팀

회수설비

스팀구동펌프 및 예비 모터

[그림 2-56] 플레어스택의 구조 예시

플레어스택은 화학설비 공정 중에서 발생한 폐가스 등을 대기 중으로 방출시킬 경우 안전하게 처리하기 위하여 연소시키는 플레어시스템 중 스택 형식의 소각탑으로서, 녹아 웃 드럼, 액체 밀봉 드럼, 스택지지대, 주버너팁, 파일럿 버너 및 점화장치 등으로 구성된 설비일체를 말한다. 플레어스택에서 나오는 배출가스는 환경법규에도 충족되어야 한다.

가) 플레어시스템을 설치 시에는 전반적으로 다음의 사항을 고려하여야 한다.

① 연소가스의 방출에 따른 국내 법규상의 기준을 만족하여야 한다.

② 공정지역, 저장지역, 지상으로부터의 높이 및 사람과 관련하여 플레어의 위치 및 이 격거리는 복사열, 연소생성물의 착지농도를 기준으로 충분히 떨어져야 한다.

③ 플레어스택에 액체가 유입되지 않도록 방출가스와 비말 동반된 액체의 제거능력이 충분하여야 한다.

④ 플레어시스템으로 산소가 유입되지 않도록 하여야 하며, 특히 안전밸브 등 보수 시 에 주의하여야 한다.

⑤ 내부 폭발예방을 위한 화염역류방지 장치를 설치하여야 한다.

⑥ 파일럿 점화장치 및 조절장치가 안전한 곳에 위치하여야 한다.

⑦ 플레어헤더를 연료가스 또는 불활성가스로 치환할 수 있는 장치를 설치하여야 한다.

⑧ 산소가 함유된 물질은 별도의 플레어시스템에서 처리하여야 한다.

⑨ 불꽃이 꺼지지 않도록 유속의 산정에 주의하여야 한다.

⑩ 고온 및 저온, 부식성 등 유체의 물성을 고려하여 재질을 선정하여야 한다.

나) 플레어스택의 용량 산출근거는 다음 사항을 고려하도록 한다.

용량 산출근거(Flare Load Summary)는 안전밸브의 작동 원인별 즉, 공정상의 원인, Power Failure, 냉각수 Failure, 화재에 의한 원인, 기타 등으로 구분하여 대상 설비 내에서 동시에 발생할 수 있는 최대량을 산출하여야 한다. 플레어스택의 용량은 가능 원인별로 구한 최대량 이상으로 산정하여야 한다.

다) 플레어스택의 높이는 다음의 사항을 고려한다.

① 냄새, 독성의 연소생성물을 확산시키기 위하여 200m 높이 까지 설치할 수 있으나 복사열과 소음을 고려하여야 한다.

② 플레어스택의 높이는 API Code 등에서 정하는 방법으로 계산하여야 하며, 그 스택 바로 밑의 지표면에서 복사열이 4,000kcal/m^2h(이는 설치지역의 최대 태양복사열을 포함한 수치임) 이하가 되도록 하여야 한다. 이 수치는 복사열에 노출된 사람이 13~14초에서 통증을 느끼는 크기에 해당한다.

공정 상세도면(P&ID)은 안전밸브/파열판으로부터 Liquid K.O. Drum, 플레어스택에 이르기까지 관련된 모든 사항이 공정 배관·계장도와 같이 모든 내용이 표시되어야 하며, Liquid K.O. Drum으로 Free Drain되도록 구성되어야 한다.

환경오염물질 처리설비는 여러 가지 종류가 있으나 화학공장에서는 휘발성 유기화학물질(Volatile Organic Compounds : VOCs) 포집, 독성물질의 처리 등을 위한 스크러버나 활성탄 흡착탑 등이 많이 사용되고 있다.

플레어스택과 관련된 기술지침은 「KOSHA GUIDE D-59-2017 플레어시스템의 설계·설치 및 운전에 관한 기술지침」, 「KOSHA GUIDE D-60-2017 플레어시스템의 녹

아웃드럼 설계 및 설치에 관한 기술지침」, 「KOSHA GUIDE D-61-2017 플레어시스템
의 역화방지설비 설계 및 설치에 관한 기술지침」을 참조하도록 한다.

플레어시스템의 설계 · 설치 및 운전에 관한 기술지침	플레어시스템의 녹아웃드럼 설계 및 설치에 관한 기술지침	플레어시스템의 역화방지설비 설계 및 설치에 관한 기술지침

2) 스크러버(Scrubber, 세정탑, 흡수탑)

국소배기에 의해 배출되는 용해성 가스 등 인입된 오염가스에 흡수제(물 등)를 분사,
오염가스와 물 등이 접촉하여 오염물질을 흡수, 제거한 청정공기를 대기 중으로 방출시
키는 설비이다. 세정에 사용하는 흡수제(액체)는 보통 물이지만, 특수한 경우 표면 활성
제, 산화제 등을 사용하기도 한다.

효율 증가를 위해 스크러버 내부에 충전물을 넣어 포집효율을 높이기도 한다.

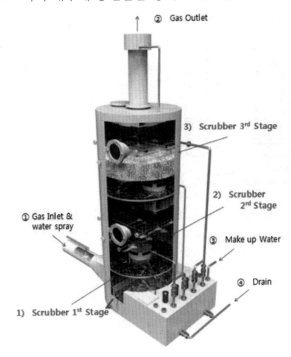

[그림 2-57] 스크러버 구조 예시

3) 흡착탑(AC Tower)

흡착탑은 유기 가스 상의 오염물질을 다공성 고체표면에 흡착시켜 제거하는 대기오염 방지시설이다.

이 장치는 오염된 가스를 흡입하여 흡착제가 가득 찬 흡착탑 내부로 통과시켜 제거하는데 오염물질이 비연소성이거나 태우기 어려운 것, 오염물의 농도가 낮은 경우에 유용하며 악취도 제거할 수 있다. 흡착제는 활성탄, 제올라이트, 실리카겔, 알루미나 등이 있는데 그 중 활성탄이 가장 많이 사용된다.

흡착공정은 흡착, 탈착(Separated from the adsorbent) 및 흡착제 재생의 세 공정으로 구분한다.

- 흡착(Adsoption) : 흡착 물질과 흡착제가 접촉하여 흡착물질이 흡착제에 부착되는 과정
- 탈착(Separation) : 흡착제에 흡착되지 않는 물질이 흡착제 표면으로부터 분리되는 과정
- 재생(Regeneration) : 흡착된 물질을 흡착제로부터 제거하는 공정을 말하며, 이 재생 과정에 흡착제를 가열하여 흡착된 물질을 분리, 제거하는 과정이 포함된다.

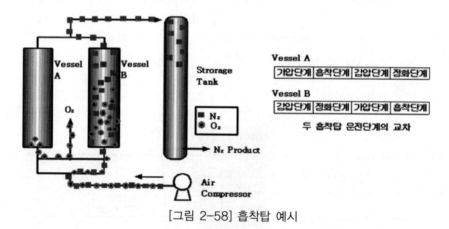

[그림 2-58] 흡착탑 예시

2-2 안전운전계획

안전운전계획에는 사업장에서 운영해야 할 절차들이 나와 있다. 안전운전계획은 PSM 12대 실천과제 12개 항목 중 9개 항목이 포함된다.

[표 2-29] 안전운전 계획과 PSM 실천과제

안전운전계획	PSM실천과제(12항목)
• 안전운전지침서 • 설비점검, 검사, 보수, 　유지계획 및 지침서 • 안전작업 허가 • 도급업체 안전관리계획 • 근로자 등 교육계획 • 가동 전 점검지침 • 변경요소 관리계획 • 자체감사계획 • 공정사고 조사계획지침	1. 공정안전자료 2. 공정위험성평가 3. 안전운전계획 　　안전운전지침과 절차 　　설비점검, 검사계획, 유지보수계획 및 지침 　　안전작업허가 및 절차 　　도급업체 안전관리계획 　　근로자 교육 　　가동 전 점검지침 　　변경요소 관리계획 　　자체감사계획 　　공정사고 조사지침 4. 비상조치계획

2-2-1 안전운전지침서

공정운전 중에 발생할 수 있는 모든 경우에 대비한 운전절차를 규정하는 지침서로서 다음의 단계별 절차 및 내용이 포함되어야 한다.

고용노동부고시 제2023-21호

제31조(안전운전 지침서) 규칙 제50조제1항제3호 가목의 안전운전 지침서에는 다음 각 호의 사항이 포함되어야 한다.
1. 최초의 시운전
2. 정상운전
3. 비상시 운전
4. 정상적인 운전 정지
5. 비상정지
6. 정비 후 운전 개시
7. 운전범위를 벗어났을 경우 조치 절차
8. 화학물질의 물성과 유해·위험성
9. 위험물질 누출 예방 조치
10. 개인보호구 착용방법
11. 위험물질에 폭로시의 조치요령과 절차
12. 안전설비 계통의 기능·운전방법 및 절차 등

안전운전지침

안전운전절차서 작성에
관한 기술지침
KOSHA GUIDE

길라잡이

1996년~2005년까지 국내에서 발생한 중대산업사고의 원인을 분석한 자료에 따르면 '안전작업 허가절차 미준수(30%)'와 '운전절차 미준수(25%)'가 압도적으로 많다.

안전운전지침서는 해당공정에 운전경험이 없는 운전원이라도 최소한의 지도 또는 도움을 받아 누구든지 그 절차에 의해 운전할 수 있도록 명확하고 구체적으로 작성하여야 한다. 이러한 절차서는 창고 내에서 이루어지는 원료 및 제품의 입고, 포장, 저장, 출고 등의 안전절차서도 포함된다.

비상정지절차나 비상시 운전절차는 스팀·전기·냉각수·계장용 공기 등의 공급 중단이나 국소배기 설비의 운전 중단, 반응폭주, 고온·고압발생 등에 대비한 운전절차를 의미한다.

안전운전절차서에는 안전설비 계통(긴급차단밸브, 비상이송 밸브, 세정기, 플레어스텍, 안전밸브 및 파열판, 가스경보장치 등이 포함)의 기능과 운전방법 및 절차에 대한 내용이 포함되어야 하며 다음 사항은 필히 정확하게 기술하여야 한다.

[표 2-28] 안전운전지침서 작성 시 포함내용

- 운전자의 운전 담당 설비, 운전분야 및 운전 위치에 대한 규정
- 공정 및 설비별 명확한 운전조건 범위에 대한 규정
- 운전범위를 벗어났을 경우의 조치에 대한 규정
    - 운전범위를 벗어났을 경우 예상되는 결과
    - 운전범위를 벗어났을 경우 정상운전이 되도록 하기 위한 방법 및 절차
    - 운전범위를 벗어나지 않도록 하기 위한 사전 조치방법 및 절차
- 장치, 설비 등의 변경시 즉시 수정·보완 등에 관한 규정

또한 안전운전지침서의 작성 책임자, 승인·변경·보관·폐기 절차 등에 대한 규정을 지침서에 포함시키거나 별도로 작성하여 보관하여야 한다.

Roof Drain 설비관리

작업 및 조치사항	조치기준	작업자
1) Floating Roof의 Center Weight 부분의 Sump Box 및 Ball Check Valve는 탱크의 TLG 신뢰도 점검 계측 시 관찰하여 이물질이 있을 때는 즉시 청소하여야 한다.		탱크담당
2) Floating Roof 탱크의 Roof Drain 밸브는 항상 열어둔다.단, Roof Drain System의 고장(Pinhole 파손, 파열)으로 제품이 누출될 때는 잠가 두었다가 우천 시 비가 오는 상태에 따라 빗물이 Roof에 고이지 않을 정도로 Oil Sewer Line으로 가는 Drain 밸브를 열어준다.	Open	탱크담당
참조 – Oil Sewer Line으로 Line Up 된 것을 재확인할 것. – Sewer 계통으로 Drain 시 환경운영팀 담당자에게 물의 양이 증가될 수 있음을 통보한다.		
3) Roof Drain 밸브로 제품이 누출되는지를 정기점검 계측 시에 관찰하고 제품 누출 시는 밸브를 잠가 두고 교대반장에게 구두 또는 무선으로 보고하여야 한다.	제품 누출 시 Close	탱크담당
4) 우천 시에는 Roof Drain 밸브로 Roof의 물이 배수되는지 확인하여야 한다. 단, 강우량에 비하여 Water Drain 되는 양이 적을 때는 Roof에 올라가서 Center Weight 부분의 Sump Box의 청소상태와 Ball Check 밸브 작동상태를 확인하여 이물질이 있을 때는 이물질을 제거하여야 한다.	물 배수 확인	탱크담당
주의 – Roof Drain으로 물이 배수되지 않으면 제품에 많은 물이 들어가게 되며, 심한 경우 Roof 전복발생 위험이 있음. – 액위가 3m 이하인 Roof로 내려갈 경우 보안경과 Gas Mask를 휴대하여 저기압 시나 기름 냄새가 날 때는 보안경과 Gas Mask를 착용하여야 한다.		

[그림 2-59] 안전운전절차서 작성 예시

2-2-2 설비점검·검사 및 보수·유지계획 및 지침서

설비점검·검사 및 보수·유지계획 및 지침서는 유해·위험설비에 대한 등급화로 점검, 정비 및 유지관리를 통해 효율적인 설비의 신뢰도를 확보하기 위한 것이다.

고용노동부고시 제2023-21호

제32조(설비점검·검사 및 보수계획, 유지계획 및 지침서) 규칙 제50조제1항제3호 나목의 설비점검 검사 및 보수계획, 유지계획 및 지침서는 공단기술지침 중 "유해·위험설비의 점검·정비·유지관리 지침"을 참조하여 작성하되, 다음 각 호의 사항이 포함되어야 한다.

1. 목적
2. 적용범위
3. 구성 기기의 우선순위 등급
4. 기기의 점검
5. 기기의 결함관리
6. 기기의 정비
7. 기기 및 기자재의 품질관리
8. 외주업체 관리
9. 설비의 유지관리 등

유해 위험설비의 점검 정비
유지관리 지침
KOSHA GUIDE

길라잡이

항목	점검주기			
	일일	주간	월간	분기
Chamber Cleaning	○			
O-ring				○
Air tube			○	
Air pressure	○			
Vent pressure	○			
Vacuum gauge	○			
Low vacuum pump		○		
High vacuum pump			○	
Heater		○		
MFC				○
Gas line		○		
Water Line		○		
Power Generator				○

점검주기			
주간	월간	6개월	연간
	○		
			○
			○
		○	
○			
		○	
		○	
			○
		○	
			○
	○		
		○	
			○

[그림 2-60] 설비점검 및 수리주기(예)

사업장에 설치된 위험설비를 중요도 또는 위험도에 따라 우선순위를 정하여 등급을 부여한다. 각 설비의 등급마다 점검주기를 일간, 주간, 월간, 연간으로 하여 점검 계획을 수립해야 한다. 그리고 수립된 계획대로 일간, 주간, 월간, 연간 점검을 실시하고 점검결과(점검표)를 작성해야하며 점검을 안전하게 수행하기 위한 점검방법, 점검절차 등에 대한 교육을 실시해야 한다. 사업장 감독 시 근로감독관이 점검지침에 명시된 점검일지를 요구하였을 때, 작성되어 있지 않으면 과태료 부과 대상이 될 수 있다.

대상 유해·위험설비의 종류에 다음의 설비는 「KOSHA GUIDE P-93-2012 유해·위험설비의 점검·정비·유지관리 지침」에 의하면 필히 포함되어야 하며, 그 이외의 설비는 사업장의 특성을 감안, 추가한다.

[표 2-30] 대상 유해·위험설비의 구분(대분류)

- 압력용기와 저장탱크 계통 설비
- 배관 계통 설비(밸브와 같은 부속설비 포함)
- 압력방출 계통 설비
- 비상정지 계통 설비
- 전기 및 계측제어 계통 설비
- 회전기기(펌프, 압축기, 송풍기 등)

구성 단위기기의 우선순위 등급에 따라 점검계획서를 작성하되, 점검계획서에 포함되어야 할 사항은 다음 표와 같다.

[표 2-31] 점검계획서의 추가포함 사항

- 점검 기기명 및 식별번호
- 우선순위 등급번호
- 점검항목 및 점검주기
- 점검자 자격
- 점검 방법
- 적용코드 및 허용범위
- 계획의 승인 및 배포

정비 또는 보수작업 대상 단위기기에 대하여 적절한 시기에 안전한 방법으로 정비를 수행하기 위한 계획서를 작성하여야 하며, 계획서 작성 시 포함사항은 다음 [표 2-32]와 같고, 정비절차서 주요내용은 [표 2-33]과 같다.

[표 2-32] 정비계획서의 추가포함 사항

- 정비작업 요청 및 처리에 관한 절차
- 정비항목
- 정비분류 및 시기
- 정비작업 준비계획(유자격자, 기자재 및 공구)
- 공정상 타기기에 대한 조치 및 협조사항
- 필요 시 기기별 정비작업 절차

[표 2-33] 정비 절차서의 주요 내용

- 정비작업 준비(유자격자, 기자재, 공구)
- 정비착수 전 안전조치사항과 확인사항
- 정비작업 절차
- 정비완료 후 점검에 관한 사항
- 정비완료 후 안전조치사항 및 확인사항
- 정비 및 보수에 대한 교육
- 정비결과 보고
- 정비작업 중 비상시 응급조치사항
- 작업자간의 통신연락 사항

2-2-3 안전작업허가

안전작업허가는 유해·위험이 잠재된 특정작업에 대하여 사고발생을 예방하고, 발생 시 피해를 최소화하고자 작업허가와 작업관리를 규정하는 절차이다.

고용노동부고시 제2023-21호

제33조(안전작업허가) 규칙 제50조제1항제3호 다목의 안전작업허가는 공단기술지침 중 "안전작업 허가 지침"을 참조하여 작성하되, 다음 각 호의 사항이 포함되어야 한다.

1. 목적
2. 적용범위
3. 안전작업허가의 일반사항
4. 안전작업 준비
5. 화기작업 허가
6. 일반위험작업 허가
7. 밀폐공간 출입작업 허가
8. 정전작업 허가
9. 굴착작업 허가
10. 방사선 사용작업 허가 등

안전작업허가 지침
KOSHA GUIDE

※ 안전작업허가를 기준에 맞게 하지 않아 사고가 발생하였을 시 등급재평가의 대상이므로 작업허가는 특히 중요하다.

최근 중대산업사고가 발생하면 고용노동부의 안전보건분야 근로감독관들은 우선적으로 안전작업허가 절차가 제대로 이루어졌는지를 확인하게 된다. 위험작업 실시 전 해당 작업의 위험성·비상대피요령 등 작업근로자 교육, 화기작업 시 불받이포, 소화설비, 밀폐공간 출입, 산소농도 측정 등을 실시하고 허가절차가 포함되어야 한다.

(1) 주요 점검사항

- 모든 작업은 사전에 안전작업허가를 승인받아야 한다.(안전작업허가 승인이 필요하지 않은 작업은 구체적으로 명시하여야 한다.)
- 작업허가는 화기작업 허가와 일반작업 허가로 구분하고, 위험작업허가 대상 작업은 화기작업, 밀폐공간출입작업, 정전작업, 굴착작업, 방사선사용작업, 고소작업, 중장비 작업 등이 포함된다.
- 안전부서 책임자, 작업부서 책임자, 입회자는 안전작업 공간, 장비, 수행절차 등을 책임지고 관리해야 한다.
- 안전작업허가서 발급자 및 승인자는 반드시 현장에서 허가대상 작업별 사전 안전상의 조치를 확인해야 한다.
- 안전작업허가서 발급자는 작업자에게 운전과 관련된 안전조치 요구사항 파악, 안전장구 준비, 특수작업절차서 작성(필요시), 공정위험성 및 작업방법에 대한 안전교육을 수행해야 한다.
- 안전작업허가서에는 작업 허가시간, 작업개요, 작업상 취해야 할 안전조치사항 및 작업자에 대한 안전요구사항 등을 기재해야 한다.
- 화기작업 시 필요한 안전조치를 수행해야 한다.
    - → 작업구역 설정, 가스농도 측정, 출입제한, 밸브차단(밸브 분리 또는 블라인드 삽입) 및 표지 부착, 위험물질 방출·처리, 환기, 비산방지, 화기작업 입회, 소화장비 구비 등
- 밀폐공간 출입작업 시 필요 안전조치를 수행해야 한다.
    - → 작업구역 설정, 가스(산소) 농도 측정, 출입제한, 밸브차단(밸브 분리 또는 블라인드 삽입) 및 표지 부착, 위험물질 방출·처리, 환기, 비산방지, 소화장비 및 구조장비 구비, 감시인 배치, 출입자 출입현황판 부착 등
- 보충적인 작업(밀폐공간 출입, 전기차단작업, 굴착작업, 방사선 사용작업, 고소작업, 중장비 작업 등)에서 요구되는 안전조치 사항을 수행해야 한다.

(2) 일반위험작업

일반위험작업이라 함은 노출된 화염을 사용하거나 전기, 충격 에너지로부터 스파크가 발생하는 장비나 공구를 사용하는 작업 이외의 작업으로서, 유해·위험물 취급작업, 위험설비 해체작업 등 유해, 위험이 내재된 작업을 말한다. 일반위험작업 시 안전조치는 화기작업을 포함하지 않는 작업으로서 위험한 작업을 수행할 때에는 일반위험 작업허가서를 발급받아야 하며, 위험한 작업의 종류는 사업장 또는 공정의 특성을 고려하여 정한다. 일반위험작업 시 취하여야 할 안전조치 사항은 화기작업시의 안전조치 중 필요한 조치를 참조하면 된다.

[그림 2-61] 일반위험작업 허가서(예)

(3) 화기작업

화기작업이라 함은 용접, 용단, 연마, 드릴 등 위험 또는 스파크를 발생시키는 작업 또는 가연성 물질의 점화원이 될 수 있는 모든 기기를 사용하는 작업을 말한다. 방폭지역 또는 위험장소에서 화기작업을 할 때에는 다음 [그림 2-62]와 같은 양식의 화기작업 허가서를 받아야 한다. 화기작업 허가자는 다음의 안전조치 사항이 이행되도록 조치하여야 한다.

<별지 양식1>

화기작업 허가서

허가번호 :	허가일자 :

신 청 인 : 부서_____ 직책_____ 성명_____ (서명)
작업허가기간 : 년 월 일 시 부터 시까지

| 작업장소 및 설비(기기) | 정비작업 신청번호 : | 장치번호 : |
| | 작업지역(장소) : | 장 치 명 : |

작업 개요

| 첨부 서류 | o 작업계획서 □ / o 소화기록 □ / o 특수작업절차서 □ | 작업 전 위험성평가 필요 | 작업절차서 □유 □무 |
| | o 기술자료(도면) □ / o 안전장구 목록 □ / o 굴착도면 □ | | 변화, 작업상이 □유 □무 |

안전조치 요구사항　　　　　　　* 필요한 부분에 ☑ 표시, 확인은 ⓥ 표시

o 작업구역 설정(출입경고 표지)	□ o	o 용기개방 및 압력방출	□ o	o 조명장비 □ o
o 작업주위 가연성물질 제거	□ o	o 용기내부 세정 및 처리	□ o	o 소화기 □ o
o 가스농도 측정	□ o	o 불활성가스 치환 및 환기	□ o	o 안전장구 □ o
o 밸브차단 및 차단표지부착(도면 비교)	□ o	o 비산불티차단막 설치	□ o	o 안전교육 □ o
o 맹판설치 및 표지부착(도면 비교)	□ o	o 환기장비	□ o	o 운전요원의 입회 □ o
o 위험물질(가연성분진 포함)방출 및 처리	□ o			

보충작업허가　　　　　　　* 필요한 부분에 ☑ 표시, 확인은 ⓥ 표시

밀폐공간 □	o 통신수단 □ o / 구명장구(줄, 송기마스크) □ o　　　　　　허가기간 : ~ 　　　　확인자_____(서명) (가스농도 측정결과 1. HC 0%, 2. O₂ 18%이상, 3. CO 30ppm미만, 4. CO₂ 1.5%미만 5. H₂S 10ppm미만
정 전 □	o 차단기기 : 제어실(　　　　　　　　　　) / 현장(o 제어실 : 스위치, 차단기 내림 □ o / 잠금장치 시건, 표지부착 □ o　　　허가기간 : ~ o 현 장 : 스위치, 차단기 내림 □ o / 잠금장치 시건, 표지부착 □ o　　　확인자_____(서명) 전원복구 : 모든 작업이 완료된 후 운전부서의 입회자의 요청에 의해서만 전원을 복구하여야 한다. ※ 전원복구 : 요청자_____ / 복구시간_____　확인자_____
굴 착 □	o 설비 : 가스,기계,소방배관 □ o　　점검자_____ o 설비 : 전기,계장,통신 □ o　　점검자_____　허가기간 : ~　확인자_____(서명)
방 사 선 □	o 비인가자 출입제한 □ o / 방사선 위험경고, 표지 □ o / 자격증 소지 □ o o 방사선 방사점 도면 첨부 □ o　　　　　　　허가기간 : ~　확인자_____(서명)
고 소 □	o 작업발판, 안전난간 □ o / 안전대 착용·부착 □ o / 추락방지망 □ o 　　　　　　　　　　　　　　　　　　　　허가기간 : ~　확인자_____(서명)
중 장 비 □	o 투입장비 : (　　　　　　　　　　　　　) / 자격증 소지 □ o / 현장책임자 감독 □ o o 기상, 노면상태 □ o / 전선, 설비 간섭 □ o / 신호수배치 □ o / 매트 등 부속장구 □ o 운전원　　　　　　　　　　　　　　　　　허가기간 : ~　확인자_____(서명)

가스농도측정	물질명	결과	측정시간	측정자/확인자	물질명	결과	측정시간	측정자/확인자

기타 특별사항	

작업완료	시간 : , 입회자 : , 작업자 : 복원(조치)상태 :
안전조치 확인	작업(공무)부서 책임자 : _____(서명) 입회자 : _____(서명)

발급자 부서_____직책____성명_____(서명) 승인자 부서_____직책____성명_____(서명)	관련부서 협조자 부서_____직책____성명_____(서명) 부서_____직책____성명_____(서명)
작업허가 연장	년 월 일 시 부터 시 까지　발급자 (서명)

[그림 2-62] 화기작업 허가서(예)

① 작업구역의 설정 : 작업구역 표시, 통행 및 출입 제한

② 인화성물질, 독성물질, 산소 등의 가스농도 측정 : 측정결과 기록

③ 차량 등의 출입제한 : 불꽃을 발생하는 내연기관 장비 및 차량 출입 통제

④ 밸브 차단 표지 부착 : 실수로 여는 일이 없도록 밸브 잠금 표지 및 맹판 설치 표지

⑤ 위험물질의 방출 및 처리 : 세정 후 가스 농도(산소 농도 포함) 측정

⑥ 가연성물질의 보호 : 화기작업 중 발생하는 화원(용접 스패터 등)이 가연성 물질에 옮겨 화재가 일어날 가능성이 있는 경우 불연성물질로 보호해야 하며, 개구부는 화기작업 전에 밀폐

⑦ 화기작업의 입회 : 입회자로 선임된 자는 작업 전 및 작업 중 입회하고, 작업 중 주기적인 가스의 측정 등 안전에 필요한 조치를 하도록 함.

⑧ 소화설비의 비치 : 불받이포 및 이동식 소화기 비치

⑨ 기타 연장 및 휴일 시의 작업관리

(4) 밀폐공간작업

밀폐공간 출입작업허가는 가연성물질, 독성물질의 저장탱크 및 산소가 결핍한 장소 등에 작업이 필요시 출입 전 안전성 확보를 위하여 받아야 한다. 밀폐공간 출입허가 대상은 [표 2-34]와 같으며 각 안전조치사항은 「KOSHA Guide X-68-2015 밀폐공간 위험관리에 관한 기술지침」 및 「KOSHA Guide H-156-2014 밀폐공간 출입허가제 실시지침」을 참조한다.

[표 2-34] 밀폐공간 출입작업 허가대상

- 밀폐기기(압력용기, 저장탱크)
- 피트, 하수구, 지중공동구
- 보일러 드럼, 통풍구, 응축기
- 덕트(흡입, 배출, 냉각탑팬)
- 가열로, 화염관 등

[별지서식 1] 밀폐공간작업 출입허가서

밀폐공간작업 출입 허가서

○ 신청인: 부서　직책　성명　(서명)
○ 출입시간 : 월　일　시 ~ 월　일　시
○ 출입장소 :　　○출입목적 :
○ 내부 연락방법(필요시 번호 기재) :

출입허가는 최대 8시간까지만 유효합니다. 유해가스의 농도에 따라서 출입시간에 제한이 있을 수도 있습니다. 이 허가서는 한회에 한해 유효합니다.

위 공간에서의 작업을 다음의 조건하에서만 출입허가함.

1. 안전보건조치 요구사항

확인항목	해당여부	확인결과
작업책임자 지정 및 감시인 배치		
밀폐공간작업 관계자외 출입금지 표지판 게시		
밸브차단, 맹관 설치, 불활성 가스 치환, 용기세정		
전기회로, 기계장비 가동장치, 유압, 압축공기 잠금 및 시건조치		
산소 및 유해가스 측정		
환기시설 설치 및 환기 실시여부		
전화 및 무선기기 구비		
방폭형 전기기계기구의 사용		
소화기 비치		
공기호흡기 비치		
필요한 안전장구 구비		
안전보건교육 실시		

2. 유해공기 측정결과

측정물질명	측정농도	측정시간	측정자성명	비고
				허가기준 공기농도 산소(O2) 농도: 18%이상 23.5%미만 황화수소 10ppm이하 가연성 가스(메탄 등) : 10%미만 탄산가스 1.5%미만 일산화 탄소 30ppm미만

3. 특별조치 필요사항 :

출입자 명단

(서 명)	(서 명)	(서 명)
(서 명)	(서 명)	(서 명)
(서 명)	(서 명)	(서 명)
(서 명)	(서 명)	(서 명)
(서 명)	(서 명)	(서 명)

최종허가자　부서　직책　성명　(성명)

[그림 2-63] 밀폐공간작업 출입허가서(예)

(5) 주요 지적사항

- 공정안전보고서의 제출·심사·확인 및 이행상태평가 등에 관한 규정(고용노동부 고시)의 포함되어야 할 내용 누락
- 각 사업장의 안전작업허가 지침 미준수
- 안전작업허가 지침 개정 시 관련규정에 대한 검토미흡으로 지침내용 부적정
- 위험작업 수행 시 안전작업허가서 미발행
- 안전작업허가 지침의 안전조치 사항과 안전작업허가서의 안전조치 사항 불일치 및 미확인
- 화기작업 시 가연성가스 및 인화성물질 농도 미측정 또는 1회만 측정
- 입조작업 시 가연성가스, 독성가스 및 산소농도 미측정 또는 1회만 측정
- 배관의 분리 또는 차단 등의 안전조치 미흡(질소, 유해물질 등의 배관은 반드시 밸브차단 대신에 배관 분리)
- 1일 8시간 초과 허가서 발행
- 보충작업 시 한종류의 허가서만 발행
- 전기차단 작업 시 꼬리표(Tag-Out)와 함께 시건장치(Lock-Out) 미사용
- 당해 작업과 관련된 모든 책임자의 검토 승인 미실시
- 지침에 명시된 허가자 또는 관리감독자가 아닌 자가 승인
- 허가 전 위험요인에 대한 검토 미흡
- 동일 작업에 대한 허가 시 안전조치 사항 불일치(작성자가 실수를 하도록 허가서 양식 작성, 안전작업허가 지침 미숙지, 안전작업허가서 작성 방법에 대한 교육 미흡)
- 안전작업허가 지침에 명시된 작업 관리감독자 미입회
- 밀폐공간 작업 시 구명장비(안전로프, 사다리, 산소호흡기, 통신시설 등) 미비치
- 안전작업허가서 발생 시 작업내용, 작업장소를 포괄적으로 기재(1장의 허가서로 여러 작업허가)
- 1건으로 장기간 작업허가

2-2-4 도급업체 안전관리계획

사업 또는 공사를 도급한 업체가 고용하고 있는 근로자의 안전보건을 확보하기 위한 계획서이다.

고용노동부고시 제2023-21호

제34조(도급업체 안전관리계획) 규칙 제50조제1항제3호 라목의 도급업체 안전관리 계획은 공단기술지침 중 "도급업체의 안전관리계획 작성에 관한 지침"을 참조하여 작성하되 다음 각 호의 사항이 포함되어야 한다.

도급업체의 안전관리계획
작성에 관한 기술지침
KOSHA GUIDE

1. 목적
2. 적용범위
3. 적용대상
4. 사업주의 의무 : 다음 각 목의 사항
   가. 법 제63조부터 제66조까지에 따른 조치 사항
   나. 도급업체 선정에 관한 사항
   다. 도급업체의 안전관리수준 평가
   라. 비상조치계획(최악 및 대안의 사고 시나리오 포함)의 제공 및 훈련
5. 도급업체 사업주의 의무 : 다음 각 목의 사항
   가. 법 제63조부터 제66조까지에 따른 조치 사항의 이행
   나. 작업자에 대한 교육 및 훈련
   다. 작업 표준 작성 및 작업 위험성평가 실시 등
6. 계획서 작성 및 승인 등

※ 도급업체 안전관리계획은 책임과 권한의 소재가 되기 때문에 명확하게 해야한다.

길라잡이

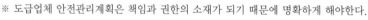

최근 발생하고 있는 산업사고 중 다수가 도급업체에서 작업 중 재해가 발생하는 경우가 늘어나고 있다. 이에 따라 고용노동부고시 제2023-21호에서 **사업주의 의무를 명시함은** 물론 도급업체 사업주의 의무도 함께 명시하고 있다. 산업안전보건법 **제63조부터 제66조** **까지에 따른 조치 이행, 교육 및 훈련 실시, 작업표준 및 작업 위험성평가 실시에 대한** **의무가 추가되었으므로** PSM 대상 사업장은 더욱 엄격한 도급업체관리가 요구된다.

사업주는 설비의 점검, 정비 및 공사 등 사업의 전부 또는 일부를 도급계약에 의하여 수행하는 도급업체와 함께 협의체를 구성하여 작업의 시작시간, 작업 또는 작업장간의 연락방법, 재해발생 위험시의 대피방법, 작업장에서의 위험성평가 실시에 관한 사항 등

협의체 회의를 실시해야 한다. 또한 정기적으로 합동안전보건점검 및 작업장 순회점검을 실시하여야 한다. 더 자세한 사항은 「KOSHA GUIDE P-95-2016 도급업체의 안전관리계획 작성에 관한 기술지침」을 참조하기 바란다.

(1) 주요점검사항
- 협력업체 평가관리기준 작성 및 주기적 보완(상주 · 외주업체 구분)
    - → 협력업체 선정평가 · 유지평가 · 등급관리 등의 기준 및 절차
- 상주 협력업체 및 외주협력업체에 대한 안전보건실적 평가
    - → 상주업체는 년간 안전보건실적을 평가
    - → 외주업체는 공사(작업) 건수별 안전실적 평가
    - → 안전작업계획, 재해발생기록 및 관리상태, 안전작업절차 숙지상태 및 작업 중 절차 준수여부, PSM 이행상태 등 평가
- 상주업체 연장 및 외주업체 선정 시 안전보건실적 반영기준 설정
- 업체별 평가결과 분석, 등급부여(예, 우수, 보통, 불량), 등급에 따라 입찰자격 제한 및 인센티브 부여방안 강구
- 월 1회 이상 협력업체 협의체 회의 운영
- 협력업체에 대한 교육자료 및 교육시설 제공 등의 교육지원
- 협력업체 작업 시 작업허가제도 준수 조치
- 협력업체 안전관리계획서 승인 강화
- 협력업체 작업에 대한 작업안전분석 기법 적용
- 협력업체 작업에 대한 작업위험 및 사업장의 일반안전규칙 및 Golden rules 등 사업장에서 준수해야 할 사항에 대한 교육 실시
- 흡연지역 관리 및 휴게실 등의 제공

(2) 주요지적사항
- 공정안전보고서의 제출·심사·확인 및 이행상태평가 등에 관한 규정(고용노동부 고시)의 포함되어야 할 내용 누락
- 도급업체 안전관리 지침의 적용범위를 공사기간 또는 금액으로 차등화하여 도급업체 미관리
- 도급업체 작업공정에 대한 누출, 화재 등의 위험성과 비상조치계획 등 미제공

– 협의체 구성·운영 미실시 또는 협의체 구성 미흡(안전보건관리책임자 미참여)

– 합동안전보건점검 미실시 또는 구성 미흡(각 업체 안전보건관리책임자 및 근로자 미참여)

– 순회점검 미실시 또는 형식적 점검

– 도급업체의 안전관리계획서 미접수

– 도급업체 안전관리계획서 검토 미실시 및 형식적인 검토

– 도급업체 안전관리계획 지침의 사업주 및 도급업체 사업주의 의무 미준수

– 도급업체 자체교육 부적정(교육시간, 교육내용 등)

2-2-5 근로자 등 교육계획

설비의 안전운전, 정비, 보수, 유지관리 작업 및 비상조치 등에 대하여 적절한 대응을 할 수 있도록 도급업체를 포함한 사업장내 모든 근로자를 대상으로 실시하는 교육계획서이다.

고용노동부고시 제2023-21호

제35조(근로자 등 교육계획) 규칙 제50조제1항제3호 마목의 근로자 등 교육계획은 공단기술지침 중 "공정안전에 관한 근로자 교육훈련지침"을 참조하여 작성하되 다음 각 호의 사항이 포함되어야 한다.
1. 목적
2. 적용범위
3. 교육대상
4. 교육의 종류
5. 교육계획의 수립
6. 교육의 실시
7. 교육의 평가 및 사후관리

교육 지침

공정안전에 관한 근로자
교육훈련 기술지침
KOSHA GUIDE

길라잡이

교육구분은 '일반안전·보건교육훈련', '공정안전교육훈련', '도급업체 근로자 및 일용근로자에 대한 교육훈련'으로 구분할 수 있다. PSM대상 사업장의 경우 실시해야할 교육의 종류와 시간이 타 대상보다 증가하게 된다. 효과적인 교육 시행을 위해서는 연간교육계획 수립이 무엇보다 중요하다. 교육 주관부서나 담당을 지정하여 공통적으로 시행되어

야 할 교육을 선정하여 계획을 수립하고, 각 부서별로 시행되어야 할 교육은 각 부서의 관리감독자 주관 하에 시행하도록 하는 것이 효과적이다.

교육계획의 수립은 매년 1월 31일까지 확정하여 안전보건관리 책임자의 승인을 받도록 하며 포함해야 할 사항은 다음 [표 2-35]와 같다.

[표 2-35] 교육훈련계획의 포함사항

- 교육훈련의 목적, 범위, 대상, 방법 및 인원
- 교육훈련의 종류, 과정, 교육훈련과목 및 교육훈련내용
- 교육훈련시기, 횟수 및 시간
- 교육훈련방법 및 강사
- 교육훈련성과 측정 및 평가방법

교육의 실시는 다음의 내용을 참조하여 수행하도록 한다.

① 공정안전교육훈련은 지속적으로 반복해서 실시하되, 매 3년 마다 1회 이상 정기적인 재교육을 실시한다.

② 교과목, 교육내용, 교재 등은 교육훈련 대상자의 담당직무 특성, 직위, 근무년수, 수준 등에 따라 적절히 정한다. 특히 주요 위험시설에 신규로 투입되는 근로자에 대한 교육은 각별한 관심과 주의가 필요하다.

③ 교육훈련은 가능한 한 실제 상황에 가까운 조건에서 이루어져야 한다.

④ 교육훈련은 학습, 강의, 시청각교육, 토의, 현장실습 등 다양한 방법으로 실시한다.

⑤ 교육훈련강사는 사내 안전보건교육 강사 자격자 이외에 공정기술자, 정비기술자, 고급운전자, 기계·전기기술자 또는 이에 준하는 사내외 관련분야의 전문가로 한다.

⑥ 작성된 교재는 안전관리자의 검토와 안전보건관리책임자의 승인을 받아야 한다.

⑦ 신규시설에 대한 교육은 시설물의 시운전 전에 실시하여야 한다.

⑧ 공정상 변경이 있는 경우는 교육내용에 반드시 변경된 사항을 반영시켜 혼동이 일어나지 않도록 한다.

⑨ 교육훈련에 필요한 설비·장비 및 기타 편의제공은 사업주가 담당한다.

법적으로 정해진 교육시간은 [표 2-36]과 같다.

[표 2-36] 법정의무교육

산업안전보건법 제31조 및 제32조 법정의무교육		
근로자	채용시 교육	최초 8시간 (일용직 1시간 이상)
	정기교육	매 분기 6시간 (사무직, 판매직 매 분기 3시간 이상)
관리감독자	정기교육	매년 16시간
안전보건관리책임자	신규교육	최초 6시간
	보수교육	격년 6시간
안전관리자	신규교육	최초 34시간
	보수교육	격년 24시간
보건관리자	신규교육	최초 34시간
	보수교육	격년 24시간
안전보건관리담당자	보수교육	격년 8시간

2-2-6 가동 전 점검지침

새로운 설비를 설치하거나, 공정 또는 설비변경을 한 후 설비의 안전운전을 위하여 가동 전 실시하는 점검절차를 규정하는 것이다.

고용노동부고시 제2023-21호

제36조(가동 전 점검지침) 규칙 제50조제1항제3호 바목의 가동 전 점검 지침에는 공단기술지침 중 "가동 전 안전점검에 관한 지침"을 참조하여 작성하되 다음 각 호의 사항이 포함되어야 한다.
1. 목적
2. 적용범위
3. 점검팀의 구성
4. 점검시기
5. 점검표의 작성
6. 점검보고서
7. 점검결과의 처리

가동전 점검

가동전 안전점검에 관한
기술지침
KOSHA GUIDE

　가동 전 점검 시에는 최소한 다음의 사항에 대해 점검을 실시하고 점검결과에 대해 기록해야 한다.

- 신설, 변경 또는 정비·보수된 설비가 제작기준대로 제작되었는지 확인
- 신설, 변경 또는 정비·보수된 설비가 설치기준 또는 시방서에 따라 설치되었는지 확인
- 신설, 변경 또는 정비·보수된 설비가 규정된 검사를 실시하여 합격되었는지 확인
- 신설, 변경 또는 정비·보수된 설비의 안전장치와 자동제어기능의 확인
- 위험성 평가보고서 중 개선권고 사항이 이행되었는지 확인
- 안전운전에 필요한 절차 및 자료
- 시운전 및 운전개시에 필요한 준비
- 공정안전보고서, 공정운전절차, 유지보수절차 및 비상조치계획서 제·개정 여부
- 운전원에 대한 교육 실시 여부

　가동 전 점검시기는 기계의 설치공사, 각 기기간의 배관 및 배선공사가 완료된 후부터 운전개시 전까지의 기간 동안에 점검한다.
　점검표는 다음을 참조하여 작성하도록 한다.
① 점검팀은 점검할 대상설비에 대하여 점검항목, 점검사항, 점검결과 등이 포함된 점검표를 준비한다.
② 점검표는 각 시스템 또는 기기별로 설계사양서, 설치시방서 및 운전 절차서에 따라 안전운전에 필요한 사항을 점검할 수 있도록 구체적으로 작성한다.
③ 점검표는 사업장의 특성에 맞도록 단위공사별로 작성되어야 하며, 가동 전 점검표의 예시를 일반사항과 시운전 준비사항에 대해 [표 2-37]에 요약·정리하였다.

[표 2-37] 가동 전 점검표의 주요내용(예)

구분	주요내용
일반 사항	o 공장의 사용 및 운전을 위한 각종 인허가의 신청 및 취득 o 안전운전 절차서 확보 o 설비(기기)별 제작사의 설치 시방서 확보 o 운전 및 정비 절차서 확보 o 촉매 등의 장입 및 내화물 건조 등 특수작업 절차서 확보 o 설치 상태와 일치(As-built)된 공정흐름도(PFD) 및 배관계장도(P&ID) 확보 o 공정별 운전원 및 정비작업원 교육실시 o 시운전 절차서(Commissioning Procedure) 확보 o 공장 성능 시험 절차서(Performance Test Procedure) 확보
시운전 준비사항	o 기기 설치완료 확인 o 건설기간 중에 기기보호용으로 도포한 녹방지제 및 기름의 제거 확인 o 윤활유의 준비 o 누설방지용 씨일 및 패킹 o 임시가설 받침대, 브레이싱 기타 보강용 사용자재의 철거 확인 o 회전기기의 조립 o 단위공정 설비간의 접속 o 기밀 및 압력시험 o 검사 및 시험 o 압력방출 장치 o 세정 o 임시맹판 및 스트레이너 o 퍼징(스팀 또는 불활성가스 등) o 건조 o 용기내 충전 o 청소 o 정비용 예비품 및 특수공구

2-2-7 변경요소 관리계획

생산량 증가, 품질, 안전, 환경개선 등에 의하여 발생하는 변경으로 인한 위험요인을 최소화하고 설비운전의 신뢰성 확보와 사고예방을 도모하고자 절차 등을 규정하는 지침으로 다음의 내용을 포함한다.

고용노동부고시 제2023-21호

제37조(변경요소 관리계획) 규칙 제130조의2제3호 사목의 변경요소관리계획은 공단기술지침 중 "변경요소관리에 관한 지침"을 참조하여 작성하되 다음 각 호의 사항이 포함되어야 한다.

1. 목적
2. 적용범위
3. 변경요소 관리의 원칙
4. 정상변경 관리절차
5. 비상변경 관리절차
6. 변경관리위원회의 구성
7. 변경시의 검토항목
8. 변경업무분담
9. 변경에 대한 기술적 근거
10. 변경요구서 서식 등

변경관리 지침

변경요소관리에 관한
기술지침
KOSHA GUIDE

※ 변경요소 관리를 기준에 맞지 않게 하여 사고가 발생하였을 경우 등급재평가 대상이 되므로 특히 주의를 해야한다.

길라잡이

변경관리는 공정기술의 변경, 시설의 변경, 공정안전에 영향을 미칠 수 있는 조직변경, 변경절차, 영구변경, 임시변경 등으로 나눌 수 있다. 변경관리의 절차는 아래와 같다.

(1) 정상변경절차

① 발의자는 변경요구서를 작성하되 도면, 스케치 등의 서류를 첨부하여 기술적 소견을 담아야 한다.

② 변경관리 위원회는 요구서를 접수하고, 요구사항 검토를 위하여 검토를 책임질 부서와 전문가를 지정한다.

③ 검토자는 기술 및 안전성 검토를 하여, 그 결과를 위원회에 제출한다.

④ 변경관리 위원회는 최종 검토 후 승인여부를 결정하고 발의자에 서면 통보한다.

⑤ 변경관리 위원회는 변경완료 사항을 검사 · 확인하고 변경에 관한 서류 및 도서에 변경내용을 기록하여 보관한다.

(2) 비상변경절차

① 긴급을 요할 경우에는 정상 변경절차에 따르지 않고 변경을 지시하고 완료를 요구할 수 있다. 근무시간 외에 발생하는 긴급한 변경은 별도의 절차를 마련하여 시행한다.

② 심각한 손실이 예상되어 즉시변경이 요구되는 경우에는 담당자가 비상변경발의 한다.

③ 비상변경발의자는 운전부서의 장 및 안전보건관리책임자의 승인을 유선 등으로 받는다. 변경시행 후 즉시 변경요청서를 작성하여 변경관리 위원회에 제출한다. 이때 변경요청서에 비상표시를 하여 신속하게 처리될 수 있도록 한다.

④ 변경관리 위원회는 변경요청서를 검토하여 변경된 사항을 계속 유지할 것인가를 결정한다. 변경 내용을 승인하면 이후에는 정상변경관리 절차에 따른다.

PSM변경관리 대상을 좀 더 구체적으로 기술하면 다음과 같은 경우이다.
- 신설되는 설비와 기존 설비를 연결할 경우의 기존설비
- 기존 설비의 변경은 없어도 운전조건(온도, 압력, 유량 등)을 변경할 경우
- 제품생산량 변경은 없으나 새로운 장치를 추가, 교체 또는 변경할 경우
- 경보계통 또는 계측제어 계통을 변경할 경우
- 압력방출 계통의 변경을 초래할 수 있는 공정 또는 장치를 변경할 경우
- 장치와 연결된 비상용 배관을 추가 또는 변경할 경우
- 시운전 절차, 정상조업 정지절차, 비상조업 정지 절차 등 운전절차를 변경할 경우
- 위험성평가·분석결과 공정이나 장치·설비 또는 작업절차를 변경할 경우
- 첨가제(촉매, 부식방지제, 안정제, 포말생성방지제 등)를 추가 또는 변경하는 경우
- 장치의 변경 시 필연적으로 수반되는 부속설비의 변경이나 가설설비의 설치가 필요한 경우
- 안전작업허가절차 및 도급작업절차 등 안전운전 관련 자료의 변경이 수반되는 경우

(3) 주요 점검 사항
- 단위공정, 공정설비, 시설, 안전운전절차, 운전원, 운전제어 시스템, 원료, 생산품 변경 등이 변경관리대상에 포함되어야 함
- 변경관리 현황을 등록 · 관리하여야 함
- 변경관리 업무별 담당부서의 업무가 구분되어야 함

- 변경발의 부서의 장은 변경발의 전에 설계도서, 필요장비, 안전교육, 변경절차, 보완사항 등 필요항목을 검토 후 발의하여야 함
  → 변경발의 시 "변경", "단순교체"로 분류하여야 함
- 변경관리위원회를 운영하여 변경의 심의(1차 검토, 전문가 검토, 2차 검토), 승인, 기록, 유지, 지속여부를 결정해야 함
- 변경완료 시에는 변경으로 인해 영향을 받는 공정안전자료, 안전운전계획, 안전작업허가, 가동전 점검, 교육 및 훈련, 위험성평가 등의 사항이 수정 또는 보완되었는지 확인하여야 함
- 정상변경은 변경관리 요구서를 작성 및 위험성평가를 실시하고 변경관리위원회에서 검토, 승인 후 변경 시행하여야 함
- 변경완료 후 변경완료 사항 검사 및 확인, 관련 도서 수정, 기록, 보관해야 함
- 비상변경은 인명피해, 설비손상, 환경파괴 등과 같이 긴급한 상황 발생 시 운전부서의 장 및 사업주의 승인을 득하여 수행해야 함
  → 변경 시행 후 정상변경 절차에 따라 변경관리를 수행해야 함
- 임시변경도 변경관리에 포함하고 단시간 내에 실시해야 함
  → 임시변경을 실시한 설비는 변경 완료 후 원상복구해야 함
- 단순교체는 "정비작업일지"에 기재하고, 시행해야 함

(4) 자주 지적되는 사항
- 공정안전보고서의 제출·심사·확인 및 이행상태평가 등에 관한 규정(고용노동부 고시)의 포함되어야 할 내용 누락
- 변경요소 관리 절차를 거치지 않고 설비교체, 설치
- 변경관리 사항에 대한 목록화하여 관리 미흡
- 변경요구서 또는 변경검토 서식에 변경 후 반영해야 할 사항을 기록하지 않아 변경 후 공정안전자료, 안전운전절차, 설비등록 등 Up-date 미실시(변경완료 시 후속조치 사항을 확인 한 후 확인서명하도록 지침개정 필요)
- 변경 시 위험성평가 미실시
- 변경 후 변경내용의 교육 미실시 및 교육대상자 누락

2-2-8 자체감사 계획

공정안전관리의 각 구성요소가 제대로 실행이 되고 있는지 여부를 확인·평가하고 문제점을 보완·시행토록 제어기능을 수행하는 절차 등을 규정하는 것이다.

고용노동부고시 제2023-21호

제38조(자체감사 계획) 규칙 제50조제1항제3호 아목의 자체감사 계획은 공단기술지침 중 "자체감사 점검표 작성지침"을 참조하여 작성하되 다음 각 호의 사항이 포함되어야 한다.
1. 목적
2. 적용범위
3. 감사계획
4. 감사팀의 구성
5. 감사 시행
6. 평가 및 시정
7. 문서화 등

자체감사에 관한 기술지침
KOSHA GUIDE

길라잡이

PSM 자체감사는 년 1회 이상 정기적으로 감사를 실시하여야 한다. 감사요원은 공정설계 또는 공정 기술자, 계측제어, 전기·방폭 기술자, 검사·정비 기술자, 안전관리자 등으로 구성하여 서류와 현장, 사업주부터 현장 근로자에 이르는 모든 계층과의 면담을 통해 평가가 이루어진다. PSM을 처음 접하는 신규사업장의 경우 자체감사 시행이 어려울 수 있는데 이 경우는 전문기관의 도움을 받아 실시함으로써 자체감사의 효율을 극대화 시킬 수 있다.

참고로 S등급 사업장은 민간전문가로부터 자체감사를 받을 경우 당기 또는 차기 점검을 1회 면제받을 수 있다.

자체감사를 할때는 다음사항을 주의해서 하여야 한다.
• 자체감사 계획 수립 및 경영자 검토 후 승인
• 사업장 이행수준을 고려한 검사항목 체크리스트 작성 및 주기적 보완
• 공정·안전환경·공무부서 등 분야별 전문가를 선발하고 감사팀을 구성
  – 자체감사원 자격수준 명확화

- 필요 시 외부감사원 초빙
- 감사팀원에 대한 교육을 실시하고, 감사일정을 충분히 부여
- PSM 이행상태 감사 실시
  - 면담, 문서 및 현장 설비 확인
  - 우수 및 불량 사항에 대한 증거자료 수집
- 감사결과보고서 작성 및 경영자 보고
  - 단위공장별 비교평가 · 경쟁유도, 감사결과 인사고과에 반영 등 인센티브 부여 유도
- 월례조회 · 부서장 회의 시 등에 감사결과 설명, 전사적 관심 유도 및 확대
- 부서별 지적사항에 대한 개선계획 수립, 시정완료 시까지 모니터링
- 자체감사 종합결과에 대한 근로자 교육 실시
- 개선완료 사항에 대한 위험감소 효과 분석 및 관리

고용노동부의 점검 및 평가 시 자체감사에서 주로 지적받는 사항은 다음과 같다.
- 공정안전보고서의 제출 · 심사 · 확인 및 이행상태평가 등에 관한 규정(고용노동부 고시)의 포함되어야 할 내용 누락
- 자체감사 미실시 또는 형식적인 자체감사
  - 지적사항 4~5건 도출 후 감사 종료, 공정안전자료와 현장 일치여부 미확인, 안 전운전계획의 각 지침과 이행여무 미확인, 현장 안전조치 미확인 또는 현장 안전 조치 사항만 지적, 평소 안면으로 인해 문제점을 지적하지 않음. 사업장의 규모 등을 고려하지 않고 1~2일에 감사종료
- 자체감사 계획 미수립 및 계획서에 대한 안전보건관리책임자 보고 미실시
- 자체감사 점검표, 결과보고서, 개선완료 서류를 체계적으로 문서화 하지 않음
- 자체감사 결과에 대한 근로자 전달 미흡
- 자체감사 결과에 대한 개선대책 미수립 및 개선 지연
- 검사 대상 공정 누락(안전 · 공무 · 계약관련 부서 등 비생산부서)
- 전년도 자체감사 지적사항에 대한 완료여부 확인 미흡

2-2-9 공정사고 조사 계획

공정사고 및 아차사고 등에 대한 정확한 원인규명과 대책 마련을 통하여 유사 사고의 재발 방지를 위한 활동이다.

고용노동부고시 제2023-21호

제39조(공정사고 조사 계획) 규칙 제50제1항제3호 아목의 사고조사 계획은 공단기술지침 중 공정사고 조사지침"을 참조하여 작성하되 다음 각 호의 사항이 포함되어야 한다.
1. 목적
2. 적용범위
3. 공정사고 조사팀의 구성
4. 공정사고 조사 보고서의 작성
5. 공정사고 조사 결과의 처리

사고조사 지침

공정사고 조사계획 및
시행에 관한 기술지침
KOSHA GUIDE

길라잡이

「공정사고」란 화재·폭발·위험물질 누출 등의 사고와 그러한 사고로 발전할 수 있는 다음의 어느 하나에 해당되는 사고를 말한다.
① 공정운전 조건의 상한, 하한 제한치를 벗어난 경우
② 장치 및 제어계통의 고장
③ 외부 요인(단전, 자연재해 등)에 의한 이상 발생

공정사고가 발생할 경우에는 사고 발생 즉시(24시간 이내) 조사에 착수해야 한다. 조사팀은 공정전문가, 사고조사 전문가가 포함되어야 한다.

공정사고 뿐만 아니라 아차사고가 발생할 때에도 사고조사를 하여 대형사고로 발전할 수 있는 공정사고를 방지하기 위한 대책을 마련하여야 한다. 「아차사고(Near Miss)」란 잠재되어 있는 사고요인을 작업자가 사전에 발견했거나 사고조건이 형성되지 않아 실제 공정사고로 발전하지 아니한 사고를 말한다.

공정사고 조사보고서에는 다음의 사항이 포함되어야 한다.

① 사고조사팀 전원의 소속 · 성명 기록 및 서명 날인

② 사고일시 및 장소

③ 사고조사일시

④ 사고유형

⑤ 사고 물질명 및 설비명

⑥ 사고개요

⑦ 사고원인

⑧ 사고로 인한 피해의 크기와 범위 및 경제적 손실비용(직접손실과 간접손실로 구분)

⑨ 수행된 비상조치 내용 및 평가

⑩ 비슷한 유형의 사고 재발을 방지하기 위한 대책(관리적 대책과 기술적 대책을 구분 하여 제시)

⑪ 첨부자료(사진, 기술자료 등)

공정사고조사 보고서의 처리는 다음과 같이 한다.

① 공정사고조사 보고서에서 지적되고 권고된 개선 사항들은 즉시 검토되어 시행될 수 있는 업무처리 체계를 갖춘다.

② 개선사항에 대한 검토와 시행추진은 문서로써 이루어지고 지시한다.

③ 공정사고조사 보고서는 사고를 예방하고 사고를 조기에 발견 조치하여야 하는 도급 업체 담당자를 포함한 모든 작업자들에게 알리고 교육한다.

④ 공정사고조사 보고서는 5년 이상 보관한다.

사고조사는 사고관련자와의 면담이 가장 중요하므로 다음의 사항에 유념하여 실시한다.

① 듣는 능력이 좋을수록 조사는 잘 진행된다.

② 사실(Fact)을 찾는 것이지, 결함(Fault)을 찾는 것이 아니다.

③ 면담은 문제를 해결하는 것이고 심문하는 것이 아니다.

④ '어떻게(HOW)' 또는 '무엇을(WHAT)'을 사용한다.

⑤ '왜(WHY)'는 피한다.

2-3 비상조치계획

비상조치계획은 사업장에서 화재, 폭발, 누출 등 비상사태 발생 시 신속한 대피 및 대응절차를 마련하여 인명 및 재산을 보호하고 피해를 최소화하기 위하여 수립한다.

비상조치계획 수립 시 사고가 날 수 있다는 가정 하에 최악의 시나리오 및 대안의 시나리오에 따른 정량평가 결과에 따라 구체적인 공정 가동중단, 진압, 대피훈련과 성과측정 유무 등이 반영되어야 한다.

2-3-1 비상사태의 구분

비상사태는 조업상의 비상사태와 자연재해로 크게 구분된다.

조업상의 비상사태는 다음과 같은 경우를 말한다.
- 중대한 화재사고가 발생한 경우
- 중대한 폭발사고가 발생한 경우
- 독성화학물질의 누출사고 또는 환경오염 사고가 발생한 경우
- 인근지역의 비상사태 영향이 사업장으로 파급될 우려가 있는 경우

자연재해는 태풍, 폭우, 지진 등 천재지변이 발생한 경우이다. 조업상의 비상사태나 자연재해나 실제 발생 시 인적으로 어찌할 도리가 없는 수준의 상황을 말한다. 따라서 사고 발생 시 막는 것 보다는 피해를 최소화 하면서 신속하고 안전하게 대피하는 방법을 우선적으로 생각해야 한다.

고용노동부고시 제2023-21호

제40조(비상조치 계획의 작성) 규칙 제50조제1항제4호의 비상조치 계획은 다음 각 호의 사항을 포함하여야 한다.

1. 목적 2. 비상사태의 구분 3. 위험성 및 재해의 파악 분석 4. 유해·위험물질의 성상 조사 5. 비상조치 계획의 수립(최악 및 대안의 사고 시나리오의 피해예측결과를 구체적으로 반영한 대응 계획을 포함) 6. 비상조치 계획의 검토 7. 비상 대피 계획 8. 비상 사태의 발령(중대산업사고의 보고 포함) 9. 비상경보의 사업장 내·외부 사고 대응기관 및 피해범위내 주민 등에 대한 비상경보의 전파 10. 비상사태의 종결 11. 사고조사 12. 비상조치 위원회의 구성 13. 비상통제 조직의 기능 및 책무 14. 장비보유현황 및 비상통제소의 설치 15. 운전정지 절차 16. 비상 훈련의 실시 및 조정 17. 주민 홍보 계획 등

비상계획 지침

비상조치계획 수립에
관한 기술지침
KOSHA GUIDE

길라잡이

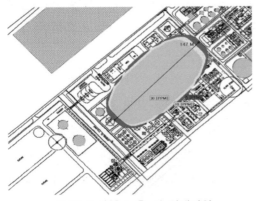

[그림 2-64] 누출 시 피해범위

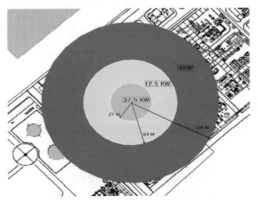

[그림 2-65] 복사열에 의한 피해 범위

비상사태 발생 시 적절한 대응방법을 수립하기 위해서는 누출이나 화재·폭발 시 피해범위나 강도 등을 사전에 검토해 보아야 한다. 그리고 그 결과를 바탕으로 어느 방향으로 어디까지 대피를 해야 하는지 등에 대해서 사전에 계획하고 정기적으로 훈련을 실시하여야 한다.

그런데 일부 사업장에서는 비상대응훈련 시나리오가 화재발생 → 경보발령 → 소화기 방사 → 경보종료 정도로 생각하는 등 비상조치 계획을 진압 가능한 화재에 대한 단순 소방훈련 정도로 취급하는 경우가 많다. 또한, PSM 대상 사업장의 경우라면 사고 시 화재

·폭발이나 독성물질 누출로 인하여 사업장 내부뿐만 아니라 주변지역에 영향을 주게 될 가능성이 높다.

만약 독성가스가 누출되었다면 대피만 할 게 아니라 누출지점을 찾아 누출을 막고 중화제를 살포하는 등의 조치를 취하도록 하여야 하며 바람이 불어오는 방향의 안전지대로 대피하며 인근 지역에 있는 주민들도 대피가 이루어질 수 있도록 하고 관계기관에도 신고하는 등의 조치가 필요하다.

2-3-2 유해·위험물질의 위험성 파악 및 대피계획

비상조치계획을 수립할 때 가장 중요한 고려사항은 위험성 파악이다. 위험성 파악을 위해서는 MSDS 등을 통해 해당 물질의 특성, 물성 등을 먼저 파악해야 한다. 이는 각 물질별 사고 발생 시 대응하는 방법이 상이할 수 있고 잘못된 대응시 그 피해는 걷잡을 수 없이 커질 수 있기 때문이다.

예를 들면 트리메틸알루미늄(금수성 물질) 저장용기 근처에서 화재가 발생하였을 때, 화재를 진압하기 위해 소화전 등에서 방사된 물이 트리메틸알루미늄에 접촉되면 급격하게 메탄을 발생시키고 폭발할 수 있다.

따라서 이러한 물질의 위험성을 우선적으로 파악하고 여러 가지 시나리오에 따라 적절한 대피계획을 수립해야 한다. 비상대피 계획을 수립하기에 앞서 작업장에는 비상대피 통로 및 비상구의 명확한 표시를 해야 한다.

비상대피 계획에는 안전한 대피절차 및 대피장소를 결정하고 각 대피장소 별 담당자를 지정하며 그들에게 각각의 임무를 부여하고 보고체계를 확립하는 등의 내용이 포함되어야 한다.

이러한 계획을 수립할 때는 해당공정의 전문가 참여는 필수적이다.

2-3-3 비상조치계획의 수립 및 검토

비상조치계획을 수립할 때 가장 중요한 사항은 근로자 및 사업장 인근 주민의 인명보호에 최우선 목표를 두는 것이다. 이를 위해 계획수립 시 발생가능한 모든 비상사태를 파악하고 이에 따라 적절한 대응 시나리오 및 비상통제 및 대응 조직을 구성하여야 한다. 그리고 주요 위험설비에 대해서는 내부 비상조치계획 뿐 아니라 외부도 포함하여야 하며 비상조치계획은 분명하고 간단명료하게 작성하여 근로자가 보기 쉬운 곳에 게시, 근로자가 비상조치계획을 접하기 용이하게 해야 하며 그 내용도 쉽게 이해할 수 있어야 한다. 수립된 계획은 반드시 사업장의 안전보건책임자가 검토를 하여야 하며 비상조치계획 수립 및 검토 시에는 근로자대표의 의견을 청취하여 자발적인 참여가 가능하도록 하여야 한다.

2-3-4 비상사태의 발령 및 비상경보/조직 체계

대부분의 사업장에는 화재감지기 및 경보설비가 설치되어 있다. 훈련이 잘 된 사업장은 경보가 울리면 비상조치계획에 따라 필요한 조치를 실시할 것이다.

화재감지기의 경우 오작동이 종종 발생할 수 있다. 일부 사업장은 감지기가 정상적으로 작동하지 않도록 조작을 하거나 아예 경보기를 꺼놓은 경우도 있다. 설치장소의 조건에 따라서도 화재감지기가 오작동하는 경우에는 감지기의 종류를 바꾸거나 2종류 이상의 감지기를 설치하는 등의 방법을 통해 오작동 문제를 해결할 수 있다.

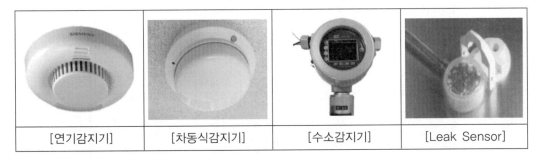

| [연기감지기] | [차동식감지기] | [수소감지기] | [Leak Sensor] |

[그림 2-66] 감지기의 종류

1) 경보시설의 설치
    가) 설비의 규모에 따라 적절한 수의 경보시설 확보
    나) 소음수준이 높은 곳에서는 시각적 경보시설 병행설치
    다) 각종 비상경보는 주1회 작동 테스트 실시

2) 비상경보의 종류

가) 경계경보 : 경계경보는 비상사이렌으로 3분간 장음으로 취명

나) 가스누출 경보 : 고, 저음의 파상음을 연속적으로 취명

다) 대피경보 : 단음으로 연속 취명되며, 비상사태 종료까지 취명

라) 화재경보 : 5초 간격으로 중단음으로 계속 취명

마) 해제경보 : 1분간 장음으로 취명하며, 비상방송을 통해 상황의 종료와 조치사항
에 대하여 안내한다.

[표 2-38] 비상통제 조직의 구성과 임무(예)

통제조직	조치사항
안전보건 책임자	비상체제로의 전환
	비상사태 조치 결정
	보도통제
비상지휘단	비상통제 조직의 동원과 지휘
	사고속보의 작성과 보고
	재발방지대책의 수립과 실행
비상통제단	통제본부의 설치
	소방지원단의 지원요청 등 관련기관의 보고
	사고원인 조사 및 언론통제
운전조치반	재난발생공정의 비상운전정지
	비상발전기 및 소방펌프의 작동
소방반	화재진화활동 및 발생방지
인명구조 및 의료반	인명구조 및 부상자 확인
	응급치료 및 후송
지휘반	비상상황의 파악과 보고
	경보취명, 비상방송
통제반	비상상황의 파악과 보고
	비상연락망의 가동
	비상통제조직의 동원
경비반	방문객 명단 파악과 보고
	진입통제와 소방지원단의 안내

2-3-5 비상통제소의 설치 및 사태 종결 시 조치

비상사태 발생 시에는 통제소를 설치하여 비상사태를 신속하게 지휘·통제함으로써 피해를 최소화시켜야 한다. 따라서 비상조치계획을 수립할 때에는 반드시 비상사태 발생 상황을 가정하여 이를 통제하는 역할을 하는 비상통제소를 사전에 구성하고 통제소 구성원은 자신의 역할을 정확하게 숙지하여야만 실제 상황발생 시 적절한 통제 및 대응을 통해 피해를 최소화할 수 있다.

비상사태가 종결될 시에는 반드시 비상조치위원회를 구성하여 사고조사반을 구성하고 사고발생에 대한 철저한 조사 및 면밀한 원인분석과 대책방안을 수립하여 사고조사보고서를 작성하여야 한다. 또한 사고조사 결과에 따라서 사고발생 공정 또는 작업에 대하여 재발방지를 위한 적합한 조치를 취하는 등 동일한 사고가 재발하지 않도록 노력을 기울여야 한다.

2-3-6 운전정지 절차 수립 및 비상훈련 실시

설비에서 압력의 상승이나 반응폭주 등 이상상황이 발생할 때 설비의 가동을 정지하지 않으면 더 큰 재해로 확대될 우려가 있다.

때문에 비상조치계획을 수립할 때에는 각 공정이나 설비가 이상 반응을 할 때 또는 주변에서 발생한 비상사태가 설비에 영향을 미치는 상황을 가정하여 비상운전정지 절차를 작성하고 각 공정 또는 설비에 비치하여야 한다.

더불어 각 공정에서 근무하는 작업자를 대상으로 비상운전 절차에 대한 연습을 통해 절차를 숙지하도록 해야 하며, 설비나 공정 또는 원재료 등의 변경으로 인한 운전절차 변경 시에도 지체 없이 변경된 운전절차를 숙지할 수 있도록 조치하여야 한다.

또한 실제 비상사태 발생을 가정한 비상사태 대응 훈련을 통해 비상운전정지에서부터 근로자의 대피 및 비상통제조직의 구조/구급/화재의 진압 등을 실행함으로써 모든 근로자들이 비상사태 발생 시 행동요령을 숙지하도록 해야 한다. 그리고 비상훈련 종료 후에는 훈련과정에서 발생한 문제점과 미비점을 찾아내고 이를 개선하고 보완하여 실제 상황 발생 시 동일한 문제가 재발되지 않도록 조치하여야 한다.

2-3-7 주민홍보계획

화학사고 발생 시 사업장뿐만 아니라 사업장 및 인근에 거주하는 주민에게도 피해를 미칠 가능성이 매우 높다. 때문에 비상조치계획 수립 시에는 반드시 사업장 인근에 거주하는 주민들 역시 사고의 영향을 받는 것으로 간주하고 이에 대한 대응방안을 수립하여야 하고 수립된 계획이나 대응방안에 따라 사업장은 실제 비상사태 발생에 대비하여 사업장 인근의 거주 주민에게 유해·위험설비의 위험성에 관한 정보를 제공해야 한다. 또한 실제 비상사태 발생을 가정하여 상황발생 시 인근 주민에게 미치는 영향 등을 분석하고 이에 적합한 사고전파 방법과 주민 대피요령 등을 인근 주민에게 홍보하여야 한다. 또한 실제로 비상사태가 발생하였을 경우 인근 주민에게 신속하게 사고발생을 알려 대피를 유도하여야 하며 사고 후 사고조사 결과 및 주민과 환경에 미치는 영향을 파악하여 알려주어야 한다.

주민홍보계획에 포함시켜야 할 내용은 다음과 같다.
▷ 유해·위험설비의 종류
▷ 사용하고 있는 유해·위험물질 및 그 관리대책
▷ 비상사태 발생 경보체계 등 인지 방법
▷ 비상사태 발생 시 주민행동 요령
▷ 중대사고가 주민에게 미치는 영향
▷ 중대사고로 입은 상해에 대한 적절한 치료 방법

2-3-8 화재·폭발·누출의 형태

1) 경질유 탱크 화재

가) 경질유는 비점이 낮고 증기압이 100°F에서 4psia 이상인 액체를 말한다.

나) 증기압이 높은 액체의 저장은 압력탱크를 이용한다.

다) 증기압이 2~4psia 범위의 액체는 증기공간이 실온에서 연소범위를 형성하므로 매우 위험하다.

라) 밀폐탱크의 증기공간에서 발화되면 폭발이 일어나 지붕이 날아가도록 설계·시공되어 있다.

2) 중질유 탱크화재

가) 중질유는 비점이 높고, 증기압이 100°F에서 2psia미만이 되는 가연성 액체를 말한다.

나) 탱크의 증기공간이 연소범위 이하가 된다.

다) 화재 시 「보일오버(Boil Over)」와 「슬롭오버(Slop Over)」가 발생될 수 있다.

※ 「슬롭오버」: 화재로 인해 가열된 고온층 표면에 폼용액을 주입하면 수분이 급격히 증발하여 유면에 거품을 생성하거나 액체의 교란으로 고온층 하부의 기능이 4배 정도 열팽창하여 유류가 탱크 밖으로 넘쳐 화재가 확대되는 현상

※ 「보일오버」: 유류탱크 화재 시 액면으로부터 열기가 서서히 아래쪽으로 전파하여 탱크저부의 물에 도달했을 때 이 물이 급히 증발하여 대량의 수증기가 되어 상층의 유류를 밀어올려 거대한 화염을 불러일으키는 동시에 다량의 기름을 탱크 밖으로 불이 붙은 채 방출시키는 현상

3) 증기운 폭발(Vapor Cloud Explosion : VCE)

가연성의 위험물질이 용기 또는 배관 내에 저장·취급되는 과정에서 서서히 지속적으로 누출되면서 대기 중에 구름 형태로 모이게 되어 바람·대기 등의 영향으로 움직이다가 발화원에 의하여 순간적으로 점화되어 모든 가스가 동시에 폭발하는 현상으로, 이때 발생한 과압에 의해 매우 큰 손상을 가져온다.

가연성 가스, 뜨거운 액체 Mist가 다량 방출되면서 주위공기와 누출된 물질의 혼합이 가연범위의 증기운을 형성한 상태에서 점화원에 의하여 폭발하는 현상이다. 영국의 플릭스보로우(Flixborough)에서 일어난 폭발사고는 증기운 폭발사고의 좋은 예이다. 반응기들 사이에 연결된 20인치 사이클로 헥산 라인이 파열되면서 거의 30톤으로 추정되는 사이클로헥산이 증발되고 점화원에 의해 폭발된 사고이다.

4) 비등액체팽창증기폭발(Boiling Liquid Expanding Vapor Explosion : BLEVE)

액화가스가 압력상태에서 개방계로 대량 방출하는 형태의 폭발을 말한다.

그 내용물이 가연성이라면 증기운폭발(VCE)이 될 수도 있고 내용물이 독성이라면 넓은 면적에 엄청난 피해를 낳을 수도 있다.

비등액체팽창증기폭발(BLEVE)은 비점 이상의 압력으로 유지되는 액체가 들어있는 탱

크가 파열될 때 내용물 중 상당한 부분이 폭발적으로 증발하면서 일어난다. 만약 액체가 가연성이고 화재가 BLEVE의 원인이라면 탱크의 일부가 파열되면서 점화될 것이다.

- 용기가 파열하면 탱크 내용물이 폭발적으로 방출, 증발하면서 화구(Fire Ball)를 생성할 수 있다.

제 **3** 장

위험성평가

3-1 위험성 평가기법

위험성평가는 대상 공정 및 설비의 가동 시 발생할 수 있는 위험을 찾아내고 발견된 위험이 사고로 발전할 수 있는 가능성을 파악하여 이를 최소화하기 위한 기법으로 PSM에서는 가장 중요한 요소 중 하나이다. 많은 기법들이 있으나 PSM 대상기업에서 주로 사용하는 기법을 정성적, 정량적 기법으로 나누어 소개하고자 한다. 일반적으로 PSM에서 위험과 운전분석(HAZOP)과 같은 정성적기법이 가장 많이 사용되고 있다. 공정위험성평가는 공정안전관리(PSM)에서 핵심요소에 해당되므로 공정 중 불안전 상태와 행동 등의 리스크를 찾아낼 수 있는 모든 기법의 사용이 권장되지만 2016년 8월 개정된 제2016-40호 「공정안전보고서의 제출·심사·확인 및 이행상태평가 등에 관한 규정」에서는 공정위험성평가의 다음 사항들이 개정되었다.

(1) 공정위험성평가와 더불어 화학설비 등의 설치, 개·보수, 촉매 등의 교체 등 각 작업에 관하여도 「작업안전 분석기법(JSA)」 등을 활용하여 "작업 위험성평가"를 실시하도록 하며 당해 실시 규정을 별도로 마련.

(2) 단위공장별로 인화성가스·액체에 따른 화재·폭발 및 독성물질 누출에 대하여 각각 1건의 최악의 사고 시나리오와 각각 1건 이상의 대안의 사고 시나리오를 작성도록 변경, 또한 각 시나리오 별로 정량적 위험성평가(피해예측)를 실시한 후 그 결과를 시나리오 및 피해예측 결과에 작성하고 사업장 배치도 등에 표시.

최악 및 대안의 시나리오는 「누출원 모델링에 관한 기술지침」, 「최악 및 대안의 누출 시나리오 선정에 관한 기술지침」, 「화학공장의 피해 최소화대책 수립에 관한 기술지침」 등 안전보건공단 기술지침에 따라 작성하여야 하며, 사업주는 시나리오 별로 사고발생빈도를 최소화하기 위한 대책과 사고 시 피해정도 및 범위 등을 고려한 피해 최소화 대책을 수립.

(3) 「공정안전성분석기법」, 「방호계층분석기법」으로도 「공정위험성평가」를 수행할 수 있도록 확대개정

3-1-1 위험성평가(Risk Assessment)

1) 개요

위험성평가(RA)란 위험을 미리 찾아내어 사전에 그것이 얼마나 위험한 것인지 평가하고 그 평가의 크기에 따라 확실한 예방대책을 세우는 것을 말한다. 우리가 위험성평가제도 도입 전까지 사용하여온 안전관리방법과 다른 점은 위험의 평가가 조직적, 체계적, 종합적으로 이루어진다는 점이다.

위험성평가의 특징은 재해발생의 잠재요인을 찾아내고 재해가 발생될 경우 그 재해의 중대성(강도)과 발생가능성(빈도)을 평가하여 기계설비나 작업절차 등을 어떻게 바꾸면 위험성이 작아지거나 제거될 것인가를 판단하고 시급성에 따라 개선조치를 해나가는 것이다. 이 평가를 통해 기업은 위험도가 높은 기계설비별로 실정과 여건에 맞는 최적화된 안전 확보방안을 마련할 수 있다.

2) 위험성평가 절차

사업주는 위험성평가에 앞서 위험성평가의 실시체제, 실시규정의 작성, 교육 등의 사전 준비를 한 후 ISO14121-1(위험성평가의 원칙)의 ISO/IEC Guide 51에 따른 위험성평가의 절차, 내용 등에 따르면 된다.

우리나라도 이러한 국제표준화기구(ISO)의 국제표준안전규격에 따라 고용노동부고시 「사업장위험성평가에 관한 지침」을 제정하여 위험성평가의 기본적 절차를 따르도록 하였다.

다음 [그림 3-1]은 위험성평가 절차도이다.

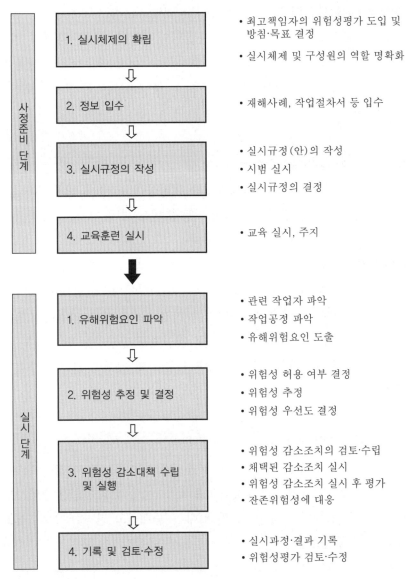

[그림 3-1] 위험성평가 실시 절차도

길라잡이

[제1단계] 유해위험요인의 파악(Hazard Identification)

위험성평가의 대상인 유해위험요인, 즉 사업장의 건설물, 설비, 원재료, 가스, 증기, 분진, 작업행동 등에 대하여 유해위험요인을 조사한다. 이때 전문성을 감안하여 해당 작업의 근로자 · 관리감독자, 기계설비의 정비 · 보수 담당자들은 물론 안전보건관리자들 이 참여하여야 한다.

[제2단계] 위험성추정(Risk Estimation)

위험성추정은 그 다음 절차인 위험성결정과 위험성감소조치에 관한 의사결정의 기초를 제공한다. 위험성은 위험한 정도로 발생할 가능성(빈도)과 중대성(강도)의 조합이다.

[제3단계] 위험성결정(Risk Evaluation)

추정된 위험성이 수용 또는 허용 가능한 수준인지 여부를 결정 또는 판단하는 단계이다. 대상물의 안전상태가 충분한지 아닌지를 판정하는 단계로 안전하지 않은 수준이면 즉시 또는 시간을 두고 위험성 감소조치를 할 것인지를 판단하는 단계이다. 이 단계는 위험성평가에서 그 다음 단계인 위험성 감소대책 수립 및 실행에 관한 의사결정을 하는 데 기초가 된다.

[제4단계] 위험성 감소대책 수립 및 실행(Risk Reduction)

위험성 크기가 큰 것부터 위험성 감소대책을 수립, 이행한다. 이 경우 위험성 감소대책은 미리 설정한 우선도에 따른다. 국제안전규격에서는 유해위험요인 중에서도 특히 인간의 생명에 관련되는 중대한 유해위험요인에 대해 '중대하고 현저한 유해위험요인'이라 하고 그것을 반드시 목록화해서 이것에 대한 위험성 감소조치를 우선적으로 취해야 한다고 강조하고 있다.

감소조치의 이행은 위험도 순위에 따라 우선순위를 정하여 위험성이 큰 순서로 위험성 감소대책을 수립, 실행을 하고 기업의 실정과 여건에 맞는 최적화방안을 찾는다.

3) 위험성평가 방법

다음 [그림 3-2]는 위험성평가 실시준비의 흐름도이다.

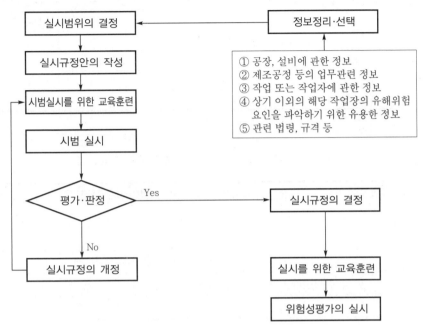

[그림 3-2] 위험성평가 실시준비 흐름도

가) 위험성평가의 사전준비

사전준비는 사업장 전체의 운영을 담당하는 부문과 실제로 위험성평가를 실시하는 실행부문으로 구성하여 실시체제를 구축하는 것이다.

운영부문은 안전보건부서(안전 · 보건관리자)이고 안전보건부서의 스태프들은 사업장 전체의 위험성평가 업무를 총괄한다.

그리고 실행은 계, 직 · 반장 및 근로자 등의 라인 부서에서 담당하고 해당 부서장은 실행에 대한 책임을 진다.

나) 위험성 추정 및 우선순위도(Risk Ranking Matrix) 결정

[추정방법 1] 행렬화(Matrix) 방법

재해의 발생가능성과 중대성을 각각 3~5단계로 구분하고 각 단계에서의 판정기준을 구체적으로 정한다. 이것을 중대성과 발생가능성의 조합으로 된 표로 다음 [표 3-1], [표 3-2]와 같이 작성한다.

[표 3-1] 행렬화에 의한 위험성 추정의 설정기준(예)

재해의 발생가능성	재해의 중대성			
	A. 치명적 (Catastrophic)	B. 심각 (Serious)	C. 중정도 (Moderate)	D. 경미 (Minor)
a. 상당히 높음(Very likely)	IV	IV	IV	III
b. 높음(Likely)	IV	IV	III	II
c. 낮음(Unlikely)	III	III	II	I
d. 매우 낮음(Rare)	II	II	I	I

[표 3-2] 위험성 수준(크기)의 내용과 조치 진행방법

위험성 수준	위험성의 내용	위험성 감소조치의 진행방법
IV	안전보건상 중대한 문제가 있음	즉시 작업을 중지하거나 위험성 감소조치를 바로 실시함
III	안전보건상 문제가 많이 있음	감소조치를 신속하게 실시함
II	안전보건상 다소의 문제가 있음	감소조치를 계획적으로 실시함
I	안전보건상의 문제가 거의 없음	비용 대 효과를 고려하여 감소조치를 실시함

[추정방법 2] 서열화 방법

위험성을 서열화하는 방법은 [표 3-3]과 같이 재해의 중대성과 발생가능성을 각 3단계로 한 표를 작성하고 중대성과 발생가능성의 모든 조합에 대하여 위험성 크기순으로 서열을 매기고 [표 3-4]와 같이 구분하는 방법이다. 예를 들어 [표 3-3]에서 '중상', '가능성이 있음'으로 추정된 위험성은 서열점수가 5이고 [표 3-4]에 의해 위험성 크기는 'III'이 되며 '안전보건상 문제가 있고 감소조치를 신속하게 실시함'에 해당된다.

[표 3-3] 위험성의 서열화

재해의 발생가능성 \ 중대성	중증장해·사망 (후유증을 수반하는 재해, 사망)	중상 (완치 가능한 휴업재해)	경상 (찰과상 정도의 가벼운 재해, 불휴(不休)재해)
가능성이 높음	9	7	3
가능성이 있음	8	5	2
거의 없음	6	4	1

[표 3-4] 위험성 서열과 위험성 수준의 관계

서열	위험성 수준	위험성의 내용	위험성 감소조치의 진행방법
1~2	IV	안전보건상 중대한 문제가 있음	즉시 작업을 중지하거나 위험성 감소조치를 바로 실시함
3~5	III	안전보건상 문제가 있음	감소조치를 신속하게 실시함
6~7	II	안전보건상 다소의 문제가 있음	감소조치를 계획적으로 실시함
8~9	I	안전보건상의 문제는 거의 없음	비용 대 효과를 고려하여 감소조치를 실시함

[추정방법 3] 위험성 요소의 수치화

추정방법은 재해의 중대성과 재해의 발생가능성으로 평가한다. 재해의 중대성은 사망, 손 또는 팔의 절단 등과 같이 사람이 입는 재해의 중대성(강도)을 나타내고 재해의 발생가능성은 재해가 발생할 빈도(1년에 몇 회)를 나타낸다.

다음 [표 3-5], [표 3-6]과 같이 중대성과 발생가능성의 각 구분에 평가점수를 배점하여 수치로 중요성을 부여한다. 일반적으로 발생가능성 구분에 비해 중대성의 구분에 배점을 높이 설정하는데 이는 대형재해 등 중대성이 있는 위험요인을 우선 제거 하거나 감소조치를 취해야하기 때문이다. 위험성을 수치화하는 방법으로는 덧셈식(가산식) 방식과 곱셈식(승산식) 방식이 있다.

① 덧셈식의 경우 위험성점수

$$위험성점수 = 중대성점수 + 가능성점수$$

② 곱셈식의 경우 위험성점수

$$위험성점수 = 중대성점수 \times 가능성점수$$

〈산정 예〉

중대성이 '중상'에 해당하고 가능성이 '낮음'일 경우 위험성점수

• 덧셈식 : 위험성점수 = 중상(6) + 가능성 낮음(2) = 8
• 곱셈식 : 위험성점수 = 중상(6) × 가능성 낮음(2) = 12

[표 3-5] 재해의 중대성의 구분 배점(예)

중대성	평가점수	내 용
치명적	10점	사망 또는 신체 일부에 영구적 장해를 초래(업무에 복귀 불가능)
중대	6점	휴업재해 1개월 이상 부상·질병[일정 시점에서는 업무에 복귀(완치) 가능] 또는 한 번에 다수의 부상·질병을 초래
중정도	3점	휴업재해 1개월 미만(동일한 업무에 복귀 가능) 부상·질병 또는 한 번에 복수의 부상·질병을 초래
경미	1점	처치 후 바로 원래의 작업을 수행할 수 있는 부상 또는 질병(업무에 전혀 지장이 없음)

[표 3-6] 재해 발생가능성의 구분 배점(예)

중대성	평가점수	내 용
상당히 높음	6점	안전조치가 되어 있지 않음. 표시, 표지 등은 있어도 불비(不備)가 많은 상태
		안전기준을 준수하더라도 상당한 주의력을 기울이지 않으면 재해로 연결될 수 있음. 사내 안전규정, 작업표준 등 조차 없는 상태
높음	4점	방호가드·방호덮개, 기타 안전장치가 없음. 설령 있더라도 상당한 불비가 있음. 비상정지장치, 표시·표지류는 대충 설치되어 있음
		사내 안전규정, 작업표준 등은 있지만 준수가 어려움. 주의력을 높이지 않으면 부상 또는 질병으로 연결될 가능성이 있음
낮음	2점	방호가드·방호덮개 또는 안전장치 등은 설치되어 있지만, 가드가 낮거나 간격이 넓은 등 불비가 있음. 위험영역에의 출입, 유해위험요인과의 접촉의 가능성을 부정할 수 없음
		사내 안전규정, 작업표준 등은 있지만, 일부 준수하기 어려운 점이 있음. 방심하고 있으면 부상 또는 질병으로 연결될 가능성이 있음
매우 낮음	1점	방호가드·방호덮개 등으로 둘러싸여 있고 안전장치가 설치되어 있으며, 위험영역에의 출입이 곤란한 상태
		사내 안전규정, 작업표준 등은 정비되어 있고 준수하기 용이함. 특별히 준수하지 않아도 부상 또는 질병을 입을 가능성은 거의 없음

유해 · 위험요인의 수치화 이후에는 다음 [표 3-7]과 같은 위험성수준에 따른 감소 대책을 정한다.

[표 3-7] 위험성점수와 위험성수준에 따른 감소조치(예)

평가점수 합계	위험성 수준	위험성의 내용	위험성 감소조치의 진행방법
12~16	Ⅳ	안전보건상 중대한 문제가 있음	즉시 작업을 중지하거나 위험성 감소조치를 바로 실시함
8~11	Ⅲ	안전보건상 문제가 있음	감소조치를 신속하게 실시함
5~7	Ⅱ	안전보건상 다소의 문제가 있음	감소조치를 계획적으로 실시함
2~4	Ⅰ	안전보건상의 문제가 거의 없음	비용 대 효과를 고려하여 감소조치를 실시함

다) 위험성결정

재해발생가능성 또는 위험상태의 발생가능성과 재해의 중대성으로 위험성 우선도가 결정 된다. 실제의 위험성 구분은 많이 세분화하지 않고 다음 [표 3-8]과 같이 3~5단계 정도로 하는 것이 좋다.

[표 3-8] 위험성수준의 구분에 의한 우선순위도(예)

위험성 수준	위험성의 내용	위험성 감소조치의 진행방법
Ⅳ	안전보건상 중대한 문제가 있음	• 위험성 감소조치를 즉시 실시함 • 조치를 실시할 때까지 작업을 중지함
Ⅲ	안전보건상 문제가 있음	• 위험성 감소조치를 신속하게 실시함 • 조치 시까지 작업을 제한적으로 실시
Ⅱ	안전보건상 다소의 문제가 있음	• 위험성 감소조치를 계획적으로 실시함 • 조치를 실시할 때까지 적절하게 관리함
Ⅰ	안전보건상 문제가 거의 없음	• 필요에 따라 위험성 감소조치를 실시함

위험성결정에는 조직의 목적, 내·외부상황을 고려하여 정해진 위험성기준과 위험성수준(크기)을 비교, 감안한다. 이에 근거하여 감소조치의 필요성과 긴급성 등을 결정한다. 위험성 추정을 5등급으로 한 경우에는 최초의 1~2등급은 낮은 위험성으로 「허용 가능한 위험성」 또는 「무시할 수 있는 위험성」으로 한다. 위험성은 잔존하고 있지만 이 정도의 위험성의 존재는 허용하여도 안전하다고 하는 것이다. 다시 말하면 이것보다 큰 위험성은 절대적으로 안전조치를 하여야 함을 의미한다. 판정을 해 보아 허용 가능하다고 판단되더라도 기록하고 종료한다.

안전하다고 인정되지 않는다면, 위험성을 감소시키는 대책을 수립하는 절차에 들어간다. 조치의 필요성이 있어도 부득이한 사정에 의하여 조치할 수 없어 새로운 조치를 유예하는 경우도 있을 수 있는데, 이 경우 필요한 조치를 실시할 수 없고 위험성을 그대로 유지하게 된 상황임을 기록해 두어야 한다.

위험성 결정단계는 위험성평가 절차에서 주관성이 가장 많이 개입될 수 있는 관계로 자의적인 판단이 되지 않도록 유의할 필요가 있다. 이를 위해서는 위험성 기준을 위험성평가 실시규정 등에 미리 규정해 놓는 것이 바람직하다.

위험성 기준은 위험성의 중요성(Significance)을 평가하기 위하여 사용되는 기준으로서 조직의 목적, 내·외부의 환경 그리고 법률(Law), 기준(Standard), 정책(Policy) 및 기타 요건으로부터 정해진다.

특히 조직의 위험성 기준은 법규나 조직의 내부기준을 하회하여서는 안 된다. 위험성 기준은 위험성평가의 준비단계에서 정하고 계속적으로 검토하는 것이 바람직하다.

라) 우선도 설정과 감소조치방안의 수립·이행

위험성평가의 최종단계로서 감소조치를 어디서부터 시작할 것인지 우선도를 설정한다. 위험성 감소를 위한 우선도의 설정은 위험성추정을 실시한 관리감독자 및 작업자의 의견을 참고로 한다. 예산, 생산차질 등의 이유로 차질이 예상될 경우 설정방법대로 실시할 수 없는 사유와 임시조치 등을 기록해 두고 해당 작업자에게 주지시키고 이해를 구해야 한다.

감소조치의 구체적 내용은 법령에 규정된 사항이 있는 경우 이를 우선적으로 실시하여야 함은 물론이고 위험감소의 기본원칙을 지켜 본질적 안전대책, 직접적 안전대책, 간접적 안전대책, 참조적 안전대책 등의 순으로 감소조치의 효율성을 찾아간다. 이 경우 보호구의 착용 등 참조적 감소조치가 우선 검토되지 않아야 함은 물론이다.

다음 [표 3-9]는 감소조치의 우선순위를 나타내는 OHSAS 18001, 18002 기준이다.

[표 3-9] 위험성 감소조치의 우선순위

OHSAS 18001 : 2007(4.3.1)		OHSAS 18002 : 2008(4.3.1.6)
순 위	항 목	
1	제거	유해위험요인을 제거하기 위한 설계 · 계획의 변경 예 수작업을 폐지하기 위한 양중장치의 도입
2	대체	유해성이 낮은 재료로의 대체 또는 시스템 에너지의 감소 예 충격력 완화, 전압 강하, 온도 저하
3	공학적 대책	국소배기장치, 기계 · 설비의 방호조치, 인터록, 방읍덮개 설치 등
4	경고/표시 및 관리적 대책	안전표지, 위험구역의 표시, 보도(步道)의 표시, 경고 사이렌/ 경보등, 알람(Alarm), 안전절차, 설비점검, 작업허가제 등
5	개인보호구	보호안경, 귀마개, 안전대, 호흡용 보호구 및 보호장갑 등

사업장의 위험성평가는 1회로 끝나는 것이 아니다. 작업공정, 작업방법, 위험성평가 실시방법 등에 변경이 있을 경우는 물론 새로운 유해위험요인이 발견되는 경우 등에는 위험성평가에 대한 재검토를 거쳐 필요한 경우 수정해 나가야 한다.

4) 위험성평가 응용사례

[사례 1] 반도체 제조공장의 정성적 위험성평가

2015년 ○월 ○○반도체에서 질식에 의한 중대재해가 발생, 고용노동부로부터 안전보건종합진단 명령이 발부, 「한국안전환경과학원」과 보건진단기관이 함께 컨소시엄을 구성하여 2015년 ○월에 7일간 진단을 실시하면서 주요설비에 대한 위험성평가를 실시한 사례이다. 각 공정에 대한 안전진단을 실시한 후 설비별로 전기, 위험기계, 환경설비 등 분야별로 전문가들의 토론과 의견조정을 거쳐 위험성평가를 실시하였다.

가) 전기설비 위험성평가

모든 공정에 대한 진단 실시 후 전기설비에 대한 위험성을 진단에 참여한 전문가 10명이 모여 빈도와 강도를 정하고 아래 그림과 같은 위험도 순위 매트릭스(Matrix)를 작성하였다.

항목	내용
a. 전력공급계통 (다중화와 부하여유율)	• ○○변전소-제1변전소 － 설비부하/수전용량 여유율 47% － 사고대비 예비전선로 확보(3-Feeder) • 제1변전소 － 제3변전소(MOO)/설비부하/수전용량 여유율 70% － 사고대비 예비전선로 확보(2-Feeder) • 추후 ○○변전소 수전선로 신설 계획(2-Feeder)
b. 전기선로 (배치와 시공)	• 제1변전소-제3변전소 선로 지하공동구 • MOO 부하설비 난연성 Cable(TFR-CV전선) 사용
c. 방폭구조 (구획과 선정)	• 폭발위험장소는 적절하게 구분 • 방폭기계·기구는 내압방폭형으로 선정 설치됨
d. 비상발전기 용량 검토	• 비상발전기 3,300kW(※ 2set=6,600kW) • 부하량(비상전등, Scrubber, 소방설비 등) 4,939kW 에 대응하도록 설계 • 비상발전기 용량 총부하 120MVA의 5.5%
e. 전기설비의 건축구조	• 변전실 배치/구조시공 양호하나 방수공사 하자 발생 (지하 1·2층 누수 물고임 있음)

	1	2	3	4	5
5					
4					
3			d		
2		e	c		
1	a	b			
구분	1	2	3	4	5

모든 전기설비가 적정하게 관리되고 있었으나 비상발전기의 용량이 전체 용량 120 MVA의 5.5%에 불과해 비상발전기로의 기능을 기대할 수 없는 위험성이 지적되었다.

나) 위험기계·설비 위험성평가

항목	내용
a. 크레인/호이스트	• 주행Rail 등의 지지 및 고정 Bolt의 체결 불량 • 주행Limit S/W 설치불량 및 Hoist 주행로에 배관 등 방해물 • 비상정지, 과부하방지장치, 권과방지장치 등 정상
b. 승강기/리프트	• 인화공용승강기 16대 완성검사 수검(승강기 안전관리원, 2015.04.28.) • 화물용승강기 6대 공사작업중지로 완성검사 미실시, 현장에 사용금지·접근금지 등 안전조치 양호
c. 압력용기	• ACQC, CCSS Storage, CCSS Supply Tank, N₂ 및 O₂ Purifier 등 총 206대 압력용기 압력계, 온도계, 안전변 및 액면계 등 구비 • 관련 배관의 내식재로 선정 및 Flange 등의 Leak Protector 부착 등 양호 ※ 급성독성물질 취급용기 안전밸브/파열판 직렬설치 에 대한 문제
d. 기타 회전기계	• Pump와 Blower 등의 회전축 커플링, Belt 등 보호덮개 설치상태 양호

	1	2	3	4	5
5					
4				a	
3					
2				c	
1		d	b		
구분	1	2	3	4	5

급박한 위험성으로 호이스트 주행레일의 고정볼트의 체결상태가 불량하고 주행제한 리미트스위치의 위치부적격 등이 발견되었다.

다) 화학설비 위험성평가

항 목	내 용
a. 질소 및 지연성 Gas	• 질소가스의 위험성을 인지하지 못하고 위험작업 실시
b. 수소 및 가연성 Gas	• H₂ Purifier Room 천장 누설 Gas 정체 가능성 누설감지기 설치 및 안전한 배기조치 강구
c. 공정가스 Cabinet과 배기처리시설	• Gas Cabinet의 배기, 용기의 전도·충격방지, Hose 접속부 조치, 누설감지, 긴급차단장치 • Cabinet 배기가스 정화처리장치 설치공사 지연
d. 누설감지 및 경보시설	• 감지기 설치 및 배선 준비 중이나 공사 중지상태로 완성단계 아님
e. 중앙공급실(CCSS)	• 누출감지기 설치, Flange의 Leak Protector 및 배관의 이중관 설치 등 양호한 보호조치 • 산(황산)과 알칼리(암모니아수) 용기의 누설에 대비하여 Dike 분리설치 미흡
f. 화학물질 주입연결장치(ACQC)	• 배관·Hose 결합부 누출방지조치, 접지선 연결, Tank Truck 하화장의 방류턱 조치 등 양호

	1	2	3	4	5
5					
4				a	
3			d	e	
2		b		c	
1			f		
구분	1	2	3	4	5

질소가스의 위험성을 인지하지 못하고 거의 밀폐상태의 작업장에서 근로자들이 작업하는 등 즉시 개선이 필요한 급박한 위험성이 발견되었다.

라) 환경설비 위험성평가

항 목	내 용
a. 환기 및 배기 장치	• 내부 전체환기설비 적정하게 설치됨 • 내부 국소배기장치도 대상 위치에 적절하게 설치되고 있음 • 향후 정상가동 전에 국소배기 및 전체환기의 상태를 점검할 필요가 있고, 정기적인 관리가 권장됨
b. 습식 Scrubber	• 중화용 가성소다 Tank Dike 건널다리 및 Pump 조작 작업대 개선 필요
c. RTO	• 불꽃 점검창 질소 Blowing 방식의 개선 필요, 정압기 Cabinet 통풍, Safety Vent 배관 개선 • 연료가스 배관의 식별 및 Valve의 개폐표시
d. 배기Duct와 Blower	• 통로 상의 배기Duct 응축수 Drain배관 개선 및 Drain Trap에 Valve 부착 개선
e. 전기설비의 건축구조	• 저장탱크 Dike Drain Valve 부착 및 별도 배관 분리 • 산폐액 배출Hose 연결구 Valve 오작동 가능

	1	2	3	4	5
5					
4					
3				b	
2		d	c	e	
1			a		
구분	1	2	3	4	5

환경설비 등에는 급박한 위험성은 발견되지 않았으나 습식 스크러버의 질소 분출 (Blowing) 방법에 대한 위험성이 발견되었다.

마) 배관설비 위험성평가

항 목	내 용
a. 배관지지	• 서포터보다는 행거 위주 시공 • 액체 배관 수직 기둥 고정용 볼트 적정여부 미확인
b. 배관식별	• 물질별 Color Code 체계가 없음 • 배관별 물질표시 보강 • 설계의도 외 타 물질 이용 시 주의/식별표지 강화 필요
c. 배관 Fitting	• 벨로즈 등 기계적 진동 억제대책 미비
d. 배관의 보호상태	• Safety V/V 적정설치 • Safety V/V 안정성 확보
e. 전선 Tray	• 지지 안정성, 잘못된 용접 등 • 행거, 볼트, 와셔

구분	1	2	3	4	5
5					
4				a	
3			d	e	
2		b		c	
1					

배관을 지지하는 방식이 건물 구조상 적절치 못한 위험성이 여러 곳에서 발견되었다.

3-1-2 위험기반검사(Risk Based Inspection : RBI)

1) 위험기반검사(RBI)의 개요

위험기반검사(RBI)는 유럽 헝가리에서 1980년대 초에 시작된 것으로 알려져 있으며 실용화되어 쓰인 것은 베네룩스 3국에서인 것으로 알려져 있다.

좀 더 현대화된 위험기반검사는 미국기계공학협회(American Society of Mechanical Engineers : ASME)와 미국석유협회(American Petroleum Institute : API)가 1980년대 말, 위험기반검사 및 정비기법에 대한 지침서(Guideline on risk-based inspection and maintenance planning methods)를 발간하면서부터이다. 정량적 위험기반검사 프로젝트(RBI Project)는 미국석유협회(API)가 업계와 후원단체의 지원을 받아 1993년 5월 부터 본격적으로 시작하였다. 여기서의 목적은 현재의 전통적 위험분석방법으로는 설비에 내재한 위험을 정확히 밝혀내는 데 한계가 있으므로 더욱 정밀한 위험분석법을 찾으려는 데 있었다. 위험기반검사는 검사의 우선순위를 결정하고 검사에 소요되는 자원을 관리하기 위한 기초로서 위험에 기반을 둔 방법이다. 운전 중인 플랜트에는 일반적으로 고위험 설비들과 저위험설비들이 서로 혼재, 연관되어 있다. 위험기반검사는 고위험설비에 대해서 보다 높은 수준의 대책을 제시하고 저위험설비에 대해서는 낮은 단계의 대책을 제시하여, 등급별 검사와 관리를 가능케 해 준다.

위험기반검사는 최소한 같은 수준의 위험을 유지하거나 개선하면서 운전시간을 증가시키고 가동되는 관련 공정설비 라인의 수명을 늘리는 데에 목적이 있다. 위험기반검사기법 (RBI Method)은 운전 중인 설비의 위험성을 대상 설비의 고장발생가능성(Likelihood of Failure : LoF)과 고장파급효과(Consequence of Failure : CoF)를 동시에 고려한 위험의 크기에 따라 낮은 위험으로부터 높은 위험으로 단계가 매겨진 5행 5열의 위험 매트릭스 상에서 각 설비의 위험순위가 정해진다. 검사결과 발견된 설비의 결함에 대해서는 적합한 공학적 분석 또는 사용적합성 평가방법을 이용한다. 이 분석법에 기초하여 정비를 할 것인지 또는 계속해서 운전을 할 것인지가 결정된다. 검사하고 보수하여 상태를 변경, 제거하면 설비의 위험성은 현저히 낮아진다는 원리를 이용한 위험성 평가기법이다.

간단히 표현하면 위험기반검사는 **위험성평가기법을 응용한 기계설비 검사의 최적화 기법**이라 할 수 있겠다.

다음 [그림 3-3]은 위험기반검사의 기본 개념도이다.

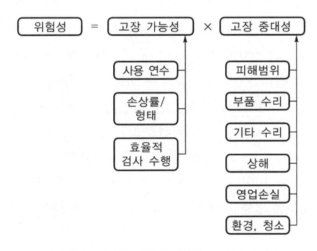

[그림 3-3] 위험기반검사(RBI)의 기본 개념도

2) 위험기반검사(RBI)의 절차

시간과 경제적 이유로 위험성평가절차와 함께 평가의 범위를 최적화해야 한다. 위험성 달성 목표를 고려하여 정성적인 위험성평가까지 실행할 수도 있지만 정량적 위험성평가의 실시가 필요한 경우에도 실행하고자 하는 평가의 기법과 평가모델의 선택에 따라 작업량과 평가의 질이 달라진다. 또한 평가하고자 하는 사고의 수의 증가에 따라 필요한 자료의 양이 많아지고 평가하기가 어려워진다. 평가기법은 사고결과평가, 사고빈도평가, 위험도 산출의 순서에 따라 난이도가 증가한다. 사고결과평가는 비교적 폭넓은 연구결과들이 존재하고 위험물 누출에 대한 여러 가지 발생원에 대한 모델과 분산모델 등도 전산화 등을 통해 잘 정리되어 있다. 위험기반검사(RBI)의 절차는 다음 [그림 3-4]와 같다.

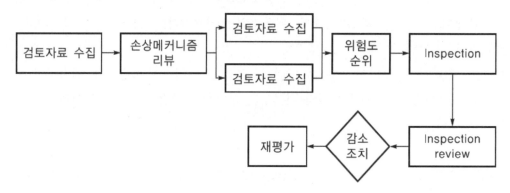

[그림 3-4] 위험기반검사(RBI) 절차도

검토자료 수집에서는 알려진 위험성이 나타나는 방법과 그 원인이 무엇인지 알아보고, 반대의 영향이 나타날 수 있는지와 이들 잠재위험의 결과도 기록한다. 이 단계에서는 경험, 기술규정, 체크리스트, 상세한 공정지식 등을 이용하는 것이 유용하다. 사고결과평가는 특정 사건에 대한 손실이나 상해를 일으킬 수 있는 잠재력을 계산하는 데에 사용한다. 사고빈도평가 단계에서 과거의 사고자료나 결함수분석(FTA), 사건수분석(ETA) 등과 같은 모델로부터 사고발생의 빈도나 확률을 산출한다. 위험순위도 산출 단계에서는 일정 위험성을 나타내는 사고 및 사고결과와 사고빈도 등을 결합한다. 개별적으로 위험성이 높은 사고를 평가하고 합산하여 전체 위험성을 나타낸다. 또한 평가된 위험성에 대하여 불확정성, 민감도, 평가에 영향을 준 사고의 중요도 등을 반영한다. 끝으로 위험성 산출에서 나온 위험성과 위험성 달성목표를 비교하여 위험성 감소수단이 추가로 필요한지에 따라 이행과 개선을 결정한다.

3) 위험기반검사(RBI)의 수행

위험기반검사(RBI) 수행단계를 구분 정리해 보면 [그림 3-5]와 같다.

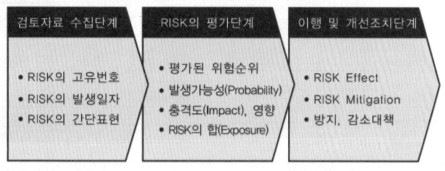

[그림 3-5] 위험기반검사의 수행단계

길 라 잡 이

[제1단계] 검토자료 수집단계

리스크의 고유번호, 발생일자, 간단표현 등을 수집한다. 여기서 발생일자는 리스크가 표면화된 날짜를 말하며, 간단표현은 리스크를 분명하게 규정할 수 있어야 하며 이 리스크를 나타내는 고유번호의 부여로 이루어진다.

[제2단계] 리스크의 평가단계

위험도의 순위는 구성된 팀의 주관적인 측정값이고 이는 일정시간 경과 후 재평가되며 그 값은 처음과 달라질 수 있다. 발생가능성(Probability)은 리스크가 실제 일어날 확률로서 백분율로 나타낼 수 있다. 중대성은 리스크 발생 시 부정적 영향의 정도를 나타내며, 극히 나쁨 5, 나쁘지 않음 1로 해서 1~5까지 구분하여 나타낸다. 물론 필요에 따라 10까지 구분할 수도 있다. 리스크의 합(Exposure)은 발생가능성(Probability)과 중대성의 합이다. 예를 들어 하나의 리스크가 발생가능성이 5이고 중대성이 5라면 리스크의 크기(Exposure)는 10이다. 다음 [그림 3-6]은 리스크를 평가한 위험성순위 매트릭스의 예이다. 위험의 크기에 따라 5는 극히위험, 4는 크게 위험, 3은 보통위험 그리고 2~1은 저위험으로 크게 5등급으로 나누어 평가한다.

	5 Almost certain	6 Moderate	7 High	8 High	9 Extreme	10 Extreme
	4 Likely	5 Moderate	6 Moderate	7 High	8 High	9 Extreme
Likelihood of Failure	3 Possible	4 Low	5 Moderate	6 Moderate	7 High	8 High
	2 Unlikely	3 Low	4 Low	5 Moderate	6 Moderate	7 High
	1 Rare	2 Low	3 Low	4 Low	5 Moderate	6 Moderate
		1 Insignificant	2 Minor	3 Moderate	4 Major	5 Catastrophic
		Consequence of Failure				

[그림 3-6] 위험도순위 매트릭스(Risk Ranking Matrix)의 예

[제3단계] 이행 및 개선조치단계

허용될 수 없는 모든 위험성을 대상으로 위험성 감소조치를 수립, 이행하는 단계이다.

다음 [표 3-10]은 위험도순위 매트릭스에서 합산된 점수에 따라 취해야 할 이행 및 개선조치를 나타낸다.

[표 3-10] 리스크의 점수별 대응방안

리스크 점수		대응방안
9~10	매우 위험	즉시 개선조치 필요
7~8	고위험	개선계획 수립 및 최고전문가 관심 필요
5~6	중위험	특별 감시 및 절차관리 필요, 관리자 책임구체화 필요
2~4	저위험	일상적 절차에 따른 관리

리스크의 영향(Risk effect)은 공정안전보고서(PSM)에 기반하여 검토해 볼 때 아주 중요한 사항이다. 화학공장에서의 위험성은 인화성 물질과 폭발성 물질의 누출이 되겠고, 영향은 이들 물질들이 탱크나 배관의 구멍 또는 갈라진 틈 또는 펌프나 밸브, 플랜지의 연결부 틈새 등의 경로로 외부누출이 발생했을 때 근로자나 외부의 불특정 다수의 사람에게 어떤 영향을 미칠 수 있느냐를 검토하는 일이다. 누출량은 「안전보건공단」 등이

개발한 「누출량산출모델」을 참고하여 파악할 수 있다.

리스크 완화조치(Risk mitigation)는 설비나 검사기법의 개선, 보호구착용, 비상대피는 물론 환자의 후송 등 까지도 포함한다. 이 경우 위험성 완화조치는 미리 설정한 리스크 순위 매트릭스에 따라 위험성이 큰 것부터 감소 또는 완화조치를 수립·이행하는 단계이다. 보수유지의 관점에서 볼 때, 기계설비의 특성상 시간 경과에 따라 고장률의 빈도는 증가한다. 재료, 설비 등의 성능저하가 시간경과에 비례하는 특성 때문이다. 이러한 위험성은 설비나 검사(Inspection)방법 그리고 기법개선으로 감소시킬 수 있다. 다음 [그림 3-7]은 위험기반검사에서의 위험성 악화와 감소관계를 나타낸다.

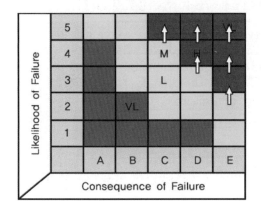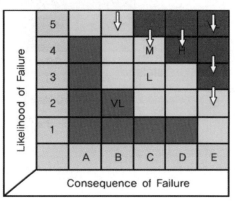

[그림 3-7] 위험성 악화와 감소관계

레드존(Red Zone)이나 옐로우존(Yellow Zone)에 있는 노후된 설비, 즉 밸브, 플랜지, 배관 등이라 할지라도 적절한 시기에 검사하고 위험성이 파악되면 정비, 교체 등으로 고장의 횟수를 줄일 수 있고 이에 따라 설비의 고장률은 레드에서 옐로우 그리고 그린존(Green Zone)의 상태로 개선될 수 있다 .

4) 위험기반검사 응용사례

[사례 1] 에틸렌유니트에 대한 위험기반검사

다음 [그림 3-8]은 베네룩스 3국에서 실시한 에틸렌유니트의 2,000여 개 파이프에 대한 검사(Inspection) 전의 위험성평가 매트릭스이다.

검사 전 1,958개 파이프 중 138개의 상태가 안전상 극히 위험한 레드존(Extreme)에 속해 있었고, 위급한 상태는 아니라 하더라도 고위험의 주황존(High)에 289개의 파이프 유니트가 있었으며, 개선이 필요한 옐로우존(Moderate)에 1,165개의 에틸렌파이프가, 그리고 무시해도 좋은 저위험(Low)군인 그린존(Green Zone)에 366개의 에틸렌 파이프 유니트가 분포된 것으로 조사되었다.

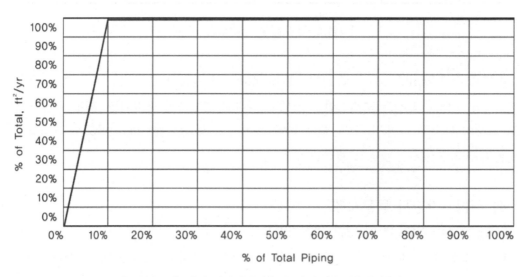

Likelihood of Failure	A	B	C	D	E	Totals
5	0	0	0	134	0	134
4	0	2	10	75	4	91
3	0	0	2	15	0	17
2	4	362	372	784	189	1,711
1	0	0	0	5	0	5
Totals	4	364	384	1,013	193	1,958

Consequence of Failure

[그림 3-8] 1,958개 에틸렌파이프의 검사 전 위험도순위 매트릭스

다음 [그림 3-9], [그림 3-10]은 에틸렌파이프의 정량적 분석을 위한 자료들이다.

[그림 3-9] 전체 에틸렌파이프와 리스크의 점유율 관계
(1,958개 파이프 유니트의 에틸렌공장)

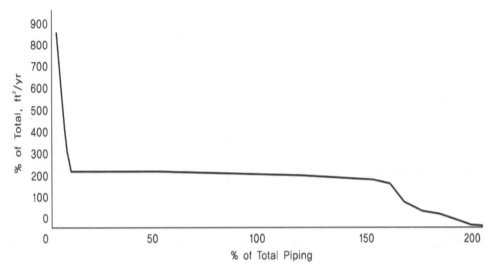

[그림 3-10] 토탈 리스크와 리스크 순위의 상관관계
(에틸렌 공장의 리스크 아이템의 상위 10%)

다음 [그림 3-11]은 에틸렌파이프 검사(Ethylene Piping Inspection) 완료 후의 위험성평가순위 매트릭스이다. 극히 위험한 레드존(Extreme) 2개, 위급한 상태는 아니라 하더라도 고위험의 주황존(High)에 356개, 개선이 필요한 옐로우존(Moderate)에 1,234개의 에틸렌파이프가, 그리고 무시해도 좋은 저위험(Low)의 그린존(Green Zone)에 366개의 에틸렌파이프 유니트가 분포되었다.

Likelihood of Failure	A	B	C	D	E	Totals
5	0	0	0	0	0	0
4	0	2	10	26	0	38
3	0	0	2	130	2	134
2	4	362	372	853	190	1,781
1	0	0	0	5	0	5
Totals	4 A	364 B	384 C	1,014 D	192 E	1,958

Consequence of Failure

[그림 3-11] 에틸렌파이프 검사 후의 위험도 순위 매트릭스

즉, 에틸렌파이프 유니트의 검사 전, 후의 위험성은 크게 개선되어 극히 위험한 레드존 (Red Zone)의 상태가 2개의 파이프를 제외하고는 거의 해소되었음을 알 수 있다.

매우 위험 : 138units	매우 위험 : 2units
고위험 : 289units	고위험 : 356units
중위험 : 1,165units	중위험 : 1,234units
저위험 : 366units	저위험 : 366units

3-1-3 위험성평가 지원 시스템(KRAS)

1) 사업장 위험성평가 개요

사업장 위험성평가는 2013년 6월 12일 산업안전보건법 제41조의2(위험성평가, 개정법률 제36조 : 2020.1.16 시행)가 제정되어 1년에 한번 이상 정기적으로 사업장 위험성평가를 실시하도록 제도화 되었다. 사업장 위험성평가는 근로자 수나 사업장의 규모 등에 따른 예외규정이 없어 유해·위험요인을 보유한 모든 사업장에서 실시해야 한다.

사업장 위험성평가 제도는 ILO(국제노동기구)에서는 1981년, EU 연합은 1989년, 영국은 1992년, 일본에서는 1996년부터 위험성평가를 실시하고 있다.

우리나라는 산업안전보건의 선진화계획에 따라 위험성평가 제도에 대한 연구를 2004년부터 시작하였으며, 2010년부터 2012년까지 위험성평가 시범사업을 실시, 실효성을 검증하고 2013년 산업안전보건법을 개정하여 본격 시행하고 있다.

2) 위험성평가 절차 및 방법

다음 [그림 3-12]는 위험성평가 절차 및 방법을 보여준다.

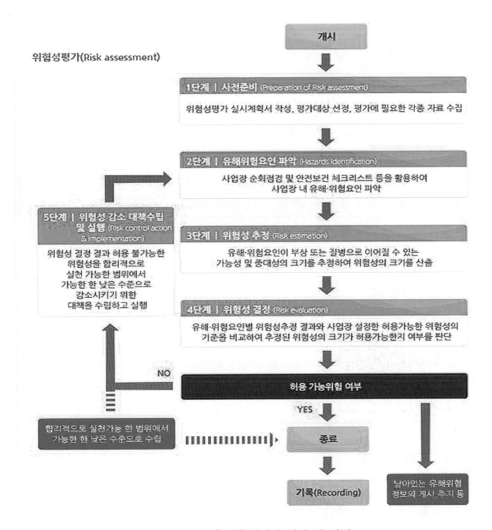

위험성평가(Risk assessment)

[그림 3-12] 위험성평가 절차 및 방법

평가방법을 단계별로 나누면 다음과 같다.

길라잡이

[제1단계] : 사전준비

위험성평가의 첫번째 단계는 사전준비 단계로서 '사업장 위험성평가에 관한 지침'을 참조하여 아래의 사항들을 위험성평가 실시규정으로 정하여야 한다.

(1) 평가의 목적 및 방법

(2) 평가시기 및 절차

(3) 주지방법 및 유의사항

(4) 결과의 기록보존

위험성평가는 과거에 산업재해가 발생한 작업, 사고의 발생이 예견 가능한 것은 모두 위험성평가의 대상으로 한다. 다만, 매우 경미한 부상 또는 질병만을 초래할 것이 명백히 예상되는 것에 대해서는 제외할 수 있다.

'위험성평가 실시규정' 예는 아래 QR코드를 스캔하여 다운로드 받을 수 있다. 예를 참조하여 해당 사업장의 실정에 맞게 변형, 사용한다. 다만, 규정의 내용은 '사업장 위험성평가에 관한 지침'에서 요구하는 내용은 포함하여야 한다.

실시 규정에서 가장 중요한 것은 위험성평가를 실시하고 관리하기 위한 조직을 구성하고 각 구성원별로 역할 분담을 적절히 나누어 위험성평가를 실시하는 것이다.

위험성평가 실시규정(샘플)

[제2단계] : 유해·위험요인파악

사전준비, 즉 위험성평가 실시규정을 만들었으면, 다음으로 유해·위험요인을 파악한다. 사업장 위험성평가에서 가장 중요한 단계라고 할 수 있다. 유해·위험요인을 찾기 위해서는 다음의 방법 중 1가지 이상을 사용하도록 고시에 규정되어 있다.

(1) 사업장 순회점검에 의한 방법

(2) 청취조사에 의한 방법

(3) 안전보건자료에 의한 방법

(4) 안전보건 체크리스트에 의한 방법

(5) 그 밖에 사업장의 특성에 적합한 방법

이 방법 중 순회점검은 반드시 실시하여야 한다. 안전관련 업무에 경험과 지식이 충분한 경력자의 경우는 유해·위험요인 파악에 비교적 쉽게 접근할 수 있다. 하지만, 공정경험이 전무한 신입사원이나 신규입사자 등은 눈에 보이지 않는 잠재 유해·위험요인을 찾는 것은 불가하므로 다음의 체크리스트를 참고하여 찾는 것을 권장한다.

[표 3-11] 점검목록

1	기계적인 위험성
1a	기계적 동작에 의한 위험(예 : 압착, 절단, 충격 등)
1b	이동식 작업도구에 의한 위험(예 : 전기톱, 핸드그라인더, 착암기 등)
1c	운반수단 및 운반로에 의한 위험(예 : 적하시 안전, 표시, 경사로 등)
1d	표면에 의한 위험(예 : 돌출, 뾰족한 부분, 미끄러운 부분, 뜨거운 부분 등)
1e	통제되지 않고 작동되는 부분에 의한 위험(로봇, 자동화 설비 등)
1f	미끄러짐, 헛디딤, 추락 등에 의한 위험
2	전기에너지에 의한 위험성
2a	전압, 감전 등에 의한 위험
2b	고압활선 등에 의한 위험
3	위험물질에 의한 위험성
3a	눈, 피부 접촉에 의한 피해
3b	독성물질 흡입
3c	금속과 접촉에 의한 부식
3d	누출로 인한 환경오염 등
4	생물학적 작업물질에 의한 위험
4a	유기물질에 의한 위험(예 : 발효가스 생성, 미생물 증식 등)
4b	유전자조작물질에 의한 위험(예 : 생물 실험실 작업 중 인체감염 등)
4c	알레르기, 유독성 물질에 의한 위험(예 : 취급물질 접촉에 따른 알레르기 발생 등)
5	화재 및 폭발의 위험성
5a	가연성 물질에 의한 화재위험(예 : 넝마, 종이부스러기, 기름 묻은 걸레 등)
5b	폭발성 물질에 의한 위험(예 : LPG, LNG, 화약 등)
5c	폭발력 있는 유증기에 의한 위험(누출된 휘발유 등)
6	열에 의한 위험
6a	뜨겁거나 차가운 표면에 의한 위험(예 : 용광로, 건조로 등)
6b	화염, 뜨거운 액체, 증기에 의한 위험(예 : 용접기, 스팀 보일러 등)
6c	냉각가스 등에 의한 위험(예 : CO_2, 암모니아 등)
7	특수한 신체적 영향에 의한 위험
7a	청각장애를 유발하는 소음 등에 의한 위험(예 : 착암기, 85dB이상)
7b	진동에 의한 위험(예 : 착암기 등)
7c	이상기압 등에 의한 위험(예 : 잠수작업, 압력탱크 작업 등)
8	방사선에 의한 위험
8a	뢴트겐선, 원자로 등에 의한 위험
8b	자외선, 적외선, 레이저 등에 의한 위험
8c	전기자기장에 의한 위험
9	작업환경에 의한 위험
9a	실내온도, 습도에 의한 위험
9b	조명에 의한 위험(예 : 75lux 이하 등)

9c	작업면적, 통로, 비상구 등에 의한 위험
10	신체적 부담에 의한 위험
10a	인력에 의한 중량물 이동으로 인한 위험(예 : 5kg이상 인력 취급 작업)
10b	강제적인 신체 자세에 의한 위험
10c	불리한 장소적 조건에 의한 동작상의 위험
11	심리적 부담에 의한 위험
11a	잘못된 작업조직에 의한 부담
11b	과중/과소 요구에 의한 부담
11c	조직 내부적 문제로 인한 부담
12	불충분한 정보, 취급부주의에 의한 위험
12a	신호·표시 등의 불충분으로 인한 위험
12b	정보부족으로 인한 위험
12c	취급상의 결함 등으로 인한 위험
13	그 밖의 위험
13a	개인용 보호 장구 사용에 관한 위험
13b	동물/식물의 취급상 위험
13c	기타…

안전·보건 전문가라 하더라도 체크리스트를 활용하면 미처 생각지 못한 유해·위험요인도 발굴할 수 있다.

[제3단계] : 위험성 추정

위험성 추정이란 2단계에서 파악한 유해·위험요인들의 위험정도가 어느 정도인지 평가하는 것이다.

위험성은 피해의 발생 가능성(빈도)과 중대성(강도)의 조합이다. KRAS에서는 여러방법 중 '곱셈법'을 지원하고 있으며 다음과 같이 산정한다.

$$RISK = 가능성(빈도) \times 중대성(강도)$$

KRAS에서 '가능성×중대성' 구분은 '3×3'과 '5×4' 단계로 구분을 하고 있다. 정확하고 합리적인 위험성평가를 위해서는 '5×4' 단계를 선택하는 것이 좋다. 다음 [표 3-12]와 [표 3-13]의 예시를 보고 사고의 발생 가능성과 중대성을 KRAS 수행자가 객관적으로 평가할 수 있도록 위험성평가 실시규정에 기준표를 만들어 놓아야 한다.

[표 3-12] 가능성(빈도) 예시

구분	가능성	기준
최상	5	• 피해가 발생할 가능성이 매우 높음 – 해당 안전대책이 되어 있지 않고, 표시·표지가 없으며, 안전수칙·작업표준 등도 없음
상	4	• 피해가 발생할 가능성이 높음 – 가드·방호덮개, 기타 안전장치를 설치하였으나, 해체되어 있으며, 안전수칙·작업표준 등은 있지만 지키기 어렵고 많은 주의를 해야 함
중	3	• 부주의하면 피해가 발생할 가능성이 있음 – 가드·방호덮개 또는 안전장치 등은 설치되어 있지만, 작업불편 등으로 쉽게 해체하여 위험영역 접근, 위험원과 접촉이 있을 수 있으며, 안전수칙·작업표준 등은 있지만 일부 준수하기 어려운 점이 있음
하	2	• 피해가 발생할 가능성이 낮음 – 가드·방호덮개 등으로 보호되어 있고, 안전장치가 설치되어 있으며, 위험영역에의 출입이 곤란한 상태이고, 안전수칙·작업표준(서) 등이 정비되어 있고 준수하기 쉬우나, 피해의 가능성이 남아 있음
최하	1	• 피해가 발생할 가능성이 매우 낮음 – 가드·방호덮개 등으로 둘러싸여 있고 안전장치가 설치되어 있으며, 위험영역에의 출입이 곤란한 상태 등 전반적으로 안전조치가 잘 되어 있음

[표 3-13] 중대성(강도) 예시

구분	가능성	기준
최대	4	• 사망 또는 장애발생 – 사망 또는 영구적으로 근로불능으로 연결되는 부상·질병(업무에 복귀 불가능), 장애가 남는 부상·질병
대	3	• 휴업 필요(부상/질병) – 휴업을 수반하는 중대한 부상 또는 질병(일정 시점에서는 업무에 복귀 가능(완치 가능)
상	2	• 휴업 불필요(부상/질병) – 응급조치 이상의 치료가 필요하지만 휴업이 수반되지 않는 부상 또는 질병
최하	1	• 비치료 – 처치(치료) 후 바로 원래의 작업을 수행할 수 있는 경미한 부상 또는 질병(업무에 전혀 지장이 없음)

위의 기준표는 정해진 것은 아니고 사업장 여건에 맞게 합리적으로 변형하여 사용이 가능하다.

분기법은 사고의 발생 가능성과 중대성을 다음 [그림 3-13]과 같이 단계적으로 분기해 나가는 방법으로 위험성(RISK)을 추정한다.

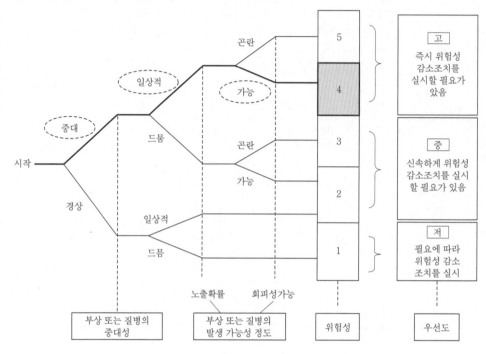

[그림 3-13] 분기법에 의한 RISK 추정(예시)

[제4단계] : 위험성 결정

위험성 결정 단계에서는 '제3단계'에서 추정한 위험성(Risk)이 허용 가능한 수준인지를 결정하는 단계이다. '사업장 위험성평가에 관한 지침'에서 위험성의 기준을 사업장 자체적으로 설정해 두도록 규정하고 있다.

사업장에 존재하는 모든 위험성을 완전히 없애는 것은 거의 불가능 하다. 위험성평가의 목적은 모든 위험성을 제거하는 것이 아니라, 파악된 위험(Risk) 중 감소조치가 필요한 수준의 위험에 대해 적절한 안전대책을 수립하여 허용가능한 수준의 위험수준으로 위험성을 낮출 수 있는 감소대책을 수립하고 실행하는데 그 목적이 있다.

즉 위험성 결정은 추정된 위험성(크기)이 허용가능한(Acceptable) 수준인지 여부를 판단하는 단계이다. 동일한 한가지의 위험에 대한 판단은 사람에 따라 달라질 수 있다. 주관성이 많이 개입될 수 있으므로 최대한 자의적인 결정이 되지 않도록 유의하여야 한다. 위험성 결정은 사업장의 특성과 여건에 따라 기준을 달리 할 수 있다. 곱셈식의 위험성 결정은 다음 [표 3-14]와 같은 기준을 제정하여 결정한다.

[표 3-14] 위험성 결정 예시(5×4)

위험성크기		허용 가능 여부	개선방법
16~20	매우 높음	허용 불가능	즉시 개선(작업중지)
15	높음		1개월 이내 개선
9~12	약간 높음		3개월 이내 개선
8	보통		1년 이내 개선
4~6	낮음	허용 가능	필요에 따라 개선
1~3	매우 낮음		

가능성(빈도) ＼ 중대성(강도)	최대(4)	대(3)	상(2)	최하(1)
최상(5)	20	15	10	5
상(4)	16	12	8	4
중(3)	12	9	6	3
하(2)	8	6	4	2
최하(1)	4	3	2	1

[제5단계] : 위험성 감소대책 수립 및 실행

'제4단계'에서 결정된 위험성이 피해 발생 가능한 수준이라면 해당 위험성평가 결과에 대해 기록을 함으로써 위험성평가의 과정은 종료가 된다. 하지만, 결정된 위험성이 감소 조치가 필요한 수준이라면 위험성 감소대책 수립을 실행을 하여야 한다.

위험성 감소조치 수립·실행 시에는 다음의 사항을 고려해야 한다.

(1) 위험성의 크기가 큰 것부터 우선적으로 감소대책을 수립한다.

(2) 안전보건상 중대한 문제가 있는 것은 즉시 실시하여야 한다.

(3) 산업안전보건법 등에 규정된 사항이 있는 경우에는 반드시 실시해야 한다.

(4) 감소대책 수립에는 다음 [표 3-15]의 순서대로 대책을 고려해야 한다.

[표 3-15] 감소대책 수립 고려 순서

1	본질적(근원적) 대책 → 위험한 작업의 폐지·변경, 유해위험물질 또는 유해위험요인이 보다 적은 재료로의 대체, 설계나 계획단계에서 위험성을 제거 또는 저감하는 조치

⇩

2	공학적 대책 → 인터록, 안전장치, 방호문, 국소배기장치 등

⇩

3	관리적 대책 → 매뉴얼 정비, 출입금지, 노출관리, 교육훈련 등

⇩

4	개인보호구 사용 → 본질적 대책, 공학적 대책, 관리적 대책을 취하더라도 제거·감소할 수 없었던 위험성에 대해서만 실시

위험성 감소대책을 수립하고 실행한 후, 해당 대책이 적절하고, 위험성이 허용가능한 수준인지 위험성 추정을 다시 해야 한다. 위험성이 허용가능 수준으로 감소되지 않은 경우, 추가적인 감소대책을 수립한다.

[제6단계] : 기록

'사업장 위험성평가에 관한 지침 제12조'에서 위험성평가 결과의 기록에 대해 지침을 정해놓고 있다. 따라서 위험성평가를 실시하였더라도 그 결과물에 대해 기록을 남겨 놓지 않을 경우에는 위험성평가를 미실시 한 것으로 판단할 수 있다.

위험성평가 결과물에는 평가대상 작업, 파악된 유해·위험요인, 추정된 위험성(크기), 실시한 감소대책의 내용 등이 포함되어야 한다. 이러한 결과물은 추후 실시할 위험성평가의 참고자료로서 유용하게 사용될 수 있다. 또한, 안전보건교육자료로서 활용 가능하며, 새로운 기계·설비 등의 도입 시 참고하는 등 안전기술의 축적에 기여할 수 있다. 결과 기록물은 3년간 보존하여야 하며, 최초 평가서는 영구보존하는 것을 권장한다.

KRAS는 유해·위험요인이 있는 모든 사업장이 사업장 위험성평가를 실시해야 함에 따라 기술 인력이 충분하지 않은 소규모 사업장의 위험성평가 실시를 돕기 위한 안전보건공단이 개발한 "온라인 기반의 위험성평가 지원시스템"이 있다. 홈페이지 주소는 'http : //kras.kosha.or.kr'로서 엣지와 크롬을 지원한다.

[그림 3-14] KRAS 메인화면

KRAS를 사용하기 위해서는 메인화면 좌측 상단의 회원가입을 클릭하고 회원가입 메뉴로 들어가서 '일반회원'과 '사업장 회원' 둘 중 하나를 선택하면 된다. 둘의 차이점은 KRAS 상에서 '위험성평가 인정신청'을 할 수 있느냐, 없느냐의 차이이다. 회원가입 후 메인화면에서 '위험성평가 실시'를 클릭하면 아래와 같은 창이 뜬다. '위험성평가(5단계) 방법'과 '체크리스트 방법'을 선택할 수 있다.

다만, 단계마다 빠짐없이 모든 항목을 입력해야 다음 단계로 넘어갈 수 있으며, 수시로 저장 버튼을 눌러야 함을 잊지 말아야 한다.

구체적인 KRAS의 사용법은 아래 QR코드를 스캔하면 다운로드하여 볼 수 있다.

KRAS 표준모델 사용자 매뉴얼	KRAS 체크리스트법 사용자 매뉴얼	KRAS 5단계 동영상

3) 위험성평가의 실시시기

위험성평가는 최초평가 및 수시평가, 정기평가로 구분하여 실시한다.

[표 3-16] 위험성평가 실시 시기

최초평가	– 2015년 3월 12일 이전(기존 사업장) – 설립일로부터 1년 이내(신규 사업장)
정기평가	– 최초평가 후 매년 정기적으로 실시
수시평가	– 사업장 건설물의 설치·이전·변경 또는 해체 – 기계·기구, 설비, 원재료 등의 신규 도입 또는 변경 – 건설물, 기계·기구, 설비 등의 정비 또는 보수(주기적·반복적 작업으로서 정기평가를 실시한 경우에는 제외) – 작업방법 또는 작업절차의 신규 도입 또는 변경 – 중대산업사고 또는 산업재해(휴업이상의 요양을 요하는 경우에 한정한다) 발생 – 그 밖에 사업주가 필요하다고 판단한 경우

최초 평가와 정기평가는 정상작업 뿐만 아니라 비정상 작업을 포함한 전체 작업을 대상으로 한다. 정상작업이란 일상적으로 실시하는 작업을 말한다. 예를 들면, 정기적인 대규모 정비(Overhaul)나 주기적으로 행하는 윤활유 주입작업, 윤활유 교체작업 등을 포함한다. 비정상 작업이란 계획되어 있지 않은 작업으로서 돌발 고장에 의한 설비의 수리 작업 같은 작업을 말한다.

4) KRAS 응용사례

위험성평가 실시사례는 KRAS 홈페이지 자료실이나 아래의 QR코드를 스캔하여 다운로드 받을 수 있다.

사업장 위험성평가 우수사례

3-1-4 화학물질 위험성평가(CHARM)

1) CHARM의 개요

화학물질 위험성평가기법인 CHARM은 「Chemical Hazard Risk Management」의 약자로 주요 구성내용은 화학물질에 대한 위험성평가 방법을 제시하고 있다.

영국 보건안전청(Health and Safety Executive : HSE)에서는 1974년 화학물질의 유해성과 노출실태(하루 취급량·분진·비산도·증기 휘발성 등)자료를 이용하여 정성적 위험성평가기법을 온라인으로 제공(Control banding : 정성적 위험성평가결과를 토대로 관리대책을 제공하는 프로그램)하여 오고 있다.

국내에서 사용되는 화학물질은 4만 여종이며, 개발된 물질안전보건자료(MSDS)는 5만 여종에 이르나, 산업안전보건법에서 규정하는 작업환경측정 대상물질은 190종(분진 포함)에 불과하고, 노출기준이 설정된 화학물질은 731종에 불과하여, 사업주가 근로자에게 노출되는 모든 화학물질을 관리하기에는 한계가 있고 화학물질의 유해성 및 노출수준과 연계한 종합적인 화학물질 위험성평가 도구도 마련되어 있지 않아 화학물질로 인한 근로자 건강보호에 어려움이 있었다.

이에따라 안전보건공단에서는 선진 외국에서 개발된 정성적 위험성평가 기법을 참조하여 산업안전보건법상 물질안전보건자료(MSDS) 제도 및 작업환경측정제도를 활용한 화학물질 위험성평가기법(CHARM)에 대한 매뉴얼을 2012년 개발, 운영하여 오고 있다. 개발된 화학물질 위험성평가기법은 사업장이 원재료, 가스, 증기, 분진 등에 의한 유해위험요인을 찾아내고, 그 결과에 따라 근로자의 건강장애를 방지하기 위하여 필요한 조치를 하고자 하는 경우에 적용한다. 근로자의 알 권리를 충족시키고 화학물질의 노출수준을 관리하기 위해 사업장에서 제조하거나 취급하는 화학물질에 대해서는 화학물질 위험성평가기법(CHARM)을 활용하여 위험성평가를 실시하면 된다.

※ CHARM관련 용어정의

① **위험성** : 근로자가 화학물질에 노출됨으로써 건강장해가 발생할 가능성(노출수준) 과 건강에 영향을 주는 정도(유해성)의 조합

② **노출수준** : 화학물질이 근로자에게 노출되는 정도(빈도)
 - 작업환경측정결과, 하루 취급량, 비산성/휘발성 등의 정보 활용

③ **유해성** : 인체에 영향을 미치는 화학물질의 고유한 성질(강도)
 - 노출기준(TLV), 위험문구, 유해·위험문구 등의 정보 활용

④ **위험문구(R-phrase)** : 유럽연합(EU)의 Dangerous Substances Directive (67/548/EEC) 규정에 따라 화학물질 고유의 유해성을 나타내는 문구

⑤ **유해·위험문구(H-code)** : GHS(Globally Harmonized System of classification and labelling of chemicals) 기준의 유해성·위험성 분류 및 구분 에 따라 정해진 문구로서, 적절한 유해정도를 포함하여 화학물질의 고유한 유해성 을 나타내는 문구

2) CHARM의 수행방법

화학물질 위험성평가는 안전보건공단이 개발한 온라인 기반의 『위험성평가지원시스템 (KRAS)』에서 별도로 마련된 『화학물질 위험성평가』 프로그램(CHARM)을 사용하면 편리하다. 프로그램 활용에 앞서 다음의 각 단계로 기술한 절차의 준비가 끝나면 위험성평가지원시스템을 이용하기 위한 회원가입절차를 밟고 『화학물질 위험성평가』 프로그램을 이용하면 된다.

길 라 잡 이 _____

[제1단계] : 사전준비

위험성을 평가하기 위한 부서 또는 공정(작업)을 구분하고, 평가대상 선정, MSDS, 작업환경측정 결과표 및 특수건강진단 결과표 등의 자료를 수집하는 단계이다.

※ 위험성평가 대상사업장의 부서 또는 공정(작업) 단위는 화학물질의 위험성을 충분히 나타낼 수 있는 단위로 구분한다.

※ 화학물질을 취급하는 모든 공정을 위험성평가 대상으로 선정하는 것을 원칙으로 한다.

(1) 위험성평가 단위 구분

① 위험성평가를 실시하기 쉽도록 평가단위를 구분한다.

② 위험성평가의 기본적인 구분은 공정도와 작업표준서를 참고로 하여 작업부서별로 나눈다.

③ 작업환경측정을 실시한 경우에는 측정결과표의 측정단위를 확인하여 [부서 또는 공정] 혹은 [단위작업장소]로 구분할 수 있다.

다음 [그림 3-15]는 위험성평가 단위의 구분 예시이다.

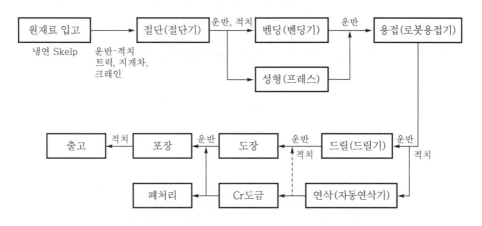

위험성평가 대상 선정공정	유해위험요인
용접(로봇용접기), 연삭(자동연삭기)	화학물질(중금속), 소음
도장, Cr도금	화학물질(유기용제, 중금속)

[그림 3-15] 자동차부품 제조사의 위험성평가 단위의 구분 예시

(2) 위험성평가 대상 선정

① 위험성평가 단위에 대하여 따로 정해진 방법은 없으므로, 유해요인(화학물질)이 누락되지 않도록 하고, 현실적으로 위험성평가를 수행하기 쉬운 평가단위를 사업장별로 선정한다.

② 향후 더 실제적인 방법이 발견되면 그때그때 수정 가능할 수 있다.

(3) 기타 자료의 준비

사업장에서 취급하는 화학물질의 물질안전보건자료(MSDS), 작업환경측정 및 특수건강진단 결과표 등 위험성평가에 필요한 각종 자료를 수집한다.

[제2단계] : 유해위험요인 파악

사전에 확보된 물질안전보건자료(MSDS) 등을 이용하여 위험성평가 대상으로 선정된 단위공정별로 유해위험요인(화학물질)의 종류, 취급량, 물질특성 등을 파악하는 단계이다.

(1) 단위공정별 화학물질 취급현황 파악

① 화학물질에 대한 원·부자재 입출고 현황 등을 확인, 평가대상 단위공정별로 사용하고 있는 화학물질을 목록화 한다.

② 화학물질 목록은 사용부서 또는 공정명, 화학물질명(상품명), 제조/사용 여부, 사용용도, 월 취급량, 유소견자 발생여부 및 물질안전보건자료(MSDS) 보유현황 등의 내용을 포함한다.

③ 작업환경측정 결과표도 참조하여 작성한다.

다음 [표 3-17]은 톨루엔 60%, 벤젠 10%, 크실렌 30%로 구성된 신나의 월 취급량이 30m³인 경우의 유해위험요인을 파악, 작성한 예이다.

[표 3-17] 도장공정의 화학물질 취급 현황표

부서 또는 공정명	화학물질명 (상품명)	제조 또는 사용 여부	사용 용도	월 취급량 (m³·톤)	유소견자 발생여부	MSDS 보유 (O, X)
도장	톨루엔	사용	희석제	18m³		O
도장	벤젠	사용	희석제	3m³	1명	O
도장	크실렌	사용	희석제	9m³		X

(2) 불확실 유해인자

화학물질에 대한 물질안전보건자료(MSDS), 측정 및 특검 결과표 등이 확보되지 않아 유해성 정보를 알 수 없는 불확실 유해인자는 해당 정보가 확보될 때까지 가급적 사용을 금지하거나 동일 사용 목적에 맞는 저독성 물질로 대체하는 것이 바람직하다.

(3) 대상 화학물질의 작업환경측정 결과 및 물질특성 등의 파악

① [표 3-18]과 같은 작업환경측정 결과표에서 금회 측정치(TWA)를 파악한다.

[표 3-18] 유해물질 사용실태표 및 작업환경측정 결과표

㉮ 유해물질 사용실태표

물질 명 :　　　　　　　　　　작업장 명 :

No	부서 또는 공정명	유해화학 물질명(상품명)	제조 또는 사용여부	사용용도	월, 취급량(kg, 톤)	비고

㉯ 작업환경측정 결과표

작업장 명 :　　　　　　　작업장 기온 :　　　　　작업장 습도 :　　　　　측정일 :

부서/공정	단위작업장소	유해물질	작업자수	작업형태/실작업시간	발생시간(주기)	측정위치(작업자명)	측정 시간(시작~종료)	측정횟수	측정치	작업강도	냄새		TWA		노출기준	측정농도평가결과	측정방법	비고
											유/무	상세기술	전회	금회				

② 화학물질의 MSDS 등을 확인하여 사업장에서 사용하는 화학물질의 노출기준, 물질 특성 및 유해성·위험성 정보 등을 파악한다.

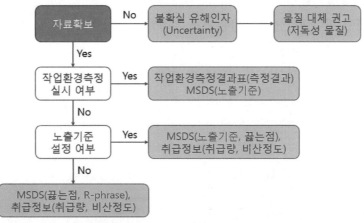

[그림 3-16] 유해위험요인 파악도

(4) MSDS에서 유해성·위험성 및 물질특성 정보

① 노출기준 정보 : MSDS의 [8. 노출방지 및 개인보호구] 확인

8. 노출방지 및 개인보호구

가. 화학물질의 노출기준, 생물학적 노출기준 등

국내규정	TWA – 50ppm 188mg/m3 STEL – 150ppm 560mg/m3
ACGIH 규정	TWA 20 ppm
생물학적 노출기준	0.02mg/L, 매체: 혈액, 시간: 주당 근로시간의 마지막 교대근무 전, 파라미터: 톨루엔: 0.03mg/L, 매체: 소변, 시간: 교대근무 후, 파라미터: 톨루엔: 0.3mg/g 크레아틴, 매체: 소변, 시간: 교대근무 후, 파라미터: 가수분해 o-크레졸 (배경)

② 물질특성 정보 : MSDS의 [9. 물리화학적 특성] 확인

9. 물리화학적 특성
가. 외관
    성상   액체
    색상   무색 (투명)
나. 냄새   벤젠냄새
다. 냄새역치   2.14 ppm
라. pH   자료없음
마. 녹는점/어는점   -95 ℃
바. 초기 끓는점과 끓는점 범위   111 ℃

③ 고시에 따른 CMR 정보 : GHS MSDS의 [11. 독성에 관한 정보] 확인

※ CMR : 발암성(Carcinogenicity), 생식세포변이원성(Mutagenicity), 생식독성 (Reproductive toxicity) 물질로서 각각 1A, 1B, 2로 구분

• 발암성 물질 : 암을 일으키거나 그 발생을 증가시키는 물질

• 생식세포 변이원성 물질 : 자손에게 유전될 수 있는 사람의 생식세포에 돌연변이 를 일으킬 수 있는 물질

• 생식독성 물질 : 생식기능, 생식능력 또는 태아의 발생·발육에 유해한 영향을 주 는 물질

11. 독성에 관한 정보
가. 가능성이 높은 노출 경로에 관한 정보   자료없음
나. 건강 유해성 정보
    급성독성
        경구   LD50 930 ㎎/㎏ Rat
        경피   LD50 > 8200 ㎎/㎏ Rabbit
        흡입   증기 LC50 44.66 ㎎/ℓ 4 hr Rat
    피부부식성 또는 자극성   토끼를 이용한 피부 자극성 시험 결과 자극을 일으킴
    심한 눈손상 또는 자극성   토끼를 이용한 안 자극성 시험 결과 중정도의 자극을 일으킴
    호흡기과민성   자료없음
    피부과민성   자료없음
    발암성
        산업안전보건법   발암성 (특별관리물질)
        고용노동부고시   1A
        IARC   1
        OSHA   자료없음
        ACGIH   A1
        NTP   K
        EU CLP   Carc. 1A (벤젠)
    생식세포변이원성   * 산업안전보건법 특별관리물질(생식세포 변이원성)
                                    * 고용노동부고시 1B
    생식독성   NTP (1986),ATSDR (2005)에 어미 동물 독성이 나타나는 용량으로 태아 독성이 보
                                    이는 것으로 구분 2로 분류.

④ 위험문구(R-phrase) 정보 : MSDS의 [15. 법적 규제현황] 확인

15. 법적규제 현황
　가. 산업안전보건법에 의한 규제　　　　　　　작업환경측정대상물질 (측정주기 : 6개월)
　　　　　　　　　　　　　　　　　　　　　　관리대상유해물질
　　　　　　　　　　　　　　　　　　　　　　특수건강진단대상물질 (진단주기 : 12개월)
　　　　　　　　　　　　　　　　　　　　　　공정안전보고서(PSM) 제출 대상물질
　　　　　　　　　　　　　　　　　　　　　　노출기준설정물질
　나. 화학물질관리법에 의한 규제　　　　　　　사고대비물질
　　　　　　　　　　　　　　　　　　　　　　유독물질
　다. 위험물안전관리법에 의한 규제　　　　　　4류 제1석유류(비수용성액체) 200ℓ
　라. 폐기물관리법에 의한 규제　　　　　　　　지정폐기물
　마. 기타 국내 및 외국법에 의한 규제
　　　국내규제
　　　　잔류성유기오염물질관리법　　　　　　　해당없음
　　　국외규제
　　　　미국관리정보(OSHA 규정)　　　　　　　해당없음
　　　　미국관리정보(CERCLA 규정)　　　　　　453.599 kg 1000 lb
　　　　미국관리정보(EPCRA 302 규정)　　　　　해당없음
　　　　미국관리정보(EPCRA 304 규정)　　　　　해당없음
　　　　미국관리정보(EPCRA 313 규정)　　　　　해당됨
　　　　미국관리정보(로테르담협약물질)　　　　　해당없음
　　　　미국관리정보(스톡홀름협약물질)　　　　　해당없음
　　　　미국관리정보(몬트리올의정서물질)　　　　해당없음

EU 분류정보(확정분류결과)	F: R11Repr.Cat.3; R63Xn; R48/20-65Xi; R38R67
EU 분류정보(위험문구)	R11, R38, R48/20, R63, R65, R67
EU 분류정보(안전문구)	S2, S36/37, S46, S62

⑤ 유해·위험문구(H-code) 및 GHS 분류정보 : GHS MSDS의 [2. 유해성·위험성] 확인
※ 기존 MSDS에는 H-code 및 GHS 분류정보 없음

2. 유해성·위험성
　가. 유해성·위험성 분류

인화성 액체 : 구분2
급성 독성(흡입: 증기) : 구분4
피부 부식성/피부 자극성 : 구분2
심한 눈 손상성/눈 자극성 : 구분2
생식독성 : 구분2
특정표적장기 독성(1회 노출) : 구분1
특정표적장기 독성(1회 노출) : 구분3(마취작용)
특정표적장기 독성(1회 노출) : 구분3(호흡기계 자극)
특정표적장기 독성(반복 노출) : 구분1
흡인 유해성 : 구분1

　나. 예방조치문구를 포함한 경고표지 항목
　　　그림문자

　　　신호어　　　　위험
　　　유해·위험문구

H225 고인화성 액체 및 증기
H304 삼켜서 기도로 유입되면 치명적일 수 있음
H315 피부에 자극을 일으킴
H319 눈에 심한 자극을 일으킴
H332 흡입하면 유해함
H335 호흡기계 자극을 일으킬 수 있음
H336 졸음 또는 현기증을 일으킬 수 있음
H361 태아 또는 생식능력에 손상을 일으킬 것으로 의심됨
H370 신체 중 (...)에 손상을 일으킴
H372 장기간 또는 반복노출 되면 신체 중 (...)에 손상을 일으킴

[제3단계] : 위험성 추정

(1) 노출수준(가능성)과 유해성(중대성)을 곱하여 산출

위험성(Risk) = 노출수준(Probability) × 유해성(Severity)

(2) 화학물질의 노출수준(가능성) 결정방법

① 작업환경측정결과가 있는 경우

[표 3-19] 작업환경측정결과가 있는 화학물질의 가능성(노출수준)

구분	가능성	내 용
최 상	4	화학물질(분진)의 노출수준이 100% 초과
상	3	화학물질(분진)의 노출수준이 50% 초과 ~ 100% 이하
중	2	화학물질(분진)의 노출수준이 10% 초과 ~ 50% 이하
하	1	화학물질(분진)의 노출수준이 10% 이하

※ 여기에서, 노출수준(%)=[측정결과/노출기준(TWA)]×100

※ 직업병 유소견자가 발생한 경우에는 작업환경측정결과에 관계없이 "노출수준 = 4"

② 작업환경측정결과가 없는 경우

화학물질의 하루 취급량과 비산성·휘발성 및 밀폐·환기상태 등을 이용하여 노출수준을 결정한다.

  ▷ 하루 취급량 : 하루 동안 취급하는 유해화학물질 양의 단위에 따라 다음과 같이 분류한다.

[표 3-20] 하루 취급량 분류기준(예시)

구분	3(대)	2(중)	1(소)
하루 취급량	ton, m³ 단위	kg, ℓ 단위	g, mℓ 단위

  ▷ 비산성 : 화학물질의 발생형태가 분진, 흄인 경우 다음과 같이 분류한다.

[표 3-21] 비산성 분류기준(예시)

구분	비산성
3(고)	미세하고 가벼운 분말로 취급 시 먼지 구름이 형성되는 경우
2(중)	결정형 입상으로 취급 시 먼지가 보이나 쉽게 가라앉는 경우
1(저)	부스러지지 않는 고체로 취급 중에 거의 먼지가 보이지 않는 경우

▷ 휘발성 : 휘발성 분류기준

[표 3-22] 휘발성 분류기준

구분	3(고)	2(중)	1(저)
사용(공정)온도가 상온(20℃)인 경우	끓는점 <50℃	50℃ ≤ 끓는점 ≤150℃	150℃ < 끓는점
사용(공정)온도(X)가 상온이외의 온도인 경우	끓는점 < 2X+10℃	2X+10℃ ≤ 끓는점 ≤ 5X+50℃	5X+50℃< 끓는점

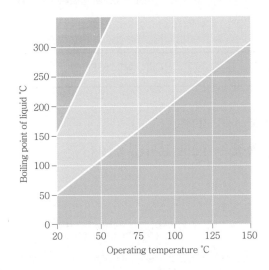

[그림 3-17] 끓는점과 사용(공정)온도에 따른 휘발성 분류기준

위에서 분류한 하루 취급량과 비산성 또는 휘발성을 조합하여 다음과 같이 노출수준을 결정한다.

[표 3-23] 하루 취급량과 비산성·휘발성에 따른 노출수준(예시)

하루 취급량	비산성(분진, 흄 상태)			휘발성(액체, 가스 상태)		
	3(고)	2(중)	1(저)	3(고)	2(중)	1(저)
3(대)	4	4	2	4	3	2
2(중)	3	3	2	3	3	2
1(소)	2	1	1	2	2	1

화학물질을 사용하는 작업장의 밀폐·환기상태를 다음과 같이 분류한다.

[표 3-24] 밀폐·환기상태 분류기준

구분	밀폐·환기상태
2(매우 양호)	원격조작·완전밀폐
1(양호)	국소배기장치 설치

최종 노출수준은 [표 3-23]에서 결정된 노출수준에서 [표 3-24]에서 분류한 밀폐·환기상태를 고려하여 다음과 같이 결정한다.

최종 노출수준 = 노출수준 = 밀폐·환기상태

(3) 화학물질의 유해성(중대성) 결정방법

노출기준이 설정된 화학물질은 다음과 같이 결정한다.

[표 3-25] 화학물질의 유해성(중대성) 예시

구분	유해성	노출 기준	
		발생형태 : 분진	발생형태 : 증기
최대	4	0.01mg/m^3 이하	0.5ppm 이하
대	3	0.01mg/m^3 초과~0.1mg/m^3 이하	0.5ppm 초과~5ppm 이하
중	2	0.1mg/m^3 초과~1mg/m^3 이하	5ppm 초과~50ppm 이하
소	1	1mg/m^3 초과~10mg/m^3 이하	50ppm 초과~500ppm 이하

※ GHS 지침의 건강 유해성 분류기준에 따라 1A, 1B, 2로 분류되는 발암성, 생식세포 변이원성, 생식독성 물질의 경우에는 노출기준에 관계없이 "유해성 = 4"

노출기준이 미설정되었거나 노출기준이 10mg/m^3(분진) 또는 500ppm(증기)을 초과하는 화학물질은 물질안전보건자료(MSDS)의 위험문구(R-phrase) 또는 유해·위험문구(H-code)를 이용하여 유해성을 결정한다.

[표 3-26] 위험문구 또는 유해·위험문구 분류기준

등급	위험문구(R-Phrase)	유해·위험문구(H-Code)	비 고
최대(4)	Muta cat 3 R40	H341	생식세포 변이원성 2
	R42/43	H334, H317	호흡기 과민성 1, 피부 과민성 1
	R45	H350	발암성 1B
	R46	H340	생식세포 변이원성 1A, 1B
	R49	H350	발암성 1A
	R26	H330	급성 독성(흡입) 1, 2
	R26/27	H330, 310	급성 독성(흡입, 경피) 1, 2
	R26/27/28	H330, 310, 300	급성 독성(흡입, 경피, 경구) 1, 2
	R26/28	H330, 300	급성 독성(흡입, 경피) 1, 2
	R27	H310	급성 독성(경피) 1, 2
	R27/28	H310, 300	급성 독성(경피, 경구) 1, 2
	R28	H300	급성 독성(경구) 1, 2
	R40	H351	발암성 2
	R48/23, R48/23/24 R48/23/24/25 R48/23/25, R48/24	H372	특정표적장기 독성(반복 노출) 1
	R48/24/25 R48/25	H372	특정표적장기 독성(반복 노출) 1
	R60, R61	H360	생식독성 1A, 1B
	R62, R63	H361	생식독성 2
대(3)	R23	H330 H331	급성 독성(흡입) 2(증기) 급성 독성(흡입) 3(가스, 분진/미스트)
	R23/24	H330/H331, H311	급성 독성(흡입) 2(증기)/3(가스, 분진/미스트), 급성 독성(경피) 3
	R23/24/25	H330/H331, H311, H301	급성 독성(흡입) 2(증기)/3(가스, 분진/미스트), 급성 독성(경피, 경구) 3
	R23/25	H330/H331, H301	급성 독성(흡입) 2(증기)/3(가스, 분진/미스트), 급성 독성(경구) 3
	R24	H311	급성 독성(경피) 3
	R24/25	H311, H301	급성 독성(경피, 경구) 3
	R25	H301	급성 독성(경구) 3
	R34, R35	H314	피부 부식성/피부 자극성 1
	R36/37	H319, H335	심한 눈 손상성/눈 자극성 2, 특정표적장기 독성(1회 노출) 3 (호흡기계 자극)
	R36/37/38	H319, H335, H315	심한 눈 손상성/눈 자극성 2, 특정표적장기 독성(1회 노출) 3 (호흡기계 자극) 피부 부식성/피부 자극성 2

R37	H335	특정표적장기 독성(1회 노출) 3 (호흡기계 자극)
R37/38	H335, H315	특정표적장기 독성(1회 노출) 3 (호흡기계 자극) 피부 부식성/피부 자극성 2
R41	H318	심한 눈 손상성/눈 자극성 1
R43	H317	피부 과민성 1
R48/20, R48/20/21 R48/20/21/22 R48/20/22. R48/21 R48/21/22, R48/22	H373	특정표적장기 독성(반복 노출) 2

중(2)	R20	H332	급성 독성(흡입) 4
	R20/21	H332, H312	급성 독성(흡입, 경피) 4
	R20/21/22	H332, H312, H302	급성 독성(흡입, 경피, 경구) 4
	R20/22	H332, H302	급성 독성(흡입, 경구) 4
	R21	H312	급성 독성(경피) 4
	R21/22	H312, H302	급성 독성(경피, 경구) 4
	R22	H302	급성 독성(경구) 4
소(1)	R36	H319	심한 눈 손상성/눈 자극성 2
	R36/38	H319, H315	심한 눈 손상성/눈 자극성 2 피부 부식성/피부 자극성 2
	R38	H315	피부 부식성/피부 자극성 2

※ 중(2)~최대(4) 등급에 분류되지 않는 기타 위험문구 또는 유해위험문구는 "유해성 = 1"

[표 3-27] 화학물질의 위험성 추정

Exposure Level(EL) \ Hazard Level (HL)		최대 A	대 B	중 C	소 D	최소 E
최상	5	V	V	IV	IV	III
상	4	V	IV	IV	III	II
중	3	IV	IV	III	III	II
하	2	IV	III	III	II	II
최하	1	III	II	II	II	I

※ 숫자의 값이 큰 것은 위험성 저감대책의 우선도가 높은 것을 나타냄

행렬에 의한 위험성 추정 시 화학물질의 노출수준(가능성) 및 유해성 등급(중대성)은 다음과 같이 결정한다.

화학물질은 작업환경 수준(ML)을 추정하고 거기에 작업시간 작업빈도 수준(FL : Frequency Level)을 조합하여 노출수준(EL : Exposure Level)을 추정한다.

① 작업환경 수준(ML)의 추정

화학물질 등의 취급량, 휘발성·비산성, 작업장의 환기 상황 등에 따라 점수를 주어, 그 점수를 가감한 합계에 근로자의 복장, 손과 발, 보호구에 대상화학물질이 오염되어 있는 것을 볼 수 있는 경우에는 1점을 수정 점수로 더하여 다음과 같이 작업환경 수준을 추정한다.

[표 3-28] 작업환경 수준 기준(예시)

작업환경 수준(ML)	최고(a)	고(b)	중(c)	저(d)	최저(e)
A+B−C+D	6, 5	4	3	2	1~(−2)

※ A(취급량 점수)+B(휘발성·비산성 점수)−C(환기 점수)+D(수정 점수)

여기에서, A부터 D까지의 점수를 부여하는 방법은 다음과 같다.

▷ A : 제조·취급량 점수

구분		기준
3	대	ton, kℓ 단위로 재는 정도의 양
2	중	kg, ℓ 단위로 재는 정도의 양
1	소	g, mℓ 단위로 재는 정도의 양

▷ B : 휘발성·비산성 점수

구분		기준
3	고	끓는점 50℃ 미만/미세하고 가벼운 분진이 발생하는 것
2	중	끓는점 50℃~150℃/결정성 입자로 즉시 침강하는 것
1	저	끓는점 150℃ 초과/작은 구형, 박편 모양, 덩어리 형태

▷ C : 환기 점수

구분		기준
4	매우 양호	원격조작 · 완전 밀폐
3	양 호	국소배기
2	보 통	전체 환기 · 옥외작업
1	미 흡	환기 없음

▷ D : 수정 점수

구분		기준
1	오 염	근로자의 복장, 손과 발, 보호구에 대상화학물질이 오염되어 있는 것을 볼 수 있는 경우
0	비오염	근로자의 복장, 손과 발, 보호구에 대상화학물질이 오염되어 있는 것을 볼 수 없는 경우

② 작업시간 · 작업빈도 수준(FL)의 추정

근로자가 해당 작업장에서 해당 화학물질 등에 노출되는 연간 작업 시간을 고려하여 다음과 같이 작업빈도를 추정한다.

[표 3-29] 작업시간 · 작업빈도 수준(FL) 추정기준(예시)

작업시간 · 작업빈도 수준(FL)	최상(ⅴ)	상(ⅳ)	중(ⅲ)	하(ⅱ)	최하(ⅰ)
연간 작업시간	400시간 초과	100~400 시간	25~100 시간	10~25 시간	10시간 미만

③ 노출수준(EL)의 추정

작업환경 수준(ML)과 작업시간 · 작업빈도 수준(FL)을 조합하여 다음과 같이 노출수준(EL)을 추정한다.

[표 3-30] 노출수준(EL)의 추정기준(예시)

작업환경(ML) / 작업빈도(FL)	최고(a)	고(b)	중(c)	저(d)	최저(e)
최상(ⅴ)	5	5	4	4	3
상(ⅳ)	5	4	4	3	2
중(ⅲ)	4	4	3	3	2
하(ⅱ)	4	3	3	2	2
최하(ⅰ)	3	2	2	2	1

④ 화학물질의 유해성 등급(HL) 분류방법

화학물질 등에 대한 MSDS 자료, GHS 기준 등을 참고하여 유해성 등급을 A~E의 5단계로 분류한다.

[표 3-31] 화학물질의 유해성 등급(HL) 분류기준(예시)

유해성 등급(HL)		GHS 유해성 분류 및 GHS 구분
최대	A	• 생식세포 변이원성 구분 1A, 1B, 2 • 발암성 구분 1A, 1B • 호흡기 과민성 구분 1
대	B	• 급성 독성 구분 1, 2 • 발암성 구분 2 • 특정표적장기 독성(반복 노출) 구분 1 • 생식독성 구분 1A, 1B, 2
중	C	• 급성 독성 구분 3 • 특정표적장기 독성(1회 노출) 구분 1 • 피부 부식성 구분 1 • 심한 눈 손상성 구분 1 • 특정표적장기 독성(1회 노출) 구분 3(호흡기계 자극) • 피부 과민성 구분 1 • 특정표적장기 독성(반복 노출) 구분 2
소	D	• 급성 독성 구분 4 • 특정표적장기 독성(1회 노출) 구분 2
최소	E	• 피부 자극성 구분 2 • 눈 자극성 구분 2 • 그 밖에 그룹으로 분류되지 않은 고체 및 액체

▷ 곱셈법
  - 곱셈법은 부상 또는 질병의 발생 가능성과 중대성을 일정한 척도에 의해 각각 수치화한 뒤, 이것을 곱셈하여 위험성을 추정하는 방법이다.
  - 위험성의 크기는 가능성(빈도)과 중대성(강도)의 곱(×)이다.
  - 위험성 추정 방법

유해·위험요인에 대한 위험성 추정은 가능성과 중대성의 수준을 곱하여 계산한다.

위험성 추정(가능성×중대성)은 다음과 같다.

[표 3-32] 위험성 추정(예시)

가능성 \ 중대성 단계	단계	최대 4	대 3	중 2	소 1
최상	5	20	15	10	5
상	4	16	12	8	4
중	3	12	9	6	3
하	2	8	6	4	2
최하	1	4	3	2	1

- 보건분야의 화학물질(분진포함)의 위험성 추정방법

[표 3-33] 화학물질의 위험성 추정(예시)

노출수준 (가능성) \ 유해성(중대성) 단계	단계	최대 4	대 3	중 2	소 1
최상	4	16	12	8	4
상	3	12	9	6	3
중	2	8	6	4	2
하	1	4	3	2	1

▷ 덧셈법
  - 덧셈법은 부상 또는 질병의 발생 가능성과 중대성(강도)을 일정한 척도에 의해 각각 추정하여 수치화한 뒤, 이것을 더하여 위험성을 추정하는 방법이다.
  - 위험성의 크기는 가능성(빈도)과 중대성(강도)의 합(+)이다.

[표 3-34] 덧셈식에 의한 위험성 추정(3단계 예시)

가능성(빈도)		중대성(강도)	
상(높음)	6	대(사망)	10
중(보통)	3	중(휴업사고)	5
하(낮음)	1	소(경상)	1

[표 3-35] 덧셈식에 의한 위험성 추정(4단계 예시)

가능성 (빈도)	평가 점수	유해·위험 작업의 빈도	평가 점수		중대성 (강도)	평가 점수
최상	6	매일	4		최대(사망)	10
상	4	주1회	2		대(휴업 1월 이상)	6
중	2	월1회	1		중(휴업 1월 미만)	3
하	1	–	–		소(휴업 없음)	1

※ 해당하는 평가점수에 ○표를 하고 점수를 합산한다.

▷ 분기법

분기(分岐)법은 부상 또는 질병의 발생 가능성과 중대성(강도)을 단계적으로 분기해가는 방법으로 위험성을 추정하는 방법이다.

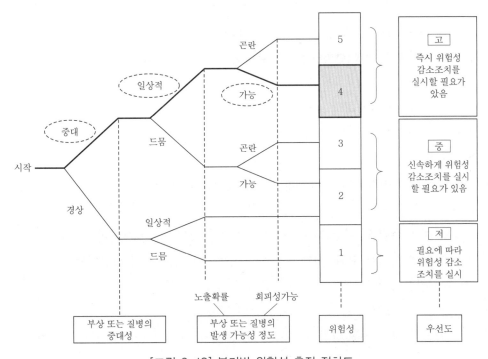

[그림 3-18] 분기법 위험성 추정 절차도

[제4단계] : 위험성 결정

위험성 추정결과에 따라 허용할 수 있는 위험인지, 허용할 수 없는 위험인지를 판단하는 단계이다.

(1) 혼합물질의 위험성 결정

▷ 혼합물질을 구성하고 있는 단일물질이나 혼합물질에서 노출되는 유해인자에 대한 위험성 계산 결과 가장 높은 값을 혼합물질의 위험성으로 결정한다.

▷ 위험성 결정은 사업장 특성에 따라 기준을 달리할 수 있다.

[표 3-36] 화학물질의 위험성 결정(예시)

위험성크기		허용 가능 여부	개선방법
12~16	매우 높음	허용 불가능	즉시 개선
5~11	높음		가능한 한 빨리 개선
3~4	보통	허용 가능 또는 허용 불가능	연간계획에 따라 개선
1~2	낮음	허용 가능	필요에 따라 개선

※ 허용 불가능 : 위험성 추정 결과가 4인 화학물질 중 직업병 유소견자가 발생(노출수준=4) 하였거나 해당 화학물질이 CMR 물질(유해성=4)인 경우

[제5단계] : 위험성 감소대책 수립 및 실행

(1) 위험성을 결정한 후 개선조치가 필요한 위험성이 있는 경우 감소대책을 수립하고, 우선순위를 정하여 실행하는 단계이다.

① 위험성 감소대책(작업환경 개선대책) 수립 및 실행 시 고려사항

    ▷ 법령, 고시 등에서 규정하는 내용을 반영하여 수립

    ▷ 감소대책 수립 및 실행 후 위험성은 "경미한 위험" 수준 이내이어야 함

    ▷ 위험성 감소대책 수립·실행 후에도 위험성이 상위수준에 해당되는 경우 낮은 수준의 위험성이 될 때까지 추가 감소대책 수립·실행

② 작업환경 개선대책 수립 및 실행 우선순위

    ▷ 화학물질 제거 → 화학물질 대체 → 공정 변경(습식) → 격리(차단, 밀폐) → 환기장치 설치 또는 개선 → 보호구 착용 등 관리적 개선

작업환경 개선방법	위험성 (Risk)	=	노출수준 (Probability)	×	유해성 (Severity)
물질제거	0	=	0	×	-
물질대체	↓	=	-	×	↓
공정변경 (습식)	↓↓	=	↓↓	×	-
격리 (차단, 밀폐)	↓↓	=	↓↓	×	-
환기개선	↓	=	↓	×	-

[그림 3-19] 작업환경개선에 따른 위험성 저감 효과

③ 위험성 수준별로 관리기준에 따라 개선조치 실시

▷ 위험성 수준이 「상당한 위험」, 「중대한 위험」, 「허용불가 위험」에 해당하는 경우 구체적인 작업환경 개선대책을 수립하여 실행

▷ 작업환경 개선이 완료된 이후에는 위험성의 크기가 허용 가능한 위험성의 범위에 들어갈 수 있도록 조치

3) 위험성평가지원시스템(KRAS) 활용

화학물질 위험성평가 방법으로 위험성평가지원시스템을 활용하는 방법이 있다.

앞서의 준비된 자료들을 이용하여 위험성평가지원시스템(KRAS)의 홈페이지에 들어가 회원가입하고 화학물질 위험성평가(CHARM)를 실시하면 다음 [그림 3-20]과 같은 결과창이 나타난다.

[그림 3-20] CHARM 실시(예)

4) 화학물질위험성평가 응용사례

[사례 1] 옵셋 인쇄 공정 혼합유기화합물에 대한 위험성평가

가) 화학물질 위험성평가 대상 공정 선정

위험성평가 단위를 구분하고 취급 또는 발생하는 화학물질의 유해성, 사용량, 노출실태 등을 고려하여 위험성평가 대상공정을 선정한다.

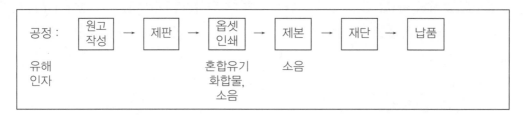

해당사업장의 경우 옵셋 인쇄공정에서 사용하는 유성잉크의 혼합유기화합물을 위험성평가하기 위해 「옵셋인쇄」 공정을 대상공정으로 선정한다.

나) 화학물질 취급현황 파악

① 화학물질의 물질안전보건자료(MSDS), 화학물질 취급대장 등을 확인하여 사업장에서 제조 또는 사용하는 화학물질을 목록화 한다.

② 화학물질목록은 사용부서 또는 공정명, 화학물질명, 제조/사용여부, 사용용도, 월 취급량, 유소견자 발생여부 등의 내용을 포함한다.

공정	화학물질명 (상품명)	제조 또는 사용여부	사용 용도	월 취급량	유소견자 발생여부	MSDS 보유(O,×)
옵셋 인쇄	유성잉크	사용	인쇄	30kg	-	O
	크리놀	사용	세척	15ℓ	-	O

다) 노출수준 등급(Probability, 빈도) 결정

① 직업병 유소견자(D1) 발생여부 확인

위험성평가 대상 공정에서 작업하는 근로자 중에서 직업병 유소견자(D1)가 없다. 따라서, 작업환경측정결과를 확인하여 노출수준을 결정한다.

② 작업환경측정결과 확인

작업환경측정 결과표의 금회 측정치와 노출기준을 확인한다.

부서 또는 공정	단위 작업 장소	유해인자	근로 자수	작업형태/ 실작업 시간	유해인자 발생시간 (주기)	측정 위치 근로자명	(시작- 종료시간)		횟수 측정	측정치	시간가중 평균치(TWA)		노출 기준	측정 농도 평가 결과	측 정 방법	비 고
											전회	금회				
옵셋 인쇄	옵셋 인쇄	혼합유기 화합물(EM)	3	1조1교대 8시간	480	1.A	9:43	16:45	1	0.1145	0.2798	0.1145	1	미만	14	
옵셋 인쇄	옵셋 인쇄	헥산 (n-헥산)	3	1조1교대 8시간	480	1.A	:	:	1	0.075	1.582	0.075	50	미만		
옵셋 인쇄	옵셋 인쇄	이소프로필 알콜	3	1조1교대 8시간	480	1.A	:	:		1.108	1.682	1.108	200	미만		
옵셋 인쇄	옵셋 인쇄	톨루엔	3	1조1교대 8시간	480	1.A	:	:		5.374	11.985	5.374	50	미만		
옵셋 인쇄	옵셋 인쇄	혼합유기 화합물(EM)		1조1교대 8시간	480	2.B	9:44	16:46	1	0.0595	0.1511	0.0595	1	미만	14	
옵셋 인쇄	옵셋 인쇄	헥산 (n-헥산)		1조1교대 8시간	480	2.B	:	:	1	0.036	0.791	0.036	50	미만		
옵셋 인쇄	옵셋 인쇄	이소프로필 알콜		1조1교대 8시간	480	2.B	:	:		0.566	불검출	0.566	200	미만		
옵셋 인쇄	옵셋 인쇄	톨루엔		1조1교대 8시간	480	2.B	:	:		2.795	6.762	2.795	50	미만		

- 혼합유기화합물의 측정치가 높은 A근로자의 결과를 사용하여 유성 잉크 및 세척제의 구성성분인 n-헥산 등 유기화합물 3가지의 측정치와 노출기준을 확인한다.

③ 노출수준 등급 결정

각각의 측정치를 노출기준으로 나누어 그 비율(%)에 따라 노출수준을 아래와 같이 산출한다.

공정	화학물질명	단위 물질명	측정치 (ppm)	노출기준 (ppm)	측정치/ 노출기준	노출 수준
옵셋 인쇄	유성잉크, 크리놀(세척제)	헥산(n-헥산)	0.075	50	0.2%	1
		이소프로필 알콜	1.108	200	0.6%	1
		톨루엔	5.374	50	10.7%	2

라) 유해성 등급(Severity, 강도) 결정

① CMR 물질(1A, 1B, 2) 해당여부 확인

고용노동부고시 제2020-53호(2020.1.14.)화학물질 및 물리적 인자의 노출기준 [별표 1]에서 제공되는 발암성, 생식세포 변이원성 및 생식독성(CMR) 정보 확인 결과, 아래와 같이 n-헥산 및 톨루엔이 「생식독성 2」에 해당하여 유해성을 4등급으로 한다.

일련 번호	유해물질의 명칭		화학식	노출기준				비 고 (CAS번호 등)
	국문표기	영문표기		TWA		STEL		
				ppm	mg/m³	ppm	mg/m³	
38	노말-헥산	n-Hexane	CH3(CH2)4CH3	50	180	–	–	[110-54-3] 생식독성 2
458	이소프로필 알콜	Isopropyl alcohol	CH3CHOHCH3	200	480	400	980	[67-63-0]
569	톨루엔	Toluene	C6H5CH3	50	188	150	560	[108-88-3] 생식독성 2

② 화학물질의 노출기준 확인

CMR에 해당하지 않는 물질은 고용노동부고시 제2020-53호(2020.1.14.)화학물질 및 물리적 인자의 노출기준 [별표 1] 또는 작업환경측정 결과표의 노출기준을 확인하여 적용한다.

③ 유해성 등급 결정

CMR물질 해당여부와 노출기준을 적용하여 유해성을 결정한다.

공정	화학물질명	단위 물질명	CMR	노출기준 (ppm)	유해성
옵셋 인쇄	유성잉크, 크리놀(세척제)	헥산(n-헥산)	생식독성 2	50	4
		이소프로필 알콜	–	200	1
		톨루엔	생식독성 2	50	4

㉮ 「n-헥산」 및 「톨루엔」은 노출기준을 활용한 유해성 산정 시 노출기준이 50ppm 으로서 유해성이 2등급[증기의 노출기준이 5~50ppm 이하]이지만, CMR정보가 「생식독성 2」이므로 유해성을 4등급으로 한다.

㉯ 「이소프로필 알콜」은 노출기준이 200ppm으로서 유해성을 1등급 [증기의 노출 기준이 50~500ppm이하]으로 한다.

마) 위험성 계산

노출수준과 유해성을 조합하여 위험성을 계산한다.

공정	평가대상 유해요인					위험성평가 결과		
	화학 물질명	단위 물질명	CMR	측정치 (ppm)	노출기준 (ppm)	노출 수준	유해성	위험성
옵셋 인쇄	유성잉크, 크리놀 (세척제)	헥산(n-헥산)	생식독성2	0.075	50	1	4	4
		이소프로필 알콜	–	1.108	200	1	1	1
		톨루엔	생식독성2	5.374	50	2	4	8

바) 위험성 결정

단위 화학물질에 대하여 계산된 위험성 중에서 최고 등급에 대한 위험성 수준을 결정 하고 관리기준을 제시한다.

공정	화학물질명	위험성 (최고등급)	위험성 수준	관리기준
옵셋 인쇄	유성잉크, 크리놀 (세척제)	8등급	중대한 위험	현행법 상 작업환경개선을 위한 조 치기준에 대한 평가 실시

옵셋 인쇄 공정에서 유성잉크, 크리놀(세척제)의 위험성은 유해인자 중 위험성이 가장 높은 「톨루엔」의 8등급으로 결정한다.

위험성 8등급은 「중대한 위험」에 해당하므로 관리기준을 참조하여 현장에 적합한 작업환경 개선대책을 수립한다.

사) 위험성 감소대책 수립 및 실행
① 작업환경 개선대책 수립
㉮ 「작업환경 관리상태 체크리스트」를 활용하여 현재 상태를 점검한다.

구분	작업환경 관리상태 평가내용	가능여부 (대상여부)	현재상태
물질의 유해성 (3)	• 현재 취급하고 있는 물질보다 독성이 적은 물질(노출기준 수치가 높은)로 대체 가능한가?	×	×
	• 현재 발암성 물질을 취급하고 있다면 비발암성 물질로 대체 가능한가?	×	×
	• 현재의 유해물질 취급 공정의 폐쇄가 가능한가?	×	×
물질 노출 가능성 (11)	• 현재 사용하는 화학물질의 사용량을 줄일 수 있는가?	×	×
	• 분진 등 고체상 물질의 경우 습식작업이 가능한가?	×	×
	• 유해물질 취급 공정의 완전 밀폐가 가능한가?	×	×
	• 유해물질 발생 지점에 국소배기장치의 설치가 가능한가?	○	○
	• 국소배기장치 후드가 부스형으로 설치 가능한가?	×	×
	• 국소배기장치 후드를 유해물질 발생원에 현재보다 좀 더 가까이 설치가 가능한가?	○	×
	• 후드의 위치가 근로자의 호흡기 영역을 보호하고 있는가?	○	×
	• 포집 효율을 높이기 위한 플랜지(Flange) 설치가 가능한가?	○	×
	• 국소배기장치의 제어풍속이 법적기준을 만족하는가?	○	×
	• 국소배기장치 성능을 주기적으로 점검하는가?	○	×
	• 전체환기장치(Fan)를 병행하여 설치 가능한가?	○	○
작업 방법 (5)	• 유해물질 취급 공정을 인근 공정 및 작업장소와 격리하여 작업할 수 있는가?	×	×
	• 유해물질 취급 공정과 인근 작업 장소 사이의 공기 이동을 차단하기 위한 차단벽 설치가 가능한가?	×	×

구분	작업환경 관리상태 평가내용	가능여부 (대상여부)	현재상태
작업 방법 (5)	• 현재의 유해물질 취급 작업을 자동화 또는 반자동화 로의 공정 변경이 가능한가?	×	×
	• 유해물질 용기를 별도의 저장장소에 보관 가능한가?	○	○
	• 유해물질을 직접적인 접촉 없이 취급 가능한가?	×	×
관리 방안 (11)	• 특수건강진단을 정기적으로 실시하고 있는가?	○	○
	• 작업환경측정을 정기적으로 실시하고 있는가?	○	○
	• 취급 화학물질에 대한 근로자 교육을 실시하는가?	○	×
	• 개인전용의 호흡용 보호구가 적정하게 지급되는가?	○	×
	• 근로자가 작업 중 호흡용 보호구를 착용하고 있는가?	○	×
	• 호흡용 보호구의 성능이 적정하게 관리되는가?	○	○
	• 작업장에 호흡용 보호구 착용 표지판을 설치했는가?	○	×
	• 보호구 보관함이 설치되어 청결하게 관리되고 있는가?	○	×
	• 화학물질 취급 공정에 대한 청소 상태는 적정한가?	○	○
	• 취급 화학물질의 물질안전보건자료를 비치·게시했 는가?	○	○
	• 취급 화학물질 용기 포장에 경고표지를 부착했는가?	○	○

㉯ 「작업환경 관리상태 체크리스트」의 「가능여부(대상여부)」에서 가능 혹은 대상으
로 확인된 평가항목 중 「현재상태」에서 현재 실시 또는 적용하지 않고 있는 작업
환경개선 대상 목록을 작성한다.

㉰ 대상 목록을 다음의 우선순위에 따라 정리한다.

화학물질 제거 → 화학물질 대체 → 공정 변경(습식) → 격리(차단, 밀폐) →
환기장치 설치 또는 개선 → 보호구 착용 등 관리적 개선

우선 순위	작업환경 관리상태 평가내용	평가결과 문제점
환기 장치 설치 또는 개선	• 국소배기장치 후드를 유해물질 발생원에 현재보다 좀 더 가까이 설치가 가능한가? • 후드의 위치가 근로자의 호흡기 영역을 보호하고 있는가? • 포집 효율을 높이기 위한 플랜지(Flange) 설치가 가능한가? • 국소배기장치의 제어풍속이 법적기준을 만족하는가? • 국소배기장치 성능을 주기적으로 점검하는가?	• 옵셋 인쇄기 상부에 캐노피 후드가 설치되어 있으나, 발생원과의 거리가 멀고 주변 방해 기류에 대한 영향을 많이 받아 적정제어 풍속을 유지하지 못함 • 일부 후드의 댐퍼를 닫은 상태로 운전 중임
보호구 착용 등 관리적 개선	• 취급 화학물질에 대한 근로자 교육을 실시 하는가? • 근로자가 작업 중 호흡용 보호구를 착용하고 있는가? • 작업장에 호흡용 보호구 착용 표지판을 설치했는가? • 보호구 보관함이 설치되어 청결하게 관리되고 있는가?	• 신규 근로자 교육 미실시 • 인쇄 롤러 세척 작업 시 방독마스크가 아닌 면마스크 착용 • 인쇄기 주변 호흡용 보호구 착용 표지판 미설치 • 보호구 보관함 덮개 파손

㉑ 작업환경개선 실행계획 수립

    a) 위험성등급 감소 목표 : 8등급(중대한 위험) → 4등급(상당한 위험)

대상공정	대상화학물질	감소방안	
		유해성	노출수준
옵셋 인쇄	유성잉크, 크리놀(세척제)	감소불가 (현 4등급 유지)	국소배기장치 개선을 통해 노출기준 10% 미만 유지 (목표 : 2등급→1등급)

    (a) 물질대체 등 현재 사용 중인 유해물질(유성잉크, 세척제) 변경이 불가하여 유해성은 현 등급(4등급)과 동일하게 유지

    (b) 「국소배기장치 개선」을 통해 유해물질 노출 가능성을 최소화 하여 노출기준의 10% 미만으로 감소시켜 노출수준을 1등급으로 감소

    (c) 이에 따라, 옵셋 인쇄 공정의 위험성은 기존 8등급에서 4등급(노출수준 1등급 × 유해성 4등급)으로 감소될 것으로 예상됨

    (d) 하지만, 위험성 4등급은 「상당한 위험」수준에 해당하기 때문에, 화학물질 유해성에 대한 교육 및 보호구 착용에 대한 관리적 개선이 필요

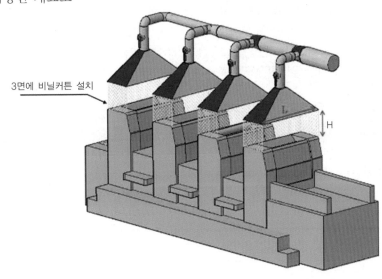

옵셋 인쇄 표준 환기 방안

• 환기방안 개요도

3면에 비닐커튼 설치

□ 설계자료

(1) 후드 형태 : 비닐커튼을 활용한 포위식 배기후드

(2) 설계 유량(Q)＝후드 개구면적당(m²) 40m³/min 이상

(3) 후드 개구면적(A)＝길이(L)×높이(H)

(4) 비닐커튼 설치 : 현장 상황에 따라 탈부착이 가능하도록 설계함

□ 유의사항

(1) 배기덕트에 댐퍼(Damper)를 설치하여 배기유량 관리를 실시한다.

(2) 작업자가 공정에서 작업 시 반드시 보호구를 착용한다.

(3) 비닐커튼 설치 시 인쇄기 주변을 충분히 밀폐할 수 있도록 설치해야 한다.

b) 작업환경개선 실행계획

항목	세부 실행계획	실행방법
환기장치 개선	• 캐노피 후드에 비닐커튼을 이용한 포위식 후드 설치 : 5개소 • 후드의 댐퍼 정상화 : 5개소 • 주기적인 국소배기장치 점검 실시 : 분기별 1회	자체개선 (투자비용 50만원)
안전보건 교육	• 근로자 대상으로 화학물질 유해성 및 관리 방안 교육 : 연 4회 - 법 제31조에 따른 안전보건교육에 포함하여 실시	공단요청 (집체교육)
보호구 착용	• 인쇄기 주변 호흡용 보호구 착용 표지판 설치 : 2개소 • 보호구 보관함 교체 : 3개 • 적정 보호구 비치 : 보호장갑, 방독마스크 등 2종	자체개선 (투자비용 100만원)

– 안전보건 교육 –

- 취급 화학물질의 물질안전보건자료, 화학물질 정보카드 등을 이용하여 근로자들에게 취급하고 있는 화학물질로 인한 건강영향과 적절한 관리방안, 주의사항, 지침서, 제공되는 보호구를 왜 착용하여야만 하는지 등을 주기적으로 교육하도록 할 것
- 화학물질을 안전하게 취급하는 방법을 교육하고, 기계의 조종장치가 잘 작동하고 있는지를 확인하고 작업자들에게 뭔가가 잘못되고 있다면 어떻게 행동해야 하는지를 확실하게 주지시킬 것
- 근로자와 사용자 모두 유기화합물 중독예방에 대하여 구체적인 지식을 알고 있어야 함. 따라서 잘 보이는 작업장소에 해당 물질안전보건자료를 항상 게시하여 둘 것
- 작업에 종사하는 근로자가 유기화합물에 오염되거나 혹은 흡입하지 않도록 하기 위하여 작업의 방법을 결정하고 근로자를 교육할 것
- 근로자 및 작업장에 주지시킨 경고가 잘 지켜지고 있는지를 체크하는 예방체계를 만들 것

– 보호구 착용 –

- 인쇄 작업 시 사용할 수 있는 보호구로는 유기가스용 방독마스크로서 사업주는 근로자에게 개인별로 지급하고, 근로자는 작업 시 보호구를 착용하고 작업에 임할 것
- 화학물질에 피부와 눈의 접촉을 방지하기 위해 적절한 보호의, 불침투성 보호장갑, 보호장화, 안면보호구, 고글/보안경 등을 착용할 것
- 피부가 젖거나 오염이 되었을 때는 즉시 씻고, 작업복이 오염될 가능성이 있을 경우에는 매일 갈아입거나 일회용 보호의를 사용할 것. 불침투성이 아닌 보호의 등이 젖거나 오염이 되었을 때는 즉시 벗을 것
- 보호장갑은 화학 작업용으로 제조된 것을 사용하는 것이 좋으며, 화학물질에 대하여 침투성 검사 결과가 우수한 재질을 사용하는 것이 좋음
- 방독마스크의 정화통(카트리지)은 유효기간을 고려하여 정기적으로 지급·교환하도록 할 것. 특히, 정화통이 개방된 상태로 습기, 유기용제 가스 등과 접촉하게 하면 유효기간이 단축되므로 주의하도록 할 것
- 개인보호구를 항상 확인하고 사용하지 않을 때는 청결하게 안전한 장소에 보관할 것
- 보호구가 손상되었거나 유효기간이 경과한 경우는 즉시 교환할 것

---

c) 예방조치 실행

　(a) 작업환경 개선대책이 수립되면 우선순위를 결정하여 구체적인 실행계획을 수립한다.

항목	실행계획	담 당	분기 / 월											
			1			2			3			4		
			1	2	3	4	5	6	7	8	9	10	11	12
환기 장치	국소배기장치 점검	공무팀	■			■			■			■		
	댐퍼 정상화	공무팀	■											
	포위식 후드 설치	공무팀		■										
교 육	안전보건 교육 실시	생산팀	■			■			■			■		
보호구	표지판 설치	생산팀	■											
	보관함 교체	생산팀	■											
	보호구 비치	생산팀	■											
위험성 평가	작업환경측정	경영팀										■		
	평가 수정 및 재검토	경영팀											■	
	차년도 계획 수립	영팀												■

(b) 수립된 세부 실행계획에 따라 적정하게 예방조치를 실행하여야 하며, 조치되는 예방대책에 대한 감시와 재검토를 통하여 작업환경개선 대책이 효율적으로 유지되도록 한다.

아) 기록 및 검토 · 수정

① 위험성평가 결과를 기록하고 작업환경 개선대책을 포함한 위험성평가 결과를 근로자에게 공지한다.

② 작업환경 개선대책을 실행한 후 모니터링을 주기적으로 실시한다.

③ 모니터링과 차기 작업환경 측정결과를 통해 위험성평가를 재실시하고 허용 가능한 범위로 개선되었는지를 평가하여 지속적 개선이 이루어지도록 한다.

3-1-5 방호계층분석(LOPA)

1) LOPA의 개요

일반적으로 정성적인 위험성평가 기법은 적용하기 쉬우나 신뢰도가 결여되고, 그와 반대로 정량적인 기법은 적용하기 어렵다는 단점이 있다. 따라서 이러한 단점들을 해결하기 위해 반정량적 위험성평가 기법들이 개발되었고, 그 중에 방호계층분석(Layer Of Protection Analysis : LOPA)이 널리 사용되고 있다.

LOPA는 미국의 CCPS(Center for Chemical Process Safety)에 의해 확립되었으며, 원하지 않는 사고의 빈도나 강도를 감소시키는 독립방호계층(Independent Protection Layer : IPL)의 효과성을 평가하는 방법 및 절차를 말하며 이미 적용된 IPL이 효과적인가를 판단하는 도구라 할 수 있다. 이 기법의 기본 개념은 [그림 3-21]과 같이 표현될 수 있다.

어떤 잠재적인 위험이 최악의 결과로 나타나기 위해서는 그 위험을 둘러싸고 있는 다양한 모든 방호계층(방호장치)들이 모두 실패했을 경우가 된다. LOPA는 어떤 시나리오의 사건발생확률, 결과의 심각도 및 방호계층(방호장치)들의 실패확률을 계산하여 비교하는 반정량적인 위험성평가 기법이다.

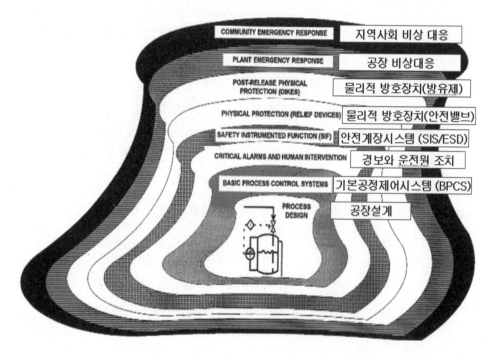

[그림 3-21] 사고 시나리오에 대한 방호계층의 개념

※ LOPA 관련 용어정의

1. "독립방호계층(Independent Protection Layers : IPL)"이란 초기사고와 시나리오와 관련한 다른 어떤 방호계층의 작동과는 관계없이 원치 않는 결과로 진행하지 않도록 방지할 수 있는 장치, 시스템 등을 말하며 능동적/수동적 완화장치로 분류할 수 있다.

2. "안전계장기능(Safety Instrumented Function : SIF)"이란 한계를 벗어나는(비정상적인) 조건을 감지하거나, 공정을 인간의 개입 없이 기능적으로 안전한 상태로 유도하거나 경보에 대하여 훈련받은 운전원을 대응하도록 하는 특정한 안전무결수준(SIL)을 가진 감지장치, 논리해결장치 그리고 최종요소의 조합을 말한다.

3. "안전계장시스템(Safety Instrumented System : SIS)"이란 하나 이상의 안전계장기능을 수행하는 센서, 논리 해결기, 최종요소의 조합을 말한다.

4. "안전무결수준(Safety Integrity Level, SIL)"이란 작동요구 시 그 기능을 수행하는데 실패한 안전계장기능의 확률을 규정하는 안전계장기능에 대한 성능기준을 말한다.

2) LOPA의 수행방법

[제1단계] : 고장 빈도 분석

사업장에서 장치·시설의 사고 및 고장 등의 자료를 정립하여 작성한 신뢰도, 자료설비 제조자가 제공하는 고장빈도자료, 기타 CCPS, HSE 등의 국내·외 안전전문기관에서 작성한 사고 및 고장통계자료를 사용할 수 있으며 그 외로 아래 문헌의 신뢰도 자료를 이용할 수 있다.

가) Offshore Reliability Data Handbook
나) European Industry Reliability Data Bank
다) Nonelectronic Parts Reliability Data

[제2단계] : IPL 안전성 향상도 및 건수의 적용

1단계에서 구한 고장발생빈도에 IPL 안정성향상도와 해당건수를 적용하여 사고 발생빈도를 구하여야 한다. 이때 사고발생빈도는 아래 식과 같이 구한다.

사고발생빈도＝Σ{(고장발생빈도×해당건수)×IPL 안전성 향상도}

여기서 IPL 안전성 향상도는 수동적 완화장치의 안전성 향상도와 능동적 완화장치의 안전성 향상도의 곱이다. 이때 방류벽 등 누출범위를 줄일 수 있는 완화장치의 경우에는 영향범위 평가 시에 이를 반영하였다면, 위험도 감소율에 반영할 수 없다.

[제3단계] : 위험도의 계산

위험도는 영향범위 내 주민 수 와 사고 발생 빈도의 곱으로 구할 수 있다.

〈예시〉

	개 시 사 건	빈 도	갯수	수동적 위험도 감소			능동적 위험도 감소				계
1	Pressure Vessel Failure(고압용기파열)	1×10^{-6}	1	1×10^{-2}[P-2]	1×10^{-3}[P-6]		1×10^{-1}[A-1]	1×10^{-2}[A-2]	1×10^{-1}[A-3]	–	1×10^{-15}
2	Piping Rupture/100m(배관파열)	1×10^{-5}	3	–	1×10^{-2}[P-6]	–	1×10^{-1}[A-1]	1×10^{-3}[A-2]	1×10^{-1}[A-3]	–	3×10^{-11}
3	Piping leak/100m(배관누출, 10%상당 직경)	1×10^{-3}	0	–	–	–	–	–	–	–	0
4	Atmosphere Tank Failure(상압 탱크 파열)	1×10^{-3}	0	–	–	–	–	–	–	–	0
5	Gasket/Packing Blowout(플랜지 등의 개스킷 파손)	1×10^{-2}	14	–	1×10^{-2}[P-6]	–	1×10^{-1}[A-1]			–	1.4×10^{-5}
6	Turbine/Diesel Engine overspeed with casing breach (터빈 등의 Overspeed로 인한 Casing 파손)	1×10^{-4}	0	–	–	–	–	–	–	–	0
7	Third-party intervention(external impact by Back-hoe, vehicle, etc) 외부 충격(차량 등)	1×10^{-2}	0	–	–	–	–	–	–	–	0
8	Lightning strike(낙뢰)	1×10^{-3}	0	–	–	–	–	–	–	–	0
9	Safety valve open(Failure)(안전밸브고장)	1×10^{-2}	1					1×10^{-2}[A-2]		–	1×10^{-4}
10	Cooling Water failure(냉각수 공급 중단)	1×10^{-1}	0	–	–	–	–	–	–	–	0
11	Pump Seal Failure(펌프 고장)	1×10^{-1}	0	–	–	–	–	–	–	–	0
12	Unloading/ Loading Hose Failure(입출하 시설 누출)	1×10^{-1}	0	–	–	–	–	–	–	–	0
13	BPCS Instrument Loop Failure(BPCS 결함)	1×10^{-1}	0	–	–	–	–	–	–	–	0
14	Regulator 등 Failure(조절밸브 고장)	1×10^{-1}	0	–	–	–	–	–	–	–	0
15	소규모 외부화재	1×10^{-1}	0	–	–	–	–	–	–	–	0
16	대규모 외부화재	1×10^{-2}	0	–	–	–	–	–	–	–	0
	완화장치에 의한 위험도 종합 감소값	Σ [(빈도 × 개수) × (수동적 위험도 감소) × (능동적 위험도 감소)]									1.14×10^{-4}

출처 : 장외영향평가작성안내서(화학물질안전원, 2014)

- 영향범위 내 주민 수

  : 100명(지역 내 거주 주민 수 : 30명, 타업체 근로자 수 : 70명)

- 사고발생 빈도

  : 1.14×10^{-4}

- 위험도

  : $100 \times 1.14 \times 10^{-4} = 1.14 \times 10^{-2}$

다음은 화학물질안전원에서 제시하는 고장빈도값, IPL의 안전성향상도의 예시이다.

[표 3-37] 주요 개시사건의 전형적인 빈도 값의 예

구분	개 시 사 건	빈 도
I-1	Pressure Vessel Failure(고압용기파열)	1×10^{-6}
I-2	Piping Rupture/100m(배관파열)	1×10^{-5}
I-3	Piping leak/100m(배관누출, 10%상당 직경)	1×10^{-3}
I-4	Atmosphere Tank Failure(상압 탱크 파열)	1×10^{-3}
I-5	Gasket/Packing Blowout(플랜지 등 개스킷 파손)	1×10^{-2}
I-6	Turbine/Diesel Engine overspeed with casing breach (터빈 등의 Overspeed로 인한 Casing 파손)	1×10^{-4}
I-7	Third-party intervention(external impact by Back-hoe, vehicle, etc) 외부 충격(차량 등)	1×10^{-2}
I-8	Lightning strike(낙뢰)	1×10^{-3}
I-9	Safety valve open(Failure)(안전밸브고장)	1×10^{-2}
I-10	Cooling Water failure(냉각수 공급 중단)	1×10^{-1}
I-11	Pump Seal Failure(펌프 고장)	1×10^{-1}
I-12	Unloading/ Loading Hose Failure(입출하 시설 누출)	1×10^{-1}
I-13	BPCS Instrument Loop Failure(BPCS 결함)	1×10^{-1}
I-14	Regulator 등 Failure(조절밸브 고장)	1×10^{-1}
I-15	소규모 외부화재	1×10^{-1}
I-16	대규모 외부화재	1×10^{-2}

[표 3-38] 수동적 완화장치(독립 방호 장치)의 안전성 향상도 값의 예

구분	장치	CONTENTS	감소율
P-1	Dike	탱크로부터의 누출범위를 축소시킴	1×10^{-2}
P-2	Underground Drainge System (지하 누출 배관 설비)	배관으로부터의 누출범위를 축소시킴	1×10^{-2}
P-3	Open Vent with no valve	과압 방지설비	1×10^{-2}
P-4	Fire Proofing(내화설비)	장비로의 열전달보호로 인한 비상조치 가능시간을 길게 함	1×10^{-2}
P-5	Blast wall/Bunker	대형 사고에 대한 범위를 축소시킴	1×10^{-3}
P-6	Inherently Safety Design	위험성 평가 등을 고려한 근본적인 안전설계 (위험성 평가 자료보관 및 주기적 교육 조건)	1×10^{-2}
P-7	Flame Detonation Arrestor	화염원의 탱크 또는 배관으로의 인입 제한(설계, 정비 자료보관 조건)	1×10^{-2}
P-8	기타 수동적 완화장치	상기 장치 이외의 수동적 완화장치	

[표 3-39] 능동적 완화장치(독립 방호 장치)의 안전성 향상도 값의 예

구분	장치	CONTENTS	감소율
A-1	가스검지기 및 긴급차단밸브 (긴급차단시스템)	누출 시 즉시 감지하여 조치토록 하는 설비	1×10^{-1}
A-2	Relief Valve/Rupture Disc	기준 이상의 Over Pressure를 방지함	1×10^{-2}
A-3	Basic Process Control System	공정자동화시설	1×10^{-1}
A-4	기타 능동적 완화장치	상기 장치 이외의 능동적 완화장치	

출처 : 장외영향평가서 작성안내서(화학물질안전원, 2014)

[제4단계] : 안전성 확보방안 강구

취급시설 운영자는 사업장 외부의 주민이나 환경에 미치는 영향 정도 또는 사고 발생 빈도를 줄이기 위해 필요한 경우 위험도를 감소하거나 제거할 수 있는 안전성 확보 방안

을 마련하여 포함하여야 한다. 안전성 확보방안은 시설 및 설비·장치에 대한 기술적 대책과 관리적 대책을 구분하여 작성하여야 하며, 기술적 대책은 영향정도 또는 사고 발생 빈도를 줄이기 위해 완화장치를 추가로 보강하는 것을 말하며, 관리적 대책에는 시설 및 설비·장치의 기능과 성능을 유지 또는 개선하기 위한 각종 조치계획이 포함된다. 안전성 확보방안은 각 시나리오의 중심에 있는 단위설비에 대해서 사고가 발생할 수 있는 원인과 현재 안전조치의 한계점을 분석하고, 개선 권고사항을 도출하는 위험성 검토 과정을 거쳐야 하며, 도출된 개선 권고사항을 반드시 반영하여 작성하여야 한다. 위험성 검토는 사업장 여건에 맞게 실시하되, 다음의 서식을 참고할 수 있다.

[표 3-40] 위험성 검토서식의 예

원인	결과	현재 안전조치	개선 권고사항

출처 : 장외영향평가서 작성안내서(화학물질안전원, 2014)

제3단계에서 예시의 위험성을 검토한 결과 추가적인 안전장치 설치는 필요 없으나, 설치되어 있는 설비를 적절하게 관리할 수 있는 대책을 수립하여 시행함으로써 위험도를 감소할 수 있다.

구분	세부내용	위험감소
M-1	1. 설비·장치의 유지보수 계획 2. 자체 점검계획	1×10^{-1}
M-2	3. 기타 안전성을 확보할 수 있는 방안	1×10^{-1}

안전성 확보방안으로 위험도가 감소되었을 경우에는 위험도를 다시 분석하여 제시하여야 한다.

구분	단위설비	물질	원래위험도	향상된 위험도
사고시나리오	염소 저장탱크	염소	1.14×10^{-2}	1.14×10^{-4}

3-2 정성적 평가기법

3-2-1 위험과 운전분석(Hazard & Operability : HAZOP)

HAZOP은 HAZard와 OPerability의 대문자를 어원으로 하며, ICI사에서 내부적으로 사용하던 위험성과 작업성을 함께 체계적으로 분석, 평가하는 기법에서 유래되었다. 기존은 물론 신규의 공정 및 설비 그리고 중요설비나 원료의 변경 시에 각 분야별 전문가 5~7명으로 구성된 팀이 설계사양, MSDS, P&ID 및 보수, 유지와 관련한 모든 자료를 바탕으로 브레인스토밍(Brainstorming) 방법으로 위험성과 작업의 가동성을 분석, 평가하는 방법이다. 따라서 HAZOP은 설계의 안전성을 체크하고 공장건설 부지 선정 시는 물론 운전이나 안전절차의 검토 그리고 기존 시설의 운전과 안전성 향상에, 그리고 안전장치의 적정성여부의 검토를 목적으로 사용된다.

FTA, ETA 등이 대표적 정량적 분석방법이라면 HAZOP과 FMECA는 대표적인 정성적 분석방법이라 할 수 있다. 아래 [그림 3-22]는 연속식공정의 HAZOP 수행 전체 흐름도이다.

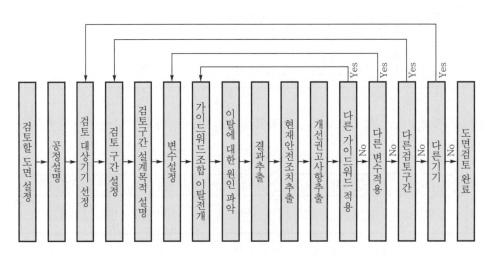

[그림 3-22] 연속식공정의 HAZOP 수행 전체 흐름도

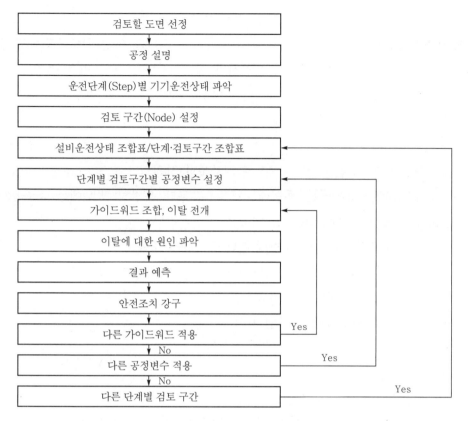

[그림 3-23] 회분식공정의 HAZOP 수행 전체 흐름도

1) HAZOP 수행절차

[제1단계] : 평가팀의 구성

평가팀의 리더는 평가 수행 시 평가의 개요와 목적을 팀 구성원에게 충분히 설명하여야 한다. 평가팀의 구성원은 5~7명으로 구성되며 설계분야전문가, 현장의 운전경험이 많은 관리감독자, 정비나 보수의 경험이 많은 사람, 산업안전보건분야의 전문가, 화재·폭발 전문가 등으로 구성한다.

[제2단계] : 자료 수집

HAZOP 수행을 위해서는 다음의 자료가 필요하다. 평가에 사용되는 설계도서는 최신의 것이라야 하며, 기존공장 평가에 사용되는 설계도서는 현장과 일치되는 것이라야 한다.

가) 설계도면 : PFD, P&ID, 물질수지, 열수지, Layout(Plot Plan), 기기배치도 등

나) 보조자료 : 운전지침서, 계기 Logic Diagram, MSDS, 안전밸브 설정치 및 용량산출 자료, 모든 경보 및 자동적 운전정지 설정치 목록, 정상 및 비정상 운전절차, Equipment Data Sheet, 유틸리티 사양서, 회분식 공정인 경우 세부운전 시퀀스(Sequence of Operations) 등

다) 기타자료 : 배관 재료 등 표준서 및 명세서, 설비제조자 매뉴얼, 과거 사고사례 및 아차사고 사례, 회분식 공정인 경우 세부운전 시퀀스를 운전자 운전방식(Manual Operation)일 경우에는 운전매뉴얼에, 컴퓨터 운전일 경우에는 흐름도(Flow Chart)로 표시되어야 하고 주요 내용은 다음과 같다.

- 모든 단계가 표시되고 각 상황에 대한 공정상태 표시
- 각 단계에서의 인터록(예, 용기에 주입시 교반기의 정지 등)
- 다음 단계로 넘어가기 전의 필요조건
- 운전 중 주요 확인사항 및 확인 시간 등

[제3단계] : 검토구간 선정

리더는 수집된 자료를 가지고 검토구간(Node)을 나누어야 한다. 검토구간(Node)이란 위험성평가를 하고자 하는 설비구간을 말한다. HAZOP 수행에 경험이 많은 리더가 HAZOP 수행팀원의 경험을 고려하여 적절한 범위로 선정해야 한다. 검토구간 선정 원칙은 다음과 같다.

〈검토구간 선정 원칙〉

▷ 설계의도에 의한 공정변수(압력, 온도, 유량 등)가 존재하는 위치
▷ 일반적으로 배관, 용기(밸브 등과 같은 부속설비는 설비에 포함)
▷ 팀의 숙련도에 따라 검토구간 그룹화 및 분할
▷ 설계의도가 변경된 경우는 새로운 검토구간으로 분할
▷ 한 도면에서 다른 도면으로 연결 시 동일 검토구간으로 간주 등

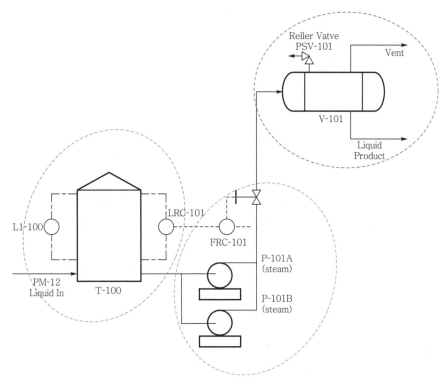

[그림 3-24] 검토구간(Node) 선정의 예

※연속식이 아닌 회분식공정의 경우 검토구간 선정시 고려사항

1. 회분식 공정은 시간차에 의해 작업순서가 달라짐

2. 회분식 공정의 특징은 몇 단계의 작업순서를 거치며 동일한 기기내에서 여러 제품을 생산함

3. 회분식 공정의 주기적인 특성으로 인해 Start-up과 Shut-down 절차가 중요함

4. 회분식 공정은 시간에 따라 공정변수가 변화함

5. 회분식 공정의 HAZOP분석시 시간 및 Sequence관련 이탈 필히 고려해야 함

6. 회분식 공정은 주반응기를 중심으로 각종 배관, 회전기기 등으로 구성되며 검토구간 선정은 각 작업단계(Step)별로 설비운전상태를 나타내는 조합표(Equipment Status Matrix)를 만들고, 또 단계/시스템 조합표(Step/System Matrix)를 작성하면 단계/시스템 조합표상의 구간이 검토해야 될 각각의 구간이 됨.

[제4단계] : 팀 미팅 및 평가

도면에 표기된 모든 공정라인에 대한 목적과 특성을 설명하고 간단한 토의를 한다. 전체배치도 및 공정흐름도에서 유해물질 취급공정과 이송, 가공, 조립공정을 구분한 뒤 각 구간(Node)별로 이탈(Deviation)을 찾아 위험성 평가를 진행한다.

여기서 이탈이란 가이드워드와 변수가 조합되어, 유체흐름의 정지 또는 과잉상태와 같이 설계의도로부터 벗어난 상태를 말하며 다음과 같이 나타낼 수 있다.

※ 변수(Parameter) : 유량, 압력, 온도와 같은 물리적 특성과 공정의 흐름 조건(정비, 보수, 샘플링 등 공정의 상태)을 나타내는 것을 변수라고 말한다.

리더는 검토구간을 정하고 설계목적과 특성을 상세히 설명한 후 가이드워드와 변수를 조합한 이탈을 도출하여 정상운전 상태로부터 벗어날 수 있는 가능한 원인과 결과를 조사한다.

공정변수는 특정변수(Specific Parameter)와 일반변수(General Parameter)로 나누며 다음은 구체적 예를 나타낸다.

- 특정변수(Specific parameters) : 공정의 형태를 물리·화학적으로 표현할 수 있는 변수로서 대개 수치화 가능
  - 유량(Flow)   - 온도(Temperature)
  - 압력(Pressure)   - 조성(Composition)
  - 상(Phase)   - 액위(Level)
  - 점도(Viscosity)   - 시간(Time)(회분식)
  - 시퀀스(Sequence)(회분식)

- 일반변수(General parameters) : 가이드 워드와의 조합없이 단독으로 하나의 이탈을 구성할 수 있는 변수
  - 첨가(Addition)   - 반응(Reaction)

- 보수정비(Maintenance)
- 시험(Testing)
- 완화(Relief)
- 부식/침식(Corrosion/Erosion)

- Instrumentation
- 샘플링(Sampling)
- Service/Utilities
- 혼합(Mixing)

가이드워드는 다음 [표 3-41]을 참조 한다.

※ 가이드워드(Guide Ward) : 변수의 질이나 양을 표현하는 간단한 용어를 말한다.
'No', 'More', 'Less', 'As well as', 'Parts of', 'Other than', 'Reverse', 그리고 회분식 공정에 사용되는 'Too early', 'Too late', 'Instead of' 등이 있다.

[표 3-41] 연속공정에 대한 가이드워드

가이드워드	정의	예
없음 (NO, Not or None)	설계의도에 완전히 반하여 변수의 양이 없는 상태	흐름없음(No flow)이라고 표현할 경우 : 검토구간 내에서 유량이 없거나 흐르지 않는 상태를 뜻함
증가 (More)	변수가 양적으로 증가되는 상태	흐름증가(More flow)라고 표현할 경우 : 검토구간내에서 유량이 설계의도보다 많이 흐르는 상태를 뜻함
감소 (Less)	변수가 양적으로 감소되는 상태	증가(More)의 반대이며 적은경우에는 없음(No)으로 표현될 수 있음
반대 (Reverse)	설계의도와 정반대로 나타나는 상태	유량이나 반응 등에 흔히 적용되며 반대흐름(Reverse flow)이라고 표현할 경우 : 검토구간 내에서 유체가 정반대 방향으로 흐르는 상태
부가 (As well as)	설계의도 외에 다른 변수가 부가되는 상태	오염 등과 같이 설계의도 외에 부가로 이루어지지 않는 상태를 뜻함
부분 (Parts of)	설계의도대로 완전히 이루어지지 않는 상태	조성비율이 잘못된 것과 같이 설계의도대로 되지 않는 상태
기타 (Other than)	설계의도대로 설치되지 않거나 운전 유지되지 않는 상태	밸브가 잘못 설치되거나 다른 원료가 공급되는 상태 등

[표 3-42] 회분식공정에 대한 가이드워드 (연속 공정에 추가)
: 회분식공정에는 시간관련 가이드워드 및 시퀀스관련
가이드워드가 추가 검토되어져야 한다.

시간에 관한 이탈	정의
시간생략(No time)	사건 또는 조치가 이루어지지 않음.
시간지연(More time)	조작 또는 행위가 예상보다 오래 지속됨.
시간단축(Less time)	조작 또는 행위가 예상보다 짧게 지속됨.

시퀀스에 관련한 이탈	정의
조작지연(Action too late)	허용범위(시간, 조건)보다 늦게 시작함.
조기조작(Action too early)	허용범위(시간, 조건)보다 일찍 시작함.
조작생략(Action left out)	조작을 생략함.
역행조작(Action backwards)	전 단계 단위공정으로 역행함.
부분조작(Part of action missed)	한 단계 조작 내에서 하나의 부수 조치가 생략됨.
다른 조작(Extraction included)	한 단계 조작 중 불필요한 다른 단계의 조작을 행함.
기타 오조작(Wrong action taken)	예측 불가능한 기타 오조작

위험성평가 결과 수정이나 변경이 필요한 경우에는 도면에 적색으로 표시하고 평가가 끝난 구간은 녹색으로 표시하는 등 색깔을 달리하여 구분한다. 위험성평가 결과는 다음 [그림 3-23] 서식을 이용하여 기록한다.

위험성평가 결과 기록지							
공정 : 도면 : 구간 :						검토일 : 쪽 :	
이탈 번호	이탈	원인	결과	현재 안전조치	위험도	개선 번호	개선 권고 사항

[그림 3-23] 위험성평가 결과 기록지

[제5단계] : 위험도의 구분

위험도는 아래 [표 3-43]과 같은 위험도 대조표와 같이 사고의 발생빈도와 강도를 조합하여 1에서 5까지 구분할 수 있다.

[표 3-43] 위험도 대조표(예시)

강도 ＼ 발생빈도	3(상)	2(중)	1(하)
4(치명적)	5	5	3
3(중대함)	4	4	2
2(보통)	3	2	1
1(경미)	2	1	1

다음의 [표 3-44]는 위험도 기준 예시이다. 위험도 기준은 아래 예시를 참조하여 회사의 실정에 맞게 규정할 수 있다(KOSHA GUIDE P-82-2012 참조). 위험도를 결정하는 경우 발생빈도는 현재 안전조치를 고려하여 결정하나 강도는 현재 안전조치를 고려하지 않는다.

[표 3-44] 위험도 기준(예시)

5	허용불가 위험
4	중대한 위험
3	상당한 위험
2	경미한 위험
1	무시할 수 있는 위험

발생빈도 및 강도의 구분은 [표 3-45]와 [표 3-46]을 참조하여 회사의 실정에 맞게 규정할 수 있다(KOSHA GUIDE P-82-2012 참조).

[표 3-45] 발생빈도의 구분(예시)

발생빈도	내용
3(상)	설비 수명기간에 공정사고가 1회 이상 발생
2(중)	설비 수명기간에 공정사고가 발생할 가능성이 있음
1(하)	설비 수명기간에 공정사고가 발생할 가능성이 희박함

[표 3-46] 강도의 구분 (예시)

강도	내용
4(치명적)	사망, 부상2명이상, 재산손실 10억원 이상, 설비 운전정지 기간 10일 이상
3(중대함)	부상1명, 재산손실 1억원 이상 10억원 미만, 설비 운전 정지기간 1일 이상 10일 미만
2(보통)	부상자 없음, 재산손실 1억원 미만, 설비 운전정지 기간 1일 미만
1(경미)	안전설계, 운전성 향상을 위한 개선필요, 손실일수 없음

[제6단계] : 개선권고 및 후속조치

위험성평가 결과 위험도가 산출되면 우선순위에 따라 개선권고사항을 작성하여 경영진에게 보고를 한다. 허용 불가한 위험수준일 경우에는 안전대책을 수립하여 후속조치를 해야 하는데 다음 [표 3-47]과 같은 위험관리 기준에 따라 조치가 취해져야 한다.

[표 3-47] 위험관리기준

위험도		위험관리기준	비고
1	무시할 수 있는 위험	현재의 안전대책 유지	위험작업수용 (현 상태로 작업계속 가능)
2	경미한 위험	안전정보 및 주기적 표준작업안전교육의 제공이 필요한 위험	
3	상당한 위험	계획된 정비·보수기간에 안전대책을 세워야하는 위험	조건부 위험작업 수용 (위험이 없으면 작업을 계속하되, 위험감소 활동을 실시하여야함)
4	중대한 위험	긴급 임시 안전대책을 세운 후 작업을 하되 계획된 정비·보수기간에 안전대책을 세워야 하는 위험	
5	허용불가 위험	즉시 작업 중단(작업을 지속하려면 즉시 개선을 실행해야하는 위험)	위험작업 불허 (즉시 작업을 중지하여야함)

3-2-2 공정안전성 분석(K-PSR) 기법

K-PSR 기법은 HAZOP기법 등으로 위험성평가를 실시한 후 다시 공정상의 안전성을 재검토 또는 분석하는데 적합하다. K-PSR은 HAZOP에 비해 쉽게 적용이 가능하고 설계적인 요소가 많은 HAZOP에 비해 조업·작업 중심적이다. 사업장 위험관리 수준을 향상시키는 목적으로 개발되었으며 그 특징은 아래 [표 3-48]과 같다.

[표 3-48] K-PSR의 특징

구 분	K-PSR
화학공정의 적합성	– 조업단계에 적합
검토범위	– 누출·화재·폭발위험은 물론 공정 트러블, 상해위험요소 포함 (사고 사례도 활용)
평가 소요인원	– 각 부문별 4~6인 – 운전, 정비 분야 인원 필수적으로 참여
평가 소요 및 교육 시간	– HAZOP의 1/3~1/2
평가결과 및 개선계획 적합성	– 현장 상황(조업중심)의 다양한 상황 반영 가능
Worksheets	– 1단계, 5항목
Guide words	– 4 Hazard+원인 (누출, 화재/폭발, 공정트러블, 상해)
도면상의 Node선정	– 주요공정장치(반응기, 증류탑 등)와 부속장치, 배관과 계측제어설비를 하나의 시스템으로 묶어 검토
국내사업장 적합성	– 시범적용 및 국내사고 분석을 통한 사고 메카니즘 정립 등으로 상당히 현실화
기타	– 주요 공정설비에 국한되므로 보조설비의 평가가 누락될 가능성이 있음

길[라][잡]이 _____

K-PSR의 평가 절차와 방법은 다음과 같다.

[표 3-49] 평가 절차

순서	구 분	절 차
1	검토항목 선정	– 공정의 복잡성 및 팀의 경험에 따라 검토범위를 정한다. (HAZOP에 비해 검토구간 광범위하며, 검토항목은 기능상의 구분과 시스템의 복잡성에 따라 구분할 수 있음)
2	팀 구성	– 리더 : 운전경험, 위험성평가 훈련이 충분한 자 – 팀원 : 정비 및 생산 관리자, 기술 및 안전기술자
3	자료 수집	– 기존 위험성평가서, PFD, P&ID, 제어계통설명서 – 방출 및 블로우다운 보고서, 경보 및 자동운전정지 설정치 목록 – 운전 및 수정/변경사항 이력, – 사고보고서, 비상조치계획
4	현장 방문	– 현장 확인
5	팀 회의	– 평가목적, 방법 및 관리에 대한 팀 브리핑 – 운전이력, 최초의 설계의도, 설비변경사항, 생산능력 – 취급 화학물질과 화학물질의 위험성, 사람의 노출, 환경에 대한 영향, 가능한 반응을 검토 – 설계 및 운전상의 특별 고려사항 – 운전, 화학물질, 공정의 중대한 잠재위험 – 평가 범위 – 공정의 지역별, 단계별로 평가항목 선별 방법 등
6	평가수행	– 검토항목 선정 – 잠재적인 위험물질 누출 가능성 확인 – 사고의 원인, 결과를 평가(가이드 워드) – 위험형태별 원인, 결과 및 현재의 안전조치를 기록 – 현재의 안전조치 상태 등에 대한 평가(다음의 4가지 범주에 부합하는지 여부 평가) 　• 위험물질 누출의 가능성 　• 현재의 설계 및 운전기준에 불일치 　• 중요 안전절차의 필요성 또는 사용 유무 　• 정량적 위험성평가 등 추가 검토의 필요성 – 현재 안전조치가 충분하지 않을 경우 개선권고사항 준비
7	보고서 작성	– 개선권고사항에 대해 경영진 보고
8	후속조치	– 이행조치 계획 수립 및 실행

평가 시 사용하는 가이드워드는 다음과 같다.

[표 3-50] 회분식 공정의 가이드워드 예시

위험형태	원인(대분류)	원인(소분류)
누출	부식	내·외부 부식, 응력 부식, 크리프(Creep), 열적반복 등으로 인한 사항
	침식	마모 등으로 발생한 사항
	누설	플랜지, 밸브, 샘플링 포인트, 펌프 등에서 누유 및 누수되는 사항 등
	기타	위 사항 외 기타 원인
화재·폭발	물리적 과압	입구·출구 측 밸브 등의 폐쇄, 압력방출장치의 고장 등에 의한 과압
	취급제한 화학물질 및 분진	인화성 혼합물에 의한 화재, 반응폭주, 촉매 이상에 의한 화재/폭발, 오염물질에 의한 조성변화 등
	점화원	정전기, 스파크, 용접, 마찰열, 복사열, 차량 등에 의한 착화
	기타	위 사항 외 기타 원인
공정 트러블	조업상 문제	온도, 압력, 농도, pH, 교반, 조업 절차, 냉각실패, 조업상 실수 등
	원료 및 촉매 등 물질	원료 및 촉매 등 이상에 의한 원인 등
	기타	위 사항 외 기타 원인
상해	추락	장치설비, 리프트, 플랫폼 등 구조물, 사다리, 계단 및 개구부 등에서의 추락, 재료더미 및 적재물 등에서의 추락 등
	전도	누유, 빙결 등에 의해 바닥에서 미끄러짐, 바닥의 돌출물에 걸려 넘어짐, 장치설비, 계단에서의 전도 등
	협착	가동 중인 설비, 기계장치에 협착, 물체의 전도, 전복에 의한 협착, 교반기, 임펠러 등 회전체에 감김 등
	충돌	중량물, 파이프랙 등 돌출부에 접촉 및 충돌, 구르는 물체, 흔들리는 물체에 접촉 및 충돌, 차량 등과의 접촉 및 충돌 등
	유해위험 물질접촉	뜨거운 물체에 접촉하여 화상, 부식성 물질 등에 접촉하여 피부손상 등
	질식	유해가스 발생, 산소 부족 등에 의한 질식
	기타	전류 접촉에 의한 감전사고, 낙하, 비래, 비산, 붕괴, 도괴사고, 중량물 취급 및 원재료 투입 시 요통 발생, 압박, 진동 등 위 사항 외의 것

[표 3-51] 연속식 공정의 가이드워드 예시

위험형태	원인(대분류)	원인(소분류)
누출	부식	내·외부 부식, 응력 부식, 크리프(Creep), 열적반복 등으로 인한 사항
	침식	마모 등으로 발생한 사항
	누설	플랜지, 밸브, 샘플링 포인트, 펌프 등에서 누유 및 누수되는 사항 등
	파열	오염, 내부 폭굉, 물리적 과압, 팽창, 벤트 막힘, 제어 실패, 과충전, 롤오버(Rollover), 수격현상, 순간증발(Flashing)
	펑크	기계적 에너지 발생, 충돌, 기계 진동, 과속 등
	개방구 오조작	벤트, 드레인, 압력방출 후단, 정비 실수, 계기 정비, 샘플링 포인트, 블로우 다운, 호스, 탱크 입하 및 출하 작업 실수
	기타	위 사항 외 기타 원인
화재·폭발	물리적 과압	입구·출구 측 밸브 등의 폐쇄, 압력방출장치의 고장 등에 의한 과압
	취급제한 화학물질 및 분진	인화성 혼합물에 의한 화재, 반응폭주, 촉매 이상에 의한 화재/폭발, 오염물질에 의한 조성변화 등
	점화원	정전기, 스파크, 용접, 마찰열, 복사열, 차량 등에 의한 착화
	누설	플랜지, 밸브, 샘플링 포인트, 펌프 등에서 누유 및 누수되는 사항 등
	파열	오염, 내부 폭굉, 물리적 과압, 팽창, 벤트 막힘, 제어 실패, 과충전, 롤오버(Rollover), 수격현상, 순간증발(Flashing)
	펑크	기계적 에너지 발생, 충격, 충돌, 기계 진동, 과속 등
	개방구 오조작	벤트, 드레인, 압력방출 후단, 정비 실수, 계기 정비, 샘플링 포인트, 블로우 다운, 호스, 탱크 입하 및 출하 작업 실수
	기타	위 사항 외 기타 원인
공정 트러블	조업상 문제	온도, 압력, 농도, pH, 교반, 조업 절차, 냉각실패, 조업상 실수 등
	원료 및 촉매 등 물질	원료 및 촉매 등 이상에 의한 원인 등
	기타	위 사항 외 기타 원인
상해	추락	장치설비, 리프트, 플랫폼 등 구조물, 사다리, 계단 및 개구부 등에서의 추락, 재료더미 및 적재물 등에서의 추락 등
	전도	누유, 빙결 등에 의해 바닥에서 미끄러짐, 바닥의 돌출물에 걸려 넘어짐, 장치설비, 계단에서의 전도 등
	협착	가동 중인 설비, 기계장치에 협착, 물체의 전도, 전복에 의한 협착, 교반기, 임펠러 등 회전체에 감김 등
	충돌	중량물, 파이프랙 등 돌출부에 접촉 및 충돌, 구르는 물체, 흔들리는 물체에 접촉 및 충돌, 차량 등과의 접촉 및 충돌 등
	유해위험물질접촉	뜨거운 물체에 접촉하여 화상, 부식성 물질 등에 접촉하여 피부손상 등
	질식	유해가스 발생, 산소 부족 등에 의한 질식
	기타	전류 접촉에 의한 감전사고, 낙하, 비래, 비산, 붕괴, 도괴사고, 중량물 취급 및 원재료 투입 시 요통 발생, 압박, 진동 등 위 사항 외의 것

K-PSR 평가 시 HAZOP평가 기법에 비해 넓은 범위로 검토구간 설정이 가능하다. 이에 따라 평가에 소요되는 시간과 노력이 줄어들 수 있다.

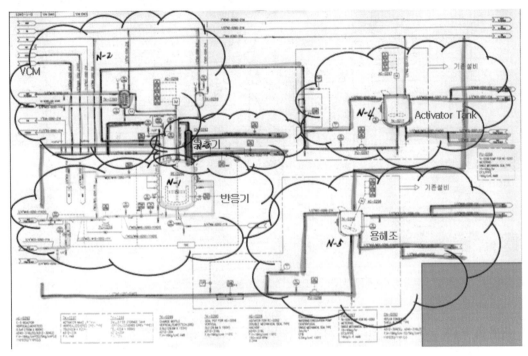

[그림 3-25] HAZOP 적용시 검토구간

K-PSR 기법은 HAZOP기법 등으로 이미 평가를 시행한 후 조업 중인 사업장에서 재평가 시 적합한 방법으로 What-if와 Check-list기법의 중간적 형태를 띠고 있다.

HAZOP에 비해 간편하고, HAZOP에 반영되지 않는 유지보수 등 현장 조업상황 및 풍부한 현장경험을 가진 직원들의 노하우가 충분히 반영될 수 있는 장점을 가지고 있다.

또한 HAZOP과는 달리 타사 또는 유사 공정의 사고사례도 활용가능하며, 인체상해 안전사고에 대한 원인과 대책 수립에도 적합하다.

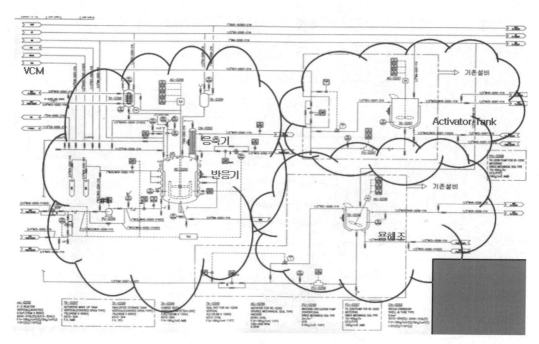

[그림 3-26] K-PSR 적용 시 검토구간

다음은 BTX공장을 K-PSR을 사용하여 위험성평가를 실시한 결과 사례이다.

[표 3-52] 연속식 BTX공장의 K-PSR 평가 결과 사례

위험요소 (Hazard)	원인 (Cause)	결과 (Consequence)	현재안전조치 (Safe Guard)	개선 사항 (Recommendation)
Uncontrolled Reaction	1. 수소공급 압력 감소	1. 반응 감소, 2. H_2 loop(반응기 공급) 수소순도 조절 불가 3. 운전 불가능	1. normal shut down 2. PI 116 설치	1. 타 unit로 부터 H2 공급 가능성 검토
	2. 원료 중 촉매 독 유입	1. 촉매활성 저하로 반응기 운전불가 2. 촉매 수명 감소	1. 원료 구입 시 중금속 분석 실시	없음
	3. fuel gas 조성변화	1. 반응기 feed 온도 조절 불가 (운전정지)	1. N-AI701,2 설치 2. A-AI702 설치(참고용) 3. TIC105, PIC 115설치	없음
	4. sequence error	1. shut down	1. emergency shut down sop 운용	1. 중요설비에 대한 개선방안 검토

3-2-3 작업안전분석(JSA)

1) 적용대상 및 절차

작업안전분석은 공정위험분석 외에 촉매교체작업 등 부수적인 작업의 위험성평가에 적합한 방법이다. 그 절차와 방법은 KRAS에서 실시되고 있는 위험성평가 절차와 유사하다. JSA는 NSC(National Safety Council)에서는 '작업의 각 단계별 위험성과 잠재사고를 파악하고, 위험성과 사고를 제거, 최소화 및 예방하기 위한 해결책을 개발하기 위해 작업을 연구하는 방법'이라고 정의하고 있으며 OSHA의 JHA(Job Hazard Analysis)와 매우 유사하다. JSA의 실행 시기는 작업을 수행하기 전, 사고 발생시, 공정이나 작업 방법을 변경할 경우 등에 실시한다.

적용 가능 작업의 예는 다음과 같다.

[표 3-53] 적용가능 작업의 예

일 반	화학공장	가공 작업장
-사고 또는 질병이 발생된 작업 -휴먼에러가 상해를 일으킬 수 있는 작업 -새로운 공정/기법/절차/기계 설비/화학물질을 포함하는 작업 -법적 요구사항을 위반하고 있는 작업 -기피 작업 -유해위험물질 취급 작업 -협력업체 직원에 의해 수행되는 작업	-전기적 차단이나 격리 시스템 설치 작업 -압력시스템의 방출이나 분리 작업 -제한공간 출입 작업 -화학물질 드럼 하역 작업 -원료 운반작업 -압력 테스트 작업 -화학물질 하역작업 및 탱크로리 상차작업 -방사선 취급 작업 -촉매 교체 작업 -열교환기 분리작업	-띠톱기계 사용 작업 -탁상용 연삭기 사용 작업 -크레인 사용 작업 -압축기체 취급 작업 -선반, 밀링 드릴 등의 공작 작업 -전기차단 및 전기 결선작업 -사다리 취급 작업 -지게차 사용 작업 -동력공구 및 수공구 사용 작업 -리프트 작업 등

JSA의 추진절차는 다음 [그림 3-27]과 같다.

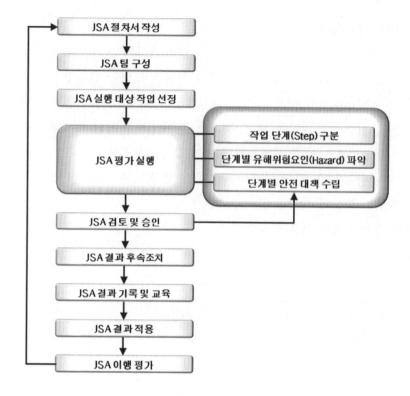

[그림 3-27] 작업안전분석(JSA)의 수행절차

길라잡이

2) 평가 실행

가) JSA 팀의 구성은 다음과 같이 구성한다.

① 팀장 : 대상공정 또는 작업의 책임자

② 대상공정(설비)을 운전(또는 정비)한 경험이 있는 작업자

③ 대상 작업을 직접 수행할 작업자

④ 안전전문가

⑤ 정비작업자(필요 시)

⑥ 협력업체 대표 또는 협력업체 작업자

나) 평가는 '작업단계 구분', '유해위험요인 파악', '단계별 안전대책 수립'의 3가지로 구분한다.

① 작업 단계 구분

작업의 진행순서대로 단계를 구분해야하고 작업단계의 개수는 일반적으로 10단계 내외로 구성하는 것이 적당하다. 만약, 작업단계가 10개를 초과 시에는 중분류의 작업 단계를 설정하여 중분류별로 작업 단계를 구분할 필요가 있다. 너무 많은 작업 단계는 작업자에게 혼란을 야기한다. 다음 [표 3-54]는 작업 단계 구분의 사례이다.

[표 3-54] 작업단계 구분의 사례 (차량 바퀴 교환 예시)

너무 넓게 구분한 단계	너무 자세히 구분한 단계	적절히 구분한 단계
1. 주차한다. 2. 펑크 난 바퀴를 꺼낸다. 3. 예비 바퀴를 끼운다. 4. 운전한다.	1. 차를 도로 옆으로 세운다. 2. 주차 위치에 차를 세운다. 3. 브레이크를 건다. 4. 비상등을 켠다. 5. 차 문을 연다. 6. 차에서 내린다. 7. 차 트렁크로 걸어간다. 8. 키 홈에 키를 삽입한다. 9. 트렁크를 연다. 10. 잭을 제거한다. 11. 예비 바퀴를 꺼낸다. 12. …	1. 주차한다. 2. 잭과 바퀴를 트렁크에서 꺼낸다. 3. 잭을 위치시킨다. 4. 휠 캡을 제거한다. 5. 휠 너트를 푼다. 6. 잭으로 차량을 들어올린다. 7. 바퀴를 빼낸다. 8. 새 바퀴를 설치한다. 9. 휠 너트를 체결한다. 10. 차량을 내린다. 11. 휠 너트를 최종 체결한다. 12. 잭과 제거한 바퀴를 트렁크에 싣는다.

② 유해위험요인 파악

유해위험요인은 아래 [표 3-55]와 같은 유해위험요인 파악용 점검표를 사용해 파악할 수 있다.

[표 3-55] 유해위험요인 파악용 점검표 (예시)

1. 작업위치나 프로세스가 위험을 만드는가?
2. 작업지역에 접근할 적절한 통행로가 있는가?
3. 작업자가 고온에 노출되는가?
4. 작업환경(고온, 바람, 분진)이 위험을 만드는가?
5. 제한공간에 들어가는 작업인가?
6. 작업이 적절한 안전난간대가 설치되지 않은 고소(사다리, 작업발판, 지붕 등)인가?
7. 작업도구 및 장비가 위험을 만드는가?
8. 과도한 소음 및 진동이 있는가?
9. 의복이나 신체 일부가 설비에 끼이거나 감길 수 있는가?
10. 작업도구 및 장비가 해당 작업에 적절한가?
11. 화학물질이 사용되는가?
12. 작업자가 화학물질 또는 독성가스에 접촉될 수 있는가?
13. 화학물질이 대기 중으로 누출되는가?
14. 작업자가 전기적 위험에 노출되는가?
15. 작업지역에 추락위험이 있는 부분이 있는가?
16. 작업자가 압력, 전기, 스팀 또는 낙하물과 같은 위험 에너지원에 노출되는가?
17. 기계 또는 프로세스가 자동으로 가동 및 정지되는가?
18. 작업자는 해당 작업을 수행하기에 적절한가? (지식, 경험, 훈련, 적합성, 피로 문제 등)
19. 재료를 올리거나, 운반하거나, 밀거나 또는 당기는 작업에서 상해의 위험이 있는가?
20. 해당 작업에 적절한 개인보호구를 사용하는가?
21. 장치는 에너지가 제거되고, 내용물이 비워지고, 가스는 제거되고, 해당지역은 격리되고, 잠금장치가 설치되는가?
22. 비상조치계획이 있고 작업자는 그것을 잘 알고 있는가?

유해위험요인을 좀 더 상세하게 파악하기 위해서는 「KOSHA GUIDE X-13-2010 중소규모 사업장의 리스크 평가 관련 유해위험요인 분류를 위한 기술지침」에 표시된 「유해위험요인별 분류 및 점검·확인사항」에서 소개되는 아래와 같은 요인을 참조하여 파악할 수 있다.

- 기계적 요인
- 전기적 요인
- 물질(화학물질, 방사선) 요인
- 생물학적 요인
- 화재 및 폭발 위험요인
- 고열 및 한랭 요인
- 물리학적 작용에 의한 요인
- 작업환경조건으로 인한 요인

- 육체적 작업부담/작업의 어려움 요인
- 인지 및 조작능력 요인
- 정신적 작업부담 요인
- 조직 관련 요인
- 그 밖의 요인

또한 각 단계별로 여러 유해위험요인이 있을 수 있는데, 모든 유해위험요인을 파악하기 위해 고려해야할 요소는 다음과 같은 사항이 있다.

- 작업에 적합한 복장과 장비를 사용해야 하는 위험이 있습니까?
- 작업위치, 기계, 웅덩이 또는 개구부 등과 위험한 작업이 적절하게 보호되고 있습니까?
- 필요한 경우 기계 작동 해제에 잠금절차가 사용됩니까?
- 작업자는 의복이나 보석을 착용하고 있습니까?, 아니면 기계류에 걸리거나 다른 위험을 초래할 수 있는 두발상태입니까?
- 날카로운 모서리와 같이 부상을 입을 수 있는 물체가 있습니까?
- 작업흐름이 체계화되어 있습니까?
  예) 작업자가 너무 빠르게 움직이며 작업해야 합니까?
- 작업자가 움직이는 부품에 걸리거나 끌려갈 수 있습니까?
- 기계부품이나 재료 이동시 다칠 수 있습니까?
- 쉽게 균형을 잃을 수 있는 상태입니까?
- 위험한 상태로 기계에 노출되어 있습니까?
- 부상 가능한 행동을 제한하도록 해야 하거나, 반복적인 움직임에 의한 위험에 노출되어 있습니까?
- 물체에 부딪히거나 기계에 기댈 경우 부상위험이 있습니까?
- 작업자가 떨어질 위험이 있습니까?
- 작업자가 물건을 들어 올리거나 움직일 경우 부상을 입을 수 있습니까?
- 작업수행으로 인해 환경적 위험(먼지, 화학물질, 방사선, 용접광선, 과열 또는 과도한 소음)이 발생합니까?

다) 리스크 평가(위험성평가, Risk assessment)

리스크 평가는 해당 리스크를 허용 가능한 수준으로 낮추고, 한정된 자원에 따른 대책 수립의 우선순위를 결정하고 대책의 적절성을 평가하기 위함이다.

JSA에서는 대상작업 자체가 유해위험요인이 높은 작업을 대상으로 하고 있고, 실제 작업을 수행하는 현장 작업자가 참여하여 세부적인 작업단계별 유해위험요인을 파악하고 대책을 수립하기 때문에 사고의 발생빈도와 결과의 심각도를 고려한 리스크 평가는 필요하지 않을 수 있다.

JSA에서 리스크 평가를 적용하고자 할 경우에는 사업장에서 기존 적용하고 있는 위험성평가 기준(절차)에서 정한 발생빈도, 결과의 심각도 및 조합표를 사용하거나 또는 「KOSHA GUIDE X-39-2011 정성적 보우타이(Bow-Tie) 리스크 평가 기법에 관한 지침」의 5.2.2항에서 사용하는 조합표와 같은 종류의 기준을 적용할 수 있다.

라) 안전대책 수립

안전대책 수립은 다음의 순서대로 한다.
① 유해위험요인의 제거(근본적인 대책)
② 기술적 대책(공학적 방법)
③ 관리적 대책(절차서, 지침서 등)
④ 교육적 대책

마) 이행평가

안전대책을 수립한 후에는 JSA검토 및 승인 및 후속조치, JSA결과 기록 및 교육, JSA결과 적용 단계를 거친다. JSA이행평가는 운영부서에서 실시하는 자체평가와 안전부서에서 실시하는 정기평가로 구분 되는데 다음 [표 3-56]의 점검표를 참조하여 시행한다.

[표 3-56] JSA 실행

번호	점검 내용	점검결과
1	JSA 리스트가 등록 및 관리되는가?	
2	우선순위 기준으로 JSA를 적용하는가?	
3	JSA 팀이 선정된 작업에 대해 절차대로 JSA를 수행하는가?	
4	작업자들이 JSA 검토 및 개발에 참여하고 있는가?	
5	금년도에 몇 개의 새로운 JSA가 완성되었는가?	
6	JSA 작성 시에 현장 작업을 관찰하는가?	
7	양식화된 JSA 검토서가 사용되는가?	
8	검토된 JSA는 규정대로 수정되는가?	
9	부서에 얼마나 많은 JSA가 완성되었는가?	
10	부서에 몇 개의 JSA가 완성단계에 있는가?	
11	작성된 JSA가 문서화되는가?	
12	주요 작업지점에 JSA가 비치되어 있거나, 작업자가 쉽게 사용할 수 있는가?	
13	JSA의 최신본이 사용 및 관리되는가?	
14	JSA가 주기적으로 부서장에 의해 검토되는가?	
15	JSA에 대한 교육이 주기적으로 수행되는가?	
16	유사하게 반복되는 작업에 대해 표준운전절차와 연계되는가?	
17	안전작업허가서 발행 시 JSA가 첨부되는가?	
18	작업을 하기 전에 작업자들이 JSA의 내용을 교육 또는 살펴보는가?	
19	현장 작업 시에 JSA의 내용을 작업자들이 따르는지 확인하는가?	
20	교대조별로 동일한 작업을 수행할 때 교대조별로 작업방법이 일치되는가?	

3) 현장 적용 사례

(1) 제기되는 문제들

안전작업허가부서에서 위험성평가 결과를 소홀히 취급하여 제기되는 문제들은 다음과 같다.

① 작업담당부서 또는 안전부서에서 관례적, 타성적으로 승인 남발

　㉮ 작업허가 시 위험성평가에서 도출된 위험성 큰 작업 등에 '안전작업허가' 조건의 언급이 누락된다.

　㉯ 일부 사업장의 경우 소방, 환경과 안전부서가 별도로 안전작업허가를 승인하고, 화기 취급작업과 인화성 물질 취급작업이 동시에 이루어져 화재폭발의 위험이 발생한다.

　㉰ 위험성평가에서 일부 작업의 위험성이 'Red Zone'에 속함에도 추가적인 안전조치 없이 안전작업허가를 승인한다.

동일현장에 점화원(용접)과 인화물이 존재

② 위험성평가 결과 강도의 의도적 저평가 또는 위험성(빈도×강도) 크기를 역으로 표시

㉮ 위험성의 강도 크기를 대부분 저평가하여 팀장 관리가 아닌 대리, 파트장 관리로 한 단계씩 관리단계를 낮추려 한다.

※ 대부분의 위험성평가 작업을 협력업체에 위임, 검토도 충분히 하지 않음에서 기인되는 것으로 추정

㉯ 중량물의 이동, 설치 등을 하는 고소작업의 작업절차는 가능한 한 세분화하여 위험성평가(JSA) 후 작업(이동 → 촌동이동 → 설치)을 실시해야 하나, 한 개 작업(이동)만 위험성평가를 실시, 중요한 사항들이 검토에서 제외된다.

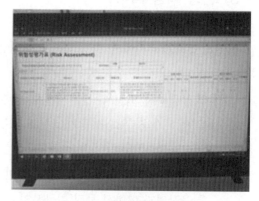

위험성평가표(예)

대부분의 작업절차 위험성(중대성)이 최소치인 '1'로 저평가되고, Green Zone으로 산정됨.

③ 작업 현장에의 비치와 게시 방법 및 현장확인 방법의 불합리

    ㉮ 안전작업허가서 내에 여러 서류들과 함께 비치함으로써 위험성 평가서류를 찾기 어려울 뿐만 아니라 작업현장 확인 결과, 한 번도 확인해 보지 않음이 확인된다.

    ㉯ 2~3일 전에 안전작업허가 승인날짜가 확인되는 경우도 발견된다(최근에는 많이 정착됨).

    ㉰ 주의가 필요한 화기취급작업에도 직영의 대리 등이 확인하여 확인란에 절차상의 서명을 할 뿐, 특이 지적사항을 명기하지 않는다.

화기작업 시 사전안전조치(불티비산방지,
용접보호구 등) 미설치

화기작업 시 가연성 가스 농도 미측정

④ 협력업체 소속 일용직들의 위험성평가에 대한 인식저조

    ㉮ TBM 등 위험예지훈련을 하지 않는 대부분의 협력업체 작업자들이 위험성에 대한 정보 없이 위험에 노출된다.

    ㉯ 대기업의 협력업체 관리부서에서 협력업체 근로자들에 대한 위험성평가 관련 교육이수증 요구 등 별도의 대책이 필요하다.

작업 시작 전 TBM 실시 현장

(2) 개선 대책

① 안전작업허가서 처리 시 위험성평가의 유무, 정도 등을 체크할 수 있는 전산시스템 구축

㉮ 안전작업허가 시 위험성평가 결과서의 첨부 없이는 승인불가조치가 이루어져야 한다.

㉯ 특히 위험성평가 결과 Red Zone에 해당하는 사항이 포함될 시, 선 사전조치 후 안전작업허가서 승인조치가 되도록 시스템화가 필요하다.

② 위험성평가는 공정관계자, 안전보건관리감독자, 관련협력업체의 부서장 등 해당 공정, 안전전문가의 참여가 중요

㉮ 화기작업, 밀폐공간작업, 고소작업 등은 공정의 부서장이 협력업체 책임자를 포함하는 안전협의회를 안전작업허가 승인 전에 개최하여 위험성평가와 안전작업 절차를 세밀히 검토하여야 한다.

㉯ 안전작업허가 후 오전·오후로 안전작업절차가 매뉴얼대로 이루어지고 있는지 수시로 확인하고, 이상 여부를 안전작업허가서 기록란에 기재해야 한다.

③ 협력업체근로자에 대한 위험성평가결과와 대책에 대한 안전교육 또는 훈련이 절대 필요

㉮ 협력업체 근로자의 안전교육은 TBM(Tool Box Meeting)으로 당일 예정된 작업절차에 따른 위험성평가교육과 기타 잠재위험을 찾아내는 반복적 확인교육이 가장 바람직하다.

㉯ 협력업체관리 부서에서는 일시적 입찰로 정해지는 협력업체의 경우, 협력업체 선정 전 해당 작업의 위험성평가교육 실시를 요구하는 방법의 검토가 필요하다.

3-2-4 Checklist 기법

1) Checklist의 개요

체크리스트(Checklist) 기법은 사업장 내에 존재하는 위험에 대하여 정성적으로 위험성을 평가하는 방법의 하나로 공정 및 설비의 오류, 결함상태, 위험상황 등을 목록화한 형태로 작성하여 경험적으로 비교함으로써 위험성을 파악하는 방법이다.

이 기법의 특징은 관련전문가들이 법, 규격, 기준, 제조자 요구사항, 운전경험 등을 참조하여 사전에 점검, 확인 할 사항과 기준을 토대로 짧은 시간에 목록화한 형태로 작성하여 운전자, 점검자, 평가자 등이 현장에서 체계적으로 비교함으로써 위험성을 파악하는 방법으로 관련전문가들이 안전점검을 실시할 때 점검자에 의해 점검개소의 누락이 없도록 활용하는 안전점검기준표라고도 할 수 있다.

체크리스트기법은 다른 기법에 비해 쉽게 접근이 가능하며 미숙련자 또한 수행이 가능하다. 또한 위험요인의 유무와 사고형태의 결과를 빠르게 도출할 수 있다. 하지만 적용분야가 넓어 위험요인 도출에는 제한적이며 작성자의 경험에 의한 의존도가 클 수밖에 없다. 체크리스트 양식에 따라 위험성평가가 최소수준이 될 수 있으며 누락 및 형식적으로 수행하는 우려가 발생할 수 있는 단점이 있다.

체크리스트를 적용하는 시기는 설계, 시운전, 운전 중, 가동정지 시 활용되며 주 대상은 설계, 운전, 작업행위, 관리적 요인 등이다. 방법은 미리 준비된 체크리스트를 활용하거나 직접 팀을 구성하여 체크리스트를 작성한 후 평가하는 방법이 있다.

2) Checklist 수행절차

체크리스트의 수행절차는 다음 [그림 3-28]과 같다.

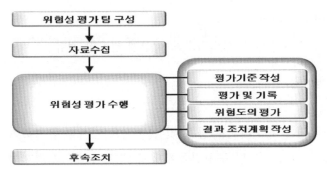

[그림 3-28] Checklist 수행절차

3) Checklist 수행내용

체크리스트기법의 단계별 수행내용은 다음과 같다.

길 라 잡 이＿＿＿＿＿＿＿＿＿＿＿＿

[제1단계] : 위험성평가 팀 구성

체크리스트 기법을 활용하여 위험성평가를 수행할 팀의 구성은 해당공정 및 설비에 경험이 많은 전문가들로 아래와 같이 구성한다.

▷ 팀 리더

▷ 운전 기술자

▷ 설계 기술자

▷ 검사 및 정비기술자

▷ 비상계획 및 안전관리자

[제2단계] : 자료수집

체크리스트 작성에 필요한 서류를 다음과 같이 준비한다.

▷ 사업의 개요 및 공정설명

▷ 작업공정도(공정흐름도면, 공정배관·계장도면 등)

▷ 물질안전보건자료(MSDS)

▷ 기계장치 및 설비목록과 기계, 배관 및 안전장치 사양

▷ 공장배치도(기계설비 배치도면 및 폭발위험장소 구분도 등)

▷ 전기 단선도

▷ 건축물 각 층의 평면도

▷ 운전 절차서

▷ 검사 및 정비 절차서

▷ 기타 비상 시 조치계획 및 체크리스트 작성에 필요한 서류

[제3단계] : 위험성평가

(1) 평가기준 작성

팀 리더는 위험성평가 체크리스트 공정 및 설비개요 예시를 참고하여 위험성평가를 수행하려는 공정 및 설비개요를 팀 구성원들에게 충분히 설명하고 위험성평가 결과 기록지의 평가기준에 따라 작성하도록 한다. 다음은 위험성 평가 체크리스트의 예이다.

[표 3-57] 위험성평가 체크리스트 예

번호	평가 항목	평가 대상	비 고
1	위험물취급 및 관리	저장탱크, 이송펌프, 이송 배관, 배기시설 등 지게차, 컨베이어 등	1) 액상위험물 : 지하 저장탱크에 저장하여 필요시 이송펌프로 각 공정에 배관으로 이송하여 사용 2) 고상류 : 포대로 지정된 창고에 보관하고 필요시 운반기구로 각 공정에 운반하여 사용
2	공장배치	오·폐수 배수로, 벙커유 저장소 등	각 공장별 배치 및 위험물저장소 배치
3	건물 및 구축물	공장건물, 배관 지지대	각 공장건물 및 옥외 철구조물
4	공정전반	폐수시설, 위험물시설	접착제 공장의 일반사항
5	화학장치 일반	유틸리티	접착제 공장의 위험과 운전분석(HAZOP) 기법 외의 일반사항 배기시설, 통기설비 등
6	저장설비		위험물 저장시설의 부속설비
7	반응설비	반응기	접착제공장의 반응기
8	압력용기	용기, 저장조	용기 및 각 탱크류
9	보일러설비	보일러, 집진기, 연료저장조	스팀보일러(접착제공장의 원료탱크 및 반응기 등의 가열, 공장동 난방시설)
10	이송설비	압축기, 펌프, 송풍기	각 공정으로 이송하기 위한 압축기, 펌프류
11	배관	파이프, 밸브	유틸리티 이송배관 및 유기용제 이송배관
12	계장설비	컨트롤 판넬, 압력계, 유량계	각 공정 설비의 계장설비
13	안전장치	안전밸브, 파열판	반응기 및 보일러 등에 설치된 압력방출장치
14	전기설비	변압기, 고압이나 저압판넬	변전실의 변압기 및 각종 판넬
15	소화설비	소방 펌프실, 폼탱크, 주펌프, 소화전	접착제 공장의 소화설비
16	가스감지기	보일러 가스버너	보일러 버너의 예열
17	운전절차 및 교육	작업운전지침서	작업에 대한 일반사항
18	정비절차	장비이력카드	각 공정의 화학설비
19	안전관리	안전관리규정	화학공장의 안전관리일반

① 공정의 흐름을 따라서 검토구간(Node)을 설정한다.

② 각 검토구간별 해당 검토구간에 속한 장치 및 설비, 동력기계, 배관, 계기, 전기설비 등에 대한 평가기준을 작성하는 것을 원칙으로 하고 공통사항은 별도로 작성할 수 있다.

③ 원료, 중간제품, 최종제품, 첨가제 등 모든 화학물질은 종류별로 각각 작성한다.

④ 검토구간으로 구분할 수 없는 공장배치, 운전절차, 검사 및 정비, 안전관리 등은 하

나 또는 수개의 항목으로 묶어서 일반사항으로 분리 작성한다.

⑤ ①에서 ④까지의 평가기준은 각 사업장 별로 대상공정, 설비 및 장치의 특성에 따라 필요한 내용을 변경, 보완 또는 추가하여 빠짐없이 작성하도록 한다.

다음은 위험성평가결과 기록 양식이다.

[표 3-58] 위험성평가 결과 기록 양식

1. 검토구간 : 2. 평가항목 :		3. 작성일자: 4. 평가검토일자:				
번호	평가기준	평가결과		위험도	개선 번호	개선 권고사항
		적정	보완			

(2) 체크리스트의 평가 및 기록

팀 리더는 팀 구성원들과 함께 각 평가기준에 따른 현재의 안전조치 적정여부를 검토한 후 평가결과를 적정 또는 보완으로 분류 표기하고 위험도란에는 예상되는 발생빈도와 강도를 조합한 위험도를 작성한다. 개선번호는 개선조치 우선순위를 기록하고 보완이 필요한 경우 개선권고사항에 따로 기재한다.

(3) 위험도의 평가

사고의 발생빈도와 유해위험물질의 누출량, 인명 및 재산피해, 가동정지 기간 등의 강도를 조합하여 1에서 5까지 위험도를 구분한다. 다음은 위험도 구분 매트릭스의 예이다.

[표 3-59] 위험도 구분 예시

강도 \ 발생빈도	3(상)	2(중)	1(하)
4(치명적)	5	5	3
3(중대함)	4	4	2
2(보 통)	3	2	1
1(경 미)	2	1	1

위험도 기준은 사업장의 실정에 맞게 정하되 발생빈도는 현재 안전조치를 고려하고, 강도는 현재 안전조치를 고려하지 않고 결정해야 한다. [표 3-60], [표 3-61]은 발생빈도와 강도를 구분하는 예이다.

[표 3-60] 발생빈도의 구분 예시

발생빈도	내 용
3(상)	설비 수명기간에 공정사고가 1회 이상 발생
2(중)	설비 수명기간에 공정사고가 발생할 가능성이 있음
1(하)	설비 수명기간에 공정사고가 발생할 가능성이 희박함

[표 3-61] 강도의 구분 예시

강 도	내 용
4(치명적)	사망, 부상 2명 이상, 재산손실 10억원 이상, 설비 운전정지 기간 10일 이상
3(중대함)	부상 1명, 재산손실 1억원 이상 10억원 미만, 설비 운전정지 기간 1일 이상 10일 미만
2(보 통)	부상자 없음, 재산손실 1억원 미만, 설비·운전정지 기간 1일 미만
1(경 미)	안전설계, 운전성 향상을 위한 개선 필요, 손실일수 없음

다음 [표 3-62]는 위험도 기준과 평가의 예이다.

[표 3-62] 위험도 기준과 평가(예)

위험도		위험관리기준	비고
5	허용불가 위험	즉시 작업중단(작업을 지속하려면 즉시 개선을 실행해야 하는 위험)	위험작업 불허(즉시 작업을 중지하여야 함)
4	중대한 위험	긴급 임시안전대책을 세운 후 작업을 하되 계획된 정비·보수기간에 안전대책을 세워야 하는 위험	조건부 위험작업 수용 (위험이 없으면 작업을 계속하되, 위험감소 활동을 실시하여야 함)
3	상당한 위험	계획된 정비·보수 기간에 안전대책을 세워야 하는 위험	
2	경미한 위험	안전정보 및 주기적 표준작업 안전교육의 제공이 필요한 위험	위험작업 수용(현 상태로 작업계속 가능)
1	무시할수 있는위험	현재의 안전대책 유지	

(4) 위험성평가 결과 조치계획 작성

위험성평가에서 제시된 위험도 및 개선권고사항을 고려하여 조치계획을 수립하고 조치계획이 없다고 판단이 되는 경우 비고란에 조치계획이 필요 없는 이유를 기재한다.

개선권고사항에 대한 후속조치가 필요한 경우 우선순위를 정하여 조치하도록 한다.

[사례 1] 보일러실 소화설비 체크리스트 분석법

검토구간 : 보일러실 소화설비   장치명 : 보일러실 소화설비

설계의도 : 보일러실 소화설비 적정배치 및 유지관리   검토일자 :   /도면번호 :   /페이지:1/1

체크리스트 점검항목	현재안전조치	위험 등급	평가결과		개선권고사항	비고
			적정	보완		
소화설비 기능 및 배치는 적절한가?	Sprinkler설치, 소화기15개비치	2	○			
소화설비 등은 주기적인 점검, 정비를 실시하고 있는가?	협력업체가 월간, 분기점검 실시	2	○			
소화용수 펌프용량은 충분한가?	용량500m³/hr×3대설치	1	○			
소화용수 펌프 압력은 충분한가?	현장공급압력7,0bar	1	○			
소화설비에 비상전원을 공급하는가?	엔진소방펌프2대, 화재중계기는Ni-Cd전지설치	2	○			
화재특성에 맞는 소화기를 비치하였는가?	CO_2소화기비치	1	○			
소화용수 배관은 동파방지 대책은 되어있는가?	지하배관 및 지상배관은 보온	1	○			
자동화재 경보장치는 정상 작동되는가?	회로점검실시	2	○			
내화설비는 적절히 설치되어 있는가?	주요구조물은 철근콘크리트로 설치	2	○			
비상시 인근 사업장과 통신수단은 구비되어있는가?	현장에 조정실, 지역주민과 통화가능한전화기 설치	1	○			
자위소방대는 구성되었는가?	주간, 야간 자위소방대 편성	1	○			

3-2-5   WHAT-IF 분석법

1) 개요

What-if 분석은 HAZOP이나 FMECA처럼 정확하게 구조화되어 있지는 않다. 대신에 사용자가 특별한 상황에 맞추어 기본개념을 수정해 가면 된다. 따라서 What-if 기법으로 대상공정의 위험성을 완전히 평가할 수 없는 경우에는 체크리스트 기법으로 보완하여야 한다.

What-if 분석의 목적은 나쁜 결과를 초래할 수 있는 사건을 세심하게 고려해 보는 것이다. 이 방법에는 설계단계, 건설단계, 운전단계, 공정의 수정 등에서 생길 수 있는 이탈의 현상의 조사가 포함된다. 이 분석을 하기 위해서는 공정의 목적을 이해해야 하고 원치 않는 결과를 초래하는 설계의도를 파악해서 거기서 생기는 이탈 현상을 조합하고 합성해 낼 수 있어야 한다. 만약 작성자가 숙련되어 있으면 이 분석을 통해 아주 좋은 결과

를 얻을 수 있다. What-if 분석은 What-if로 시작되는 질문을 사용한다.

예를 들면,
- What if the wrong material is delivered?
- What if pump A stop running during startup
- What if the operator opens valve B instead of A

이 질문들은 보통 관심이 있는 몇 가지 분야로 나누어진다. 예를 들면 전기에 대한 안전, 방화설비, 인명보호 등이다.

각 분야는 2~3명의 전문가로 이루어진 팀이 수행한다.

2) 작성기준
가) 공정의 흐름을 따라서 검토구간(NODE)을 설정한다.

나) 기계장치(예, 가열로, 반응기, 증류탑, 열교환기, 저장조, 압축기, 펌프 등)와 배관류, 기계류, 전기계통 등이 모여서 하나의 공정을 구성하는 경우에는 세부공정단위 또는 공정부문(예, 전처리부문, 가열부문, 정제부문, 회수부문 등)별로 묶어서 작성할 수 있다.

3) 사고예상질문의 내용에는 다음의 사항을 포함한다.
가) 장치의 고장

나) 공정조건의 이상(유량, 온도, 압력, 농도 등 공정변수의 이상과 이물질의 혼입 등 공정에 영향을 주는 모든 조건을 포함한다.)

다) 계기 및 제어계통의 고장

라) 유틸리티 계통의 고장 및 사고

마) 운전자의 태만 및 부주의로 인한 실수

바) 시운전, 정상운전, 가동정지 시에 운전 정지로부터의 이탈

사) 정비와 관련된 사고

아) 원료, 중간제품, 최종생산품의 저장, 취급 및 수송중의 사고

자) 외부요인에 의한 사고(항공기 충돌, 폭동, 폭풍, 낙뢰 등)

차) 위 항목들의 복합요인에 의한 고장 및 사고

카) 기타 위험을 야기할 수 있는 사고

4) 평가수행절차

길라잡이

가) 사고예상질문분석의 평가를 위한 수행절차는 다음과 같다.

① 공정의 설명

② 대상공정에 대한 서류검토 및 현장확인

③ 평가팀이 회합을 가지고 사고예상질문과 답변을 통하여 위험성평가를 실시.

나) 평가팀은 [서식2] 공정정보리스트 와 [서식3]의 도면목록을 작성한다.

다) 평가팀은 검토구간 별로 평가를 수행한 후 그 결과를 [서식4] 사고예상질문분석표에 기입한다.

라) 평가팀은 평가수행이 완료되면 [서식5]에 따라 조치계획을 작성한다.

5) 결과의 형태

사고예상질문분석의 결과는 목록의 형태로 나타내며 다음 사항을 반드시 포함하여야 한다. 분석의 결과는 정성적이나 경우에 따라 정량적으로 나타낼 수도 있다.

가) 사고예상질문

사고를 일으킬 수 있는 가능성을 질문의 형태로 작성한다.

나) 사고 및 결과

가)항에 대한 답변으로 사고의 내용과 그 결과 및 영향을 기술한다.

다) 위험등급

유해·위험물질의 누출량, 인명 및 재산피해, 가동정지 기간 등의 치명도와 발생빈도를 감안하여 1에서 5까지 위험등급을 표시한다. 위험등급, 발생빈도, 치명도는 [붙임1]에서 예시한 바를 참고하여 사업장의 특성에 맞도록 표준을 정한다.

라) 개선의 권고사항

위험으로부터의 보호수단 및 위험을 줄일 수 있는 방법 또는 사고대책 등을 기술한다.

마) 조치계획

대책의 우선순위, 책임부서, 대책마련 시한 및 진행결과 등을 기술한다.

구 분	성 명	학력 및 전공	경 력	비 고

[서식 1] 팀리더 및 구성원 인적사항

※ 구분 란에는 팀리더, 담당분야(전기기사, 공정기사 등)를 기재

공정번호	단위공정	특 성

[서식 2] 공정정보리스트

공정 :   PAGE :

도면번호	이름

[서식 3] 도면목록

공정 :
도면 :   검토일 :
구간 :   PAGE :

번호	사고예상질문	사고 및 결과	안전조치	위험등급	개선권고사항

[서식 4] 사고예상질문 분석표

PAGE :

번호	우선순위	위험등급	개선권고사항	책임부서	일정	진행결과	완료확인	비고

[서식 5] 조치계획

[붙임 1] 위험등급의 구분(예)

- 치명도(중대성, 강도)의 구분

치명도 ＼ 빈도	(1)상	(2)중	(3)하
(1) 치명적	1	1	3
(2) 보통	2	3	4
(3) 경미	3	4	5
(4) 무시	4	5	5

- 발생빈도의 구분(예)

빈도	내용
(1)상	설비 수명기간에 한번 이상 발생
(2)중	설비수명기간에 발생할 가능성이 있음
(3)하	설비수명기간에 발생할 가능성이 희박함

- 발생치명도(중대성)의 구분(예)

치명도	내 용
(1) 치명적	사망, 다수부상, 설비파손 1억원 이상, 설비운전 정지 기간 5일 이상
(2) 중대함	부상 1명, 설비파손 1,000만원 이상 1억원 미만, 설비운전 정지 기간 1일 이상 5일 미만
(3) 보통	부상자 없음, 설비파손 1,000만원 미만, 설비운전 정지 기간 1일 미만
(4) 경미	안전설계, 운전성 향상을 위한 변경

[붙임 2] 실시사례

공정개요

인산용액과 암모니아용액이 각기 유량조절밸브를 통하여 교반기가 설치된 반응기로 주입된다. 반응기에서는 인산과 암모니아가 반응하여 위험성이 없는 DAP(Diammonium Phosphate)를 합성한다. 생성된 DAP는 뚜껑이 없는 DAP탱크로 보내어 진다.

인산이 많이 투입되면 OFF SPEC제품이 생산되나 반응에는 위험성이 없다. 만일 암모니아가 인산에 비해 과량이 투입되면 미 반응 암모니아가 DAP탱크로 Carry-over된다.

DAP탱크의 잔여 암모니아가 누출될 경우 작업구역의 오염 및 인체에 악영향을 준다. 이에 대비하여 암모니아 감지기 및 경보기가 설치되어 있다.

사고예상질문(What-if)분석표

번호	What-if 질문	사고 및 결과	안전조치	위험등급	개선권고사항
1	만일 인산 대신에 다른 물질이 투입되는 경우	1) 다른 물질이 인산 또는 암모니아와 반응할 위험성 2) OFF-SPEC제품의 생산	①VENDOR의 신뢰성 ②물질취급절차서	4	-물질취급절차의 주기적 점검
2	만일 인산농도가 너무 낮은 경우	1) 미 반응 암모니아가 DAP탱크로 캐리오버하여 대기에 누출될 위험성	①VENDOR의 신뢰성 ②암모니아 감지기 및 경보기	3	-저장탱크에 주입하기 전에 인산의 농도를 확인
3	만일 인산에 이물질이 포함되어 있는 경우	1) 이물질이 인산 또는 암모니아와 반응할 위험성 2) OFF-SPEC제품의 생산	①VENDOR의 신뢰성 ②물질취급절차서	4	-물질취급절차의 주기적 교육 -취급물질에 명확한 Labeling
4	만일 인산주입라인의 B밸브가 잠겨져 있는 경우	미 반응 암모니아가 DAP탱크로 캐리오버하여 대기에 누출될 위험성	①주기적인 정비 ②암모니아 감지기 및 경보기 ③인산라인의 유량계	4	-암모니아 경보기 및 긴급차단 밸브 설치 (A라인의 Low Flow 대비)
5	만일 반응물질에 암모니아의 비율이 많은 경우	미 반응 암모니아가 DAP탱크로 캐리오버하여 대기에 누출될 위험성	①암모니아 용액라인의 유량계 ②암모니아 감지기 및 경보기	4	-암모니아 경보기 및 긴급차단 밸브 설치 (B라인의 High Flow 대비)

3-2-6 이상위험도분석(Failure Mode Effects & Criticality Analysis : FMECA)

FMECA는 시스템이나 공장의 기계설비, 이들의 고장모드와 그 결과 그리고 각 고장모드에 따른 영향분석(FMEA, 고장의 형태에 따른 영향분석)에 따라 확인된 치명적 고장에 대하여 피해와 고장 발생률에 의하여 위험성을 분석, 치명적인 고장을 사전에 예방하고 고장을 피할 수 없는 경우에는 그 피해를 최소화하는 대책을 수립하는 방법이다. 즉, FMECA는 FMEA에 치명도 분석(Criticality Analysis : CA)을 추가한 분석기법이다. 고장모드는 장치가 어떻게 고장이 났는가(Open/Close, On/Off, 누출 등)에 대한 시스템적 설명과정을 알기 쉽게 표로 나타낸 것이다. 고장모드의 결과는 장치고장으로부터 발생하는 시스템 응답이나 사고이다. FMECA는 중대한 사고에 결정적 영향을 미치거나 직접적인 원인이 되는 단일 고장모드를 알 수 있다. 운전자의 실수는 일반적으로 이 분석에서는 확인할 수 없다. 그러나 잘못된 운전의 영향은 보통 장치의 고장모드에 의해 설명된다. FMECA는 FTA에 비해 간단하고 특별한 훈련이 없더라도 분석이 가능하지만 사고를 야기하는 장치의 이상들 간의 연관성을 알아내는 데는 효율적이지 못하고 분석대상이 물적 요소에 국한되며 상대적으로 타 분석법보다 많은 노력이 든다는 단점이 있다.

주 대상공정은 반응, 증류 등 분리공정, 이송시스템, 전기계장시스템에 주로 사용되며 공정, 원료, 제품, 설비의 변경이 있을 때 분석이 효과적이다.

1) FMECA 작성방법

길 라 잡 이 _____

가) 분석팀의 구성

FMECA에 필요한 인원은 설비 또는 시스템의 크기와 복잡성에 비례하나 최소한 해당 설비 또는 시스템에 경험이 있는 다음과 같은 전문가로 구성한다.

① 팀장(FMECA교육 이수자 또는 FMECA를 사용하는 공정안전관리 팀의 일원으로 분석 업무에 참여하여 최종보고서 작성에 참여한 사람)

② 공정운전 및 공정설계 기술자

③ 정비 및 안전관련 기술자

나) 자료의 준비

① 공정설명서(화학반응, 에너지 및 물질수지를 포함)

② 설계 및 설계기준자료(장치 및 공정, 압력방출시스템, 안전시스템의 설계 및 설계기준을 포함)

③ 제조공정도면(공정흐름도(PFD), 공정배관·계장도(P&ID)를 포함)

④ 물질안전자료(유해, 위험물질의 저장 및 취급량 명세를 포함)

⑤ 안전운전지침서(시운전, 정상운전, 가동정지 및 비상운전 포함)

⑥ 점검, 정비, 유지관리 지침서(검사, 예방점검 및 보수절차 포함)

⑦ 신뢰성자료(부품 및 구성품의 신뢰성 자료, 고장 및 사고기록)

다) 고장형태에 따른 영향분석(FMEA)

FMEA를 수행하여 각각의 잠재된 고장형태에 따른 영향을 확인하고 체계적으로 분류한다. 또한 시스템 운전 시 부품 및 장치의 발생 가능한 각각의 고장형태를 분석하고 고장에 따른 영향 또는 결과를 분석한다.

FMECA는 설계의 복잡성과 취급 가능한 자료의 정도에 따라 분석방법을 다음과 같이 달리할 수 있다.

① 하드웨어 분석법

각각의 하드웨어의 목록을 작성하여 발생 가능한 고장 및 그 영향을 분석한다. 각각의 하드웨어 품목을 도면과 설계 자료를 이용하여 분석하는 방법으로 일반적으로 상향식 접근(Bottom-up Approach)방법을 사용한다. 그러나 필요에 따라서는 하향식 접근(Top-Down Approach)방법을 사용할 수도 있다. 그리고 각각의 확인된 고장형태에 따라 치명도 등급을 설정하고 설계 자료에 의하여 수리 및 보완작업을 수행한다.

② 기능분석법

각각의 부품 및 시스템의 기능을 목록화하고 기능을 수행하지 못하는 고장 및 영향을 분석한다. 시스템이 복잡하여 하드웨어 품목으로 단계설정이 어려운 경우에 사용한다. 각각의 확인된 고장형태에 따라 치명도 등급을 설정하고 설계자료에 의하여 수리 및 보완작업을 수행한다.

③ 복합분석법

하드웨어분석방법과 기능분석방법을 복합적으로 사용해서 분석한다.

[표 3-63] FMECA의 주요 구성항목

1. 항목	2. 기능	3. 고장의 형태	4. 고장반 응시간	5. 작업 또는 운용단계	6. 고장의 영향				7. 고장발 견방식	8. 시정 활동	9. 중대성 분석	10. 소견
					서브 시스템	시스템	사명	인원				

㉮ 식별번호 및 품명 또는 기능명

분석하고자 하는 부품, 구성품, 장치 또는 시스템의 식별번호 및 명칭을 기재한다.

㉯ 기능

기능 및 출력표를 참조하여 분석하고자 하는 부품, 구성품, 장치 또는 시스템의 기능을 기재한다.

㉰ 고장형태 및 원인

분석대상품목의 출력(성능)에 따라 모든 잠재적 고장을 고려하여 고장을 정의하여 원인과 함께 기술한다.

㉱ 고장반응시간

고장발생에서 고장의 최종영향까지 걸린 시간을 기술한다.

⑩ 작업 또는 운용단계

위험한 고장이 생길 확률이 있는 작업의 단계를 기술한다.

⑪ 고장의 영향

고장이 상위의 시스템, 서브시스템, 작업 및 인원에게 미치는 영향을 나누어 기술한다. 각각의 고장형태에 따른 영향을 최초 영향, 2차 영향, 최종영향으로 나누어 기술한다.

⑫ 고장발견 방식

고장발생시 고장을 발견할 수 있는 방법에 대해 기술한다.

⑬ 시정활동

고장을 수리하거나 또는 위험관리를 위하여 필요한 권고 및 조치방법을 상세히 기재한다.

⑭ 중대성(치명도) 분석(Criticality Analysis)

치명도는 고장발생 가능성과 고장의 결과(강도)에 따라 결정된다.

⑮ 소견

타 란에 포함 안 된 관련정보 등

라) 치명도분석(Criticality Analysis)

FMEA(고장형태에 따른 영향분석)에 치명도(중대성) 분석(Criticality Analysis)과 대응방안을 추가한 것이 FMECA(이상위험도분석)이다. 여기서 치명도는 고장발생 가능성과 고장의 결과(강도)에 따라 결정된다. 치명도 분석을 위한 고장의 단계 및 영향분석에서 고장의 단계는 0~4까지의 5등급으로 나누어 0 : 전혀 없음(None), 1 : 약간 있음(Slight) 2 : 중간정도(Moderate) 3 : 매우 큼(Extreme) 4 : 심각함(Severe) 등으로 구분한다.

그리고 고장의 영향이 얼마나 클 것인지의 평가와 고장으로 야기되는 위험의 정도는 얼마나 될 것인지 등도 순서에 따라 정해나간다. 최종적으로 고장을 예방하고 영향을 최소화할 수 있는 방법도 연구한다. 아래 표는 이상위험도분석의 양식이다.

[표 3-64] 이상위험도분석(FMECA)표

프로젝트 번호 : Drg Nos :	구성요소 : 팀 리더 : 팀 구성원 :			페이지 번호 : 날짜 : 참고자료번호 :			
번호	구성요소 기능묘사	고장모드	영향			빈도	강도	중대성 (치명도)	대책

번호	구성요소 기능묘사	고장모드	기타 아이템	시스템	안전	빈도	강도	중대성 (치명도)	대책

2) FMECA의 응용 예

다음 [표 3-65]는 자동차회사의 작업 프로세스에 대한 FMECA 분석의 사례이다.

[표 3-65] 자동차 회사의 FMECA 사례

		POTNETIAL FAILURE MODE AND EFFECTS CRITICALITY ANALYSIS Front Door L.H.				
System	1 – Automobile			FMECA Number		1450
Subsystem	2 – Closures.			Page 1 of 1		
X Component	3 – Front Door L.H.	Process Responsibility	Body Engineering	Prepared By		J. Ford – X6521 – Assy Ops
Model Year(s)/Vehicle(s)	199X/Lion 4dr/Wagon	Key date	3/31/2003	FMECA Date (Orig.)	3/10/2003 (Rev)	3/21/2003
Core Team	A. Tate Body Engrg, J. Smith – OC, R. James – Production, J. Jones - Maintenance					

아이템 공정 기능/규정 사항	잠재고장모드	잠재고장영향	심각도	잠재원인/고장 메커 니즘	발생	현행 프로세스 제어 예방	현행 프로세스 제어 검색	검색	RPN	권고 되는 조치	책임과 목표 개선일자	조치결과				
												조치사항	Sev	Occ	Det	RPN
3 - Front Door L.H.																
도어 안의 왁스 처리 매뉴얼 적용 내부도어로 호, 부식 방지를 위한 최소 왁스 두께 유지	특정면 도포한 왁스처리 활용분	도어의 수명저하 - 시간 경과시 녹 발생으로 고객불만족 대두 - 도어수재의 기능 저하	7	스프레이헤드를 과대하게 인입시키지 말고 매뉴얼대로 인입시킬 것	8		매시간당 비쥬얼 체크 고대시마다 필름두께 및 도포상태 측정. meter)	5	280	경계깊이 이상시 정 지장치 설치	Mfg Engrg - 3/10/2003	정지 장치 추가. 스프레이어 라인에서 체크	7	2	5	70
							스프레이의 자동화				Mfg Engrg - 3/10/2003	동일라인 다른 도어의 폭팔성 동으로 취소				
	스프레이헤드 막힘 - 점성과다 - 온도 너무 낮음 - 압력 너무 낮음		5	시작과 종료 시에 스프레이패턴시험, 헤드의 청소를 위해 예방정비 프로그램 운영		매시간당 비쥬얼 체크 1/교대 필름 두께 및 도포상태 측정		3	105	점성,온도, 압력에 대한 DOE(Design of Experiments)디자인 사용	Mfg Engrg - 3/10/2003	온도 압력 제한 장치 채택	7	1	3	21
	충격 동으로 스프레이헤드 변형		2	헤드의 보전을 위한 예방정비 프로그램 운영		매시간당 비쥬얼 체크 1/교대 필름 두께 및 도포상태 측정		2	28				7	2	2	28
	스프레이시간 활용분		8			운전자 교육 및 로트 샘플 (10개 도어/시프트)		7	392	스프레이 타이머 설 치	Mfg Engrg - 3/10/2003	자동 스프레이 타이머 설치	7	1	7	49

다음 [표 3-66]은 열교환기의 FMECA 분석의 예를 나타낸다.

[표 3-66] 열교환기의 FMECA분석

#	고장모드	고장원인	징후/ 알림표시	예견되는 발생빈도	결과(강도)	위험성
1	튜브고장	액체에 의한 부식(shell side).	냉각타워에서의 냄새. 타워에 탄화수소 (Hydrocarbon) 감지기 설치	10년에 2번 발생의 주기	탄화수소는 냉각수보다 고압에서 존재 -인화성물질이 냉각타워에 인입되거나 화재발생의 원인이 됨	A
2	튜브쉬트 (Tube sheet) 고장	튜브고장참조. 쉬트의 고장을 유발시킴. 튜브의 진동	#1.참조	가끔(Rare)	#1.참조	2B
3	릴리이프밸브 "열림"실패	1.기계적 고장 2.외부충격	대기 중의 탄화수소 -화재 및 환경위험초래	가끔(Rare)	심각(Serious)	C
4	릴리이프 밸브 "닫힘"실패	1.기계적 고장 2.중합물조성	None(passive failure)	불규칙	치명적(Critical)	B
5	튜브의 침식	냉각수의 빠른 유속.	튜브고장 참조	가끔(Rare)	치명적-튜브고장참조	B
6	벤트밸브 "열림"실패	기계적 고장	릴리이프밸브 "열림"실패 참조	가끔(Rare)	심각	C
7	벤트밸브 "닫힘"실패	기계적 고장	None(passive failure)	가끔(Rare)	드물게 턴어라운드정비 (turnaround maintenance)야기	C
8	드레인 밸브 "열림"실패	기계적 고장	릴리이프밸브 "열림"실패 참조	가끔(Rare)	심각	C
9	드레인 밸브 "닫힘"실패	벤트 밸브 "닫힘"참조				C
10	부식(튜브 면)	부적정 프로세스 composition.	튜브고장참조	불규칙	치명적	B

3-3 정량적 평가기법

3-3-1 사고결과분석(Consequence Analysis : CA)

사고결과분석은 가상사고 발생에 대해 정량적으로 피해수준을 예측하여 안전거리 확보 등 위험성 감소대책의 수립에 활용함으로써 근로자뿐만 아니라 인근 주민에까지 피해를 최소화함에 목적이 있다.

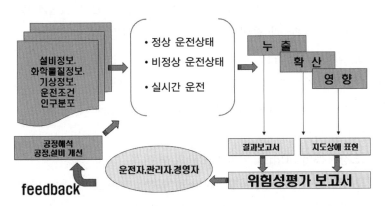

[그림 3-29] CA 개념도

2020. 1. 15. 개정된 '공정안전보고서의 제출·심사·확인 및 이행상태평가 등에 관한 규정'에서는 단위공장별로 인화성가스·액체에 따른 화재·폭발 및 독성가스 누출사고에 대하여 각각 1건의 최악의 시나리오와 각각 1건 이상의 대안의 사고 시나리오를 선정하여 정량적 위험성평가를 실시한 후 별지 제19호의2서식에 작성하고 사업장 배치도 등에 표시하도록 규정이 변경되었다.

CA를 위해서는 누출, 확산, 화재, 폭발, 복사열, 과압 등에 의한 피해영향범위 산정을 위해 모델링을 실시해야 하는데 다음과 같은 방법으로 실시가 가능하다.

1) 수계산(전자계산기)

2) 엑셀

3) 프로그램(K-CARM, ALOHA, PHAST, SAFER Trace, KORA)

최근에는 화학물질안전원에서 화학물질관리법 시행에 따른 "장외영향평가"를 지원하기 위해 무료 프로그램(KORA)을 개발, 보급하고 있다. 그 외에도 EPA(미국 환경보호청)에서 개발한 ALOHA도 사고결과분석(CA)에 많이 사용되고 있다.

길라잡이

1) 수계산에 의한 누출 모델링

누출물질의 상에 따라 액체누출, 증기누출, 2상 누출(액체-증기)로 구분되는데, 세부적인 것은 「KOSHA GUIDE P-92-2012 누출원 모델링에 관한 기술지침」에 따른다. 누출원 모델링을 위해서는 다음과 같이 누출구의 면적을 가정한다.

가) 이송 또는 압축설비를 제외한 화학설비의 균열 또는 파손

　　- 위험물질이 10분 동안 모두 누출될 수 있는 구멍(Hole)의 면적

나) 배관의 균열 및 파열

　　- 배관의 호칭지름이 50mm 미만 : 배관의 단면적

　　- 배관의 호칭지름이 50mm 이상 100mm 이하 : 50mm 배관의 단면적

　　- 배관의 호칭지름이 100mm 초과 : 배관 단면적의 20%

다) 이송 또는 압축설비의 균열 또는 파손

　　- 흡입측 배관의 크기에 따라 결정

라) 오조작에 의하여 밸브가 열린 경우

　　- 그 밸브의 구멍 면적

마) 비상배출인 경우

　　- 비상 배출관의 내경의 면적

■ 화학설비(용기)에서 가스 또는 증기 상태 누출

임계흐름압력비 산정

$$\left(\frac{P}{P_s}\right)_{CR} = \left(\frac{2}{\gamma+1}\right)^{\frac{\gamma}{\gamma-1}}$$

여기서, P : 임계흐름압력(kg/cm² · A)

   P_s : 운전압력(kg/cm² · A)

   r : 비열비(Cp/Cv)

누출속도 음속 이상 : Pa/Ps≤(P/Ps)CR(임계흐름압력비) – 대기압 영향 무

$$Q = C_D A P_s \sqrt{\frac{\gamma g_c MW}{R T_s} \left(\frac{2}{\gamma+1}\right)^{\frac{(\gamma+1)}{(\gamma-1)}}}$$

여기서, C_D : 누출계수(무차원)

   P_a : 대기압력(kg/cm² · A)

   T_s : 운전온도(K)

누출속도 음속 미만 : Pa/Ps 〉 (P/Ps)CR

$$Q = C_D A P_s \sqrt{\frac{2 g_c MW}{R T_s} \frac{\gamma}{\gamma-1} \left[\left(\frac{P_a}{P_s}\right)^{\frac{2}{\gamma}} - \left(\frac{P_a}{P_s}\right)^{\frac{(\gamma+1)}{\gamma}}\right]}$$

여기서, P_a : 대기압((kg/cm² · A)

[표 3-67] 누출계수

누출지점의 형태	흐름의 상태	누출계수(CD)
벤츄리미터/노즐	–	0.05~0.99
오리피스/구멍	음속미만	0.61~067
	음속이상, Pa/P1 ≃ PCF/P1	0.75
	음속이상, P1≫Pa	0.84

2) 엑셀에 의한 누출 모델링

다음 [그림 3-30]과 같이 계산과정이 입력된 엑셀을 이용해 모델링 한다.

용기에서의 액체 누출			
저장액체의 밀도@운전온도	=	1405	kg/m³
탱크내 누출지점을			
기준으로 한 액체의 높이	=	1,3	m
배출계수(Cd)	=	0,61	
누출속도	=	29,32779	kg/s
총누출량	=	17596,68	kg
<누출기구별 Cd값>			
Release Assembly		Cd	
Venturi Meter / Nozzle		0,95 ~ 0,99 (음속 & 아음속)	
		0,61 ~ 0,67 (아음속)	
Orifice		0,75 for Pa/Ps ≒ (P/Ps)cr (음속)	
		0,84 for Ps ≫ Pa (음속)	

[그림 3-30] 엑셀을 활용한 모델링

3) 프로그램을 이용한 모델링

K-CARM, ALOHA, PHAST, SAFER Trace, KORA 같은 프로그램을 활용하여 모델링이 가능하다. 프로그램을 이용해 모델링을 할 경우 보다 더 쉽게 다양한 모델링이 가능하다. 단, PHAST 같은 프로그램은 라이센스를 구매해야 이용이 가능하다. 아래의 프로그램은 무료 프로그램으로서 QR코드 스캔 후 다운로드하여 사용이 가능하다.

[ALOHA]	[KORA]

프로그램의 종류에 따라 장단점이 있어 화재·폭발, 독성물질 누출 등 모델링 대상에 따라 적합한 것을 사용해야 한다. 다음은 ALOHA를 이용한 모델링의 예이다.

(1) Choosing a Location and a Chemical

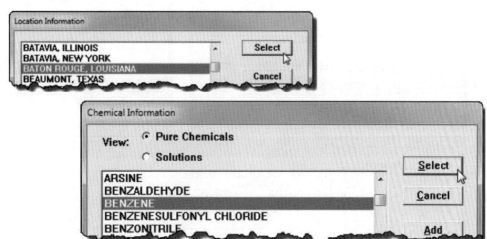

(2) Entering Weather Information and Ground Roughness

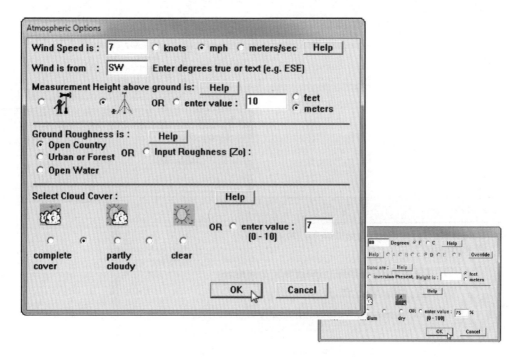

(3) Describing the Release

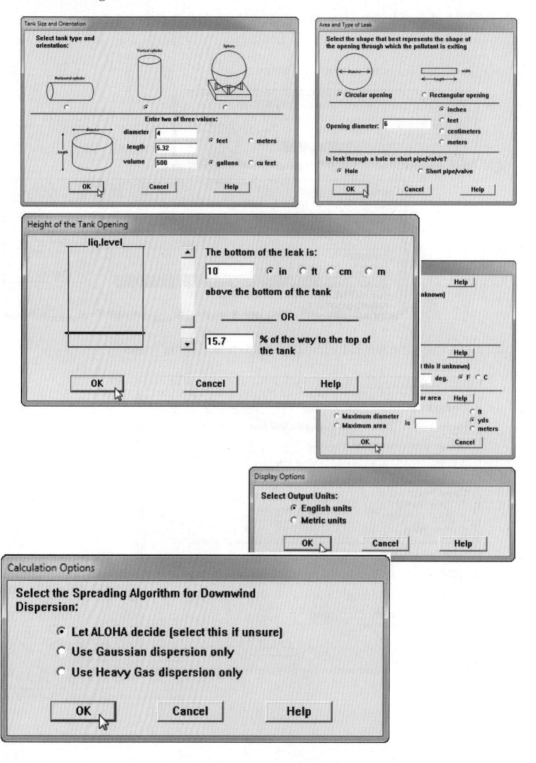

(4) Checking the Model Settings

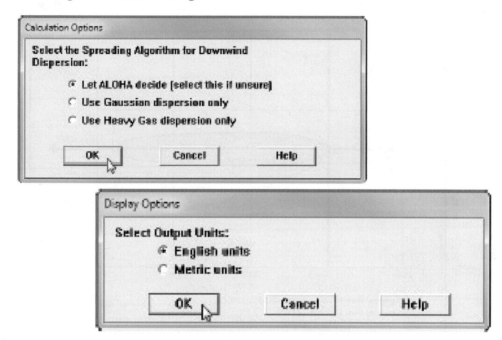

(5) Choosing LOCs and Creating a Threat Zone Estimate

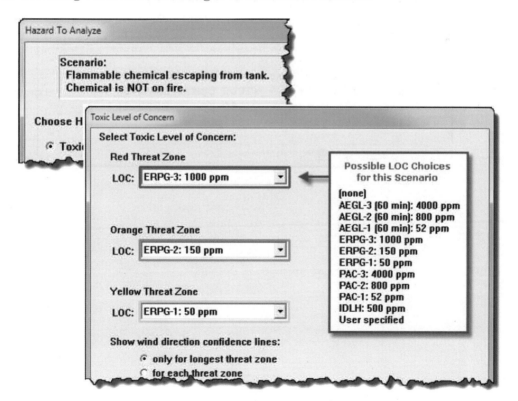

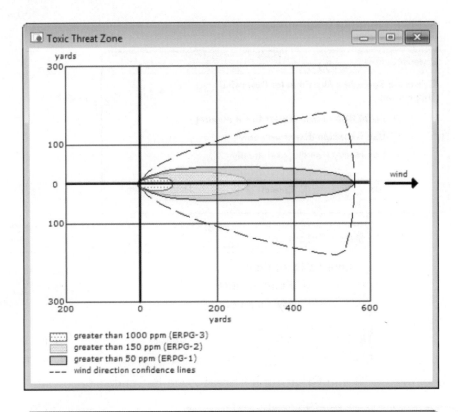

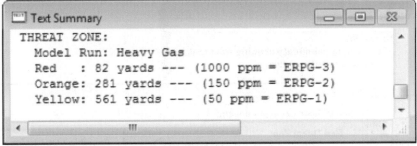

3-3-2 사건수 분석법(Event Tree Analysis : ETA)

1) ETA의 개요

FTA가 어떤 사고나 재해에서 시작해서 그 앞 과정에서 있었던 재해발생 원인이나 요인을 분석해 가는데 비해 ETA는 분석의 방향이 전혀 반대이며 이 분석에 의해서 처음에는 예상할 수 없었던 재해 발생 가능성을 밝혀 낼 수 있다.

ETA는 사고나 재해의 발단이 되는 사건이 시스템에 입력된 이후 그 영향으로 계속해서 어떠한 부적합한 상태로 발전해 가는지를 나무 가지가 갈래를 쳐 나가는 모양으로 분석을 계속해 나가는 방법이다. 복잡한 시스템에서 대형사고가 발생할 우려가 있는 경우에는 FTA와 ETA를 함께 사용해서 분석하면 더욱 분명한 결과를 얻을 수 있다.

안전기능이 유지되는지 아닌지를 나무 가지 모양으로 전개해 나가되 안전기능 유지가 안 되는 쪽으로 계속 분석해 나가다 보면 최종적으로 우리가 찾는 트러블이나 사고를 찾을 수 있게 되고 각각의 사고결과에 대한 시나리오를 예측할 수 있다. 아울러 각 요소의 고장률(failure likelihood)을 알게 되면 사고의 발생확률도 구할 수 있다. FTA 분석법이 연역적 방법인데 반해 ETA분석법은 귀납적 분석법이라 할 수 있다.

2) ETA의 작성방법

ETA를 수행하기 위한 준비사항으로 필요한 인원은 한명이상이면 가능하지만 다양한 원인을 찾아야 할 필요가 있을 때에는 팀을 구성해서 할 수도 있다.

팀을 구성하는 인원은 아래 각 항목에 대하여 지식과 충분한 경험을 갖고 있어야 한다.

가) 사건수분석 기법

나) 평가 대상 공정의 운전 및 위험요소

다) 평가 대상 공정의 설계 개념

라) 평가 대상 공정의 정비 보수

또한 사건수분석에 필요한 자료는 아래와 같으나 공정특성에 따라 추가 또는 삭제가 필요하다.

가) 사건을 발생시킬 수 있는 단위기기 및 설비에 대한 고장률

나) 사고사례를 통한 공정 사고의 발생빈도 관련 자료

다) 작업자 실수 관련 자료

라) 일반적 사고원인이 될 수 있는 사항에 대한 고장확률 자료

마) 운전절차서

바) 공정설명서(PFD, Heat & Material Balance 등 설계 기본개념 자료 포함)

사) 공정배관계장도(P&ID)

아) 제어시스템 및 계통설명서

자) 전기적/기계적 안전장치 목록

차) 설비배치도

카) 정비절차서 및 정비주기표

타) 운전자의 숙련도

파) 사건에 대한 비상조치계획

하) 기타 필요한 사항

길라잡이

ETA 분석을 수행하는 일반적 방법은 다음과 같다.

[제1단계] : 초기사건의 정의

① 발생 가능한 시스템/공정의 고장 또는 실패(Failure)나 혼란에 대해 예측한다.

② 이때 예측하여야 할 대상이란 설비나 시설에 반영되어 있는 방호대책을 말한다.

예 산화반응에서의 냉각수 공급이상

[제2단계] : 초기사건을 완화시킬 수 있는 안전요소 확인

③ 초기사건의 발생 시 대응할 수 있는 안전조치를 발생순서에 따라 파악한다.

④ 일반적으로 대응되는 안전조치의 유형은 다음과 같다.

　　- 자동안전장치(PSV, 긴급차단밸브 등)

　　- 경보(온도, 압력, 액위 등)

　　- 운전자의 대응(비상조치, 비상운전절차 등)

　　- 한계(위험)상황에서의 방호, 봉쇄방법(각종 인터록, 자동셧다운 등)

[제3단계] : ET 작성

⑤ 사건의 진행(대응)순서에 따라 좌에서 우로 기재한다.

⑥ 성공(Success)은 상부방향으로, 실패(Fail)는 하부방향으로 분할한다.

[제4단계] : 사고결과의 확인(재해결과의 해석)

⑦ 사건에 대한 대응단계별로 최종결과(재해결과)를 종류별로 분류한다.

⑧ 대응단계별 성공/실패의 확률을 대입하여 결과에 대한 발생률을 예측한다.

⑨ 예측된 발생률이 수용범위를 벗어날 경우 대응단계별 수정, 보완대책을 수립하거나 추가적인 대응책을 계획한다.

[표 3-68] ET분석을 위한 단계별 프로세스

STEP 1 Identify the initiating event	STEP 2 Identify safety function/hazard and determine outcomes	
STEP 3 Construct event tree to all important outcomes	STEP 4 Classify the outcomes in categories of similar consequence	
STEP 5 Estimate probability of each branch in the event tree	STEP 6 Quantify the outcomes	STEP 7 Test the outcomes

다음 그림은 ET작성방법의 예시이다.

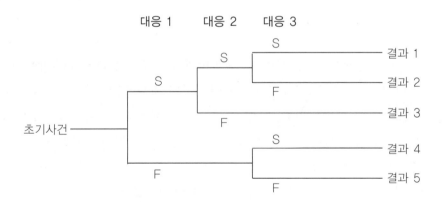

[그림 3-31] 사건수(Event Tree) 작성의 예

3) ETA의 사고발생확률 해석

다음 [그림 3-32]는 압력용기의 크랙 발생에 따른 폭발사고 발생확률과 관련한 ETA의 예이다.

(방아쇠사상) 크랙발생	조기 발견	정지 조치	파손 방지	누설 검지	착화 방지	폭발 (확률)

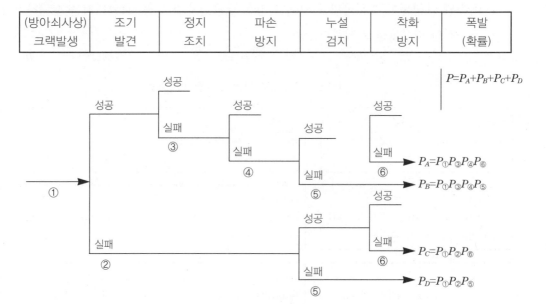

[그림 3-32] ETA와 사고 발생확률

ETA로 분석할 때 위의 그림은 「예」 또는 「아니오」의 논리수 및 「아니오」에 기인하는 「사고의 발생확률」을 나타내고 있다.

처음 사건의 발단은 ① 크랙의 발생이다. 이것에 대한 안전조치의 단계로 ② 조기발견 ③ 정지조치 ④ 파손방지 ⑤ 누설검지 ⑥착화방지로 이것이 실패하면 폭발이 발생한다. 여기서 크랙발생확률을 P_1, 크랙의 조기발견에 실패할 확률을 P_2, 정지조치의 실패확률을 P_3, 파손방지조치의 실패확률을 P_4, 누설검지의 실패확률을 P_5, 착화방지조치의 실패확률을 P_6로 정하면 [그림 3-32]에서 알 수 있는 바와 같이 누설검지 실패에 의한 사고 발생확률은 P_B와 P_D가 되며 어느 것이나 $P_1 \sim P_5$로 되어있다. 또한 착화방지조치의 실패에 의한 사고발생확률은 P_A와 P_C로 나타나며 어느 것이나 $P_1 \sim P_6$의 곱으로 되어있다. 따라서 폭발 발생확률은 $P = P_A + P_B + P_C + P_D$이기 때문에 폭발이 일어날 수 있는 확률을 제로로 하기 위해서는 P_1이 제로이거나 $P_2 \sim P_6$ 중에서 2개 이상만 제로이면 폭발은 발생하지 않는다.

4) ETA 주요사례

가) 산화반응에서의 냉각수 공급 이상

① 공정개요

산화반응(Oxidation Reaction)은 급격한 발열반응으로서 냉각수 공급 이상, 촉매에 의한 Hot Spot, 이상반응, 운전실수 등의 작은 결함에 의하여 반응폭주현상이 발생할 수 있다. 이와 같이 여러 원인들 중 반응기에 공급되는 냉각수 계통에 이상상태가 발생할 때에 초래할 수 있는 결과에 대하여 검토하고자 한다.

② 안전장치 및 대응관계 검토

  ㉮ 고온 경고(High Temperature Alarm)

    반응기 내부온도가 Set Point 이상 상승할 경우 경보작동

  ㉯ 조작자(Operator)에 의한 조치

    고온 경고(High Temperature Alarm)가 작동할 때 근무자는 냉각수계통 회복에 대하여 적절한 조치 실시.

  ㉰ 자동셧다운 시스템(Automatic Shutdowm System)

    반응기 온도가 허용할 수 있는 범위를 초과할 경우 공정에 대한 자동운전정지 시스템 작동

③ ETA 작성

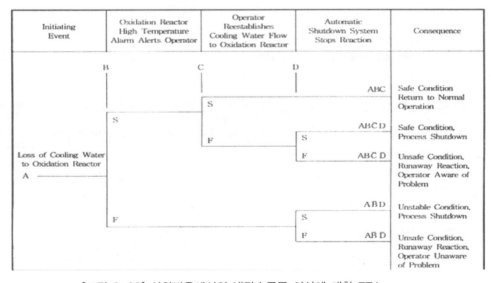

[그림 3-33] 산화반응에서의 냉각수공급 이상에 대한 ETA

④ 재해결과의 해석

㉮ 대응단계별 확률검토(예)

- High Temperature Alarm : S(0.9), F(0.1)
- Operator에 의한 조치 : S(0.9), F(0.05)
- Automatic S/D System : S(0.9), F(0.1)

㉯ 결과에 대한 발생확률 계산(예)

결 과	확 률
ABC	0.9×0.95=0.855
AB*C*D	0.9×0.05×0.9=0.0405
AB*CD*	0.9×0.05×0.1=0.0045
A*B*D	0.1×0.9=0.09
A*BD*	0.1×0.1=0.01
TOTAL	1.00

㉰ 평가(예)

평가항목	수용수준	평가결과	개선대책
안전, 정상조업	0.9	0.855	B,C
안전, 비정상	0.99	0.9855	B,C,D
폭주반응	0.01	0.0145	B,C,D

나) 가연성배관의 누출 또는 용기파열

① 공정개요

가연성가스(액화가스 포함)의 이송배관이나 저장용기의 파열은 화재, 폭발(폭연, 폭굉) 등 대형재해의 원인이 된다. 배관의 누출이나 용기 파열사고 시 진행단계에 따른 발생결과를 검토하고자 한다.

② 진행 및 대응단계에 대한 검토

㉮ 누출 즉시 점화

㉯ 누출 또는 확산의 차단

㉰ 점화 지연

㉒ 폭발

㉒ 폭굉

③ ETA 작성

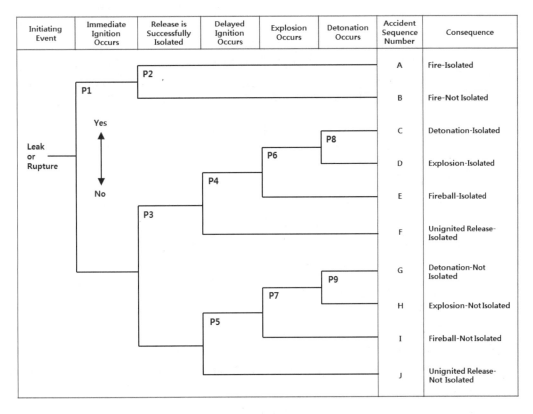

[그림 3-34] 가연성 가스누출에 대한 ETA

④ 재해결과의 해석 : 냉각수 공급이상에 대한 ETA에서와 동일절차

다) 사고 전과 사고 후의 ETA

사고 전 ETA는 사고로 나타날 수 있는 원인(고장)이 발생하였을 때 다중요소의 안전조치에 대한 효과를 평가하고 어떤 사고가 발생할 수 있는지를 예측하는데 이용할 수 있다. 발열반응에서 냉각시스템의 고장으로 인한 사고를 예측하기 위하여 실시한 ETA의 예를 [그림 3-35]에 나타내었다.

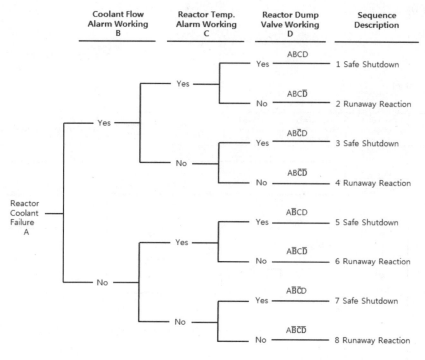

[그림 3-35] 사고 전 ETA

사고 후 ETA는 사고가 발생한 후에 어떤 사고결과(증기운 폭발, BLEVE, 플래시화재 등)가 일어날 수 있는지를 예측하는데 이용할 수 있다. [그림 3-36]은 가연성 물질이 X 지점에서 누출되고 바람방향으로 Y 지점에 점화원이 존재할 때의 사고결과를 예측하기 위하여 ETA를 실시한 예이다.

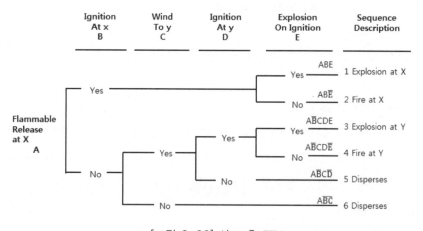

[그림 3-36] 사고 후 ETA

라) LPG 누출사고에 대한 ETA

LPG 저장탱크에서 압축되어 있는 가연성 물질이 대량으로 누출될 경우 발생할 수 있는 사고에 대한 ETA를 실시한 예이다.

[표 3-69]는 LPG의 누출로 인하여 발생할 수 있는 사고결과를 예측하기 위하여 각각의 사건에 대한 빈도/확률을 나타낸다.

[표 3-69] ETA 기본자료

Event	Frequency or probability	Source of data
A. 압축된 LPG의 대량누출	1.0×10^4/yr	FTA
B. 탱크에서 즉시 점화	0.1	전문가 의견
C. 바람방향이 주민거주지역임	0.15	
D. 주민거주지역 근처에서 지연된 점화	0.9	전문가의견
E. UVCE발생(플래시 화재와 비교하여)	0.5	과거사례
F. 제트화염이 탱크에 접촉	0.2	탱크배치도

[표 3-69]의 자료를 이용하여 ETA를 실시한 결과는 다음 [그림 3-37]과 같다.

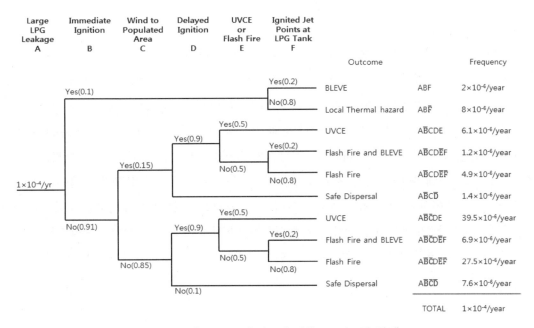

[그림 3-37] LPG 누출사고에 대한 ETA(그림 변경)

ETA 결과에서 사고결과별로 사고빈도를 종합하여 나타내면 [표 3-70]과 같이 나타낼 수 있다.

[표 3-70] 사고결과별 사고빈도

사고결과	시나리오	빈도(/yr)	
BLEVE	ABF	2.0×10^{-6}	$= 2.0 \times 10^{-6}$
플래시화재	$A\bar{B}CDEF + A\bar{B}CD\bar{E}\bar{F}$	$4.9 \times 10 + 27.5 \times 10^{-6}$	$= 32.4 \times 10^{-6}$
플래시와 BLEVE	$A\bar{B}CD\bar{E}F + A\bar{B}CD\bar{E}F$	$1.2 \times 10 + 6.9 \times 10^{-6}$	$= 8.1 \times 10^{-6}$
UVCE	$A\bar{B}CDE + A\bar{B}CDE$	$6.1 \times 10 + 34.5 \times 10^{-6}$	$= 40.5 \times 10^{-6}$
복사열 위험	$AB\bar{F}$	8.0×10^{-6}	$= 8.0 \times 10^{-6}$
안전하게 소산됨	$A\bar{B}C\bar{D} + A\bar{B}C\bar{D}$	$1.4 \times 10^{-6} + 7.6 \times 10^{-6}$	$= 100.0 \times 10^{-6}$

3-3-3 결함수 분석법(Fault Tree Analysis : FTA)

FTA란 1960년대 초 미국의 벨 전화연구소에서 군용으로 개발된 것으로 기계장치가 규칙적으로 운전되고 있는 상태에서 고장이 발생할 확률은 어느 정도인지를 알아보는 즉 그 운전상태의 안전성을 수학적으로 해석하는 방법으로 Fault Tree Analysis의 약자이다. FTA의 목적은 재해나 사고의 발생을 확률적, 정성적 그리고 정량적으로 평가하는데 있다. 기업에서는 작업자와 기계설비가 주된 구성요소가 되며 기계는 작업자에게 조작, 감시되면서 일정한 동작을 통해 제품을 만들어 내고 있다.

이와 같이 작업자가 기계를 사용하여 일을 하는 상태를 시스템(System)이라 하고 이 상태가 충분하게 안전한가를 평가하는데 FTA가 활용된다. FTA는 기계부품의 고장률이나 인간의 작업행동의 불안전한 빈도수 등의 자료를 모으거나 작성된 FT도에 주요 요소의 발생확률을 기입하고 계산하는 등 정량적인 해석을 시도하나, 대부분의 나라에서 이들 주요 요소들에 대한 고장률 자료가 정리되어 있지 않기 때문에 정량적 해석에는 한계가 있다. FTA에서 수학적 해석을 제외한다 해도 재해요인 분석과 대책수립에 유익하게 활용할 수 있다. 재해사례의 재해발생 원인들 간의 상호관계를 정확하게 도식화하여 세세한 부분까지 분석해 들어갈 때 적절한 안전대책을 마련할 수 있으므로 재해예방을 위해 극히 유용한 방법이다.

1) FT 작성방법

FTA를 수행하기 위한 준비사항으로 필요한 인원은 한명이상이면 가능하지만 다양한 원인을 찾아야 할 필요가 있을 때에는 팀을 구성해서 할 수도 있다.

팀의 구성원은 아래 각 항목에 대하여 지식과 충분한 경험을 갖고 있어야 한다.

가) 결함수분석 기법

나) 평가 대상 공정의 운전 및 위험요소

다) 평가 대상 공정의 설계 개념

라) 평가 대상 공정의 정비 보수

또한 결함수분석에 필요한 자료는 아래와 같으나 공정특성에 따라 추가 또는 삭제가 필요하다.

가) 기본사상(Basic event)을 발생시킬 수 있는 단위기기 및 설비에 대한 고장률

나) 기본사상(Basic event)을 발생시킬 수 있는 단위기기 및 설비에 대한 이용불능도

다) 작업자 실수 관련 자료

라) 일반적 사고원인이 될 수 있는 사항에 대한 고장확률 자료

마) 운전절차서

바) 공정설명서(PFD, Heat & Material Balance 등 설계 기본개념 자료 포함)

사) 공정배관계장도(P&ID) 및 주요기계장치 기본설계자료(Equipment data sheet)

아) 설계개념을 포함한 제어시스템 및 계통설명서

자) 전기적/기계적 안전장치 목록 (경보 및 자동운전정지 설정치 목록 포함)

차) 설비배치도(Plot Plan 및 Equipment layout drawing)

카) 정비절차서 및 정비주기표

타) 운전자의 책무

파) 비상조치계획

하) 기타 필요한 사항

　① 배관재료 등 표준 및 사양서

　② 안전밸브의 설정치 및 용량 산출자료

　③ 물질안전보건자료

　④ 유틸리티 사양서 등

D.R Cheriton의 「FTA의 작성순서」에 의거 다음과 같은 단계로 나누어 실시한다.

(1) 정상사상(Top Event)의 선정
(2) 대상 플랜트, 공정특성파악
(3) FT도 작성
(4) FT 구조해석
(5) FT 정량화
(6) 해석결과의 평가

[제1단계] : 정상사상(Top Event)의 설정

① 정상사상이 발생할 수 있는 원인과 경로를 연역적으로 분석한다. 즉, 사고, 재해의 모델화를 통해 대책을 세워야 할 문제점에 대한 중요도 또는 우선순위를 결정한다.
② 재해의 위험도를 고려하여 해석할 재해(정상사상, Top event)를 결정한다.
이때 필요하다면 예비위험분석(PHA)을 실시한다.

[제2단계] : 대상 플랜트, 공정의 특성을 파악

③ 해석하려는 시스템의 공정과 작업내용을 파악한다.
④ 재해와 관련 있는 설비, 재료, 운전지침서, 배치도 등을 준비하고 이를 숙지한다.
⑤ 예상되는 재해에 대하여 과거의 재해사례나 재해통계 등을 활용하여 가급적 폭넓게 조사한다.
⑥ 재해와 관련이 있는 작업자 실수(Human Error)에 대하여 그 원인과 영향을 상세히 조사한다.

[제3단계] : FT도 작성

⑦ 정상사상에 대한 1차 원인을 분석한다.
⑧ 정상사상과 1차 원인과의 관계를 논리 게이트로 연결한다.
⑨ 1차 원인에 대한 2차 원인(결함사상)을 분석한다.
⑩ 1차, 2차 원인과의 관계를 논리 게이트로 연결한다.
⑪ ⑨, ⑩항을 더 이상 분할할 수 없는 기본사상(Basic Event)까지 반복 분석한다.

[제4단계] : FT 구조해석

⑫ 작성된 FT를 수학적 처리(Boolean Algebra)에 의해 간소화한다.

⑬ 최소 컷셋(Minimal Cut Sets), 최소 패스셋(Minimal Path Sets)을 구한다.

⑭ 정상사상에 영향을 미치는 중요한 중간 및 기본사상을 파악한다.

[제5단계] : FT 정량화

⑮ 기본사상의 발생빈도나, 고장률, 에러 데이터 등을 정리하여 중간사상 및 정상 사상의 발생확률을 계산한다.

⑯ 재해발생 확률 계산 결과는 과거의 재해 또는 유사한 재해의 발생률과 비교하고 현격한 차이가 날 경우 재검토한다.

[제6단계] : 해석결과의 평가

⑰ 재해발생 확률이 허용할 수 있는 위험수준을 초과할 경우 이것을 감소시키기 위한 대책을 수립한다.

⑱ 대책수립 시에는 경제성, 작업성, 보전성 등을 종합적으로 감안한다.

FTA의 수행절차는 상기와 같은 것이 일반적인 방법이지만, 대상 시스템의 특성에 따라 수행 단계별 비중이 달라질 수 있다. 그러나 이와 같은 여러 단계의 절차 중에서도 해석결과의 평가가 매우 중요하다고 할 수 있다. 즉 산출된 재해발생확률의 빈도가 재해의 중대성 여부에 따라 허용될 수 있는가를 평가하는 것과 허용되지 않는 경우 발생확률을 감소시키기 위하여 개선을 실시할 때 효과적 개선방안을 수립하는 것이다.

다음은 FTA의 단계별 수행절차를 그림으로 나타낸 것이다.

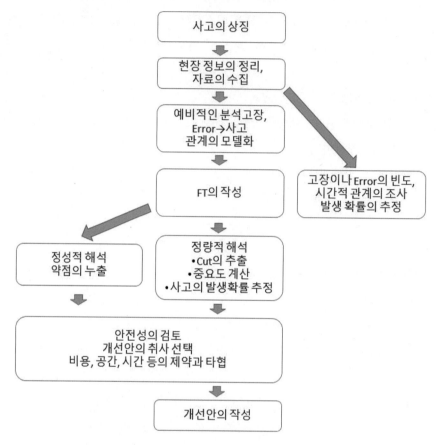

[그림 3-38] FTA의 수행절차도

[표 3-71] FTA를 활용한 재해사례연구의 순서

Step	Step의 설명
1. 정상사상의 선정 ① System의 안전보건 문제점 파악	① 생산공정의 구성, 기능, 작동 및 작업방법이나 동작 등의 System에 대하여 현장의 정보에 의거 안전보건상의 문제점을 파악한다.
② 사고, 재해의 모델화	② 작업자의 Error나 Mistake 및 기계, 설비의 트러블(Trouble)이 사고나 재해를 가져오개한 경과를 모델화한다.
③ 문제의 중요도, 우선순위 결정	③ 대책을 수립하여야 할 문제점에 대한 중요도 또는 우선순위를 결정한다.
④ 해석할 정상사상의 결정	④ 해석할 사상이 되는 항목을 정상 사상으로 선정한다.

2. 사상마다 재해원인,
  요인의 규명
① Level1
  정상사상의 재해원인 결정
	① Level1
	  ㉮ 정상사상에 관련되는 재해원인(1차원인)을 물질 및 사람의 측
	    면에서 열거한다.
	  ㉯ 정상사상과 재해원인과의 인과관계를 논리기호로 연결한다.

② Level 2
  중간사상의 재해요인 결정
	② Level 2
	  ㉮ 1차원인인 재해원인마다 2차적 재해원인(재해요소)을 물질
	    및 사람의 측면에서 해석한다. 이들의 재해원인 및 재해요인
	    을 중간사상이라고 한다.
	  ㉯ 1차원인 및 2차요인을 논리기호로 잇고, 부분적 FT도를 작성
	    한다.
	  ㉰ 필요가 있으면 중간사상의 발생조건을 첨가한다.

③ Level 3
  기본사상까지의 전개
	③ Level 3~n
	  ㉮ Level 3 이후는 Level 2의 순서를 반복한다.
	  ㉯ 더 이상 해석할 수 없는 Level n 까지 계속하여 말단의 기
	    본사상을 파악한다.

3. FT도의 작성
① 부분적 FT도를 다시
  본다.
 	
② 중간사상의 발생조건의
  재검토
③ 전체의 FT도의 완성
	① Step 2에서 작성한 부분적 FT도의 재해원인 및 요인의 상호관
	  계를 다시보고 필요한 간략화나 수정을 한다. 논리의 기호를
	  OR로 할 것인가, AND로 할 것인가를 결정한다. 애매할 때에
	  는 먼저 대책을 생각하게 되면 결정하기 쉽다.
	② 중간사상의 발생조건에 대해여 재검토한다.
	
	③ 전체의 FT도를 완성한다.

4. 개선계획의 작성
① 안전성이 있는 개선안의
  검토
② 제약의 검토와 타협
 	
③ 개선안의 결정
 	
④ 개선안의 실시계획
	① FT도에 의거 안전성을 배려한 효과적인 개선안을 검토한다. 이
	  때 Success Tree(ST도)를 작성하면 편리하다.
	② 비용, 공간, 시간 등의 제약을 검토하고 필요에 따라 타협안을
	  세운다.
	③ 개선안을 경제성, 조작성의 면에서 검토하여 취사선택하고 채용
	  할 안을 결정한다.
	④ 개선안에 의거 실시계획을 세운다.
	  ㉮ FT도의 OR에 대해서는 모든 재해원인 및 요인에 대해 대책
	    을 세운다.
	  ㉯ FT도의 AND에 대해서는 재해원인 또는 요인 가운데 어느
	    하나에 대해서 대책을 세우면 재해를 방지할 수 있으나 되도
	    록 많은 요인에 대하여 대책을 수립, 이중, 삼중의 안전대책
	    을 수립하는 것이 유리하다.

2) FTA의 사고발생확률 해석

다음 [그림 3-39]의 FT도에 있어서 사상 G_1은 기본사상 ① 및 ②의 논리곱으로 표시되어 있다. 따라서 사상 G_1은 ① 및 ②가 동시에 존재할 때만 발생하며 그 발생확률은 $P_{G1} = P_① \times P_②$이다.

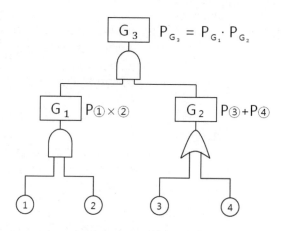

[그림 3-39] 정상사상의 발생확률

또 사상 G_2는 기본사상 ③ 및 ④의 논리합으로 표시되어 있기 때문에 그 발생확률은

$PG_2 = P_③ + P_④$이다. 마찬가지로 정상사상 G_3의 발생확률은

$PG_3 = PG_1 \times PG_2 = (P_① \times P_②) \times (P_③ + P_④)$이다.

이와 같이 상정된 재해의 발생확률을 구하는 것은 이론적으로는 가능하다. 그러나 산업재해에서 사람은 재해의 요인이 되기도 하고 반대로 재해를 방지하는 행동도 하기 때문에 동작의 확률수치를 구하기가 어렵고 물리적 결함 확률치도 산정하기가 어려워 확률계산에는 한계가 있다.

【참고】

[그림 3-40]의 Tree에서는 G_1과 ①, ②를 AND기호로 연결시킨 것이다. 따라서 이것은 ①과 그리고 ②가 되면 G_1이 되는 것을 표현한다. ①이 일어나는 것만으로 G_1은 발생하지 않으며 ②가 일어나는 것만으로도 G_1은 발생하지 않는다. 반드시 ①과 ②가 함께 일어나지 않으면 G_1은 발생하지 않는다. 이를 수식화하면 $G_1 = ① \times ②$가 된다. 예를 들면 ①은 ②로 부터 ②는 ①로부터 아무런 영향을 받지 않으며 각각 독립적이다. 여기서 ①의

발생확률을 0.1 ②의 발생확률을 0.2라고 할 때 G_1은 ①, ②각각의 발생확률보다 작은 값을 갖게 된다. 접근방지장치를 2중으로 하든가 인터록장치를 하고 FT에 AND기호를 넣음으로써 AND기호의 상단에 쓰인 사상의 발생확률은 이전보다도 낮게 된다.

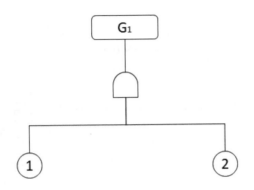

[그림 3-40] AND기호를 나타내는 FT도

[그림 3-41]의 Tree는 G_2와 ③, ④를 OR기호로 연결시킨 것이다. 이는 ③ 또는 ④이면 G_2라는 것을 나타낸다. ③이 일어나는 것만으로도 G_2가 발생하고 ④가 일어나는 것만으로도 G_2가 발생한다. 이를 수식화하면 $G_2 = ③+④$가 된다. 예를 들면 ③, ④는 각각 독립이라 하고 ③의 발생확률을 0.1 ④의 발생확률을 0.2라고 하면 G_2의 발생확률은 반드시 일어나는 발생확률 1에서 ③도 일어나지 않고(1-0.1) ④도 일어나지 않는(1-0.2) 확률, 즉 (1-0.1)(1-0.2)를 뺀 값이 된다. 즉, G_2의 발생확률은 1-(1-0.1)(1-0.2)이 된다. 여기서 알 수 있는 것은 G_2의 발생확률은 ③과 ④의 발생확률을 더한 값에 가깝다는 것이다.

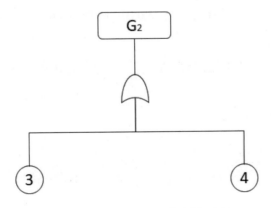

[그림 3-41] OR기호를 나타내는 FT도

3) FT 주요사례

[그림 3-42]는『전장 2.5km 터널공사의 터널관통 후 가스절단 작업 중에 화재가 발생, 작업 중인 근로자 2명과 구조 작업원 2명이 함께 일산화탄소 중독으로 사망』의 재해에 대한 FTA이다.

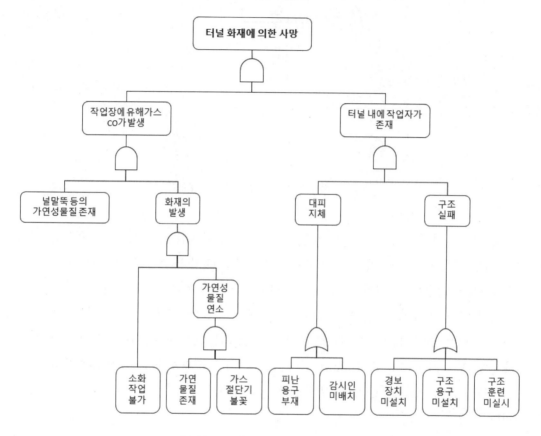

[그림 3-42] 터널화재에 대한 FTA

다음 [그림 3-43]은 프레스작업에서의 사고로 손이 절단된 사례를 FTA기법으로 분석한 것이다.

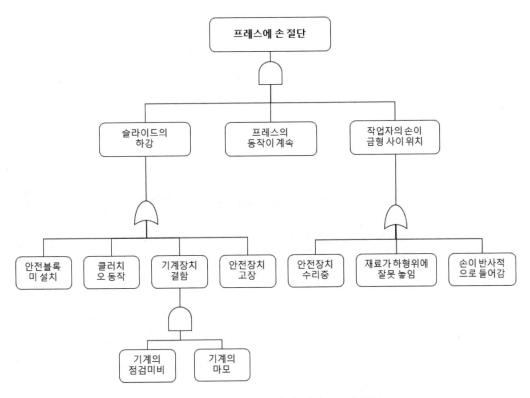

[그림 3-43] 프레스작업의 손절단사고의 FTA

제4장

PSM 평가 및
지도 착안사항

공정안전관리보고서 제출 후 고용노동부나 안전
보건공단에서 실시하는 최초확인, 이행평가 및
각종 지도감독 시에 PSM 관계자가 준비하여야
할 사항들을 중점으로 정리하였다.

4-1 PSM 적용대상

PSM 적용대상 여부는 공장등록증 상의 업종코드 또는 산업안전보건법 시행령 [별표 10]의 유해·위험물질 규정량의 초과여부를 통해 확인한다.

4-1-1 업종분류에 의한 판단

업 종	업종분류코드	업 종	업종분류코드
원유 정제처리업	19210	질소질 화학비료 제조업	20201
기타 석유정제물 재처리업	19229	복합비료 제조업	20202
석유화학계 기초 화학물질 제조업	20111	화학 살균·살충제 및 농업용 약제 제조업	20321
합성수지 및 기타 플라스틱물질 제조업	20202	화약 및 불꽃제품 제조업	20494

(1) 상기 업종코드는 표준산업분류에 의한 업종분류코드로서 공장등록증상의 업종코드로 확인하는 것이 우선임
(2) 산재보험 가입 또는 사업자등록증 상의 업종·업태는 참고사항임

길라잡이

다음 [그림 4-1]은 공장등록증명서 상의 업종을 확인하는 예이다.

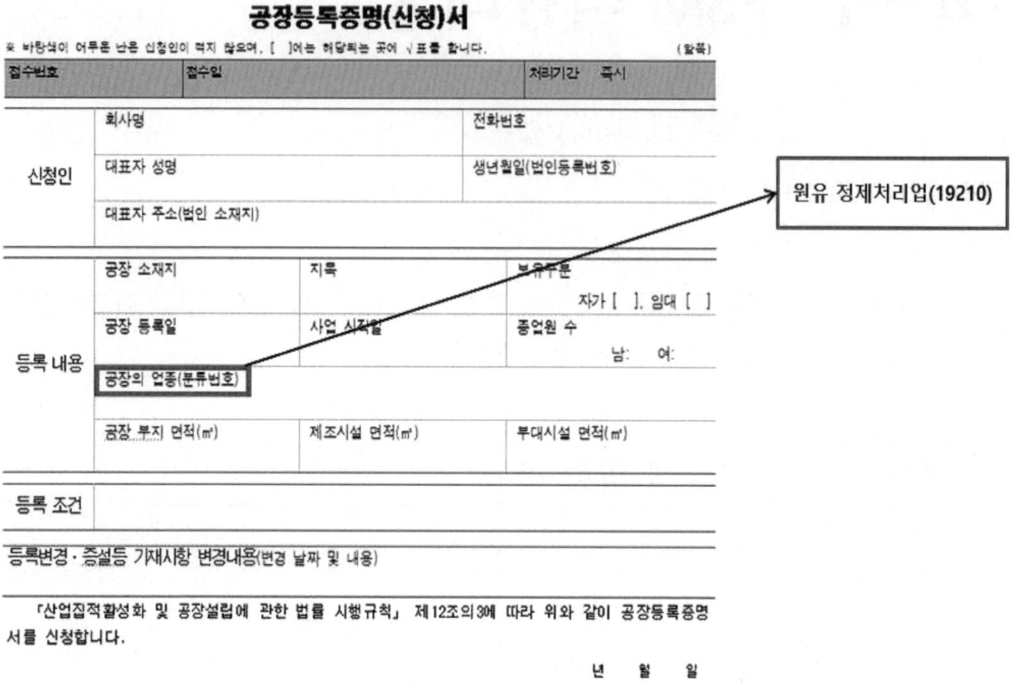

공장등록증명(신청)서

※ 바탕색이 어두운 난은 신청인이 적지 않으며, [ ]에는 해당되는 곳에 √표를 합니다.　　　　　　(활록)

접수번호	접수일		처리기간	즉시

신청인	회사명	전화번호
	대표자 성명	생년월일(법인등록번호)
	대표자 주소(법인 소재지)	

등록 내용	공장 소재지	지록	보유구분 자가 [ ]. 임대 [ ]
	공장 등록일	사업 시작일	종업원 수 남: 여:
	공장의 업종(분류번호)		
	공장 부지 면적(㎡)	제조시설 면적(㎡)	부대시설 면적(㎡)

→ **원유 정제처리업(19210)**

등록 조건	

등록변경·증설등 기재사항 변경내용(변경 날짜 및 내용)

「산업집적활성화 및 공장설립에 관한 법률 시행규칙」 제12조의3에 따라 위와 같이 공장등록증명서를 신청합니다.

년　월　일

[그림 4-1] 공장등록증의 표준산업분류 업종 확인(예)

4-1-2 유해·위험물질 규정량에 의한 판단

(산업안전보건법 시행령 [별표 13])

[표 4-1] 유해·위험물질 규정량(제43조제1항 관련)

번호	유해·위험물질	규정량(kg)
1	인화성 가스	제조·취급 : 5,000(저장 : 200,000)
2	인화성 액체	제조·취급 : 5,000(저장 : 200,000)
3	메틸 이소시아네이트	제조·취급·저장 : 1,000
4	포스겐	제조·취급·저장 : 500
5	아크릴로니트릴	제조·취급·저장 : 10,000
6	암모니아	제조·취급·저장 : 10,000
7	염소	제조·취급·저장 : 1,500
8	이산화황	제조·취급·저장 : 10,000
9	삼산화황	제조·취급·저장 : 10,000
10	이황화탄소	제조·취급·저장 : 10,000
11	시안화수소	제조·취급·저장 : 500
12	불화수소(무수불산)	제조·취급·저장 : 1,000

번호	유해 · 위험물질	규정량(kg)
13	염화수소(무수염산)	제조 · 취급 · 저장 : 10,000
14	황화수소	제조 · 취급 · 저장 : 1,000
15	질산암모늄	제조 · 취급 · 저장 : 500,000
16	니트로글리세린	제조 · 취급 · 저장 : 10,000
17	트리니트로톨루엔	제조 · 취급 · 저장 : 50,000
18	수소	제조 · 취급 · 저장 : 5,000
19	산화에틸렌	제조 · 취급 · 저장 : 1,000
20	포스핀	제조 · 취급 · 저장 : 500
21	실란(Silane)	제조 · 취급 · 저장 : 1,000
22	질산(중량 94.5% 이상)	제조 · 취급 · 저장 : 50,000
23	발연황산(삼산화황 중량 65% 이상 80% 미만)	제조 · 취급 · 저장 : 20,000
24	과산화수소(중량 52% 이상)	제조 · 취급 · 저장 : 10,000
25	톨루엔 디이소시아네이트	제조 · 취급 · 저장 : 2,000
26	클로로술폰산	제조 · 취급 · 저장 : 10,000
27	브롬화수소	제조 · 취급 · 저장 : 10,000
28	삼염화인	제조 · 취급 · 저장 : 10,000
29	염화 벤질	제조 · 취급 · 저장 : 2,000
30	이산화염소	제조 · 취급 · 저장 : 500
31	염화 티오닐	제조 · 취급 · 저장 : 10,000
32	브롬	제조 · 취급 · 저장 : 1,000
33	일산화질소	제조 · 취급 · 저장 : 10,000
34	붕소 트리염화물	제조 · 취급 · 저장 : 10,000
35	메틸에틸케톤과산화물	제조 · 취급 · 저장 : 10,000
36	삼불화 붕소	제조 · 취급 · 저장 : 1,000
37	니트로아닐린	제조 · 취급 · 저장 : 2,500
38	염소 트리플루오르화물	제조 · 취급 · 저장 : 1,000
39	불소	제조 · 취급 · 저장 : 500
40	시아누르 플루오르화물	제조 · 취급 · 저장 : 2,000
41	질소 트리플루오르화물	제조 · 취급 · 저장 : 20,000
42	니트로 셀롤로오스(질소 함유량 12.6% 이상)	제조 · 취급 · 저장 : 100,000
43	과산화벤조일	제조 · 취급 · 저장 : 3,500
44	과염소산 암모늄	제조 · 취급 · 저장 : 3,500
45	디클로로실란	제조 · 취급 · 저장 : 1,000
46	디에틸 알루미늄 염화물	제조 · 취급 · 저장 : 10,000
47	디이소프로필 퍼옥시디카보네이트	제조 · 취급 · 저장 : 3,500
48	불산(중량 10% 이상)	제조 · 취급 · 저장 : 10,000
49	염산(중량 20% 이상)	제조 · 취급 · 저장 : 20,000
50	황산(중량 20% 이상)	제조 · 취급 · 저장 : 20,000
51	암모니아수(중량 20% 이상)	제조 · 취급 · 저장 : 50,000

개정 2016.02.17

1. 인화성 가스란 인화한계 농도의 최저한도가 13% 이하 또는 최고한도와 최저한도의 차가 12% 이상인 것으로서 표준압력(101.3kPa)하의 20℃에서 가스 상태인 물질을 말한다.

   ex) 메탄, 부탄, 아세틸렌, LNG, 바이오가스 등

   ※ LNG는 도시가스 공급업체와 계약된 양을 기준으로 하루 동안 최대로 사용할 수 있는 양을 산정, 단 사업장 내에서 난방목적으로 사용하는 경우 제외

2. 인화성 가스 중 사업장 외부로부터 배관을 통해 공급받아 최초 압력조정기 후단 이후의 압력이 0.1 MPa(계기압력) 미만으로 취급되는 사업장의 연료용 도시가스(메탄 중량성분 85% 이상으로 이 표에 따른 유해·위험물질이 없는 설비에 공급되는 경우에 한정한다)는 취급 규정량을 50,000kg으로 한다.

3. 인화성 액체란 표준압력(101.3kPa)하에서 인화점이 60℃ 이하이거나 고온·고압의 공정운전조건으로 인하여 화재·폭발위험이 있는 상태에서 취급되는 가연성 물질을 말한다.

   ex) 가솔린, 경유, 등유, 벤젠, 톨루엔, 자일렌, 열매체유 등

   ※ 열매체유의 경우 열매체유의 최고운전온도가 열매체유의 인화점을 초과하는 경우 인화성 액체로 산정

■ 주의사항

1. 위험물, 환경, 유해화학물질, 고압가스 취급 등의 인허가서류의 허가량을 확인한다.
2. 실제 저장/취급량을 확인하여 인허가량이나 실제 저장/취급량 중 많은 것을 적용
3. 인화점 등의 정보는 MSDS를 이용하여 판단한다.

길 라 잡 이

1) 인화성가스의 중량 환산법

가스의 밀도를 구하여 중량으로 환산한다.

$$\rho_g = P_a M / RT_a$$

ρ_g : 가스밀도(kg/Nm³)

P_a : 대기압(101,325Pa)

M : molar mass of gas(kg/kmol)

- 도시가스 17.02kg/kmol
- 프로판 : 44kg/kmol
- 부탄 : 58kg/kmol

R : 기체상수(8,314J/kmol K)

T_a : 대기온도(K)

2) 단위공장 판단기준

- 단위공장 : 동일 사업장 내에서 제품 또는 중간제품(다른 제품의 원료)을 생산하는데
  필요한 원료처리 공정에서부터 제품의 생산, 저장(부산물 포함)까지의 일관공정을
  이루는 설비를 말한다.

사업장 내에 2개의 단위공정이 있는 경우에 규정량(R값)을 별도 산정하고, PSM대상
여부를 판정하기 위하여 다음 3가지 조건을 검토한다.

$$R = \frac{C_1}{T_1} + \frac{C_2}{T_2} + \cdots\cdots\cdots + \frac{C_n}{T_n}$$

(1) 위에서 규정한 단위공정일 것
(2) 안전거리를 확보할 것(산업안전보건기준에 관한 규칙 별표8 안전거리)
(3) 위험물 배관이 다른 단위공장과 연결되지 아니할 것

4-2 최초확인 시 준비사항

공정안전보고서의 심사 결과 적합한 경우 공사를 하는 과정에서 안전보건공단으로부터
다음과 같은 시기에 확인 심사를 신청하여 적합 판정을 받고 상업 운전을 하여야 한다.
확인 심사가 적합하다고 판정하기 이전에 운전을 하면 과태료가 부과된다.

1. 신규로 설치될 유해하거나 위험한 설비에 대해서는 설치 과정 및 설치 완료 후 시운
   전 단계에서 각 1회
2. 기존에 설치되어 사용 중인 유해하거나 위험한 설비에 대해서는 심사 완료 후 3개
   월 이내
3. 유해하거나 위험한 설비와 관련한 공정의 중대한 변경이 있는 경우에는 변경 완료
   후 1개월 이내
4. 유해하거나 위험한 설비 또는 이와 관련된 공정에 중대한 사고 또는 결함이 발생한
   경우에는 1개월 이내(다만, 법 제47조에 따른 안전보건진단을 받은 사업장 등 고용
   노동부장관이 정하여 고시하는 사업장의 경우에는 공단의 확인을 생략할 수 있다.)

4-2-1 설치 과정 중 확인 시 주요 준비 서류

NO	준비자료
1	심사 승인받은 공정안전보고서
2	산업안전보건위원회에서 보고서 심의 시 보완요구사항에 대한 처리결과 실적자료
3	최신 P&ID
4	심사 시 보완사항에 대한 처리 실적자료
5	심사 시 조건부 사항에 대한 처리 실적자료
6	조건부 적합 또는 부적합사항의 이행에 대한 처리 실적자료
7	공사하면서 발행한 안전작업허가서
8	유해, 위험한 기계기구의 검사관계서류(안전인증서 등)
9	회전기계는 축정렬(Alignment)을 실시한 관련 서류
10	가동 전 점검표 서식

NO	준비자료
11	내화처리 관련 페인트의 시험성적서, 두께 측정 결과 등의 서류
12	장치 및 설비의 설계사양서, 제작도면 및 제작자 공급자료(Vendor print)로부터 제공받은 자료
13	비파괴검사, 기밀시험, 내압시험, 후열처리 및 열처리 보고서
14	장치 및 설비별 제작, 설치시방서
15	배관자재 명세서(Piping material specification)
16	용접절차서(Welding procedure specification), 용접사 기능 Test Report
17	배관공사 설치시방서
18	비상전원에 연결되어 있는 부하 목록
19	위험성평가결과 개선권고사항이 P&ID, PFD 등 각종 도면 및 설계자료에 반영된 도면
20	위험성평가결과 개선권고사항의 이행계획서 실행결과 자료
21	위험성평가결과 개선권고사항이 안전운전지침 및 운전절차서 등에 반영된 자료
22	공사 중 변경된 부분에 대하여 실시한 위험성평가 자료
23	조치요구사항에 대한 조치일정과 책임부서를 정하여 후속조치 현황을 관리한 실적
24	공사 중 변경된 사항과 추진현황
25	안전보건교육일지
26	수급사에 대하여 합동점검, 순회점검 결과자료
27	협력업체 안전보건협의회 회의록
28	산업재해보고서
29	기타 공사 중에 수행한 안전보건 관련 서류

4-2-2 공정안전보고서 확인 시 주요 준비 서류

NO	준비자료
1	승인 받은 공정안전보고서
2	산업안전보건위원회에서 보고서 심의 시 보완요구사항에 대한 처리결과 자료
3	각종 As-built 도면(P&ID, U&ID 등)
4	심사 시 보완사항에 대한 처리 실적자료
5	심사 시 조건부 사항에 대한 처리 실적자료
6	조건부 적합 또는 부적합사항의 이행에 대한 처리 실적자료
7	설치과정 중 확인 시 지적사항의 이행한 실적 자료
8	유해·위험물질의 MSDS
9	유해·위험물질의 운전원 교육일지
10	동력기계목록, 장치 및 설비 명세 등의 제작자 공급자료(Vendor print)

NO	준비자료
11	사용 두께, 비파괴 검사, 기밀시험, 수압/기밀시험, 후열처리 및 열처리 보고서
12	사용재질에 관한 자료
13	유해·위험한 기계기구의 검사관계 서류(안전인증서 등)
14	회전기계는 축정렬(Alignment)을 실시한 관련 서류
15	장치 및 설비별 제작·설치시방서
16	배관자재 명세서(Piping material specification)
17	용접절차서(Welding procedure specification), 용접사 기능 Test Report
18	안전밸브의 방출시험 Test Report
19	계기시방서, 계기목록
20	내화처리 관련 페인트의 시험성적서 및 두께 측정 결과 등
21	제어속도 측정결과 자료
22	방폭 전기/기계·기구의 안전인증서
23	고압전선의 절연성능 및 절연내력 시험 Test Report
24	접지저항 측정결과 자료
25	비상전원에 연결되어 있는 부하 목록
26	위험성평가결과 개선권고사항이 P&ID, PFD 등 각종 도면 및 설계자료에 반영된 도면
27	위험성평가결과 개선권고사항의 이행계획서 실행결과 자료
28	위험성평가결과 개선권고사항이 안전운전지침 및 운전절차서 등에 반영된 자료
29	공사 중 변경된 부분에 대하여 실시한 위험성평가 자료
30	조치요구사항에 대한 조치일정과 책임부서를 정하여 후속조치 현황을 관리한 실적
31	공사 중 변경된 사항과 추진현황
32	운전절차서 등을 사내 규정에 따라 문서화하여 등록 관리 대장
33	비상운전절차를 포함한 운전절차서에 대한 해당 공정의 운전원 등의 교육일지
34	위험설비의 점검·정비·유지관리계획
35	안전작업허가서
36	수급사에 대하여 합동점검, 순회점검 결과자료
37	협력업체 안전보건협의회 회의록
38	협력업체 비상조치 훈련결과 일지
39	운전원 등에게 실시한 안전보건교육일지
40	가동전점검 실시결과 및 개선항목에 대한 조치결과
41	변경관리에 관련된 자료
42	변경된 내용에 대한 근로자 교육일지
43	자체감사 실시계획, 실시결과보고서
44	자체감사 결과를 근로자에게 교육 실시하고 교육일지 작성
45	공정사고, 산업재해 보고서
46	공정사고, 산업재해에 대하여 교육 및 교육일지
47	비상조치훈련실시, 훈련일지

4-3 이행상태평가 시 준비사항

길라잡이

공정안전보고서를 고용노동부 중대산업사고 예방센터에 제출하면 보고서와 현장의 일치여부를 담당 감독관과 안전보건공단 전문위원들이 확인을 나오게 된다.

우선 신규평가는 보고서 심사완료 후 1년 이내, 정기평가는 신규평가 후 매 4년, 재평가는 사업장에서 원할 경우 요청한 날로부터 6개월 이내에 실시한다.

이행상태평가는 사업장 단위로 평가함을 원칙으로 한다. 다만, 사업장의 규모가 크고 단위공장별로 공정안전관리체제를 구축·운영하고 있는 사업장에서 요청하는 경우에는 단위공장별로 이행상태를 평가할 수 있다.

보고서를 이미 제출하여 평가를 받은 사업장이 「산업안전보건법 시행령」 제43조(공정안전보고서의 제출 대상)에 해당하는 설비를 추가로 설치·이전하거나, 고용노동부고시 제2023-21호 '공정안전보고서의 제출·심사·확인 및 이행상태평가 등에 관한 규정' 제2조제1항(주요 구조부분의 변경)에 따른 주요 구조부분의 변경에 따라 보고서를 추가로 제출하는 경우에는 평가를 면제할 수 있다.

「이행상태의 평가기준」, 「P, S, M+, M-등급의 평가결과」, 「실태평가 항목별 배점기준」 등은 제1장 공정안전관리(PSM) 개요에서 이미 설명한 바 있다.

세부 평가기준은 고용노동부고시 제2023-21호 '공정안전보고서의 제출·심사·확인 및 이행상태평가 등에 관한 규정' 제57조(이행상태평가 기준)에서 확인할 수 있으며, 주요 14개 평가항목과 지적사항에 대해 다음과 같이 요약하였다. 다음은 위 고시의 별표 4 '세부평가항목'이다.

4-3-1 안전경영과 근로자참여

구분		항목	주요 지적사항
공장장	1	회사의 경영목표로 안전·보건을 우선적으로 강조하고 실천하는가?	• 공정안전보고서 작성 시 산업안전보건위원회 심의 또는 근로자대표 의견 미수렴 • 안전보건경영방침의 부재 • 경영층이 안전을 강조하나 행동으로 실천하지 않음(공정위험성평가 결과, 자체감사 결과, 변경관리 결과 등 공정안전관리업무 미확인) • 경영층(안전보건관리책임자)의 PSM제도 이해부족 • 경영층의 안전지식, 실행방법 및 능력부족
	2	공정안전관리(PSM) 12개 요소의 내용과 목적을 정확하게 이해하고 있는가?	
	3	공정위험성평가, 변경요소관리, 공정사고 및 자체감사 결과의 개선권고사항 및 처리 현황을 정기적으로 확인하고 있는가?	
	4	사업장 내·외부 PSM 관련 안전·보건 교육훈련계획을 승인하고 그 결과를 보고 받는가?	
	5	도급업체 안전관리의 구체적 내용을 잘 알고 있는가?	
	6	PSM 이행분위기 확산을 위해 노력하고 있는가?	
	7	안전보건활동(위험성평가, 자체감사, 외부 컨설팅 등)과 안전분야 투자를 연계하여 투자계획을 수립하는지	
	8	안전에 대한 목표를 설정하고 목표대비 실적을 평가하며 관련 내용을 근로자들에게 공유하는지	
	9	PSM 관련 활동에 근로자(도급업체 포함) 참여를 보장하는지	
관리감독자 (부장/ 과장 등)	10	공정안전관리(PSM) 12개 요소의 내용과 목적을 정확하게 이해하고 있는가?	• 공정안전관리 12개 요소의 이해부족 • 관리감독자의 직무이행 미흡(지식 및 능력부족) • 변경요소 관리 미실시 • 안전작업허가 절차 등 이해 부족
	11	안전·보건문제에 관하여 근로자 의견을 수시로 청취하여 조치하고 상급자에게 보고하는가?	
	12	공정위험성평가, 변경요소관리, 공정사고 및 자체감사 결과의 개선권고사항 및 처리현황을 정기적으로 확인하고 있는가?	
	13	안전작업허가절차에 대해 구체적으로 잘 알고 있는가?	
	14	설비의 점검·검사·보수 계획, 유지계획 및 지침의 내용에 대해 구체적으로 잘 알고 있는가?	
조장/반장	15	공정안전관리(PSM) 12개 요소의 내용과 목적을 정확하게 이해하고 있는가?	• 조장/반장의 직무이행 미흡(지식 및 능력부족)

조장/반장	16	안전·보건문제에 관하여 근로자 의견을 수시로 청취하여 조치하고 상급자에게 보고하는가?	• 공정안전관리 12개 요소의 이해 부족 • 자체감사 결과 미처리 • 설비 점검·검사·보수 및 유지계획 미숙지
	17	공정위험성평가, 변경요소관리, 공정사고 및 자체감사결과의 개선권고사항 및 처리현황을 정기적으로 확인하고 있는가?	
	18	안전작업허가 절차에 대해 잘 알고 있는가?	
	19	설비의 점검·검사·보수 계획, 유지계획 및 지침의 내용에 대해 잘 알고 있는가?	
현장 작업자	20	업무를 수행할 때 공정안전자료를 수시로 활용하고 있는가?	• 공정안전자료 미활용 • 가동 전 점검절차 미숙지 • 안전운전절차 미숙지 • 자체감사 결과 미통보 • 위험성평가 결과 미숙지 • 비상대응시스템 미숙지
	21	자신이 작업 또는 운전하고 있는 시설에 대해 가동전 점검 절차를 알고 있는가?	
	22	보고서에 규정된 안전운전절차를 정확하게 숙지하고 있는가?	
	23	공정 또는 설비가 변경된 경우 시운전 전에 변경사항에 대한 교육을 받는가?	
	24	상급자가 자체감사 결과를 설명해 주는가?	
	25	사업장 내 공정사고에 대한 원인을 알고 있는가?	
	26	자신이 작업 또는 운전하고 있는 시설에 대한 위험성평가 결과를 알고 있는가?	
	27	비상시 비상사태를 전파할 수 있는 시스템 및 자신의 역할(임무)을 숙지하고 있는가?	
정비보수 작업자(도급 업체직원 포함)	28	안전한 방법으로 유지·보수 작업을 수행할 수 있도록 작업공정의 개요·위험성·안전작업허가절차 등에 대하여 작업 전에 충분한 교육을 받았는가?	• 작업 전 안전교육 미실시 • 위험성평가 미실시 • 위험작업 안전조치 미흡
	29	화기작업관련 화재·폭발을 막기 위한 안전상의 조치를 잘 알고 있는가?	
	30	밀폐공간 작업 시 유해위험물질의 누출, 근로자중독 및 질식을 막기 위한 안전상의 조치를 잘 알고 있는가?	
도급업체 작업자	31	작업지역 내에서 지켜야할 안전수칙 및 출입 시 준수해야하는 통제규정에 대해 교육을 받았는가?	• 작업 전 안전교육 실시 여부 • 위험성평가 실시 여부 • 비상사태 시 취해야 할 조치사항에 대한 숙지상태
	32	작업하는 공정에 존재하는 중대위험요소에 대해 잘 알고 있는가?	
	33	작업 중에 비상사태 발생 시 취해야 할 조치 사항을 알고 있는가?	

안전관리자	34	PSM에 대한 충분한 지식을 보유하고, 사업장 내의 PSM 추진체계에 대하여 정확하게 이해하고 있는가?	• 안전관리자의 직무이행 미흡(지식 및 능력부족) • 연간 PSM 세부추진계획 미수립/미이행
	35	사업장의 PSM 추진상황에 대하여 수시로 조·반장 및 근로자 등의 의견을 수렴하고 문제점을 발굴하여 경영진에게 보고하는가?	
	36	정비부서 근로자, 도급업체 근로자 등이 공정시설에 대한 설치·유지·보수 등의 작업을 할 때 관련규정의 준수여부를 확인하는가?	
	37	연간 PSM 세부추진 계획을 수립·시행하는 등 PSM 전반을 감독할 수 있는 권한을 부여받고 있는가?	

4-3-2 공정안전자료

구분		항목	주요 지적사항
공정안전 자료	1	사업장에서 사용하고 있는 유해·위험물질의 목록이 누락된 물질 없이 정확히 작성되어 있는가?	• 근로자가 쉽게 볼 수 있는 장소에 공정안전보고서 미비치 • 유해·위험물질목록 내용과 MSDS 내용 불일치(인화점, 폭발상한계, 독성치, 저장량, 일일사용량 등) • GHS MSDS 및 제조사의 MSDS 미사용(KOSHA자료로 임의 작성) • 유해·위험물질목록에 화학물질 누락 • 동력기계목록, 장치 및 설비명세 내용 누락(현장 불일치) • 안전밸브 및 파열판 명세 내용이 누락(현장 불일치) • 공정개요 누락 및 내용 미흡 • PFD, P&ID Update 부실실시(현장 불일치) • 소화설비 용량산출근거 및 소화설비 배치도 누락 • 세척·세안설비 미설치 및 미작동 • 폭발위험장소 구분도 누락 및 방폭기기 미사용
	2	사업장에서 사용하고 있는 유해·위험물질에 대한 물질안전보건자료(MSDS)의 작성, 비치, 교육, 경고표지 등이 적절하게 되었는가?	
	3	유해·위험설비 및 목록(동력기계, 장치 및 설비, 배관, 안전밸브 등)이 정확히 작성되어 있으며 현장과 일치하는가?	
	4	공정흐름도(PFD), 공정배관계장도(P&ID), 유틸리티흐름도(UFD)가 정확히 작성되어 있으며 현장과 일치하는가?	
	5	건물·설비의 배치도(가스누출감지경보기 설치계획, 국소배기장치 설치계획 등)가 산업안전보건법령 및 동 고시 기준에 따라 작성되어 있으며 현장과 일치하는가?	
	6	폭발위험장소구분도, 전기단선도, 접지계획은 정확히 작성되어 있으며 현장과 일치하는가?	
	7	플레어스택, 환경오염물질처리설비 등이 산업안전보건법령 및 동 고시 기준에 따라 작성되어 있으며 현장과 일치하는가?	

4-3-3 공정위험성평가

구분		항목	주요 지적사항
공정위험성 평가	1	위험성평가 절차가 산업안전보건법령 및 동 고시 기준에 따라 적절하게 작성되어 있는가?	• 공정안전보고서의 제출·심사·확인 및 이행상태평가 등에 관한 규정(고용노동부고시)중 포함되어야 할 내용 누락 • 설비변경 시 위험성평가 미실시 및 형식적 위험성평가 • 위험성평가 시기 부적정(변경 후 평가실시) • 부적합한 위험성평가 기법 선정 • 위험성평가 시 평가기준 및 위험등급 부적절 • 주기적인 위험성평가 미실시 및 동일기법(HAZOP 등) 사용 • 위험성평가 결과의 근로자교육 및 숙지상태 미흡 • 위험성평가 결과에 따른 사고빈도 최소화 및 사고시의 피해 최소화 대책 수립 미흡 • 위험성평가 수행자 누락 • 작업 위험성평가 미실시(예, 비일상적인 작업) • 위험성평가에 작업자 미참여
	2	공정 또는 시설 변경 시 변경부분에 대한 위험성 평가를 실시하고 있는가?	
	3	정기적(4년 주기)으로 공정위험성평가를 재실시하고 있는가?	
	4	밀폐공간작업, 화기작업, 입·출하작업 등 유해위험작업에 대한 작업위험성평가를 산업안전보건법령 및 동 고시 기준에 따라 실시하였는가?	
	5	유해위험작업에 대한 작업위험성평가를 정기적으로 실시하고 있는가?	
	6	위험성평가 결과 위험성은 적절하게 발굴하였는가?	
	7	위험성평가 기법 선정은 적절한가?	
	8	위험성평가에 적절한 전문인력, 현장 근로자 등이 참여하는가?	
	9	위험성평가결과 개선조치사항은 개선완료 시 까지 체계적으로 관리되는가?	
	10	정성(定性)적 위험성평가를 실시한 결과 위험성이 높은 구간에 대해서는 정량(定量)적 위험성 평가를 실시하는가?	
	11	단위공장별로 최악의 사고 시나리오와 대안의 사고 시나리오를 작성하였는가?	
	12	위험성평가 시 과거의 중대산업사고, 공정사고, 아차사고 등의 내용을 반영하였는가?	
	13	위험성평가 결과를 해당 공정의 근로자에게 교육시키는가?	

4-3-4 안전운전 지침과 절차

구분		항목	주요 지적사항
안전운전 지침과 절차	1	안전운전절차서 작성 지침이 산업안전보건법령, 동 고시 및 공단 기술지침을 참조하여 적절하게 작성되어 있는가?	• 공정안전보고서의 제출·심사·확인 및 이행상태평가 등에 관한 규정(고용노동부고시)중 포함되어야 할 내용 누락
	2	운전절차서는 취급물질의 물성과 유해·위험성, 누출 예방조치, 보호구 착용법, 노출 시 조치요령 및 절차, 안전설비계통의 기능·운전방법·절차 등의 내용이 포함되어 있는가?	• 안전운전절차서 개정 및 검토 미실시 • 안전운전절차서 내용과 공정안전자료 불일치 • 안전운전절차 제·개정 시 변경관리 절차 미준수
	3	운전절차서는 최초의 시운전, 정상운전, 비상 시 운전, 정상적인 운전정지, 비상정지, 정비 후 운전개시, 운전범위를 벗어난 경우 등을 구체적으로 포함하고 있는가?	• 인터록 By-pass 절차서 미작성 및 By-pass 대장 미관리 • 설비변경 시 안전운전지침서 미작성, 개정 미실시
	4	운전절차서는 운전원이 쉽게 이해할 수 있도록 작성되어 있는가?	• SOP에 필요한 사항 누락(취급 화학물질의 유해·위험성, 위험물질 누출예방 조치, 위험물 누출
	5	안전운전 절차서는 공정안전자료와 일치하는가?	시 각종 개인보호구 착용방법, 흡입 시 취해야 할 행동요령 과 절차, 안전설비 계통의 기능과 운전
	6	연동설비의 바이패스 절차를 작성·시행하고 있는가?	방법 및 절차 등) 및 내용이 부실
	7	변경요소관리 등 사유 발생 시 지침과 절차의 수정은 이루어지고 있는가?	• SOP가 구체적이지 않고 함축적 (신규근로자 등 운전경험이 없는
	8	안전운전지침과 절차 변경 시 근로자 교육은 적절히 이루어지고 있는가?	운전원은 이해할 수 없고 명확하지 않은 SOP 사용)

4-3-5 설비의 점검·검사·보수계획, 유지계획 및 지침

구분		항목	주요 지적사항
설비의 점검·검사 ·보수계획, 유지계획 및 지침	1	설비의 점검·검사·보수 및 유지지침이 산업안전보건법령, 동 고시 및 공단 기술지침을 참조하여 적절하게 작성되어 있는가?	• 공정안전보고서의 제출·심사·확인 및 이행상태평가 등에 관한 규정(고용노동부고시) 중 포함되어야 할 내용 누락 • 각 사업장의 설비점검지침 미준수 • 설비등급별 점검주기 미준수 • 설비이력카드·예비품 리스트 관리미흡 • 설비별 정비작업절차서 미작성(펌프, 압축기, 모타 등 주요설비에 대한 SOP 작성) • 설비의 등급 미구분 및 추가된 설비에 대한 등급 미구분 • 유지·보수작업 시 교육 미흡(작업공정의 개요, 위험성, 안전작업허가 절차 등) • 형식적인(점검내용, 방법) 일상점검 실시
	2	설비의 점검·검사·보수 계획, 유지계획에 따라 예방점검 및 정비·보수를 시행하고 있는가?	
	3	부속설비(배관, 밸브 등)와 전기계장설비(MCC, 계기, 경보기 등)에 대한 점검·검사·보수 계획, 유지계획이 작성되어 시행되고 있는가?	
	4	비상가동정지 및 플레어스택 부하(Flare load) 관련 SIS(안전계장시스템)설비는 별도로 적절하게 관리되고 있는가?	
	5	위험설비의 유지·보수에 참여하는 근로자들에게 공정개요 및 위험성, 안전한 유지·보수작업을 위한 작업절차 등에 대하여 교육을 실시하는가?	
	6	공정조건, 위험성평가 등을 고려한 중요도에 따라 위험설비의 등급을 구분하고, 이에 따라 점검 및 검사주기를 결정하여 관리하고 있는가?	
	7	각 설비에 대한 검사기록을 관리하고 있는가?	
	8	설비의 잔여수명을 관리하여 수명이 다한 설비를 적절한 시기에 교체하거나 적절한 조치를 취하는가?	
	9	구매 사양서에 기기의 품질을 확보하기 위한 재료의 최소두께, 비파괴검사, 열처리 및 수압시험을 하도록 규정하고 있는가?	
	10	설계사양과 제작자 지침에 따라 장치 및 설비가 올바르게 설치되었는지를 확인하기 위한 절차를 마련하여 시행하고 있는가?	
	11	각 기기별로 유지·보수에 필요한 예비품 목록을 관리하고 있는가?	
	12	설비의 정비이력을 기록·관리하고 이를 분석하여 예방정비에 활용하고 있는가?	

*최근 설비의 보수·유지계획에서 위험성평가 실시가 포함, 실시되고 있는지를 고용노동부와 안전보건공단의 지도 감독 시에 반드시 확인하고 있다. 최근 일련의 대형사고 등이 이 과정에서 다발하고 있기 때문으로 해석된다.

4-3-6 안전작업허가 및 절차

구분		항목	주요 지적사항
안전작업허가 및 절차	1	안전작업허가지침이 산업안전보건법령, 동 고시 및 공단 기술지침을 참조하여 적절하게 작성되어 있는가?	• 공정안전보고서의 제출·심사·확인 및 이행상태평가 등에 관한 규정(고용노동부고시) 중 포함되어야 할 내용 누락 • 사업장의 안전작업허가 지침 미준수 • 안전작업허가 지침 개정 시 관련 규정에 대한 검토 미흡으로 지침 내용 부적정 • 위험작업수행 시 안전작업허가서 미발행 • 안전작업허가 지침과 허가서 양식의 안전조치사항 불일치 • 안전작업허가 시 안전조치사항 미확인 • 1일 8시간 초과한 허가서 발행 • 복합작업 시 한 종류의 허가서만 발행 • 전기차단 작업 시 꼬리표(Tag-out)와 함께 시건장치(Lock-out) 미사용 • 당해 작업과 관련된 모든 책임자의 검토승인 미실시 • 지침에 명시된 허가자 또는 관리감독자가 아닌 자가 승인 • 허가 전 위험요인에 대한 검토 미흡 • 동일 작업에 대한 허가 시 안전조치사항 불일치 • 안전작업허가지침에 명시된 관리감독자 미입회 • 밀폐공간 출입작업 시 구조장비 미비치(구명끈, 산소호흡기, 사다리, 통신장비 등) • 안전작업허가서 발생 시 작업내용, 작업장소를 포괄적으로 기재(1장의 허가서로 여러작업 허가) • 1건으로 장기간 작업허가
	2	위험작업을 수행할 경우 안전작업허가서를 적절하게 발행하고 있는가?	
	3	안전작업허가서를 작성 및 승인할 때 필요한 모든 제반사항을 반드시 확인하는가?	
	4	안전작업허가서는 보관기간을 정하여 유지·관리하고 있는가?	
	5	안전작업허가서에는 해당 작업과 관련이 있는 모든 관련 책임자의 허가를 받도록 하고 있는가?	
	6	화기작업 시 작업대상 내 인화성가스 농도측정, 가연성분진의 존재여부, 배관계장도 검토를 통한 맹판설치, 밸브차단 등의 필수조치는 빠짐없이 이루어 졌는가?	
	7	입조작업 시 작업대상 내 산소농도측정, 유해가스농도측정, 가연성분진의 존재여부, 배관계장도 검토를 통한 맹판설치·밸브차단 등의 필수조치는 빠짐없이 이루어졌는가?	
	8	굴착작업 허가 시 지하매설물을 확인하기 위한 절차가 마련되어 실행하고 있는가?	

＊최근에 작업형태들이 분업화, 세분화되고 위험분산을 위해 협력업체에 고위험작업들이 집중되고 있으나 협력업체 근로자들의 전문성과 소속감 결여 등으로 사고발생이 집중되고 있어 사업주가 안전작업허가서 발부나 제대로 된 절차를 지키고 있는지를 지도·감독 시 가장 먼저 확인하고 있다.

4-3-7 도급업체 안전관리

구분		항목	주요 지적사항
도급업체 안전관리	1	사업주는 도급업체 사업주에게 도급업체 근로자들이 작업하는 공정에서의 누출·화재 또는 폭발의 위험성 및 비상조치계획 등을 제공하는가?	• 공정안전보고서의 제출·심사·확인 및 이행상태평가 등에 관한 규정(고용노동부고시) 중 포함되어야 할 내용 누락 • 도급업체 안전관리지침의 적용범위를 공사기간 또는 금액으로 차등화 하여 관리 미실시 • 도급업체 작업공정에 대한 누출, 화재 등의 위험성과 비상조치계획 등 미제공 • 협의체 구성, 운영 미실시 또는 협의체 구성 미흡(안전보건관리책임자 미참여) • 합동안전보건점검 미실시 또는 구성 미흡(각 업체 안전보건관리책임자 및 근로자 미참여) • 순회점검 미실시 또는 형식적 점검 • 도급업체 안전관리계획서 검토 미실시 및 형식적인 검토 • 도급업체 자체교육 부적정(교육시간, 교육내용 등) • 도급업체 반입품(전기설비 등) 관리 미흡
	2	사업주는 도급업체 선정 시 안전보건 분야에 대한 평가를 실시하고 그에 적정한 도급업체를 선정하는 지	
	3	도급업체 사업주는 도급업체 근로자들의 질병·부상 등 재해발생 기록을 관리하는가?	
	4	도급업체 사업주는 도급업체 근로자들에게 필요한 직무교육을 실시하고 기록을 유지하고 있는가?	
	5	사업주는 도급업체(정비·보수) 작업에 대해 위험성평가를 실시하고 그 결과를 근로자에게 알려주는가?	
	6	사업주는 위험설비의 유지·보수작업에 참여하는 도급업체 근로자들에게 공정개요, 취급 화학물질 정보, 안전한 유지·보수작업을 위한 작업절차 등에 대하여 교육을 실시하는가?	
	7	사업주는 도급업체 근로자 등이 공정 시설에 대한 설치·유지·보수 등의 작업을 할 때 필요한 위험물질 등의 제거, 격리 등의 조치를 완료한 후에 작업허가서를 발급하고 있는가?	
	8	사업주는 도급업체 근로자 등이 공정시설에 대한 설치·유지·보수 등의 작업을 할 때 관련 규정의 준수여부를 확인하는가?	
	9	사업주는 도급업체 근로자들이 작업하는 공정 등에 대해서 주기적인 점검(순찰)을 실시하고 문제점을 지적, 개선하는가?	
	10	사업주는 도급업체 사업주, 근로자의 안전보건에 대한 의견을 주기적으로 확인하고 문제점이 있는것에 대해서 조치를 하는가?	

4-3-8 공정운전에 대한 교육 훈련

구분		항목	주요 지적사항
공정 운전에 대한 교육 훈련	1	공정안전과 관련된 근로자의 초기 및 반복교육을 실시하고 그 결과를 문서화하여 관리하는가?	• 공정안전보고서의 제출·심사·확인 및 이행상태평가 등에 관한 규정(고용노동부고시)중 포함되어야 할 내용 누락 • 공정안전 직무교육계획 미수립 및 안전보건관리책임자의 교육계획 미승인 • 공정안전 직무교육계획 미준수 • 교육계획 수립 시 교육내용 미흡(PSM제도의 개요 및 개론수준의 교육만 실시하고, 공정안전자료, 공정위험성평가 및 피해최소화 대책, 안전운전계획, 비상조치계획 등 공정안전보고서의 내용은 미교육) • 교육 미이수자 및 성적 미달자에 대한 재교육 미흡 • 교육평가 미실시 및 형식적인 평가, 평가방법 부적정 • 교육훈련결과에 대한 안전보건관리책임자 보고 미흡
	2	연간 교육계획을 수립하여 시행하는가?	
	3	신규 및 보직 변경 근로자에 대하여 안전운전지침서 등에 대한 현장직무(OJT)교육을 실시하는지	
	4	공정안전교육에 설비 전 공정에 관한 공정안전자료, 공정위험성평가서 및 잠재위험에 대한 사고예방 피해 최소화 대책, 안전운전절차 및 비상조치계획 등이 포함되어 있는가?	
	5	관련 지침에 명시된 대로 교육 누락자 또는 교육성과 미달자 등에 대한 재교육을 실시하고 있는가?	
	6	교육강사는 교육생, 교육내용 등에 맞게 적절하게 선정되었는가?	
	7	안전관리자 등은 공정안전보고서 작성자 자격을 위한 교육을 이수하였는가?	

4-3-9 가동 전 점검지침

구분		항목	주요 지적사항
가동 전 점검지침	1	가동전 점검지침이 산업안전보건법령, 동 고시 및 공단 기술지침을 참조하여 작성되어 있는가?	• 공정안전보고서의 제출·심사·확인 및 이행상태평가 등에 관한 규정(고용노동부고시) 중 포함되어야 할 내용 누락 • 변경요소 대상설비의 가동 전 점검 미실시 또는 형식적인 가동 전 점검 • ShutDown 후 재가동 시 가동 전 점검 미실시 • 가동 전 점검 시기 부적절(시운전 중에 가동 전 점검) • 가동 전 점검내용 미흡(제작기준, 설치기준, 시방서에 따른 설치여부, 관련검사 합격여부, 위험성평가 개선권고사항 이행확인 미실시 등) • 가동 전 점검 결과에 대한 개선여부 미확인 • 대상설비, 점검자, 점검일자 등 기본자료 미작성 • Shut Down 시 변경된 설비에 대한 가동 전 점검 대신 공정운전에 필요한 기능점검만 실시
	2	변경요소관리 등 사유 발생 시 가동 전 점검을 하고 있는가?	
	3	가동전 점검표가 해당공정에 맞게 산업안전보건법령, 동 고시 및 공단 기술지침을 참조하여 선정되었는가?	
	4	가동전 점검 결과 개선항목이 적절하게 발굴되었는가?	
	5	가동전 점검 시 지적된 사항들을 개선항목(Punch List)으로 작성하여 시운전까지 개선하는가?	
	6	실행계획서에 의해 개선항목이 이행되었는가?	

4-3-10 공정사고조사

구분		항목	주요 지적사항
공정사고조사	1	공정사고조사지침은 산업안전보건법령, 동 고시 및 공단 기술지침을 참조하여 작성되어 있는가?	• 공정안전보고서의 제출·심사·확인 및 이행상태평가 등에 관한 규정(고용노동부고시) 중 포함되어야 할 내용 누락 • 공정사고조사보고서와 기존 사고조사 보고서의 혼용 사용 • 공정사고조사보고서 내용 미흡(사고유형, 사고물질명, 설비명, 수행된 비상조치내용 및 평가 등 내용 누락) • 공정사고조사 지연(24시간 초과) • 아차사고조사 미흡 • 재발방지대책에 대한 추적관리 미실시 • 관련 근로자에 대한 교육 미흡
	2	사고조사 시 아차사고를 포함하여 사고조사를 실시하고 있는가?	
	3	사고조사는 가능한 신속하게 적어도 24시간 이내에 시작하도록 규정하고 있는가?	
	4	공정사고조사팀에는 사고조사 전문가 및 사고와 관련된 작업을 하는 근로자(도급업체 근로자 포함)가 포함되는가?	
	5	사고조사 보고서에는 필요한 세부사항이 포함되어 있는가?	
	6	재발방지대책이 기술적, 관리적, 교육적 대책 등이 적절하게 작성되어 있는가?	
	7	재발방지대책의 개선계획이 적절하게 작성되어 개선완료되었는가?	
	8	사고조사보고서, 재발방지대책 등의 내용을 근로자에게 알려주고 교육을 실시하는가?	
	9	사고조사 보고서를 5년 이상 보관하는가?	

4-3-11 변경요소 관리계획

구분		항목	주요 지적사항
변경요소관리계획	1	변경요소관리지침이 산업안전보건법령, 동 고시 및 공단 기술지침을 참조하여 작성되어 있는가?	• 공정안전보고서의 제출·심사·확인 및 이행상태평가 등에 관한 규정(고용노동부고시) 중 포함되어야 할 내용 누락 • 변경요소 관리절차를 거치지 않고 설비 교체, 설비변경 관리사항을 목록화 하여 관리 미흡 • 변경요구서 또는 변경검토서식에 변경 후 반영해야 할 사항을 표시하지 않아 변경 후 공정안전자료, 안전운전절차, 설비등록 등 Up-Date 미실시 • 변경 시 위험성평가 미실시 • 변경 후 변경 내용의 교육 미실시 및 교육대상자 누락 • 변경 후 후속조치 미흡 • 변경관리 일부 누락
	2	변경요소관리 대상은 빠짐없이 변경요소관리 절차에 따라 처리되었는가?	
	3	변경 요구서에 필요한 사항이 기재되어 있고, 기술적으로 충분한 근거를 제시하고 있는가?	
	4	모든 변경사항을 목록화 하여 관리하고 있는가?	
	5	변경 내용을 운전원, 정비원, 도급업체 근로자 등에게 정확하게 알려주고 시운전 전에 충분한 교육을 실시하는가?	
	6	변경관리위원회는 산업안전보건법령, 동 고시 및 공단기술지침을 참조하여 구성·운영되고 있는가?	
	7	변경 시 공정안전자료의 변경이 수반될 경우에 이들 자료의 보완이 즉시 이행되고 있는가?	

4-3-12 자체감사

구분		항목	주요 지적사항
자체감사	1	자체감사 지침이 산업안전보건법령, 동고시 및 공단 기술지침을 참조하여 작성되어 있는가?	• 공정안전보고서의 제출·심사·확인 및 이행상태평가 등에 관한 규정(고용노동부고시) 중 포함되어야 할 내용 누락 • 자체감사 미실시 또는 형식적인 자체감사(지적사항 4~5건 도출 후 감사종료, 공정안전자료와 현장일치여부 미확인, 안전운전계획의 각 지침의 이행여부 미확인, 현장안전조치 미확인 또는 현장안전조치 사항만 지적, 평소 안면으로 인해 문제점을 지적하지 않음. 사업장의 규모 등을 고려하지 않고 1~2일에 감사 종료) • 자체감사계획 미수립 및 경영층에 계획서 미보고 • 감사기간이 짧아 심도 있는 감사 곤란 • 자체감사점검표, 결과보고서, 개선완료서류 등 감사관련 서류의 체계적인 문서화 미실시 • 자체감사결과에 대한 보고(경영층) 미실시 • 자체감사결과에 대해 근로자 전달 미흡 • 자체감사결과에 대한 개선대책 미 수립 및 개선 지연 • 감사대상 부서 누락(안전, 공무, 계약관련부서 등 비생산부서) • 전년도 자체감사 지적사항에 대한 완료여부 확인 미흡
	2	1년마다 자체감사를 실시하고 그 결과를 문서화하고 있는가?	
	3	자체감사팀에는 공정설계 또는 공정기술자, 계측제어, 전기 및 방폭기술자, 검사 및 정비기술자, 안전관리자 등 전문가가 참여하는가?	
	4	자체감사 내용에 PSM 12개 요소 등이 포함되는 등 적절한가?	
	5	자체감사의 방법은 서류, 현장확인, 면담 등의 방법을 모두 활용하는가?	
	6	자체감사 결과 도출된 문제점은 적절한가?	
	7	자체감사 결과 도출된 문제점을 문서화하고 개선계획을 수립하여 시행하였는가?	
	8	자체감사 결과보고서를 경영층에 보고하고, 세부내용을 전 근로자에게 알려주는가?	
	9	감사결과 및 개선내용을 문서화한 보고서를 3년 이상 보존하면서 정보관리를 하고 있는가?	

4-3-13 비상조치계획

구분		항목	주요 지적사항
비상조치계획	1	비상조치계획에 최악의 누출 시나리오와 대안의 누출 시나리오를 기반으로 작성되어 있는가?	• 공정안전보고서의 제출·심사·확인 및 이행상태평가 등에 관한 규정(고용노동부고시) 중 포함되어야 할 내용 누락 • 비상조치훈련 미실시 또는 일부 근로자 및 협력업체 미참여 • 소방훈련에 치중된 훈련 실시 • 인근 사업장 및 유관기관과 비상연락체계 구축상태 미흡 • 비상대피로 및 비상대피장소 부적정 및 미숙지, 훈련평가 미실시 • 비상발전기, 소방펌프, 가스감지기, 공기호흡기 등의 비상장비에 대한 관리 미흡 • 비상조치계획에 대한 교육/훈련 미실시 • 비상조치를 위한 장비 인력 보유 현황 미작성
	2	화재·폭발 및 독성물질 누출 시 발생할 수 있는 다양한 사고 시나리오를 발굴하고 비상조치계획을 수립하는가?	
	3	근로자들이 안전하고 질서정연하게 대피할 수 있도록 충분한 훈련을 실시하였는가?	
	4	비상조치계획에는 누출 및 화재·폭발사고 발생 시 행동요령이 적절히 포함되어 있는가?	
	5	사업장 내(도급업체 포함) 비상 시 비상사태를 사업장 내 및 인근 사업장에 전파할 수 있는 시스템이 갖추어져 있는가?	
	6	비상발전기, 소방펌프, 통신장비, 감지기, 개인보호구 등 비상조치에 필요한 각종 장비가 구비되어 정상적인 기능을 유지하고 있으며 정기적으로 작동검사를 실시하는가?	
	7	비상연락체계(주민홍보계획)는 주기적으로 확인하고 최신화된 상태로 관리되는 지	
	8	주변 사업장에 유해위험물질 및 설비 정보, 사고 시나리오, 비상신호 체계 등을 알려주고 있는가?	

4-3-14 현장확인

구분		항목	주요 지적사항
현장확인	1	보고서는 현장에 근로자들이 볼 수 있도록 비치되고 있는가?	• 폭발위험지역 내 비방폭 전기기계·기구 사용 또는 유지관리 미흡(볼트탈락, Sealing Fitting 미실시)
	2	원료, 제품 및 설비 등이 공정안전자료와 일치하는가?	
	3	현장의 정리정돈 상태는 양호한가?	

현장확인	4	위험물의 보관, 저장, 관리상태는 산업안전보건법령에 따라 적정한가?	• 소화기 등에 대한 형식적인 점검(점검결과를 미리 작성, 작동불량 또는 정비대상임에도 양호한 것으로 점검결과 작성 등) • 소화설비 및 장비 주변에 장애물 방치 • 공정안전자료의 보호구 및 세안세척설비, 소화기 비치계획 등과 현장 불일치 • 화학물질저장탱크 경고표지 미부착, 안전보건표지 미부착 • 원료공급설비에 원재료의 종류 및 설비명 미표시 • 배관 플랜지 볼트 및 너트 미체결 또는 체결기준(2나사선 이상) 미준수 • 기기번호 식별 불가 • 밸브 개폐방향 미표시, 배관 흐름방향 미표시 • 용기, 배관, 지지대 등 내화조치 미실시 • 안전밸브 Popping Test 및 봉인 미실시
	5	안전밸브, 파열판, 긴급차단밸브, 방폭형 전기기계기구, 가스누출감지기(경보기). 방유제, 내화설비 등의 관리상태는 양호한가?	
	6	안전밸브, 파열판, 긴급차단밸브, 방폭형 전기기계기구, 가스누출감지기(경보기), 방유제, 내화설비 등은 주기적으로 점검, 교정 등을 하는가?	
	7	비상대피로가 정상적인 기능을 할 수 있는가?	
	8	개인보호구는 충분한 수량을 확보하고 있는가?	
	9	개인보호구는 위험상황 시 근로자들이 즉시 사용할 수 있는 상태로 있는가?	
	10	운전원, 작업자는 개인보호구 착용방법을 이해하고 정확히 착용하는가?	
	11	위험물의 입·출하 절차를 규정하고 관리 하에 수행되는가?	
	12	회분식 반응기의 화재·폭발 대책은 충분히 고려되고 관리되고 있는가?	
	13	국소배기장치, 폐수처리장, 백필터 등 환경처리시설의 관리 및 가동은 정상적으로 수행되고 있는가?	
	14	안전밸브 등 안전장치 후단의 배출물 처리는 안전한 장소로 연결되어 있는가?	
	15	배관 및 밸브의 표시 등은 적정하게 되어 있는가?	
	16	알람리스트 등은 제대로 관리되고 있는가?	
	17	인터록의 관리상태는 양호한가?	
	18	배관, 장치, 설비 중에 위험물의 누출 등이 발생하는 곳은 없는가?	
	19	제어실 등 양압시설은 25Pa 이상으로 적정하게 유지하고 있는가?	
	20	스프링클러, 소화설비의 관리상태는 양호하며 주기적인 작동시험 등은 수행되고 있는가?	
	21	전기 접지 및 절연상태는 양호하고 주기적인 점검이 이루어지는지	

4-4 각종 지도·감독의 대응

4-4-1 등급별 점검 및 지도 기준

구분	일반기준	단순위험설비 보유 사업장
P등급	등급부여 후 1회/4년 점검	
S등급	등급부여 후 1회/2년 점검	
M+등급	등급부여 후 1회/2년 점검 및 1회/2년 기술지도(기술지원팀)	등급부여 후 1회/2년 점검
M-등급	등급부여 후 1회/1년 점검 및 1회/2년 기술지도(기술지원팀)	등급부여 후 1회/2년 점검 1회/4년 기술지도(기술지원팀)

🅑 고

1) 감독대상으로 선정되어 감독(중방센터 감독팀 또는 기술지원팀이 포함되어 공정안전보고서 이행실태를 확인한 경우에 한함)을 실시한 경우에는 해당 연도 공정안전보고서 이행상태 점검을 감독으로 대체

2) S등급 사업장은 민간전문가로부터 자체감사를 받으면 당기 또는 차기 점검 1회 면제(단, 2회 연속 면제는 불가)

3) 이행상태평가결과 등급이 우수한 사업장이 영세사업장에 대한 매칭컨설팅 지원 등 고용노동부의 지침에 따라 지원업무를 수행한 경우 차기 점검 1회 면제(단, 제2호의 자체감사에 따른 중복면제 불가)

4) 기술지도는 사업장(사업주)에서 원하는 경우(서면 신청)에만 실시(가급적 점검 시기의 ±6월 이내에는 금지)하되, 일반기준 M±등급은 4년(평가주기) 이내에 1회는 의무적으로 실시

5) '단순위험설비 보유 사업장'은 위험물질을 원재료 또는 부재료로 사용하지 않고 단순히 저장·취급을 목적으로 설치된 설비(인화성 액체·가스 및 급성독성물질을 가열, 건조하지 않는 LNG·LPG 가열로·보일러 및 내연력발전소 등)만을 보유한 사

업장 및 낮은 농도의 수용액 제조·취급·저장(중량 40% 미만의 불산, 중량 30% 미만의 염산, 중량 20% 미만의 암모니아수)하는 사업장으로서 중방센터장이 구분한 사업장

※ 위의 규정에도 불구하고 고용노동부고시 제2023-21호 제54조의 규정에 의거 사업장 지도·점검결과 유해·위험시설에서 위험물질의 제거·격리 없이 용접·용단 등 화기작업을 수행하는 경우, 화학설비·물질변경에 따른 변경관리절차를 준수하지 않은 경우, 중대산업사고가 발생한 경우 등은 P·S등급 사업장이라도 사유 발생일로부터 6개월 이내에 이행상태평가를 실시

4-4-2 중대산업사고

중대산업사고 예방센터 운영규정 예규의 세부내용은 다음과 같다.

1) 산업사고의 종류

중대산업사고	대상설비, 대상물질, 사고유형, 피해정도 등이 모두 판단기준에 해당된 사고로 공정안전관리 사업장에서 발생한 사고
중대한 결함	근로자 또는 인근주민의 피해가 없을 뿐 그 밖의 사고 발생 대상설비, 사고물질, 사고유형이 중대산업사고에 해당하는 사고
그밖의 화학사고	중대산업사고 또는 중대한 결함이 아닌 모든 화학사고

2) 중대산업사고의 판단기준

판단기준	
대상설비	• 영 제43조에 따른 원유 정제처리업 등 7개 업종 사업장 : 해당 업종과 관련된 주 제품을 생산하는 설비 및 그 설비의 운영과 관련된 설비에서의 사고 • 규정량 적용 사업장 : 영 별표 13에 따른 유해·위험물질을 제조·취급·저장하는 설비 및 그 설비의 운영과 관련된 모든 공정설비에서의 사고
대상물질	• 영 제43조에 따른 원유 정제처리업 등 7개 업종 사업장 : 안전보건규칙 별표 1에 따른 위험물질(170여종) • 규정량 적용 사업장 : 영 별표 13에 따른 유해·위험물질
사고유형	• 화학물질에 의한 화재, 폭발, 누출사고
피해정도	• 근로자 : 1명 이상이 사망하거나 부상한 경우 • 인근지역 주민 : 피해가 사업장을 넘어서 인근 지역까지 확산될 가능성이 높은 경우

3) 중대산업사고 발생 시 조치기준

구분	지방관서	중방센터
중대 산업사고	• 중대산업사고 보고(본부) • 사고의 조사 및 조치(「근로감독관 집무규정(산업안전보건)」 제3장에 의한 재해조사 및 조치기준 준용) • 안전보건진단 또는 안전보건개선계획 수립의 명령 등 재발방지에 필요한 추가적인 조치(중방센터로부터 '확인'을 받은 경우에는 안전보건진단 생략 가능) • 수시감독 대상으로 선정	• 중대산업사고 등에 대한 판정결과 통보(지방관서) • 사고조사 지원 • PSM 등급을 기존 등급대비 1등급 강등하되, 규칙 제3조에 따른 중대재해(근로자가 아닌 자를 포함)가 발생한 경우에는 최하 등급(M−)으로 강등 • 사업주에게 사고발생 1개월 이내에 '확인'을 요청토록 통보하고, 기술지원팀은 사업주의 요청에 따른 '확인' 실시(규칙 제53조제1항 단서에 따른 자체감사를 하고 그 결과를 공단에 제출한 경우에는 확인 생략 가능)
중대한 결함	• 사고의 조사 및 조치(「근로감독관 집무규정(산업안전보건)」 제3장에 의한 재해조사 및 조치기준 준용) • 그 밖에 사고의 정도가 크다고 판단되는 사업장은 위 '중대산업사고' 조치기준에 준해서 필요한 조치	• 사업주에게 사고발생 1개월 이내에 '확인'을 요청토록 통보하고, 기술지원팀은 사업주의 요청에 따른 '확인' 실시
그 밖의 화학사고	• 제8조에 해당하는 사고의 조사 및 조치(「근로감독관 집무규정(산업안전보건)」 제3장에 의한 재해조사 및 조치기준 준용) • 그 밖에 사고의 정도에 따라 필요한 조치	• 사고의 정도에 따라 필요한 조치

4-4-3 화학사고 위험경보제

길라잡이

1) 도입배경

- 사업장의 화재·폭발·누출 등 중대산업사고를 예방하기 위해 1996년부터 PSM제도를 도입하여 시행하고 있다. 그럼에도 P·S등급 사업장에서 사고가 빈발함에 따라 산업안전보건법 제155조(근로감독관의 권한)에 근거하여 화학사고 예방을 위한 PSM사업장 위험경보제를 도입·시행하고 있다.

2) e-PSM

- PSM 제출대상 대폭 확대 및 화학사고에 대한 사회적 관심증가로 사업장 스스로 손쉽게 공정안전보고서 작성·관리를 수행토록 지원하는 시스템을 개발·보급하여 자율 공정안전관리체계 구축 지원 및 화학사고 예방에 기여하고 위험경보제의 일하는 방식을 On-line으로 전환하여 업무효율성을 제고하고자 개발되었다. (홈페이지 주소 : WWW.KOSHA.OR.KR/EPSM)

[그림 4-2] 안전보건공단 e-PSM 접속사이트

3) 위험경보제 절차

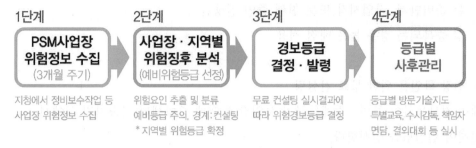

[그림 4-3] 위험경보제 업무추진절차

가) 위험정보 수집

PSM 대상 설비와 관계된 사고위험 징후(Accident Climate)를 체크리스트에 따라 매 분기(3개월 단위) 전월 15일~24일 사이에 사업장에서 위험징후 체크리스트를 입력한다.

나) 위험징후 분석

중방센터(기술지원부)에서 수집된 정보를 토대로 위험징후와 사고 연관성을 분석하여 사업장별 예비위험경보등급(경계, 주의, 관심)을 결정한다.

[표 4-2] 예비위험경보 선정기준

경 계	종합점수 : 5.0점 이상 위험징후가 사고와 직접 연관, 해당기간에 실행이 예정되는 등 위험성이 높은 경우
주 의	종합점수 : 3.0점 이상 위험징후가 사고와 직접 연관, 해당기간에 준비단계 등 위험성이 보통인 경우
관 심	종합점수 : 1.0점 이상 위험징후가 사고와 직·간접적으로 연관, 해당기간 동안 계획수립 등 위험성이 낮은 경우

다) 경보등급 결정·발령

[표 4-3] 경보등급 결정 Matrix

사고강도		사고 연관성별 배점		예비등급 분류	
발생단계		1등급(직접적)	2등급(간접적)	경 계	5.0점 이상
위험징후 실행성	계획단계	1.0점	0.5점	주 의	5.0점 이상
	준비단계	2.0점	1.0점	관 심	3.0점 이상
	실행단계	5.0점	2.0점	미분류	1.0점 미만

※ 3개월(해당기간) 동안 사고로 연결될 수 있는 위험작업의 계획단계, 실행을 준비하는 준비단계, 작업시작 또는 진행 중인 실행단계로 구분, 동일 위험징후가 2단계 이상 중복되는 경우 높은 배점 적용

① 현장 확인을 위한 무료 컨설팅
예비 경보등급이 주의·경계등급인 사업장에 대해 중방센터(기술지원부)에서 사업장을 방문하여 컨설팅을 실시한다.

② 위험경보등급 최종 확정
• 사업장별 : 중방센터는 컨설팅 결과(사후조치 수준)를 반영하여 최종 등급을 확정 (감독팀이 기술지원부와 협의하여 결정)
• 지역별 : 중방센터 관할지역 내 높은 예비등급이 많은 등급을 '경보' 등급으로 설정 (전산에서 자동으로 지역별 등급 결정)

③ 위험경보 발령(통보)
• 사업장 단위
  - 중방센터(감독팀)가 e-PSM 시스템을 통해 해당 사업장에 위험등급을 통보
  - 전산으로 통보된 경우에도 주의·경계등급 사업장은 해당 작업장에 그 내용의 게시와 근로자대표에게 알려줄 것을 권고
• 지역 단위
  - 중방센터(감독팀)가 e-PSM 시스템을 통해 해당 지역에 위험등급을 통보
  - 지역경보는 중방센터 관할지역 단위를 원칙으로 하나, 필요한 경우 중방센터가 지역 특성을 고려하여 시·도, 지청 또는 산업단지 등으로 세분화 가능

라) 등급별 사후관리
중방센터의 컨설팅 결과에 따라 분류된 등급별로 사후관리를 받게된다. PSM 등급별로 P,S등급 / M±등급이 서로 다른 사후관리를 받게된다.

제 **5** 장

기업 PSM
주요활동 사례

'기업 PSM 주요활동 사례'를 공정안전관리
12대 요소별로 정리하였다.

5-1 공정안전자료

5-1-1 12대 실천과제 추진

- 각 부서별 12대 실천과제 추진철 제작
- 시정지시 안내를 통한 공정안전자료 관리

[그림 5-1] 12대 실천과제 추진철

5-1-2 PSM 문서관리 및 전산화

- PSM 문서를 공유폴더에 체계적으로 분류 관리

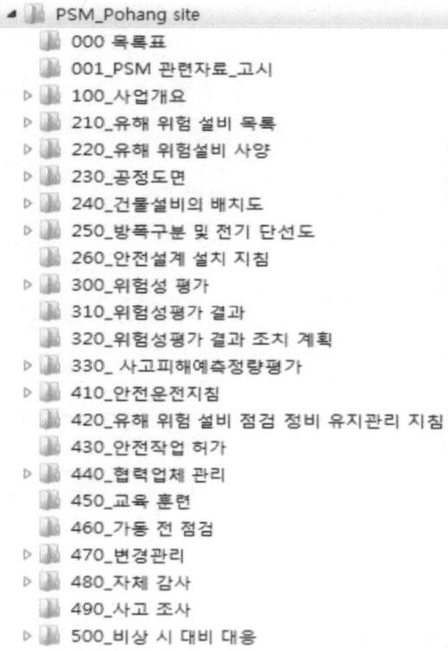

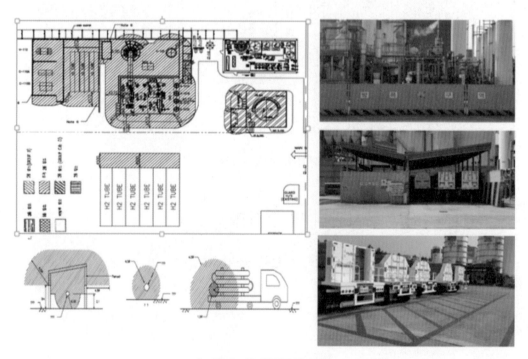

[그림 5-2] PSM 문서 전산화 및 공유

5-1-3 방폭구역도에 따른 「방폭구역」 표시

- 방폭구역도에 해당하는 지역을 쉽게 확인이 가능하도록 도색 및 표지 설치

[그림 5-3] 방폭구역 구분

5-1-4 전산망을 활용한 공정안전자료의 관리 및 업무활용

• 공정운전 및 설비관리에 필요한 자료를 Item No.별로 사내 전산망에 분류/저장하여 업무에 쉽게 활용가능

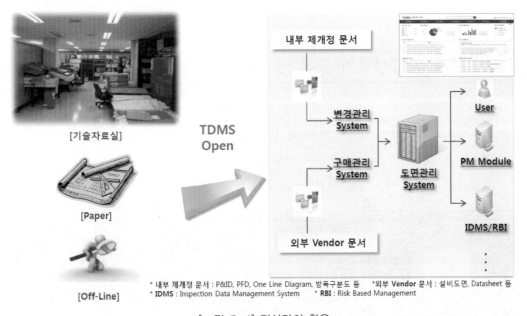

* 내부 제개정 문서 : P&ID, PFD, One Line Diagram, 방폭구분도 등   *외부 Vendor 문서 : 설비도면, Datasheet 등
* IDMS : Inspection Data Management System   * RBI : Risk Based Management

[그림 5-4] 전산망의 활용

5-2 공정위험성평가

5-2-1 위험성평가 교육 및 정량적 위험성평가

- KRAS 기법 및 체크리스트 기업 외부 전문가 초청 교육 실시
- ALOHA 프로그램을 이용한 평가 실시(외부 위탁)
- 발견된 위험요인에 대한 감소대책 수립 및 전 직원 특별교육 실시
- 협력사를 포함한 주기적인 위험예지훈련 실시(2년 1회)

[그림 5-5] 위험성평가 교육

5-2-2 특성에 맞는 위험성평가

- 일상 위험작업, 비일상 위험작업, 기술변경, 신규제품, 사고조사 등의 평가대상 특성에 맞는 다양한 위험성평가 기법 적용 실시

위험성평가 대상	필수적인 공정/위험성평가법	기타 적용가능한 위험성평가법
일상위험작업 (잠재적 상해 또는 손실을 초래할 수 있는 작업)	체크리스트기법(Checklist-Engineering audit(4년 주기) 공정위험분석기법 Process Safety Review(PSR)	Hazardous Chemical Substance Assessment(MSDS Assessment) 위험과 운전분석기법(HAZOP study) 공정위험분석기법-Project Safety Review(PSR)
비일상 위험작업	Permit to Work(PTW) Job Method Safety(JMS)	
기술변경	변경관리 Engineering Management of Change(EMOC)	위험과 운전분석기법 HAZOP study Risk Assessment-General
신규제품 또는 서비스 공정/장비화학물질 서비스	Product Safety Review(PSR) New Product introduction (NPI)	Task based Risk assessment Project Safety Review(PSR) 위험과 운전분석기법-HAZOP study Major Hazards Review Program(MHRP) Hazard Analysis at Critical Control Points(HACCP) Environmental Aspect and Impact Review
사고조사	원인결과분석기법-Cause tree analysis(CTA)	

[그림 5-6] 평가대상별 위험성평가

- LOPA기법을 활용한 위험성평가

Likelihood values are events per year; other numerical values are probabilities of failure on demand average.

Ref	1	2	3	4	5			6	7	8	0	10	11
					Protection layers (PLs) enter 1 if no PL present								
	Impact Event Description	Severity Level	Initiating Cause	Initation Likelihood (events per year)	General Process Design (probability)	BPCS (probability)	Alarms, Etc. (probability)	Additional Mitigation, Restricted Access (probability)	IPL Additional Mitigation Dikes, Pressure Relief (probability)	Intermediate Event Likelihood (events per year)	SIF IL & PFD	Target Mitigated Event Likelihood (events per year)	Notes
C&E No.: SKE UC(UniCracker) IS-5					C&E Title: Fresh Feed Pump Charge Pump(P2102R) Lube Oil Press Low Low								
P&ID No.: CUCGEF0002					P&ID Title: Feed Surge Drum of Unicracking Unit								
PALL2871 Fresh Feed Pump Charge Pump(P2102R) Lube Oil Press Low Low	Pump에 Lube Oil 공급이 중단될 경우, P2102R Seal에 윤활 불량으로 Seal 파손 발생 1) VGO(154℃, 15kg/cm2g)가 Seal 부위에서 누출 후 점화원을 만나 Pool Fire를 발생시켜 화상 발생(1명) 2) VGO vapor 공정내 누출 3-1) VGO 누출에 따른 Pool Fire 발생(100억) 3-2) Pump 파손으로 구매/설치에 필요한 1달간 가동 중지 (일일 4억 가동이익, 4억/일 * 30일 = 120억) - VGO 끓는점(MSDS) : 345℃ ~ 557℃ - VGO 인화점(MSDS) : 150℃	Safety Severity Level : VGO(154℃)가 Seal 부위에서 누출 후 점화원을 만나 Pool Fire를 발생시켜 화상 발생(1명) -> TMEL : 1.0E-03	P2102R Lube Oil System의 MOP가 동중지 (Shaft Driven Type)	기계 고장	Spare Pump 존재 (AOP)		Local Panal : PAL2871C(P2102R) DCS Ann. XL2120 (Pump 4ea package common alarm)	현장 운전원 P2102R 인근 설비 접근 시간	H/C Detector		No IL		
				.0.10	0.01	1.00	0.10	0.13	0.10	1.26E-06			
			Lube Oil PCV Failed Close(returen to Oil reservior tank)	Control Valve Failure를 100년에 1번으로 가정			Local Panal : PAL2871C(P2102R) DCS Ann. XL2120 (Pump 4ea package common alarm)	현장 운전원 P2102R 인근 설비 접근 시간	H/C Detector				
				0.01	1.00	1.00	0.10	0.13	0.10	1.25E-05			
										1.38E-05	7.27E+01	1.00E-03	
		Environmental Severity Level : VGO vapor 공정내 누출	P2102R Lube Oil System의 MOP가 동중지 (Shaft Driven Type)	기계 고장	Spare Pump 존재 (AOP)		Local Panal : PAL2871C(P2102R) DCS Ann. XL2120 (Pump 4ea package common alarm)		H/C Detector		No IL		
				0.10	0.01	1.00	0.10	1.00	0.10	1.00E-05			
			Lube Oil PCV Failed Close(returen to Oil reservior tank)	Control Valve Failure를 100년에 1번으로 가정			Local Panal : PAL2871C(P2102R) DCS Ann. XL2120 (Pump 4ea package common alarm)		H/C Detector				
				0.01	1.00	1.00	0.10	1.00	0.10	1.00E-04			
										1.10E-04	9.09E+01	1.00E-02	
		Commercial Severity Level : 3-1) VGO 누출에 따른 Pool Fire 발생(100억) 3-2) Pump 파손으로 구매/설치에 필요한 1달간 가동 중지 (일일 4억 가동이익, 4억/일 * 30일 = 120억) -> 둘 중 큰 Case인 3-2)를 선택 -> TMEL : 1.0E-05	P2102R Lube Oil System의 MOP가 동중지 (Shaft Driven Type)	기계 고장	Lube Oil Spare Pump 존재 (AOP)		Local Panal : PAL2871C(P2102R) DCS Ann. XL2120 (Pump 4ea package common alarm)	H/C Detector	Spare Pump(P2102R) 구비 --> 가동정지기간(30일->7일)		In IL 2 range		
				0.10	0.01	1.00	0.10	1.00	0.23	2.33E-05			
			Lube Oil PCV Failed Close(returen to Oil reservior tank)	Control Valve Failure를 100년에 1번으로 가정			Local Panal : PAL2871C(P2102R) DCS Ann. XL2120 (Pump 4ea package common alarm)	H/C Detector	Spare Pump(P2102R) 구비 --> 가동정지기간(30일->7일)				
				0.01	1.00	1.00	0.10	1.00	0.23	2.33E-04			
										2.57E-04	3.90E-02	1.00E-05	

[그림 5-7] LOPA 기법의 활용

• 작업자 행동분석(Human Behavior Analysis)의 활용

Behaviour (작업자 행동)
작업허가서 없이 사다리 작업으로 조명등 교체 _ Working to change light lamp on Ladder without use of PTW

Activators (동기)	Consequences (결과)	C/ U	S/ L	+/ -
수리 교체 하여 줄 것을 요청 받음.	작업 시간 절약 .	C	S	+
작업 장소는 쉽게 접근 할 수 있는 장소.	작업 현장 적발 및 징계	U	L	-
장비 점검이 완료 되지 않았음.	심각한 부상	U	L	-
작업허가를 받는 것이 쉽지 않음.	작업을 빨리 마쳐 좋은 성과를 받음.	C	S	+
업무 부하 / 작업 일정의 압박	다른 사람에게 부상을 주거나 설비의 심각한 손상	U	S/ L	-
안전/ 작업허가에 대해 나의 관리자는 중요하게 생각하지 않음.	안전작업시스템을 잘 수행한 것에 대한 동료들의 칭찬.	U	S/ L	+/ -
안전팀/ 관리감독자의 순찰이 많지 않음.				
쉽게/ 빨리 할 수 있다는 자신감				

Action & Recommendation (권고 사항 및 조치 사항)	New C/ U	New S/ L	New+/ -
작업허가에 따른 적절한 업무 지시 등 작업 시 안전에 대한 가치 강화 설명	C	S	-
관리자들의 정기적인 현장 점검 및 Leadsafe	C	S	+
이전 유사 사고사례를 통한 위험성을 교육 (특히 작업허가에 대한 교육)	C	S	+
안전작업 수행에 대한 보상(칭찬 등)	C	S	+
Linde 사고 사례 및 위험성평가 교육 강화.	C	S	+
전 직원의 안전에 대한 칭찬 문화 강화.	C	S	+

[그림 5-8] 작업자 행동분석의 활용

5-2-3 위험성평가를 통한 현장개선

• 위험성평가결과 현장의 위험성 감소를 위한 개선활동 수행

[그림 5-9] 현장개선 활동

5-3 안전운전절차

5-3-1 SIF(Safety Instrumented Functions) & SIL(Safety Integrity Level) 설계에 따른 운전절차 수립

- 비정상적인 조건을 감지하거나 인간의 개입 없이 기능적으로 안전한 상태로 유도하거나 경보에 대해 훈련받은 운전원이 대응하도록 하는 완전무결수준의 감지장치, 논리해결장치, 최종요소의 조합으로 이루어진 공정으로 설계
- LOPA, SIL 기법 등을 적용한 운전절차 수립

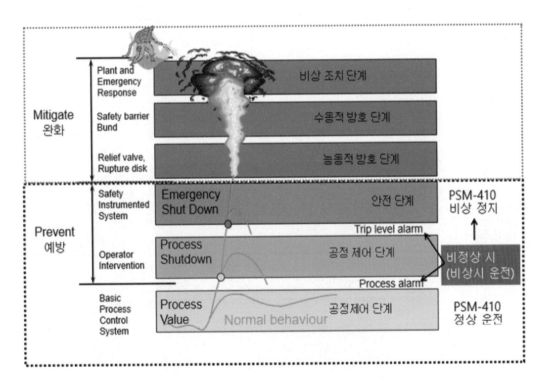

[그림 5-10] 방호계층에 따른 운전절차

5-3-2 안전운전절차에 따른 현장 안전작업 표지판

• 각 현장마다 안전운전절차에 기초한 안전수칙 표지 부착

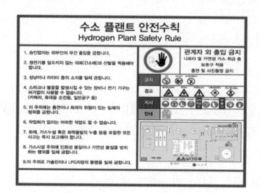 

[그림 5-11] 안전수칙 표지

5-4 설비점검·검사 및 유지·보수

5-4-1 안전점검 행사 운영

- 안전점검의 날 운영(월1회)
- 월별 점검테마 지정 및 조별 분임활동, 유사사고 사례 점검 및 안전교육 실시

[그림 5-12] 안전점검의 날 행사

5-4-2 장비를 활용한 설비의 정밀점검

- 진동측정 장비를 활용하여 회전체의 수직·수평방향에 대한 진동을 측정

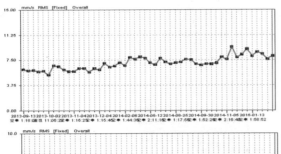 

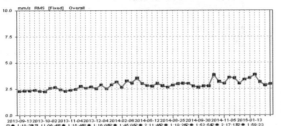 

[그림 5-13] 회전체의 진동 측정

5-4-3 전산망을 활용한 설비유지 관리

- 설계/제작/운전/설비관리 관련 모든 정보를 Unit단계에서 Item단계까지 Multi-Layer로 구성한 전산망을 활용하여 설비관리

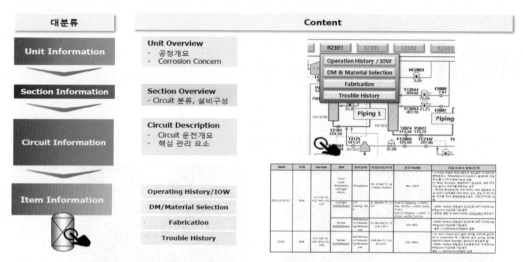

[그림 5-14] RMS(Reliability Management System)전산망 활용

- 사내 전산망을 기반으로 한 통합형 PM Module

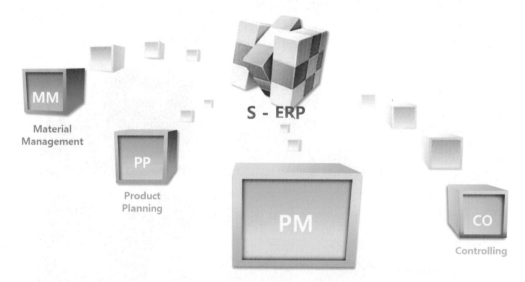

[그림 5-15] 전산망을 활용한 설비유지관리

5-5 안전작업 허가절차

5-5-1 안전작업 집중관리제

- 협력회사 및 외부업체의 작업에 대해 전 과정 모니터링 및 유해위험요인 사전 발굴 및 개선
  - 안전관리계획서 작성지원, 사전 안전교육 실시(작업자 및 감독부서), 작업자 보건관리(음주, 기초건강), TBM 및 작업 후 현장 정리정돈(5S) 등 실시

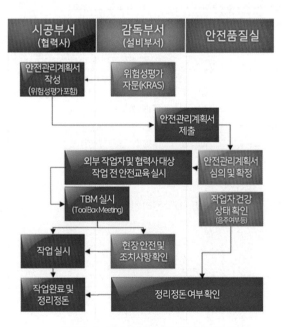

[그림 5-16] 안전작업 집중관리 제도

5-5-2 온라인 커뮤니티 운영

- 협력회사와 실시간/수평적 커뮤니케이션 시스템 구축하여 작업안전가이드, MSDS, 비상대피요령, 정기협의회, 합동안전점검결과, 위험성평가서 등의 정보 공유

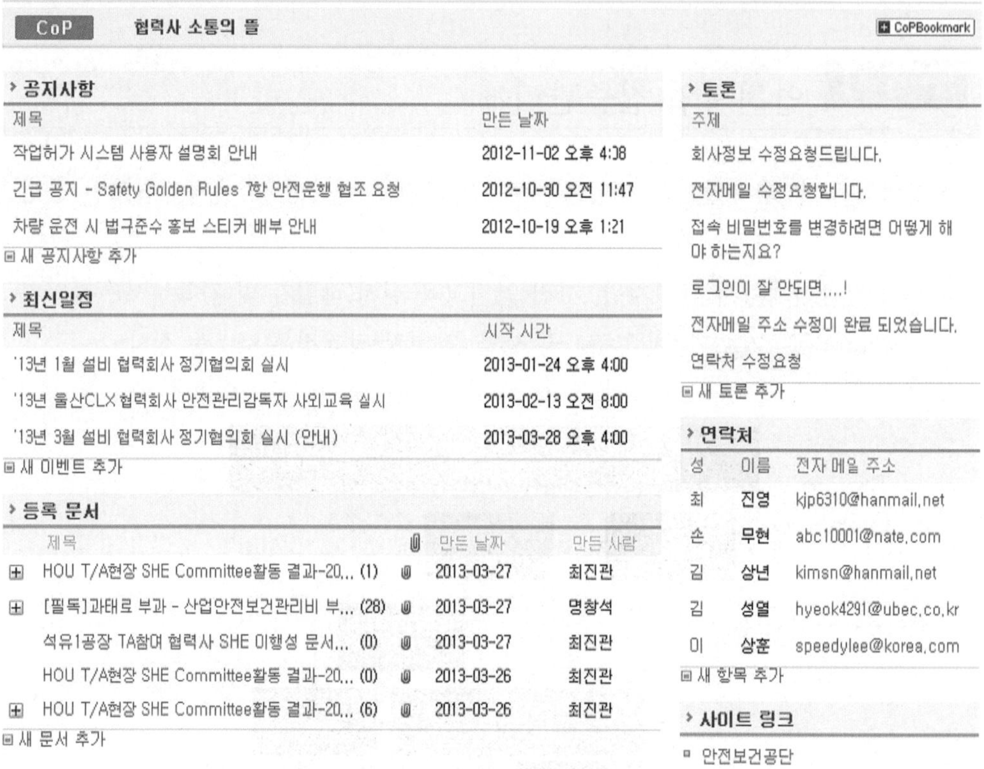

CoP 협력사 소통의 뜰		CoPBookmark

> 공지사항

제목	만든 날짜
작업허가 시스템 사용자 설명회 안내	2012-11-02 오후 4:08
긴급 공지 - Safety Golden Rules 7항 안전운행 협조 요청	2012-10-30 오전 11:47
차량 운전 시 법구준수 홍보 스티커 배부 안내	2012-10-19 오후 1:21

▣ 새 공지사항 추가

> 최신일정

제목	시작 시간
'13년 1월 설비 협력회사 정기협의회 실시	2013-01-24 오후 4:00
'13년 울산CLX 협력회사 안전관리감독자 사외교육 실시	2013-02-13 오전 8:00
'13년 3월 설비 협력회사 정기협의회 실시 (안내)	2013-03-28 오후 4:00

▣ 새 이벤트 추가

> 등록 문서

제목		만든 날짜	만든 사람
⊞ HOU T/A현장 SHE Committee활동 결과-20... (1)	⊍	2013-03-27	최진관
⊞ [필독]과태로 부과 - 산업안전보건관리비 부... (28)	⊍	2013-03-27	명창석
석유1공장 TA참여 협력사 SHE 이행성 문서... (0)	⊍	2013-03-27	최진관
HOU T/A현장 SHE Committee활동 결과-20... (0)	⊍	2013-03-26	최진관
⊞ HOU T/A현장 SHE Committee활동 결과-20... (6)	⊍	2013-03-26	최진관

▣ 새 문서 추가

> 토론

주제

회사정보 수정요청드립니다.

전자메일 수정요청합니다.

접속 비밀번호를 변경하려면 어떻게 해야 하는지요?

로그인이 잘 안되면....!

전자메일 주소 수정이 완료 되었습니다.

연락처 수정요청

▣ 새 토론 추가

> 연락처

성	이름	전자 메일 주소
최	진영	kjp6310@hanmail.net
손	무현	abc10001@nate.com
김	상년	kimsn@hanmail.net
김	성열	hyeok4291@ubec.co.kr
이	상훈	speedylee@korea.com

▣ 새 항목 추가

> 사이트 링크

▫ 안전보건공단

[그림 5-17] 온라인 커뮤니티

5-6 협력업체 관리

5-6-1 유해 위험 정보제공

• 출입자 안전수칙 제정 및 교육, 작업자에게 안전수칙 가이드북 제공

[그림 5-18] 출입자 안전교육 및 가이드북

5-6-2 협력업체 평가

• 협력업체의 산재사고 발생, 안전보건관리비 사용 실적, 안전보건수칙 준수 등을 종합적으로 평가
• 개선이 필요한 부분에 대해 협력사에 Feedback하여 개선대책 수립

[그림 5-19] 협력업체 안전보건 평가표

5-6-3 협력업체와 상생

• 협력사가 SHE관련 인증을 취득할 수 있도록 독려 및 지원

[그림 5-20] 협력업체의 안전보건경영시스템 등 인증서 획득

5-6-4 협력업체 SHE교육 및 안전보건 행사

- 협력회사의 안전교육 강사 양성과정, 관리감독자 역량강화 교육, 전무문화 교육 등 실시

[그림 5-21] 협력업체 교육 사례

- 위험예지훈련, 소방기술 경진대회, 심폐소생술 경진대회 등 다양한 안전보건 행사를 실시

[그림 5-22] 안전보건 행사

5-7 근로자 안전교육

5-7-1 안전체험센터 구축

- 안전교육과 안전체험이 동시에 진행 가능한 전용 교육시설 구축
- VR기술을 이용한 영상체험관 구축

[그림 5-23] 가상체험 및 연기체험 교육

5-7-2 외부 작업자 안전교육

- 계획예방정비공사, 경상정비 등 작업 시 투입되는 외부작업자에 대해 안전교육(1시간) 의무 실시 후 현장 투입

안전교육요청 (설비부서)	교육내용검토 (안전품질실)	교육실시 (안전관리자)	교육후투입 (설비부서)
D-7	D-1	D-DAY	

[그림 5-24] 외부 작업자 교육

5-8 유해·위험설비의 가동(시운전) 전 안전점검

5-8-1 설비 예방정비

- 매년 설비 중요도 평가 실시
- 등급별 관리
- AREA 담당제 운영
- 전산관리 시스템을 통한 설비관리

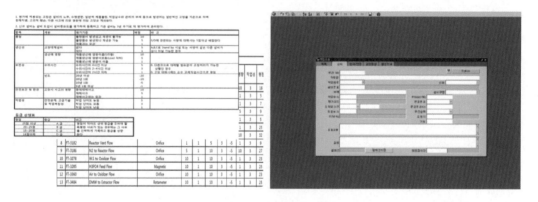

[그림 5-25] 관리기준 및 전산시스템

5-8-2 가동 전 점검

- 운전, 예방정비, 안전분야 점검팀에 의한 가동 전 점검
- Shut Down, Cold Shut Down에 따른 점검 수준 차등 관리

공장명 :			점검일자 : 20/5. 4/3 ~ 4/15		
구분	점검항목	점검자	점검결과	개선항목	개선확인 (확인자,일자)
1. 공 정 운 전 을 위 한 일 반 사 항	1.1 공장의 사용 및 운전을 위한 각종 인허가의 신청 및 취득		위험물 신아가 취득완료예정		4/14
	1.2 안전운전 절차서 확보		확고		4/12
	1.3 설비(기기)별 제작자의 설치 시방서 확보		해당 없음		
	1.4 운전 및 정비 절차서 확보		해당 없음.		
	1.5 촉매 등의 장입 절차서		해당 없음		
	1.6 설치상태와 일치(AS-built)된 PFD 및 P&ID 확보		보완, 확인중		4/12
	1.7 공정별 운전원 및 정비작업원 교육실시		실시		4/12
	1.8 시운전 절차서(Commissiong procedure) 확보		해당 없음		
	1.9 공장성능시험절차서(Per formance test procedure) 확보		해당 없음.		
2. 시 운 전 준 비	2.1 기기설치완료 확인 P.1907D, P-1841"C", P-1851 A"		양호		4월10일
	2.2 건설중에 기기보호용으로 도포한 녹방지제 및 기름제거 확인		해당 없음		
	2.3 윤활유의 준비		양호		
	(1) 기기 제작자가 추천한 윤활유 목록 및 준비확인				
	(2) 윤활유 주입 확인		양호		4.5
	(3) 윤활유 주입장치 및 세정유의 드레인 확인				〃
	2.4 누설방지용 시일(Seal), 패킹(Packing)		양호		4.4
	(1) 누설방지용 시일 및 패킹의 조정 또는 설치 확인 PN-1651, C-1351A"				

[그림 5-26] 가동 전 점검표

5-9 변경관리

5-9-1 변경관리 시스템 고도화

• 변경관리시스템 구축 및 지속적인 고도화

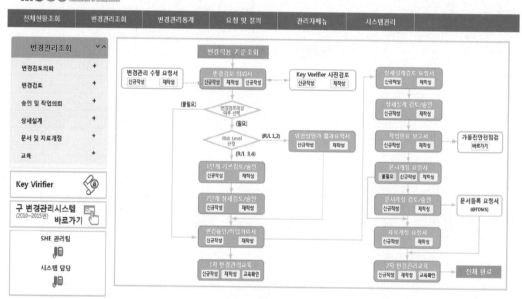

[그림 5-27] 변경관리시스템

5-9-2 변경관리체제 개선

• 변경검토의 적절성 확보를 위해 공정위험지수 도입 및 공정위험지수 도입으로 위험성을 객관화하여 임의 판단 금지, 전문가 참여 의무화

항목		위험 지수				비고
		0	1	2	3	
물질 조건	인화점	250℃이상 or 해당없음	200~250℃ or 자료없음	21~200℃	21℃ 미만	위험물안전관리법 제4류 제1~4석유류 참조
	폭발한계	해당없음	LEL 20%이하 or HEL – LEL = 6%미만 or 자료없음	LEL 15%이하 or HEL – LEL = 5~11%	LEL 13% 이하 or HEL – LEL = 12% 이상	산업안전보건법 인화성 가스 참조
	물질구분	해당없음	관찰물질 대기오염물질 토양오염유발물질 or 자료없음	VOCs, HAPs	독성물질/발암성물질 위험물/ 유독물 사고대비물질 취급제한/금지물질 특정대기오염물질	공정안전자료, 가스안전 관리법, 환경분야 법 상 물질 구분 참조
설비 조건	법적용기 해당여부	자료없음	자료없음	산업안전/에너지 대기/VOCs/HAPs 토양	고압가스 위험물/ 유독물 사고대비물질	공정안전자료, 가스안전 관리법, 환경분야 법 상 물질 구분 참조
운전 조건	운전온도	0~60℃ or 해당없음	0℃ 미만 or 60℃ 초과	-30℃ 미만 or 100℃ 초과	-50℃ 미만 or 200℃ 초과 .	산업안전보건법, 고압가스 안전관리법 및 당 공장 특성 반영
	운전압력	0~0.2Mpa (0~2Kg/cm2) or 해당없음	0.2~1Mpa (2~10Kg/cm2)	1~3Mpa (1~30Kg/cm2) or 0 Mpa 미만	3Mpa 이상 (30Kg/cm2이상)	

[그림 5-28] 공정위험지수 기준표

5-10 자체감사

5-10-1 자체감사원 양성 아카데미 운영

- 자체감사 교육을 통해 사내 PSM전문가 양성
- 현장조직 PSM Coordinator 임명

[그림 5-29] 자체감사원 전문교육

5-10-2 사업장 간 Cross-Audit

- Cross-Audit으로 객관적 평가 및 벤치마킹
- 자체감사 결과 시정조치사항 개선

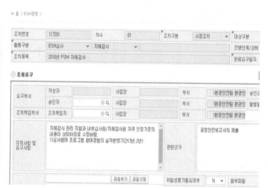

[그림 5-30] Cross-Audit

5-11 사고조사

5-11-1 사고조사관리 및 공유

- 사고조사 목록 작성관리
- 아차사고 목록 작성관리
- 사고조사 자료 공유 및 교육

	Synergi NO	위치	일자	제목	상태	사례 종류	담당Unit	담당자
1	105666		3/5/2015	운전실(CCR) 노출된 PLC 전원선에 걸려 넘어질 뻔한 사고	Closed	Case types - Incident - Incident - near miss	Linde Group - REA - East Asia - REA- Korea - RSE-TON-KO - RSE-TON-KO-Pohang	Ha,
2	105665		5/1/2015	Pump(비상용 소방 펌프) test line에 걸러 넘어질 뻔한 사고	Closed	Case types - Incident - Incident - near miss	Linde Group - REA - East Asia - REA- Korea - RSE-TON-KO - RSE-TON-KO-Pohang	Lee
3	105292		5/16/2015	Tire wall damages	Closed	Case types - Incident - Incident - near miss	Linde Group - REA - East Asia - REA- Korea - RSE-DIST-KO	Lee
4	110695		6/23/2015	폐 납사 드럼에 접지선 탈착 될	Closed	Case types - Incident - Incident - near miss	Linde Group - REA - East Asia - REA- Korea - RSE-TON-KO - RSE-TON-KO-Pohang	Park
5	110489		7/8/2015	펌프 회전축에 접촉 할 뻔한 사고	Closed	Case types - Incident - Incident - near miss	Linde Group - REA - East Asia - REA- Korea - RSE-TON-KO - RSE-TON-KO-Pohang	Park
6	113704		7/24/2015	냉각수 펌프의 회전축에 작업복이 말릴 뻔한 사고	Closed	Case types - Incident - Incident - near miss	Linde Group - REA - East Asia - REA- Korea - RSE-TON-KO - RSE-TON-KO-Pohang	Park
7	114278		9/4/2015	사용하지 않은 접지선에 걸려 넘어질 뻔한 사고	Closed	Case types - Incident - Incident - near miss	Linde Group - REA - East Asia - REA- Korea - RSE-TON-KO - RSE-TON-KO-Pohang	Park,
8	116626		9/16/2015	고객 증압용 스팀 응축수 Trap에서 고온의 스팀 응축수가 튀어 화상을 입 뻔한 사고	Closed	Case types - Incident - Incident - near miss	Linde Group - REA - East Asia - REA- Korea - RSE-TON-KO - RSE-TON-KO-Pohang	-- Not selected --

[그림 5-31] 아차사고 조사 사례

[그림 5-32] 사고조사자료 공유

5-12 비상조치계획

5-12-1 비상대응 조직체계의 구성

• CEO 직속의 총괄 안전보건관리 조직의 구성 및 PSM TF운영

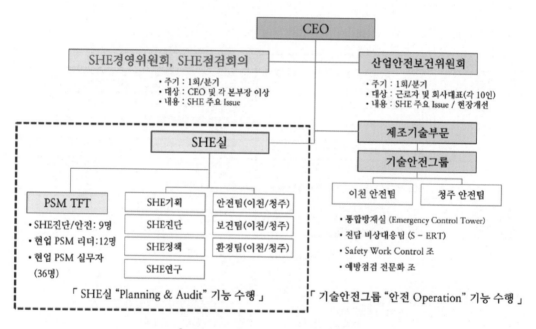

[그림 5-33] 비상대응 조직의 구성

• 효과적인 비상조치 기능 수행을 위한 중앙방재 시스템 운영
  – 근로자를 보호하고, 사고에 신속하게 대처하기 위한 철저한 대응시스템 구축

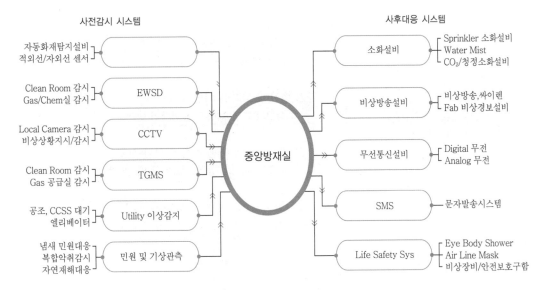

[그림 5-34] 대응시스템의 구축

• 신고자와 최초 통화자간 통화내용을 전 지역 안전팀 및 상황실에 동시 전파하여 신속하게 대응할 수 있도록 비상경보시스템의 구축

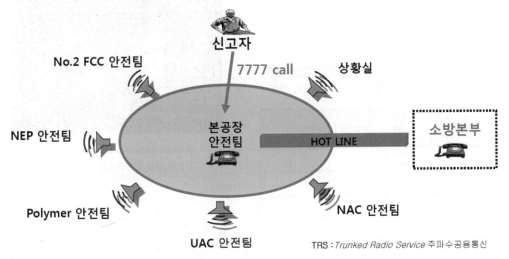

[그림 5-35] 비상경보 시스템의 구축

5-12-2 비상대응 시나리오 선정

• 사례 분석 및 피해예측을 통한 비상대응 계획 수립

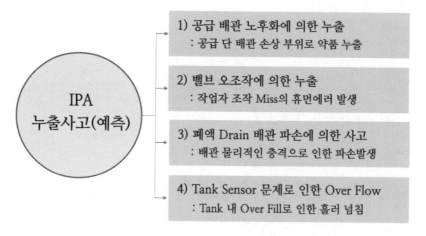

[그림 5-36] 비상대응 계획 수립

• 시나리오에 의한 피해예측

○ 1차 화재 발생과 인근 설비로 피해 확산 시 피해 예측

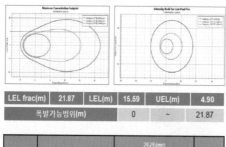

LEL frac(m)	21.87	LEL(m)	15.59	UEL(m)	4.90
폭발가능범위(m)			0	~	21.87

복사열 (kW/m2)	설명	거리(m)		비고
		Tank 용액 누출 화재 시	인근 설비로 확산 시	
4	20초 내에 보호되지 않으면 피부가 부풀어 오름	3.77	17.9	
9.5	8초 후에는 심한 고통, 20초 후에는 2도 화상	2.40	12.4	
12.5	목재 또는 플라스틱 튜브의 착화 유도가능 에너지	1.80	10.7	
37.5	장치 및 설비 손상	1.75	4.65	

○ 1차 화재 후 설비로 피해 확산 시 누출량 증가 및 피해 폭 확대

* 사고발생 9.46s 이후 20m에서 점화원이 있을 경우 가장 큰 폭발

"4.65m 안에서 복사열에 노출 시 설비 손상"
→ 유해 화학물질 추가 누출 및 대형화재로 확산

초기대응 실패 시 대량 인명 사고로 피해 확대

[그림 5-37] 시나리오에 따른 피해예측

5-12-3 피해예측 결과를 반영한 비상대응계획 수립

- 피해예측 결과를 반영하여 비상대응절차 수립 및 비상대응훈련 표준 운영 시나리오 구축

【 비상대응훈련 Manual 작성 】

○ IPA 초기 누출 상황 발생 시 비상대응 훈련 절차 수립
- 비상대응훈련의 정의 및 구성원의 의무와 역할 제공
- 비상 상황 시 신고 절차 및 피난대책 수립, 행동요령 숙지

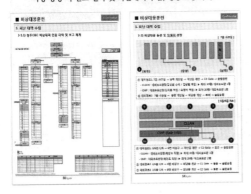

【 표준 운영 시나리오 작성 】

○ 비상대응 표준운영 시나리오 따른 현업 자체훈련 진행
- 약품누출 : 인화성약품, 부식성약품, 금수성약품, 폐액약품
- 현업 자체 반복 훈련을 통한 비상대응 능력 향상

[그림 5-38] 비상대응계획 수립

- 현업과 안전팀의 연합 비상대응을 시나리오에 반영

【 2단계 현업/안전팀 연합 비상대응 】

○ 일반 제조구성원 비상대피 후 인원파악
○ 현업 제조기술 초기대응 및 S-ERT 2차 대응 지원
○ S-ERT 2차 대응 및 사고 확대 시 대응

역할 〉 대피 〉 지원 ＋ 대응

【 S-ERT/현업 연합훈련 진행 】

○ 년간 S-ERT & 현업 ERT 연합훈련 43회 진행

[현업 & 안전팀 연합 대응 훈련 시행]

○ S-ERT 지휘 하에 작업장 내 비상대피 실시 및 2차 소화 작업 전개

*S-ERT : Special Emergency Response Team

[그림 5-39] 비상대응 시나리오의 보완

5-12-4 비상대응훈련 실시

• 연간 36회 이상의 다양한 비상대응 훈련 실시

등유탱크 화재 대응훈련

염산 유출 대응훈련

가스누출 화재 대응훈련

훈련상황기록

광역재난 대응훈련

외부전문가 초청훈련

재난대응 안전한국훈련

복합재난대응훈련

[그림 5-40] 비상대응훈련

5-12-5 비상대응 시나리오의 보완

• 비상훈련의 결과를 반영하여 비상대응 시나리오 수정 등 훈련의 미비점을 보완

과거 훈련을 보완한 시나리오	비상대응 훈련 주요 문제점

과거 훈련을 보완한 시나리오

비상대응 훈련 주요 문제점

○ 매 훈련 시 종합강평 Feed Back
(현업 관리감독자 자체 평가 + S-ERT요원 평가)

○ 비상조치 장비 사용 능력 저하

○ 방호장치의 관리 및 성능유지 부분 미흡

○ 환기 설비의 작동 여부 확인이 어려움

○ 안전관리의 사각지대가 존재함

＞ "도출 문제점 보완 사후관리 절차 진행"

[그림 5-41] 비상대응 시나리오의 보완

• 현장 비상대응 장비를 활용하여 반복적인 비상대응 훈련

[그림 5-42] 대응훈련 시나리오

제6장

PSM
질의회시

※ PSM 길라잡이에는 한국산업안전보건공단 질의회시
   집 중에서 일부를 발췌하여 수록하였습니다. 아래
   QR코드를 통해 더 많은 질의회시 사항을 확인하실
   수 있습니다.

PSM 질의회시집

PSM 질의회시집 QR코드

6-1 PSM 대상여부

6-1-1 적용대상

(1) 고압가스저장허가시설의 PSM 적용 제외대상 여부

질의

저희 회사는 시행령 제33조의6에 따른 7개 위험 업종에 포함되지는 않으나, 별표 10에 의한 유해·위험물질 가스를 규정수량 이상 가지고 있고 현재 고압가스를 저장 및 판매하는 사업장으로, 가스안전공사로부터 기술검토를 받은 후 관련 지방자치단체로부터 고압가스 저장허가를 득한 사업장입니다.(가스안전공사의 의견에 따라, 판매허가가 아닌 저장허가를 받음)

PSM 적용을 받는 가연성 가스를, 저장시설(튜브트레일러)에서 배관을 이용하여 고객회사에 판매하는 경우, "별표 10의 비고 7. 가스를 전문으로 저장 판매하는 시설내의 가스를 제외한다."라는 규정이 적용되어, PSM 사업장 적용대상에서 제외되는지?

회시

고압가스 생산시설이 아닌 저장시설(튜브트레일러)에서 배관을 이용하여 고객회사에 판매하는 경우에 해당될 경우, "별표 10의 비고 7. 가스를 전문으로 저장 판매하는 시설내의 가스를 제외한다."라는 규정이 적용되어, PSM 적용대상에서 제외됩니다.

(2) 도시가스의 PSM 적용대상 여부

질의

저희 회사는 '02년도에 PSM 대상사업장으로 되어 '04년도 등급심사를 받고 현재 이행실태 점검을 받고 있습니다.

① 제1, 2공장으로 나누어져 있습니다. (거리 약 500M 떨어짐)
   - 주소지 및 사업장 등록 번호가 다릅니다.

② 사용, 저장 물질 및 수량
   - 도시가스 및 경유
      ※ 도시가스 사용량 : 1공장 → 6,600 m³/일, 2공장 → 15,000 m³/일
      ※ 경유 저장 및 사용 : 1공장 → 117,000ℓ (TANK), 2공장 → 136,000ℓ(TANK)
      ※ 경유 저장 목적 : 爐 보수공사 후 점화용(1회/6~7년 사용)
정전 시 발전기 가동용 (한전 불시 정전 시 및 TEST) 250ℓ/월
보일러 교체 가동용 40ℓ/월

도시가스(NG)가 PSM 대상물질에서 제외된다고 하고, 경유도 공장별로는 저장량 기준 (200,000ℓ)에 미치지 않으니 PSM 적용 대상에서 제외되는 사업장이 아닌지?

> 회시

1. 사업장이 1, 2공장으로 나누어진 경우(사업장 등록번호가 다름)
   1, 2 공장은 각각 별개의 사업장으로 구분합니다.

2. 공정안전보고서 제출대상여부(규정수량 초과기준)
(1) 1공장 경우
도시가스 사용량 : 1공장 → 6,600 m³/일=6,600×0.6=3,960(kg) /5000=0.79
경유 저장 및 사용 : 1공장 → 117,000 ℓ (탱크)=117,000/200,000=0.59 → 1.4
1공장 가연성 물질 사용량은 약 1.4로 규정량 기준값 1을 초과하므로 공정안전보고서 제출 대상 사업장입니다.

(2) 2공장의 경우
도시가스 사용량 : 15,000m³/일=15,000 × 0.6=9,000(kg)/5000=1.8
경유 저장 및 사용 : 2공장 → 136,000ℓ (tank)=136,000/200,000=0.68 -> 2.5
2공장 가연성 물질 사용량은 약 2.5로 규정량 기준값 1을 초과하므로 공정안전보고서 제출 대상 사업장입니다.

※ 산업안전보건법 시행령 제33조의5 관련 [영 별표 10] 유해위험물질 규정수량을 참조바람.

(3) LP가스저장시설의 PSM 작성

[질의]

LPG저장시설(탱크터미널)이 PSM 작성대상인지?

해상에서 액화석유가스(프로판, 부탄)를 Unloading설비를 이용 3,000톤(부탄저장탱크) 1기, 1,000톤(프로판저장탱크) 3기에 Unloading하여 저장 후 관로 및 탱크로리를 이용하여 출하하거나 해상으로 출하하는 설비입니다.

[회시]

LPG저장시설(탱크터미널)이 산업안전보건법 시행령 제33조의6 제2항 제6호에서 규정한 "액화석유가스의 안전관리 및 사업법"의 적용을 받는 경우에는 **공정안전보고서 제출 대상에서 제외됨**을 알려드립니다.

(4) 가스사용시설의 PSM 대상

[질의]

도시가스사업법에 의한 특정가스 사용시설업체로, 공정안전보고서 제출대상 여부를 질의합니다.(사용가스 : 천연가스, 449,000m³/월)

1. 천연가스가 가연성가스에 해당되는지?
2. 도시가스사업법에 의한 가스공급시설은 제외되나, 사용시설은 대상에 속하는지?

[회시]

1. **도시가스의 주성분은 메탄(CH_4)으로** 산업안전보건법 시행령 별표10에서 규정하는 가연성가스에 해당합니다. 또한 귀 사에서 사용하는 도시가스의 양은 12톤/일 이므로(규정수량 5톤/일 이상) 귀 사는 공정안전보고서 제출대상 사업장입니다.
2. 도시가스사업법에 의한 도시가스공급시설은 공정안전보고서 제출대상에서 제외되어 있습니다. 그러나, **도시가스공급시설은 도시가스공급업체에서 공급한 시설로서**

Governor House내의 Pressure Regulator 및 유량계까지입니다. 즉, Governor House 내의 유량계 후단부터는 도시가스공급시설이 아니므로, 유량계 후단부터의 도시가스사용시설은 산업안전보건법에 의한 **공정안전보고서 제출대상**에 포함됩니다.

(5) 난방 보일러의 PSM 대상

질의

난방보일러가 PSM 대상이 되는지?

※ 보일러 보유대수 : 5대 (10ton 3대, 12ton 2대)

회시

산업안전보건법 시행령 제33조의6 제2항 제3호에 따라 난방을 위한 보일러는 연료 종류에 상관없이 공정안전보고서 제출대상에서 제외됩니다.

(6) Pilot Plant의 PSM 대상

질의

PSM 적용사업장으로 연구소 건물 내에 화학공정 실험용 Pilot Plant를 설치하고자 하는데, PSM 대상인지?

회시

산업안전보건법 시행령 제33조의6에 따라 원유정제 처리업 등 업종에 해당하는 사업장은 그 보유설비 모두(Pilot Plant 포함)가 공정안전보고서 제출대상입니다.

또한 유해·위험물질을 규정수량 이상 취급하는 사업장의 경우에도 설치하고자 하는 Pilot Plant에서 [별표 10] 에서 규정한 유해·위험물질을 사용하는 경우에는 공정안전보고서 제출대상에 해당됨을 알려드립니다.

(7) 폐수처리설비 PSM 대상

질의

폐수처리설비에 미생물 탄소공급원으로 **메탄올 공급설비**를 설치하였는데, 공정안전보고서 제출대상 여부?

※ 메탄올 사용량 10.8 liter/min(원액기준)

회시

귀 사에서 1일 사용하는 메탄올은 15.5m³(원액기준)로 산업안전보건법 시행령 제33조의6 [별표 10]에서 규정한 **인화성물질의 일일취급량이 5,000kg**을 초과하므로 공정안전보고서 제출대상에 해당됩니다.

(8) 폐수처리장의 PSM 심사대상

질의

불꽃화약류 제조업체로 최근에 폐수처리장을 신축하였으며, 기존시설과는 50m이상 떨어져 있습니다. 기존의 생산관련 시설들은 이미 공정안전보고서를 제출 및 승인을 받은 상태입니다만, 신설한 폐수처리장도 PSM 대상이 되는지?

회시

산업안전보건법 시행령 제33조의6 제1항의 규정에 의한 7개 업종(원유정제 처리업~화약 및 불꽃제품제조업) 및 [별표10]에 의한 유해·위험물질 취급사업장 중 7개 업종에 해당되므로, 귀사의 폐수처리장은 공정안전보고서 제출대상입니다.

(9) 수처리시설 PSM 실시 여부

질의

석유화학제품제조시설로 고농도 폐수를 처리하기 위해 폐수처리장에 혐기성 반응기를 설치하고자 하는데, 공정안전보고서 제출에 해당되는지?

※ 혐기성처리시설은 유기성 오니를 가성소다에 용해 후 혐기성 반응기에서 처리하는 설비로 반응기는 메탄가스를 배출하게 되며, 배출된 메탄가스는 공정에서 재사용되어 집니다. 설치되는 설비들의 전력은 300kW가 넘을 것으로 예상되고 있습니다.

회시

귀 사업장은 산업안전보건법 시행령 제33조의6 규정에 의한 7개 업종에 해당되므로 폐수처리를 위한 혐기성 반응기의 설치 사업은 공정안전보고서 제출 대상입니다.

(10) RTO설비의 PSM 대상설비 확인

질의

화학공장의 공정 내에서 발생하는 휘발성 유기화합물(VOCs)을 제거하기 위하여 RTO설비를 설치하고자 합니다.

1. 공정 내에서 악취원(지하 pit, tank vent구 등)을 배관연결로 포집하여 RTO(축열식 소각로)를 이용하여 처리할 경우 공정안전보고서를 제출해야 하는지?(전기용량의 합은 300kW이하)
2. RTO설비를 설치할 경우 공정설비와의 안전거리 및 보유거리등의 적용을 받는지?

회시

1. RTO(축열식 소각로)의 열원으로 사용되는 물질이 산업안전보건법 시행령 제33조의6 제1항에 따라 NG 등과 같은 가연성 가스 또는 인화성 물질을 일일 5,000kg이상 사용하는 사업장의 설비는 공정안전보고서 제출대상에 해당됩니다.
2. 산업안전기준에 관한 규칙 제291조(안전거리), 별표8의2, 3, 4항을 참조바랍니다.

(11) 페인트 제조업의 공정안전보고서 대상관련

질의

페인트제조업으로 도료와 첨가물을 혼합하여 제품을 생산하고 있으며, 시행령 제33조의6 제1항 제3호 석유화학계 기초화학물 제조업에 해당되는지 여부와 석유화학계 기초화합물의 정의?

인화성물질 취급·저장함에 그 량이 미달(공정과정 중에 저장되는 량을 포함하여 하루 동안 최대로 제조 또는 취급량)되어 공정안전보고서 제출대상에서 제외됩니다.

참고로 저희공장 공정과정중 인화성물질에 열 또는 압력을 가하거나 반응하는 설비는 없으며, 단순 원료투입→혼합 믹싱→조색→제품 순으로 공정이 구성되어 있습니다.

회시

1. 도료제품 제조업은 산업안전보건법 시행령 제33조의6(공정안전보고서의 제출대상)1항 중 3호 석유화학계 기초화학물 제조업에 해당되지 않습니다.
   석유화학계 기초화합물은 정유회사에서 원유를 크래킹, 분별증류 등의 처리를 통한 2차 가공하여 생산하는 경우를 말합니다.
2. 산업안전보건법 시행령 제33조의6 관련하여 유해·위험물질(인화성액체 : 등유)의 규정수량은 취급 5,000 kg이상 사용할 경우 공정안전보고서를 제출하셔야 합니다. 여기서 일일 최대취급량 산정 시, 현재 설비 가동시간이 1일 8시간일지라도, 생산요구량에 따라 1일 최대 24시간이 될 수 있으므로 산업안전보건법 시행령 별표10 비고4에서는 1일 24시간을 기준으로 한 최대 취급량을 규정수량으로 간주하고 있습니다.

(12) 생산량 감소에 따른 PSM 제출대상

질의

PSM 제출대상이나, 인화성물질 취급량이 줄었는데 PSM 적용 여부?
- 보일러 등유(Spray Drying Burner)
- 등유 사용량(3,940kg/일), 최대 사용량(4,600kg/일)
- 보관시설 등유(140,000ℓ 탱크 1기)
※ 1일 8시간만 가동

회시

현재 설비 가동시간이 1일 8시간일지라도, 생산요구량에 따라 1일 최대 24시간이 될 수 있으므로 산업안전보건법 시행령 별표10 비고4에서는 1일 24시간을 기준으로 한 최대 취급량을 규정수량으로 간주하고 있습니다.

따라서 귀 사의 1일 인화성물질의 최대 사용량은 11,760kg(490kg/h×24h)으로 규정수량인 5,000kg을 초과하므로, 귀 사의 Spray Dry설비 및 연료 저장설비 등은 공정안전보고서 제출대상임을 알려드립니다.

(13) 공정가스의 공정안전보고서 제출

질의

연료를 연소시켜 1,800℃의 고온 분위기를 만든 후, Feed Oil을 분사시켜 Partial Oxidation 및 Thermal Cracking 반응을 일으키고 Quench Water로 급냉시킴. 이 혼합물을 여과하여 고체분말 상태의 Product와 기체상태의 공정 가스를 분리함.

공정가스 중 수소 함량이 15% 이상이고, 1일 발생량이 5톤 이상일 경우 공정안전보고서 제출대상인지?

회시

질의하신 Oxidation/Thermal Cracking 반응설비는 산업안전보건법 시행령 제33조의6에 따라 공정안전보고서 제출대상임을 알려드립니다.

(14) 인화성물질 취급 건물의 PSM 대상

질의

위험물 취급공정에 대해 PSM을 시행하고 있습니다.(인화성 물질 취급·저장이 규정수량이상) 향후 다른 건물이 신축되면서 인화성물질을 취급하게 된다면 "공정안전보고서"를 제출/심의 등의 절차를 받아야 되는지?(규정수량 이상일 경우는 반드시 해야 된다고 생각되는데, 미만일 경우는?)

회시

귀사가 산업안전보건법 제49조의2 및 동법 시행령 제33조의6에 따라 규정수량 이상으로 공정안전보고서를 제출하였다면, 인화성물질을 취급하는 신축되는 건축물에 대해서는 동법 시행령 제33조의6에 따른 "유해위험설비를 설치"하는 것에 해당되므로 공정안전보고서를 작성하여 우리 공단에 제출하셔야 합니다.

(15) 정격용량 합의 해석

질의

공장 증설을 연도별로 실시할 때, 300kW의 정격용량도 누계가 되는지?

(1차년도 : 200kW 증설, 2차년도 : 200kW 증설)

각 연도별로 변경요소로 관리 가능한지, 언제까지의 합계로 심사를 신청해야 하는지?

회시

산업안전보건법 시행령 제33조의8 및 노동부 고시 제2017-62호와 관련한 "주요구조부분 변경"에 해당되는 "당해 전기정격용량의 합이 300kW이상 증가"라 함은, 연도별 누계용량의 합이 아닌 당해 설비의 변경과 관련된 생산설비 및 부대설비의 전기정격용량의 합을 말합니다.

(16) PSM 대상 적용 여부(전기정격용량 증가)

질의

1. 공정지역내 장치류의 Motor 정격용량이 250kW(1)로 PSM 대상에서 제외대상이었으나, 동일한 장치류에 추가로 정격용량을 150kW(2)의 이상으로 설치한다면 (1)과 (2)를 합쳐서 적용하여 PSM 제출대상으로 하는지?

2. 사용 중인 장치류의 설비를 변경하면서 기존의 정격용량(250kW) Motor보다 300kW 이상으로 교체 또는 설비변경 없이 Motor만 300kW 이상으로 교체할 경우에도 PSM 제출대상으로 하는지?

회시

1. PSM 대상이 아니라면 모터의 용량 증가가 의미가 없으며, PSM 대상이라면 과거에 공정안전보고서를 제출하였어야 합니다. 즉 PSM의 대상은 전기 정격용량과는 무관하며 산업안전보건법 시행령 제35조의5 제1항에서 정하는 업종 및 업종에 해당하지 않는 경우에는 시행령 별표 10에서 규정하는 물질을 규정량 이상 취급하는 경

우에만 PSM대상이 됩니다. 공정안전보고서의 제출·심사·확인 및 이행상태평가 등에 관한규정 제2조의 주요 구조부분의 변경에서 전기정격용량에 대한 적용은 보고서를 제출한 후에 주요 구조부분의 변경이 있는 경우에만 적용합니다.

2. 이 경우 당해 전기정격용량은 변경분의 합(증가분)인 50kW로 적용됩니다. 변경되는 생산설비 및 부대설비의 당해 전기정격용량의 (증가의) 합이 300kW이상인 경우에만 해당되므로, 교체대상의 증가의 합이 300kW 이상이 아니면 PSM 대상이 아닙니다.

---

(17) PSM과 방폭 문의

질의

위험물 제4류 제2석유류, 제3석유류를 주로 사용하는 화학공장입니다.

반도체, 디스플레이에 사용하는 화학약품 제조공장으로, 공정은 단순 혼합으로 열이나 압력이 없습니다. 혼합탱크는 10톤짜리 6기정도 설치할 예정입니다.

사용물질 중 위험물 제4류 제2석유류(인화성 액체)는 4,000kg/일 정도입니다. 공정안전보고서를 제출해야 하는지? 방폭지역으로 구분하고, 전기설비들을 방폭으로 구성해야 되는지?

회시

1. 산업안전보건법 제49조의2 및 동법 시행령 제33조의6 관련하여, 영 별표 10에 의한 규정수량을 초과할 경우에는 공정안전보고서를 제출하여야 합니다. 문의하신, 영 별표에서 규정하는 인화성 물질 등 51종의 물질 사용량이 규정수량 이하일 경우라면, 공정안전보고서 제출대상에 해당되지 않습니다.

2. 노동부 고시 제2017-62호 제24조에 따라, 취급하는 인화성 물질의 인화점이 40℃ 이하인 경우에는 플랜지 접합부 등 누출 가능한 지역에 대하여 폭발위험장소를 선정하고 폭발위험장소에 해당되는 지역 내의 전기설비는 방폭형 전기기계기구를 사용하여야 합니다.

(18) 공정안전보고서 제출대상 및 범위

질의

시행령 33조의6에서 그 외의 사업장으로 별표10에 의해 공정안전보고서 제출대상 사업장입니다.

1. 규정량의 기준이 공장 전체 취급량인지, 설비별 취급량인지?
2. 유해위험물질을 사용하지 않는 설비도 제출대상에 포함되는지?
3. 유해위험물질을 소량을 사용하는 설비도 제출해야 되는지?
4. 여러 업종을 다루는 관계로 위험물질을 사용하는 Line이 있고 아예 사용하지 않는 Line도 있는데, 공장 내 모든 설비에 대해 공정안전보고서를 제출해야 됩니까?
5. 공정안전보고서 제출대상 사업장은 사업장 전체의 유해위험설비 모두가 대상이라고 하는데 어떤 설비가 유해위험설비라고 판단하는 기준은? 한 예로 어떤 공정에서는 작업 중 전혀 유해위험물질을 사용하지 않는데 Cleaning 시 Solvent로 약간 작업하는 경우가 있는데 이것도 유해위험물질을 사용하기 때문에 유해위험설비라고 봐야 됩니까?
6. 규정수량 중 저장량은 무엇을 말하는지? 탱크에 저장된 양만인지, 드럼에 보관되어 위험물 창고에 저장되어 있는 것까지 모두 말하는지, 소방서 허가용량을 말하는지?

회시

1. 산업안전보건법 시행령 제33조의6 및 [별표 10]과 관련하여, 공정안전보고서 제출대상은 동일 부지 내에 있는 사업장 전체 취급량입니다. 다시 말씀드려서 사업장내에 여러 개의 공장이 있을 경우 [별표 10]의 비고 6호의 R값을 적용하여 공정안전보고서 제출 대상 여부를 판단하셔야 합니다.
2. 공정안전보고서 제출대상 사업장일 경우 유해위험물질을 사용하지 않는 설비는 제출대상에 포함되지 않습니다.(시행령 제33조의 업종이 아닌 규정수량에 해당될 경우에 한함. 즉 업종에 해당되는 경우에는 제출대상임.)
3. 공정안전보고서 제출대상 사업장이면, 유해위험물질을 취급하는 모든 설비가 제출대상입니다. 그 이유는 사업장의 유해위험설비 모두가 공정안전보고서 제출대상이기 때문입니다.
4. 위험물질을 사용하는 관련 Line은 모두 공정안전보고서 제출대상입니다.

5. 유해위험설비에 대한 기준은 산업안전보건법 시행령 제33조의6 및 별표 10에 규정되어 있습니다. 따라서 어떤 공정에서 Cleaning 시 Solvent를 사용한다면 유해위험설비에 해당됩니다.(가령 폴리우레탄 반응기의 경우에는 운전 중에 유해위험물질을 취급하지 않으나, Cleaning 시에는 휘발성 용제를 사용하므로 화재·폭발 위험이 있으므로 유해위험설비에 해당됨.)

6. 저장량은 옥외 저장탱크의 설계용량을 의미합니다. 드럼에 저장된 양은 포함되지 않습니다.

(19) 의약품 생산라인 증설의 PSM 제출

질의

의약품을 생산하는 사업장으로 기존의 생산 Line에 에탄올을 다량 사용하는 공정이 있어 그 생산 Line에 대해서는 공정안전보고서를 작성하여 제출 승인을 받았습니다. 그런데 현 의약품공장 내에 생산 Line을 부분 증설하면서, 그 증설 Line에서 에탄올 99.5%, 사용량은 1주일에 20ℓ를 원료로 사용 예정입니다.

증설 Line에 대하여 PSM 보고서를 제출하여야만 하는지?

회시

산업안전보건법 시행령 제33조의6 제1항에 따라 [별표 10]의 규정에 의한 유해·위험물질(에탄올 등)을 규정량 이상 제조·취급·사용·저장하는 설비 및 당해설비의 운영에 관련된 일체의 공정설비가 공정안전보고서 작성 대상입니다. 따라서 귀 사의 의약품 생산라인의 설치는 공정안전보고서 제출대상에 해당됨을 알려드립니다.

(20) 물성 변경을 위한 설비 교체시 PSM 제출

질의

공장에서 실리카(SiO_2)를 생산하고 있는데 그 중 한 제품라인을 제품 물성을 바꿔 생산하기 위해 설비를 교체하려고 합니다. 교체설비는 주로 제품건조설비, 이송설비 및 제품포장설비 등 입니다.

또한 제품 생산량의 증가는 아니고 제품 물성만 바뀌는 형태이며, 변경되는 설비의 전기 정격용량이 300kW 이하이고, 반응기나 플레어스택은 변경되지는 않습니다.

PSM 심사를 완료하였는데, 설비교체 공사도 PSM 제출대상이 되는지?

회시

1. 귀사의 실리카 제품 물성의 변경 생산과 관련한 제품건조설비, 이송설비 및 제품 포장 설비 등의 교체는 산업안전보건법 시행령 제33조의6에 따라 공정안전보고서 제출대상에 해당되지 않습니다.

2. 따라서, 설비교체 등과 관련된 공사는 귀사의 변경관리절차에 따라 관리하고 변경 내용을 공정안전보고서에 보완하여 비치하시기 바랍니다.

(21) 유종 변경에 따른 PSM 제출

질의

공사 중인 A회사는 공정안전보고서 심사대상 사업장으로 현재 공사가 진행 중이며, 공정안전보고서 심사를 받았습니다.

1. 공사 진행 중인 당 사의 사업내용 변경으로 심사를 완료한 Kerosene 저장탱크 2기를 가솔린 저장탱크로 변경할 경우 공정안전보고서 심사를 다시 받아야 하는지?

2. 저장물질 변경에 따른 탱크의 제작 및 설치 등 구조가 완전히 달라짐에 따라 공정안전보고서 기 심사를 받았다고 하더라도, 변경되는 탱크는 신규로 설치되는 것으로 판단하여 공정안전보고서 심사를 다시 받아야 하는지?

회시

1. 기 심사를 받은 Kerosene 저장탱크를 가솔린 저장탱크로 변경하는 사항은 그 공사 내용 자체가 산업안전보건법 시행령 제33조의8제1항에서 규정한 "주요구조부분의 변경"에 해당하지 않고, 기존 공정안전보고서의 내용을 변경하여 가솔린 저장탱크 (관련 배관, 입·출하설비 포함)를 변경하는 것으로 판단됩니다.

2. 따라서 이 경우에는 가솔린 저장탱크 관련 부분에 대해 자체적으로 변경관리를 실시하여 변경하시기 바랍니다.

6-1-2 규정수량

(22) NG 취급에 따른 PSM 문의

질의

산업안전보건법 시행령 [별표10]을 보면 "유해·위험물질의 규정수량이란 제조·취급·저장설비에서 공정과정 중에 저장되는 양을 포함하여 하루 동안 최대로 제조·취급 또는 저장할 수 있는 양을 말한다.

1. 제조·취급 등 설비에 있어서 공정과정 중이라면 사내식당에서 사용하는 NG 수량은 계산 대상에 포함하여야 하는지?

2. 하루 동안 최대로 제조 또는 취급량이면 공장설립 이래 Data로 해석해야 하는지? 아니면 최근 1년 Data로 해석해야 하는지?

3. 주로 벙커C유를 원료로 하는 보일러 3대를 사용하고, 벙커C유 보일러가 고장났거나, 이상이 있을 시나, 원유공급이 어려울 경우만 NG를 사용합니다.

   즉, 1월 1회를 사용하거나 사용하지 않을 때도 있어 불규칙적으로 설비에 이상현상 발생 시 사용하는 가연성가스도 규정수량에 포함하여야 하는지?

회시

1. 사내식당에서 사용하는 도시가스(NG)는 대상에서 제외하시기 바랍니다.

2. 공장설립 이래 하루 동안 최대 제조 또는 취급 관련한 자료가 있으면 그 수치를 적용하시기 바랍니다(자료가 없으면 최근 1년간의 자료를 적용 바랍니다)

3. 비상 시 또는 불규칙하게 NG를 사용하더라도 이를 가연성 가스의 규정수량에 포함시켜야 합니다.

(23) 유해위험물질 규정수량 산정방법

질의

산업안전보건법 시행령 별표 10의 "유해위험물질 규정수량"에서 비고 5에 명시된 "규정량은 화학물질의 순도 100퍼센트를 기준으로 산출하되, 농도가 규정되어 있는 화학물질은 해당농도를 기준으로한다"와 관련하여

1. A와 B의 혼합물(화합물이 아님)로 구성된 원료물질의 인화점이 65℃ 이하(A 물질의 인화점 65℃ 이하, B물질의 인화점 250℃ 이상)일 때 규정수량 중 인화성물질 취급, 저장수량 산정 시 A물질의 양으로만 산정하는지?

2. 혼합물질(A 물질의 인화점이 65℃ 이하, B 물질은 인화성이 없는 고상상태)의 인화점이 65℃ 이하일 때 인화성물질 취급, 저장수량 산정 시 A 물질의 양으로만 산정하는지?

1. 혼합물질이 혼합된 상태에서 인화점이 65℃ 이하인 경우에는 혼합물질 전체를 기준으로 규정수량을 산출하셔야 합니다. 다만, 물질의 인화점이 65℃ 이상이더라도 취급조건이 고온·고압으로 물질의 인화점을 초과한다면 규정량 산정 시 포함하여야 합니다.

2. 혼합물질의 전체량으로 산정하셔야 합니다.

(24) 규정수량 산정

질의

인화점 40℃의 솔벤트를 사용하고, 그 솔벤트가 35% 함유된 아스팔트를 각각 사용하는 경우, 솔벤트 양으로만 규정수량을 판단하는지, 아스팔트를 포함한 전체 총량을 규정수량으로 판단하는지? (아스팔트 인화점 : 250~300 ℃)

회시

인화점이 40 ℃의 솔벤트와 그 솔벤트가 35% 포함된 인화점이 250~300 ℃인 아스팔트를 사용하는 경우, 산업안전보건법 시행령 제33조의 6 [별표 10]과 관련한 유해·위험물질의 규정수량은 순수 솔벤트량만(아스팔트에 포함된 솔벤트는 제외)을 고려하시기 바랍니다.

(25) 단위 환산

질의

공정안전보고서의 규정수량에서 단위가 kg으로 나와 있습니다.

1. 도시가스의 경우 Nm³ 단위의 양을 어떻게 kg으로 환산하는지?

2. 등유, 경유의 경우 L단위를 kg으로 어떻게 환산하는지?

회시

1. 도시가스(NG)의 주성분은 메탄(약 80 %)으로, 1톤당 부피는 1,238 Nm³입니다. 상기 수치는 현재 국내에 수입되고 있는 NG(기화된 LNG)를 기준으로 산정한 것이며 Normal상태는 15℃, 1기압을 의미합니다.

2. 등유, 경유의 경우 부피에 액체 밀도를 곱하면 질량이 계산되며, 반대로 질량을 액체의 비중으로 나누면 부피가 계산됩니다.

※ 무게(kg) = 밀도(kg/L) × 「부피(L), 비중(물)」 = 1kg/L

6-1-3 제출시기 등 기타사항

(26) 공정안전보고서 제출시기

질의

PSM 대상 사업장을 신규 설치하려고 합니다. 단위공장(제품) 기준으로 2개의 주공장과 Utility시설 등 총 3개로 구분되어 있습니다. 착공 시기(주요 기기)는 단위공장별로 일정을 분산되게 시행하려고 합니다.

1. 단위공장 착공(주요기기 설치)별로 공정안전보고서를 일정을 분산하여 제출할 수 있는지?(단위공장별로 주요 기기 설치 30일전 마다)

2. Utility시설(난방용 아님)도 공정안전보고서를 제출하여야 하는지?

3. 상기 2항도 제출한다면 A 또는 B 단위공장에 포함시켜 제출해도 되는지?

회시

1. 단위공정별로 보고서를 분리 작성하여 제출 가능 여부 : 사업장의 편의에 따라 분리

작성하여 제출하여도 됩니다.

2. 유틸리티 설비에 대한 보고서 제출여부 : 귀 사가 산업안전보건법 시행령 제33조의 6에 따른 7개 업종에 해당하는 경우에는 유틸리티 설비도 제출하여야 하며, 산업안전보건법 시행령 [별표 10]에서 규정하는 유해·위험물질을 규정수량 이상으로 제조·취급하는 경우에는 유틸리티에 대한 보고서는 제출하지 않아도 됩니다.

3. 유틸리티 설비를 타 공정설비에 포함하여 작성하여도 되는지? : 타 설비의 보고서에 유틸리티 설비를 포함하여 작성하여도 됩니다.

(27) 공정안전보고서 작성자 관련 문의

질의

공정안전보고서 작성자 자격에 대하여 "4년제 이공계 대학 졸업 및 해당분야 9년 이상 경력자 또는 2년제 이공계 대학 졸업 및 해당분야 11년 이상 경력자"라고 하는데 4년제 또는 2년제 이공계 대학을 회사를 다니던 중 졸업한 경우에는 졸업한 후부터 경력을 산정하여야 하는지, 이전 경력도 포함해서 경력을 산정하여도 가능한 것인지?

회시

공정안전보고서의 제출·심사 등에 관한 규정 제6조(작성자)의 규정에 따르면, 4년제 이공계 대학 또는 2년제 이공계 대학을 졸업한 후부터 경력을 산정하는 것으로 규정되어 있습니다.

(28) 공정안전보고서의 신고 주체자

질의

1. 매립가스 자원화시설이 공정안전보고서 인허가 시설인지?
2. 인허가 시설인 경우 시행 주체에 있어서 사업주의 의미는?
3. 현재 운영 중인 환경시설에서 공정안전보고서 인허가 실적이 있는지?

회시

1. 공정안전보고서는 인허가 사항이 아니고, 산업안전보건법 제49조의2 및 시행령 제33조6에 의해 해당되는 업종이나 유해·위험물질을 규정수량 이상 제조·취급하는 설비가 있을 경우 "사업주"가 공정안전보고서를 작성하여 한국산업안전보건공단에 제출하시면 됩니다.

2. "사업주"라 함은 근로자를 이용하여 사업을 행하는 자를 말합니다.

3. 환경시설이라도 1)항에서 언급한 바와 같이 산업안전보건법 제49조의2에 해당되는 경우는 공정안전보고서를 제출하여야 합니다.

(29) 대표자 변경에 따른 공정안전보고서 제출

질의

회사가 매각되어 대표자가 변경되었습니다. 회사가 이전된 것은 아닌데 "변경요소관리"를 해야 하는지, 공전안전보고서를 다시 제출하여야 하는지?

회시

대표자가 바뀐 경우 공정안전보고서를 재제출할 의무는 없으며, 기존 보고서의 변경요소관리지침에 따라 회사 내에서 "변경관리"를 하여야 합니다.

(30) 법인 전환에 따른 PSM보고서 제출

질의

회사가 법인으로 전환되었으며, 전환 전에 PSM 보고서를 제출하였는데 법인이 바뀌면 다시 제출하여야 하는지?

회시

법인으로 전환되거나 법인 명칭이 변경된 경우에는 공정안전보고서를 재제출할 의무는 없으며, 기존에 작성된 공정안전보고서의 내용에 따라 이행하면 됩니다.

(31) PSM 중단 관련 문의

질의

PSM 서류심사와 현장심사를 완료하고, 관련규정에 의하여 관리하고 있다가 대체약품 개발·적용으로 사용량이 규정량 미만으로 감소함에 따라 PSM 관리대상에서 제외됩니다. 이때 별도의 신고 없이 PSM 관리를 중단해도 되는지, 어떤 절차가 필요한지?

회시

1. 산업안전보건법 제49조의2 및 시행령 제33조의6(별표10)관련, 유해·위험물질의 규정수량을 초과하는 사업장은 공정안전보고서를 제출하여야 합니다.

   여기서 유해·위험물질의 규정수량이라 함은 제조·취급 등 설비에 있어서 공정과정 중에 저장되는 양을 포함하여 하루(24시간 기준)동안 최대로 제조 또는 취급할 수 있는 수량을 말하는 것으로서, 단순히 일시적으로 사용량이 감소한다고 하여 PSM 제출 대상에서 제외되는 것은 아닙니다.

2. 다만, 설비 매각 또는 해당공정 폐쇄 등으로 1일 최대사용량(24시간 설비가동 기준)이 규정수량에 미달될 경우 관련 서류를 첨부하여 관할 지방노동관서(또는 관할 지도원)에 제출하시기 바랍니다.

(32) PSM 담당자의 업무내용

질의

안전보건담당자와 PSM 담당자가 따로 있어, 업무 관련 책임한계가 명확하지 못하여, 업무진행상 구분하고자 하는데 어떻게 해야 하는지?

회시

질의하신 사항은 사업장에서 해결하셔야 할 내용 같습니다.

안전보건담당자의 지정은 산업안전보건법 시행령 제12조[안전관리자의 선임 등], 제16조[보건관리자의 선임 등]에서 규정하는 책임한계는 명확합니다.

다만, PSM 담당자에 대한 법적인 지정의 의무는 없습니다.

사업장에서 관련업무의 효율적 이행을 위하여 사업장의 안전환경, 공무 또는 생산팀 등의 조직 내에 PSM담당자를 지정하여 운영하는 경우가 있습니다.

안전보건담당자 업무와 PSM담당자 업무와 관련하여 안전보건교육 등의 업무가 중복될 수 있다고 판단됩니다. 이 경우 선임책임자께서 각 업무영역에 관하여 적정하게 구분하시면 좋지 않을까 싶습니다.

또한, PSM 담당자는 PSM을 효과적으로 이행하기 위한 Staff의 업무 부여가 바람직할 것으로 생각합니다만, 질의사항은 사업장 자체로 운영에 관한 사항을 결정하셔야 할 것입니다.

6-2 설비 안전조치

6-2-1 우리나라

(33) 폐유는 위험물로 취급되는지?

질의

생산공정에서 발생되어 수거 보관 중인 폐유는 위험물로 취급 보관되어야 하는지?
수거되는 폐유는 작동유와 냉각유 등으로, 대부분 냉각오일입니다.

회시

폐유의 인화점이 65℃를 초과하는 경우에는, 산업안전보건법(산업안전보건기준에 관한 규칙 제225조 및 [별표 1])에서 규정한 인화성물질로 분류되지 않습니다.

(34) 황산 및 수산화나트륨의 비파괴 검사율

질의

KOSHA GUIDE D-10-2012의 내용 중 독성물질에 대하여는 배관의 비파괴검사를 100% 하도록 되어있습니다.

1. 일반적으로 많이 사용하는 수산화나트륨(LD50 ; 경구-쥐, 104~340mg/kg)도 비파괴검사를 100%해야 하는 독성물질에 해당하는지요. 배관에서 LEAK될 경우라도 작업자가 마시는 일은 일어날 수 없다고 봅니다.
   ※ 수산화나트륨 CAS NO. 1310-73-2
2. 또한 황산용액과 같이 LC50 이 흡입-쥐, 510mg/kg으로 표기되어 있는 경우는 흡입에 의한 독성물질인지의 여부를 어떻게 확인해야 하는지?
   (흡입에 의한 독성물질 기준 : LC50 : 흡입-쥐, 2000ppm 이하임.)

※ 황산용액 UN NO. : 1760

회시

1. 산업안전보건법상 독성물질에 대하여는 배관의 비파괴검사를 100% 하도록 되어있습니다. 그 기준은 아래의 독성물질 기준을 넘으면 적용하여야 합니다.

산업안전보건기준에 관한 규칙 [별표1] 발췌

7. 급성 독성물질 : 다음 각목의 1에 해당하는 물질

가. 쥐에 대한 경구투입실험에 의하여 실험동물의 50퍼센트를 사망시킬 수 있는 물질의 양, 즉 LD50(경구, 쥐)이 킬로그램당 300밀리그램(체중) 이하인 화학물질

나. 쥐 또는 토끼에 대한 경피흡수실험에 의하여 실험동물의 50퍼센트를 사망시킬 수 있는 물질의 양, 즉 LD50(경피, 토끼 또는 쥐)이 킬로그램당 1000밀리그램(체중) 이하인 화학물질

다. 쥐에 대한 4시간 동안의 흡입실험에 의하여 실험동물의 50퍼센트를 사망시킬 수 있는 물질의 농도, 즉 LC50(쥐, 4시간 흡입)이 10mg/ℓ 이하인 화학물질, 분진 또는 미스트 1mg/ℓ 이하인 화학물질

□ PPM 단위를 mg/㎥단위로 환산

$$mg/m^3 = PPM \times MW(mole-weight)/[(22.4) \times ((T+273)/273)]$$

(계산 예)

NO_2의 80PPM을 mg/l로 환산하면

$80PPM \times 46/22.41 = 16mg/m^3 = 0.016mg/l$

(계산 예)

LC50 : N_2 2,000 PPM을 mg/l로 환산(대기기준)하면

$2,000 PPM \times 28/22.41 = 2,500mg/m^3 = 2.5mg/l$

2. 귀사가 가지고 있는 독성자료가 정확하지 않은 것 같습니다. 앞에서 언급한 CAS NO로 MSDS를 확인하시기 바랍니다.

6-2-2 유해위험설비

(35) 3% 염산 저장탱크의 Dike 설치여부

질의

3% 염산탱크(저장량 $1,000m^3$)를 설치할 예정인데 여기에 따른 Dike를 설치해야 되는지, 설치해야 된다면 얼마의 높이로 해야 되는지?

회시

저장탱크의 Dike 설치기준은 산업안전보건기준에 관한규칙 제225조[위험물질 등의 제조 등 작업시의 조치] 6항 부식성 물질(별표 1 제6호에서 정하는 물질)에서 규정하고 있습니다.

대상 : 농도가 20 %이상인 염산, 황산, 질산 기타 이와 동등 이상의 부식성을 가지는 물질. 따라서 3% 염산탱크(저장량 $1,000m^3$)에 대하여는 산업안전보건법 상의 Dike 설치의무는 없습니다.

Dike를 설치하신다면 탱크파열 시를 가정하여 최대저장량을 수용가능토록 바닥면적과 높이를 결정하면 됩니다.

환경 관련 법령에서 요구하는 경우가 있으므로 이러한 법령도 검토하시기 바랍니다.

6-2-3 압력용기, 안전밸브, 파열판

(36) 압력용기 안전밸브의 관련법규

질의

안전밸브 시험(Test)시 누출(Leaking)되는 안전밸브에 대한 내용입니다.
누출되는 안전밸브 사용에 대한 법적 위반사항? 관련 법규가 어떤 것들이 있는지?

회시

안전밸브 사용에 대한 법적사항은,

산업안전보건기준에 관한 규칙 제261조[안전밸브 등의 설치]에 따라 안전밸브의 성능이 발휘될 수 있어야 합니다. 다른 관련 법규는 '고압가스 안전관리법 제17조제2항'을 참고하기 바랍니다.

(37) 고압가스 관련 압력용기 설치 및 배관 설치 안전기준

질의

LPG Tank ESV 위치에 대한 검토 중 고압가스 관련 탱크나 배관 설치에 대한 안전기준들에 대하여 문의합니다. 압력용기 제작에 대한 설치기준들이 있는지?

회시

LPG 탱크는 고압가스 안전관리법 해당설비로 가스안전공사에 문의하여 확인하셔야 할 사항입니다. 다만, 저희공단에서 제공하고 있는 기술상의 지침 중 관련목록을 검색하여 알려드리오니 필요 시 공단 홈페이지에 방문하여 다운로드하여 활용하시기 바랍니다.

[압력용기 및 배관 관련 KOSHA GUIDE 목록]
D-10-2012 호 화학설비 배관 등의 비파괴검사 및 열처리에 관한 기술지침
D-11-2012 긴급차단밸브 설치에 관한 기술지침
M-105-2012 배관응력 해석에 관한 기술지침
M-107-2012 압력용기 등의 초음파 탐상시험 기술지침
M-108-2012 화학설비의 설치에 관한 기술지침
M-109-2012 압력용기의 두께 감소에 따른 위험성 평가에 관한 기술지침
M-111-2015 압력용기의 용접설계에 관한 기술지침
M-112-2012 배관지지물 설치 및 유지에 관한 기술지침
M-113-2012 압력용기 보수에 관한 기술지침
M-115-2013 배관두께 계산 및 검사 기술기준
M-116-2016 기기 및 배관의 부식관리 기술지침
M-117-2012 화학설비의 설치작업 안전지침
M-118-2016 배관제작 및 설치에 관한 기술지침 등입니다.

(38) Air 분출량

질의

공장 내 공기 사용압력이 6kg/cm²인데 노즐 구경이 10mm이면 Air 분출량은 어떻게 계산하는지?

회시

압력용기 제작기준 안전기준 및 검사기준(노동부고시 제2001-59호)의 제33조를 참조하시기 바랍니다.

– 관련 고시내용 –

나. 다른 압력원으로부터 유체를 도입하도록 지정된 압력용기는 최대도입량을 분출량으로 한다. 다만, 최대도입량 측정이 곤란한 경우에는 다음에 따른다.

$$W = 0.28\upsilon rd^2$$

여기에서

    W : 소요분출량(kg/h)

    υ : 도입관내 유체의 유속(m/s) (유속측정이 곤란할 경우에는 다음에 따를 수도 있다)

    증기의 경우 : 30

    기체의 경우 : 15

    γ : 기체의 밀도(kg/m³)

    d : 도입관의 내경(cm)

(39) 반응기의 압력용기 해당 유무

질의

반응기를 제작하려고 하는데, 압력용기로 등록되어야 하는지?

반응기 용량은 1.4m³이며 높이는 2.2m, 내경은 0.9m의 타원형입니다. 반응물은 폐비닐이고 온도는 600℃입니다. 반응이 진행되는 동안 배관을 통해 분해되는 가스가 계속 배출되기에 압력은 걸리지 않습니다. 하지만 반응이 완료되면 반응기 배출관 중앙의 밸브를 닫게 되는데 이 경우 반응기 압력(게이지압력)은 0.5~1기압 정도 됩니다.

귀하께서 질의하신 반응기는 산업안전보건법 시행규칙 제58조(안전인증 기계·기구등) 2항의 검사대상 압력용기에 해당됨을 알려 드립니다.

※ 검사대상 압력용기 : 사용압력이 $0.2kg/cm^2G$ 이상으로서 사용압력(단위 : kg/ cm^2G)과 내용적(단위 : m^2)의 곱이 1이상인 압력용기

(40) 안전밸브 설치 제외 가능여부

질의

안전밸브의 설치 제외 가능여부에 대하여 검토 부탁합니다.

1. 열교환기와 Tower의 운전조건에서 Tower의 안전밸브 설정압력이 열교환기 설계 조건보다 낮게 설정되어 있으므로 Shell측 차단밸브(Shell측 : 2개소, Tube측 1개 소)를 제거하여 운전하는 조건이라도 열교환기의 Shell측 안전밸브를 별도로 설치 하여야 하는지?

   ※ Tower 설계조건 : D/P($2.9kg/cm^2$), D/T(149 ℃), O/T($1.1kg/cm^2$), O/T(121.6℃)

2. Tube측 I.D가 550mm(설치기준은 600mm 이상)로 열교환기의 By Pass 배관 상 차단밸브와 Tower측 Inlet 배관 상 차단밸브가 설치되어 있지만 안전밸브 설치기 준을 적용한다면 Tube측 안전밸브는 적용할 필요성이 없는 것으로 판단됩니다,

회시

1. 시스템이 차단되지 않은 상태라면 별도의 안전밸브를 설치하지 않아도 무방합니다. 다만, 발생 가능한 모든 경우에 대하여 안전밸브 최대소요 분출량을 검토하여 이를 만족하는 안전밸브가 설치되어야 합니다.

2. 산업안전보건기준에 관한 규칙 제261조[안전밸브 등의 설치]에 따라 안지름이 600mm이하인 압력용기는 제외되어 있으며, 이는 Tube가 아닌 Shell을 기준으로 보시면 될 것입니다. 따라서 질의하신 경우는 관형 열교환기의 관 파열로 인한 압력 상승이 동체의 최고사용압력을 초과할 우려가 있는 경우에 해당된다면 Tube측에 안전밸브를 설치하여야 합니다.(참고로 파열되는 Tube의 개수는 1개의 파열 시를 고려하여 파열된 Tube의 양쪽단면에서 흐를 수 있는 최대유량을 반영하도록 API Code에서는 규정하고 있습니다)

(41) 기어펌프의 안전밸브 설치방법

질의

기어펌프(Gear Pump) 안전밸브 내부에 분산물이 스며들어 제품 불량의 원인이 되고 있습니다.

분산공정 후 세척공정에서 펌프 내부는 세척이 되는데 안전밸브 내부로 침투된 분산물이 세척이 안되고 있어, 다음 공정에 투입되는 분산물과 섞여 제품 불량의 원인이 되고 있습니다.

기어펌프에 부착된 안전밸브 대신 펌프 토출측에 압력스위치를 설치하여 Pump Motor와 인터록 연결로 Pump Motor를 제어하면 문제가 해결될 것이라 생각되는데, 안전 상 문제없는지?

회시

기어펌프를 포함한 정변위 펌프에 내장된 안전밸브를 대체할 수 있는 장치 또는 보호 설비에 대해서 답변 드립니다.

1. 안전밸브의 설치에 관하여는 산업안전보건규칙 제261조[안전밸브 등의 설치]에서 규정하고 있습니다. 즉, 동조1항 3호에 의하여 토출측에 차단밸브가 설치되었을 경우에 정변위 펌프에 안전밸브를 설치하도록 되어있습니다.

2. 다만, 안전밸브 등에 상응하는 방호장치를 설치한 때에는 예외될 수 있습니다. 문의하신, 기어펌프에 부착된 안전밸브 대신 펌프 토출측에 압력스위치를 설치하여 Pump Motor와 인터록 연결로 Pump Motor를 제어할 경우는 안전밸브 등에 상응하는 방호장치로 인정이 현재 불가능합니다. 인정 가능한 방호장치는 기계적인 장치에 한정됩니다. 예를 들어 과부하 시 모터의 축이 분리될 수 있는 기계적 구조(Shear Pin)인 경우는 인정 가능합니다.

(42) Thermal Expansion용 PSV 설치 여부

질의

신설공장에 Jacket을 가진 Vessel이 있습니다. Vessel 내부의 온도는 15~30℃ 정도의 온도를 유지합니다. 그래서 Jacket에 CW(32~39), CHW(7~12)의 Utility를 공급합니다. 이 경우 Utility Line에 Thermal Expansion용 PSV가 필요한지, 생략 가능한지?

회시

안전밸브 설치 건은 산업안전보건기준에 관한규칙 제261조(안전밸브 등의 설치)에서 규정하고 있습니다.

동 규칙 1항 4호에 따라 Jacket측 연결배관이 2개 이상의 밸브에 의하여 차단되어 대기온도에서 액체의 열팽창에 의하여 구조적으로 파열이 우려되는 경우에 해당될 경우 열팽창 안전밸브를 설치하여야 합니다.

제261조(안전밸브 등의 설치)

4. 배관(2개 이상의 밸브에 의하여 차단되어 대기온도에서 액체의 열팽창에 의하여 구조적으로 파열이 우려되는 것에 한한다.)

---

(43) 안전밸브 배출량 산출

질의

안전밸브의 배출량을 산출하여 안전밸브 Size를 검토해본 결과, 통상 생산되는 오리피스(8″×10″) 면적 최대치보다 2배가 산출되었습니다.

독성물질이어서 안전밸브는 파열판과 같이 직렬로 2 sets를 설치하고자 합니다.

1. 용량이 이처럼 큰 경우 안전밸브 하나의 Size 결정은 어떻게 결정해야 하는지?

2. 최대 Size 두개를 설치하고 하나를 더 설치하여 총 3 sets를 설치해야 하는 것인지?

회시

1. 안전밸브 토출량이 매우 커서 안전밸브 한개 설치로 토출용량을 충족하지 못할 경우에는 안전밸브의 설치수량을 추가하여 그 토출량을 안전밸브 수만큼 나눈 용량으로 하나의 Size로 결정할 수 있습니다.

2. 안전밸브의 점검 등과 관련하여, 최대용량을 만족하는 Size의 안전밸브 두개를 설치하고 하나를 더 설치하여 총 3 sets를 설치한다면 가장 이상적입니다. (특히 안전

밸브 전단에 차단밸브를 설치하는 경우에는 3 sets를 설치하여야 합니다.)

- 공단 www.kosha.net에 KOSHA GUIDE D-18, 26, 31, 48 등 안전밸브 관련 기술지침을 참고하시기 바랍니다.

(44) 안전밸브 등의 설치

질의

산업안전보건기준에 관한 규칙 제261조(안전밸브 등의 설치) 제4호에 대하여 문의합니다.

"배관(2개 이상의 밸브에 의하여 차단되어 대기온도에서 액체의 열팽창에 의하여 구조적으로 파열이 우려되는 것에 한한다.)"라고 규정되어 있습니다.

배관의 길이, 온도 등을 적용할 수 있는 것으로 배관의 길이를 적용할 경우라면, 어느 정도 배관의 길이에 적용할 것인지? 그리고 배관의 Size 적용은 어떤 것인지, 액체위험물이면 모든 것에 적용하는 것인지?

회시

산업안전보건기준에 관한 규칙 제261조(안전밸브 등의 설치) 제4호에 대하여 답변 드리면,

- 배관의 Size에 관계없으며, 대기상태에서 태양열에 의한 복사에너지 등 열원에 의하여 배관 내 물질이 열팽창하여 배관 등이 구조적으로 파열될 우려가 있는 경우가 해당됩니다. 관련 공단코드를 첨부하오니 참고하시기 바랍니다. (KOSHA GUIDE D-31-2012 열팽창용 안전밸브의 기술지침)
- 배관의 길이에 관계없이 설치하는 것이 원칙입니다. 그러나 열팽창용 안전밸브의 설치는 경제성도 고려하여야 하기 때문에 사업장에서 자율적으로 기준을 작성하여 설치하시면 됩니다. 국제적인 엔지니어링 회사의 기준은 25 m 전후입니다. 우리 공단에서도 이 기준으로 설치할 것을 권고합니다.

(45) 안전밸브 소요분출량 계산방법

질의

1. 외부화재의 경우, 취급유체가 가스상일 때 안전밸브 작동시 용기 등의 표면온도를 구하는 방법을 문의합니다. KOSHA GUIDE(D-18-2017)에 분출량(W)은 $W = 8.769 \times \sqrt{M_w \times P_1} \times [A_u \times (T_w - T_1)^{1.25} / T_1^{1.1506}]$으로 되어 있고, T_w는 안전밸브 작동 시 용기 등의 최대벽면온도로 되어 있습니다. 외부화재 시 화기의 온도는 몇 ℃로 하여 보온재를 통과한 후 실제 용기표면의 온도(T_w)를 계산해야 하는지?

2. 외부 화재 시 소요분출량 계산식을 산정 시 적절한 소화설비(2시간)의 기준을 문의합니다. 옥외 Tank 저장소에 설치한 안전밸브 용량 계산 시 적절한 소화설비(2시간) 설치 유무에 대해, 옥외소화전 및 상수도 소화전을 설치하였을 경우 $Q = 37000 \; FA_W^{0.82}$를 선택하여도 되는지?

3. 외부화재의 경우 보온재의 재질이 화염에 견딜 수 있을 경우, 보온유무에 따라 입열량이 변하게 되어 있는데 보통 화학공장 보온재로 사용되는 펄라이트나 유리섬유(암면) 등도 사용이 가능한지?

회시

1. 화재의 종류, 거리 등에 따라 설비의 표면 온도가 달라질 것으로 판단됩니다. 예를 들어 화염의 온도는 1,000℃를 초과할 것으로 판단됩니다. 그러나 이 화염으로 인한 타 설비의 표면 온도는 약 650℃에 이른다고 가정을 하고 계산을 하면 큰 무리가 없을 것으로 판단됩니다. 다만, 보온을 한 경우에는 보온재의 두께, Thermal Conductivity 등에 따라 실제 설비의 표면온도가 달라집니다.

   ※ 상세한 내용은 참고서적(열역학, 단위조작)을 참조하여 보온이 설치된 용기에서의 표면온도를 계산하시기 바랍니다.(보온재 표면 온도는 650℃ 가정)

2. 적절한 소화설비라 함은 설비의 표면 온도를 낮추어 줄 수 있는 살수설비(Water Spray) 또는 Water Curtain 등을 의미합니다. 귀하가 제시하신 옥외 소화전 및 상수도 소화전은 소화설비 임에는 분명하나, 인근 용기 등의 온도를 낮출 수 있는 적절한 소화설비가 아닌 것으로 판단됩니다.

3. 일반적으로 암면(Rock Wool)은 약 750℃, 펄라이트(Pearlite)는 약 1,100℃ 정도 견딜 수 있습니다. 그러나 정확한 Spec'은 ASTM 및 제작자의 권고사항을 참조하시기 바랍니다.

(46) Emergency Vent 관련 문의

질의

일반 Process Vent는 Blower를 거쳐 Scrubber로 연결되어 있습니다. 그런데 안전밸브 등에서 나오는 Emergency Vent의 경우는 Knock-Out Drum을 거치지 않고 직접 Scrubber로 연결 가능한지?

이 경우 Process Vent 배관과 Emergency Vent 배관은 따로 Scrubber와 연결이 되어 있습니다. 또한 Emergency Vent가 발생할 경우에는 용제류가 많아 일반 환경기준으로 봤을 때는 Scrubber가 제 성능을 발휘하지 못할 것으로 예상되는데, 이 경우에도 Scrubber의 용량은 Process Vent와 Emergency Vent 모두를 고려해야 하는지?

회시

1. Knock-Out Drum

녹아웃드럼(Knock-Out Drum)은 안전밸브 등의 배출물에 포함되어 있는 액체를 분리 포집하는 설비를 말합니다. 따라서 안전밸브의 배출물에 액체가 포함되어 있다면 녹아웃드럼을 설치하여 순수한 가스(또는 증기)만을 벤트 스크러버로 보내어 처리하는 것이 바람직합니다.

2. Scrubber의 용량

Scrubber 용량은 정상적인 Process 벤트량이 아닌 Emergency때 발생하는 벤트량을 기준으로 설계하는 것이 타당합니다.

※ 일반적으로 Emergency Vent의 양이 Process의 벤트 양보다 많음.

(47) VOC GAS 이송 Hood 및 Duct 설계기준

질의

VOC 저감시설인 RTO(축열식 소각로)를 운영 중에 있는데, 안전상의 문제로 기설치된 VOC Hood 및 Duct의 수정이 불가피한 상황입니다. 그러나 환경법상에서는 원칙적으로 Hood 및 Duct의 수정을 허가하지 않으며 허가 시는 관계법령에 의한 근거자료를 가지고 변경허가를 득해야 합니다.

1. 산업안전보건법에 Duct나 Hood내의 폭발을 방지하기 위한 농도희석규정에 대한 참고조항이 있는지?
2. 산업안전보건법에 설비의 폭발을 방지하기 위해 Duct나 Hood에 Bypass장치의 설치에 관한 참고조항이 있는지?

※ 참조용 질의회신 답변 내용

　　대기환경보전법 제15조 제1항 제1호에 의하여 공기를 희석하는 경우는 위법이나 동 조동항 제2호에 의하여 화재·폭발 등 안전사고를 예방하기 위하여 다른 법령에서 정한 시설로 배출시설로 배출시설설치허가를 받은 경우에는 가지관을 설치할 수 있도록 되어 있으니 관할 행정관청에 관련내용에 대하여 허가(신고)를 받고 조치를 하시기 바랍니다.

회시

1. 산업안전보건기준에 관한 규칙 제230~232조 및 가스폭발위험장소 설정에 있어서의 환기평가에 관한 기술지침(E-152-2017)에는 가열로 등의 폭발을 방지하기 위한 장치 등을 설치하여야 한다고 광범위하게 규정되어 있습니다. 질의하신 폭발을 방지하기 위한 농도희석규정에 대한 상세한 내용 등은 NFPA를 참조하시기 바랍니다.
2. 산업안전보건기준에 관한 규칙 제230~232조 및 배관이나 덕트로 연결된 설비사이의 폭발격리시스템 설치에 관한 기술지침(D-4-2012) 등에 따라, VOC 처리 소각설비 등을 설치하는 경우에는 이상상태의 발생 등에 따른 화재·폭발 등을 방지하기 위한 장치를 설치하여야 한다라고 규정되어 있습니다.

6-3 방화설계 등

6-3-1 건물설비

(48) Cone Roof Tank 계단참의 높이

질의

지름 16m, 높이 20m의 Cone Roof Tank에서 지상에서 Roof까지 올라가는 Stair에 계단참의 높이는 몇 미터 간격으로 해야 됩니까?

회시

산업안전보건기준에 관한 규칙 제28조를 적용하시기 바랍니다. 다만, 계단 설치 시 기술적으로 산업안전보건기준에 관한 규칙 제28조의 적용이 곤란한 경우에는 API 650(Welded Steel Tanks for Oil Storage)를 적용하시기 바랍니다.

(49) 플레어량(Flare Load) 계산 관련

질의

KOSHA GUIDE(D-59-2017) "플레어시스템의 설계·설치 및 운전에 관한 기술지침"에서 전원공급 중단의 경우 플레어량(Flare Load) 계산에 대해 질의합니다.

한전에서의 전원공급 중단 시 사업장에서 비상자가발전(TG)으로 공급하는 전원도 중단되는 것으로 보고 플레어량을 계산해야 하는지 아니면 자가발전하는 전원은 공급가능하다고 보고 Load에서 제외할 수 있는지?

플레어량(Flare Load) 계산 시 제외 가능한 경우라면 자가발전기 용량이 전 공정 필요 전력량을 Cover할 수 있는 용량이며, 또한 순간정전이 되더라도 이를 대비한 전원공급이 가능할 경우는 Load량에서 제외할 수 있습니다.

대다수 공장의 경우, 비상발전기 용량은 Shut-Down을 위한 Utility 운전을 위한 최소한의 동력 공급을 목적으로 하고 있으므로 Flare Load에서 제외하지는 않고 있습니다. 반도체, LCD 공장 등은 순간정전으로 인한 피해를 예방하기 위해 한전에서 공급받는 전력의 공급원을 이원화하는 경우에는 가능합니다.

(50) 설비 간 안전거리

질의

공장 증설에 의한 스팀보일러의 추가설치가 필요한데, 기존보일러(B-C유) 지역에 인접하여 설치하려고 합니다. 신규보일러는 LNG를 연료로 사용함으로써 기존 보일러설비와의 안전거리가 필요한지?

위험물안전관리법 안전거리상으로는 중유보일러의 경우 2. 보유공지 3~5m 이상 확보되면 된다고 되어 있는데 이 조항만 적용하면 되는지, 신규보일러의 경우를 보아 1.안전거리 라.항의 도시가스사업법을 적용하여 안전거리를 20m 이상 확보해야 하는지?

회시

산업안전보건법상의 안전거리 확보에는 문제되지 않습니다만, 신규로 도시가스 사용에 따른 폭발위험장소를 구분하여야 합니다. 이 경우 폭발위험장소에 포함되는 전기기계기구 등은 방폭 성능을 가져야 하므로 기존보일러 설비의 방폭이 문제될 수 있습니다.

아울러, 도시가스사업법에 의한 안전거리 적용여부는 한국가스안전공사에 문의하시기 바랍니다.

(51) Fired Heater 이격거리

질의

Fired Heater와 관련하여, Propylene 생산시설을 신규 설치하고자 합니다.

공정 반응을 위해서 Fuel Gas를 연료로 사용하는 연속 운전 Fired Heater입니다.

이때 Fired Heater를 공정시설로부터 얼마나 이격하여야 하는지?

다른 공장의 경우에는 공정시설로부터 Fired Heater 간의 거리를 8m로 적용한 적이 있는데, 별도의 설비 없이 8m를 적용해도 되는지?

회시

Fired heater와 Propylene 생산시설을 신규 설비와의 이격거리에 대해 답변 드립니다. 안전거리에 관련된 산업안전보건법상의 적용규정은 산업안전보건기준에 관한규칙 제271조 별표의 안전거리(제271조 관련)를 참고하시면 됩니다.

문의하신 사항은 별표의 [안전거리] 3항을 고려하면

=〉위험물질 저장탱크로부터 단위공정시설 및 설비, 보일러 또는 가열로의 사이에 적용되는 안전거리는 저장탱크의 외면으로부터 20미터 이상 안전거리를 확보하여야 합니다. 다만, 저장탱크에 방호벽, 원격조정 소화설비 또는 살수설비를 설치한 경우에는 그러하지 아니함을 알려 드립니다.

예외조항 1) 다만, 다른 법령에 의하여 안전거리 또는 보유공지를 유지한 때에는 이 규칙에 의한 안전거리를 유지한 것으로 본다.

예외조항 2) 다만, 다른 법령에 따라 안전거리 또는 보유공지를 유지하거나, 법 제49조의2의 규정에 의한 공정안전보고서를 제출하여 피해최소화를 위한 위험성평가를 통하여 그 안전성을 확인받은 경우에는 그러하지 아니하다.

따라서 귀사에서 신규로 설치하는 Propylene 생산시설 중 산업안전보건법에서 규정하는 위험물질 저장탱크가 포함되지 않는다면 산업안전보건법상의 안전거리 규정은 적용되지 않음을 알려드립니다. 단위공정에 필요한 Fired Heater는 공정설비로 인정합니다.

(52) 세안세척설비 설치 거리기준 문의

질의

산업안전보건법상 세안세척설비 설치기준이 부식성물질이나 독극물 외는 10초 이내에 도달할 수 있는 거리 내에 설치하라고 되어 있는데, 이때 10초 내라 하면 어느 정도 거리라고 판단해야 하는지?

회시

문의하신 사항은 산업안전보건법 상에서 규정하고 있는 사항은 아닙니다.

KOSHA GUIDE에서 Guide Line으로 "세안세척설비 설치기준이 부식성물질이나 독극물 외는 10초 이내에 도달할 수 있는 거리 내에 설치" 권장하는 사항으로 법적인 규제는 해당되지 않습니다.

필요한 거리보다는 작업자에 접촉 시 긴급한 조치를 취하는데 적정한 위치선정과 시간을 검토하시어 설치하는 것이 좋을 것 같습니다.

(53) 배관 Coloring

질의

배관에 흐르는 내용물에 따라 배관의 표면에 색깔을 칠하는 것으로 알고 있습니다. 산소, 질소, 공기, 수소, 아르곤, 헬륨 등에 관한 해당 색상은?

회시

귀하께서 질의하신 배관계통의 색상에 관하여 법적인 규제사항은 없으나,
KOSHA GUIDE G-4-2011, KOSHA GUIDE M-118-2016(배관 제작 및 설치에 관한 기술지침) 및 KS Code A0503(배관계의 식별표시)에 관련사항이 나와 있으니 참고하시기 바랍니다.

6-3-2 내화

(54) 내화기준의 물분무시설

질의

방폭지역 내의 내화기준에 대하여 답변 부탁드립니다.

첫째, 저희의 사업장 대상물에는 옥외소화전과 폼헤드설비가 갖추어져 있습니다. 규정상의 내용 중 '물 분무시설'의 정의가 궁금합니다.

둘째, 폼헤드설비의 경우 현행 소방법규로는 포소화설비에 해당되는 설비인데, 소방법규상 포소화약제를 10분 이상 물과 일정비율로 혼합하여 폼헤드로 방사하면 되도록 되어 있습니다.

물론 초기소화 목적입니다. 10분 이후로는 폼헤드를 통하여 물이 방사하여 주변을 냉각소화시키는 역할을 해주는 설비입니다. 참고로 폼헤드설비는 포수용액의 방사시간이 최대 1시간정도 입니다. 이후로는 물이 방사하여 화재 시에 하루 24시간도 냉각소화를 할 수 있는 수원을 확보하고 있습니다. 상기 폼헤드설비가 기준에 적합한지?

회시

1. "물 분무시설"은 냉각+질식소화 기능을 갖춘 것을 말합니다. 옥외소화전은 냉각소화설비로 물분무시설에 해당되지 않습니다.
2. 결론적으로, 산업안전보건기준에 관한 규칙 제270조의 기준에 만족하지 못합니다. 폼헤드가 2시간이상 방사할 수 있는 소화약제가 비치할 경우 가능할 수 있으나, 이 경우 소화약제 탱크 용량이 커져서 현실적으로는 문제가 있습니다.

(55) 용기류 스커트 내화처리

질의

압력용기의 스커트 부위의 경우 내화처리를 내·외면 동시에 하는지, 바깥에만 처리하는 것도 가능한지?

회시

산업안전보건기준에 관한 규칙 제270조에 따라, 공정지역에서 화재가 발생하여 용기 등의 스커트 내·외부에 영향을 줄 수 있다면 당연히 스커트의 내·외부를 함께 내화처리를 하여야 합니다.

예를 들어 용기의 Bottom 노즐이 스커트 내부에 위치하는 경우에는 위험물이 누출되어 화재가 발생하면 스커트 부위의 강도가 약해져 용기가 전복되어 더 큰 피해를 가져오게 됩니다. 이러한 경우에는 스커트 내부에 내화를 적용하여야 합니다. 따라서 위의 사항을 고려하여 스커트 부위의 내화를 결정하셔야 합니다.

(56) 내화기준 적용시기

질의

'96~'98년에 공정안전보고서 제출 시 기존설비에 대하여는 자동소화설비 등이 설치되어 있을 때 내화구조로 갈음할 수 있다고 하여 제외한 상태로 제출하였습니다. '97. 1.11일 산업안전기준 개정에 의하여 내화기준이 소급적용 되는지?

회시

'96~'98년에 공정안전보고서를 제출 시 Pipe Rack 또는 설비 등의 지지대에 적절한 자동소화설비 등이 설치되어 있어 내화기준 적용을 면제하여 심사를 완료하였다면, 산업안전보건기준에 관한 규칙 제270조(내화기준)가 개정되었을 지라도 소급 적용은 하지 않음을 알려드립니다.

(57) 보일러 증설 사업장의 내화구조 여부

질의

보일러 증설에 대한 "내화구조"에 대해 문의합니다.

1. 산업안전보건규칙 제270조에 따라, 내화기준에 적용되는 건축물 등이 NG를 사용하는 지역난방 보일러실도 포함되는지?

(만약 포함된다면, 보일러실 건물기둥 및 보일러 철골 등이 지상1층 6미터까지 내화구조로 하여야 하는지 여부)

※ 보일러 연소기는 바닥 상부 약 13m 높이에 위치하며, NG공급은 보일러실 내부 배관을 통해 연소기로 공급되고 있음.

2. 산업안전보건규칙에 관한 제311조에 따라, 폭발위험장소(바닥 상부 약 13m 높이에 위치한 연소기와 NG 밸브 설치지역)에서 사용하는 전기기계기구는 방폭성능을 가진 방폭구조를 적용하였음에도 불구하고, 보일러실 건물기둥 및 보일러 철골 등이 지상 1층 6미터까지 내화구조로 하여야 하는지?

회시

산업안전보건기준에 관한 규칙 제270조에 따라, 내화구조의 적용은 폭발위험장소 내에 화재 등으로 구조물이 붕괴되어 피해가 확대되는 것을 방지하는 것으로,

위험물질의 붕괴 등으로 인하여 2차 피해의 확대 위험이 없는 순수 일반 건축구조물의 기둥 및 보는 산업안전보건법상 적용을 하지 않아도 됩니다.

(58) 가스집합장치란?

질의

1. 가스집합장치란 무엇인지?
2. LPG용기와 산소용기 각 1개씩인 1 set는 가스집합장치 해당 여부
3. LPG에 안전기를 설치해야 한다면 그 법적인 근거?

회시

1. 산업안전보건기준에 관한 규칙 제291조에 따라 "가스집합용접장치"라 함은 다수의 고압가스 용기를 1개에 집중하여 관리하는 방식을 말합니다. 또한 "가스집합장치"는 당해장치를 구성하는 가연성 가스용기 외에 그것에 연결되는 연결관, 용기밸브 등을 포함합니다.
2. 따라서 LPG용기와 산소용기 각 1개씩인 1 set는 가스집합장치에 해당되지 않습니다.

3. LPG용기에 안전기를 설치하는 것은 산업안전보건법에 규정되어 있지 않습니다. 다만, 역화하여 화재·폭발 위험성은 있으므로 안전기 설치를 권장하는 것입니다.

(59) 역화방지기의 안전보건공단 검사여부

질의

기존에 사용하고 있는 가연성가스 탱크(액화석유가스, 에틸렌) 배관에 역화방지기를 설치하였습니다. 기 설치한 역화방지기에 대하여 산업안전보건공단에 검사를 받아야 되는지, 검사를 받지 않아도 된다면 어떠한 절차를 거쳐서 사용하여야 되는지?

회시

산업안전보건법상 역화방지기는 검사대상이 아니며, 따라서 검사기준이 마련되어 있지 않음을 알려드립니다.

KOSHA GUIDE P-70-2016(화염방지기 설치 등에 관한 기술지침)을 참고 바랍니다.

(60) 화염방지기(Flame Arrestor)의 전단 밸브

질의

인화성 액체를 저장하고 있는 용기에 Flame Arrestor가 설치되어 있습니다. 이때 Flame Arrestor의 전단에 있는 밸브를 평상 운전 시 Close인지 Open을 해야 하는지 궁금합니다. 첨부 파일 상에는 Normal Close로 되어 있습니다. 허나 관련 공단 코드를 읽어 보았을 때는 Open을 해야 할 것 같습니다.(KOSHA GUIDE P-70-2016)

OPEN인지 CLOSE인지?

회시

산업안전보건법상의 규정은 산업안전기준에 관한 규칙 제268조 [통기설비], 제269조 [화염방지기의 설치 등] 에 규정되어 있습니다.

즉, 통기설비는 탱크내부가 진공 또는 압력이 걸리지 않도록 충분한 용량이어야 하며, 화염방지기의 경우 용량, 내식성, 정확도 기타 성능이 충분한 것을 사용하여야 하도록 규정합니다.

통기배관 상에는 차단밸브를 설치하지 않아야 합니다. 설치되어 있다면 상시 열린 상태를 유지할 수 있도록 자물쇠형 구조로 설치하여야 합니다.

6-3-3 소화

(61) 소방펌프 성능시험 관련

질의

1. PSM 감사 시 소방펌프 성능시험 유무가 점검 사항에 포함되는지?
2. 포함된다면 펌프 설치 시 최초 1회인지, 주기적인 성능시험을 요구하는 것인지?
3. 소방펌프성능시험 방법 중 권장하는 방법이 있는지?

회시

1. PSM 감사 시 소방펌프 성능시험은 점검 사항에 관한 사항은 공정안전보고서 심사 및 확인 관련하여 점검사항에 해당되지는 않습니다. 다만, 현장 확인 시 확인자에 따라서 비상조치계획 등의 확인 시 점검하는 경우가 있습니다.

공정안전보고서의 이행과 관련하여 노동부에서 평가하는 이행상태평가 시에는 점검사항에 포함되며, 관련 내용은 아래와 같습니다.

- 『비상조치계획』항목에서는 공정운전 중에 예상하지 못한 유해·위험물질의 누출과 같은 비상사태가 발생할 경우 근로자가 대처해야 하는 방법을 체계화하기 위한 것으로

  - 비상 시 대피절차와 비상대피로의 지정, 대피 전에 주요 공정설비에 대한 안전조치를 취해야 할 대상과 절차, 비상대피 후 전 직원들이 취해야 할 임무와 절차, 피해자 구조·응급조치 절차 등에 대하여 평가가 이뤄지고 있습니다.

- 평가항목 : 비상발전기, 소방펌프, 통신장비, 개인보호구 등 비상조치에 필요한 각종 장비가 구비되어 정기적으로 작동검사를 실시하는지?

- 평가기준 : 비상장비 목록 확인/작동검사 실적 확인/보호구 유효기간 확인/정상작동, 제 성능 발휘여부 확인 등

2. 주기적인 정상작동 검사 실적확인으로 보시면 됩니다.

3. 별도의 권장 방법은 없습니다. 다만 정상작동 여부를 확인하기 위한 정상 Start 여부, 펌프 토출압력 확인(배관 누수 등)을 체크하여 기록 관리하면 됩니다. 참고로, 공정안전보고서 이행상태평가는 노동부에서 주관하고 있으며, 기술적인 사항에 대하여 필요 시 공단에 요청하여 지원받는 체제로 운영합니다.

(62) 소화기 점검주기

질의

소화기의 점검주기가 폐지되었다고 들었는데, 점검은 언제 하는지?

회시

질의하신 사항은 산업안전보건법상에서 해당되는 사항은 없습니다.

관련사항에 대하여 소방청 또는 관할 소방서에 문의하시는 것이 좋겠습니다.

참고로 일반적인 소화기 정밀점검 주기는 아래와 같습니다.

① 외관점검 : 압력계 정상여부, 노즐 등의 외관점검은 매월 1회 이상

② 약제교환 : 최초 생산일로부터 5년이 경과되면 점검 또는 교환

③ 정밀점검 : 한번 검사를 받은 소화기는 그 후 2년을 주기로 정밀점검

(63) 할론소화기 사용의 위험성

질의

할론 소화기 1211을 현장에서 많이 쓰고 있으며, 주 현장이 지하공간이라 질식사고 위험성을 강조하는 곳이기도 합니다. 화재사고에 대비하여 한 현장 내 분말소화기 2개, 할론소화기 1개 정도로 운영하고 있습니다.

할론소화기(1211)는 독성물질이 발생되는 만큼 소방관련 규칙을 찾아본 바,

〈이산화탄소 또는 할로겐화합물(할론1301 제외)을 방사하는 소화기구는 지하층이나, 무창층 또는 밀폐된 거실 및 사무실로서 그 바닥면적이 20제곱미터 미만의 장소에는 설치할 수 없다. 다만, 배기를 위한 유효한 개구부가 있는 장소인 경우에는 그러하지 아니한다.〉

현장 대부분 작업면적 30~60m²로서 규칙의 20m² 미만에 속하지 않고, 유효개구부 및 환기시설이 있는 상황이지만, 할론소화기의 위험성을 명심하고자 문의합니다.

회시

할론소화기는 할론1301 소화기를 제외하고는 화재에 의해 열분해되어 유해가스를 발생하기 때문에 사용에 제한을 하고 있습니다.

소방법규에서는 말씀하신대로 아래와 같이 규정하고 있습니다.

〈이산화탄소 또는 할로겐화합물(할론1301 제외)을 방사하는 소화기구는 지하층이나, 무창층 또는 밀폐된 거실 및 사무실로서 그 바닥면적이 20제곱미터 미만의 장소에는 설치할 수 없다. 다만, 배기를 위한 유효한 개구부가 있는 장소인 경우에는 그러하지 아니한다.〉 따라서 문의하신 내용은 상기에서 제시한 면적에는 해당되지 않습니다. 그러나 할론1211 소화기도 열분해에 의한 인체 유해성이 있고, 정확히 알려면 개구부 면적과 방사시간 그리고 할론 농도 등을 고려하여야만 사용 가능성을 알 수 있습니다. 질의하신 내용은 법에 적용받지는 않습니다만, 인체유해성이 적은 할론1301 사용이 권장됩니다.

6-3-4 가스감지기

(64) 가스감지기 설치수량

질의

메탄올 탱크지역 및 LEAK POINT 주변에 GAS DETECTOR를 설치하려고 합니다, GAS DETECTOR 설치수량을 어떻게 산정하는지?

회시

"GAS DETECTOR 설치 수량"에 관한 산업안전보건법상의 규정은 없습니다.

다만, 설치에 관하여 산업안전보건법 제23조[안전조치] 및 산업안전보건기준에 관한 규칙 제232조 [폭발 또는 화재 등의 예방] 2항의 규정에 의하여 가연성 또는 독성물질의 가스나 증기의 누출을 감지하기 위한 가스누출감지경보장치를 설치하고 기능을 유지하도록 규정하고 있습니다. 가스감지기의 성능에 따라 다르게 됩니다. 공급자와 협의하여 설치목적에 타당하도록 설치하시기 바랍니다.(보통 직경 2m 이내임.)

6-4 방폭설계 및 접지관리

6-4-1 방폭

(65) 방폭지역 통로 바닥 sus 철판 설치

질의

1. 방폭 2종지역인 도료공급실내 통로부위에 sus 철판을 시공 시 도료통(재질 : sus) 이동 시 충돌, 마찰에 의한 스파크(불꽃) 가능성이 있는지?
2. 방폭지역 바닥에는 동판(스파크방지)을 설치해야 되는 법, 규정, 규칙이 있는지?

참고사항

① 급배기장치는 도료공급실 내부 공기를 3회/분 순환토록 설치
② 도료공급실내에 수용성 도료 적용(인화점 100~250℃), 세정용 신나 일부사용(30 초/10hr 기준 노출-신나 확인시)
③ 방폭형 전기기계기구, 방폭등, 할론소화설비, 화염감지기, 가스감지기 설치됨.

회시

1. sus 끼리의 정전기 및 마찰 에너지(스파크)에 관한 실험 데이터는(재현성 곤란, 도체 등이므로) 없는 것으로 알고 있습니다.
2. 산업안전보건법상 폭발위험장소에 장소에 기계적 불꽃(스파크)을 방지하기 위하여 동판을 설치하라는 규정은 없습니다.

(66) 방폭시공 관련사항

질의

방폭시공과 관련하여 산업안전보건공단의 폭발위험장소에 사용하는 전기설비 설계, 설정 및 설치에 관한 기술지침(E-172-2018)을 찾아보았으나, 아래의 사항을 확인할 수 없습니다.

－아래－

노동부 고시 1993-19호의 제27조과 제31조(가요전선관, 배관 방폭시공)에 관련된 구체적인 설치지침이나 구체적인 법령은? 관련된 Code는?

회시

가요전선관(유연전선관) 등에 관한 고시 등의 법적기준에서는 아주 중요한 최소한의 내용만 규정하고, 그 구체적인 지침은 기본적으로는 각 사의 시방(spec')에 따르도록 하고 있는 것이므로, 위의 고시 및 코드(E-172-2018)를 참고로 하여 고유의 시방을 따라 시공하시면 됩니다.

－ 엔지니어링 스펙, NEC 등 참고

(67) 안전증형 방폭 전동기의 사용지역

질의

최근 방폭기자재의 제조기술이 향상되고 현장 관리감독이 강화됨으로 인하여 안전증 구조도 1종지역에 사용가능한 것으로 들었습니다.

현재 안전증 방폭구조로 인증받은 "3상 유도형 전동기"를 1종지역에 사용하려고 하는데 가능한지? 가능하다면 관련 법규는 어디에 따르면 되는지?

회시

방폭전기설비의 설치에 관한 선정기준은 '산업안전보건기준에 관한 규칙' 제311조에 나와 있습니다.

관련 법은 공단 홈페이지에서-안전보건DB-법령정보-산업안전보건기준에 관한 규칙으로 찾으시면 됩니다.

(68) 방폭지역 및 전기판넬 설치위치 확인

질의

품명은 VOC Flare Stack로서 공사 내용은 Flare Stack보완 및 VOC 소각 Control Panel 신규설치입니다. 주위환경은 대기 Open Area(옥외 대기 노출)로서 전단설비는 Knock-Out Drum 설치(산업안전공단 검인품)입니다.

질의 내역

- 기존 VOC Gas Control Train에서 4 m 떨어진 위치에 전기판넬을 신규로 설치해야 하는데, 현재 공사지역의 방폭 범위 및 해당위치에 전기판넬을 설치 가능한지?
- 상기 질의내역 관련하여, VOC Gas의 사용압력은 0.8kg/cm², 밀도 1.7g/cm³이며, VOC Gas Control Train 전단에 VOC Gas 중의 수분을 제거 목적으로 Knock-Out Drum이 설치되며, 설치위치가 대기에 Open되어 있어 일정장소에 체류할 수 없는 조건입니다.

회시

취급물질이 공기보다 무거운 기체이고, 설비규모가 소(18m³ 이하), 최대운전압력이 소(7kg/cm² 이하)이고, 최대운전유량이 소(380ℓ/분 이하)라면, 누출원(플랜지, 펌프, 탱크 등)으로부터 3m 이상 이격시키면 됩니다.

(69) 시일링 핏팅 설치길이 및 설치여부

질의

시일링 핏팅설치와 관련된 사항을 문의합니다.

1. 1종장소에서는 시일링 핏팅의 설치위치는 방폭전기기기의 용기로부터 45 ㎝를 초과하지 않는 지점에 설치를 해야 한다고 알고 있습니다. 그런데 방폭형 플렉시블 핏팅을 사용하여 전송장비와 연결 시 플렉시블 전단(장비와 연결되지 않는 반대편)에 시일링핏팅을 설치하는데 핏팅길이가 1m 이상인 경우에 설치하여도 무방한지?
2. 사업장 방폭구조 전기기계 기구 배선 등의 선정 설치 및 보수 등에 관한 기준 제19조 전선관 시일링 방법 중 시일링을 생략할 수 있는 경우를 보면 내압방폭형 용기에 연

결되는 배관의 굵기가 36mm 이하인 경우에 생략이 가능하다고 하는데 내압방폭형 전등이나 기타 내압방폭형 전송기기 등에 대해 28mm로 시공하고 있는데 실제 생략이 가능하다는 내용인지?

회시

1. 방폭기기에서 45cm 이내에 설치하셔야 합니다. 따라서 실링피팅을 방폭기기와 방폭 유연호스 사이에 설치하시면 됩니다.

2. 배관의 굵기가 28mm 라면 (36mm이하에 해당되므로) 실링피팅의 생략이 가능합니다.

(70) 방폭지역 내에서의 차량운행 관련

질의

석유화학공장의 2종 방폭지역(Zone 2) 내에서 운행하는 트럭에는 폭발 방지를 위해 어떠한 특별한 장치가 필요한지?

회시

폭발위험장소(방폭지역)에서는 인화성 액체 또는 가연성가스 등의 누출로 인한 화재폭발위험이 있기 때문에 이 지역 내에서는 전기에너지뿐만 아니라 마찰, 열에너지 등도 제한하여야 합니다. 따라서 이 지역 내에서는 가능한 한 차량의 출입 등을 제한하는 것이 바람직하나, 이것이 불가능할 경우에는 출입차량의 머플러 연소가스 배출구를 인화방지망(Mesh) 등으로 씌우는 등의 조치를 취하셔야 합니다.

(71) 크레인 무선조정기 설치

질의

현장에 설치된 2.8Ton크레인에 무선조정기를 설치하고자 합니다.

저희 현장은 방폭 지역으로 선정(1종지역)되어 있어서 무선조정기를 설치하려고 하니 무선 조정기는 방폭 제품이 없습니다. 그런데 천정과 무선조정기를 사용하는 곳은 방폭 2종지역으로 나와 있는데 혹시 산업안전보건법에 저촉되는 것이 있는지?

산업안전보건법상 폭발위험장소(방폭지역)에서 전기에너지를 사용하는 모든 기기는 방폭제품을 사용하도록 되어있습니다. 따라서 우선 귀 사업장 공정의 위험장소를 다시 한 번 정밀하게 재검토하시고 그래도 위험장소에 속한다면 전기기기는 성능검정을 받은 방폭구조를 설치하셔야 합니다.

방폭제품에 대한 보다 자세한 문의사항은 안전보건연구원 안전검인증센터에 문의하시면 도움을 받으실 수 있습니다.

(72) DRAIN FITTING PLUG 사용여부

질의

방폭지역에서 DRAIN FITTING의 PLUG 사용에 대한 질문입니다.

CABLE DUCT에서 MOTOR간 전선관에 DRAIN SEAL FITTING, DRAIN FITTING, SEAL FITTING을 사용하던 중 시간이 지나면서 중간에 설치된 DRAIN FITTING에 이물질이 고여 DRAIN이 안되는 경우가 간혹 발생됩니다.

MOTOR쪽은 SEAL FITTING을 사용하였으므로 DRAIN FITTING에는 PLUG를 제거하고 사용해도 법적으로 문제가 없는지?

회시

전동기 쪽에 실링피팅이 적합하게 설치되었다면 드레인 피팅에서의 안전상의 위험은 없다고 판단됩니다. 기준상으로는 관로, 박스류, 피팅 등의 내부에 수분이나 인화성 액체가 체류할 가능성이 있는 경우에는 드레인 피팅을 설치하도록 되어있으므로(노동부 고시 1993-19호 제24조), 귀찮더라도 플러그는 제거하지 않고 사용하는 것이 바람직합니다.

(73) 방폭지역 sol. valve관련

질의

방폭지역에 설치된 Control Valve에 부착된 Sol. Valve에 대한 사항입니다.

Sol. Valve전단에 Cable Gland나 Sealing Fitting을 시공토록 하여야 한다는데 맞는지?

당연히 SOL. VALVES는 방폭형식을 통과한 제품이고 거기에 Sealing Fitting 또는 Cable Gland를 연결 후 전선관이나 Flexible로 시공하는 것이 좋을 것으로 보입니다.

솔밸브 전단에 일반 안전증형 엘보우를 삽입하면 문제가 될 것 같습니다, 안전증 카바쪽으로 물이나 불순 가스가 들어가 안전사고를 유발할 수도 있고 말입니다.

회시

귀하가 제시하신 대로, 내압방폭구조 인증 기기인 Sol. Valve에는 실링피팅이나 케이블 글랜드를 접속하시는 것이 올바른 시공법입니다. 그러나 기기의 방폭구조, 배관의 굵기 등을 고려하여 실링피팅을 설치하지 않을 수도 있습니다. 보다 자세한 사항은 노동부고시 제1993-19호(사업장 방폭구조 전기기계·기구, 배선 등의 선정, 설치 및 보수 등에 관한 기준)의 제2절 제19조~제24조를 참고하시면 됩니다.

(74) 1종장소에 안전증방폭(Ex"e") 사용가능 유무

질의

방폭 1종장소(Zone 1)에 Motor를 설치하려고 합니다.

이에 따른 전기설비 선정을 하려고 하는데, 아래와 같이 KOSHA 지침서 및 노동부고시를 고려하여 1종장소에 안전증방폭구조(Ex"e")를 사용하여도 되는지?

① KOSHA 기술지침(GUIDE E-20-1999)의 6.2.2항에 따르면 1종 장소에 안전증방폭구조 사용 가능함.

② 노동부고시 제1993-19호 제 10조에 따르면, 1종장소에 안전증방폭구조에 대한 언급은 없고, 1종장소에서 사용토록 특별히 고안된 방폭구조로만 명시되어 있음.

회시

질의하신 1종장소(Zone 1)에 방폭지역별 전기설비의 선정과 관련하여 산업안전보건법상의 규정을 알려 드립니다.

「산업안전보건기준에 관한 규칙 제311조(폭발위험장소에서 사용하는 전기 기계·기구의 선정 등」에 의거하여 1종장소에 안전증방폭구조(e) 사용이 가능함을 알려드립니다.

(75) 메탄올 사용지역의 방폭지역 구분

질의

Methanol을 Tank에서 펌프를 이용하여 냉동기로 이동시켜 냉각한 후 순환시켜 다시 Tank로 회수하는 냉동설비를 하려 합니다. 50%의 물과 혼합된 메탄올의 경우는 냉동설비 주변을 방폭지역으로 구분하여야 하는지?

회시

50% 메탄올혼합물은 인화성 액체에 속하기 때문에 관련 기준(산업안전보건기준에 관한 규칙 제311조 및 노동부 고시 1993-19호)에 따라 폭발위험장소(방폭지역)로 구분하여 관리하셔야 합니다.

(76) 방폭 수공구 사용

질의

시설 운영에 있어 안전을 위하여 방폭공구를 사용하고 있는데, 법적 근거는?(방폭전기 설비/기구가 아니라 정비작업에 필요한 공구를 말함입니다.) 특히 공구 중 가위, 칼 등과 같은 수공구들도 방폭을 사용하여여 하는지?

방폭공구에 관련된 법령, 방폭공구의 범위(종류), 미사용시 처벌사항은?
방폭공구 구분이 애매한 경우, 판단근거를 어디에 두어야 하는지?

회시

1. 폭발위험장소에서 방폭용 공구를 사용하시는 귀하의 작업방법은 적절하다고 판단됩니다. 그러나 이에 대한 우리나라의 법적 강제규정은 아직 없습니다만, 국제적으로 폭발위험장소에서 사용하는 철제 공구의 위험성에 대하여 논의되고 있는 상태이므로 머지않아 우리나라도 이의 필요성에 대하여 언급되지 않을까 하는 생각입니다.
2. 방폭공구의 시험방법 등에 대한 기준은 KS E 4909(방폭용 베릴륨 동합금 공구류)를 참고하시면 됩니다.

(77) 방폭지역 해당 설비관련

질의

공조설비와 수소가스정제장치가 같은 공간에 위치하여 있습니다.

이번에 별도 구획을 실시하여 수소가스정제장치를 방폭지역으로 지정하려 합니다.

첫째, 방폭지역으로 지정 시 강제급배기 시설을 구성하는데 있어 급배기 장치의 모터를 방폭구조로 해야 하는지? 급배기장치의 위치를 수소가스정제장치와 같이 하는 경우에만 방폭형 구조로 해야 하는지? 아님 급배기장치의 위치를 수소가스정제장치와 분리하여 룸 외부에 설치할 경우에도 방폭형 모터를 사용해야 하는지?

둘째, 방폭지역으로 지정 시 수소가스정제장치의 주변 밸브가 현재 플랜지형으로 취부되어 있는 것을 용접형 밸브로 교체해야 하는 것인지?

방폭지역으로 지정하지 않을 경우 수소가스정제장치의 주변 밸브가 현재 플랜지형으로 취부되어 있는 것을 용접형 밸브로 교체해야 하는 것인지?

회시

귀사에서 공조설비와 가스정제장치를 별도로 구획하고자 하시는 것은 바람직한 것으로 판단되며, 민원인께서 질의하신 사항에 대하여 다음과 같이 답변 드립니다.

1. 급배기 장치 전동기의 방폭 여부

   수소정제장치의 주위를 폭발위험장소로 설정하였을 때(노동부 고시 1993-19호 참조(방폭구조 관련 고시), 전동기가 위험장소 내에 위치한다면 방폭구조로 하셔야 하고 그렇지 않다면 일반형을 설치하셔도 됩니다.

2. 주변 밸브의 접속형태

   수소배관 내의 밸브가 플랜지 접속으로 되어있다면 그 주위를 위험장소로 설정하셔야 하고, 만약 용접형으로 하였다면 누출원(Source)이 아니므로 위험장소는 그만큼 줄어들게 됩니다. 따라서 밸브가 플랜지형이냐 용접형이냐에 따라서 단순히 위험장소의 범위가 달라지게 되므로, 밸브의 교체 여부는 밸브의 설치, 정비 시 등의 위험 등을 고려하여 귀사에서 보다 안전한 방법으로 결정하시면 될 것 같습니다.

(78) 변전실 내의 무정전 전원장치 별도 ROOM 설치 관련

질의

변전실 내에 설치되는 설비 중 UPS용 배터리에서 나오는 수소가스 때문에 별도의 ROOM을 설치하여야 된다고 하는데, 이 경우

1. 별도의 ROOM에 들어가는 모든 설비들도 방폭시설로 하여야 하는지?
2. 별도의 ROOM을 설치하고 환기 팬(비방폭)만 해주면 되는 것인지?

회시

현재 관련 자료를 갖고 있는 것이 없어 자세한 답을 드리지 못할 것 같네요. 따라서 제가 관련업체에 문의한 결과, 별도의 룸 설치에 관련한 규정은 없는 것으로 파악되고 있습니다. 만약 필요하시다면 인터넷에서 관련업체들의 명단을 검색하여 문의하시면 도움이 되실 수 있을 것입니다.(제가 갖고 있는 명단은 인터넷에서 찾은 것으로 오해가 생길 수 있으므로 올리지 못했습니다.)

만약 별도로 구획된 실에 설치했을 경우,

1. 배터리에서 발생되는 수소 가스의 양이 많고 이것이 제대로 배출되지 않아 가스가 체류될 수 있다면, 체류될 가능성이 있는 장소(예, 천장 등)는 폭발위험장소로 설정하고 그 지역 내에 설치되는 설비는 방폭설비로 하여야 함
2. 배터리에서 발생되는 수소의 양이 많고 이것이 자연환기에 의하여 완전히 배출되지 않고 환기팬이 실내에 설치되어 있다면 방폭구조로 하여야 하고, 그렇지 않다면 굳이 방폭형으로 하지 않아도 될 것 같습니다.

(79) 도장부스 내 비방폭 지역

질의

"노동부 고시 제1993-19호의 도표 34(밀폐된 스프레이 부스)에 따라, 환기가 양호한 밀폐된 도장부스 내부는 폭발위험장소 1종장소로 구분됩니다." 라고 답변해주셨는데, 도장부스는 엄연히 출입구가 있는 곳으로 밀폐된장소라고 볼 수 없으므로, 폭발위험장소 1종장소로 구분하기는 어렵다고 생각되는데, 답변 부탁드립니다.

회시

1. 분무도장설비 내에는 환경보전법에 따라 흡입배출시설을 하여야하고, 페인트 스프레이작업 시에는 항상 흡입배출을 하기 위해 강제적으로 환기를 실시하고 있습니다. 따라서 노동부 고시 상에 분무 도장작업 시에는 위험분위기의 생성빈도와 지속시간이 높음에도 불구하고 0종장소가 아닌 1종장소로 구분하는 것은 강제환기가 이루어지기 때문이라고 판단됩니다.

2. 참고로, 노동부 고시 제1993-19호의 도표 34(밀폐된 스프레이 부스)에 관련된 국제기준으로는 미국의 NEC Article 516(Spray application, Dipping and Coating Process), NFPA 33(Standard for spray application using flammable and combustible materials) 등이 있으며 이들 규격내용은 거의 유사합니다.

(80) Motor 사용 여부 확인

질의

Motor 사양에 준하여 eG4(방폭확인증) 일본에서 확인증 받았습니다.

가스안전공사에 문의했는데 EX eⅡT4에 해당된다고 합니다. 저의 쪽에선 아세톤을 사용하려고 합니다.

아세톤의 인화점 0.4 F(-18℃, 발화점 869 F(465℃)이어서 사용 가능하다고 생각하는데 산업안전보건공단의 견해는?

회시

일본에서 eG4 인증을 받은 제품은 아세톤 취급공정에서 사용가능할 것이라고 판단되나, 이와는 별개로 다른 나라에서 인증 받은 제품은 국내에서 인정하고 있지 않으니 국내법에 의한 인증을 받으셔야 당해 공정에서 사용 가능함을 알려드립니다.

(81) 기존 Motor 사용에 따른 방폭 Certificate 관련

질의

상기 Blower는 외자재이며, 외자재 관련 방폭 법규가 제정(1991년)되기 이전인 1989년에 제작되어 설치된 Reliance社 제품의 Motor임.

상기 Motor는 Explosion Proof Certificate는 없으나, 아래 사양 및 첨부 Data Sheet와 같이 이설하고자 하는 Area에 적합한 방폭 Type으로 제작되어 있으므로 이설하여 사용하고자 하오니 검토 바랍니다.

※ Motor 사양

- 수량 : 2대
- 용량 : 250 HP/대
- Rated Voltage : 460V, 3PH, 60Hz
- RPM : 3,600 RPM
- Mounting : Vertical Type
- Temperature Rise : B
- Insulation Class : F
- Hazardous Area Classification : CLASS 1. DIVISION 2 Group C&D

회시

기존설비를 이설할 경우에는 신규로 보아야 하므로, 이설하는 지역이 폭발위험장소에 해당되면 해당기기는 폭발등급에 적합한 방폭성능을 갖추어야 합니다.

(82) 폭발위험장소 지정

질의

건물내부에 폭발위험장소가 지정되는 것은 어떤 과정으로 되는 것인지, 또 폭발위험장소를 지정하기 위해서 법적기준이나 (건물구조나 마감재에 대해) 시방서가 있는지?

회시

- 폭발위험장소 : 산업안전보건기준에 관한 규칙 제311조 및 노동부 고시 제1993-19호에 의거하여 폭발위험장소를 선정하여야 합니다.
- 건물내부의 구조 : 산업안전보건기준에 관한 규칙 제270조(내화기준)에 의한 구조로 하여야 합니다.
- 건물내부의 마감재 : 산업안전보건기준에 관한 규칙 제271조(안전거리) 및 별표 8의 4에 의거하여 사무실 등의 벽은 방호벽으로 하여야 합니다.

(83) 방폭용 자재 사용 여부

질의

위험물창고(폭발위험장소)내에 광Network를 설치하려고 하는데, 광Cable의 배관자재도 방폭용으로 설치해야 하는지?

회시

폭발위험장소 내의 광케이블은 방폭용 자재를 사용하여야 합니다.

또한, 화재 시 등에 보호될 수도 있으므로, 강재전선관(금속관 후관)을 사용하는 것이 바람직합니다.

(84) 열매체유 사용 시 방폭기준

질의

알킬벤젠계 열매체유(F.P : 197℃)를 약 250℃ 가열하여 사용 중입니다. 열매체 보일러와 열매체를 사용하는 공정실은 콘크리트 벽으로 구획되어 있습니다.

1. F.P.(인화점) 100℃ 이상인 Combustible Liquid를 F.P. 이상으로 가열하여도 Explosion Proof Area로 구분하는 경우가 있나요?
   ※ FM Global이 보험사로 되어 있는 관계로 FM Engineer는 F.P. 이상으로 가열하였으니, Class1 Div.1으로 구분하려고 합니다. NFPA 하고도 약간 상이합니다.
2. 열매체유(F.P. 이상 가열한 경우)를 담고 있는 설비 배관은 Static Electricity를 제거하기 위한 Bonding & Grounding이 필요한가요?

회시

1. 인화점이 100℃를 넘는 액체를 인화점 이상으로 운전하는 경우, 노동부 고시 제1993-19호(사업장 방폭구조 전기기계···관한 기준) 제6조 라항에 따르면, "인화점이 100℃를 넘는 경우에는 설비의 내부만 폭발위험장소로 구분한다."고 되어있습니다.
2. 설비 배관 플랜지 사이의 본딩은 일반적으로는 불필요하다고 판단되나, 여러가지 이유로 플랜지 양단간의 전기저항이 1,000 Ω 이 넘는 경우에는 본딩을 해주도록 하

고 있습니다. 따라서 테스터 등으로 플랜지 양단의 저항을 측정하여 1,000 Ω 이하인 경우에는 본딩을 하지 않아도 됩니다.

(85) 방폭 Flexible Tube 사용 유무

질의

폭발위험장소 내 방폭형 Sealing Fitting(또는 Cable Gland)을 사용한 후, Flexible Tube도 방폭형을 사용해야 하는지? KOSHA GUIDE E-20-1999 10.3.3항에는 Flexible Tube 재질에 대한 것만 언급되어 있습니다.

회시

전선관의 실링피팅은 0종 또는 1종장소의 내압방폭배관에 사용하는 것으로, 이 장소에서는 내압방폭성능을 보유한 유연전선관을 사용하여야 합니다.

사업장 방폭구조 전기기계기구, 배선 등의 선정·설치 및 보수 등에 관한 기준(노동부고시 제1993-19호) 제18조④항 및 제19조를 참조바랍니다.

(86) 분진방폭지역 Non Sparking(ExN) Type 적용

질의

1. 아래 항에 대한 인증서는 어떻게 표기되는지?

    (예로 DP or SDP or Exd or Exp 등)

    "1. 1, 나. 슬립링, 정류자 등이 없는 회전기로서 정상운전시의 최고 표면온도가 당해 분진 발화온도의 80%를 초과하지 않는 전폐형 구조"

2. 22종장소에서 사용할 수 있는 비방폭구조는 관련규격이 있는 웹의 위치를 알려주시기 바랍니다. (국내 제조자가 관련 위험장소에서 사용 가능하다고 선언할 수 있는 국내 관련 법규)

3. 상기 두번째 질문의 구조에 대한 인증서는 발행되지 않는지?

4. Bispenol A 취급으로 Class II Div. 2 지역으로 분류된 지역에, ExN Type Motor와 등기구를 설치하여도 되는지?

5. 슬립링, 정류자 등이 없는 회전기로서 정상운전시의 최고표면온도가 당해 분진 발

화온도의 80%를 초과하지 않는 전폐형 구조에 대한 인증서는 어떻게 표기가 되는지? (예로 DP or SDP or Exd or Exp 등)

"슬립링, 정류자 등이 없는 회전기로서 정상운전시의 최고표면온도가 당해 물질의 발화온도의 80%를 초과하지 않는 것은 비방폭형기기"는 ExN으로 표기하는 것이 맞는지?

6. 조명기구는 ExN type을 사용해도 되지 않는지?

회시

1. 비방폭구조는 인증서가 발행되지 않습니다. 방폭기기란 공인기관이 관련 규격(KS 또는 IEC)에 따라 시험을 실시하여 적합함을 인증해 준 것으로, 기기가 관련 규격에 따라 제조되어 그 성능을 보유하고 있다 하더라도 공인기관의 시험을 득하지 않으면 방폭기기가 될 수 없습니다. 따라서 인증 표기도 없습니다.

2. KS(KS C IEC 61241-1-1, 2-1, 2-3 등), IEC(IEC 61241-1-1, 2-1, 2-3 등)의 관련 규격이 있는 데 이것은 웹상에서 무상으로 제공되지 않고 구매하셔야 합니다. 한국표준협회에서 구매하실 수 있습니다.

3. 답변 1)을 참조하시기 바랍니다.

4. 결론부터 말씀드리면, 사용할 수가 없습니다.
   가스방폭구조와 분진방폭구조는 그 위험의 양상이 다르기 때문에 구조는 물론 시험방법에도 차이가 있습니다. 이 내용은 국제규격과 국내규격 모두에서 다같이 적용되고 있습니다. 따라서 가스방폭구조를 분진폭발위험장소에서 사용할 수 없으며, 이 역도 마찬가지입니다.

5. 가스방폭구조(N형)와 분진방폭구조는 구조상 서로 다르고,
   분진폭발위험장소에서 사용할 수 있는 기기와 N형 방폭구조의 큰 차이점을 보면 다음과 같습니다.
   가. 온도시험방법에서의 차이(분진을 퇴적시킨 상태에서 시험)
   나. 회전축에 대한 시험(침투방지용 패킹 등)
   다. 접합면이 내압방폭구조와 유사 등
   따라서, N형만으로는 21종이나 22종에 사용할 수가 없습니다.

6. 또한, 22종장소에서 사용할 수 있는 비방폭구조는 관련규격에 적합하고 제조자가 관련 위험장소에서 사용 가능하다고 선언한 경우에 한합니다.

6-4-2 전기

(87) Earth, Bonding

질의

배관 Line 연결부(Valve 및 Flange 등)에 Earth, Bonding 체결을 해야 되는 화학물질은? 또한 법령(산안법, 고압가스, 위험물 등)으로 고시되어 있는지?

회시

인화성 물질을 취급하는 배관의 플랜지 사이의 정전기 축적 방지를 위한 본딩 조치를 물질에 따라 구분하고 있는 기준은 없습니다. 다만 부식성 물질이나 분진 등으로 인하여 플랜지 양단의 전기저항이 현저하게 높아질 우려가 있다면, 본딩을 하여야 합니다. 본딩에 관한 규정은 노동부 고시 "정전기재해예방을 위한 기술상의 지침"(제2015-58호) 및 KOSHA GUIDE E-6의 8(배관계통)을 참고하시면 됩니다.

(88) 저장탱크의 안전장치

질의

저장탱크에는 안전장치를 설치하게 되어 있는 규정이 있는데, 피뢰침이 왜 안 들어가는지?

회시

산업안전보건법 제33조(유해하거나 위험한 기계·기구 등의 방호조치 등, 개정법률 제80조 : 2020.1.16 시행예정, 이하같음)에서의 방호장치에는 피뢰침을 포함하고 있지 않으므로, 이 조항에서는 피뢰침에 대하여 규정하지 않고 있습니다. 따라서 위험물 저장탱크와 같이 낙뢰로 인한 산업재해가 우려되는 설비는 산업안전보건기준에 관한 규칙 제326조(피뢰설비의 설치)에서 피뢰침을 설치하도록 따로 규정하고 있습니다. 다만 단서조항에 의하여 탱크가 접지가 된 경우에는 피뢰침 설비를 설치하지 않습니다.

6-5 위험성평가, 작업허가 등

6-5-1 위험성평가

(89) 위험성평가 시기

질의

위험성평가 실시시기?

변경관리를 하게 되면 위험성평가도 반드시 해야 하는 것인지?

위험성평가를 실시할 때 어디까지 실시해야 하는 기준은?

회시

1. 노동부 고시 제2017-62호 제43조[위험성평가 심사기준]에서 위험성평가 시기를 규정하고 있습니다. 신규 작성 시와 변경사항 발생 시 위험성평가를 실시하시면 됩니다.

2. 공정안전보고서 내의 변경관리절차를 준수하여 작성하면 됩니다. 즉, 사업장에서 규정한 변경관리절차에서 위험성평가 적용기준에 따라 적용하면 됩니다. 그러나 절차 작성 시에 위험성평가를 하도록 반영하시기 바랍니다.

3. 답변2와 같이 변경관리절차를 따르면 됩니다. 일반적으로는 우리 공단에서 제공하는 기술지침(KOSHA GUIDE P-98-2017)[변경요소관리에 관한 기술지침)을 참고하여 사업장 상황에 맞도록 적용하면 됩니다.

(90) 사무실의 위험성평가 체크리스트

질의

화학공장내 사무실(공간)에 대한 위험성평가를 실시하려고 하는데, 체크리스트 기법의 평가사례가 있는지?

회시

사무실에 대한 체크리스트를 작성하는 경우에는,

– 사무실과 공정 사이의 안전거리는 충분한가?

– 폭발위험장소 내에 위치하는 경우에는 양압설비 등의 안전조치가 구비되어 있는가?

– 공정동의 화재·폭발 시 충분히 견딜 수 있는 구조인가?

– 정전 등과 같은 비상 시 근로자가 안전하게 탈출할 수 있는 유도등 또는 비상구가 마련되어 있는가?

– 전기실 등의 소화설비가 적정한가?

– 사무실의 조도는 적절한가? 등 사업장 내의 여러 현실을 고려하여 체크리스트를 작성하시기 바랍니다.

6-5-2 작업허가

(91) 유류저장소에서의 용접작업

질의

유류저장소에서의 용접작업이 가능한지?

스파크로 인해 화재 및 폭발이 일어날 가능성이 있기 때문에 라이터나 휴대폰의 반입도 금지하고 있는데, 용접작업이 가능한지?

회시

사업장 내 위험지역에서 용접 등의 화기작업을 하기 위하여는 안전작업허가서를 발행함으로써 작업지역에서의 안전을 확보한 후 안전하게 작업을 진행하여야 합니다.

ㅇ 화기작업 시 취하여야 할 최소한의 안전조치 사항은 아래와 같습니다.

(1) 작업구역의 설정

화기작업을 수행할 때 발생하는 화염 또는 스파크 등이 인근 공정설비에 영향이 있다고 판단되는 범위의 지역은 작업구역으로 표시하고 통행 및 출입을 제한한다.

(2) 가연성물질 및 독성물질의 가스농도 측정

화기작업을 하기 전에 작업대상기기 및 작업구역 내에서 가연성물질 및 독성물질의 가스농도를 측정하여 허가서에 기록한다.

(3) 차량 등의 출입제한

불꽃을 발생하는 내연설비의 장비나 차량 등은 작업구역 내의 출입을 통제한다.

(4) 밸브차단 표지 부착

화기작업을 수행하기 위하여 밸브를 차단하거나 맹판을 설치할 때에는 차단하는 밸브에 밸브 잠금 표지 및 맹판 설치 표지를 부착하여 실수로 작동시키거나 제거하는 일이 없도록 한다.

(5) 위험물질의 방출 및 처리

배관 또는 용기 등에 인접하여 화기작업을 수행할 때에는 배관 및 용기 내의 위험물질을 완전히 비우고 세정한 후 가스농도를 측정한다.

(6) 환기

밀폐공간에서의 작업을 수행할 때에는 작업 전에 밀폐공간 내의 공기를 외부의 신선한 공기로 충분히 치환하는 등의 조치(강제 환기 등)를 하여야 한다.

(7) 비산불티차단막 등의 설치

화기작업 중 용접불티 등이 인접 인화성물질에 비산되어 화재가 발생하지 않도록 비산불티차단막 또는 불받이포를 설치하고 개방된 맨홀과 하수구(Sewer) 등을 밀폐한다.

(8) 화기작업의 입회

화기작업 시 입회자로 선임된 자는 화기작업을 시작하기 전 및 작업 도중 현장에 입회하여 안전상태를 확인하여야 하며, 작업 중 주기적인 가스농도의 측정 등 안전에 필요한 조치를 취하여야 한다.

(9) 소화장비의 비치

화기작업 전에 불받이포, 이동식 소화기 등을 비치하고 필요한 경우 화기작업 현장에 화재진압을 위한 소방차를 대기시켜야 한다. 등을 고려하여야 합니다.

보다 상세한 사항은 KOSHA GUIDE를 참조하시기 바랍니다.

(92) 안전작업허가서 양식

질의

안전작업허가서 발급 지침을 제정하려고 하는데 해당되는 양식을 열람할 수 있는 Site에 대한 정보를 얻고자 합니다.

회시

안전작업허가지침은 KOSHA GUIDE P-94-2017(안전작업 허가지침)에 지침 및 필요한 양식들이 상세히 소개되어 있으므로 참고하시기 바라며, 회사 실정에 맞게 수정하여 활용하시면 되겠습니다.

※ 공단 홈페이지(www.kosha.net)에 로그인한 후 안전보건DB/공정안전지침(P)를 검색하시면 됩니다.

(93) 안전담당자 및 입회자(감시자) 지정/선임 자격

질의

가연성가스인 모노머를 이용하여 합성수지를 생산하는 석유화학제품 회사입니다. 안전작업허가 시 안전담당자 및 입회자(감시자)의 지정/선임과 관련하여 답변을 구합니다.

1. 밀폐공간작업, 화기작업 등 당사의 일부작업을 외부 협력업체(비상주)로 하여금 수행하도록 하는 경우 당사 직원만 안전담당자 및 입회자로 선임하여야 하는지(당사 직원의 경우에도 일정한 자격조건을 두고 있는지?)

2. 안전담당자 및 입회자의 자격
   - 협력업체 소속의 직원(안전관리자 등)을 지정가능한지?

3. 산업안전보건법 시행령 별표 3에서 규정한 안전담당자를 지정하여야 하는 작업을 고려할 경우 공정지역 내에서 이뤄지는 모든 작업이 안전담당자를 지정하여야 하는 작업의 범위에 해당하는지?

회시

안전담당자 및 입회자의 자격과 관련하여

1. 협력업체직원의 안전담당자 지정은 불가(책임소재 문제)

2. 일정한 자격조건은 두고 있지 않습니다.

3. 산업안전보건법 시행규칙 제130조의2 제3호 다목, 노동부고시 2017-62호 제33조 [안전작업허가]에 관련되는 작업에는 안전담당자를 지정하여야 합니다.

(94) 안전작업허가 절차서 운영

질의

PSM 관련 규정 중, 안전작업허가서에 안전관리자 검토항목이 있는데 작업허가서의 결재과정이 너무 많아 결재단계를 줄이려고 합니다. 안전작업허가서의 안전관리자 서명란을 삭제하고, 작업 및 운영부서장의 서명란 만을 남겨두고자 하는데, 안전관리자 서명을 허가서에서 제외하려면 어떤 조치가 필요한지?

회시

귀 사의 "변경요소관리지침"에 따라 작업허가서의 변경 타당성 여부를 검토하여 결정하는 것이 바람직합니다.

(95) 작업허가서의 작업허가기간

질의

KOSHA GUIDE "안전작업 허가지침"과 관련하여 작업허가기간에 대하여 질의합니다.

ㅇ 일반위험작업의 경우에 작업허가기간은 반드시 작업 당일로 한정되는 것인지요? 다시 말씀드려서 작업허가기간 동안 작업내용이 변하지 않는 한 건의 일반위험작업에 대하여 작업시간이 1일 8시간을 초과하지 않는 경우 작업허가기간을 1근무일 이상(최대 7근무일까지)로 하여 한 건의 작업허가서를 발급해도 관련법상 문제가 없는지?(이 경우 작업허가기간 동안 안전담당자가 매일 작업현장을 순찰하고 안전조치 이상 유무 등을 확인한 후 현장에 비치된 작업허가서에 서명합니다.)

회시

KOSHA GUIDE는 법적인 규제사항은 아니며, 사업장의 안전보건을 위한 기술상의 지침입니다.

1. 허가기간은 작업환경이 변할 수 있기 때문에 원칙적으로 1일 8시간을 초과할 수 없습니다. 그 이유는 작업허가기간 동안 관리감독자가 바뀌며, 또한 작업허가기간동

안 작업내용이 변할 수 있기 때문입니다.

2. 현행법상에서 안전작업허가서의 허가기간에 대한 규제는 없습니다. 다만, 공정안전보고서의 심사 및 확인, PSM 이행상태평가 및 점검 기술지원시 1일 8시간을 초과할 수 없도록 기술지도하고 있습니다.

(96) 가스 작업시 작업전 가스측정관련

질의

가스안전 작업계획서 작성 완료 후 작업 착수 전 3자 합동 가스 측정을 실시한 후 작업가능하다고 판단되면 작업을 착수하는데 이때 계획서 첫 장에 3자 검지확인 및 기록 란이 있는데 3자 기록시간이 다르게 기록되기도 하고, 같은 시간에 기록되기도 합니다.

저의 생각은 3자가 합동으로 실시하여 같은 시간에 기록 되어야 한다고 생각합니다. 그런데 일부 어떤 사람은 시간이 달라도 된다고 하는데 이해가 되지 않습니다.

시간이 다르다는 이야기는 검지를 작업을 실시한 후에 초도 검지를 할 수도 있고 측정을 하지도 않으면서 기록을 할 수도 있기 때문에 3자가 같이 확인하고 그 시간을 정확하게 기록 되어야 한다고 생각합니다.

예 구분 가스명 농도 시간 확인

운전자　　CO 5ppm 09:00 서명

정비담당 CO 6ppm 09:05 서명

작업조장 CO 5ppm 09:00 서명

위와 같은 경우 3자가 하였다고 볼 수가 없습니다. 초도 검지가 3자 확인 후 작업을 착수하여야 하기 때문에 허위 작성이거나 2자가 확인한 후 선작업 하였다고 볼 수 있는데 확실한 규정은?

회시

가스농도의 측정은 용기내부를 세척한 후, 작업자가 용기내부 출입에 앞서 동시측정하며, 3자 확인 후, 작업을 착수하여야 한다는 관련 규정은 없습니다.

그러므로 사업장의 안전관리규정이 선정되어 있다면 규정에 따라 실시하시면 됩니다.

참조(관련근거) : 안전작업허가지침(KOSHA GUIDE, P-94-2017)

밀폐공간작업 프로그램 시행 및 건강장해예방기술지침(KOSHA GUIDE, H-80-2017)

(97) 위험물질(탱크로리) 입고시 안전점검 질의

질의

황산 및 기타 가연성 액체를 탱크로리를 통해 옥외탱크에 저장·사용하고 있습니다.

위험물질의 탱크로리 입고(Charging)시 안전을 위해 사내에서 Standard를 수립하고자 하고 있으나 법규상에 탱크로리에 관한 구체적인 안전사항이 언급되어 있지 않은 것 같아 질의합니다.

탱크로리 입고시의 일반적인 안전사항을 알려 주시면 감사하겠습니다. 아울러 입고허가서를 통한 안전 확보 방법이 있다면 구체적인 예(Sample 등)?

회시

탱크로리의 입출하 안전에 대한 기술자료는 우리 공단 홈페이지에 등록되어 있으니 참고하시면 도움이 되리라고 생각합니다.

공단 홈페이지(WWW. KOSHA.NET) 〉 안전보건 DB 〉 ONE PAGE SHEETS 〉 공정안전
  1. 위험물 운송 탱크로리 입출하 작업안전(중예 03-01)
  2. 운송 화학물질 종류별 안전수칙

6-5-3 기타

(98) 산업안전보건법과 위험물안전관리법 차이

질의

산업안전보건법의 위험물종류와 위험물 안전관리법의 위험물종류가 똑같지 않은지?

유독물(독성물질)의 내용은 개정된 위험물안전관리법의 내용과 수치에서 완전히 다른데 어느 법을 따라야 하는지?

회시

1. 소방법이 위험물안전관리법, 소방기본법 등 4개 법률로 변경되었습니다.

2. 산업안전보건법과 위험물안전관리법은 규제의 목적이 상이하기 때문에 규제대상 위험물이 큰 차이는 없습니다만 용어 및 규제내용이 조금 다릅니다. 다만 2008년부터는 GHS 위험물 분류체계에 따른 위험물 분류가 통일되어 시행될 예정입니다.

   ※ GHS : Globally Harmonized System of Classification & Labelling of Chemicals

3. 현행 유독물 내용에 대해서는 환경부에 문의하시기 바랍니다.

(99) 산업현장의 화재나 재난발생시 대피 및 구난 절차 KOSHA 규정

질의

KOSHA 규정에 정유공장과 같은 대규모 산업현장에서의 화재나 재난 발생 시 직원, 작업자 및 방문자 등 현장에 있는 사람들을 효과적으로 구난 및 대피시키기 위해 회사가 따라야 할 규정(Compliance)이 있는지?

예를 들면 미국 OSHA의 Part no. 1910. 38(c)에서는 다음과 같은 세부규정을 두어 각 회사에서 재해방지 규정을 준수하고 재해 발생 시 대피 구난에 효과적인 방안을 구축하도록 권고하고 있습니다. KOSHA에도 이러한 비슷한 규정이 있는지?

- Part Number : 1910
- Part Title : Occupational Safety & Health Administration (OSHA)

- Subpart : E
- Subpart Title : Exit Routes, Emergency Action Plans and Fire Prevention Plans
- Standard Number : 1910.38
- Title : Emergency Action Plan

Part 1910.38(c) (4) of this regulation requires all companies to have a well defined procedures to account all employees after evacuation to assure that the fire area is clear of employees, visitors and contractors. This procedure is track employees such as maintenance personnel, service providers, or engineers within the operating facility. The objective is to assure that the area being evacuated is clear of all personnel regardless of their normal work locations.

회시

산업안전보건법 제49조의2[공정안전보고서의 제출 등], 동법 시행령 제33조의7[공정안전보고서의 내용] 및 동법 시행규칙 제130조의2[공정안전보고서의 세부내용 등]의 4항 비상조치계획 작성에서 규정하고 있으며, 세부내용에 대하여는 KOSHA GUIDE P-101-2012[비상조치계획 수립에 관한 기술지침]을 참고하시면 됩니다.

부록

첨부자료

1. 관련 법규

1-1. 산업안전보건법 주요 개정 내용(시행 2022.8.18.)(법률 제18426호)

	개정 전	개정 후
제1조(목적)	노무를 제공하는 자의 안전 및 보건을 유지·증진함을 목적으로 한다. [시행 2020. 1. 16.]	노무를 제공하는 사람의 안전 및 보건을 유지·증진함을 목적으로 한다. 〈개정 2020. 5. 26.〉
제2조(정의)	1."산업재해"란 노무를 제공하는 자가 [시행 2020. 3. 31.]	1."산업재해"란 노무를 제공하는 사람이 〈개정 2020. 5. 26.〉
제4조의2 (지방자치단체의 책무)	신설 [본조신설 2021. 5. 18.]	지방자치단체는 제4조제1항에 따른 정부의 정책에 적극 협조하고, 관할 지역의 산업재해를 예방하기 위한 대책을 수립·시행하여야 한다.
제4조의3 (지방자치단체의 산업재해 예방 활동 등)	신설 [본조신설 2021. 5. 18.]	① 지방자치단체의 장은 관할 지역 내에서의 산업재해 예방을 위하여 자체 계획의 수립, 교육, 홍보 및 안전한 작업환경 조성을 지원하기 위한 사업장 지도 등 필요한 조치를 할 수 있다. ② 정부는 제1항에 따른 지방자치단체의 산업재해 예방 활동에 필요한 행정적·재정적 지원을 할 수 있다. ③ 제1항에 따른 산업재해 예방 활동에 필요한 사항은 지방자치단체가 조례로 정할 수 있다.
제4조의9 (지방자치단체의 산업재해 예방 활동 등)	9. … 노무를 제공하는 자 [시행 2020. 3. 31.]	9. … 노무를 제공하는 사람 〈개정 2020. 5. 26.〉
5조(사업주 등의 의무)	… 물건의 수거·배달 등을 중개하는 자를 포함한다. [시행 2020. 1. 16.]	… 물건의 수거·배달 등을 하는 사람을 포함한다. 〈개정 2020. 5. 26.〉
제11조(산업재해 예방시설의 설치·운영)	3. 노무를 제공하는 자 [시행 2020. 3. 31.]	3. 노무를 제공하는 사람 〈개정 2020. 5. 26.〉
제17조의3 (안전관리자)	〈신설 2021. 5. 18.〉	③ 대통령령으로 정하는 사업의 종류 및 사업장의 상시근로자 수에 해당하는 사업장의 사업주는 안전관리자에게 그 업무만을 전담하도록 하여야 한다

	개정 전	개정 후
제17조(안전관리자)	③ 고용노동부장관은 ④ 대통령령으로 [시행 2021. 10. 14.]	④ 고용노동부장관은 ⑤ 대통령령으로 〈개정 2021. 5. 18.〉
제18조의3 (보건관리자)	〈신설 2021. 5. 18.〉	③ 대통령령으로 정하는 사업의 종류 및 사업장의 상시근로자 수에 해당하는 사업장의 사업주는 보건관리자에게 그 업무만을 전담하도록 하여야 한다.
제18조(보건관리자)	③ 고용노동부장관은 ④ 대통령령으로 [시행 2021. 10. 14.]	④ 고용노동부장관은 ⑤ 대통령령으로 〈개정 2021. 5. 18.〉
제37조의1 (안전보건표지의 설치·부착)	설치하거나 부착하여야 한다. [시행 2020. 1. 16.]	설치하거나 붙여야 한다. 〈개정 2020. 5. 26.〉
제41조의1 (고객의 폭언 등으로 인한 건강장해 예방조치 등)	… 서비스를 제공하는 업무에 종사하는 근로자(이하 "고객응대근로자"라 한다)에 대하여 … (이하 "폭언등"이라 한다) [시행 2021. 1. 16.]	… 서비스를 제공하는 업무에 종사하는 고객응대근로자에 대하여 … (이하 이 조에서 "폭언등"이라 한다) 〈개정 2021. 4. 13.〉
제41조의2 (고객의 폭언 등으로 인한 건강장해 예방조치 등)	② 사업주는 고객의 폭언등으로 인하여 고객응대근로자에게 건강장해가 [시행 2021. 1. 16.]	② 사업주는 업무와 관련하여 고객 등 제3자의 폭언등으로 근로자에게 건강장해가 〈개정 2021. 4. 13.〉
제41조의3 (고객의 폭언 등으로 인한 건강장해 예방조치 등)	③ 고객응대근로자는 … 사업주는 고객응대근로자의 [시행 2021. 1. 16.]	③ 근로자는 … 사업주는 근로자의 〈개정 2021. 4. 13.〉
제41조(고객의 폭언 등으로 인한 건강장해 예방조치 등)	제41조(고객의 폭언 등으로 인한 건강장해 예방조치) [시행 2021. 1. 16.]	제41조(고객의 폭언 등으로 인한 건강장해 예방조치 등) [제목개정 2021. 4. 13.]
제42조의1 (유해위험방지계획서의 작성·제출 등)	1. … 건설물·기계·기구 및 설비 등 일체를 [시행 2020. 3. 31.]	1. … 건설물·기계·기구 및 설비 등 전부를 〈개정 2020. 5. 26.〉

	개정 전	개정 후
제64조(도급에 따른 산업재해 예방조치)	신설	7. 같은 장소에서 이루어지는 도급인과 관계수급인 등의 작업에 있어서 관계수급인 등의 작업시기·내용, 안전조치 및 보건조치 등의 확인 8. 제7호에 따른 확인 결과 관계수급인 등의 작업 혼재로 인하여 화재·폭발 등 대통령령으로 정하는 위험이 발생할 우려가 있는 경우 관계수급인 등의 작업시기·내용 등의 조정 ② 제1항에 따른 도급인은 고용노동부령으로 정하는 바에 따라 자신의 근로자 및 관계수급인 근로자와 함께 정기적으로 또는 수시로 작업장의 안전 및 보건에 관한 점검을 하여야 한다. ③ 제1항에 따른 안전 및 보건에 관한 협의체 구성 및 운영, 작업장 순회점검, 안전보건교육 지원, 그 밖에 필요한 사항은 고용노동부령으로 정한다. 〈개정 2021. 5. 18.〉
제65조(도급인의 안전 및 보건에 관한 정보 제공 등)	그 화학물질을 함유한 혼합물을 [시행 2020. 3. 31.]	그 화학물질을 포함한 혼합물을 〈개정 2020. 5. 26.〉
제67조(건설공사발주자의 산업재해 예방조치)	〈신설 2021. 5. 18.〉	② 제1항에 따른 건설공사발주자는 대통령령으로 정하는 안전보건 분야의 전문가에게 같은 항 각 호에 따른 대장에 기재된 내용의 적정성 등을 확인받아야 한다. ③ 제1항에 따른 건설공사발주자는 설계자 및 건설공사를 최초로 도급받은 수급인이 건설현장의 안전을 우선적으로 고려하여 설계·시공 업무를 수행할 수 있도록 적정한 비용과 기간을 계상·설정하여야 한다. 〈신설 2021. 5. 18.〉
제67조(건설공사발주자의 산업재해 예방조치)	② 제1항 각 [시행 2021. 10. 14.]	④ 제1항 각 〈개정 2021. 5. 18.〉

	개정 전	개정 후
제72조(건설공사 등의 산업안전보건관리비 계상 등)	① ... 건설공사도급인 [시행 2020. 5. 26.]	① ... 공사의 시공을 주도하여 총괄·관리하는 자 〈개정 2020. 6. 9.〉
제72조의3(건설공사 등의 산업안전보건관리비 계상 등)	③ 제1항에 따른 건설공사도급인은 ⑤ 제1항에 따른 건설공사도급인 [시행 2020. 5. 26.]	③ 건설공사도급인은 ⑤ 건설공사도급인 〈개정 2020. 6. 9.〉
제73조(건설공사의 산업재해 예방 지도)	〈신설 2021. 8. 17.〉	② 건설재해예방전문지도기관은 건설공사도급인에게 산업재해 예방을 위한 지도를 실시하여야 하고, 건설공사도급인은 지도에 따라 적절한 조치를 하여야 한다. 〈신설 2021. 8. 17.〉
제73조(건설공사의 산업재해 예방 지도)	① ... 건설공사도급인은 해당 건설공사를 하는 동안에 제74조에 따라 지정받은 전문기관(이하 "건설재해예방전문지도기관"이라 한다)에서 건설 산업재해 예방을 위한 지도를 받아야 한다.	① ... 건설공사의 건설공사발주자 또는 건설공사도급인(건설공사발주자로부터 건설공사를 최초로 도급받은 수급인은 제외한다)은 해당 건설공사를 착공하려는 경우 제74조에 따라 지정받은 전문기관(이하 "건설재해예방전문지도기관"이라 한다)과 건설 산업재해 예방을 위한 지도계약을 체결하여야 한다.
제77조(특수형태근로종사자에 대한 안전조치 및 보건조치 등)	... 아니하는 자로서 [시행 2020. 3. 31.]	... 아니하는 사람으로서 〈개정 2020. 5. 26.〉
제78조(배달종사자에 대한 안전조치)	... 이륜자동차로 물건을 수거·배달 등을 하는 자의 [시행 2020. 3. 31.]	... 이륜자동차로 물건을 수거·배달 등을 하는 사람의 〈개정 2020. 5. 26.〉
제94조(안전검사합격증명서 발급 등)	... 부착하여야 한다. [시행 2020. 3. 31.]	... 붙여야 한다. 〈개정 2020. 5. 26.〉
제110조(물질안전보건자료의 작성 및 제출)	① 화학물질 또는 이를 함유한 [시행 2020. 3. 31.]	① 화학물질 또는 이를 포함한 〈개정 2020. 5. 26.〉

	개정 전	개정 후
제119조의1,2(석면조사)	1. ... 함유되어 2. ... 함유된 [시행 2020. 3. 31.]	1. ... 포함되어 2. ... 포함된 〈개정 2020. 5. 26.〉
제122조(석면의 해체·제거)	... 석면이 함유되어 [시행 2020. 3. 31.]	... 석면이 포함되어 〈개정 2020. 5. 26.〉
제123조(석면해체·제거 작업기준의 준수)	① 석면이 함유된 ② 근로자는 석면이 함유된 [시행 2020. 3. 31.]	① 석면이 포함된 ② 근로자는 석면이 포함된 〈개정 2020. 5. 26.〉
제143조(지도사의 자격 및 시험)	③ ... 전문기관에게 [시행 2020. 3. 31.]	③. .. 전문기관에 〈개정 2020. 5. 26.〉
제158조(산업재해 예방 활동의 보조·지원)	③ ... 경우에는 해당 금액 또는 지원에 상응하는 금액을 환수하되, 같은 항 제1호의 경우에는 지급받은 금액에 상당하는 액수 이하의 금액을 추가로 환수할 수 있다. 다만, 제2항제2호 중 보조·지원 대상자가 파산한 경우에 해당하여 취소한 경우는 환수하지 아니한다. ④ ... 3년 이내의 [시행 2021. 10. 14.]	③ ... 경우, 같은 항 제1호 또는 제3호부터 제5호까지의 어느 하나에 해당하는 경우에는 해당 금액 또는 지원에 상응하는 금액을 환수하되 대통령령으로 정하는 바에 따라 지급받은 금액의 5배 이하의 금액을 추가로 환수할 수 있고, 같은 항 제2호(파산한 경우에는 환수하지 아니한다) 또는 제6호에 해당하는 경우에는 해당 금액 또는 지원에 상응하는 금액을 환수한다. ④ ... 5년 이내의 〈개정 2021. 5. 18.〉
제167조(벌칙)	② ... 죄를 범한 [시행 2020. 3. 31.]	② ... 죄를 저지른 〈개정 2020. 5. 26.〉

1-1-1. PSM 관련 주요 내용 요약

산업안전보건법	주요 내용	벌칙(1차)
제16조 관리감독자	① 사업주는 사업장의 생산과 관련되는 업무와 그 소속 직원을 직접 지휘·감독하는 직위에 있는 사람(이하 "관리감독자"라 한다)에게 산업 안전 및 보건에 관한 업무로서 대통령령으로 정하는 업무를 수행하도록 하여야 한다. ② 관리감독자가 있는 경우에는 「건설기술 진흥법」 제64조제1항제2호에 따른 안전관리책임자 및 같은 항 제3호에 따른 안전관리담당자를 각각 둔 것으로 본다.	-최고 500만원 이하의 과태료
제17조 안전관리자	① 사업주는 사업장에 제15조제1항 각 호의 사항 중 안전에 관한 기술적인 사항에 관하여 사업주 또는 안전보건관리책임자를 보좌하고 관리감독자에게 지도·조언하는 업무를 수행하는 사람(이하 "안전관리자"라 한다)을 두어야 한다. ② 안전관리자를 두어야 하는 사업의 종류와 사업장의 상시근로자 수, 안전관리자의 수·자격·업무·권한·선임방법, 그 밖에 필요한 사항은 대통령령으로 정한다. ③ 대통령령으로 정하는 사업의 종류 및 사업장의 상시근로자 수에 해당하는 사업장의 사업주는 안전관리자에게 그 업무만을 전담하도록 하여야 한다. 〈신설 2021. 5. 18.〉 ④ 고용노동부장관은 산업재해 예방을 위하여 필요한 경우로서 고용노동부령으로 정하는 사유에 해당하는 경우에는 사업주에게 안전관리자를 제2항에 따라 대통령령으로 정하는 수 이상으로 늘리거나 교체할 것을 명할 수 있다. 〈개정 2021. 5. 18.〉 ⑤ 대통령령으로 정하는 사업의 종류 및 사업장의 상시근로자 수에 해당하는 사업장의 사업주는 제21조에 따라 지정받은 안전관리 업무를 전문적으로 수행하는 기관(이하 "안전관리전문기관"이라 한다)에 안전관리자의 업무를 위탁할 수 있다. 〈개정 2021. 5. 18.〉	-최고 500만원 이하의 과태료
제18조 보건관리자	① 사업주는 사업장에 제15조제1항 각 호의 사항 중 보건에 관한 기술적인 사항에 관하여 사업주 또는 안전보건관리책임자를 보좌하고 관리감독자에게 지도·조언하는 업무를 수행하는 사람(이하 "보건관리자"라 한다)을 두어야 한다. ② 보건관리자를 두어야 하는 사업의 종류와 사업장의 상시근로자 수, 보건관리자의 수·자격·업무·권한·선임방법, 그 밖에 필요한 사항은 대통령령으로 정한다. ③ 대통령령으로 정하는 사업의 종류 및 사업장의 상시근로자 수에 해당하는 사업장의 사업주는 보건관리자에게 그 업무만을 전담하도록 하여야 한다. 〈신설 2021. 5. 18.〉 ④ 고용노동부장관은 산업재해 예방을 위하여 필요한 경우로서 고용노동부령으로 정하는 사유에 해당하는 경우에는 사업주에게 보건관리자를 제2항에 따라 대통령령으로 정하는 수 이상으로 늘리거나 교체할 것을 명할 수 있다. 〈개정 2021. 5. 18.〉 ⑤ 대통령령으로 정하는 사업의 종류 및 사업장의 상시근로자 수에 해당하는 사업장의 사업주는 제21조에 따라 지정받은 보건관리 업무를 전문적으로 수행하는 기관(이하 "보건관리전문기관"이라 한다)에 보건관리자의 업무를 위탁할 수 있다. 〈개정 2021. 5. 18.〉	-최고 500만원 이하의 과태료

산업안전보건법	주요 내용	벌칙(1차)
제18조 안전보건관리 담당자	① 사업주는 사업장에 안전 및 보건에 관하여 사업주를 보좌하고 관리감독자에게 지도·조언하는 업무를 수행하는 사람(이하 "안전보건관리담당자"라 한다)을 두어야 한다. 다만, 안전관리자 또는 보건관리자가 있거나 이를 두어야 하는 경우에는 그러하지 아니하다. ② 안전보건관리담당자를 두어야 하는 사업의 종류와 사업장의 상시근로자 수, 안전보건관리담당자의 수·자격·업무·권한·선임방법, 그 밖에 필요한 사항은 대통령령으로 정한다. ③ 고용노동부장관은 산업재해 예방을 위하여 필요한 경우로서 고용노동부령으로 정하는 사유에 해당하는 경우에는 사업주에게 안전보건관리담당자를 제2항에 따라 대통령령으로 정하는 수 이상으로 늘리거나 교체할 것을 명할 수 있다. ④ 대통령령으로 정하는 사업의 종류 및 사업장의 상시근로자 수에 해당하는 사업장의 사업주는 안전관리전문기관 또는 보건관리전문기관에 안전보건관리담당자의 업무를 위탁할 수 있다.	-최고 500만원 이하의 과태료

제24조
산업안전보건
위원회
	① 사업주는 사업장의 안전 및 보건에 관한 중요 사항을 심의·의결하기 위하여 사업장에 근로자위원과 사용자위원이 같은 수로 구성되는 산업안전보건위원회를 구성·운영하여야 한다.
	② 사업주는 다음 각 호의 사항에 대해서는 제1항에 따른 산업안전보건위원회(이하 "산업안전보건위원회"라 한다)의 심의·의결을 거쳐야 한다.
	  1. 제15조제1항제1호부터 제5호까지 및 제7호에 관한 사항
	  2. 제15조제1항제6호에 따른 사항 중 중대재해에 관한 사항
	  3. 유해하거나 위험한 기계·기구·설비를 도입한 경우 안전 및 보건 관련 조치에 관한 사항
	  4. 그 밖에 해당 사업장 근로자의 안전 및 보건을 유지·증진시키기 위하여 필요한 사항
	③ 산업안전보건위원회는 대통령령으로 정하는 바에 따라 회의를 개최하고 그 결과를 회의록으로 작성하여 보존하여야 한다.
	④ 사업주와 근로자는 제2항에 따라 산업안전보건위원회가 심의·의결한 사항을 성실하게 이행하여야 한다.
	⑤ 산업안전보건위원회는 이 법, 이 법에 따른 명령, 단체협약, 취업규칙 및 제25조에 따른 안전보건관리규정에 반하는 내용으로 심의·의결해서는 아니 된다.
	⑥ 사업주는 산업안전보건위원회의 위원에게 직무 수행과 관련한 사유로 불리한 처우를 해서는 아니 된다.
	⑦ 산업안전보건위원회를 구성하여야 할 사업의 종류 및 사업장의 상시근로자 수, 산업안전보건위원회의 구성·운영 및 의결되지 아니한 경우의 처리방법, 그 밖에 필요한 사항은 대통령령으로 정한다.
		-최고 500만원 이하의 과태료

	① 사업주는 소속 근로자에게 고용노동부령으로 정하는 바에 따라 정기적으로 안전보건교육을 하여야 한다. ② 사업주는 근로자를 채용할 때와 작업내용을 변경할 때에는 그 근로자에게 고용노동부령으로 정하는 바에 따라 해당 작업에 필요한	

산업안전보건법	주요 내용	벌칙(1차)
제29조 근로자에 대한 안전보건교육	안전보건교육을 하여야 한다. 다만, 제31조제1항에 따른 안전보건교육을 이수한 건설 일용근로자를 채용하는 경우에는 그러하지 아니하다. 〈개정 2020. 6. 9.〉 ③ 사업주는 근로자를 유해하거나 위험한 작업에 채용하거나 그 작업으로 작업내용을 변경할 때에는 제2항에 따른 안전보건교육 외에 고용노동부령으로 정하는 바에 따라 유해하거나 위험한 작업에 필요한 안전보건교육을 추가로 하여야 한다. ④ 사업주는 제1항부터 제3항까지의 규정에 따른 안전보건교육을 제33조에 따라 고용노동부장관에게 등록한 안전보건교육기관에 위탁할 수 있다.	-제29조제3항 (최고 5,000만 원 이하의 과태료) -제29조제1항·제2항(최고 500만원 이하의 과태료)
제32조 안전보건관리책임자 등에 대한 직무교육	① 사업주(제5호의 경우는 같은 호 각 목에 따른 기관의 장을 말한다)는 다음 각 호에 해당하는 사람에게 제33조에 따른 안전보건교육기관에서 직무와 관련한 안전보건교육을 이수하도록 하여야 한다. 다만, 다음 각 호에 해당하는 사람이 다른 법령에 따라 안전 및 보건에 관한 교육을 받는 등 고용노동부령으로 정하는 경우에는 안전보건교육의 전부 또는 일부를 하지 아니할 수 있다. 1. 안전보건관리책임자 2. 안전관리자 3. 보건관리자 4. 안전보건관리담당자 5. 다음 각 목의 기관에서 안전과 보건에 관련된 업무에 종사하는 사람 　가. 안전관리전문기관 　나. 보건관리전문기관 　다. 제74조에 따라 지정받은 건설재해예방전문지도기관 　라. 제96조에 따라 지정받은 안전검사기관 　마. 제100조에 따라 지정받은 자율안전검사기관 　바. 제120조에 따라 지정받은 석면조사기관 ② 제1항 각 호 외의 부분 본문에 따른 안전보건교육의 시간·내용 및 방법, 그 밖에 필요한 사항은 고용노동부령으로 정한다.	-제32조제1항 제1호부터 제4호(최고 500만 원 이하의 과태료) -제32조제1항 제1호부터 제5호(최고 300만 원 이하의 과태료)
제34조 법령 요지 등의 게시 등	□ 사업주는 이 법과 이 법에 따른 명령의 요지 및 안전보건관리규정을 각 사업장의 근로자가 쉽게 볼 수 있는 장소에 게시하거나 갖추어 두어 근로자에게 널리 알려야 한다.	-최고 500만원 이하의 과태료
제36조 위험성평가의 실시	① 사업주는 건설물, 기계·기구·설비, 원재료, 가스, 증기, 분진, 근로자의 작업행동 또는 그 밖의 업무로 인한 유해·위험 요인을 찾아내어 부상 및 질병으로 이어질 수 있는 위험성의 크기가 허용 가능한 범위인지를 평가하여야 하고, 그 결과에 따라 이 법과 이 법에 따른 명령에 따른 조치를 하여야 하며, 근로자에 대한 위험 또는 건강장해를 방지하기 위하여 필요한 경우에는 추가적인 조치를 하여야 한다. ② 사업주는 제1항에 따른 평가 시 고용노동부장관이 정하여 고시하는 바에 따라 해당 작업장의 근로자를 참여시켜야 한다.	

산업안전보건법	주요 내용	벌칙(1차)
	③ 사업주는 제1항에 따른 평가의 결과와 조치사항을 고용노동부령으로 정하는 바에 따라 기록하여 보존하여야 한다. ④ 제1항에 따른 평가의 방법, 절차 및 시기, 그 밖에 필요한 사항은 고용노동부장관이 정하여 고시한다.	
제37조 안전보건표지의 설치·부착	① 사업주는 유해하거나 위험한 장소·시설·물질에 대한 경고, 비상시에 대처하기 위한 지시·안내 또는 그 밖에 근로자의 안전 및 보건의식을 고취하기 위한 사항 등을 그림, 기호 및 글자 등으로 나타낸 표지(이하 이 조에서 "안전보건표지"라 한다)를 근로자가 쉽게 알아볼 수 있도록 설치하거나 붙여야 한다. 이 경우 「외국인근로자의 고용 등에 관한 법률」 제2조에 따른 외국인근로자(같은 조 단서에 따른 사람을 포함한다)를 사용하는 사업주는 안전보건표지를 고용노동부장관이 정하는 바에 따라 해당 외국인근로자의 모국어로 작성하여야 한다. 〈개정 2020. 5. 26.〉 ② 안전보건표지의 종류, 형태, 색채, 용도 및 설치·부착 장소, 그 밖에 필요한 사항은 고용노동부령으로 정한다.	-최고 500만원 이하의 과태료
제38조 안전조치	① 사업주는 다음 각 호의 어느 하나에 해당하는 위험으로 인한 산업재해를 예방하기 위하여 필요한 조치를 하여야 한다. 1. 기계·기구, 그 밖의 설비에 의한 위험 2. 폭발성, 발화성 및 인화성 물질 등에 의한 위험 3. 전기, 열, 그 밖의 에너지에 의한 위험 ② 사업주는 굴착, 채석, 하역, 벌목, 운송, 조작, 운반, 해체, 중량물 취급, 그 밖의 작업을 할 때 불량한 작업방법 등에 의한 위험으로 인한 산업재해를 예방하기 위하여 필요한 조치를 하여야 한다. ③ 사업주는 근로자가 다음 각 호의 어느 하나에 해당하는 장소에서 작업을 할 때 발생할 수 있는 산업재해를 예방하기 위하여 필요한 조치를 하여야 한다. 1. 근로자가 추락할 위험이 있는 장소 2. 토사·구축물 등이 붕괴할 우려가 있는 장소 3. 물체가 떨어지거나 날아올 위험이 있는 장소 4. 천재지변으로 인한 위험이 발생할 우려가 있는 장소 ④ 사업주가 제1항부터 제3항까지의 규정에 따라 하여야 하는 조치(이하 "안전조치"라 한다)에 관한 구체적인 사항은 고용노동부령으로 정한다.	-최고 7년 이하의 징역 또는 1억원 이하의 벌금
제39조 보건조치	① 사업주는 다음 각 호의 어느 하나에 해당하는 건강장해를 예방하기 위하여 필요한 조치(이하 "보건조치"라 한다)를 하여야 한다. 1. 원재료·가스·증기·분진·흄(fume, 열이나 화학반응에 의하여 형성된 고체증기가 응축되어 생긴 미세입자를 말한다)·미스트(mist, 공기 중에 떠다니는 작은 액체방울을 말한다)·산소결핍·병원체 등에 의한 건강장해 2. 방사선·유해광선·고온·저온·초음파·소음·진동·이상기압 등에 의한 건강장해 3. 사업장에서 배출되는 기체·액체 또는 찌꺼기 등에 의한 건강장해	-최고 7년 이하의 징역 또는 1억원 이하의 벌금 -유죄판결 선고 또는 200시간 수강명령 병과

산업안전보건법	주요 내용	벌칙(1차)
	4. 계측감시(計測監視), 컴퓨터 단말기 조작, 정밀공작(精密工作) 등의 작업에 의한 건강장해 5. 단순반복작업 또는 인체에 과도한 부담을 주는 작업에 의한 건강장해 6. 환기·채광·조명·보온·방습·청결 등의 적정기준을 유지하지 아니하여 발생하는 건강장해 ② 제1항에 따라 사업주가 하여야 하는 보건조치에 관한 구체적인 사항은 고용노동부령으로 정한다.	
제40조 근로자의 안전조치 및 보건조치 준수	□ 근로자는 제38조 및 제39조에 따라 사업주가 한 조치로서 고용노동부령으로 정하는 조치 사항을 지켜야 한다.	-300만원 이하의 과태료
제44조 공정안전보고서의 작성·제출	① 사업주는 사업장에 대통령령으로 정하는 유해하거나 위험한 설비가 있는 경우 그 설비로부터의 위험물질 누출, 화재 및 폭발 등으로 인하여 사업장 내의 근로자에게 즉시 피해를 주거나 사업장 인근 지역에 피해를 줄 수 있는 사고로서 대통령령으로 정하는 사고(이하 "중대산업사고"라 한다)를 예방하기 위하여 대통령령으로 정하는 바에 따라 공정안전보고서를 작성하고 고용노동부장관에게 제출하여 심사를 받아야 한다. 이 경우 공정안전보고서의 내용이 중대산업사고를 예방하기 위하여 적합하다고 통보받기 전에는 관련된 유해하거나 위험한 설비를 가동해서는 아니 된다. ② 사업주는 제1항에 따라 공정안전보고서를 작성할 때 산업안전보건위원회의 심의를 거쳐야 한다. 다만, 산업안전보건위원회가 설치되어 있지 아니한 사업장의 경우에는 근로자대표의 의견을 들어야 한다.	-제44조제1항 후단(3년 이하의 징역 또는 3,000만원 이하의 벌금) -제44조제1항 전단(1,000만원 이하의 과태료) -제44조제2항 (500만원 이하의 과태료)
제45조 공정안전보고서의 심사 등	① 고용노동부장관은 공정안전보고서를 고용노동부령으로 정하는 바에 따라 심사하여 그 결과를 사업주에게 서면으로 알려 주어야 한다. 이 경우 근로자의 안전 및 보건의 유지·증진을 위하여 필요하다고 인정하는 경우에는 그 공정안전보고서의 변경을 명할 수 있다. ② 사업주는 제1항에 따라 심사를 받은 공정안전보고서를 사업장에 갖추어 두어야 한다.	-제45조제1항 후단(3년 이하의 징역 또는 3,000만원 이하의 벌금) -제45조제2항 전단(1,000만원 이하의 과태료)
제46조 공정안전보고서의 이행 등	① 사업주와 근로자는 제45조제1항에 따라 심사를 받은 공정안전보고서(이 조 제3항에 따라 보완한 공정안전보고서를 포함한다)의 내용을 지켜야 한다. ② 사업주는 제45조제1항에 따라 심사를 받은 공정안전보고서의 내용을 실제로 이행하고 있는지 여부에 대하여 고용노동부령으로 정하는 바에 따라 고용노동부장관의 확인을 받아야 한다. ③ 사업주는 제45조제1항에 따라 심사를 받은 공정안전보고서의 내용을 변경하여야 할 사유가 발생한 경우에는 지체 없이 그 내용을	-제46조제5항(3년 이하의 징역 또는 3,000만원 이하의 벌금)

산업안전보건법	주요 내용	벌칙(1차)
	보완하여야 한다. ④ 고용노동부장관은 고용노동부령으로 정하는 바에 따라 공정안전보고서의 이행 상태를 정기적으로 평가할 수 있다. ⑤ 고용노동부장관은 제4항에 따른 평가 결과 제3항에 따른 보완 상태가 불량한 사업장의 사업주에게는 공정안전보고서의 변경을 명할 수 있으며, 이에 따르지 아니하는 경우 공정안전보고서를 다시 제출하도록 명할 수 있다.	-제46조제1항 (1,000만원 이하의 과태료) -제46조제2항 (300만원 이하의 과태료)
제47조 안전보건진단	① 고용노동부장관은 추락·붕괴, 화재·폭발, 유해하거나 위험한 물질의 누출 등 산업재해 발생의 위험이 현저히 높은 사업장의 사업주에게 제48조에 따라 지정받은 기관(이하 "안전보건진단기관"이라 한다)이 실시하는 안전보건진단을 받을 것을 명할 수 있다. ② 사업주는 제1항에 따라 안전보건진단 명령을 받은 경우 고용노동부령으로 정하는 바에 따라 안전보건진단기관에 안전보건진단을 의뢰하여야 한다. ③ 사업주는 안전보건진단기관이 제2항에 따라 실시하는 안전보건진단에 적극 협조하여야 하며, 정당한 사유 없이 이를 거부하거나 방해 또는 기피해서는 아니 된다. 이 경우 근로자대표가 요구할 때에는 해당 안전보건진단에 근로자대표를 참여시켜야 한다. ④ 안전보건진단기관은 제2항에 따라 안전보건진단을 실시한 경우에는 안전보건진단 결과보고서를 고용노동부령으로 정하는 바에 따라 해당 사업장의 사업주 및 고용노동부장관에게 제출하여야 한다. ⑤ 안전보건진단의 종류 및 내용, 안전보건진단 결과보고서에 포함될 사항, 그 밖에 필요한 사항은 대통령령으로 정한다.	-제47조제3항 전단(1,500만원 이하의 과태료) -제47조제1항 (1,000만원 이하의 과태료)
제49조 안전보건개선계획의 수립·시행명령	① 고용노동부장관은 다음 각 호의 어느 하나에 해당하는 사업장으로서 산업재해 예방을 위하여 종합적인 개선조치를 할 필요가 있다고 인정되는 사업장의 사업주에게 고용노동부령으로 정하는 바에 따라 그 사업장, 시설, 그 밖의 사항에 관한 안전 및 보건에 관한 개선계획(이하 "안전보건개선계획"이라 한다)을 수립하여 시행할 것을 명할 수 있다. 이 경우 대통령령으로 정하는 사업장의 사업주에게는 제47조에 따라 안전보건진단을 받아 안전보건개선계획을 수립하여 시행할 것을 명할 수 있다. 1. 산업재해율이 같은 업종의 규모별 평균 산업재해율보다 높은 사업장 2. 사업주가 필요한 안전조치 또는 보건조치를 이행하지 아니하여 중대재해가 발생한 사업장 3. 대통령령으로 정하는 수 이상의 직업성 질병자가 발생한 사업장 4. 제106조에 따른 유해인자의 노출기준을 초과한 사업장 ② 사업주는 안전보건개선계획을 수립할 때에는 산업안전보건위원회의 심의를 거쳐야 한다. 다만, 산업안전보건위원회가 설치되어 있지 아니한 사업장의 경우에는 근로자대표의 의견을 들어야 한다.	-제49조제1항 (1,000만원 이하의 과태료) -제49조제2항 (500만원 이하의 과태료)

산업안전보건법	주요 내용	벌칙(1차)
제50조 안전보건개선 계획의 제출 등	① 제49조제1항에 따라 안전보건개선계획의 수립·시행 명령을 받은 사업주는 고용노동부령으로 정하는 바에 따라 안전보건개선계획서를 작성하여 고용노동부장관에게 제출하여야 한다. ② 고용노동부장관은 제1항에 따라 제출받은 안전보건개선계획서를 고용노동부령으로 정하는 바에 따라 심사하여 그 결과를 사업주에게 서면으로 알려 주어야 한다. 이 경우 고용노동부장관은 근로자의 안전 및 보건의 유지·증진을 위하여 필요하다고 인정하는 경우 해당 안전보건개선계획서의 보완을 명할 수 있다. ③ 사업주와 근로자는 제2항 전단에 따라 심사를 받은 안전보건개선계획서(같은 항 후단에 따라 보완한 안전보건개선계획서를 포함한다)를 준수하여야 한다.	-제50조제3항 (500만원 이하의 과태료)
제51조 사업주의 작업중지	사업주는 산업재해가 발생할 급박한 위험이 있을 때에는 즉시 작업을 중지시키고 근로자를 작업장소에서 대피시키는 등 안전 및 보건에 관하여 필요한 조치를 하여야 한다.	-5년 이하의 징역 또는 5,000만원 이하의 벌금
제53조 고용노동부장관의 시정조치 등	① 고용노동부장관은 사업주가 사업장의 건설물 또는 그 부속건설물 및 기계·기구·설비·원재료(이하 "기계·설비등"이라 한다)에 대하여 안전 및 보건에 관하여 고용노동부령으로 정하는 필요한 조치를 하지 아니하여 근로자에게 현저한 유해·위험이 초래될 우려가 있다고 판단될 때에는 해당 기계·설비등에 대하여 사용중지·대체·제거 또는 시설의 개선, 그 밖에 안전 및 보건에 관하여 고용노동부령으로 정하는 필요한 조치(이하 "시정조치"라 한다)를 명할 수 있다. ② 제1항에 따라 시정조치 명령을 받은 사업주는 해당 기계·설비등에 대하여 시정조치를 완료할 때까지 시정조치 명령 사항을 사업장 내에 근로자가 쉽게 볼 수 있는 장소에 게시하여야 한다. ③ 고용노동부장관은 사업주가 해당 기계·설비등에 대한 시정조치 명령을 이행하지 아니하여 유해·위험 상태가 해소 또는 개선되지 아니하거나 근로자에 대한 유해·위험이 현저히 높아질 우려가 있는 경우에는 해당 기계·설비등과 관련된 작업의 전부 또는 일부의 중지를 명할 수 있다. ④ 제1항에 따른 사용중지 명령 또는 제3항에 따른 작업중지 명령을 받은 사업주는 그 시정조치를 완료한 경우에는 고용노동부장관에게 제1항에 따른 사용중지 또는 제3항에 따른 작업중지의 해제를 요청할 수 있다. ⑤ 고용노동부장관은 제4항에 따른 해제 요청에 대하여 시정조치가 완료되었다고 판단될 때에는 제1항에 따른 사용중지 또는 제3항에 따른 작업중지를 해제하여야 한다.	-제53조제1항(3년 이하의 징역 또는 3,000만원 이하의 벌금) -제53조제2항 (500만원 이하의 과태료)
제54조 중대재해 발생 시 사업주의 조치	① 사업주는 중대재해가 발생하였을 때에는 즉시 해당 작업을 중지시키고 근로자를 작업장소에서 대피시키는 등 안전 및 보건에 관하여 필요한 조치를 하여야 한다. ② 사업주는 중대재해가 발생한 사실을 알게 된 경우에는 고용노동부령으로 정하는 바에 따라 지체 없이 고용노동부장관에게 보고하여야 한다. 다만, 천재지변 등 부득이한 사유가 발생한 경우에는 그 사유가 소멸되면 지체 없이 보고하여야 한다.	-제54조제1항(5년 이하의 징역 또는 5,000만원 이하의 벌금) -제54조제2항 미보고 또는 허위보고(5000만원 이하의 과태료)

산업안전보건법	주요 내용	벌칙(1차)
제55조 중대재해 발생 시 고용노동부장관의 작업중지 조치	① 고용노동부장관은 중대재해가 발생하였을 때 다음 각 호의 어느 하나에 해당하는 작업으로 인하여 해당 사업장에 산업재해가 다시 발생할 급박한 위험이 있다고 판단되는 경우에는 그 작업의 중지를 명할 수 있다. 　1. 중대재해가 발생한 해당 작업 　2. 중대재해가 발생한 작업과 동일한 작업 ② 고용노동부장관은 토사·구축물의 붕괴, 화재·폭발, 유해하거나 위험한 물질의 누출 등으로 인하여 중대재해가 발생하여 그 재해가 발생한 장소 주변으로 산업재해가 확산될 수 있다고 판단되는 등 불가피한 경우에는 해당 사업장의 작업을 중지할 수 있다. ③ 고용노동부장관은 사업주가 제1항 또는 제2항에 따른 작업중지의 해제를 요청한 경우에는 작업중지 해제에 관한 전문가 등으로 구성된 심의위원회의 심의를 거쳐 고용노동부령으로 정하는 바에 따라 제1항 또는 제2항에 따른 작업중지를 해제하여야 한다. ④ 제3항에 따른 작업중지 해제의 요청 절차 및 방법, 심의위원회의 구성·운영, 그 밖에 필요한 사항은 고용노동부령으로 정한다.	-제55조제1항(5년 이하의 징역 또는 5,000만원 이하의 벌금)
제56조 중대재해 원인 조사 등	① 고용노동부장관은 중대재해가 발생하였을 때에는 그 원인 규명 또는 산업재해 예방대책 수립을 위하여 그 발생 원인을 조사할 수 있다. ② 고용노동부장관은 중대재해가 발생한 사업장의 사업주에게 안전보건개선계획의 수립·시행, 그 밖에 필요한 조치를 명할 수 있다. ③ 누구든지 중대재해 발생 현장을 훼손하거나 제1항에 따른 고용노동부장관의 원인조사를 방해해서는 아니 된다. ④ 중대재해가 발생한 사업장에 대한 원인조사의 내용 및 절차, 그 밖에 필요한 사항은 고용노동부령으로 정한다.	-제56조제3항(1년 이하의 징역 또는 1,000만원 이하의 벌금)
제57조 산업재해 발생 은폐 금지 및 보고 등	① 사업주는 산업재해가 발생하였을 때에는 그 발생 사실을 은폐해서는 아니 된다. ② 사업주는 고용노동부령으로 정하는 바에 따라 산업재해의 발생 원인 등을 기록하여 보존하여야 한다. ③ 사업주는 고용노동부령으로 정하는 산업재해에 대해서는 그 발생 개요·원인 및 보고 시기, 재발방지 계획 등을 고용노동부령으로 정하는 바에 따라 고용노동부장관에게 보고하여야 한다.	-제57조제1항(1년 이하의 징역 또는 1,000만원 이하의 벌금) -제57조제3항 미보고 또는 허위보고 (1,500만원 이하의 과태료)
제58조 유해한 작업의 도급금지	① 사업주는 근로자의 안전 및 보건에 유해하거나 위험한 작업으로서 다음 각 호의 어느 하나에 해당하는 작업을 도급하여 자신의 사업장에서 수급인의 근로자가 그 작업을 하도록 해서는 아니 된다. 　1. 도금작업 　2. 수은, 납 또는 카드뮴을 제련, 주입, 가공 및 가열하는 작업 　3. 제118조제1항에 따른 허가대상물질을 제조하거나 사용하는 작업 ② 사업주는 제1항에도 불구하고 다음 각 호의 어느 하나에 해당하는 경우에는 제1항 각 호에 따른 작업을 도급하여 자신의 사업장에서	-제58조제1항 또는 제58조제2항제2호(10억원 이하의 과징금)

산업안전보건법	주요 내용	벌칙(1차)
	수급인의 근로자가 그 작업을 하도록 할 수 있다. 1. 일시·간헐적으로 하는 작업을 도급하는 경우 2. 수급인이 보유한 기술이 전문적이고 사업주(수급인에게 도급을 한 도급인으로서의 사업주를 말한다)의 사업 운영에 필수 불가결한 경우로서 고용노동부장관의 승인을 받은 경우 ③ 사업주는 제2항제2호에 따라 고용노동부장관의 승인을 받으려는 경우에는 고용노동부령으로 정하는 바에 따라 고용노동부장관이 실시하는 안전 및 보건에 관한 평가를 받아야 한다. ④ 제2항제2호에 따른 승인의 유효기간은 3년의 범위에서 정한다. ⑤ 고용노동부장관은 제4항에 따른 유효기간이 만료되는 경우에 사업주가 유효기간의 연장을 신청하면 승인의 유효기간이 만료되는 날의 다음 날부터 3년의 범위에서 고용노동부령으로 정하는 바에 따라 그 기간의 연장을 승인할 수 있다. 이 경우 사업주는 제3항에 따른 안전 및 보건에 관한 평가를 받아야 한다. ⑥ 사업주는 제2항제2호 또는 제5항에 따라 승인을 받은 사항 중 고용노동부령으로 정하는 사항을 변경하려는 경우에는 고용노동부령으로 정하는 바에 따라 변경에 대한 승인을 받아야 한다. ⑦ 고용노동부장관은 제2항제2호, 제5항 또는 제6항에 따라 승인, 연장승인 또는 변경승인을 받은 자가 제8항에 따른 기준에 미달하게 된 경우에는 승인, 연장승인 또는 변경승인을 취소하여야 한다. ⑧ 제2항제2호, 제5항 또는 제6항에 따른 승인, 연장승인 또는 변경승인의 기준·절차 및 방법, 그 밖에 필요한 사항은 고용노동부령으로 정한다.	-제58조제3항 또는 제58조제5항후단 허위 또는 부정한 방법 수행 시(3년 이하의 징역 또는 3,000만원 이하의 벌금
제59조 도급의 승인	① 사업주는 자신의 사업장에서 안전 및 보건에 유해하거나 위험한 작업 중 급성 독성, 피부 부식성 등이 있는 물질의 취급 등 대통령령으로 정하는 작업을 도급하려는 경우에는 고용노동부장관의 승인을 받아야 한다. 이 경우 사업주는 고용노동부령으로 정하는 바에 따라 안전 및 보건에 관한 평가를 받아야 한다. ② 제1항에 따른 승인에 관하여는 제58조제4항부터 제8항까지의 규정을 준용한다.	-제59조제1항 (10억원 이하의 과징금)
제60조 도급의 승인 시 하도급 금지	제58조제2항제2호에 따른 승인, 같은 조 제5항 또는 제6항(제59조제2항에 따라 준용되는 경우를 포함한다)에 따른 연장승인 또는 변경승인 및 제59조제1항에 따른 승인을 받은 작업을 도급받은 수급인은 그 작업을 하도급할 수 없다.	-10억원 이하의 과징금
제61조 적격 수급인 선정 의무	사업주는 산업재해 예방을 위한 조치를 할 수 있는 능력을 갖춘 사업주에게 도급하여야 한다.	
제63조 도급인의 안전조치 및 보건조치	도급인은 관계수급인 근로자가 도급인의 사업장에서 작업을 하는 경우에 자신의 근로자와 관계수급인 근로자의 산업재해를 예방하기 위하여 안전 및 보건 시설의 설치 등 필요한 안전조치 및 보건조치를 하여야 한다. 다만, 보호구 착용의 지시 등 관계수급인 근로자의 작업행동에 관한 직접적인 조치는 제외한다.	-사망에 이르게 한 자 : 7년 이하의 징역 또는 1억원 이하의 벌금

산업안전보건법	주요 내용	벌칙(1차)
		-위반자 : 3년 이하의 징역 또는 3,000만원 이하의 벌금
제64조 도급에 따른 산업재해 예방조치	① 도급인은 관계수급인 근로자가 도급인의 사업장에서 작업을 하는 경우 다음 각 호의 사항을 이행하여야 한다. 〈개정 2021. 5. 18.〉 　1. 도급인과 수급인을 구성원으로 하는 안전 및 보건에 관한 협의체의 구성 및 운영 　2. 작업장 순회점검 　3. 관계수급인이 근로자에게 하는 제29조제1항부터 제3항까지의 규정에 따른 안전보건교육을 위한 장소 및 자료의 제공 등 지원 　4. 관계수급인이 근로자에게 하는 제29조제3항에 따른 안전보건교육의 실시 확인 　5. 다음 각 목의 어느 하나의 경우에 대비한 경보체계 운영과 대피방법 등 훈련 　　가. 작업 장소에서 발파작업을 하는 경우 　　나. 작업 장소에서 화재·폭발, 토사·구축물 등의 붕괴 또는 지진 등이 발생한 경우 　6. 위생시설 등 고용노동부령으로 정하는 시설의 설치 등을 위하여 필요한 장소의 제공 또는 도급인이 설치한 위생시설 이용의 협조 　7. 같은 장소에서 이루어지는 도급인과 관계수급인 등의 작업에 있어서 관계수급인 등의 작업시기·내용, 안전조치 및 보건조치 등의 확인 　8. 제7호에 따른 확인 결과 관계수급인 등의 작업 혼재로 인하여 화재·폭발 등 대통령령으로 정하는 위험이 발생할 우려가 있는 경우 관계수급인 등의 작업시기·내용 등의 조정 ② 제1항에 따른 도급인은 고용노동부령으로 정하는 바에 따라 자신의 근로자 및 관계수급인 근로자와 함께 정기적으로 또는 수시로 작업장의 안전 및 보건에 관한 점검을 하여야 한다. ③ 제1항에 따른 안전 및 보건에 관한 협의체 구성 및 운영, 작업장 순회점검, 안전보건교육 지원, 그 밖에 필요한 사항은 고용노동부령으로 정한다.	-제64조제1항제1호부터 제5호까지, 재7호, 제8호 또는 같은 조 제2항을 위반(500만원 이하의 벌금)
제65조 도급인의 안전 및 보건에 관한 정보제공 등	① 다음 각 호의 작업을 도급하는 자는 그 작업을 수행하는 수급인 근로자의 산업재해를 예방하기 위하여 고용노동부령으로 정하는 바에 따라 해당 작업 시작 전에 수급인에게 안전 및 보건에 관한 정보를 문서로 제공하여야 한다. 〈개정 2020. 5. 26.〉 　1. 폭발성·발화성·인화성·독성 등의 유해성·위험성이 있는 화학물질 중 고용노동부령으로 정하는 화학물질 또는 그 화학물질을 포함한 혼합물을 제조·사용·운반 또는 저장하는 반응기·증류탑·배관 또는 저장탱크로서 고용노동부령으로 정하는 설비를 개조·분해·해체 또는 철거하는 작업 　2. 제1호에 따른 설비의 내부에서 이루어지는 작업	-제65조제1항(1년 이하의 징역 또는 1,000만 원 이하의 벌금)

산업안전보건법	주요 내용	벌칙(1차)
	3. 질식 또는 붕괴의 위험이 있는 작업으로서 대통령령으로 정하는 작업 ② 도급인이 제1항에 따라 안전 및 보건에 관한 정보를 해당 작업 시작 전까지 제공하지 아니한 경우에는 수급인이 정보 제공을 요청할 수 있다. ③ 도급인은 수급인이 제1항에 따라 제공받은 안전 및 보건에 관한 정보에 따라 필요한 안전조치 및 보건조치를 하였는지를 확인하여야 한다. ④ 수급인은 제2항에 따른 요청에도 불구하고 도급인이 정보를 제공하지 아니하는 경우에는 해당 도급 작업을 하지 아니할 수 있다. 이 경우 수급인은 계약의 이행 지체에 따른 책임을 지지 아니한다.	
제66조 도급인의 관계 수급인에 대한 시정조치	① 도급인은 관계수급인 근로자가 도급인의 사업장에서 작업을 하는 경우에 관계수급인 또는 관계수급인 근로자가 도급받은 작업과 관련하여 이 법 또는 이 법에 따른 명령을 위반하면 관계수급인에게 그 위반행위를 시정하도록 필요한 조치를 할 수 있다. 이 경우 관계수급인은 정당한 사유가 없으면 그 조치에 따라야 한다. ② 도급인은 제65조제1항 각 호의 작업을 도급하는 경우에 수급인 또는 수급인 근로자가 도급받은 작업과 관련하여 이 법 또는 이 법에 따른 명령을 위반하면 수급인에게 그 위반행위를 시정하도록 필요한 조치를 할 수 있다. 이 경우 수급인은 정당한 사유가 없으면 그 조치에 따라야 한다.	-500만원 이하의 과태료
제77조 특수형태근로 종사자에 대한 안전조치 및 보건조치 등	① 계약의 형식에 관계없이 근로자와 유사하게 노무를 제공하여 업무상의 재해로부터 보호할 필요가 있음에도 「근로기준법」 등이 적용되지 아니하는 사람으로서 다음 각 호의 요건을 모두 충족하는 사람(이하 "특수형태근로종사자"라 한다)의 노무를 제공받는 자는 특수형태근로종사자의 산업재해 예방을 위하여 필요한 안전조치 및 보건조치를 하여야 한다. 〈개정 2020. 5. 26.〉 1. 대통령령으로 정하는 직종에 종사할 것 2. 주로 하나의 사업에 노무를 상시적으로 제공하고 보수를 받아 생활할 것 3. 노무를 제공할 때 타인을 사용하지 아니할 것 ② 대통령령으로 정하는 특수형태근로종사자로부터 노무를 제공받는 자는 고용노동부령으로 정하는 바에 따라 안전 및 보건에 관한 교육을 실시하여야 한다. ③ 정부는 특수형태근로종사자의 안전 및 보건의 유지·증진에 사용하는 비용의 일부 또는 전부를 지원할 수 있다.	-제77조제1항 (1,000만원 이하의 과태료)
제80조 유해하거나 위험한 기계 ·기구에 대한 방호조치	① 누구든지 동력(動力)으로 작동하는 기계·기구로서 대통령령으로 정하는 것은 고용노동부령으로 정하는 유해·위험 방지를 위한 방호조치를 하지 아니하고는 양도, 대여, 설치 또는 사용에 제공하거나 양도·대여의 목적으로 진열해서는 아니 된다. ② 누구든지 동력으로 작동하는 기계·기구로서 다음 각 호의 어느 하나에 해당하는 것은 고용노동부령으로 정하는 방호조치를 하지 아	제80조제1항· 제2항·제4항 (1년 이하의 징역 또는 1,000만원 이하의 벌금)

산업안전보건법	주요 내용	벌칙(1차)
	니하고는 양도, 대여, 설치 또는 사용에 제공하거나 양도·대여의 목적으로 진열해서는 아니 된다. 1. 작동 부분에 돌기 부분이 있는 것 2. 동력전달 부분 또는 속도조절 부분이 있는 것 3. 회전기계에 물체 등이 말려 들어갈 부분이 있는 것 ③ 사업주는 제1항 및 제2항에 따른 방호조치가 정상적인 기능을 발휘할 수 있도록 방호조치와 관련되는 장치를 상시적으로 점검하고 정비하여야 한다. ④ 사업주와 근로자는 제1항 및 제2항에 따른 방호조치를 해체하려는 경우 등 고용노동부령으로 정하는 경우에는 필요한 안전조치 및 보건조치를 하여야 한다.	
제83조 안전인증기준	① 고용노동부장관은 유해하거나 위험한 기계·기구·설비 및 방호장치·보호구(이하 "유해·위험기계등"이라 한다)의 안전성을 평가하기 위하여 그 안전에 관한 성능과 제조자의 기술 능력 및 생산 체계 등에 관한 기준(이하 "안전인증기준"이라 한다)을 정하여 고시하여야 한다. ② 안전인증기준은 유해·위험기계등의 종류별, 규격 및 형식별로 정할 수 있다.	
제84조 안전인증	① 유해·위험기계등 중 근로자의 안전 및 보건에 위해(危害)를 미칠 수 있다고 인정되어 대통령령으로 정하는 것(이하 "안전인증대상기계등"이라 한다)을 제조하거나 수입하는 자(고용노동부령으로 정하는 안전인증대상기계등을 설치·이전하거나 주요 구조 부분을 변경하는 자를 포함한다. 이하 이 조 및 제85조부터 제87조까지의 규정에서 같다)는 안전인증대상기계등이 안전인증기준에 맞는지에 대하여 고용노동부장관이 실시하는 안전인증을 받아야 한다. ② 고용노동부장관은 다음 각 호의 어느 하나에 해당하는 경우에는 고용노동부령으로 정하는 바에 따라 제1항에 따른 안전인증의 전부 또는 일부를 면제할 수 있다. 1. 연구·개발을 목적으로 제조·수입하거나 수출을 목적으로 제조하는 경우 2. 고용노동부장관이 정하여 고시하는 외국의 안전인증기관에서 인증을 받은 경우 3. 다른 법령에 따라 안전성에 관한 검사나 인증을 받은 경우로서 고용노동부령으로 정하는 경우 ③ 안전인증대상기계등이 아닌 유해·위험기계등을 제조하거나 수입하는 자가 그 유해·위험기계등의 안전에 관한 성능 등을 평가받으려면 고용노동부장관에게 안전인증을 신청할 수 있다. 이 경우 고용노동부장관은 안전인증기준에 따라 안전인증을 할 수 있다. ④ 고용노동부장관은 제1항 및 제3항에 따른 안전인증(이하 "안전인증"이라 한다)을 받은 자가 안전인증기준을 지키고 있는지를 3년 이하의 범위에서 고용노동부령으로 정하는 주기마다 확인하여야 한다. 다만, 제2항에 따라 안전인증의 일부를 면제받은 경우에는 고용노동부령으로 정하는 바에 따라 확인의 전부 또는 일부를 생	-제84조제1항(3년 이하의 징역 또는 3,000만원 이하의 벌금) -제84조 제1항 및 제3항에 따른 업무를 위탁받은 자가 허위 또는 부정한 방법으로 수행 시(3년 이하의 징역 또는 3,000만원 이하의 벌금) -제84조제6항 (300만원 이하의 과태료)

산업안전보건법	주요 내용	벌칙(1차)
	략할 수 있다. ⑤ 제1항에 따라 안전인증을 받은 자는 안전인증을 받은 안전인증대상기계등에 대하여 고용노동부령으로 정하는 바에 따라 제품명·모델명·제조수량·판매수량 및 판매처 현황 등의 사항을 기록하여 보존하여야 한다. ⑥ 고용노동부장관은 근로자의 안전 및 보건에 필요하다고 인정하는 경우 안전인증대상기계등을 제조·수입 또는 판매하는 자에게 고용노동부령으로 정하는 바에 따라 해당 안전인증대상기계등의 제조·수입 또는 판매에 관한 자료를 공단에 제출하게 할 수 있다. ⑦ 안전인증의 신청 방법·절차, 제4항에 따른 확인의 방법·절차, 그 밖에 필요한 사항은 고용노동부령으로 정한다.	
제85조 안전인증의 표시 등	① 안전인증을 받은 자는 안전인증을 받은 유해·위험기계등이나 이를 담은 용기 또는 포장에 고용노동부령으로 정하는 바에 따라 안전인증의 표시(이하 "안전인증표시"라 한다)를 하여야 한다. ② 안전인증을 받은 유해·위험기계등이 아닌 것은 안전인증표시 또는 이와 유사한 표시를 하거나 안전인증에 관한 광고를 해서는 아니 된다. ③ 안전인증을 받은 유해·위험기계등을 제조·수입·양도·대여하는 자는 안전인증표시를 임의로 변경하거나 제거해서는 아니 된다. ④ 고용노동부장관은 다음 각 호의 어느 하나에 해당하는 경우에는 안전인증표시나 이와 유사한 표시를 제거할 것을 명하여야 한다. 1. 제2항을 위반하여 안전인증표시나 이와 유사한 표시를 한 경우 2. 제86조제1항에 따라 안전인증이 취소되거나 안전인증표시의 사용 금지 명령을 받은 경우	-제85조제2항·제3항·제4항 (1년 이하의 징역 또는 1천만원 이하의 벌금) -제85조제1항 (1,000만원 이하의 과태료)
제93조 안전검사	① 유해하거나 위험한 기계·기구·설비로서 대통령령으로 정하는 것(이하 "안전검사대상기계등"이라 한다)을 사용하는 사업주(근로자를 사용하지 아니하고 사업을 하는 자를 포함한다. 이하 이 조, 제94조, 제95조 및 제98조에서 같다)는 안전검사대상기계등의 안전에 관한 성능이 고용노동부장관이 정하여 고시하는 검사기준에 맞는지에 대하여 고용노동부장관이 실시하는 검사(이하 "안전검사"라 한다)를 받아야 한다. 이 경우 안전검사대상기계등을 사용하는 사업주와 소유자가 다른 경우에는 안전검사대상기계등의 소유자가 안전검사를 받아야 한다. ② 제1항에도 불구하고 안전검사대상기계등이 다른 법령에 따라 안전성에 관한 검사나 인증을 받은 경우로서 고용노동부령으로 정하는 경우에는 안전검사를 면제할 수 있다. ③ 안전검사의 신청, 검사 주기 및 검사합격 표시방법, 그 밖에 필요한 사항은 고용노동부령으로 정한다. 이 경우 검사 주기는 안전검사대상기계등의 종류, 사용연한(使用年限) 및 위험성을 고려하여 정한다.	-제93조제1항의 업무를 위탁받은 자가 허위 또는 부정한 방법으로 수행 시(3년 이하의 징역 또는 3,000만원 이하의 벌금) -제93조제1항전단(1,000만원 이하의 과태료)

산업안전보건법	주요 내용	벌칙(1차)
제110조 물질안전보건 자료의 작성 및 제출	① 화학물질 또는 이를 포함한 혼합물로서 제104조에 따른 분류기준에 해당하는 것(대통령령으로 정하는 것은 제외한다. 이하 "물질안전보건자료대상물질"이라 한다)을 제조하거나 수입하려는 자는 다음 각 호의 사항을 적은 자료(이하 "물질안전보건자료"라 한다)를 고용노동부령으로 정하는 바에 따라 작성하여 고용노동부장관에게 제출하여야 한다. 이 경우 고용노동부장관은 고용노동부령으로 물질안전보건자료의 기재 사항이나 작성 방법을 정할 때 「화학물질관리법」 및 「화학물질의 등록 및 평가 등에 관한 법률」과 관련된 사항에 대해서는 환경부장관과 협의하여야 한다. 〈개정 2020. 5. 26.〉 1. 제품명 2. 물질안전보건자료대상물질을 구성하는 화학물질 중 제104조에 따른 분류기준에 해당하는 화학물질의 명칭 및 함유량 3. 안전 및 보건상의 취급 주의 사항 4. 건강 및 환경에 대한 유해성, 물리적 위험성 5. 물리·화학적 특성 등 고용노동부령으로 정하는 사항 ② 물질안전보건자료대상물질을 제조하거나 수입하려는 자는 물질안전보건자료대상물질을 구성하는 화학물질 중 제104조에 따른 분류기준에 해당하지 아니하는 화학물질의 명칭 및 함유량을 고용노동부장관에게 별도로 제출하여야 한다. 다만, 다음 각 호의 어느 하나에 해당하는 경우는 그러하지 아니하다. 1. 제1항에 따라 제출된 물질안전보건자료에 이 항 각 호 외의 부분 본문에 따른 화학물질의 명칭 및 함유량이 전부 포함된 경우 2. 물질안전보건자료대상물질을 수입하려는 자가 물질안전보건자료대상물질을 국외에서 제조하여 우리나라로 수출하려는 자(이하 "국외제조자"라 한다)로부터 물질안전보건자료에 적힌 화학물질 외에는 제104조에 따른 분류기준에 해당하는 화학물질이 없음을 확인하는 내용의 서류를 받아 제출한 경우 ③ 물질안전보건자료대상물질을 제조하거나 수입한 자는 제1항 각 호에 따른 사항 중 고용노동부령으로 정하는 사항이 변경된 경우 그 변경 사항을 반영한 물질안전보건자료를 고용노동부장관에게 제출하여야 한다. ④ 제1항부터 제3항까지의 규정에 따른 물질안전보건자료 등의 제출 방법·시기, 그 밖에 필요한 사항은 고용노동부령으로 정한다.	-제110조제1항부터 제3항(500만원 이하의 과태료) -제110조제2항제2호 관련 허위서류 제출자(500만원 이하의 과태료)
제111조 물질안전보건 자료의 제공	① 물질안전보건자료대상물질을 양도하거나 제공하는 자는 이를 양도받거나 제공받는 자에게 물질안전보건자료를 제공하여야 한다. ② 물질안전보건자료대상물질을 제조하거나 수입한 자는 이를 양도받거나 제공받은 자에게 제110조제3항에 따라 변경된 물질안전보건자료를 제공하여야 한다. ③ 물질안전보건자료대상물질을 양도하거나 제공한 자(물질안전보건자료대상물질을 제조하거나 수입한 자는 제외한다)는 제110조제3항에 따른 물질안전보건자료를 제공받은 경우 이를 물질안전보건자료대상물질을 양도받거나 제공받은 자에게 제공하여야 한다. ④ 제1항부터 제3항까지의 규정에 따른 물질안전보건자료 또는 변경된 물질안전보건자료의 제공방법 및 내용, 그 밖에 필요한 사항은 고용노동부령으로 정한다.	-제111조제1항(500만원 이하의 과태료) -제111조제2항 또는 제3항(300만원 이하의 과태료)

산업안전보건법	주요 내용	벌칙(1차)
제112조 물질안전보건자료의 일부 비공개 승인 등	① 제110조제1항에도 불구하고 영업비밀과 관련되어 같은 항 제2호에 따른 화학물질의 명칭 및 함유량을 물질안전보건자료에 적지 아니하려는 자는 고용노동부령으로 정하는 바에 따라 고용노동부장관에게 신청하여 승인을 받아 해당 화학물질의 명칭 및 함유량을 대체할 수 있는 명칭 및 함유량(이하 "대체자료"라 한다)으로 적을 수 있다. 다만, 근로자에게 중대한 건강장해를 초래할 우려가 있는 화학물질로서 「산업재해보상보험법」 제8조제1항에 따른 산업재해보상보험및예방심의위원회의 심의를 거쳐 고용노동부장관이 고시하는 것은 그러하지 아니하다. ② 고용노동부장관은 제1항 본문에 따른 승인 신청을 받은 경우 고용노동부령으로 정하는 바에 따라 화학물질의 명칭 및 함유량의 대체 필요성, 대체자료의 적합성 및 물질안전보건자료의 적정성 등을 검토하여 승인 여부를 결정하고 신청인에게 그 결과를 통보하여야 한다. ③ 고용노동부장관은 제2항에 따른 승인에 관한 기준을 「산업재해보상보험법」 제8조제1항에 따른 산업재해보상보험및예방심의위원회의 심의를 거쳐 정한다. ④ 제1항에 따른 승인의 유효기간은 승인을 받은 날부터 5년으로 한다. ⑤ 고용노동부장관은 제4항에 따른 유효기간이 만료되는 경우에도 계속하여 대체자료로 적으려는 자가 그 유효기간의 연장승인을 신청하면 유효기간이 만료되는 다음 날부터 5년 단위로 그 기간을 계속하여 연장승인할 수 있다. ⑥ 신청인은 제1항 또는 제5항에 따른 승인 또는 연장승인에 관한 결과에 대하여 고용노동부령으로 정하는 바에 따라 고용노동부장관에게 이의신청을 할 수 있다. ⑦ 고용노동부장관은 제6항에 따른 이의신청에 대하여 고용노동부령으로 정하는 바에 따라 승인 또는 연장승인 여부를 결정하고 그 결과를 신청인에게 통보하여야 한다. ⑧ 고용노동부장관은 다음 각 호의 어느 하나에 해당하는 경우에는 제1항, 제5항 또는 제7항에 따른 승인 또는 연장승인을 취소할 수 있다. 다만, 제1호의 경우에는 그 승인 또는 연장승인을 취소하여야 한다. 　1. 거짓이나 그 밖의 부정한 방법으로 제1항, 제5항 또는 제7항에 따른 승인 또는 연장승인을 받은 경우 　2. 제1항, 제5항 또는 제7항에 따른 승인 또는 연장승인을 받은 화학물질이 제1항 단서에 따른 화학물질에 해당하게 된 경우 ⑨ 제5항에 따른 연장승인과 제8항에 따른 승인 또는 연장승인의 취소 절차 및 방법, 그 밖에 필요한 사항은 고용노동부령으로 정한다. ⑩ 다음 각 호의 어느 하나에 해당하는 자는 근로자의 안전 및 보건을 유지하거나 직업성 질환 발생 원인을 규명하기 위하여 근로자에게 중대한 건강장해가 발생하는 등 고용노동부령으로 정하는 경우에는 물질안전보건자료대상물질을 제조하거나 수입한 자에게 제1항에 따라 대체자료로 적힌 화학물질의 명칭 및 함유량 정보를	-제112조 제1항 (500만원 이하의 과태료) -제112조제1항 또는 제5항 관련 보호사유 허위 작성(500만원 이하의 과태료) -제112조제10항 관련 정보 미제공자(500만원 이하의 과태료)

산업안전보건법	주요 내용	벌칙(1차)
	제공할 것을 요구할 수 있다. 이 경우 정보 제공을 요구받은 자는 고용노동부장관이 정하여 고시하는 바에 따라 정보를 제공하여야 한다. 1. 근로자를 진료하는 「의료법」 제2조에 따른 의사 2. 보건관리자 및 보건관리전문기관 3. 산업보건의 4. 근로자대표 5. 제165조제2항제38호에 따라 제141조제1항에 따른 역학조사(疫學調査) 실시 업무를 위탁받은 기관 6. 「산업재해보상보험법」 제38조에 따른 업무상질병판정위원회	
제114조 물질안전보건 자료의 게시 및 교육	① 물질안전보건자료대상물질을 취급하려는 사업주는 제110조제1항 또는 제3항에 따라 작성하였거나 제111조제1항부터 제3항까지의 규정에 따라 제공받은 물질안전보건자료를 고용노동부령으로 정하는 방법에 따라 물질안전보건자료대상물질을 취급하는 작업장 내에 이를 취급하는 근로자가 쉽게 볼 수 있는 장소에 게시하거나 갖추어 두어야 한다. ② 제1항에 따른 사업주는 물질안전보건자료대상물질을 취급하는 작업공정별로 고용노동부령으로 정하는 바에 따라 물질안전보건자료대상물질의 관리 요령을 게시하여야 한다. ③ 제1항에 따른 사업주는 물질안전보건자료대상물질을 취급하는 근로자의 안전 및 보건을 위하여 고용노동부령으로 정하는 바에 따라 해당 근로자를 교육하는 등 적절한 조치를 하여야 한다.	-제114조제1항 (500만원 이하의 과태료) -제114조제3항 (300만원 이하의 과태료)
제115조 물질안전보건 자료 대상물 질 용기 등의 경고표시	① 물질안전보건자료대상물질을 양도하거나 제공하는 자는 고용노동부령으로 정하는 방법에 따라 이를 담은 용기 및 포장에 경고표시를 하여야 한다. 다만, 용기 및 포장에 담는 방법 외의 방법으로 물질안전보건자료대상물질을 양도하거나 제공하는 경우에는 고용노동부장관이 정하여 고시한 바에 따라 경고표시 기재 항목을 적은 자료를 제공하여야 한다. ② 사업주는 사업장에서 사용하는 물질안전보건자료대상물질을 담은 용기에 고용노동부령으로 정하는 방법에 따라 경고표시를 하여야 한다. 다만, 용기에 이미 경고표시가 되어 있는 등 고용노동부령으로 정하는 경우에는 그러하지 아니하다.	-제115조제1항 또는 제2항 (300만원 이하의 과태료)
제116조 물질안전보건 자료와 관련된 자료의 제공	고용노동부장관은 근로자의 안전 및 보건 유지를 위하여 필요하면 물질안전보건자료와 관련된 자료를 근로자 및 사업주에게 제공할 수 있다.	
제117조 유해·위험물 질의 제조 등 금지	① 누구든지 다음 각 호의 어느 하나에 해당하는 물질로서 대통령령으로 정하는 물질(이하 "제조등금지물질"이라 한다)을 제조·수입·양도·제공 또는 사용해서는 아니 된다. 1. 직업성 암을 유발하는 것으로 확인되어 근로자의 건강에 특히 해롭다고 인정되는 물질	-제117조제1항(5년 이하의 징역 또는 5,000만원 이하의 벌금)

산업안전보건법	주요 내용	벌칙(1차)
	2. 제105조제1항에 따라 유해성·위험성이 평가된 유해인자나 제109조에 따라 유해성·위험성이 조사된 화학물질 중 근로자에게 중대한 건강장해를 일으킬 우려가 있는 물질 ② 제1항에도 불구하고 시험·연구 또는 검사 목적의 경우로서 다음 각 호의 어느 하나에 해당하는 경우에는 제조등금지물질을 제조·수입·양도·제공 또는 사용할 수 있다. 　1. 제조·수입 또는 사용을 위하여 고용노동부령으로 정하는 요건을 갖추어 고용노동부장관의 승인을 받은 경우 　2. 「화학물질관리법」 제18조제1항 단서에 따른 금지물질의 판매 허가를 받은 자가 같은 항 단서에 따라 판매 허가를 받은 자나 제1호에 따라 사용 승인을 받은 자에게 제조등금지물질을 양도 또는 제공하는 경우 ③ 고용노동부장관은 제2항제1호에 따른 승인을 받은 자가 같은 호에 따른 승인요건에 적합하지 아니하게 된 경우에는 승인을 취소하여야 한다. ④ 제2항제1호에 따른 승인 절차, 승인 취소 절차, 그 밖에 필요한 사항은 고용노동부령으로 정한다.	
제118조 유해·위험물질의 제조 등 허가	① 제117조제1항 각 호의 어느 하나에 해당하는 물질로서 대체물질이 개발되지 아니한 물질 등 대통령령으로 정하는 물질(이하 "허가대상물질"이라 한다)을 제조하거나 사용하려는 자는 고용노동부장관의 허가를 받아야 한다. 허가받은 사항을 변경할 때에도 또한 같다. ② 허가대상물질의 제조·사용설비, 작업방법, 그 밖의 허가기준은 고용노동부령으로 정한다. ③ 제1항에 따라 허가를 받은 자(이하 "허가대상물질제조·사용자"라 한다)는 그 제조·사용설비를 제2항에 따른 허가기준에 적합하도록 유지하여야 하며, 그 기준에 적합한 작업방법으로 허가대상물질을 제조·사용하여야 한다. ④ 고용노동부장관은 허가대상물질제조·사용자의 제조·사용설비 또는 작업방법이 제2항에 따른 허가기준에 적합하지 아니하다고 인정될 때에는 그 기준에 적합하도록 제조·사용설비를 수리·개조 또는 이전하도록 하거나 그 기준에 적합한 작업방법으로 그 물질을 제조·사용하도록 명할 수 있다. ⑤ 고용노동부장관은 허가대상물질제조·사용자가 다음 각 호의 어느 하나에 해당하면 그 허가를 취소하거나 6개월 이내의 기간을 정하여 영업을 정지하게 할 수 있다. 다만, 제1호에 해당할 때에는 그 허가를 취소하여야 한다. 　1. 거짓이나 그 밖의 부정한 방법으로 허가를 받은 경우 　2. 제2항에 따른 허가기준에 맞지 아니하게 된 경우 　3. 제3항을 위반한 경우 　4. 제4항에 따른 명령을 위반한 경우 　5. 자체검사 결과 이상을 발견하고도 즉시 보수 및 필요한 조치를 하지 아니한 경우 ⑥ 제1항에 따른 허가의 신청절차, 그 밖에 필요한 사항은 고용노동부령으로 정한다.	-제118조제1항 (5년 이하의 징역 또는 5,000만원 이하의 벌금) -제118조제3항·제4항(3년 이하의 징역 또는 3,000만원 이하의 벌금)

산업안전보건법	주요 내용	벌칙(1차)
제119조 석면조사	① 건축물이나 설비를 철거하거나 해체하려는 경우에 해당 건축물이나 설비의 소유주 또는 임차인 등(이하 "건축물·설비소유주등"이라 한다)은 다음 각 호의 사항을 고용노동부령으로 정하는 바에 따라 조사(이하 "일반석면조사"라 한다)한 후 그 결과를 기록하여 보존하여야 한다. 〈개정 2020. 5. 26.〉 1. 해당 건축물이나 설비에 석면이 포함되어 있는지 여부 2. 해당 건축물이나 설비 중 석면이 포함된 자재의 종류, 위치 및 면적 ② 제1항에 따른 건축물이나 설비 중 대통령령으로 정하는 규모 이상의 건축물·설비소유주등은 제120조에 따라 지정받은 기관(이하 "석면조사기관"이라 한다)에 다음 각 호의 사항을 조사(이하 "기관석면조사"라 한다)하도록 한 후 그 결과를 기록하여 보존하여야 한다. 다만, 석면함유 여부가 명백한 경우 등 대통령령으로 정하는 사유에 해당하여 고용노동부령으로 정하는 절차에 따라 확인을 받은 경우에는 기관석면조사를 생략할 수 있다. 〈개정 2020. 5. 26.〉 1. 제1항 각 호의 사항 2. 해당 건축물이나 설비에 포함된 석면의 종류 및 함유량 ③ 건축물·설비소유주등이 「석면안전관리법」 등 다른 법률에 따라 건축물이나 설비에 대하여 석면조사를 실시한 경우에는 고용노동부령으로 정하는 바에 따라 일반석면조사 또는 기관석면조사를 실시한 것으로 본다. ④ 고용노동부장관은 건축물·설비소유주등이 일반석면조사 또는 기관석면조사를 하지 아니하고 건축물이나 설비를 철거하거나 해체하는 경우에는 다음 각 호의 조치를 명할 수 있다. 1. 해당 건축물·설비소유주등에 대한 일반석면조사 또는 기관석면조사의 이행 명령 2. 해당 건축물이나 설비를 철거하거나 해체하는 자에 대하여 제1호에 따른 이행 명령의 결과를 보고받을 때까지의 작업중지 명령 ⑤ 기관석면조사의 방법, 그 밖에 필요한 사항은 고용노동부령으로 정한다.	-제119조제4항 (3년 이하의 징역 또는 3,000만원 이하의 벌금) -제119조제2항 (5,000만원 이하의 과태료)
제122조 석면의 해체·제거	① 기관석면조사 대상인 건축물이나 설비에 대통령령으로 정하는 함유량과 면적 이상의 석면이 포함되어 있는 경우 해당 건축물·설비소유주등은 석면해체·제거업자로 하여금 그 석면을 해체·제거하도록 하여야 한다. 다만, 건축물·설비소유주등이 인력·장비 등에서 석면해체·제거업자와 동등한 능력을 갖추고 있는 경우 등 대통령령으로 정하는 사유에 해당할 경우에는 스스로 석면을 해체·제거할 수 있다. 〈개정 2020. 5. 26.〉 ② 제1항에 따른 석면해체·제거는 해당 건축물이나 설비에 대하여 기관석면조사를 실시한 기관이 해서는 아니 된다. ③ 석면해체·제거업자(제1항 단서의 경우에는 건축물·설비소유주등을 말한다. 이하 제124조에서 같다)는 제1항에 따른 석면해체·제거작업을 하기 전에 고용노동부령으로 정하는 바에 따라 고용노동부장	-제122조제1항(5년 이하의 징역 또는 5,000만원 이하의 벌금) -제122조제2항(500만원 이하의 과태료)

산업안전보건법	주요 내용	벌칙(1차)
	관에게 신고하고, 제1항에 따른 석면해체·제거작업에 관한 서류를 보존하여야 한다. ④ 고용노동부장관은 제3항에 따른 신고를 받은 경우 그 내용을 검토하여 이 법에 적합하면 신고를 수리하여야 한다. ⑤ 제3항에 따른 신고 절차, 그 밖에 필요한 사항은 고용노동부령으로 정한다.	-제122조제3항 (300만원 이하의 과태료)
제125조 작업환경측정	① 사업주는 유해인자로부터 근로자의 건강을 보호하고 쾌적한 작업환경을 조성하기 위하여 인체에 해로운 작업을 하는 작업장으로서 고용노동부령으로 정하는 작업장에 대하여 고용노동부령으로 정하는 자격을 가진 자로 하여금 작업환경측정을 하도록 하여야 한다. ② 제1항에도 불구하고 도급인의 사업장에서 관계수급인 또는 관계수급인의 근로자가 작업을 하는 경우에는 도급인이 제1항에 따른 자격을 가진 자로 하여금 작업환경측정을 하도록 하여야 한다. ③ 사업주(제2항에 따른 도급인을 포함한다. 이하 이 조 및 제127조에서 같다)는 제1항에 따른 작업환경측정을 제126조에 따라 지정받은 기관(이하 "작업환경측정기관"이라 한다)에 위탁할 수 있다. 이 경우 필요한 때에는 작업환경측정 중 시료의 분석만을 위탁할 수 있다. ④ 사업주는 근로자대표(관계수급인의 근로자대표를 포함한다. 이하 이 조에서 같다)가 요구하면 작업환경측정 시 근로자대표를 참석시켜야 한다. ⑤ 사업주는 작업환경측정 결과를 기록하여 보존하고 고용노동부령으로 정하는 바에 따라 고용노동부장관에게 보고하여야 한다. 다만, 제3항에 따라 사업주로부터 작업환경측정을 위탁받은 작업환경측정기관이 작업환경측정을 한 후 그 결과를 고용노동부령으로 정하는 바에 따라 고용노동부장관에게 제출한 경우에는 작업환경측정 결과를 보고한 것으로 본다. ⑥ 사업주는 작업환경측정 결과를 해당 작업장의 근로자(관계수급인 및 관계수급인 근로자를 포함한다. 이하 이 항, 제127조 및 제175조제5항제15호에서 같다)에게 알려야 하며, 그 결과에 따라 근로자의 건강을 보호하기 위하여 해당 시설·설비의 설치·개선 또는 건강진단의 실시 등의 조치를 하여야 한다. ⑦ 사업주는 산업안전보건위원회 또는 근로자대표가 요구하면 작업환경측정 결과에 대한 설명회 등을 개최하여야 한다. 이 경우 제3항에 따라 작업환경측정을 위탁하여 실시한 경우에는 작업환경측정기관에 작업환경측정 결과에 대하여 설명하도록 할 수 있다. ⑧ 제1항 및 제2항에 따른 작업환경측정의 방법·횟수, 그 밖에 필요한 사항은 고용노동부령으로 정한다.	-제125조제6항 위반으로 근로자에게 측정결과 미고지 시(500만원 이하의 과태료) -제125조제6항 위반으로 근로자에게 측정결과 미고지 시(500만원 이하의 과태료) -제125조제6항 (1,000만원 이하의 벌금) -제125조제1항·제2항(1,000만원 이하의 과태료) -제125조제7항 (500만원 이하의 과태료) -제125조제1항·제2항에 따른 측정 시 측정방법 미준수 시 (500만원 이하의 과태료) -제125조제4항 위반으로 근로자대표 미참석 시(500만원 이하의 과태료) -제125조제6항 위반으로 근로자에게 측정결과 미고지 시 (500만원 이하의 과태료) -제125조제5항(과태료 300만원)

산업안전보건법	주요 내용	벌칙(1차)
제2절 건강진단 및 건강관리	□ 법 조항이 세분화됨 : 법 제129조(일반건강진단)부터 법 제141조(역학조사)까지	-3년 이하의 징역 또는 3,000만원 이하의 벌금(제139조 위반 시) -1,500만원 이하의 과태료

제164조
서류의 보존
	① 사업주는 다음 각 호의 서류를 3년(제2호의 경우 2년을 말한다) 동안 보존하여야 한다. 다만, 고용노동부령으로 정하는 바에 따라 보존기간을 연장할 수 있다.
	  1. 안전보건관리책임자·안전관리자·보건관리자·안전보건관리담당자 및 산업보건의의 선임에 관한 서류
	  2. 제24조제3항 및 제75조제4항에 따른 회의록
	  3. 안전조치 및 보건조치에 관한 사항으로서 고용노동부령으로 정하는 사항을 적은 서류
	  4. 제57조제2항에 따른 산업재해의 발생 원인 등 기록
	  5. 제108조제1항 본문 및 제109조제1항에 따른 화학물질의 유해성·위험성 조사에 관한 서류
	  6. 제125조에 따른 작업환경측정에 관한 서류
	  7. 제129조부터 제131조까지의 규정에 따른 건강진단에 관한 서류
	② 안전인증 또는 안전검사의 업무를 위탁받은 안전인증기관 또는 안전검사기관은 안전인증·안전검사에 관한 사항으로서 고용노동부령으로 정하는 서류를 3년 동안 보존하여야 하고, 안전인증을 받은 자는 제84조제5항에 따라 안전인증대상기계등에 대하여 기록한 서류를 3년 동안 보존하여야 하며, 자율안전확인대상기계등을 제조하거나 수입하는 자는 자율안전기준에 맞는 것임을 증명하는 서류를 2년 동안 보존하여야 하고, 제98조제1항에 따라 자율안전검사를 받은 자는 자율검사프로그램에 따라 실시한 검사 결과에 대한 서류를 2년 동안 보존하여야 한다.
	③ 일반석면조사를 한 건축물·설비소유주등은 그 결과에 관한 서류를 그 건축물이나 설비에 대한 해체·제거작업이 종료될 때까지 보존하여야 하고, 기관석면조사를 한 건축물·설비소유주등과 석면조사기관은 그 결과에 관한 서류를 3년 동안 보존하여야 한다.
	④ 작업환경측정기관은 작업환경측정에 관한 사항으로서 고용노동부령으로 정하는 사항을 적은 서류를 3년 동안 보존하여야 한다.
	⑤ 지도사는 그 업무에 관한 사항으로서 고용노동부령으로 정하는 사항을 적은 서류를 5년 동안 보존하여야 한다.
	⑥ 석면해체·제거업자는 제122조제3항에 따른 석면해체·제거작업에 관한 서류 중 고용노동부령으로 정하는 서류를 30년 동안 보존하여야 한다.
	⑦ 제1항부터 제6항까지의 경우 전산입력자료가 있을 때에는 그 서류를 대신하여 전산입력자료를 보존할 수 있다.
		-300만 원 이하의 과태료

1-1-2. PSM 관련 고시
공정안전보고서의 제출·심사·확인 및 이행상태평가 등에 관한 규정
[시행 2023. 5. 30.] [고용노동부고시 제2023-21호]

제1장 총칙

제1조(목적) 이 고시는 「산업안전보건법」 제44조부터 제46조까지, 같은 법 시행령 제43조부터 제45조까지 및 같은 법 시행규칙 제50조부터 제54조까지의 규정에 따른 공정안전보고서의 제출·심사·확인 및 이행상태평가 등에 필요한 사항을 규정함을 목적으로 한다.

제2조(정의) ① 이 고시에서 사용하는 용어의 뜻은 다음과 같다.

1. 「산업안전보건법 시행령」(이하 "영"이라 한다) 제45조제1항에서 "고용노동부장관이 정하는 주요 구조부분의 변경"이란 다음 각 목의 어느 하나에 해당하는 경우를 말한다.

   가. 반응기를 교체(같은 용량과 형태로 교체되는 경우는 제외한다)하거나 추가로 설치하는 경우 또는 이미 설치된 반응기를 변형하여 용량을 늘리는 경우

   나. 생산설비 및 부대설비(유해·위험물질의 누출·화재·폭발과 무관한 자동화창고·조명설비 등은 제외한다)가 교체 또는 추가되어 늘어나게 되는 전기정격용량의 총합이 300킬로와트 이상인 경우

   다. 플레어스택을 설치 또는 변경하는 경우

2. 영 별표 13의 비고 제3호에 따른 "고온·고압의 공정운전조건으로 인하여 화재·폭발위험이 있는 상태"란 취급물질의 인화점 이상에서 운전되는 상태를 말한다.

3. 「산업안전보건법 시행규칙」(이하 "규칙"이라 한다) 제51조에 따른 "착공일"이란 유해·위험설비를 설치·이전할 경우에는 해당 설비를 설치·이전하는 공사를 시작하는 날을, 주요구조부분을 변경하는 경우에는 해당 변경공사를 시작하는 날을 말한다.

4. 규칙 제53조제1항제1호에 따른 "설치과정"이란 주요 기계장치의 설치, 배관, 전기 및 계장작업이 진행되고 있는 과정을 말한다.

5. 규칙 제53조제1항제1호에 따른 "설치 완료 후 시운전단계"란 모든 기계적인 작업이 완료되고 원료를 공급하여 성능을 확인하기 위하여 운전하는 단계로, 상용생산 직전까지의 과정을 말한다.

6. "공정위험성평가 기법"이란 사업장내에 존재하는 위험에 대하여 정성(定性)적 또

는 정량(定量)적으로 위험성 등을 평가하는 방법으로서 체크리스트기법, 상대위험 순위 결정 기법, 작업자 실수 분석 기법, 사고예상 질문 분석 기법, 위험과 운전분석 기법, 이상위험도 분석 기법, 결함수 분석 기법, 사건수 분석 기법, 원인결과 분석 기법, 예비위험 분석 기법, 공정위험 분석 기법, 공정안정성 분석 기법, 방호계층 분석 기법 등을 말한다.

7. "체크리스트(Checklist)기법"이란 공정 및 설비의 오류, 결함상태, 위험상황 등을 목록화한 형태로 작성하여 경험적으로 비교함으로써 위험성을 파악하는 방법을 말한다.

8. "상대위험순위결정(Dow and Mond Indices, DMI)기법"이란 공정 및 설비에 존재하는 위험에 대하여 상대위험 순위를 수치로 지표화하여 그 피해정도를 나타내는 방법을 말한다.

9. "작업자실수분석(Human Error Analysis, HEA)기법"이란 설비의 운전원, 보수반원, 기술자 등의 실수에 의해 작업에 영향을 미칠 수 있는 요소를 평가하고 그 실수의 원인을 파악·추적하여 정량(定量)적으로 실수의 상대적 순위를 결정하는 방법을 말한다.

10. "사고예상질문분석(What-if)기법"이란 공정에 잠재하고 있는 위험요소에 의해 야기될 수 있는 사고를 사전에 예상·질문을 통하여 확인·예측하여 공정의 위험성 및 사고의 영향을 최소화하기 위한 대책을 제시하는 방법을 말한다.

11. "위험과 운전분석(Hazard and Operability Studies, HAZOP)기법"이란 공정에 존재하는 위험 요소들과 공정의 효율을 떨어뜨릴 수 있는 운전상의 문제점을 찾아내어 그 원인을 제거하는 방법을 말한다.

12. "이상위험도분석(Failure Modes Effects and Criticality Analysis, FMECA)기법"이란 공정 및 설비의 고장의 형태 및 영향, 고장형태별 위험도 순위 등을 결정하는 방법을 말한다.

13. "결함수분석(Fault Tree Analysis, FTA)기법"이란 사고의 원인이 되는 장치의 이상이나 고장의 다양한 조합 및 작업자 실수 원인을 연역적으로 분석하는 방법을 말한다.

14. "사건수분석(Event Tree Analysis, ETA)기법"이란 초기사건으로 알려진 특정한 장치의 이상 또는 운전자의 실수에 의해 발생되는 잠재적인 사고결과를 정량(定量)적으로 평가·분석하는 방법을 말한다.

15. "원인결과분석(Cause-Consequence Analysis, CCA)기법"이란 잠재된 사고의

결과 및 사고의 근본적인 원인을 찾아내고 사고결과와 원인 사이의 상호 관계를 예측하여 위험성을 정량(定量)적으로 평가하는 방법을 말한다.

16. "예비위험분석(Preliminary Hazard Analysis, PHA)기법"이란 공정 또는 설비 등에 관한 상세한 정보를 얻을 수 없는 상황에서 위험물질과 공정 요소에 초점을 맞추어 초기위험을 확인하는 방법을 말한다.

17. "공정위험분석(Process Hazard Review, PHR)기법"이란 기존설비 또는 공정안전보고서(이하 "보고서"라 한다)를 제출·심사 받은 설비에 대하여 설비의 설계·건설·운전 및 정비의 경험을 바탕으로 위험성을 평가·분석하는 방법을 말한다.

18. "공정안전성 분석 기법(K-PSR, KOSHA Process safety review)"이란 설치·가동 중인 화학공장의 공정안전성(Process safety)을 재검토하여 사고위험성을 분석(Review)하는 방법을 말한다.

19. "방호계층 분석 기법(Layer of protection analysis, LOPA)"이란 사고의 빈도나 강도를 감소시키는 독립방호계층의 효과성을 평가하는 방법을 말한다.

20. "작업안전 분석 기법(Job Safety Analysis, JSA)"이란 특정한 작업을 주요 단계(Key step)로 구분하여 각 단계별 유해위험요인(Hazards)과 잠재적인 사고(Accidents)를 파악하고 이를 제거, 최소화 또는 예방하기 위한 대책을 개발하기 위해 작업을 연구하는 방법을 말한다.

21. "기존설비"란 보고서를 최초 제출하기 이전부터 가동 중인 설비로 영 제45조에 따른 보고서 제출대상인 설비(사용량 증가, 사용물질 변경 또는 산업안전보건법령 개정에 따라 제출대상이 된 설비를 포함한다)를 말한다.

22. "단위공장"이란 동일 사업장 내에서 제품 또는 중간제품(다른 제품의 원료)을 생산하는데 필요한 원료처리 공정에서부터 제품의 생산·저장(부산물 포함) 까지의 일관공정을 이루는 설비를 말한다.

23. "단위공정"이란 단위공장 내에서 원료처리공정, 반응공정, 증류추출 등 분리공정, 회수공정, 제품저장·출하 공정 등과 같이 단위공장을 구성하고 있는 각각의 공정을 말한다.

24. "자체점검"이란 위험설비의 안전성을 확보하기 위하여 적용기준 및 표준에 따라 사업주가 일정주기마다 자율적으로 실시하는 검사 및 시험 등의 점검을 말한다.

25. "심사"란 사업주가 규칙 제51조에 따라 제출한 보고서에 대해 제4장의 심사기준을 충족시키고 있는지를 확인하고 필요한 경우 의견을 제시하는 일체의 행위를 말한다.

26. "공동심사"란 영 제45조제2항,「고압가스 안전관리법 시행령」제10조제2항에 따라 사업주가 한국가스안전공사(이하 "가스안전공사"라 한다)에 제출한 보고서에 대하여 가스안전공사와 한국산업안전보건공단(이하 "공단"이라 한다)이 각각의 심사기준에 따라 동시 또는 순차적으로 심사하는 방법을 말한다.

27. "순차심사"란 제26호에 따른 공동심사의 방법으로서, 사업주가 제출한 보고서에 대하여 가스안전공사에서 우선 심사를 한 후, 공단에서는 가스안전공사의 심사결과를 참조하여 심사를 하는 방법을 말한다.

28. "동시심사"란 제26호에 따른 공동심사의 방법으로서, 사업주가 제출한 보고서에 대하여 가스안전공사와 공단이 동시에 심사를 하는 방법을 말한다.

29. "최악의 사고 시나리오"란 누출·화재 또는 폭발이 일어난 지점으로부터 독성농도, 과압 또는 복사열 등의 위험수치에 도달하는 거리가 가장 먼 가상 사고를 말한다.

30. "대안의 사고 시나리오"란 최악의 사고 시나리오보다 현실적으로 발생 가능성이 높은 사고 시나리오 중 누출·화재 또는 폭발이 일어난 지점으로부터 독성농도, 과압 또는 복사열 등의 위험수치에 도달하는 거리가 가장 먼 것을 말한다.

② 그 밖에 이 고시에서 정하지 아니한 용어의 뜻은 산업안전보건법(이하 "법"이라 한다)·영·규칙 및 「산업안전보건기준에 관한 규칙」(이하 "안전보건규칙"이라 한다)과 공단의 안전보건기술지침에서 정하는 바에 따른다.

제2조의2(적용제외) 영 제43조제2항제8호에서 "그 밖에 고용노동부장관이 누출·화재·폭발 등으로 인한 피해의 정도가 크지 않다고 인정하여 고시하는 설비"란 비상발전기용 경유의 저장탱크 및 사용설비를 말한다.

제3조(비밀보장) ① 사업주는 제출된 보고서의 내용 중 기업의 정보 유출로 인한 피해가 우려되는 부분에 대하여는 기업의 비밀보장을 공단에 요구할 수 있다.

② 공단은 사업주로부터 비밀보장을 요구받은 부분에 대하여는 특별한 관리절차를 규정하고 이에 따라 관리하여야 한다.

제2장 보고서의 제출·심사 및 확인 등
제1절 보고서의 작성·제출

제4조 (보고서 작성 및 심사신청 등) ① 사업주는 규칙 제51조에 따른 기간 내에 별지 제1호서식의 보고서 심사신청서를 공단에 제출하여야 한다.

② 사업주는 제3장에 따라 보고서를 작성하여야 한다. 다만, 주요 구조부분 변경을 이유로 보고서를 작성하는 경우에는 그 변경부분 및 그와 관련된 부분에 한정한다.

③ 사업주는 보고서를 협력업체 근로자를 포함한 모든 근로자가 읽어 볼 수 있도록 한 글로 작성하고, 전자파일 형식으로 작성하는 경우에는 해당 전자파일을 읽을 수 있는 전자시스템을 갖추어야 한다.

제5조(제출 면제) ① 공단은 사업주가 보고서를 제출하여 공단의 심사를 받은 후 다른 설비에 대한 보고서를 새로 제출하는 경우 이미 심사받은 보고서의 내용과 동일한 내용이 있을 때에는 그 내용의 제출을 면제할 수 있다.

② 분사, 합병, 계열분리 또는 매각 등의 사유로 사업주가 변경되었으나 보고서 제출 대상인 유해·위험설비는 변경되지 않았음을 변경된 사업주가 관할 중대산업사고 예방센터가 설치된 지방고용노동관서의 장(이하 "지방관서의 장"이라 한다)으로부터 인정받은 경우에는 보고서를 제출하지 아니할 수 있다.

제6조(작성자) ① 사업주는 보고서를 작성할 때 다음 각 호의 어느 하나에 해당하는 사람으로서 공단이 실시하는 관련교육을 28시간 이상 이수한 사람 1명 이상을 포함시켜야 한다.

1. 기계, 금속, 화공, 요업, 전기, 전자, 안전관리 또는 환경분야 기술사 자격을 취득한 사람

2. 기계, 전기 또는 화공안전 분야의 산업안전지도사 자격을 취득한 사람

3. 제1호에 따른 관련분야의 기사 자격을 취득한 사람으로서 해당 분야에서 5년 이상 근무한 경력이 있는 사람

4. 제1호에 따른 관련분야의 산업기사 자격을 취득한 사람으로서 해당 분야에서 7년 이상 근무한 경력이 있는 사람

5. 4년제 이공계 대학을 졸업한 후 해당 분야에서 7년 이상 근무한 경력이 있는 사람 또는 2년제 이공계 대학을 졸업한 후 해당 분야에서 9년 이상 근무한 경력이 있는 사람

6. 영 제43조제1항에 따른 공정안전보고서 제출 대상 유해·위험설비 운영분야(해당 공정안전보고서를 작성하고자 하는 유해·위험설비 관련분야에 한한다)에서 11년 이상 근무한 경력이 있는 사람

② 제1항에 따른 공단에서 실시하는 관련교육은 다음 각 호의 어느 하나의 교육을 말한다.

1. 위험과 운전분석(HAZOP)과정

2. 사고빈도분석(FTA, ETA)과정

3. 보고서 작성·평가 과정

4. 〈삭제〉

5. 사고결과분석(CA)과정

6. 설비유지 및 변경관리(MI, MOC)과정

7. 그 밖에 고용노동부장관으로부터 승인받은 공정안전관리 교육과정

제2절 보고서의 심사

제7조(심사 등) ① 공단은 규칙 제52조에 따라 보고서를 접수하고 심사할 경우에는 소속 직원 중 다음 각 호의 분야에 해당하는 전문가로 심사반을 구성하고 심사책임자를 임명하여 규칙 제52조제1항에 따른 기간에 심사를 완료하고 사업주에게 그 결과를 통지하여야 한다.

1. 위험성평가

2. 공정 및 장치 설계

3. 기계 및 구조설계, 응력해석, 용접, 재료 및 부식

4. 계측제어·컴퓨터제어 및 자동화

5. 전기설비·방폭전기

6. 비상조치 및 소방

7. 가스, 확산 모델링 및 환경

8. 안전일반

9. 그 밖에 보고서 심사에 필요한 분야

② 공단은 보고서를 심사할 때 특정 사항에 대하여 외부 전문가의 조언이 필요하다고 판단되는 경우에는 다음 각 호의 자격을 갖춘 사람중 제1항에 따른 각 분야의 외부전문가를 부분적으로 심사에 참여시킬 수 있다. 이 경우 심사에 참여하는 외부전문가는 보고서를 공정하게 심사하여야 하고, 심사 중 알게 된 사실에 대하여는 다른 사람에게 누설하여서는 아니 된다.

1. 해당 분야 기술사, 산업안전지도사 또는 산업위생지도사 자격을 취득한 사람

2. 대학에서 해당 분야의 조교수 이상의 직위에 있는 사람

3. 해당 분야의 박사학위를 취득한 후 그 분야의 실무경력 3년 이상인 사람

4. 해당 분야에 실무경력이 10년 이상인 사람

5. 그 밖에 공단 이사장이 인정하는 사람

③ 공단은 제2항에 따른 외부전문가를 심사에 참여시킬 때에는 여비와 수당을 지급할 수 있다.

제8조(공동심사 등) ① 공단은 영 제45조제2항에 따라 가스안전공사와 공동으로 심사하여야 한다. 이 경우 사업주는 동시심사 또는 순차심사 중 하나의 방법을 선택할 수 있으며, 보고서 4부를 가스안전공사에 제출하여야 한다.

② 공단은 순차심사를 하는 경우 가스안전공사의 심사결과를 참조하여야 한다. 이 경우 공단의 심사기간은 가스안전공사로부터 보고서 3부 및 심사결과를 이송 받은 날부터 15일을 초과할 수 없다.

③ 공단은 동시심사를 하는 경우 심사일자, 장소 등을 가스안전공사와 협의하여야 한다. 이 경우 공단의 심사기간은 규칙 제52조에 따라 30일을 초과할 수 없다.

제9조(사업장 관계자의 참여) 공단은 제7조에 따라 심사를 실시함에 있어 보고서의 내용 설명 등을 위하여 사업주에게 보고서 작성에 참여한 관계자의 참석을 요청할 수 있다.

제10조(서류의 보완 등) ① 공단은 심사과정 중 서류의 보완, 그 밖에 추가서류 및 도면이 필요하다고 판단되는 경우 사업주에게 이를 요청할 수 있다. 이 경우 별지 제3호서식에 의하여 일괄 요청해야 한다.

② 제1항에 따른 서류보완 등의 기간은 심사기간에 포함하지 않으며, 그 기간은 30일을 초과할 수 없다. 다만 사업주의 요청이 있는 경우에는 30일 이내에서 연장할 수 있다.

제3절 심사결과 조치

제11조(심사결과 구분) 공단은 보고서의 심사결과를 다음 각 호의 어느 하나로 결정한다.

  1. 적정 : 보고서의 심사기준을 충족한 경우

  2. 조건부 적정 : 보고서의 심사기준을 대부분 충족하고 있으나 부분적인 보완이 필요한 경우

  3. 부적정 : 다음 각 목의 어느 하나에 해당하는 경우

    가. 심사 결과 조건부 적정 항목이 10개 이상인 경우

    나. 제10조에 따른 서류보완을 기간 내에 하지 아니하여 심사가 곤란한 경우

    다. 안전보건규칙 제225조부터 제300조까지, 제311조 또는 제422조 중 어느 하나를 준수하지 않은 경우

제12조(심사결과의 조치 등) ① 공단은 보고서를 심사한 결과 제11조제1호 또는 제2호에 따라 적정 또는 조건부 적정 판정을 하는 경우에는 별지 제4호서식의 보고서 심사결과 통지서 및 별표 1의 심사필인 또는 서명이 날인된 보고서 1부를 첨부하여 해당 사업주에게 알리고, 지방관서의 장에게 보고하여야 한다.

② 공단은 보고서를 심사한 결과 제11조제3호에 따라 부적정 판정을 하는 경우에는 별

지 제4호서식의 보고서 심사결과 통지서에 그 사유를 구체적이고 명확하게 작성하여 사업주에게 알려야 하며, 보고서 일체를 사업주에게 반려하여야 한다.

③ 공단은 제2항에 따라 보고서를 반려하는 경우에는 별지 제5호서식의 보고서 심사결과 조치 요청서에 그 사유를 구체적이고 명확하게 작성하여 지방관서의 장에게 보고하여야 한다.

④ 지방관서의 장은 제3항에 따른 보고를 받은 때로부터 7일 이내에 사업주에게 보고서 보완에 필요한 기간을 정하여 보고서를 보완한 후 다시 제출하도록 조치하여야 한다.

제13조(다른 기관과의 협조) ① 공단은 보고서를 심사한 결과 「위험물안전관리법」에 따른 화재의 예방·소방 등과 관련되는 내용으로서 제11조제1호 및 제2호에 따라 적정 또는 조건부 적정 판정을 하는 경우에는 별지 제6호서식의 보고서 심사결과 통지서로 그 심사결과를 관할 소방관서의 장에게 알려야 한다.

② 공단은 제8조에 따라 보고서를 가스안전공사와 공동심사한 경우에는 별지 제7호서식의 보고서 심사결과 통지서로 그 심사결과를 고압가스시설의 허가관청에 알려야 한다. 다만, 제11조제3호에 따라 부적정 판정을 한 경우에는 알리지 아니할 수 있다.

제14조(재심사 신청) ① 사업주는 제12조제2항에 따라 보고서를 반려 받은 경우에는 같은 조 제4항에 따라 지방관서의 장으로부터 재제출 명령을 받은 날부터 정해진 기간 이내에 보고서를 새로 작성하여 공단에 재심사를 신청하여야 한다.

② 보고서의 재심사와 관련한 절차 등에 관하여는 제4조부터 제13조까지를 준용한다.

제4절 확인

제15조(확인 요청 등) ① 사업주가 법 제46조제6항 및 규칙 제53조에 따라 확인을 받으려는 경우에는 확인을 받고자 하는 날의 20일 전까지 별지 제9호서식의 확인요청서를 공단에 제출하여야 한다.

② 규칙 제53조제1항에서 "그 밖에 자격 및 관련 업무 경력 등을 고려하여 고용노동부장관이 정하여 고시하는 요건을 갖춘 사람"은 다음 각 호의 어느 하나에 해당하는 사람으로 한다.

1. 화공 또는 안전관리(가스, 소방, 기계안전, 전기안전, 화공안전)분야 기술사

2. 기계안전 또는 전기안전분야 산업안전지도사

3. 화공 또는 안전관리 분야 박사학위를 취득한 후 해당 분야에서 3년 이상 실무를 수행한 사람

③ 공단은 제1항에 따라 사업주로부터 확인요청을 받은 때에는 요청서 접수일부터 7일

이내에 확인실시 일정을 결정하여 사업주에게 알려야 한다.

④ 사업주가 규칙 제53조제1항 단서에 따라 공단의 확인을 생략하려는 경우에는 다음 각 호의 사항이 포함된 자체감사 결과를 공단에 제출하여야 한다.

 1. 자체감사에 참여한 외부 전문가의 자격 입증 서류 1부

 2. 공단이 정한 자체감사 확인점검표 1부

 3. 자체감사결과에 따른 보완 및 시정계획서 1부

⑤ 공단은 사업주가 제4항에 따라 제출한 자체감사결과를 제16조를 준용하여 처리한다. 이 경우 사업주가 제4항 각 호에 따른 서류를 제출하지 아니하였거나, 자체감사결과가 부실하여 제16조제1항 각 호의 어느 하나로 구분하여 확인하기 어렵다고 판단되면 제1항 및 제3항에 따라 확인을 실시할 수 있도록 조치하여야 한다.

⑥ 규칙 제53조제1항제4호에서 "고용노동부장관이 정하여 고시하는 사업장"은 다음 각 호의 어느 하나에 해당하는 사업장으로 한다.

 1. 법 제47조에 따라 공단이 수행하는 안전·보건진단을 받은 사업장. 다만, 안전·보건진단에 보고서 내용 및 이행 여부에 대한 진단이 포함된 경우로 한정한다.

 2. 〈삭제〉

제16조(확인 등) ① 공단은 규칙 제50조에 따른 공정안전보고서의 세부내용 등이 현장과 일치하는지 여부를 확인하고 다음 각 호의 어느 하나로 그 결과를 결정한다.

 1. 적합 : 현장과 일치하는 경우

 2. 부적합 : 다음 각 목의 어느 하나에 해당하는 경우

   가. 확인 결과 현장과 일치하지 않은 사항이 10개 이상인 경우

   나. 안전보건규칙 제225조부터 제300조까지, 제311조 또는 제422조 중 어느 하나를 준수하지 않은 경우

 3. 조건부 적합 : 현장과 일치하지 않은 사항이 일부 있으나 제2호에 따른 부적합에까지는 이르지 않은 경우

② 공단은 제1항에 따른 확인결과를 별지 제10호서식의 확인결과통지서로 사업주에게 통지하고, 지방관서의 장에게 보고하여야 한다.

③ 공단은 확인실시결과 제1항제2호 또는 제3호에 따라 부적합 또는 조건부 적합 판정을 하는 경우에는 별지 제11호서식의 확인결과조치요청서에 그 사유와 변경요구내용 등을 구체적이고 명확하게 작성하여 지방관서의 장에게 보고하여야 한다.

④ 지방관서의 장은 공단으로부터 제3항에 따라 보고를 받은 때에는 부적합 사항에 대해 7일 이내에 사업주에게 변경계획의 작성을 명하는 등 필요한 행정조치를 하여야 하

며, 사업주는 행정조치를 받은 날로부터 15일 이내에 변경계획을 작성하여 지방관서의 장에게 제출하여야 한다.

⑤ 지방관서의 장은 변경계획의 적절성을 검토하여 그 결과를 사업주에게 알려야 한다. 이 경우 지방관서의 장은 변경계획의 적정성에 대한 검토를 공단에 요청할 수 있다.

⑥ 사업주는 제4항에 따른 변경계획에 따라 이행을 완료하면 별지 제9호서식의 확인 요청서로 공단에 다시 확인을 요청하여야 한다.

⑦ 제6항에 따라 다시 확인을 요청한 경우의 절차에 관하여는 제15조제1항부터 제3항 까지 및 제16조를 준용한다.

제5절 보고

제17조(보고 등) ① 공단은 규칙 제50조부터 제53조까지의 규정에 따른 보고서의 접수·심사 및 확인 등에 관한 사항을 분기별로 지방관서의 장에게 보고하여야 한다.

② 공단은 다음 각 호의 어느 하나에 해당하는 사업장이 있을 때에는 지방관서의 장에게 보고하여야 한다.

1. 보고서 제출기간 경과 사업장
2. 제14조에 따른 재심사 신청을 하지 않은 사업장
3. 제15조에 따른 확인요청을 하지 않은 사업장

③ 지방관서의 장은 제2항에 따라 보고받은 사항에 대하여는 법령에 따라 필요한 조치를 하여야 한다.

제3장 보고서 작성 기준
제1절 일반사항

제18조(사업개요 등) ① 사업주는 보고서 제출대상 설비에 대한 사업개요를 별지 제12호서식의 사업개요에 작성하여야 한다.

② 보고서 제출 대상설비가 전체설비 중 일부분 또는 변경설비인 경우에는 그 해당 부분에 한정하여 보고서를 작성·제출할 수 있다. 이 경우 다음 각 호의 사항을 첨부하여야 한다.

1. 전체 설비 개요
2. 전체 설비에서 사용되는 원료의 종류 및 사용량
3. 전체 설비에서 제조되는 생산품의 종류 및 생산량
4. 전체 설비의 배치도

제18조의2(통합서식의 사용) 법 제44조에 따른 보고서와 함께 「화학물질관리법」제23조에 따른 장외영향평가서, 같은 법 제41조에 따른 위해관리계획서 및 「고압가스 안전관리법」 제13조의2에 따른 안전성향상계획을 작성하고자 하는 사업주는 공단의 「공정안전보고서 등의 통합서식 작성방법에 관한 기술지침」에 따라 보고서를 작성·제출할 수 있다.

제2절 공정안전자료

제19조(유해·위험물질의 종류 및 수량) ① 보고서의 대상 설비에서 취급·저장하는 원료, 부원료, 첨가제, 촉매, 촉매보조제, 부산물, 중간 생성물, 중간제품, 완제품 등 모든 유해·위험 물질은 별지 제13호서식에 기재하여야 한다.

② 저장량은 설비의 최대 저장량을, 취급량은 그 설비에서 하루 동안 취급할 수 있는 최대량을 기재하여야 한다.

제20조(유해·위험물질 목록) ① 유해·위험 물질목록은 별지 제13호서식의 유해·위험물질 목록에 다음 각 호의 사항에 따라 작성하여야 한다.

1. "노출기준"란에는 고용노동부장관이 고시한「화학물질 및 물리적인자의 노출기준」에 따른 시간가중평균노출기준을 기재하고, 위 고용노동부 고시에 규정되어 있지 않은 물질에 대하여는 통상적으로 사용하고 있는 시간가중평균노출기준을 조사하여 기재한다.

2. "독성치"란에는 취급하는 물질의 독성값(경구, 경피, 흡입)을 기재한다.

3. "이상반응 유무"란에는 이상반응을 일으키는 물질 및 조건을 기재한다.

② 유해·위험물질목록에는 법 제110조에 따라 작성된 물질안전보건자료를 첨부하여야 한다.

제21조(유해·위험설비의 목록 및 명세) ① 유해·위험설비 중 동력기계 목록은 별지 제14호서식의 동력기계 목록에 다음 각 호의 사항에 따라 작성하여야 한다.

1. 대상 설비에 포함되는 동력기계는 모두 기재한다.

2. "명세"란에는 펌프 및 압축기의 시간당 처리량, 토출측의 압력, 분당회전속도 등, 교반기의 임펠러의 반경, 분당회전속도 등, 양중기의 들어 올릴 수 있는 무게, 높이 등 그 밖에 동력기계의 시간당 처리량 등을 기재한다.

3. "주요 재질"란에는 해당 기계의 주요 부분의 재질을 재질분류기호로 기재한다.

4. "방호장치의 종류"란에는 해당 설비에 필요한 모든 방호장치의 종류를 기재한다.

② 장치 및 설비 명세는 별지 제15호서식의 장치 및 설비 명세에 다음 각 호의 사항에

따라 작성하여야 한다.

1. "용량"란에는 탑류의 직경·전체길이 및 처리단수 또는 높이, 반응기 및 드럼류의 직경·길이 및 처리량, 열교환기류의 시간당 열량·직경 및 높이, 탱크류의 저장량·직경 및 높이 등을 기재한다.

2. 이중 구조형 또는 내외부의 코일이 설치되어 있는 반응기 및 드럼류는 동체 및 자켓 또는 코일에 대하여 구분하여 각각 기재한다.

3. "사용 재질"란에는 재질분류 기호로 기재한다.

4. "개스킷의 재질"란에는 상품명이 아닌 일반명을 기재한다.

5. "계산 두께"란에 부식여유를 제외한 수치를 기재한다.

6. "비고"란에는 안전인증, 안전검사 등 적용받는 법령명을 기재한다.

③ 배관 및 개스킷 명세는 별지 제16호서식의 배관 및 개스킷 명세에 다음 각 호의 사항에 따라 작성하여야 한다.

1. 해당 설비에서 사용되는 배관에 관련된 사항은 공정 배관·계장도(Piping & Instrument Diagram, P&ID)상의 배관 재질 코드별로 기재한다.

2. "분류코드"란에는 공정 배관·계장도 상의 배관분류 코드를 기재한다.

3. "유체의 명칭 또는 구분"란에는 관련 배관에 흐르는 유체의 종류 또는 이름을 기재한다.

4. "배관 재질"란에는 사용 재질을 재질분류 기호로 기재한다.

5. "개스킷 재질 및 형태"란에는 상품명이 아닌 일반적인 명칭 및 형태를 기재한다.

④ 안전밸브 및 파열판 명세는 별지 제17호서식의 안전밸브 및 파열판 명세에 다음 각 호의 사항에 따라 작성하여야 한다.

1. 설정압력 및 배출용량은 안전보건규칙 제264조 및 제265조에 따라 산출하여 설정한다.

2. "보호기기 번호"란에는 안전밸브 또는 파열판이 설치되는 장치 및 설비의 번호를 기재한다.

3. 보호기기의 운전압력 및 설계압력은 별지 제15호서식의 장치 및 설비 명세에 기록된 운전압력 및 설계압력과 일치하여야 한다.

4. 안전밸브 및 파열판의 트림(Trim)은 취급하는 물질에 대하여 내식성 및 내마모성을 가진 재질을 사용하여야 한다.

5. 안전밸브와 파열판의 정밀도 오차범위는 아래 기준에 적합하여야 한다.

구분	설정압력	설정압력 대비 오차범위
안전밸브	0.5MPa 미만	±0.015MPa 이내
	0.5MPa 이상 2.0MPa 미만	±3% 이내
	2.0MPa 이상 10.0MPa 미만	±2% 이내
	10.0MPa 이상	±1.5% 이내
파열판	0.3MPa 미만	±0.015MPa 이내
	0.3MPa 이상	±5% 이내

6. "배출구 연결 부위"란에는 배출물 처리 설비에 연결된 경우에는 그 설비 이름을 기재하고, 그렇지 않은 경우에는 대기방출이라고 기재한다.

7. 〈삭 제〉

8. "정격용량"란에는 안전밸브의 정격용량을 기재한다.

제22조(공정도면) ① 공정개요에는 해당 설비에서 일어나는 화학반응 및 처리방법 등이 포함된 공정에 대한 운전조건, 반응조건, 반응열, 이상반응 및 그 대책, 이상 발생시의 인터록 및 조업중지조건 등의 사항들이 구체적으로 기술되어야 하며, 이 중 이상 발생시의 인터록 작동조건 및 가동중지 범위 등에 관한 사항은 별지 제17호의2서식의 이상 발생시 인터록 작동조건 및 가동중지 범위에 작성하여야 한다.

② 공정흐름도(Process Fow Diagram, PFD)에는 주요 동력기계, 장치 및 설비의 표시 및 명칭, 주요 계장설비 및 제어설비, 물질 및 열 수지, 운전온도 및 운전압력 등의 사항들이 포함되어야 한다. 다만, 영 제43조제1항제1호부터 제7호까지에 해당하지 아니하는 사업장으로서 공정특성상 공정흐름도와 공정배관·계장도를 분리하여 작성하기 곤란한 경우에는 공정흐름도와 공정배관·계장도를 하나의 도면으로 작성할 수 있다.

③ 공정배관·계장도에는 다음 각 호의 사항을 상세히 표시하여야 한다.

1. 모든 동력기계와 장치 및 설비의 명칭, 기기번호 및 주요 명세(예비기기를 포함한다) 등

2. 모든 배관의 공칭직경, 라인번호, 재질, 플랜지의 공칭압력 등

3. 설치되는 모든 밸브류 및 모든 배관의 부속품 등

4. 배관 및 기기의 열 유지 및 보온·보냉

5. 모든 계기류의 번호, 종류 및 기능 등

6. 제어밸브(Control Valve)의 작동 중지시의 상태

7. 안전밸브 등의 크기 및 설정압력

8. 인터록 및 조업 중지 여부

④ 유틸리티 계통도에는 유틸리티의 종류별로 사용처, 사용처별 소요량 및 총 소요량, 공급설비 및 제어개념 등의 사항을 포함하여야 한다.

⑤ 유틸리티 배관 계장도(Utility Flow Diagram, UFD)에는 공정 배관·계장도에 표시되는 모든 것을 포함하여야 한다.

제23조(건물·설비의 배치도 등) 각종 건물, 설비 등의 전체 배치도에 관련된 사항들은 다음 각 호의 사항에 따라 작성하여야 한다.

1. 각종 건물, 설비의 전체 배치도에는 건물 및 설비위치, 건물과 건물 사이의 거리, 건물과 단위설비 간의 거리 및 단위설비와 단위설비 간의 거리 등의 사항들이 표시되어야 하고 도면은 축척에 의하여 표시한다.

2. 설비 배치도에는 각 기기 간의 거리, 기기의 설치 높이 등을 축척에 의하여 표시한다.

3. 기기 설치용 철구조물, 배관 설치용 철구조물, 제어실(Control Room) 및 전기실 등의 평면도 및 입면도 등을 각각 작성한다.

4. 철구조물의 내화처리에 관한 사항은 다음 각 목의 사항에 따라 작성한다.

    가. 설비내의 철구조물에 대한 내화(Fire Proofing) 처리 여부를 별지 제18호서식의 내화구조 명세에 기재하고 이와 관련된 상세도면을 작성한다.

    나. 상세도면에는 기둥 및 보 등에 대한 내화 처리방법 및 부위를 명확히 표시한다.

    다. 내화처리 기준은 안전보건규칙 제270조를 참조하여 작성하되 이 기준은 내화에 대한 최소의 기준이므로 사업장의 상황에 따라 이 기준 이상으로 실시하여야 한다.

5. 소화설비 설치계획을 별지 제17호의3서식 또는 소방 관련법(위험물안전관리법 등) 서식의 소화설비 설치계획에 작성하고 소화설비 용량산출 근거 및 설계기준, 소화설비 계통도 및 계통 설명서, 소화설비 배치도 등의 서류 및 도면 등을 작성한다.

6. 화재탐지·경보설비 설치계획을 별지 제17호의4서식 또는 소방 관련법(위험물안전관리법 등) 서식 화재탐지·경보설비 설치계획에 작성하고 화재탐지 및 경보설비 명세 배치도 등의 서류 및 도면 등을 작성한다.

7. 심사대상 설비에서 취급·저장하는 화학물질의 누출로 인한 화재·폭발 및 독성물질의 중독 등에 의한 피해를 방지하기 위하여 누출이 예상되는 장소에는 해당 화학물질에 적합한 가스누출감지 경보기 설치계획을 별지 제17호의5서식의 가스누출감지경보기 설치계획에 작성하고 감지대상 화학물질별 수량 및 감지기의 종류·형

식, 감지기 종류·형식별 배치도 등의 서류 및 도면 등을 작성한다.

8. 심사대상 설비에서 취급·저장하는 화학물질에 근로자가 다량 노출되었을 경우에 대한 세척·세안시설 및 안전보호 장구 등의 설치계획·배치에 관하여 안전 보호장구의 수량 및 확보계획, 세척·세안시설 설치계획 및 배치도 등의 서류 및 도면 등을 작성한다.

9. 해당 설비에 설치하는 국소배기장치 설치계획은 별지 제19호서식의 국소배기장치 개요에 작성하되, 다음 각 목의 사항을 포함하여야 한다.

가. 덕트, 배풍기, 공기정화장치 등의 설계근거

나. 제어 및 인터록 장치

다. 후드, 덕트, 배풍기, 공기정화장치(제진설비, 세정설비 및 흡착설비 등), 배기구 등의 배관 및 계장도(Piping & Instrument Diagram, P&ID)

라. 그 밖의 유해물질·분진작업 관련 설비별 특성에 따른 사항

마. 비상정지 시 발생원 처리대책

제24조(폭발위험장소 구분도 및 전기단선도 등) ① 가스 폭발위험장소 또는 분진 폭발위험장소에 해당되는 경우에는 「한국산업표준(KS)」에 따라 폭발위험장소 구분도 및 방폭기기 선정기준을 다음 각 호의 사항에 따라 작성하여야 한다.

1. 폭발위험장소 구분도에는 가스 또는 분진 폭발위험장소 구분도와 각 위험원별 폭발위험장소 구분도표를 포함한다.

2. 방폭기기 선정기준은 별지 제20호서식의 방폭전기/계장 기계·기구 선정기준에 작성하되, 각 공장 또는 공정별로 구분하여 해당되는 모든 전기·계장기계·기구를 품목별로 기재한다.

3. 방폭기기 형식 표시기호는 「한국산업표준(KS)」에 따라 기재한다.

② 전기단선도는 수전설비의 책임분계점부터 저압 변압기의 2차측(부하설비 1차측)까지를 말하며, 이 단선도에는 다음 각 호의 사항을 포함하여야 한다.

1. 부스바 또는 케이블의 종류, 굵기 및 가닥수 등

2. 변압기의 종류, 정격(상수, 1·2차 전압), 1·2차 결선 및 접지방식, 보호방식, 전동기 등 연동장치와 관련된 기기의 제어회로

3. 각종 보호장치(차단기, 단로기)의 종류와 차단 및 정격용량, 보호방식 등

4. 예비 동력원 또는 비상전원 설비의 용량 및 단선도

5. 각종 보호장치의 단락용량 계산서 및 비상전원 설비용량 산출계산서(해당될 경우에 한정한다)

③ 심사대상기기·철구조물 등에 대한 접지계획 및 배치에 관한 서류·도면 등은 다음 각 호의 사항에 따라 작성하여야 한다.

  1. 접지계획에는 접지의 목적, 적용법규·규격, 적용범위, 접지방법, 접지종류(계통접지, 기기접지, 피뢰설비접지, 정밀장비접지 및 정전기 등을 포함) 및 접지설비의 유지관리 등을 포함한다.

  2. 접지 배치도에는 접지극의 위치, 접지선의 종류와 굵기 등을 표기한다.

제25조(안전설계 제작 및 설치 관련 지침서) 모든 유해·위험설비에 대해서는 안전설계·제작 및 설치 등에 관한 설계·제작·설치관련 코드 및 기준을 작성하여야 한다.

제26조(그 밖에 관련된 자료) ① 플레어스택을 포함한 압력방출설비에 대하여는 플레어스택의 용량 산출근거, 플레어스택의 높이 계산근거 및 압력방출설비의 공정상세도면(P&ID) 등의 사항을 작성하여야 한다.

② 환경오염물질의 처리에 관련된 설비에 대하여는 설비내에서 발생되는 환경 오염물질의 수지, 처리방법 및 최종 배출농도 등의 사항을 작성하여야 한다.

제3절 공정위험성 평가서

제27조(공정위험성 평가서의 작성 등) ① 규칙 제50조에 따라 작성하는 공정위험성 평가서에는 다음 각 호의 사항을 포함하여야 한다.

  1. 위험성 평가의 목적

  2. 공정 위험특성

  3. 위험성 평가결과에 따른 잠재위험의 종류 등

  4. 위험성 평가결과에 따른 사고빈도 최소화 및 사고시의 피해 최소화 대책 등

  5. 기법을 이용한 위험성 평가 보고서

  6. 위험성 평가 수행자 등

② 제1항에 따른 공정위험성평가서를 작성할 때에는 공정상에 잠재하고 있는 위험을 그 특성별로 구분하여 작성하여야 하고, 잠재된 공정 위험특성에 대하여 필요한 방호방법과 안전 시스템을 작성하여야 한다.

③ 선정된 위험성평가기법에 의한 평가결과는 잠재위험의 높은 순위별로 작성하여야 한다.

④ 잠재위험 순위는 사고빈도 및 그 결과에 따라 우선순위를 결정하여야 한다.

⑤ 기존설비에 대해서 이미 위험성평가를 실시하여 그 결과에 따른 필요한 조치를 취하고 보고서 제출시점까지 변경된 사항이 없는 경우에는 이미 실시한 공정위험성평가

서로 대치할 수 있다.

⑥ 사업주는 공정위험성 평가 외에 화학설비 등의 설치, 개·보수, 촉매 등의 교체 등 각종 작업에 관한 위험성평가를 수행하기 위하여 고용노동부 고시 「사업장 위험성평가에 관한 지침」에 따라 작업안전 분석 기법(Job Safety Analysis, JSA) 등을 활용하여 위험성평가 실시 규정을 별도로 마련하여야 한다.

제28조(사고빈도 및 피해 최소화 대책 등) ① 사업주는 단위공장별로 인화성가스·액체에 따른 화재·폭발 및 독성물질 누출사고에 대하여 각각 1건의 최악의 사고 시나리오와 각각 1건 이상의 대안의 사고 시나리오를 선정하여 정량적 위험성평가(피해예측)를 실시한 후 그 결과를 별지 제19호의2서식의 시나리오 및 피해예측 결과에 작성하고 사업장 배치도 등에 표시하여야 한다.

② 제1항의 시나리오는 공단 기술지침 중 「누출원 모델링에 관한 기술지침」, 「사고 피해예측 기법에 관한 기술지침」, 「최악의 누출 시나리오 선정지침」, 「화학공장의 피해 최소화대책 수립에 관한 기술지침」 등에 따라 작성하여야 한다.

③ 사업주는 제1항의 시나리오별로 사고발생빈도를 최소화하기 위한 대책과 사고 시 피해정도 및 범위 등을 고려한 피해 최소화 대책을 수립하여야 한다.

제29조(공정위험성 평가기법) ① 위험성평가기법은 규칙 제130조의2제2호 각 목에 규정된 기법 중에서 해당 공정의 특성에 맞게 사업장 스스로 선정하되, 다음 각 호의 기준에 따라 선정하여야 한다.

1. 제조공정 중 반응, 분리(증류, 추출 등), 이송시스템 및 전기·계장시스템 등의 단위공정
   가. 위험과 운전분석기법
   나. 공정위험분석기법
   다. 이상위험도분석기법
   라. 원인결과분석기법
   마. 결함수분석기법
   바. 사건수분석기법
   사. 공정안전성분석기법
   아. 방호계층분석기법

2. 저장탱크설비, 유틸리티설비 및 제조공정 중 고체 건조·분쇄설비 등 간단한 단위공정
   가. 체크리스트기법

　　　나. 작업자실수분석기법

　　　다. 사고예상질문분석기법

　　　라. 위험과 운전분석기법

　　　마. 상대 위험순위결정기법

　　　바. 공정위험분석기법

　　　사. 공정안정성분석기법

② 하나의 공장이 반응공정, 증류·분리공정 등과 같이 여러 개의 단위공정으로 구성되어 있을 경우 각 단위 공정특성별로 별도의 위험성 평가기법을 선정할 수 있다.

③ 〈삭 제〉

제30조(위험성 평가 수행자) 위험성 평가를 수행할 때에는 다음 각 호의 전문가가 참여하여야 하며, 위험성 평가에 참여한 전문가 명단을 별지 제21호서식의 위험성 평가 참여 전문가 명단에 기록하여야 한다.

　1. 위험성 평가 전문가

　2. 설계 전문가

　3. 공정운전 전문가

제4절 안전운전 계획

제31조(안전운전 지침서) 규칙 제50조제3호 가목의 안전운전 지침서에는 다음 각 호의 사항을 포함하여야 한다.

　1. 최초의 시운전

　2. 정상운전

　3. 비상시 운전

　4. 정상적인 운전 정지

　5. 비상정지

　6. 정비 후 운전 개시

　7. 운전범위를 벗어났을 경우 조치 절차

　8. 화학물질의 물성과 유해·위험성

　9. 위험물질 누출 예방 조치

　10. 개인보호구 착용방법

　11. 위험물질에 폭로시의 조치요령과 절차

　12. 안전설비 계통의 기능·운전방법 및 절차 등

제32조(설비점검·검사 및 보수계획, 유지계획 및 지침서) 규칙 제50조제1항제3호 나목의 설비점검 검사 및 보수계획, 유지계획 및 지침서는 공단기술지침 중 「유해·위험설비의 점검·정비·유지관리 지침」을 참조하여 작성하되, 다음 각 호의 사항을 포함하여야 한다.

  1. 목적

  2. 적용범위

  3. 구성 기기의 우선순위 등급

  4. 기기의 점검

  5. 기기의 결함관리

  6. 기기의 정비

  7. 기기 및 기자재의 품질관리

  8. 외주업체 관리

  9. 설비의 유지관리 등

제33조(안전작업허가) 규칙 제50조제1항제3호 다목의 안전작업허가는 공단기술지침 중 「안전작업허가 지침」을 참조하여 작성하되, 다음 각 호의 사항을 포함하여야 한다.

  1. 목적

  2. 적용범위

  3. 안전작업허가의 일반사항

  4. 안전작업 준비

  5. 화기작업 허가

  6. 일반위험작업 허가

  7. 밀폐공간 출입작업 허가

  8. 정전작업 허가

  9. 굴착작업 허가

  10. 방사선 사용작업 허가 등

제34조(도급업체 안전관리계획) 규칙 제50조제1항제3호 라목의 도급업체 안전관리 계획은 다음 각 호의 사항을 포함하여야 한다.

  1. 목적

  2. 적용범위

  3. 적용대상

  4. 사업주의 의무 : 다음 각 목의 사항

가. 법 제63조부터 제66조까지에 따른 조치 사항

나. 도급업체 선정에 관한 사항

다. 도급업체의 안전관리수준 평가

라. 비상조치계획(최악 및 대안의 사고 시나리오 포함)의 제공 및 훈련

5. 도급업체 사업주의 의무 : 다음 각 목의 사항

가. 법 제63조부터 제66조까지에 따른 조치 사항의 이행

나. 작업자에 대한 교육 및 훈련

다. 작업 표준 작성 및 작업 위험성평가 실시 등

6. 계획서 작성 및 승인 등

제35조(근로자 등 교육계획) 규칙 제50조제1항제3호 마목의 근로자 등 교육계획은 다음 각 호의 사항을 포함하여야 한다.

1. 목적

2. 적용범위

3. 교육대상

4. 교육의 종류

5. 교육계획의 수립

6. 교육의 실시

7. 교육의 평가 및 사후관리

제36조(가동전 점검지침) 규칙 제50조제1항제3호 바목의 가동전 점검 지침에는 다음 각 호의 사항을 포함하여야 한다.

1. 목적

2. 적용범위

3. 점검팀의 구성

4. 점검시기

5. 점검표의 작성

6. 점검보고서

7. 점검결과의 처리

제37조(변경요소 관리계획) 규칙 제50조제1항제3호 사목의 변경요소관리계획은 다음 각 호의 사항을 포함하여야 한다.

1. 목적

2. 적용범위

3. 변경요소 관리의 원칙

4. 정상변경 관리절차

5. 비상변경 관리절차

6. 변경관리위원회의 구성

7. 변경시의 검토항목

8. 변경업무분담

9. 변경에 대한 기술적 근거

10. 변경요구서 서식 등

제38조(자체감사 계획) 규칙 제50조제1항제3호 아목의 자체감사 계획은 다음 각 호의 사항을 포함하여야 한다.

1. 목적

2. 적용범위

3. 감사계획

4. 감사팀의 구성

5. 감사 시행

6. 평가 및 시정

7. 문서화 등

제39조(공정사고 조사 계획) 규칙 제50조제1항제3호 아목의 사고조사 계획은 다음 각 호의 사항을 포함하여야 한다.

1. 목적

2. 적용범위

3. 공정사고 조사팀의 구성

4. 공정사고 조사 보고서의 작성

5. 공정사고 조사 결과의 처리

제5절 비상조치계획

제40조(비상조치 계획의 작성) 규칙 제50조제1항제4호의 비상조치 계획은 다음 각 호의 사항을 포함하여야 한다.

1. 목적

2. 비상사태의 구분

3. 위험성 및 재해의 파악 분석

4. 유해·위험물질의 성상 조사

5. 비상조치계획의 수립(최악 및 대안의 사고 시나리오의 피해예측 결과를 구체적으로 반영한 대응계획을 포함한다)

6. 비상조치 계획의 검토

7. 비상대피 계획

8. 비상사태의 발령(중대산업사고의 보고를 포함한다)

9. 비상경보의 사업장 내·외부 사고 대응기관 및 피해범위 내 주민 등에 대한 비상경보의 전파

10. 비상사태의 종결

11. 사고조사

12. 비상조치 위원회의 구성

13. 비상통제 조직의 기능 및 책무

14. 장비보유현황 및 비상통제소의 설치

15. 운전정지 절차

16. 비상훈련의 실시 및 조정

17. 주민 홍보계획 등

제4장 보고서 심사기준
제1절 공정안전자료

제41조(공정안전자료 심사기준) 규칙 제50조제1항제1호의 공정안전자료는 다음 각 호의 기준에 의하여 심사하여야 한다. 다만, 안전보건조치의 적정성 여부를 판단할 때에는 필요 시 공단기술지침, 한국산업표준, 국제기준(ISO/IEC) 등에서 정하는 안전보건기준을 참고할 수 있다.

1. 보고서에 포함되어야 할 다음 각 목의 필수적 기술자료의 분류 여부

   가. 화학물질에 대한 안전보건자료

   나. 제조공정에 관한 기술자료·도면

   다. 공정설비에 관한 기술자료·도면

2. 다음 각 목의 기술적 사항을 포함한 화학물질 안전보건자료의 체계적 정리 여부

   가. 사업장내에서 제조·취급·저장되는 순수화학물질 뿐만 아니라 복합 화학물질을 포함한 원료, 중간제품 및 완제품 등에 대한 안전·보건자료

나. 화학물질의 화재·폭발 특성에 관한 정확한 자료와 반응위험성, 독성을 포함한 유해성, 노출기준, 물리·화학적 안정성, 다른 물질과 혼합시 위험성, 장치설비에 대한 부식성 및 마모성, 소화방법, 누출시 처리방법

다. 제조공정 특성에 맞도록 자체적으로 알기 쉽게 정리하고 보완된 화학물질의 안전·보건 자료

3. 다음 각 목의 기술적 사항을 포함한 제조공정 기술자료·도면의 정리 여부

　　가. 다음 사항이 포함된 제조공정의 흐름도의 확보

　　　　(1) 모든 주요 공정의 유체흐름

　　　　(2) 물질 및 열수지

　　　　(3) 공정을 이해할 수 있는 제어계통과 주요 밸브

　　　　(4) 주요장치 및 회전기기의 명칭과 주요 명세

　　　　(5) 모든 원료 및 공급유체와 중간제품의 압력과 온도

　　　　(6) 주요장치 및 회전기기의 유체 입·출구 표시

　　나. 유해·위험물을 포함한 모든 화학물질의 종류와 최대 보유량

　　다. 제조공정에 대한 화학반응식 및 조건

　　라. 정상운전 범위의 선정, 이상 운전조건과 경보치 설정 및 비상시 운전정지조건

　　마. 장치 및 설비의 재질과 내용물과의 물리화학적 영향 검토

　　바. 펌프, 압축기의 기능 및 용량 검토

　　사. 운전조건을 감안한 설계압력과 온도의 검토

　　아. 운전 중에 발생할 수 있는 이상상태(운전조건 범위에서 벗어남)에 대한 조치사항

4. 다음 각 목의 기술적 사항을 포함한 공정설비 기술자료·도면의 체계적 정리 여부

　　가. 각종 장치 및 배관계통의 명세서

　　나. 다음 내용이 포함된 공정배관계장도의 확보

　　　　(1) 모든 동력기계와 장치 및 설비의 기능과 주요명세

　　　　(2) 장치의 계측제어 시스템과의 상호관계

　　　　(3) 안전밸브의 크기 및 설정압력, 안전보건규칙 제266조에 따른 안전밸브 전·후단 차단밸브 설치금지 사항

　　　　(4) 연동시스템 및 자동 조업정지 등 운전방법에 대한 기술

　　　　(5) 그 밖에 필요한 기술정보

　　다. 각종 운전정지 절차와 연동 시스템에 대한 자료와 도면

　　라. 건물 및 설비의 전체 배치도

　　마. 설비 배치도

　　바. 건물 및 철구조물의 평면도 및 입면도

　　사. 철구조물 등의 내화처리 기준

　　아. 소화설비, 화재 탐지 및 경보설비의 설치 계획 및 배치도

　　자. 가스누출감지경보기 설치 계획

　　차. 세척·세안시설 및 안전 보호장구 설치 계획

　　카. 국소배기장치 설치계획

　　타. 폭발위험장소 구분도 및 방폭설계 기준에 대한 자료

　　파. 전기단선도

　　하. 접지계획

5. 장치 및 설비의 설계·제작·설치에 관련된 기준의 적정 여부(한국산업표준 또는 동등 이상일 것)

6. 안전밸브 및 플레어스택을 포함하는 압력방출설비 및 환경오염을 야기하는 배출물의 설계기준 및 명세의 적정 여부

7. 최신 설계기준 이전의 설계기준에 따라 설치되어 사용되고 있는 장치 및 설비에 대한 설계기준을 그 장치 및 설비를 사용하는 동안 서류로 비치하여 관리하고 있는지 여부

8. 제3호의 제조공정 기술자료·도면 및 제4호의 공정설비 기술자료·도면은 공정, 장치 및 설비, 배관, 계측제어 계통 등의 변경시 즉시 보완되고 있는지 여부

제2절 공정위험성 평가서

제42조(공정위험성평가서) ① 공정위험성평가서 심사시에는 유해·위험 화학물질을 취급하는 제조공정 및 설비를 대상으로 화재·폭발·위험물 누출 등과 같은 잠재적 위험을 도출하고 잠재적 위험이 실제 사고로 연결될 가능성에 따라 공정 및 설비의 개선 방안을 강구하고 있는지를 심사하여야 한다.

② 위험성평가기법이 제29조에 따라 적절히 선정되었는지를 심사하여야 한다.

③ 공정위험성 평가의 결과에는 각각의 잠재적 위험에 대한 다음 각 목의 사항이 명확히 기술되었는지를 심사하여야 한다.

　　가. 잠재위험이 있는 공정 또는 설비

　　나. 위험이 있다면 사고 발생 가능성에 대한 검토

　　다. 사고 발생시 피해 예측에 대한 검토

라. 위험 제거 또는 발생확률 감소 방안

마. 사고 발생시 피해 최소화 대책

바. 잠재적 위험제거 방안에 대한 실행일정 계획

제43조(위험성평가 심사기준) 위험성평가 실시 여부는 다음 각 호의 기준에 따라 심사하여야 한다.

1. 여러 분야의 전문가로 구성된 팀에 의해 시행되었는지 여부

2. 평가팀에 최소한 설계전문가·공정운전 전문가가 각 1명 이상 참여하였는지 여부

3. 팀 구성원 중 일인은 팀 책임자로 지정되고 팀 책임자는 평가대상 공정에 대한 전문지식과 경험이 있고, 또한 적용하고자 하는 평가기법을 완벽히 숙지하고 있는지 여부

4. 모든 팀 구성원에게 해당 공정기술, 공정설계, 정상 및 이상 운전절차, 경보시스템, 이상 조작절차, 계측제어, 정비절차, 비상시 운전절차 등 관련자료를 평가 이전에 상호 교환하고, 필요시 설명하여 팀 모두가 이해할 수 있도록 함으로써 평가업무가 원활히 시행되었는지 여부

5. 동종의 사업장에서 발생한 공정사고에 대한 유사설비와 위험성평가 여부

6. 팀의 평가과정에서 잠재 위험성을 도출하고 개선 대책을 토론한 내용을 체계적으로 정리하여 문서화하여 관리하고 있는지 여부

7. 팀의 제시한 개선대책을 우선순위를 정하여 적절한 기한까지 사업주의 이행여부와 그 계획의 서류화 여부

8. 이행 계획서에 다음 각 목의 내용이 포함되었는지 여부

가. 행위가 취해질 구체적 내용

니. 각 행위별 완료 일정

다. 각 행위 내용을 사전에 해당 공정관계자, 운전원, 정비원, 행위 결과로 영향을 받는 자에게 알릴 방법과 일정

9. 위험성 평가는 대상 공정의 변경이 있을 때 변경 부분에 대해서 제1호부터 제8호까지의 내용을 동일하게 적용하여 설계단계에서부터 위험성 평가를 실시하고 있는지의 여부

10. 공정위험성 평가가 최대 4년 이내에서 주기적으로 수행되는지 여부

11. 제27조제6항에 따른 작업 위험성평가를 위한 위험성평가 실시 규정(절차서) 등을 마련하고 있는지 여부

12. 제28조에 따른 최악 및 대안의 사고 시나리오에 대한 피해예측 결과가 다음 각

목의 기준에 따라 심사하였을 때 적합한지 여부

　가. 공정위험성 평가 결과를 반영하는 등 시나리오 선정의 적절성

　나. 복사열, 과압, 확산농도 등 피해예측 결과의 타당성

제3절 안전운전 계획

제44조(안전운전 지침과 절차) 안전운전지침과 절차는 다음 각 호의 기준에 따라 준수되고 있는지를 심사하여야 한다.

　1. 안전운전 지침과 절차(이하 "운전 절차"라 한다)가 공정안전 기술자료, 도면 및 공정 설비 기술자료의 내용과 일치하고 있는지 여부

　2. 운전절차는 안전운전을 위하여 명확하고 구체적으로 쉽게 알 수 있도록 서류화하여 관리하고 있는지 여부

　3. 모든 운전절차에 운전자의 운전담당 설비 및 운전분야가 명확하게 기술되고 또한 운전자의 운전 위치가 분명하게 기술되어 있는지의 여부

　4. 운전절차에는 각 운전공정 및 설비별 운전조건 범위가 명확히 기술되어 있는지 여부

　5. 다음 각 목의 사항이 포함된 운전단계별 운전 절차의 기술 여부

　　가. 최초의 시운전

　　나. 정상 운전

　　다. 비상시 운전(비상시 운전정지 절차, 운전정지를 하지 아니하고 운전되어야 할 분야에 대한 운전방법, 제한적인 운전분야 및 절차, 운전장소, 담당자 등이 포함되어야 한다)

　　라. 정상적인 운전 정지

　　마. 비상 정지 및 정비 후의 운전 개시

　6. 운전범위에서 벗어났을 경우의 조치 절차의 기술 여부

　　가. 운전범위에서 벗어났을 경우 예상되는 결과

　　나. 운전범위에서 벗어났을 경우 정상 운전이 되도록 하기 위한 방법 및 절차 또는 운전범위에서 벗어나지 않도록 하기 위한 사전 조치 방법 및 절차

　7. 다음과 같은 안전운전을 위해 유의해야 할 사항의 기술

　　가. 운전공정에 취급되는 화학물질의 물성과 유해·위험성

　　나. 위험물질 누출 예방을 위하여 취해야 할 사항

　　다. 위험물 누출시 각종 개인 보호구 착용 방법

라. 작업자가 위험물에 접촉되거나 흡입하였을 때 취해야 할 행동 요령과 절차

마. 원료 물질의 순도 등 품질유지와 위험물 저장량 조절 등 관리에 관한 사항

8. 안전설비 계통의 기능과 운전방법 및 절차의 기술 여부

9. 운전절차에 관한 서류는 운전원, 검사원 및 정비원이 항상 쉽게 볼 수 있는 장소에 갖추어 두었는지 여부

10. 운전실에 운전자가 공정을 쉽게 이해할 수 있도록 주요 공정장치, 주요 배관별 유량·온도·압력 등이 포함된 공정 개략도를 보기 쉬운 곳에 갖추어 두었는지 여부

11. 운전절차는 장치, 설비 등의 변경시에 즉시 보완하여 현재의 장치, 설비 등과 일치되게 관리되고 있는지 여부

12. 사업장 안전보건총괄책임자는 매년 현재의 운전절차가 현재의 설비와 일치되게 작성되었고 안전하게 운전할 수 있는 절차임을 검토하여 확인하고 그 결과를 서면으로 기록하여 보관하고 있는지 여부

제45조(위험설비 품질과 안전성 확보) 공단은 위험설비의 물질과 안전성이 확실히 확보되었는지를 다음 각 호의 기준에 따라 심사하여야 한다.

1. 위험설비에 다음 사항을 포함하고 있는지 여부

가. 압력용기와 저장탱크계통 설비

나. 배관 계통 설비(밸브와 같은 부속설비 포함)

다. 압력방출계통 설비

라. 비상정지계통 설비

마. 계측제어계통 설비(감지기, 경보기 및 연동장치 포함)

바. 펌프·압축기 등 회전기기류

사. 위험물질 처리설비

2. 사업장에서는 위험설비의 안전성을 유지하기 위하여 위험설비 안전관리 규정을 제정하여 시행하고 있는지 여부

3. 사업장에서는 위험설비에서 운전, 작업하는 작업자들에게 제조공정과 잠재 위험성 및 위험설비 안전관리규정에 대해 구체적으로 교육을 실시하고 있으며, 작업자들이 이를 숙지하여 안전한 방법으로 운전·작업할 수 있는지를 확인하고 있는지 여부

4. 제1호의 위험설비는 위험성평가 결과로 얻어지는 기기의 위험정도에 따라 기기별로 우선순위를 정하고 검사, 시험 등 점검의 주기를 달리하고 있는지 여부

5. 사업장에서 위험설비에 대하여 자체점검 절차를 규정화하고 이를 실시하고 있는지

여부

6. 자체점검 절차는 구체적이어야 하며 일반적으로 통용되는 기준에 따르고 있는지 여부

7. 자체점검 실시 주기는 최소한 위험설비 제작회사가 권장하는 주기로 하고 있으며, 사업장이 설비의 안전성을 유지하는데 필요한 경우 주기를 증가할 수 있는지 여부

8. 자체점검 실시 결과는 위험설비별로 서류로 작성하여 관리되고 있으며 다음 각 목의 내용이 포함되었는지 여부

　가. 검사 또는 시험 실시일자

　나. 검사자의 소속과 성명

　다. 위험설비의 일련번호 및 설비명

　라. 검사항목별 검사내용

　마. 검사결과 및 판정

　바. 검사결과에 따른 조치사항

9. 사업주는 위험설비의 결함이 발견된 때에 사용을 중지하고 결함사항을 제거하고 있는지 여부

10. 위험설비마다 사용가능함을 확인하고 있으며 사용가능 기준을 정하여 관리하고 있는지 여부

11. 신설되는 위험설비에 대하여 위험설비가 설계 및 제작기준에 맞게 제작되고 있는지 여부

12. 위험설비가 설치·조립되고 있는 과정에서 설치기준 및 명세와 일치하고 제작자의 설치기준에 따라 안전하게 설치되고 있음을 점검 또는 검사를 통하여 확인하고 있는지 여부

13. 위험설비를 정비하는데 필요한 정비·자재·예비부품을 확보하여 위험설비의 결함이 발견될 때에는 즉시 정비할 수 있도록 하고 있는지 여부

제46조(안전작업허가 및 절차) 안전작업허가서는 다음 각 호의 기준에 따라서 수행되고 있는지를 심사하여야 한다.

1. 공정지역내에서 또는 공정지역과 가까운 지역에서 용접, 용단 등의 화기작업과 같은 유해·위험 요소가 잠재되어 있는 경우에는 안전작업허가서를 발급받은 후에 작업하고 있는지 여부

2. 안전작업 허가기준, 각 부서의 업무와 책임한계, 허가절차 등을 문서화하여 사업장의 자체 규정으로 제정하고 있는지 여부

3. 안전작업을 하기 전에 안전작업 관리책임자는 안전작업에 필요한 안전상의 조치를 취하고 있으며, 안전작업 허가책임자는 이를 확인한 후에 안전작업허가서를 발급하고 있는지 여부

4. 안전작업 전에 취하여야 할 안전상의 조치는 사업장 특성에 맞게 작성하여 규정화하고 있는지 여부

5. 안전작업허가서에 허가일시와 안전작업일시가 명확히 기재되고 있는지 여부

6. 안전작업허가서는 해당 작업 완료 후 1년간 보관하도록 하고 있는지 여부

7. 안전작업 시작전에 작업 내용을 해당 지역 및 인접지역의 운전원, 정비원 및 도급업체 등 안전작업으로 인해 영향을 받을 수 있는 작업자에게 알려주고 있는지 여부

제47조(도급업체 안전관리 심사) 사업주가 공정설비의 보수, 설비의 개선 및 가동 정지 후 일체 정비와 같이 공정과 설비의 안전에 관련된 업무를 도급업체로 하여금 수행하도록 할 경우 다음 각 호의 기준에 따라 안전관리가 수행되고 있는지를 심사하여야 한다.

1. 사업장의 안전보건총괄책임자가 다음 각 목의 안전관리 내용을 도급업체에 대해 시행하고 있는지 여부

   가. 도급업체 선정 시 도급업체의 안전업무 수행실적 및 능력에 관한 자료와 안전작업계획의 평가

   나. 도급업체의 작업시행 이전에 작업자들에게 화재, 폭발, 독성물질 누출 위험과 예방에 관한 교육 실시

   다. 도급업체의 작업자들에게 사고 발생시의 비상조치계획 및 도급자가 취해야 할 조치 요령에 관한 교육 실시

   라. 도급업체가 수행할 작업에 대하여도 안전운전지침 및 절차를 규정화하고 도급업체 작업자가 이를 준수토록 감독

   마. 도급업체 작업자의 사고나 재해발생에 대한 기록 유지와 이행 여부에 대한 정기적인 확인

   바. 법 제63조부터 제66조까지에 따른 조치사항의 이행 여부

   사. 도급업체의 안전관리수준에 대한 정기적인 평가

2. 도급업체의 사업주가 다음 각 목의 안전관리 내용을 준수하고 있는지 여부

   가. 작업자들이 안전하게 작업을 수행할 수 있도록 교육 및 훈련이 충분히 실시되었는지를 확인할 것

   나. 작업자들이 화재, 폭발, 독성물질 누출 위험과 예방에 관한 사항, 그리고 비상조치 내용을 충분히 숙지하고 있는지를 확인하고 기록하여 보존할 것

　다. 작업자가 이수한 교육 및 훈련일시와 내용 그리고 숙지상태를 기록하여 관리할 것

　라. 작업자가 안전운전지침 및 절차를 준수하고 있는지를 확인할 것

　마. 작업자가 작업 중에 인지된 위험요인이 있을 경우 이를 지체없이 사업장의 안전보건총괄책임자에게 통보할 것

제48조(공정·운전에 대한 교육·훈련) 공정운전자 및 정비작업자가 해당 공정에 대하여 다음 각 호의 기준에 따라 교육을 이수하였는지를 심사하여야 한다.

　1. 공정상세도면의 이해를 위한 제조공정, 안전운전 지침 및 절차 등에 관한 교육내용의 포함 여부

　2. 사업장 안전보건총괄책임자는 공정운전원이 충분한 교육과 훈련을 통하여 공정운전에 관한 지식과 기술 그리고 충분히 안전하게 운전할 능력을 갖추었음을 확인하고 해당 공정운전 자격을 부여하고 있는지 여부

　3. 사업장에서 최소한 3년마다 1회 이상 교육을 실시하고 있으며, 교육 시 마다 해당 공정운전 능력이 충분함을 확인하고 있는지 여부

　4. 사업장 안전보건총괄책임자는 공정운전원, 정비원 및 하도급업자에 대한 교육·훈련 실시 내용과 공정운전 자격부여 현황을 기록 보존하고 있는지 여부

제49조(가동전 안전점검) 사업장에서 새로운 설비를 설치하거나 공정 또는 설비의 변경 시 시운전 전에 안전점검을 실시하고 있는지를 심사하여야 한다. 시운전 전의 안전점검은 최소한 다음 각 호의 사항이 확인되어야 하며, 점검결과를 기록·보존하여야 한다.

　1. 추가 또는 변경된 설비가 설계기준에 맞게 설계되었는지의 확인 여부

　2. 추가 또는 변경된 설비가 제작기준대로 제작되었는지와 규정된 검사에 의한 합격판정의 확인 여부

　3. 설비의 설치공사가 설치 기준 또는 사양에 따라 설치되었는지의 확인 여부

　4. 안전운전절차 및 지침, 정비기준 및 비상시 운전절차가 준비되어 있는지와 그 내용이 적절한지의 확인 여부

　5. 신설되는 설비에 대하여 위험성 평가의 시행과 평가 시 제시된 개선사항이 이행되었는지의 확인 여부

　6. 변경된 설비의 경우 규정된 변경관리 절차에 따라 변경되었는지의 확인 여부

　7. 신설 또는 변경된 공정이나 설비의 운전절차에 대한 운전원의 교육·훈련과 이를 숙지하고 있는지의 확인 여부

제50조(변경요소관리) 사업장이 제조공정에서 취급되는 화학물질의 변경이나 제조공정의 변경, 장치 및 설비의 주요구조 변경 또는 각종 운전·작업 절차의 변경이 있을 경우에 다음 각 호의 기준에 따라 변경관리가 수행되고 있는지를 심사하여야 한다.

  1. 변경관리의 대상에 최소한 다음 각 목의 사항이 포함되어 있는지 여부

    가. 신설되는 설비와 기존 설비를 연결할 경우의 기존설비

    나. 기존 설비의 변경은 없어도 운전조건(온도, 압력, 유량 등)을 변경할 경우

    다. 제품생산량 변경은 없으나 새로운 장치를 추가, 교체 또는 변경할 경우

    라. 경보 계통 또는 계측제어 계통을 변경할 경우

    마. 압력방출 계통의 변경을 초래할 수 있는 공정 또는 장치를 변경할 경우

    바. 장치와 연결된 비상용 배관을 추가 또는 변경할 경우

    사. 시운전 절차, 정상조업 정지절차, 비상조업 정지 절차 등을 변경할 경우

    아. 위험성평가·분석결과 공정이나 장치·설비 또는 작업절차를 변경할 경우

    자. 첨가제(촉매, 부식방지제, 안정제, 포말생성방지제 등)를 추가 또는 변경할 경우

    차. 장치의 변경 시 필연적으로 수반되는 부속설비의 변경이나 가설설비의 설치가 필요할 경우

  2. 변경관리 방법에 있어서 먼저 변경 시의 절차를 규정화하여 실행하는 체계를 구축하고 있는지 여부

  3. 변경 절차에 변경 전 다음 사항을 검토하도록 하는 내용이 포함되었는지 여부

    가. 변경계획에 대한 공정 및 설계의 기술적 근거의 타당성 여부

    나. 변경 부분의 전·후 공정 및 설비에 대한 영향

    다. 변경 시 안전·보건·환경에 대한 영향

    라. 변경 시 뒤따르는 운전절차상의 수정 내용의 타당성 여부

    마. 변경 일정의 적합성 여부

    바. 변경 시 관련기관에 필요한 보고 업무 등

  4. 사업장에서 변경 이전에 변경할 내용을 운전원, 정비원 및 도급업체 등에게 정확히 알려 주고, 변경 설비의 시운전 이전에 이들에게 충분한 훈련을 실시하고 있는지 여부

  5. 변경 시 공정안전 기술자료의 변경이 수반될 경우에는 이들 자료의 보완이 즉시 이행되고 있는지 여부

  6. 운전절차, 안전작업허가절차 및 도급작업절차 등 안전운전 관련자료의 변경이 수반될 때도 즉시 변경되는지 여부

제51조(자체감사) 사업장에서는 공정안전관리가 규정대로 이행되고 있는지를 평가·확인하기 위하여 1년마다 자체감사가 실시되고 있는지를 다음 각 호의 기준에 따라 심사하여야 한다.

  1. 자체감사 시에는 사용 중인 안전작업지침 및 절차 등 각종 기준과 절차가 현재의 공정 및 설비에 적합한지 여부
  2. 자체감사팀에는 감사 대상 공정에 전문적인 지식을 갖춘 사람 1명 이상이 참여하고 있는지 여부
  3. 자체감사에서 제시된 평가·분석 결과에 따라 지속적인 조사·연구가 필요하거나 정밀검토가 필요한 사항에 대해서는 지속적인 조사·연구가 이루어지고 있는지 여부
  4. 자체감사에서 도출된 문제점에 대해서는 필요한 조치가 이행되어야 하며 그 내용을 문서로 기록 관리하고 있는지 여부
  5. 자체감사 보고서를 3년 이상 보관하고 있는지 여부

제52조 (공정사고조사) 중대산업사고가 발생하거나 중대산업사고를 일으킬 요인을 제공할 수 있는 공정사고가 발생한 경우 사업주가 사고조사를 실시하고 있는지를 다음 각호의 기준에 따라 심사하여야 한다.

  1. 공정사고조사는 사고발생 즉시 실시하여야 하며 늦어도 사고 발생 후 24시간 이내 조사가 시작되었는지 여부
  2. 공정사고조사팀에는 사고공정 및 시설에 대한 지식과 경험이 풍부한 사람 1명 이상과 사고조사 및 분석방법에 경험이 있는 전문가로 구성되었는지 여부
  3. 공정사고조사 보고서에는 최소한 다음 각 목의 사항이 포함되었는지 여부
    가. 사고발생 일시와 조사일시
    나. 사고발생 개요와 사고발생 원인
    다. 개선해야 할 내용과 재발방지 대책
  4. 사고조사 보고서에 사고와 관련이 있는 공정운전 전문가와 개선 및 방지대책 수행 책임부서 전문가가 최종적으로 검토·확정하고 있는지 여부
  5. 사고조사 보고서에서 제시된 개선해야 할 사항과 재발방지 대책을 수행하기 위하여 책임부서를 지정하고 있으며, 수행결과를 서류화하여 정확한 수행 여부를 관리하고 있는지 여부
  6. 사고조사 보고서를 5년 이상 보관하고 있는지 여부

제4절 비상조치계획

제53조(비상조치계획 심사) 비상조치계획에 대하여는 다음 각 호의 기준에 따라 심사하여야 한다.

1. 비상조치계획에 다음 각 목의 사항이 포함되었는지 여부
   가. 전 근무자의 사전 교육 계획
   나. 비상시 대피절차와 비상대피로의 지정
   다. 대피 전에 주요 공정설비에 대한 안전조치를 취해야 할 대상과 절차
   라. 비상대피 후의 전 직원이 취해야 할 임무와 절차
   마. 피해자에 대한 구조·응급조치 절차
   바. 내·외부와의 통신 체계 및 방법
   사. 비상조치 시의 총괄부서 및 조직
   아. 사고발생 시 및 비상대피 시 보호구 착용 지침
   자. 주민 홍보 계획
   차. 외부기관과의 협력체제
   카. 최악 및 대안의 사고 시나리오의 피해예측 결과를 반영한 구체적인 대응계획
   타. 내부비상조치계획과 외부비상조치계획의 적정한 연계
2. 사업장에서 비상조치가 취해져야 할 경우 전 직원에 긴급경보 조치를 취하고 있으며, 필요 시 인근지역 주민에게 비상사태를 알리고 안전한 필요한 조치를 할 수 있는지 여부
3. 사업장에서는 전 직원이 안전하고 질서 있게 비상조치를 실행할 수 있도록 안내하고 지도하는 사람을 지정하고, 안내·지도에 필요한 교육을 시행하고 있는지 여부
4. 사업장의 안전보건 총괄책임자는 다음 각 목의 경우에 있어서 비상조치계획을 검토하고 있는지 여부
   가. 최초 비상조치계획을 수립할 경우
   나. 각 비상조치 요원의 비상조치 임무가 변경될 경우
   다. 비상조치계획 자체가 변경되었을 경우
5. 비상조치계획은 서류로 알기 쉽게 작성되어 접근이 용이한 곳에 갖추어 두었는지 여부
6. 최악 및 대안의 사고 시나리오의 피해예측 결과를 반영한 대응계획에 가동정지절차 등이 구체적으로 작성되었는지 여부

제5장 이행상태평가

제54조(평가의 종류 및 대상 등) ① 규칙 제54조에 따른 이행상태평가의 종류 및 실시 시기는 다음 각 호와 같다.

1. 신규평가 : 보고서의 심사 및 확인 후 1년이 경과한 날부터 2년 이내. 다만, 제5조 제2항의 경우에는 사업주가 변경된 날부터 1년 이내에 실시한다.

2. 정기평가 : 신규평가 후 4년마다. 다만, 제3호에 따라 재평가를 실시한 경우에는 재평가일을 기준으로 4년마다 실시한다.

3. 재평가 : 제1호 또는 제2호의 평가일부터 1년이 경과한 사업장에서 다음 각 목의 구분에 따른 시기

   가. 사업주가 재평가를 요청한 경우 : 요청한 날부터 6개월 이내

   나. 제58조에 따른 평가결과가 P등급 또는 S등급인 사업장을 지도·점검한 결과 다음의 어느 하나에 해당하는 경우 : 해당 사유 확인일부터 6개월 이내

   　　1) 유해·위험시설에서 위험물질의 제거·격리 없이 용접·용단 등 화기작업을 수행하는 경우

   　　2) 화학설비·물질변경에 따른 변경관리절차를 준수하지 않은 경우

   　　3) 〈삭제〉

② 이행상태평가는 사업장 단위로 평가함을 원칙으로 한다. 다만, 사업장의 규모가 크고 단위공장별로 공정안전관리체제를 구축·운영하고 있는 사업장에서 요청하는 경우 단위공장별로 이행상태를 평가할 수 있다.

③ 보고서를 이미 제출하여 평가를 받은 사업장이 영 제43조에 따른 유해·위험설비를 추가로 설치·이전하거나, 제2조제1항제1호에 따른 주요 구조부분의 변경에 따라 보고서를 추가로 제출하는 경우에는 평가를 면제할 수 있다.

제55조(평가반 구성 등) ① 지방관서의 장은 이행상태평가를 실시할 때에는 중대산업사고예방센터 감독관으로 평가반을 구성하고, 평가책임자를 임명하여야 한다.

② 지방관서의 장은 이행상태평가를 실시함에 있어 전문가의 조언이 필요하다고 인정되는 경우에는 제7조제1항에 따른 공단 소속 전문가 또는 제7조제2항제1호내지 제3호에 따른 외부전문가를 평가에 참여시켜야 한다. 이 경우 평가에 참여하는 전문가는 평가 중 알게 된 비밀을 다른 사람에게 누설하여서는 아니 된다.

③ 고용노동부장관은 제2항제2호에 따라 외부전문가를 평가에 참여시킨 때에는 여비와 수당을 지급할 수 있다.

제56조(평가계획의 수립 등) ① 지방관서의 장은 제54조제1항의 평가시기에 따라 평가계획을 수립하고 평가대상 사업장에는 사전에 평가일정을 알려야 한다.

② 이행상태평가는 평가반이 사업장을 방문하여 다음 각 호의 방법으로 실시한다.

1. 사업주 등 관계자 면담
2. 보고서 및 이행관련 문서 확인
3. 현장 확인

제57조(이행상태평가 기준) 보고서 이행상태평가의 세부평가항목 및 배점기준 등은 다음과 같다.

1. 이행상태평가표의 총배점 및 최고환산점수는 각각 1,620점 및 100점이며, 평가항목, 항목별 배점, 환산계수 및 최고 환산점수 등은 별표 3과 같다.
2. 세부평가항목별 평가점수는 별표 4와 같이 우수(A, 10점), 양호(B, 8점), 보통(C, 6점), 미흡(D, 4점), 불량(E, 2점) 등 5단계로 구분하며, 항목별 평가결과에 따라 해당되는 점수와 평가근거를 면담 또는 확인 결과란에 기재한다.
3. 〈삭제〉
4. 해당사항이 없는 평가항목의 경우에는 "해당 없음"으로 표기하고 그 항목은 점수가 없는 것으로 본다.
5. 환산점수는 항목별로 평가점수에 환산계수를 곱한 점수를 말하며, 환산점수의 총합은 항목별 환산점수를 모두 합한 점수를 말한다.

제58조(평가결과) ① 지방관서의 장은 제57조에 따른 평가기준에 의해 부여한 점수에 따라 사업장 또는 단위공장(단위공장별로 이행상태를 실시한 경우에 한정한다)별로 다음 각 호의 어느 하나에 해당하는 등급을 부여하여야 한다.

1. P등급(우수) : 환산점수의 총합이 90점 이상
2. S등급(양호) : 환산점수의 총합이 80점 이상 90점 미만
3. M+등급(보통) : 환산점수의 총합이 70점 이상 80점 미만
4. M−등급(불량) : 환산점수의 총합이 70점 미만

② 지방관서의 장은 제1항의 평가등급, 평가점수 등 평가결과에 대한 소견서를 첨부하여 평가를 마친 날부터 1개월 이내에 사업주에게 알려야 하며 이를 다음 반기부터 적용한다.

제6장 수수료

제59조(수수료 등) ① 보고서의 심사를 받고자 하는 자는 법 제166조제1항에 따라 공단이 지정하는 금융기관 등을 통하여 수수료를 납부하여야 한다.

② 제1항에 따른 수수료는 고용노동부장관이 따로 정하는 수수료 규정에 따른다.

제60조(재검토기한) 고용노동부장관은 「행정규제기본법」 및 「훈령·예규 등의 발령 및 관리에 관한 규정」에 따라 이 고시에 대하여 2018년 1월 1일 기준으로 매 3년이 되는 시점(매 3년째의 12월 31일까지를 말한다)마다 그 타당성을 검토하여 개선 등의 조치를 하여야 한다.

부칙 〈제27호, 2006.9.29.〉

제1조(시행일) 이 고시는 공포한 날부터 시행한다. 다만, 제5장 이행상태평가는 2007년 1월 1일부터 시행한다.

제2조(이행상태평가 결과에 대한 경과조치) 이 고시 시행일 이전에 "노동부장관 업무추진지침"에 의한 이행상태평가에 따라 부여받은 종전 등급은 시행일 이후 동 고시에 의한 이행상태평가에 따라 부여받은 평가등급을 적용할 때까지 유지된다.

부칙 〈제2009-90호, 2009.12.30.〉

이 고시는 2010년 1월 1일부터 시행한다. 다만, 제57조 제1호와 제2호의 개정규정은 2010년 7월 1일부터 적용한다.

부칙 〈제2012-11호, 2012.1.26.〉

이 고시는 2012년 1월 26일부터 시행한다.

부칙 〈제2014-22호, 2014.5.26.〉

이 고시는 발령한 날부터 시행한다.

부칙 〈제2014-64호, 2014.12.24.〉

이 고시는 2015년 1월 1일부터 시행한다.

부칙 〈제2016-40호, 2016.8.18.〉

제1조(시행일) 이 고시는 2016년 8월 18일부터 시행한다. 다만, 제57조의 개정규정은 2017년 7월 1일부터 시행한다.

제2조(적용례) ① 제20조부터 제24조까지, 제27조, 제28조, 제34조, 제40조, 제43조, 제47조 및 제53조의 개정규정은 이 고시 시행 이후 공정안전보고서를 최초로 제출하여 공단의 심사를 받는 사업장부터 적용한다.

② 제57조의 개정규정은 2017년 7월 1일 이후 제54조에 따른 이행상태평가를 받는 사업장부터 적용한다.

제3조(공정안전보고서 작성에 관한 경과조치) 이 고시 시행 당시 공정안전보고서를 제출한 사업장 및 공단의 심사를 받은 사업장의 사업주는 2017년 6월 30일까지 제20조부터 제24조까지, 제27조, 제28조, 제34조 및 제40조의 개정규정에 따라 공정안전보고서의 내용을 보완하여야 한다.

부칙 〈제2017-34호, 2017.6.28〉
제1조(시행일) 이 고시는 2017년 6월 28일부터 시행한다.

부칙 〈제2017-62호, 2017.11.2〉
제1조(시행일) 이 고시는 발령한 날부터 시행한다.

부칙 〈제2020-55호, 2020.1.16.〉
제1조(시행일) 이 고시는 2020년 1월 16일부터 시행한다.

부칙 〈제2023-21호, 2023.5.30.〉
제1조(시행일) 이 고시는 2023년 5월 30일부터 시행한다.

【별표 1】

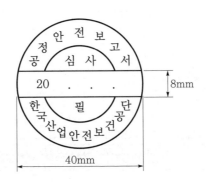

【별표 2】 〈삭제〉

【별지 제1호서식】

[별지 제1호서식] <개정 2020.1.16>

공정안전보고서 심사신청서

접수번호		접수일자	처리일자	처리기간	30일
신청인	사업장명		사업장관리번호		
	사업자등록번호		전화번호		
	소재지				
	대표자 성명				

「산업안전보건법」 제44조제1항에 따라 공정안전보고서 심사를 신청합니다.

20   년   월   일

신청인   (서명 또는 인)

한국산업안전보건공단 이사장 귀하

신청인 제출서류	1. 공정안전보고서 2부	수수료 고용노동부장관이 정하는 수수료 참조

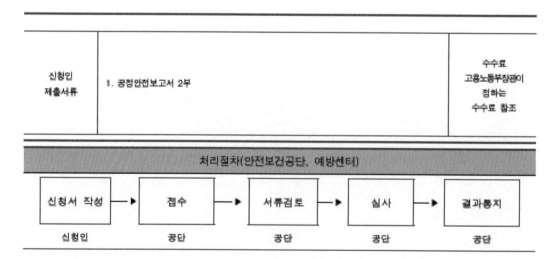

처리절차(안전보건공단, 예방센터)				
신청서 작성 →	접수 →	서류검토 →	심사 →	결과통지
신청인	공단	공단	공단	공단

210㎜×297㎜[일반용지 60g/㎡(재활용품)]

【별지 제3호서식】

[별지 제3호서식] <개정 2020.1.16>

공정안전보고서 보완 요청서

사업장명			
사업의 종류		전화번호	
소재지			
사업주 성명			
심사대상 사업 또는 설비 명			
보완서류 제출 마감일	20 년 월 일		

「산업안전보건법」 제44조에 따라 제출한 공정안전보고서의 서류에 대하여 붙임과 같이 보완을 요청합니다.

20   년   월   일

한국산업안전보건공단 이사장

	직인

첨부서류	서류보완사항 기재서 1부

210㎜×297㎜[일반용지 60g/㎡(재활용품)]

【별지 제4호서식】

[별지 제4호서식] <개정 2020.1.16>

공정안전보고서 심사결과 통지서

사업장명	
사업의 종류	전화번호
소재지	
사업주 성명	
심사대상 사업 또는 설비명	
심사결과	☐ 적정 ☐ 조건부 적정 ☐ 부적정

「산업안전보건법」 제44조에 따라 제출한 공정안전보고서에 대한 심사결과를 통지합니다

20   년   월   일

한 국 산 업 안 전 보 건 공 단 이 사 장

직인

첨부서류	1. 공정안전보고서 1부 2. 조건부 적정 내용 1부 3. 부적정 사유서 1부 4. 심사 결과서 1부

210mm×297mm[일반용지 60g/㎡(재활용품)]

【별지 제5호서식】

[별지 제5호서식] <개정 2020.1.16>

공정안전보고서 심사결과 조치 요청서

사업장명	
사업의 종류		전화번호	
소재지	
사업주 성명	
심사대상 사업 또는 설비명	
보고서 접수일		심사 완료일		심사결과	

「산업안전보건법」 제45조제1항에 따른 공정안전보고서에 대한 심사결과 붙임과 같이 부적정하여 조치를 요청합니다.

요청사항:

년   월   일

한국산업안전보건공단 이사장

직인

지방고용노동청장 귀하

첨부서류	부적정 사유서 1부

210㎜×297㎜[일반용지 60g/㎡(재활용품)]

【별지 제6호서식】

[별지 제6호서식] <개정 2020.1.16>

공정안전보고서 심사결과 통지서

사업장명	
사업의 종류	전화번호
소재지	
사업주 성명	
심사대상 사업 또는 설비명	

「산업안전보건법」 제44조에 따라 제출한 공정안전보고서 심사결과를 아래와 같이 적정함(붙임과 같이 조건부 적정함)을 통지합니다

20   년   월   일

한국산업안전보건공단 이사장   직인

소방서장 귀하

첨부서류	조건부 적정내용 1부(조건부 적정 판정시)

210㎜×297㎜[일반용지 60g/㎡(재활용품)]

[별지 제7호서식] <개정 2020.1.16>

공정안전보고서 심사결과 통지서

사업장명			
사업의 종류		전화번호	
소재지			
사업주 성명			
심사대상 사업 또는 설비 명			

「산업안전보건법」 제44조에 따라 제출한 공정안전보고서 심사결과를 아래와 같이 적정함(붙임과 같이 조건부 적정함)을 통지합니다

20　　년　　　　월　　　　일

한국산업안전보건공단 이사장

직인

시·도지사 귀하

첨부서류	조건부 적정내용 1부(조건부 적정 판정시)

210㎜×297㎜[일반용지 60g/㎡(재활용품)]

【별지 제9호서식】

[별지 제9호서식] <개정 2020.1.16>

공정안전보고서 확인요청서

사업장명		사업장관리번호	
사업자등록번호		전화번호	
소재지			
대표자 성명			
담당자	성명		휴대전화번호
	전자우편 주소		
확인대상 사업 또는 설비명			
공정안전보고서 심사완료일		공사기간	
확인요청일			
확인요청 기간	20 년 월 일 ~ 20 년 월 일		

「산업안전보건법」 제46조제2항 및 같은법 시행규칙 제53조에 따라 확인을 요청합니다.

20 년   월   일

신청인   (서명 또는 인)

한국산업안전보건공단 이사장 귀하

210㎜×297㎜[일반용지 60g/㎡(재활용품)]

【별지 제10호서식】

[별지 제10호서식] <개정 2020.1.16>

확인결과 통지서

사업장명			
사업의 종류		전화번호	
소재지			
사업주 성명			
확인대상 사업 또는 설비명		구 분	☐ 설치과정중 ☐ 시운전 중 ☐ 기존설비 ☐ 중대한 변경
확인 기간	20 년 월 일 ~ 20 년 월 일		
확 인 자	소속(공단)	직 위	성 명
확 인 자	소속(사업장)	직 위	성 명
확인결과	☐ 적합 ☐ 조건부 적합 ☐ 부적합		

「산업안전보건법」 제46조제2항 및 같은법 시행규칙 제53조에 따라 위와 같이 확인하였음을 통지합니다.

20 년 월 일

한국산업안전보건공단 이사장

직인

첨부서류	1. 조건부 적합 내용 1부 2. 부적합 사유서 1부 3. 확인결과표 1부

210㎜×297㎜[일반용지 60g/㎡(재활용품)]

【별지 제11호서식】

[별지 제11호서식] <개정 2020.1.16>

확인결과 조치 요청서

사업장명				
사업의 종류		전화번호		
소재지				
사업주 성명				
확인대상 사업 또는 설비명		구 분		☐ 설치과정중 ☐ 시운전 중 ☐ 기존설비 ☐ 중대한 변경
보고서 접수일		심사 완료일		심사결과	
확인기간				(일간)
확 인 자	소속(공단)	직위	성명	
입 회 자	소속(사업장)	직위	성명	

「산업안전보건법」 제46조제2항 및 같은법 시행규칙 제53조에 따른 확인 결과 아래와 같이 요청합니다.
요청사항: 변경명령

　　　　기타 행정조치

20 년　　　월　　　일

한국산업안전보건공단 이사장　　직인

　　지방노동청(지청)장 귀하

첨부서류	1. 확인결과표 사본 1부 2. 부적합 사유서 1부 3. 조건부적합 사유서 1부

210mm×297mm[일반용지 60g/㎡(재활용품)]

[별지 제12호서식] <개정 2020.1.16>

사업개요

사업장명:	사업의 구분	☐ 설치·이전 ☐ 변경 ☐ 기존설비
사업자 등록번호:		
대표자 성명:	심사대상 설비명	
표준산업분류(업종분류):		
예상근무 근로자수:	전기계약용량	kW
보고서 작성자 (작성 참여자 모두 기재)	작성자 자격	
컨설팅업체 (컨설팅업체에서 작성한 경우)	업체명 : 주 소 : 작성지원 내용:	사업자등록번호 : 전화 :

		품 명	사용량 또는 생산량	주요용도
사 업 주요내용	주원료 또는 재료			
	주생산품			
	주요사업 내용 또는 변경내용			
사업장의 위치 및 부지	위 치	전화번호: 전송번호:		
	부 지	㎡(평)		
	주요건물	동 층 연면적: ㎡(평)		
추진일정	총사업기간	년 월 일 ~ 년 월 일		
	착공예정일	년 월 일		
	시운전기간	년 월 일 ~ 년 월 일		

210㎜×297㎜[일반용지 60g/㎡(재활용품)]

【별지 제13호서식】

[별지 제13호서식] <개정 2020.1.16>

유해·위험물질 목록

화학물질	CAS No	분자식	폭발한계(%) 하한	폭발한계(%) 상한	노출기준	독성치	인화점(℃)	발화점(℃)	증기압(20℃, mmHg)	부식성 유무	이상반응 유무	일일사용량	저장량	비고

주) ① 유해·위험물질은 제출대상 설비에서 제조 또는 취급하는 모든 화학물질을 기재합니다.
② 증기압은 상온에서 증기압을 말합니다.
③ 부식성 유무는 있으면 ○, 없으면 ×로 표시합니다.
④ 이상반응 여부는 그 물질과 이상반응을 일으키는 물질과 그 조건(금수성 등)을 표시하고 필요시 별도로 작성합니다.
⑤ 노출기준에는 시간가중평균노출기준(TWA)을 기재합니다.
⑥ 독성치에는 LD50(경구, 쥐), LD50(경피, 쥐 또는 토끼) 또는 LC50(흡입, 4시간 쥐)을 기재합니다.

210mm×297mm[일반용지 60g/㎡(재활용품)]

【별지 제15호서식】

[별지 제15호서식] <개정 2020.1.16>

장치 및 설비 명세

장치번호	장치명	내용물	용량	압력(MPa) 운전	압력(MPa) 설계	온도(℃) 운전	온도(℃) 설계	사용재질 본체	사용재질 부속품	사용재질 개스킷	용접효율	계산두께(mm)	부식여유(mm)	사용두께(mm)	후열처리여부	비파괴율검사(%)	비고

주) ① 압력용기, 증류탑, 반응기, 열교환기, 탱크류 등 고정기계에 해당합니다.
② 부속물은 증류탑의 충진물, 데미스터(Demister), 내부의 지지물 등을 말합니다.
③ 용량에는 장치 및 설비의 직경 및 높이 등을 기재합니다.
④ 열교환기류는 동체측과 튜브측을 구별하여 기재합니다.
⑤ 자켓이 있는 압력용기류는 동체측과 자켓측을 구별하여 기재합니다.

210mm×297mm[일반용지 60g/㎡(재활용품)]

【별지 제17호서식】

[별지 제17 서식] <개정 2020.1.16>

안전벨트 및 파열판 명세

| 계기번호 | 내용물 | 상태 | 비출용량(kg/hr) | 정격용량(kg/hr) | 노즐크기 | | 보호기기압력 | | | 안전밸브 등 | | | 정밀도(오차범위) | 비출연결부위 | 배출원인 | 형식 |
					입구	출구	기기번호	운전(MPa)	설계(MPa)	설정(MPa)	몸체재질	TRIM재질				

주) ① 배출원인에는 안전밸브의 작동원인(냉각수 차단, 전기공급중단, 화재, 열팽창 등) 중 최대로 배출되는 원인을 기재합니다.
② 형식에는 안전밸브의 형식(일반형, 벨루우즈형, 파일럿 조작형)을 기재합니다.

210㎜×297㎜[일반용지 60g/㎡(재활용품)]

【별지 제17호의3서식】

[별지 제17호의3 서식] <개정 2020.1.16>

소화설비 설치계획

설치지역	소화기	자동학산소화기	자동소화장치	옥내소화전	스프링클러	물분무소화설비	포소화설비	CO2소화설비	할로겐화합물소화설비	청정소화약제소화설비	옥외소화전

주) ① 설치지역별로 소화기 등 소화설비의 설치개수를 기재합니다.
② 스프링클러 등 수계소화설비는 Deluge(딜루지) 밸브 등의 설치개수를 기재합니다.
③ CO2 소화설비 등 가스계소화설비는 기동용기 등의 설치개수를 기재합니다.
④ 「소방시설 설치·유지 및 안전관리에 관한 법률 시행령」별표 1 및 「위험물안전관리법 시행규칙」
별표 17에 따라 분만소화설비 등 다른 형태의 소화설비를 추가하여 기재합니다.

210㎜×297㎜[일반용지 60g/㎡(재활용품)]

【별지 제17호의5서식】

[별지 제17호의5 서식] <개정 2020.1.16>

가스누출감지경보기 설치계획

감지기 번호	감지 대상	설치 장소	작동 시간	측정 방식	경보 설정값	경보기 위치	정밀도	경보시 조치내용	유지 관리	비고

주) ① 감지대상은 감지하고자 하는 물질을 기재합니다.
　　② 설치장소는 구체적인 화학설비 및 부속설비의 주변 등으로 구체적으로 기재합니다.
　　③ 경보설정치는 폭발하한계(LEL)의 25% 이하, 허용농도 이하 등으로 기재합니다.
　　④ 경보시 조치내용은 경보가 발생할 경우 근로자의 조치내용을 기재합니다.
　　⑤ 유지관리에는 교정 주기 등을 기재합니다.

210㎜×297㎜[일반용지 60g/㎡(재활용품)]

【별지 제19호서식】

[별지 제19호 서식] <개정 2020.1.16>

국소배기장치 개요

공정 또는 작업장명	실내외 구분	발생원	유해 물질 종류	후드 형식	후드의 제어풍속 (m/s)	덕트내 반송속도 (m/s)	배풍량 (㎥/min)	전동기		배기 및 처리순서
								용량 (㎾)	방폭 형식	

주) ① 발산원은 유해물질 발생설비를 기재합니다.
　　② 유해물질 종류는 유해가스명 또는 분진명 등을 기재합니다.
　　③ 후드의 제어풍속은 발생원에서 후드입구로 흡입되는 풍속을 말합니다.
　　④ 배기 및 처리순서는 유해물질 발생에서부터 처리, 배출까지의 모든 설비를 순서대로 기재합니
　　　다.(예: 집진기, 세정기 등을 기재하고 필요시 후드, 덕트, 배기구, 배풍기 및 공기정화장치의 상세도
　　　면과 명세 등 별도 작성 제출)

210㎜×297㎜[일반용지 60g/㎡(재활용품)]

[별지 제19호의2 서식] <개정 2020.1.16>

시나리오 및 피해예측 결과

구 분	최악의 사고 시나리오			대안의 사고 시나리오		
기상 및 지형자료						
풍속(m/s)						
대기안정도(A~F)						
대기온도(℃)						
습도(%)						
표면거칠기(m)	□ 시골 □ 도시 □ 물위 또는 ( )m			□ 시골 □ 도시 □ 물위 또는 ( )m		
물질 및 설비						
물질명						
물질의 상태	□ 기체 □ 액체 □ 2상(액체+기체)			□ 기체 □ 액체 □ 2상(액체+기체)		
설비명(또는 배관부위)						
운전압력(MPa)						
운전온도(℃)						
누출구의 크기(mm2)						
웅덩이 크기(m2)						
피해예측결과						
누출결과						
직접계산(kg/s or kg)						
웅덩이(kg/s)						
설비/배관(kg/s)						
피해결과						
화재-복사열이 미치는거리(m)	4 kW/m2	12.5 kW/m2	37.5 kW/m2	4 kW/m2	12.5 kW/m2	37.5 kW/m2
폭발-과압이 미치는 거리(m)	7 kPa	21 kPa	70 kPa	7 kPa	21 kPa	70 kPa
확산결과-인화성(m)	25% LEL	LEL	UEL	25% LEL	LEL	UEL
확산결과-독성(m)	ERPG 1	ERPG 2	ERPG 3	ERPG 1	ERPG 2	ERPG 3

주) ① 풍속은 1.5m/s 또는 통상의 풍속.
  ② 대기안정도는 F 또는 통상의 대기안정도
  ③ 대기온도는 3년간 낮동안의 최대 온도 또는 통상 온도
  ④ 습도는 지난 3년간 낮동안의 평균 습도 또는 통상 습도
  ⑤ 표면거칠기는 시골, 도시, 물위 중 하나를 체크하거나 실제 표면거칠기 기재
  ⑥ 물질의 상태는 기체, 액체, 2상 중 하나를 체크
  ⑦ 누출구의 크기는 탱크 또는 배관 누출의 경우에 한해 기재
  ⑧ 웅덩이 크기는 액면을 형성한 경우에 한해 기재
  ⑨ 직접계산에는 직접 계산한 누출속도(kg/s) 또는 누출량(kg)을 기재
  ⑩ 웅덩이, 설비, 배관에는 누출속도(증발속도) 또는 연소속도를 기재
  ⑪ 화재-복사열에는 4, 12.5, 37.5kW/m²의 복사열이 미치는 거리 기재(관심 복사열은 임의로 선정 가능)
  ⑫ 폭발-과압에는 7, 21, 70kPa의 과압이 미치는 거리 기재(관심 과압은 임의로 선정 가능)
  ⑬ 확산-인화성에는 인화성 액체나 가스의 농도가 25% LEL, LEL(폭발하한계), LIEL(폭발상한계)이 되는 거리 기재(관심 농도는 임의로 선정 가능)
  ⑭ 확산-독성에는 독성물질의 농도가 ERPG 1, ERPG 2, ERPG 3가 되는 거리 기재(관심 농도는 임의로 선정 가능)
  ⑮ 영향을 미치는 복사열, 과압, 확산 농도는 변경 가능
  ⑯ 해당사항이 없는 항목은 생략 가능

210mm×297mm[일반용지 60g/m(재활용품)]

【별지 제20호서식】

[별지 제20호 서식] <개정 2020.1.16>

방폭전기/계장 기계·기구 선정기준

설치장소 또는공정	전기/계장기계·기구명	폭발위험장소별 선정기준(방폭형식)		
		0종장소	1종장소	2종장소

주) ① 전기/계장기계·기구명에는 전동기, 계측장치 및 스위치 등 폭발위험장소 내에 설치될 모든 전기/계장기계·기구를 품목별 또는 공정별, 품목별로 기재합니다.

② 방폭형식 표시기호는 한국산업규격에 따릅니다.(예: 내압방폭형 누름스위치 – Exd II B T4 등)

210mm×297mm[일반용지 60g/㎡(재활용품)]

1-2. 화학물질관리법(장외영향평가서, 위해관리계획서)

화학물질관리법 [법률 제18420호, 2021. 8. 17., 일부개정]	화학물질관리법 시행령 [대통령령 제32994호, 2022. 11. 15., 일부개정]	화학물질관리법 시행규칙 [환경부령 제968호, 2022. 1. 10., 일부개정]
제13조(유해화학물질 취급기준) 누구든지 유해화학물질을 취급하는 경우에는 다음 각 호의 유해화학물질 취급기준을 지켜야 한다. 1. 유해화학물질 취급시설이 본래의 성능을 발휘할 수 있도록 적절하게 유지·관리할 것 2. 유해화학물질의 취급과정에서 안전사고가 발생하지 아니하도록 예방대책을 강구하고, 화학사고가 발생하면 응급조치를 할 수 있는 방재장비(防災裝備)와 약품을 갖추어 둘 것 3. 유해화학물질을 보관·저장하는 경우 종류가 다른 유해화학물질을 혼합하여 보관·저장하지 말 것 4. 유해화학물질을 차에 싣거나 내릴 때나 다른 유해화학물질 취급시설로 옮길 때에는 해당 유해화학물질 운반자·작업자 외에 제32조에 따른 유해화학물질관리자 또는 유해화학물질관리자가 지정하는 제33조제1항에 따른 유해화학물질 안전교육을 받은 자가 참여하도록 할 것 5. 유해화학물질을 운반하는 사람은 제32조에 따른 유해화학물질관리자 또는 제33조제1항에 따른 유해화학물질 안전교육을 받은 사람일 것 6. 그 밖에 제1호부터 제5호까지의 규정에 준하는 사항으로서 유해화학물질의 안전관리를 위하여 필요하다고 인정하여 환경부령으로 정하는 사항		**제8조(유해화학물질 취급기준)** 법 제13조제6호에서 "유해화학물질의 안전관리를 위하여 필요하다고 인정하여 환경부령으로 정하는 사항"이란 다음 각 호의 구분에 따른 사항을 말한다. 1. 「생활화학제품 및 살생물제의 안전관리에 관한 법률」 제3조제4호에 따른 안전확인대상생활화학제품: 같은 법 제10조제8항제5호에 따른 주의사항 2. 「생활화학제품 및 살생물제의 안전관리에 관한 법률」 제20조제1항에 따라 환경부장관의 승인을 받은 살생물제품 중 생활화학제품: 같은 법 시행규칙 제26조제2항제6호에 따른 주의사항 3. 제1호 및 제2호에 해당하는 제품을 제외한 유해화학물질: 별표 1에 따른 취급기준 [전문개정 2021. 9. 30.]

제14조(취급자의 개인보호장구 착용)

① 유해화학물질을 취급하는 자는 다음 각 호 어느 하나에 해당하는 경우 해당 유해화학물질에 적합한 개인보호장구를 착용하여야 한다. 〈개정 2021. 8. 17.〉

1. 기체의 유해화학물질을 취급하는 경우
2. 액체 유해화학물질에서 증기가 발생할 우려가 있는 경우
3. 고체 상태의 유해화학물질에서 분말이나 미립자 형태 등이 체류하거나 날릴 우려가 있는 경우
4. 그 밖에 환경부령으로 정하는 경우

② 제1항에 따른 개인보호장구의 구체적 종류 및 기준 등은 해당 유해화학물질의 특성에 따라 환경부장관이 고시한다.

제15조(유해화학물질의 진열량·보관량 제한 등)

① 유해화학물질을 취급하는 자가 유해화학물질을 환경부령으로 정하는 일정량을 초과하여 진열·보관하고자 하는 경우에는 사전에 진열·보관계획서를 작성하여 환경부장관의 확인을 받아야 한다.

② 제1항에도 불구하고 유해화학물질을 취급하는 자가 유해화학물질의 보관·저장 시

제9조(취급자의 개인보호장구 착용)

법 제14조제1항제4호에서 "환경부령으로 정하는 경우"란 다음 각 호의 어느 하나에 해당하는 경우를 말한다. 다만, 해당 유해화학물질이 「생활화학제품 및 살생물제의 안전관리에 관한 법률」 제3조제4호에 따른 안전확인대상생활화학제품이거나 같은 법 제20조제1항에 따라 환경부장관의 승인을 받은 살생물제품 중 생활화학제품인 경우는 제외한다.

1. 실험실 등 실내에서 유해화학물질을 취급하는 경우
2. 유해화학물질을 다른 취급시설로 이송하는 과정에서 안전조치를 하여야 하는 경우
3. 흡입독성이 있는 유해화학물질을 취급하는 경우
4. 유해화학물질을 하역(荷役)하거나 적재(積載)하는 경우
5. 눈이나 피부 등에 자극성이 있는 유해화학물질을 취급하는 경우
6. 유해화학물질 취급시설에 대한 정비·보수작업을 하는 경우
7. 제1호부터 제6호까지에서 규정한 사항 외에 환경부장관이 유해화학물질의 안전관리를 위하여 필요하다고 인정하여 고시하는 경우

제10조(유해화학물질의 진열량·보관량 제한 등)

① 법 제15조제1항에서 "환경부령으로 정하는 일정량"이란 다음 각 호의 구분에 따른 양을 말한다.

1. 유독물질: 500킬로그램
2. 허가물질, 제한물질, 금지물질 또는 사고대비물질: 100킬로그램

② 유해화학물질을 취급하는 자가 판매를 위하여 제1항 각 호의 구분에 따른 양을

설을 보유하지 아니한 경우에는 진열하거나 보관할 수 없다.

③ 유해화학물질을 운반하는 자가 1회에 환경부령으로 정하는 일정량을 초과하여 운반하고자 하는 경우에는 환경부령으로 정하는 바에 따라 사전에 해당 유해화학물질의 운반자, 운반시간, 운반경로·노선 등을 내용으로 하는 운반계획서를 작성하여 환경부장관에게 제출하여야 한다.

④ 제1항 및 제2항에 따른 계획서의 작성방법, 확인통보 등에 관한 구체적인 사항은 환경부령으로 정한다.

초과하여 진열·보관하려는 경우에는 법 제15조제1항에 따라 별지 제7호서식의 진열·보관계획서를 지방환경관서의 장에게 제출하여야 한다.

③ 지방환경관서의 장은 제2항에 따른 진열·보관계획서를 받은 날부터 10일 이내에 현장에 방문하여 외부인 접근 차단 여부, 화학사고 발생 가능성 및 보관·저장시설의 위험성 등을 확인한 후 진열·보관에 따른 주의사항 등을 적어 별지 제8호서식의 확인증명서를 제출자에게 내주어야 한다.

제11조(유해화학물질 운반계획서 작성·제출 등)

① 법 제15조제3항에서 "환경부령으로 정하는 일정량"이란 다음 각 호의 구분에 따른 양을 말한다.
  1. 유독물질: 5,000킬로그램
  2. 허가물질, 제한물질, 금지물질 또는 사고대비물질: 3,000킬로그램

② 유해화학물질을 운반하는 자가 제1항 각 호의 구분에 따른 양을 초과하여 운반하려는 경우에는 법 제15조제3항에 따라 별지 제9호서식의 운반계획서에 운반자, 경로, 노선, 운반시간 및 휴식시간(별표 1 제5호나목에 따라 휴식을 취하는 경우만 해당한다)을 포함한 통행도로 상세내역을 첨부하여 지방환경관서의 장에게 제출해야 한다. 〈개정 2017. 5. 30., 2020. 9. 29.〉

③ 제2항에 따라 운반계획서를 제출한 자는 운반자, 운전기사 또는 호송자가 그 사본을 휴대하도록 조치하여야 한다.

<table>
<tr><td></td><td></td><td>④ 제2항에 따라 운반계획서를 받은 지방환경관서의 장은 통행도로 주변의 하천 유무, 화학사고 발생 시 확산 위험성, 주거지역 통과 여부 등을 확인한 후 필요한 경우 화학물질 안전관리에 관한 조치를 하여야 한다.</td></tr>
<tr><td>

제23조(화학사고예방관리계획서의 작성·제출)
① 유해화학물질 취급시설을 설치·운영하려는 자는 사전에 화학사고 발생으로 사업장 주변 지역의 사람이나 환경 등에 미치는 영향을 평가하고 그 피해를 최소화하기 위한 화학사고예방관리계획서(이하 "화학사고예방관리계획서"라 한다)를 작성하여 환경부장관에게 제출하여야 한다. 다만, 다음 각 호의 어느 하나에 해당하는 유해화학물질 취급시설을 설치·운영하려는 자는 그러하지 아니하다.
1. 「연구실 안전환경 조성에 관한 법률」 제2조제2호의 연구실
2. 「학교안전사고 예방 및 보상에 관한 법률」 제2조제1호의 학교
3. 화학사고 발생으로 사업장 주변 지역의 사람이나 환경에 미치는 영향이 크지 아니하거나 유해화학물질 취급 형태·수량 등을 고려할 때 화학사고예방관리계획서의 작성 필요성이 낮은 유해화학물질 취급시설로서 환경부령으로 정하는 기준에 해당하는 시설
② 화학사고예방관리계획서에 포함되어야 하는 내용은 다음 각 호의 내용을 포함하여 환경부령으로 정한다.
</td><td></td><td>

제19조(화학사고예방관리계획서의 작성·제출)
① 법 제23조제1항에 따라 유해화학물질 취급시설을 설치·운영하려는 자는 별지 제31호서식의 화학사고예방관리계획서 검토신청서에 다음 각 호의 서류를 첨부하여 법 제24조제2항에 따른 유해화학물질 취급시설의 검사 개시일 60일 이전까지 화학물질안전원장에게 제출해야 한다. 〈개정 2022. 1. 10.〉
1. 화학사고예방관리계획서
2. 별지 제31호의2서식의 공동비상대응계획 작성·제출에 관한 자료(공동으로 비상대응계획을 작성하는 경우만 제출한다)
② 법 제23조제1항제3호에서 "환경부령으로 정하는 기준에 해당하는 시설"이란 다음 각 호의 어느 하나에 해당하는 시설을 말한다.
1. 별표 1 제5호라목 단서에 해당하는 방법으로 유해화학물질을 운반·보관하는 시설
2 별표 3의2에 따른 유해화학물질별 수량 기준의 하위 규정수량 미만의 유해화학물질을 취급하는 사업장 내 취급시설
3. 유해화학물질을 운반하는 차량(유해화학물질을 차량에 싣거나 내리는 경우는 제외한다)
</td></tr>
</table>

이 경우 취급하는 유해화학물질의 유해성 및 취급수량 등을 고려하여 화학사고예방관리계획서에 포함되어야 하는 내용을 달리 정할 수 있다.

1. 취급하는 유해화학물질의 목록 및 유해성정보
2. 화학사고 발생으로 유해화학물질이 사업장 주변 지역으로 유출·누출될 경우 사람의 건강이나 주변 환경에 영향을 미치는 정도
3. 유해화학물질 취급시설의 목록 및 방재시설과 장비의 보유현황
4. 유해화학물질 취급시설의 공정안전정보, 공정위험성 분석자료, 공정운전절차, 운전책임자, 작업자 현황 및 유의사항에 관한 사항
5. 화학사고 대비 교육·훈련 및 자체점검 계획
6. 화학사고 발생 시 비상연락체계 및 가동중지에 대한 권한자 등 안전관리 담당조직
7. 화학사고 발생 시 유출·누출 시나리오 및 응급조치 계획
8. 화학사고 발생 시 영향범위에 있는 주민, 공작물·농작물 및 환경매체 등의 확인
9. 화학사고 발생 시 주민의 소산계획
10. 화학사고 피해의 최소화·제거 및 복구 등을 위한 조치계획
11. 그 밖에 유해화학물질의 안전관리에 관한 사항

③ 제1항에 따라 화학사고예방관리계획서를 제출한 자가 다음 각 호의 어느 하

4. 「군사기지 및 군사시설 보호법」 제2조제1호에 따른 군사기지 및 같은 조 제2호에 따른 군사시설 내 유해화학물질 취급시설
5. 「의료법」 제3조제2항에 따른 의료기관 내 유해화학물질 취급시설
6. 「항만법」 제2조제5호에 따른 항만시설 내에서 유해화학물질이 담긴 용기·포장을 보관하는 시설(「선박의 입항 및 출항 등에 관한 법률」 제34조제1항에 따라 자체안전관리계획을 수립하여 관리청의 승인을 받은 경우만 해당한다)
7. 「철도산업발전기본법」 제3조제2호에 따른 철도시설 내에서 유해화학물질이 담긴 용기·포장을 보관하는 시설(「위험물 철도운송규칙」 제16조제2항 본문에 따라 지체 없이 역외로 반출하는 경우만 해당한다)
8. 「농약관리법」 제3조제2항에 따라 판매업을 등록한 자가 사용하는 유해화학물질 보관·저장시설
9. 「항공보안법」 제12조제1항에 따라 지정된 보호구역 내에서 「항공사업법」 제2조제8호의 항공운송사업자 또는 같은 조 제34호의 공항운영자가 설치·운영하는 유해화학물질 취급시설
10. 제1호부터 제9호까지에서 규정한 시설 외에 화학물질안전원장이 정하여 고시하는 시설

③ 법 제23조제2항에 따른 화학사고예방관리계획서의 작성 내용 및 방법은

나에 해당하는 경우에는 환경부령으로 정하는 바에 따라 변경된 화학사고예방관리계획서를 환경부장관에게 제출하여야 한다.

1. 유해화학물질의 취급량 또는 취급시설 용량이 증가하거나 새로운 유해화학물질 취급시설을 설치하는 경우
2. 유해화학물질의 품목, 농도, 성상 또는 취급시설의 위치가 변경되는 등 환경부령으로 정하는 중요사항이 변경되는 경우
3. 사업장 소재지를 관할하는 지방자치단체의 장이 제2항제9호에 따른 주민의 소산계획의 보완이 필요하다고 요청한 경우로서 환경부장관이 그 필요성을 인정하여 제출자에게 변경제출을 통지한 경우

④ 취급하는 유해화학물질의 유해성 및 취급수량 등을 고려하여 환경부령으로 정하는 기준 이상의 유해화학물질 취급시설(이하 "주요취급시설"이라 한다)을 설치·운영하는 자는 5년마다 화학사고예방관리계획서를 환경부령으로 정하는 바에 따라 작성하여 환경부장관에게 제출하여야 한다.

⑤ 환경부장관은 제1항, 제3항 또는 제4항에 따라 제출된 화학사고예방관리계획서(변경된 화학사고예방관리계획서를 포함한다)를 환경부령으로 정하는 바에 따라 검토한 후 이를 제출한 자에게 해당 유해화학물질 취급시설의 위험도 및 적합 여부를 통보하여야 한다. 이 경우 적합통보를 받은 자는 해당 화학사고예방관리계획

별표 4와 같다.

④ 제1항에도 불구하고 산업통상자원부장관 또는 고용노동부장관이 다음 각 호의 어느 하나에 해당하는 서류를 화학물질안전원장에게 송부한 경우 그 송부된 서류에 별표 4 제1호나목 및 제2호에 해당하는 내용이 있으면 그 내용을 제외하고 작성한 화학사고예방관리계획서를 첨부하여 화학물질안전원장에게 제출할 수 있다.

1. 「고압가스 안전관리법」 제13조의2에 따라 제출한 안전성향상계획(이하 "안전성향상계획"이라 한다) 2부 및 한국가스안전공사가 적합하다고 판정한 심사의견서(안전성향상계획이 변경되지 않은 경우로 한정한다)
2. 「산업안전보건법」 제44조에 따라 제출한 공정안전보고서(이하 "공정안전보고서"라 한다) 2부 및 고용노동부장관이 적합하다고 판정한 심사의견서(공정안전보고서가 변경되지 않은 경우로 한정한다)

⑤ 제4항에 따라 화학사고예방관리계획서를 제출하는 경우에는 다음 각 호의 서류를 함께 제출해야 한다.

1. 안전성향상계획 또는 공정안전보고서에 대한 심사결과 통지서
2. 별지 제31호의3서식의 안전성향상계획·공정안전보고서 변경사항 부존재 확인서

⑥ 법 제23조제3항제1호 및 제2호에 따라 변경된 화학사고예방관리계획서를 제출해

서를 사업장 내에 비치하여야 한다.

⑥ 환경부장관은 제5항에 따른 적합 여부를 결정할 때 유해화학물질 취급시설의 사고위험성 등을 고려하여 환경부령으로 정하는 시설에 대하여 현장조사를 실시할 수 있다. 이 경우 해당 유해화학물질 취급시설에 대한 화학사고예방관리계획서를 제출한 자는 현장조사에 성실히 협조하여야 한다.

⑦ 환경부장관은 제5항 및 제6항에 따라 화학사고예방관리계획서를 검토한 결과 이를 수정·보완할 필요가 있는 경우에는 해당 화학사고예방관리계획서를 제출한 자에게 수정·보완을 요청할 수 있다. 이 경우 요청을 받은 자는 특별한 사유가 없으면 화학사고예방관리계획서를 수정·보완하여 제출하여야 한다.

⑧ 환경부장관은 제5항에 따른 검토를 위하여 필요하다고 인정하는 경우에는 해당 지방자치단체의 장에게 협의를 요청할 수 있다. 이 경우 협의를 요청받은 지방자치단체의 장은 화학사고예방관리계획서를 검토한 후 그 검토의견을 환경부장관에게 통보하여야 한다.

⑨ 화학사고예방관리계획서의 작성 내용·방법과 제출 시기·방법, 현장조사 등에 필요한 사항은 환경부령으로 정한다.

[전문개정 2020. 3. 31.]

야 하는 자는 별지 제32호서식의 화학사고예방관리계획서 변경 검토신청서에 다음 각 호의 서류를 첨부하여 변경완료일 30일 이전까지 화학물질안전원장에게 제출해야 한다.
1. 변경된 화학사고예방관리계획서
2. 별지 제31호의2서식의 공동 비상대응계획 작성·제출에 관한 자료(공동으로 비상대응계획을 작성하는 경우만 제출한다)

⑦ 법 제23조제3항제2호에서 "유해화학물질의 품목, 농도, 성상 또는 취급시설의 위치가 변경되는 등 환경부령으로 정하는 중요사항이 변경되는 경우"란 다음 각 호의 어느 하나에 해당하는 경우로서 화학사고 발생 시 사업장 주변 지역의 사람이나 환경 등에 미치는 영향범위(이하 "총괄영향범위"라 한다)가 확대되는 경우를 말한다.
1. 다음 각 목의 어느 하나에 해당하는 경우. 다만, 시장출시와 직접적인 관계가 없는 시범생산으로서 생산기간이 60일 이내인 일시적인 변경에 해당하는 경우는 제외한다.
   가. 사업장에서 취급하는 유해화학물질이 변경되거나 추가되는 경우
   나. 사업장에서 취급하는 유해화학물질의 함량·농도 또는 성상이 변경되는 경우(물질의 인화성 또는 급성독성 등 화학물질안전원장이 정하는 위험이 증가하는 경우만 해당한다)
2. 같은 사업장 내에서 유해화학물질 취급시설의

위치가 변경되는 경우

⑧ 법 제23조제4항에서 "환경부령으로 정하는 기준 이상의 유해화학물질 취급시설(이하 "주요취급시설"이라 한다)"이란 별표 3의2에 따른 유해화학물질별 수량 기준의 상위 규정수량 이상의 유해화학물질을 취급하는 사업장 내 취급시설을 말한다.

⑨ 법 제23조제4항에 따라 주요취급시설을 설치·운영하는 자는 최초의 화학사고예방관리계획서를 화학물질안전원장에게 제출하여 적합통보를 받은 날부터 5년 이내에 별지 제31호서식의 화학사고예방관리계획서 검토신청서에 제1항 각 호의 서류를 첨부하여 제출해야 한다.

⑩ 제1항부터 제9항까지에서 규정한 사항 외에 화학사고예방관리계획서의 작성 내용·방법 및 제출, 변경제출의 대상·방법 등에 관한 사항은 화학물질안전원장이 정하여 고시한다.

[전문개정 2021. 4. 1.]

제19조의2(화학사고예방관리계획서의 검토)

① 화학물질안전원장은 제19조제1항, 제4항 또는 제9항에 따라 화학사고예방관리계획서 검토신청서 또는 같은 조 제6항에 따라 화학사고예방관리계획서 변경 검토신청서를 제출받은 날부터 30일 이내에 화학사고예방관리계획서를 검토한 후 유해화학물질 취급시설의 위험도(위험성 및 사고발생 가능성 등에 따라 가위험도·나위험도 및 다위험도로 구분한다) 및 적합 여부 등을 적은 별지 제33호서식의 화학사고예방관리계획서 검토결

과서 또는 별지 제33호의2 서식의 화학사고예방관리계획서 변경 검토결과서를 신청인에게 내줘야 한다.

② 화학물질안전원장은 제19조제4항에 따라 제출된 화학사고예방관리계획서를 검토하는 경우에는 송부받은 안전성향상계획 또는 공정안전보고서 중 별표 4 제1호나목 및 제2호에 해당하는 내용에 대한 검토를 생략한다.

③ 법 제23조제6항 전단에서 "환경부령으로 정하는 시설"이란 다음 각 호의 어느 하나에 해당하는 시설을 말한다.

1. 법 제28조에 따른 유해화학물질 영업허가를 신규로 받아야 하는 시설 (해당 시설이 설치되어 현장확인이 가능한 경우로 한정한다)

2. 최근 3년 이내에 화학사고가 발생한 사실이 있는 자가 설치·운영하는 시설

3. 그 밖에 유해화학물질 취급시설의 위험성 및 사고발생 가능성 등을 고려하여 현장조사가 필요하다고 화학물질안전원장이 고시한 시설

④ 화학물질안전원장은 법 제23조제6항에 따라 현장조사를 실시하려는 때에는 조사를 실시하기 전에 조사 일시·목적·항목 등을 조사대상자에게 통보해야 한다. 이 경우 사전 통보일부터 현장조사를 실시한 날까지의 기간은 제1항에 따른 검토기간에 산입하지 않는다.

⑤ 화학물질안전원장은 법 제23조제7항에 따라 화학사고예방관리계획서를 제출한 자에게 수정·보완을 요청하

려는 경우에는 별지 제33호의3서식의 화학사고예방관리계획서 수정·보완 요청서로 해야 한다.

⑥ 제5항에 따라 수정·보완을 요청받은 자는 수정·보완한 자료를 그 요청을 받은 날부터 30일 이내에 화학물질안전원장에게 제출해야 한다. 다만, 수정·보완을 요청받은 자가 제출기한의 연장을 요청하는 경우에는 각각 30일의 범위에서 2회까지 연장할 수 있으며, 수정·보완을 요청한 날부터 수정·보완한 자료를 제출받은 날까지의 기간은 제1항에 따른 검토기간에 산입하지 않는다.

⑦ 제1항에 따라 화학사고예방관리계획서를 검토한 결과 부적합 통보를 받은 자(부적합 통보 대상 취급시설을 계속해서 설치·운영하는 경우만 해당한다)는 3개월 이내에 화학사고예방관리계획서를 수정·보완하여 제출해야 한다.

⑧ 화학물질안전원장은 법 제23조제8항 전단에 따라 해당 지방자치단체의 장에게 다음 각 호의 사항에 대한 협의를 요청할 수 있다. 이 경우 협의를 요청한 날부터 그에 따른 검토의견을 통보받은 날까지의 기간은 제1항에 따른 검토기간에 산입하지 않는다.

1. 지역사회와의 공조 및 주민의 보호·대피에 관한 사항

2. 그 밖에 지방자치단체의 장과의 협의가 필요하다고 화학물질안전원장이 인정하는 사항

⑨ 제1항부터 제8항까지에서 규정한 사항 외에 화학사고

		예방관리계획서의 검토 및 현장조사 등에 필요한 세부사항은 화학물질안전원장이 정하여 고시한다. [본조신설 2021. 4. 1.]
제24조(취급시설의 배치·설치 및 관리 기준 등) ① 유해화학물질 취급시설은 환경부령으로 정하는 배치·설치 및 관리 기준 등에 따라 설치·운영되어야 한다. ② 유해화학물질 취급시설의 설치를 마친 자는 환경부령으로 정하는 검사기관에서 검사를 받고 그 결과를 환경부장관에게 제출하여야 한다. ③ 유해화학물질 취급시설을 설치·운영하는 자는 취급시설별로 환경부령으로 정하는 기간마다 제2항에 따른 검사기관에서 정기검사 또는 수시검사를 받고 그 결과를 환경부장관에게 제출하여야 한다. 다만, 제5항에 따라 안전진단을 실시하고 안전진단결과보고서를 제출한 자에 대하여는 환경부령으로 정하는 기간 동안 정기검사를 면제할 수 있다. 〈개정 2020. 3. 31.〉 ④ 제3항 본문에도 불구하고 다음 각 호의 어느 하나에 해당하는 유해화학물질 취급시설을 설치·운영하는 자에 대해서는 정기검사 및 수시검사를 면제한다. 〈신설 2020. 3. 31.〉 1. 「연구실 안전환경 조성에 관한 법률」 제2조제2호의 연구실(환경부령으로 정하는 시험생산용 설비를 운영하는 연구실은 제외한다) 2. 「학교안전사고 예방 및 보상에 관한 법률」 제2		**제19조(화학사고예방관리계획서의 작성·제출)** ① 법 제23조제1항에 따라 유해화학물질 취급시설을 설치·운영하려는 자는 별지 제31호서식의 화학사고예방관리계획서 검토신청서에 다음 각 호의 서류를 첨부하여 법 제24조제2항에 따른 유해화학물질 취급시설의 검사 개시일 60일 이전까지 화학물질안전원장에게 제출해야 한다. 〈개정 2022. 1. 10.〉 1. 화학사고예방관리계획서 2. 별지 제31호의2서식의 공동비상대응계획 작성·제출에 관한 자료(공동으로 비상대응계획을 작성하는 경우만 제출한다) ② 법 제23조제1항제3호에서 "환경부령으로 정하는 기준에 해당하는 시설"이란 다음 각 호의 어느 하나에 해당하는 시설을 말한다. 1. 별표 1 제5호라목 단서에 해당하는 방법으로 유해화학물질을 운반·보관하는 시설 2. 별표 3의2에 따른 유해화학물질별 수량 기준의 하위 규정수량 미만의 유해화학물질을 취급하는 사업장 내 취급시설 3. 유해화학물질을 운반하는 차량(유해화학물질을 차량에 싣거나 내리는 경우는 제외한다) 4. 「군사기지 및 군사시설 보호법」 제2조제1호에 따른 군사기지 및 같은

조제1호의 학교

⑤ 유해화학물질 취급시설의 설치를 마친 자 또는 유해화학물질 취급시설을 설치·운영하는 자는 다음 각 호의 어느 하나에 해당하는 경우에는 제2항에 따른 검사기관에 의한 안전진단을 실시하고 취급시설의 안전상태를 입증하기 위한 안전진단결과보고서를 환경부장관에게 제출하여야 한다. 〈개정 2020. 3. 31., 2020. 5. 26.〉

1. 제2항 또는 제3항에 따른 검사 결과 유해화학물질 취급시설의 구조물이나 설비가 침하(沈下)·균열·부식(腐蝕) 등으로 안전상의 위해가 우려된다고 인정되는 경우

2. 유해화학물질 취급시설을 설치한 후 취급시설별로 환경부령으로 정하는 기간이 지난 경우

⑥ 제2항 및 제3항에 따른 검사 또는 제5항에 따른 안전진단 결과 적합 판정을 받지 아니한 유해화학물질 취급시설은 사용할 수 없다. 다만, 검사 또는 안전진단을 위하여 그 시설을 사용하는 경우에는 그러하지 아니하다. 〈개정 2020. 3. 31.〉

⑦ 제2항 및 제3항에 따른 검사의 절차·기준 및 검사기관의 관리기준, 제5항에 따른 안전진단의 세부적인 방법 등에 관하여 필요한 사항은 환경부령으로 정한다. 〈개정 2020. 3. 31.〉

조 제2호에 따른 군사시설 내 유해화학물질 취급시설

5. 「의료법」제3조제2항에 따른 의료기관 내 유해화학물질 취급시설

6. 「항만법」제2조제5호에 따른 항만시설 내에서 유해화학물질이 담긴 용기·포장을 보관하는 시설(「선박의 입항 및 출항 등에 관한 법률」제34조제1항에 따라 자체안전관리계획을 수립하여 관리청의 승인을 받은 경우만 해당한다)

7. 「철도산업발전기본법」제3조제2호에 따른 철도시설 내에서 유해화학물질이 담긴 용기·포장을 보관하는 시설(「위험물철도운송규칙」제16조제2항 본문에 따라 지체 없이 역외로 반출하는 경우만 해당한다)

8. 「농약관리법」제3조제2항에 따라 판매업을 등록한 자가 사용하는 유해화학물질 보관·저장시설

9. 「항공보안법」제12조제1항에 따라 지정된 보호구역 내에서 「항공사업법」제2조제8호의 항공운송사업자 또는 같은 조 제34호의 공항운영자가 설치·운영하는 유해화학물질 취급시설

10. 제1호부터 제9호까지에서 규정한 시설 외에 화학물질안전원장이 정하여 고시하는 시설

③ 법 제23조제2항에 따른 화학사고예방관리계획서의 작성 내용 및 방법은 별표 4와 같다.

④ 제1항에도 불구하고 산업통상자원부장관 또는 고용노

동부장관이 다음 각 호의 어느 하나에 해당하는 서류를 화학물질안전원장에게 송부한 경우 그 송부된 서류에 별표 4 제1호나목 및 제2호에 해당하는 내용이 있으면 그 내용을 제외하고 작성한 화학사고예방관리계획서를 첨부하여 화학물질안전원장에게 제출할 수 있다.

1. 「고압가스 안전관리법」 제13조의2에 따라 제출한 안전성향상계획(이하 "안전성향상계획"이라 한다) 2부 및 한국가스안전공사가 적합하다고 판정한 심사의견서(안전성향상계획이 변경되지 않은 경우로 한정한다)

2. 「산업안전보건법」 제44조에 따라 제출한 공정안전보고서(이하 "공정안전보고서"라 한다) 2부 및 고용노동부장관이 적합하다고 판정한 심사의견서(공정안전보고서가 변경되지 않은 경우로 한정한다)

⑤ 제4항에 따라 화학사고예방관리계획서를 제출하는 경우에는 다음 각 호의 서류를 함께 제출해야 한다.

1. 안전성향상계획 또는 공정안전보고서에 대한 심사결과 통지서

2. 별지 제31호의3서식의 안전성향상계획·공정안전보고서 변경사항 부존재 확인서

⑥ 법 제23조제3항제1호 및 제2호에 따라 변경된 화학사고예방관리계획서를 제출해야 하는 자는 별지 제32호서식의 화학사고예방관리계획서 변경 검토신청서에 다음 각 호의 서류를 첨부하여 변경완료일 30일 이전

까지 화학물질안전원장에게 제출해야 한다.

1. 변경된 화학사고예방관리 계획서

2. 별지 제31호의2서식의 공동 비상대응계획 작성·제출에 관한 자료(공동으로 비상대응계획을 작성하는 경우만 제출한다)

⑦ 법 제23조제3항제2호에서 "유해화학물질의 품목, 농도, 성상 또는 취급시설의 위치가 변경되는 등 환경부령으로 정하는 중요사항이 변경되는 경우"란 다음 각 호의 어느 하나에 해당하는 경우로서 화학사고 발생 시 사업장 주변 지역의 사람이나 환경 등에 미치는 영향범위(이하 "총괄영향범위"라 한다)가 확대되는 경우를 말한다.

1. 다음 각 목의 어느 하나에 해당하는 경우. 다만, 시장출시와 직접적인 관계가 없는 시범생산으로서 생산기간이 60일 이내인 일시적인 변경에 해당하는 경우는 제외한다.
   가. 사업장에서 취급하는 유해화학물질이 변경되거나 추가되는 경우
   나. 사업장에서 취급하는 유해화학물질의 함량·농도 또는 성상이 변경되는 경우(물질의 인화성 또는 급성독성 등 화학물질안전원장이 정하는 위험이 증가하는 경우만 해당한다)

2. 같은 사업장 내에서 유해화학물질 취급시설의 위치가 변경되는 경우

⑧ 법 제23조제4항에서 "환경부령으로 정하는 기준 이상의 유해화학물질 취급시설(이하 "주요취급시설"이라

한다)"이란 별표 3의2에 따른 유해화학물질별 수량 기준의 상위 규정수량 이상의 유해화학물질을 취급하는 사업장 내 취급시설을 말한다.

⑨ 법 제23조제4항에 따라 주요취급시설을 설치·운영하는 자는 최초의 화학사고예방관리계획서를 화학물질안전원장에게 제출하여 적합통보를 받은 날부터 5년 이내에 별지 제31호서식의 화학사고예방관리계획서 검토신청서에 제1항 각 호의 서류를 첨부하여 제출해야 한다.

⑩ 제1항부터 제9항까지에서 규정한 사항 외에 화학사고예방관리계획서의 작성 내용·방법 및 제출, 변경제출의 대상·방법 등에 관한 사항은 화학물질안전원장이 정하여 고시한다.
[전문개정 2021. 4. 1.]

제21조(취급시설의 배치·설치 및 관리 기준)

① 법 제24조제1항에 따라 유해화학물질 취급시설은 그 외벽부터 「건축법」 제2조제2호의 건축물의 경계 또는 「자연환경보전법」 제2조제12호의 생태·경관보호지역의 경계까지 환경부장관이 정하여 고시하는 안전거리를 유지하도록 배치되어야 한다.

② 법 제24조제1항에 따른 유해화학물질 취급시설의 설치 및 관리기준은 별표 5와 같다.

제21조의2(취급시설의 설치 및 관리 기준의 특례)

① 화학물질안전원장은 다음 각 호의 어느 하나에 해당하는 유해화학물질 취급시설로서 별표 5에 따른 설치

및 관리 기준을 그대로 적용하기 어렵다고 인정하는 시설에 대해서는 법 제24조제1항에 따른 설치 및 관리 기준의 적용을 위하여 안전성에 관한 평가(이하 이 조에서 "안전성 평가"라 한다)를 실시하고 그 결과에 따라 별표 5에 따른 설치 및 관리 기준의 일부를 적용하지 아니하거나 다르게 적용할 수 있다.

1. 2014년 12월 31일 이전에 착공한 유해화학물질 취급시설로서 별표 5의 기준에 적합하게 설치·관리하기 위한 사업장의 물리적 공간이 부족하여 대규모의 이설이 불가피하거나 안전상의 문제가 발생할 우려가 있는 취급시설

2. 취급시설의 설치에 관한 새로운 기술이 적용되어 별표 5의 기준을 적용하는 것이 어렵다고 화학물질안전원장이 인정하는 경우

② 제1항에 따른 안전성 평가를 받으려는 자는 별지 제33호의5서식의 안전성 평가 신청서에 제1항 각 호의 어느 하나에 해당함을 증명하는 서류를 첨부하여 화학물질안전원장에게 제출하여야 한다.

③ 화학물질안전원장은 제2항에 따른 신청서를 제출받은 경우에는 다음 각 호에 따라 안전성 평가를 실시하고, 그 결과를 신청인에게 통보하여야 한다.

1. 서면평가: 별표 5의 기준을 적용하기 어려운 사유 및 별표 5의 기준과 같은 수준 이상의 안전성이 확보되었는지를 제

출된 증명서류를 통하여 평가

  2. 현장평가: 해당 취급시설의 설치 조건 및 안전성 확보 수준이 서면평가 결과와 일치하는지를 현장에서 직접 확인하여 평가

④ 제1항에 따라 해당 취급시설에 대하여 설치 및 관리 기준의 일부를 적용하지 아니하거나 다르게 적용하려는 자는 제3항에 따라 통보받은 안전성 평가의 결과를 지방환경관서의 장에게 제출하여야 한다.

⑤ 제1항부터 제4항까지에서 규정한 사항 외에 안전성 평가의 세부 기준 및 절차 등에 관하여 필요한 사항은 화학물질안전원장이 정하여 고시한다.

[본조신설 2017. 5. 30.]

제22조(검사기관 등)

① 법 제24조제2항에서 "환경부령으로 정하는 검사기관"이란 다음 각 호의 기관을 말한다.

  1. 「한국환경공단법」에 따른 한국환경공단

  2. 「한국산업안전보건공단법」에 따른 한국산업안전보건공단

  3. 「고압가스 안전관리법」에 따른 한국가스안전공사

  4. 제1호부터 제3호까지에서 규정한 기관 외에 환경부장관이 유해화학물질 취급시설에 대한 검사와 안전진단에 관한 능력을 갖추고 있다고 인정하여 지정·고시한 기관

② 환경부장관은 유해화학물질 취급시설에 대한 검사 및 안전진단을 위하여 필요한

		경우에는 제1항에 따른 검사기관에 관련 자료의 제공을 요청할 수 있다. 이 경우 요청을 받은 검사기관은 이에 따라야 한다.
		③ 환경부장관은 제1항에 따른 검사기관이 유해화학물질 취급시설에 대한 검사와 안전진단에 대한 능력을 갖추고 있는지 여부 등을 주기적으로 확인하여야 한다.
		④ 제2항 및 제3항에서 규정한 사항 외에 제1항에 따른 검사기관의 관리 등에 필요한 사항은 환경부장관이 정한다.

제23조(취급시설의 정기·수시검사 등)

① 법 제24조제2항에 따라 유해화학물질 취급시설의 설치를 마친 자는 해당 시설을 가동하기 전에 제22조제1항에 따른 검사기관에서 검사를 받고 별지 제34호서식의 유해화학물질 취급시설 검사결과신고서에 유해화학물질 취급시설 검사결과서를 첨부하여 지방환경관서의 장에게 제출해야 한다. 〈개정 2020. 9. 29.〉

② 법 제24조제3항 본문에서 "환경부령으로 정하는 기간"이란 1년(법 제28조에 따른 유해화학물질 영업허가 대상이 아닌 유해화학물질 취급시설의 경우에는 2년을 말한다)을 말한다. 다만, 천재지변이나 그 밖의 부득이한 사유 등으로 정기검사를 받는 것이 어렵다고 환경부장관이 인정하는 경우에는 본문에 따른 기간을 연장할 수 있다. 〈개정 2021. 4. 1.〉

③ 유해화학물질 취급시설에서 화학사고가 발생한 경우에는 그 화학사고가 발생한

날부터 7일 이내에 법 제24조제3항 본문에 따른 수시검사를 받아야 한다.

④ 지방환경관서의 장은 유해화학물질 취급시설에서 화학사고가 발생할 우려가 있는 경우에는 별지 제35호서식에 따라 법 제24조제3항 본문에 따른 수시검사 대상임을 통지하여야 한다.

⑤ 법 제24조제3항 단서에서 "환경부령으로 정하는 기간"이란 1년을 말한다.

⑥ 법 제24조제3항 본문에 따른 정기검사 또는 수시검사를 받은 자는 별지 제36호서식의 유해화학물질 취급시설(정기검사, 수시검사) 결과신고서에 유해화학물질 취급시설 검사결과서를 첨부하여 지방환경관서의 장에게 제출해야 한다.〈개정 2020. 9. 29.〉

⑦ 법 제24조제2항 및 제3항에 따른 검사의 내용과 제1항 및 제6항에 따른 검사결과서의 작성방법 등에 필요한 사항은 환경부장관이 정하여 고시한다.

⑧ 법 제24조제4항제1호에서 "환경부령으로 정하는 시험생산용 설비"란 다음 각 호의 구분에 따른 요건에 해당하는 설비로서 연속적으로 60일을 초과하여 운영하는 설비를 말한다.〈신설 2020. 9. 29.〉

1. 설비의 작동방식이 회분식(回分式)인 경우: 단위설비의 1회 처리용량이 100킬로그램 이상에 해당하는 설비

2. 설비의 작동방식이 연속식인 경우: 단위설비의 시간당 처리용량이 10킬로그램 이상에 해당하는 설비

제24조(안전진단 등)

① 유해화학물질 취급시설의 설치를 마친 자 또는 유해화학물질 취급시설을 설치·운영하는 자는 법 제24조제5항제1호에 해당하는 경우에는 법 제24조제2항 및 제3항에 따른 검사 결과를 받은 날부터 20일 이내에 법 제24조제5항에 따른 안전진단을 실시해야 한다. 〈개정 2020. 9. 29.〉

② 법 제24조제5항제2호에서 "환경부령으로 정하는 기간"이란 다음 각 호의 구분에 따른 기간을 말한다. 〈개정 2020. 9. 29., 2021. 4. 1.〉

1. 가위험도 유해화학물질 취급시설: 화학사고예방관리계획서 검토결과서(이하 이 항에서 "검토결과서"라 한다)를 받은 날부터 매 4년

2. 나위험도 유해화학물질 취급시설: 검토결과서를 받은 날부터 매 8년

3. 다위험도 유해화학물질 취급시설: 검토결과서를 받은 날부터 매 12년

4. 제19조제2항 각 호의 어느 하나에 해당하는 시설: 법 제24조제2항에 따른 검사 또는 같은 조 제3항에 따른 정기검사(법 제24조제2항에 따른 검사를 받지 않은 경우만 해당한다)의 적합 통보일부터 매 12년

③ 유해화학물질 취급시설의 설치를 마친 자 또는 유해화학물질 취급시설을 설치·운영하는 자는 법 제24조제5항제2호에 해당하는 경우에는 제2항에 따른 기간이 만료되는 날부터 60일 이내에 제1항에 따른 안전

진단을 실시해야 한다. 〈개
정 2020. 9. 29.〉

④ 제1항 및 제3항에 따른 안
전진단을 실시한 자는 별지
제37호서식의 안전진단결과
신고서에 안전진단결과보고
서를 첨부하여 지방환경관
서의 장에게 제출하여야 한
다. 이 경우 지방환경관서의
장은 근로자의 보호를 위하
여 안전 조치가 필요하다고
인정되는 경우에는 지방고
용노동관서의 장에게 관련
내용을 통보하여야 한다.

⑤ 제1항부터 제4항까지에서
규정한 사항 외에 안전진단
의 항목 및 방법 등에 필요
한 사항은 환경부장관이 정
하여 고시한다.

제25조(취급시설 개선명령 등)

① 지방환경관서의 장은 법 제
25조제1항에 따른 개선명령
을 하려는 경우에는 별지
제38호서식의 취급시설 개
선명령서에 개선사항 상세
내역을 첨부하고 이행기간
을 적어 해당 시설을 설치
·운영하는 자에게 통지하여
야 한다. 이 경우 이행기간
은 화학사고의 발생 가능
성, 시급성 및 공사기간 등
을 고려하여 12개월의 범위
에서 정한다.

② 제1항에 따른 개선명령서를
받은 자는 지체 없이 별지
제39호서식의 이행계획서
에 다음 각 호의 서류를 첨
부하여 지방환경관서의 장
에게 제출하고 개선명령을
이행하여야 한다.

1. 취급시설의 개선명세서
2. 이행계획 및 공사비
3. 이행기간 동안의 유해화
   학물질 안전관리계획

③ 지방환경관서의 장은 제2항
에 따른 이행계획서를 검토

한 결과 이행계획 및 안전 관리계획 등이 적정하지 아니하다고 판단되는 경우에는 이행계획서의 수정·변경을 요구할 수 있다. 이 경우 요구를 받은 자는 지체 없이 수정·변경한 사항을 반영하여 지방환경관서의 장에게 제출하고 이를 이행하여야 한다.

④ 제2항 및 제3항에 따라 이행계획서를 제출한 자는 천재지변이나 그 밖의 부득이한 사유로 제1항에 따른 이행기간 내에 개선명령을 이행할 수 없는 경우에는 그 기간 만료일 10일 전에 지방환경관서의 장에게 6개월 이내의 범위에서 이행기간을 연장하여 줄 것을 요청할 수 있다.

⑤ 제2항 및 제3항에 따라 이행계획서를 제출한 자가 그 이행계획을 모두 이행한 경우에는 지체 없이 별지 제40호서식의 이행결과 보고서에 개선명령 이행결과 상세보고서를 첨부하여 지방환경관서의 장에게 제출하여야 한다. 이 경우 지방환경관서의 장은 현장을 방문하여 이행상태를 확인하되, 법 제24조제2항·제3항에 따른 검사 결과 또는 같은 조 제4항에 따른 안전진단 결과보고서를 제출받은 경우에는 그 결과를 통하여 이행상태를 확인할 수 있다. 〈개정 2018. 10. 26.〉

⑥ 지방환경관서의 장은 법 제25조제2항에 따라 시설의 가동중지를 명하려는 경우에는 별지 제41호서식의 취급시설 가동중지 명령서를 발부하여야 한다.

⑦ 제6항에 따른 명령서를 받은 자는 명령서를 받은 날

부터 시설의 가동을 중지하여야 하고 가동중지 명령이 해제될 때까지 해당 시설을 가동하여서는 아니 된다.

제29조(유해화학물질 영업의 변경허가 및 변경신고)

① 법 제28조제5항에 따른 변경허가 및 변경신고의 대상은 다음 각 호와 같다. 〈개정 2016. 4. 7., 2017. 5. 30., 2018. 10. 26., 2021. 4. 1., 2022. 1. 10.〉

1. 변경허가 대상: 다음 각 목의 어느 하나에 해당하는 경우. 다만, 가목과 나목의 경우에는 허가 또는 변경허가를 받은 후 누적된 증가량이 100분의 50 이상인 경우로 한정한다.

   가. 법 제27조에 따른 영업구분별 보관·저장시설의 총 용량 또는 운반시설 용량이 증가된 경우

   나. 연간 제조량 또는 사용량이 증가된 경우

   다. 허가받은 유해화학물질 품목이 추가된 경우(제2호나목의 경우는 제외한다)

   라. 같은 사업장 내에서의 유해화학물질 취급시설의 신설·증설·위치 변경 또는 취급하는 유해화학물질의 변경이 있는 경우(변경된 화학사고예방관리계획서를 제출해야 하는 경우로 한정한다)

   마. 사업장의 소재지가 변경된 경우(사무실만 있는 경우는 제외한다)

   바. 제19조제2항제2호에 해당하는 사업장의 유해화학물질 취급량이 별표 3의2에 따른 유해화학물질별 수량 기준의 하위

규정수량 이상으로 증가
된 경우

2. 변경신고 대상: 다음 각
목의 어느 하나에 해당
하는 경우

가. 사업장의 명칭·대표
자 또는 사무실 소재지
가 변경된 경우

나. 시장출시와 직접적인
관계가 없는 시범생산(생
산기간이 60일 이내인
경우로 한정한다)으로서
취급하는 유해화학물질이
일시적으로 변경된 경우

다. 같은 사업장 내에서
의 유해화학물질 취급시
설의 신설·증설·부지 경
계로의 위치 변경 또는
취급하는 유해화학물질
의 변경이 있는 경우(총
괄영향범위가 확대되지
않는 경우로 한정한다)

라. 유해화학물질 운반차
량의 종류가 변경되거나
대수 또는 용량이 증가한
경우(제1호가목에 해당하
는 경우는 제외한다)

마. 법 제28조제2항에 따른
기술인력을 변경한 경우

② 법 제28조제5항에 따른 변
경허가를 받으려는 자는 해
당 사항을 변경하기 전에,
변경신고를 하려는 자는 해
당 사항이 변경된 날부터
30일 이내[제1항제2호가목
(대표자가 변경된 경우만
해당한다) 및 마목의 경우
에는 변경된 날부터 60일
이내, 같은 호 나목의 경우
에는 해당 사항을 변경하기
전]에 별지 제46호서식의 변
경허가신청서 또는 변경신고
서에 다음 각 호의 서류를
첨부하여 지방환경관서의 장
에게 제출해야 한다. 〈개정
2016. 4. 7., 2017. 5. 30.,
2018. 10. 26., 2020. 9.

29., 2021. 4. 1.〉
1. 변경사항을 증명할 수 있는 서류
2. 변경된 화학사고예방관리계획서(제1항제1호라목의 경우만 해당한다)
2의2. 화학사고예방관리계획서(제1항제1호바목의 경우만 해당한다)
3. 제28조제1항에 따른 유해화학물질 영업허가증 원본
4. 시범생산 계획서(제1항제2호나목의 경우만 해당한다)
5. 유해화학물질 영업자가 확인한 화학사고예방관리계획서의 작성항목 중 별표 4 제3호에 따른 장외 평가정보(이하 "장외평가정보"라 한다)의 변경 여부를 확인할 수 있는 서류(제1항제2호다목의 경우만 해당한다)
6. 법 제24조제2항에 따른 검사결과서(취급시설을 변경한 경우만 해당한다)
③ 제2항에도 불구하고 제1항제2호다목에 해당하는 사유로 변경신고를 하려는 자는 법 제24조제2항에 따른 검사기관(이하 이 조에서 "검사기관"이라 한다)에서 변경완료예정일부터 30일 이내에 검사를 받는 조건으로 해당 사항을 변경하기 전에 변경신고를 할 수 있다. 〈신설 2021. 4. 1.〉
④ 제3항에 따라 변경신고를 하려는 자는 별지 제46호서식의 유해화학물질 영업 변경신고서에 다음 각 호의 서류를 첨부하여 지방환경관서의 장에게 제출해야 한다. 〈신설 2021. 4. 1.〉
1. 제2항제1호부터 제5호까지의 서류

2. 법 제24조제2항에 따른 검사를 변경완료예정일부터 30일 이내에 받을 수 있음을 검사기관이 증명하는 서류

⑤ 제4항에 따라 변경신고를 한 자는 검사기관의 검사결과서를 변경완료일부터 60일 이내에 지방환경관서의 장에게 제출해야 한다. 〈신설 2021. 4. 1.〉

⑥ 제2항에 따라 변경허가신청서 또는 변경신고서를 제출받은 담당 공무원은 「전자정부법」 제36조제1항에 따른 행정정보의 공동이용을 통하여 다음 각 호의 구분에 따른 서류를 확인해야 한다. 다만, 신청인이 확인에 동의하지 않는 경우에는 해당 서류를 첨부하게 해야 한다. 〈신설 2022. 1. 10.〉

1. 제1항제1호마목의 경우: 법인 등기사항증명서(법인인 경우만 해당한다) 또는 사업자등록증

2. 제1항제2호가목의 경우
   가. 사업장의 명칭 또는 사무실 소재지가 변경된 경우: 법인 등기사항증명서(법인인 경우만 해당한다) 또는 사업자등록증
   나. 대표자가 변경된 경우: 법인 등기사항증명서(법인인 경우만 해당한다) 또는 사업자등록증, 법 제30조 각 호의 유해화학물질 영업자의 결격사유에 해당하지 않음을 증명하는 서류

3. 제1항제2호마목의 경우: 국가기술자격취득사항확인서

⑦ 지방환경관서의 장은 법 제28조제5항에 따라 유해화학물질의 영업 변경허가를 하거나 변경신고를 받은 경

<table>
<tr><td></td><td></td><td>우에는 신청인에게 별지 제45호서식의 유해화학물질 영업 변경허가증 또는 별지 제47호서식의 유해화학물질 영업 변경신고증을 내주어야 한다. 다만, 제4항에 따라 변경신고를 받은 경우에는 제5항에 따른 검사결과서를 받은 이후에 별지 제47호서식의 유해화학물질 영업 변경신고증을 내줘야 한다. 〈개정 2021. 4. 1., 2022. 1. 10.〉
⑧ 제1항부터 제7항까지에서 규정한 사항 외에 변경신고 절차, 시범생산계획서 및 장외 평가정보의 변경 여부를 확인할 수 있는 서류의 작성 등에 필요한 사항은 환경부장관이 정하여 고시한다. 〈신설 2016. 4. 7., 2021. 4. 1., 2022. 1. 10.〉</td></tr>
<tr><td>제26조(취급시설 등의 자체 점검)
① 유해화학물질 취급시설을 설치·운영하는 자(가동중단 또는 휴업 중인 자를 포함한다)는 주 1회 이상 해당 유해화학물질의 취급시설 및 장비 등에 대하여 환경부령으로 정하는 바에 따라 정기적으로 점검을 실시하고 그 결과를 5년간 기록·비치하여야 한다.
② 제1항에 따른 점검의 내용은 다음 각 호와 같다.
　1. 유해화학물질의 이송배관·접합부 및 밸브 등 관련 설비의 부식 등으로 인한 유출·누출 여부
　2. 고체 상태 유해화학물질의 용기를 밀폐한 상태로 보관하고 있는지 여부
　3. 액체·기체 상태의 유해화학물질을 완전히 밀폐한 상태로 보관하고 있는지 여부
　4. 유해화학물질의 보관용기</td><td></td><td>제26조(취급시설 등의 자체 점검)
① 법 제26조제1항에 따른 점검 결과는 별지 제42호서식의 점검대장에 기록하고 유해화학물질 취급자가 쉽게 볼 수 있거나 접근할 수 있도록 하여야 한다.
② 법 제26조제2항제6호에서 "환경부령으로 정하는 유해화학물질 취급시설 및 장비 등에 대한 안전성 여부"란 다음 각 호의 것을 말한다.
　1. 물 반응성 물질이나 인화성 고체의 물 접촉으로 인한 화재·폭발 가능성이 있는지 여부
　2. 인화성 액체의 증기 또는 인화성 가스가 공기 중에 존재하여 화재·폭발 가능성이 있는지 여부
　3. 자연발화의 위험이 있는 물질이 취급시설 및 장비 주변에 존재함에 따라 화재·폭발 가능성이</td></tr>
</table>

가 파손 또는 부식되거나 균열이 발생하였는지 여부

5. 탱크로리, 트레일러 등 유해화학물질 운반 장비의 부식·손상·노후화 여부

6. 그 밖에 환경부령으로 정하는 유해화학물질 취급시설 및 장비 등에 대한 안전성 여부

있는지 여부

4. 누출감지장치, 안전밸브, 경보기 및 온도·압력계기가 정상적으로 작동하는지 여부

5. 법 제14조제1항에 따른 개인보호장구가 본래의 성능을 유지하는지 여부

6. 유해화학물질 저장·보관 설비의 부식·손상·균열 등으로 인한 유출·누출이 있는지 여부

제39조(사고대비물질의 지정)

환경부장관은 화학사고 발생의 우려가 높거나 화학사고가 발생하면 피해가 클 것으로 우려되는 다음 각 호의 어느 하나에 해당하는 화학물질 중에서 대통령령으로 정하는 바에 따라 사고대비물질을 지정·고시하여야 한다.

1. 인화성, 폭발성 및 반응성, 유출·누출 가능성 등 물리적·화학적 위험성이 높은 물질

2. 경구(經口) 투입, 흡입 또는 피부에 노출될 경우 급성독성이 큰 물질

3. 국제기구 및 국제협약 등에서 사람의 건강 및 환경에 위해를 미칠 수 있다고 밝혀진 물질

4. 그 밖에 화학사고 발생의 우려가 높아 특별한 관리가 필요하다고 인정되는 물질

제17조(사고대비물질의 지정·고시)

환경부장관은 법 제39조에 따라 사고대비물질을 지정·고시하려는 경우에는 「화학물질의 등록 및 평가 등에 관한 법률」 제7조에 따른 화학물질평가위원회의 의견을 들은 후 관리위원회의 심의를 거쳐야 한다.

제40조(사고대비물질의 관리기준)

사고대비물질을 취급하는 자는 외부인 출입관리 기록 등 환경부령으로 정하는 사고대비물질의 관리기준을 지켜야 한다. 다만, 사고대비물질의 취급시설이 「연구실 안전환경 조성에 관한 법률」 제2조제2호에 따른 연구실인 경우에는 그러하지 아니하다.

제44조(사고대비물질의 관리기준)

법 제40조 본문에 따른 사고대비물질의 관리기준은 별표 9와 같다.

제43조(화학사고 발생신고 등) ① 화학사고가 발생하거나 발생할 우려가 있으면 해당 화학물질을 취급하는 자는 즉시 화학사고예방관리계획서에 따라 위해방제에 필요한 응급조치를 하여야 한다. 다만, 화학사고의 중대성·시급성이 인정되는 경우에는 취급시설의 가동을 중단하여야 한다.〈개정 2020. 3. 31.〉 ② 화학사고가 발생하면 해당 화학물질을 취급하는 자는 즉시 관할 지방자치단체, 지방환경관서, 국가경찰관서, 소방관서 또는 지방고용노동관서에 신고하여야 한다. ③ 제2항에 따라 신고를 받은 기관의 장은 즉시 이를 환경부령으로 정하는 바에 따라 화학사고의 원인·규모 등을 환경부장관에게 통보하여야 한다. ④ 제2항에 따른 신고 또는 제3항에 따른 통보를 한 경우에는 「재난 및 안전관리 기본법」 제18조에 따른 신고 또는 통보를 각각 마친 것으로 본다.		제49조(화학사고 발생신고 등) ① 법 제43조제2항에 따라 화학사고가 발생하면 해당 화학물질을 취급하는 자는 화학물질별 유출량·누출량 및 화학사고 양태(樣態) 등을 고려하여 환경부장관이 정한 기준에 따라 즉시 신고하여야 한다. ② 법 제43조제3항에 따라 신고를 받은 기관의 장은 즉시 별지 제63호서식에 따라 화학사고의 원인·규모 등을 환경부장관에게 통보하여야 한다.

■ 화학물질관리법 시행규칙 [별표 4] 〈개정 2022. 1. 10.〉

화학사고예방관리계획서의 작성 내용 및 방법(제19조제3항 관련)

1. 기본정보

가. 사업장 일반정보

　1) 사업장 일반정보는 사업장명, 사업장 소재지, 1군·2군 사업장 해당 여부 등을 포함하여 작성한다.

　2) 취급시설 개요는 사업장 전체를 기준으로 장치·설비의 종류 및 취급하는 유해화학물질명 등을 포함하여 작성한다.

나. 유해화학물질의 목록 및 유해성 정보

　1) 유해화학물질의 목록 및 명세는 취급하는 유해화학물질명, 유해화학물질별 물리적·화학적 성질 및 물리적 위험성, 건강 유해성 및 환경 유해성 분류기준에 따른 구분 등을 포함하여 작성한다.

　2) 대표 유해성 정보는 사업장에서 취급하는 유해화학물질 중 유해성이 가장 큰 대표 물질 2종에 대한 물리적 위험성, 건강 유해성 또는 환경 유해성 정보 등을 포함하여 작성한다.

다. 취급시설의 입지정보

　1) 취급시설의 입지정보는 전체배치도, 설비배치도 및 주변 환경정보를 포함하여 작성한다.

　2) 전체배치도는 사업장 내 건물 및 설비의 위치, 건물 간 거리, 단위공정 또는 단위공장 배치 등을 포함하여 작성한다.

　3) 설비배치도는 단위공정 또는 단위공장별로 각 설비의 위치, 주요 설비의 설치 높이, 각 설비 간 거리 등에 관한 사항 등을 포함하여 작성하되, 전체배치도상의 위치가 파악될 수 있도록 작성한다.

　4) 주변 환경정보는 사업장 인근 지역 시설물의 위치도·명세, 주민분포 현황 및 자연보호구역 지정 현황 등을 포함하여 작성한다.

2. 시설정보

가. 공정안전정보

　1) 공정안전정보는 공정개요, 공정도면, 장치·설비의 목록 및 명세를 포함하여 작성한다.

　2) 공정개요는 유해화학물질을 취급하는 절차·방법의 흐름에 따라 공정설명 자료를 작성한다.

　3) 공정도면에는 주요 동력기계, 장치 및 설비의 표시 및 명칭, 주요 계측장비 및 제어 설비, 물질 및 열에너지 수지, 운전온도 및 운전압력 등의 사항들이 포함된 공정흐름도(Process Flow Diagram, PFD)를 작성하고, 단위공정 또는 단위설비들이 배관으로 연결되어 있는 경우에는 공정배관계장도(Piping & Instrument Diagram, P&ID)를 추가로 작성한다.

　4) 장치·설비의 목록 및 명세는 단위공정별로 장치 및 설비의 명칭과 용량을 포함하여 작성한다.

나. 안전장치 현황

　1) 안전장치 현황은 확산방지 설비 현황 및 배치도, 고정식 유해감지시설 명세 및 배치도, 안전밸브 및 파열판 명세, 배출물질 처리시설 현황을 포함하여 작성한다.

　2) 확산방지 설비 현황 및 배치도는 유해화학물질 누출 시 누출 확산을 방지할 수 있는 방류벽 및 트렌치 등 시설의 목록, 용량 및 배치도를 포함하여 작성한다.

　3) 고정식 유해감지시설 명세 및 배치도는 가스감지기, 누액감지기 등의 고정식 유해감지시설의 종류와 설치위치를 포함하여 작성한다.

4) 안전밸브 및 파열판 명세는 단위공정별로 적정 용량 및 성능을 확인할 수 있는 정보를 포함하여 작성한다.

5) 배출물질 처리시설 현황은 스크러버(scrubber: 세정기) 및 플레어 스택(flare stack: 배출가스연소탑) 등 배출물질을 처리하는 시설이 적정한 성능과 용량을 갖추었는지 여부를 포함하여 작성한다.

3. 장외 평가정보

가. 사고시나리오 선정

취급시설의 용량 및 취급시설별 취급량 등을 고려하여 화학물질안전원장이 정하여 고시하는 바에 따라 사고시나리오 작성대상 설비를 선정하여 예비위험 분석기법을 적용한 공정위험성 분석을 하고, 사고시나리오에 따른 대상 설비와 사업장의 총괄영향범위를 산정하는 내용 등을 작성한다.

나. 사업장 주변지역 사고영향평가

사고시나리오에 따른 총괄영향범위 내에 있는 주민 수, 공작물·농작물 및 환경매체 목록 등 현황 및 사고영향의 분석·평가 내용을 포함하여 작성한다.

다. 위험도 분석

사고시나리오별 사고 영향과 사고발생 가능성 등을 고려하여 분석한 후 작성한다.

4. 사전관리방침

가. 안전관리계획

1) 안전관리계획은 안전관리운영계획, 안전관리계획의 실행 및 변경관리, 화학사고 대비 교육·훈련계획 및 자체점검계획을 포함하여 작성한다.

2) 안전관리운영계획은 위험도를 줄이기 위한 기술적·관리적 안전관리 방침과 대책 등을 포함하여 작성한다.

3) 안전관리계획의 실행 및 변경관리는 수립된 계획의 주기적인 검토 및 개선·보완, 변경사항 발생 시 현행화를 위한 계획 등을 포함하여 작성한다.

4) 화학사고 대비 교육·훈련계획은 화재·폭발, 독성물질 누출, 환경오염 등의 사고에 대비하여 실시하는 교육·훈련의 종류, 대상 및 횟수를 포함하여 작성한다.

5) 자체점검계획은 화학사고예방관리계획서의 이행 여부를 확인하고 보완하기 위해 실시하는 점검계획을 포함하여 작성한다.

나. 비상대응체계

1) 비상대응체계는 비상연락체계와 비상대응조직도를 포함하여 작성한다.

2) 비상연락체계는 화학사고 발생 시 사고 대응 담당자, 공동 대응을 위해 연락 가능한 인근 사업장, 유관기관의 목록 및 신고·연락 체계 등을 포함하여 작성한다.

3) 비상대응조직도는 사고 대응·수습·복구 단계별 대응 부서별 편성인원과 임무 등을 포함하여 작성한다.

5. 내부 비상대응계획

가. 사고대응 및 응급조치계획

1) 사고대응 및 응급조치계획은 화학사고 발생 시 가동중지 권한 및 절차, 방재 인력·장비·물품 운용계획, 사업장 내부 경보전달체계 및 응급조치계획을 포함하여 작성한다.

2) 방재 인력·장비·물품 운용계획은 화학사고 발생 시 투입되는 방재인력 및 장비 현황, 개인보호구 등의 물품 보유현황, 방재장비·물품 배치도 및 관리·유지계획을 포함하여 작성한다.

3) 사업장 내부 경보전달체계는 경보시설의 종류·유지관리방법 및 경보전달 방법·담당자를 포함하여 작성한다.

4) 응급조치계획은 저장, 운반(탱크로리)·이송(배관), 보관시설, 반응·교반 등 대표적인 유해화학물질 취급공정별로 화학사고 발생 시 자동 차단 또는 단계별 차단, 확산방지 및 2차 오염 방지를 위한 대책과 비상대피계획 및 응급의료계획 등을 포함하여 작성한다.

나. 화학사고 사후조치

1) 화학사고 사후조치는 사고원인조사 및 재발방지계획과 사고복구계획을 포함하여 작성한다.

2) 사고원인조사 및 재발방지계획은 사고조사팀의 구성·임무, 사고조사보고서의 작성 항목·방법 및 개선대책을 포함하여 작성한다.

3) 사고복구계획은 사고현장을 복구하기 위한 조직·임무, 환경책임보험 가입이력 및 가입여부, 환경복원전문업체의 활용계획을 포함하여 작성한다.

6. 외부 비상대응계획

가. 지역사회 공조계획

화학사고의 예방·대비·대응·수습·복구를 위한 정보 공유, 지역사회와의 소통, 화학사고 발생 시 공동대응 등 지역사회·지역비상대응기관·인근사업장 등과의 공조계획을 포함하여 작성한다.

나. 주민보호 및 대피계획

1) 주민보호 및 대피계획은 주민에 대한 대피경보 및 전달체계, 사고 발생 시 주민대피행동요령, 응급의료계획 및 주민대피 장소·방법을 포함하여 작성한다.

2) 화학사고 발생 시 대피경보 및 전달체계는 경보시설의 종류 및 유지관리방법, 경보전달 방법·담당자 및 지방자치단체에 대한 경보전달체계를 포함하여 작성한다.

3) 화학사고 발생 시 주민대피행동요령은 사고유형 및 취급하는 유해화학물질에 따른 대피 시 유의사항을 포함하여 작성한다.

4) 응급의료계획은「응급의료에 관한 법률」제2조제5호에 따른 응급의료기관의 목록 및 비상연락망, 사업장과의 거리, 이동경로, 이동시간, 수용가능 병상, 환자후송계획을 포함하여 작성한다.

5) 주민대피 장소·방법은 집결지와 대피장소를 구분하여 사업장과의 거리, 이동경로, 이동시간, 수용가능 인원, 실내·지상·지하 여부, 「재해구호법」에 따른 임시주거시설 해당 여부, 수송계획, 비상연락망 및 대피장소관리 담당자를 포함하여 작성한다.

다. 지역사회 고지계획

1) 화학사고예방관리계획서의 지역사회 고지 대상이 되는 사고시나리오별 총괄영향범위 내 주민의 목록 및 고지정보를 제공할 수 있는 방법 등을 포함하여 작성한다.

2) 고지정보는 법 제23조의3제1항 각 호의 사항들이 포함된 내용을 주민들이 알기 쉽게 작성한다.

1. 화학사고예방관리계획서는 사업장 전체 단위로 작성하며, 사업장의 모든 유해화학물질 취급시설을 대상으로 한다. 다만, 화학물질안전원장이 화학사고 예방·대비·대응 및 복구를 위하여 운영단위를 구분하여 관리하는 것이 필요하다고 인정하는 경우에는 운영단위별로 구분하여 제출할 수 있다.
2. 제1호가목1)의 1군·2군 사업장의 구분은 아래 표의 기준에 따라 구분한다.

사업장 구분	기준
가. 1군 유해화학물질 취급사업장	제19조제8항에 따른 주요취급시설이 있는 사업장
나. 2군 유해화학물질 취급사업장	화학사고예방관리계획서 작성·제출 대상으로서 1군 유해화학물질 취급 사업장에 해당하지 않는 사업장

3. 1군 유해화학물질 취급사업장에 해당하지 않는 경우에는 제6호에 따른 외부 비상대응계획을 제외하고 작성할 수 있다.
4. 제4호나목, 제5호 및 제6호의 작성 항목을 둘 이상의 사업장에서 공동으로 작성할 필요가 있는 때에는 같은 지역 내 유해화학물질 취급시설을 설치·운영하려는 자와 해당 항목을 공동으로 작성하여 제출할 수 있다. 이 경우 화학사고예방관리계획서를 제출할 때에 별지 제31호의2서식의 공동비상대응계획 작성·제출에 관한 자료를 함께 제출해야 한다.
5. 제6호에 따른 외부 비상대응계획은 법 제23조의4제1항에 따라 지방자치단체의 장이 수립한 지역화학사고대응계획을 활용하여 작성·제출할 수 있다.
6. 제1호부터 제6호까지에서 규정한 사항 외에 화학사고예방관리계획서의 작성 내용 및 방법·기준에 필요한 사항은 화학물질안전원장이 정하여 고시한다.

□ 물질분류 QR코드

구분	정의	주요 관리행위	물질 목록
유독물질	유해성이 있는 화학물질(환경부장관 고시)	영업허가, 수입신고, 장외영향평가	유독물질 고시된 물질 없음 (2018년 7월 기준)
허가물질	환경부장관의 허가를 받아 제조, 수입, 사용해야 하는 물질 (화평위 심의)	제조, 수입, 사용허가, 장외영향평가	
제한물질	특정용도 사용 시 위해성이 큰 물질 (화평위 심의)	특정용도의 제조, 수입, 판매, 보관, 저장, 운반 사용 금지, 영업, 수입허가, 수출승인, 장외영향평가	제한물질 고시된 물질 없음 (2018년 7월 기준)
금지물질	위해성이 큰 물질	모든 용도 사용, 보관, 취급 금지	금지물질
사고대비물질	화학사고 대비가 필요한 물질	위해관리계획서	사고대비물질

1-3. 위험물안전관리법(3단비교표)

위험물안전관리법 [법률 제18522호, 2021. 11. 30., 타법개정]	위험물안전관리법 시행령 [대통령령 제33005호, 2022. 11. 29., 타법개정]	위험물안전관리법 시행규칙 [행정안전부령 제373호, 2023. 1. 5., 타법개정]
제2조(정의) ① 이 법에서 사용하는 용어의 정의는 다음과 같다. 1. "위험물"이라 함은 인화성 또는 발화성 등의 성질을 가지는 것으로서 대통령령이 정하는 물품을 말한다. 2. "지정수량"이라 함은 위험물의 종류별로 위험성을 고려하여 대통령령이 정하는 수량으로서 제6호의 규정에 의한 제조소등의 설치허가 등에 있어서 최저의 기준이 되는 수량을 말한다. 3. "제조소"라 함은 위험물을 제조할 목적으로 지정수량 이상의 위험물을 취급하기 위하여 제6조제1항의 규정에 따른 허가(동조제3항의 규정에 따라 허가가 면제된 경우 및 제7조제2항의 규정에 따라 협의로써 허가를 받은 것으로 보는 경우를 포함한다. 이하 제4호 및 제5호에서 같다)를 받은 장소를 말한다. 4. "저장소"라 함은 지정수량 이상의 위험물을 저장하기 위한 대통령령이 정하는 장소로서 제6조제1항의 규정에 따른 허가를 받은 장소를 말한다. 5. "취급소"라 함은 지정수량 이상의 위험물을 제조외의 목적으로 취급하기 위한 대통령령이 정하는 장소로서 제6조제1항의 규정에 따른 허가를 받은 장소를 말한다. 6. "제조소등"이라 함은 제3호 내지 제5호의 제조소·저장소 및 취급소를 말한다.	**제2조(위험물)** 「위험물안전관리법」(이하 "법"이라 한다) 제2조제1항제1호에서 "대통령령이 정하는 물품"이라 함은 별표 1에 규정된 위험물을 말한다. **제3조(위험물의 지정수량)** 법 제2조제1항제2호에서 "대통령령이 정하는 수량"이라 함은 별표 1의 위험물별로 지정수량란에 규정된 수량을 말한다. **제4조(위험물을 저장하기 위한 장소 등)** 법 제2조제1항제4호의 규정에 의한 지정수량 이상의 위험물을 저장하기 위한 장소와 그에 따른 저장소의 구분은 별표 2와 같다. **제5조(위험물을 취급하기 위한 장소 등)** 법 제2조제1항제5호의 규정에 의한 지정수량 이상의 위험물을 제조 외의 목적으로 취급하기 위한 장소와 그에 따른 취급소의 구분은 별표 3과 같다.	

② 이 법에서 사용하는 용어의 정의는 제1항에서 규정하는 것을 제외하고는 「소방기본법」, 「화재의 예방 및 안전관리에 관한 법률」, 「소방시설 설치 및 관리에 관한 법률」 및 「소방시설공사업법」에서 정하는 바에 따른다. 〈개정 2014. 12. 30., 2017. 3. 21., 2021. 11. 30.〉

제4조(지정수량 미만인 위험물의 저장·취급) 지정수량 미만인 위험물의 저장 또는 취급에 관한 기술상의 기준은 특별시·광역시·특별자치시·도 및 특별자치도(이하 "시·도"라 한다)의 조례로 정한다.

제5조(위험물의 저장 및 취급의 제한) ① 지정수량 이상의 위험물을 저장소가 아닌 장소에서 저장하거나 제조소등이 아닌 장소에서 취급하여서는 아니 된다.
② 제1항의 규정에 불구하고 다음 각 호의 어느 하나에 해당하는 경우에는 제조소등이 아닌 장소에서 지정수량 이상의 위험물을 취급할 수 있다. 이 경우 임시로 저장 또는 취급하는 장소에서의 저장 또는 취급의 기준과 임시로 저장 또는 취급하는 장소의 위치·구조 및 설비의 기준은 시·도의 조례로 정한다. 〈개정 2016. 1. 27.〉
1. 시·도의 조례가 정하는 바에 따라 관할소방서장의 승인을 받아 지정수량 이상의 위험물을 90일 이내의 기간동안 임시로 저장 또는 취급하는 경우
2. 군부대가 지정수량 이상의 위험물을 군사목적으로 임시로 저장 또는 취급하는 경우
③ 제조소등에서의 위험물의 저장 또는 취급에 관하여는 다

제9조(탱크안전성능검사의 면제) ① 법 제8조제1항 후단의 규정에 의하여 시·도지사가 면제할 수 있는 탱크안전성능검사는 제8조제2항 및 별표 4의 규정에 의한 충수·수압검사로 한다.
② 위험물탱크에 대한 충수·수압검사를 면제받고자 하는 자는 위험물탱크안전성능시험자(이하 "탱크시험자"라 한다) 또는 기술원으로부터 충수·수압검사에 관한 탱크안전성능시험을 받아 법 제9조제1항에 따른 완공검사를 받기 전(지하에 매설하는 위험물탱크에 있어서는 지하에 매설하기 전)에 해당 시험에 합격하였음을 증명하는 서류(이하 "탱크시험합격확인증"이라 한다)를 시·도지사에게 제출해야 한다. 〈개정 2008. 12. 3., 2021. 1. 5.〉
③ 시·도지사는 제2항에 따라 제출받은 탱크시험합격확인증과 해당 위험물탱크를 확인한 결과 법 제5조제4항에 따른 기술기준에 적합하다고 인정되는 때에는 해당 충수·수압검사를 면제한다. 〈개정 2021. 1. 5.〉

제28조(제조소의 기준) 법 제5조제4항의 규정에 의한 제조소등의 위치·구조 및 설비의 기준 중 제조소에 관한 것은 별표 4와 같다.
제29조(옥내저장소의 기준) 법 제5조제4항의 규정에 의한 제조소등의 위치·구조 및 설비의 기준 중 옥내저장소에 관한 것은 별표 5와 같다.
제30조(옥외탱크저장소의 기준) 법 제5조제4항의 규정에 의한 제조소등의 위치·구조 및 설비의 기준 중 옥외탱크저장소에 관한 것은 별표 6과 같다.
제31조(옥내탱크저장소의 기준) 법 제5조제4항의 규정에 의한 제조소등의 위치·구조 및 설비의 기준 중 옥내탱크저장소에 관한 것은 별표 7과 같다.
제32조(지하탱크저장소의 기준) 법 제5조제4항의 규정에 의한 제조소등의 위치·구조 및 설비의 기준 중 지하탱크저장소에 관한 것은 별표 8과 같다.
제33조(간이탱크저장소의 기준) 법 제5조제4항의 규정에 의한 제조소등의 위치·구조 및 설비

음 각 호의 중요기준 및 세부기준에 따라야 한다.〈개정 2008. 2. 29., 2013. 3. 23., 2014. 11. 19., 2016. 1. 27., 2017. 7. 26.〉

1. 중요기준 : 화재 등 위해의 예방과 응급조치에 있어서 큰 영향을 미치거나 그 기준을 위반하는 경우 직접적으로 화재를 일으킬 가능성이 큰 기준으로서 행정안전부령이 정하는 기준

2. 세부기준 : 화재 등 위해의 예방과 응급조치에 있어서 중요기준보다 상대적으로 적은 영향을 미치거나 그 기준을 위반하는 경우 간접적으로 화재를 일으킬 수 있는 기준 및 위험물의 안전관리에 필요한 표시와 서류·기구 등의 비치에 관한 기준으로서 행정안전부령이 정하는 기준

④ 제1항의 규정에 따른 제조소등의 위치·구조 및 설비의 기술기준은 행정안전부령으로 정한다.〈개정 2008. 2. 29., 2013. 3. 23., 2014. 11. 19., 2017. 7. 26.〉

⑤ 둘 이상의 위험물을 같은 장소에서 저장 또는 취급하는 경우에 있어서 당해 장소에서 저장 또는 취급하는 각 위험물의 수량을 그 위험물의 지정수량으로 각각 나누어 얻은 수의 합계가 1 이상인 경우 당해 위험물은 지정수량 이상의 위험물로 본다.

제10조(완공검사의 신청 등)

① 법 제9조의 규정에 의한 제조소등에 대한 완공검사를 받고자 하는 자는 이를 시·도지사에게 신청하여야 한다.

② 제1항에 따른 신청을 받은 시·도지사는 제조소등에 대하여 완공검사를 실시하고, 완공검사를 실시한 결과 해당 제조소등이 법 제5조제4항에 따른 기술기준(탱크안전성능검사에 관련된 것을 제외한다)에 적합하다고 인정하는 때에는 완공검사합격확인증을 교부해야 한다.〈개정 2021. 1. 5.〉

③ 제2항의 완공검사합격확인증을 교부받은 자는 완공검사합격확인증을 잃어버리거나 멸실·훼손 또는 파손한 경우에는 이를 교부한 시·도지사에게 재교부를 신청할 수 있다.〈개정 2021. 1. 5.〉

④ 완공검사합격확인증을 훼손 또는 파손하여 제3항에 따른 신청을 하는 경우에는 신청서에 해당 완공검사합격확인증을 첨부하여 제출해야 한다.〈개정 2021. 1. 5.〉

⑤ 제2항의 완공검사합격확인증을 잃어버려 재교부를 받은 자는 잃어버린 완공검사합격확인증을 발견하는 경우에는 이를 10일 이내에 완공검사합격확인증을 재교부한 시·도지사에게 제출해야 한다.〈개정 2021. 1. 5.〉

의 기준 중 간이탱크저장소에 관한 것은 별표 9와 같다.

제34조(이동탱크저장소의 기준) 법 제5조제4항의 규정에 의한 제조소등의 위치·구조 및 설비의 기준 중 이동탱크저장소에 관한 것은 별표 10과 같다.

제35조(옥외저장소의 기준) 법 제5조제4항의 규정에 의한 제조소등의 위치·구조 및 설비의 기준 중 옥외저장소에 관한 것은 별표 11과 같다.

제36조(암반탱크저장소의 기준) 법 제5조제4항의 규정에 의한 제조소등의 위치·구조 및 설비의 기준 중 암반탱크저장소에 관한 것은 별표 12와 같다.

제37조(주유취급소의 기준) 법 제5조제4항의 규정에 의한 제조소등의 위치·구조 및 설비의 기준 중 주유취급소에 관한 것은 별표 13과 같다.

제38조(판매취급소의 기준) 법 제5조제4항의 규정에 의한 제조소등의 위치·구조 및 설비의 기준 중 판매취급소에 관한 것은 별표 14와 같다.

제39조(이송취급소의 기준) 법 제5조제4항의 규정에 의한 제조소등의 위치·구조 및 설비의 기준 중 이송취급소에 관한 것은 별표 15와 같다.

제40조(일반취급소의 기준) 법 제5조제4항의 규정에 의한 제조소등의 위치·구조 및 설비의 기준 중 일반취급소에 관한 것은 별표 16과 같다.

제41조(소화설비의 기준) ① 법 제5조제4항의 규정에 의하여 제조소등에는 화재발생시 소화가 곤란한 정도에 따라 그 소화에 적응성이 있는 소화설비를 설치하여야 한다.

② 제1항의 규정에 의한 소화가 곤란한 정도에 따른 소화난이도는 소화난이도등급 I, 소화난이도등급 II 및 소화난이도등

급Ⅲ으로 구분하되, 각 소화난이도등급에 해당하는 제조소등의 규모, 저장 또는 취급하는 위험물의 품명 및 최대수량 등과 그에 따라 제조소등별로 설치하여야 하는 소화설비의 종류, 각 소화설비의 적응성 및 소화설비의 설치기준은 별표 17과 같다.

제42조(경보설비의 기준)

① 법 제5조제4항의 규정에 의하여 영 별표 1의 규정에 의한 지정수량의 10배 이상의 위험물을 저장 또는 취급하는 제조소등(이동탱크저장소를 제외한다)에는 화재발생시 이를 알릴 수 있는 경보설비를 설치하여야 한다.

② 제1항에 따른 경보설비는 자동화재탐지설비·자동화재속보설비·비상경보설비(비상벨장치 또는 경종을 포함한다)·확성장치(휴대용확성기를 포함한다) 및 비상방송설비로 구분하되, 제조소등별로 설치하여야 하는 경보설비의 종류 및 설치기준은 별표 17과 같다. 〈개정 2020. 10. 12.〉

③ 자동신호장치를 갖춘 스프링클러설비 또는 물분무등소화설비를 설치한 제조소등에 있어서는 제2항의 규정에 의한 자동화재탐지설비를 설치한 것으로 본다.

제43조(피난설비의 기준) ① 법 제5조제4항의 규정에 의하여 주유취급소 중 건축물의 2층 이상의 부분을 점포·휴게음식점 또는 전시장의 용도로 사용하는 것과 옥내주유취급소에는 피난설비를 설치하여야 한다. 〈개정 2010. 11. 8.〉

② 제1항의 규정에 의한 피난설비의 설치기준은 별표 17과 같다.

제49조(제조소등에서의 위험물의 저장 및 취급의 기준) 법 제

5조제3항의 규정에 의한 제조소등에서의 위험물의 저장 및 취급에 관한 기준은 별표 18과 같다.

제66조(정기점검의 내용 등) 제조소등의 위치·구조 및 설비가 법 제5조제4항의 기술기준에 적합한지를 점검하는데 필요한 정기점검의 내용·방법 등에 관한 기술상의 기준과 그 밖의 점검에 관하여 필요한 사항은 소방청장이 정하여 고시한다.

제6조(위험물시설의 설치 및 변경 등) ① 제조소등을 설치하고자 하는 자는 대통령령이 정하는 바에 따라 그 설치장소를 관할하는 특별시장·광역시장·특별자치시장·도지사 또는 특별자치도지사(이하 "시·도지사"라 한다)의 허가를 받아야 한다. 제조소등의 위치·구조 또는 설비 가운데 행정안전부령이 정하는 사항을 변경하고자 하는 때에도 또한 같다. 〈개정 2008. 2. 29., 2013. 3. 23., 2014. 11. 19., 2014. 12. 30., 2017. 7. 26.〉

② 제조소등의 위치·구조 또는 설비의 변경없이 당해 제조소등에서 저장하거나 취급하는 위험물의 품명·수량 또는 지정수량의 배수를 변경하고자 하는 자는 변경하고자 하는 날의 1일 전까지 행정안전부령이 정하는 바에 따라 시·도지사에게 신고하여야 한다. 〈개정 2008. 2. 29., 2013. 3. 23., 2014. 11. 19., 2016. 1. 27., 2017. 7. 26.〉

③ 제1항 및 제2항의 규정에 불구하고 다음 각 호의 어느 하나에 해당하는 제조소등의 경우에는 허가를 받지 아니하고 당해 제조소등을 설치하거나 그 위치·구조 또는 설비를

제6조(제조소등의 설치 및 변경의 허가)

① 법 제6조제1항에 따라 제조소등의 설치허가 또는 변경허가를 받으려는 자는 설치허가 또는 변경허가신청서에 행정안전부령으로 정하는 서류를 첨부하여 특별시장·광역시장·특별자치시장·도지사 또는 특별자치도지사(이하 "시·도지사"라 한다)에게 제출하여야 한다. 〈개정 2008. 12. 17., 2013. 3. 23., 2014. 11. 19., 2015. 12. 15., 2017. 7. 26.〉

② 시·도지사는 제1항에 따른 제조소등의 설치허가 또는 변경허가 신청 내용이 다음 각 호의 기준에 적합하다고 인정하는 경우에는 허가를 하여야 한다. 〈개정 2005. 5. 26., 2007. 11. 30., 2008. 12. 3., 2008. 12. 17., 2013. 2. 5., 2013. 3. 23., 2014. 11. 19., 2017. 7. 26., 2020. 7. 14.〉

1. 제조소등의 위치·구조 및 설비가 법 제5조제4항의 규정에 의한 기술기준에 적합할 것

2. 제조소등에서의 위험물의 저장 또는 취급이 공공의 안전유지 또는 재해의 발생방지에 지장을 줄 우려가 없다고 인정될 것

3. 다음 각 목의 제조소등은 해당 목에서 정한 사항에 대하여

제6조(제조소등의 설치허가의 신청) 「위험물안전관리법」(이하 "법"이라 한다) 제6조제1항 전단 및 영 제6조제1항에 따라 제조소등의 설치허가를 받으려는 자는 별지 제1호서식 또는 별지 제2호서식의 신청서(전자문서로 된 신청서를 포함한다)에 다음 각 호의 서류(전자문서를 포함한다)를 첨부하여 특별시장·광역시장·특별자치시장·도지사 또는 특별자치도지사(이하 "시·도지사"라 한다)나 소방서장에게 제출하여야 한다. 다만, 「전자정부법」 제36조제1항에 따른 행정정보의 공동이용을 통하여 첨부서류에 대한 정보를 확인할 수 있는 경우에는 그 확인으로 첨부서류에 갈음할 수 있다.

1. 다음 각목의 사항을 기재한 제조소등의 위치·구조 및 설비에 관한 도면

가. 당해 제조소등을 포함하는 사업소 안 및 주위의 주요 건축물과 공작물의 배치

나. 당해 제조소등이 설치된 건축물 안에 제조소등의 용도로 사용되지 아니하는 부분이 있는 경우 그 부분의 배치 및 구조

다. 당해 제조소등을 구성하는 건축물, 공작물 및 기계·기구 그 밖의 설비의 배치(제조소 또는 일반취급소의 경우에는 공

변경할 수 있으며, 신고를 하지 아니하고 위험물의 품명·수량 또는 지정수량의 배수를 변경할 수 있다. 〈개정 2016. 1. 27.〉

1. 주택의 난방시설(공동주택의 중앙난방시설을 제외한다)을 위한 저장소 또는 취급소

2. 농예용·축산용 또는 수산용으로 필요한 난방시설 또는 건조시설을 위한 지정수량 20배 이하의 저장소

「소방산업의 진흥에 관한 법률」 제14조에 따른 한국소방산업기술원(이하 "기술원"이라 한다)의 기술검토를 받고 그 결과가 행정안전부령으로 정하는 기준에 적합한 것으로 인정될 것. 다만, 보수 등을 위한 부분적인 변경으로서 소방청장이 정하여 고시하는 사항에 대해서는 기술원의 기술검토를 받지 않을 수 있으나 행정안전부령으로 정하는 기준에는 적합해야 한다.

가. 지정수량의 1천배 이상의 위험물을 취급하는 제조소 또는 일반취급소 : 구조·설비에 관한 사항

나. 옥외탱크저장소(저장용량이 50만 리터 이상인 것만 해당한다) 또는 암반탱크저장소 : 위험물탱크의 기초·지반, 탱크본체 및 소화설비에 관한 사항

③ 제2항제3호 각 목의 어느 하나에 해당하는 제조소등에 관한 설치허가 또는 변경허가를 신청하는 자는 그 시설의 설치계획에 관하여 미리 기술원의 기술검토를 받아 그 결과를 설치허가 또는 변경허가신청서류와 함께 제출할 수 있다. 〈개정 2007. 11. 30., 2008. 12. 3.〉

정의 개요를 포함한다)

라. 당해 제조소등에서 위험물을 저장 또는 취급하는 건축물, 공작물 및 기계·기구 그 밖의 설비의 구조(주유취급소의 경우에는 별표 13 Ⅴ 제1호 각목의 규정에 의한 건축물 및 공작물의 구조를 포함한다)

마. 당해 제조소등에 설치하는 전기설비, 피뢰설비, 소화설비, 경보설비 및 피난설비의 개요

바. 압력안전장치·누설점검장치 및 긴급차단밸브 등 긴급대책에 관계된 설비를 설치하는 제조소등의 경우에는 당해 설비의 개요

2. 당해 제조소등에 해당하는 별지 제3호서식 내지 별지 제15호서식에 의한 구조설비명세표

3. 소화설비(소화기구를 제외한다)를 설치하는 제조소등의 경우에는 당해 설비의 설계도서

4. 화재탐지설비를 설치하는 제조소등의 경우에는 당해 설비의 설계도서

5. 50만리터 이상의 옥외탱크저장소의 경우에는 당해 옥외탱크저장소의 탱크(이하 "옥외저장탱크"라 한다)의 기초·지반 및 탱크본체의 설계도서, 공사계획서, 공사공정표, 지질조사자료 등 기초·지반에 관하여 필요한 자료와 용접부에 관한 설명서 등 탱크에 관한 자료

6. 암반탱크저장소의 경우에는 당해 암반탱크의 탱크본체·갱도(坑道) 및 배관 그 밖의 설비의 설계도서, 공사계획서, 공사공정표 및 지질·수리(水理)조사서

7. 옥외저장탱크가 지중탱크(저부가 지반면 아래에 있고 상부가 지반면 이상에 있으며 탱크내 위험물의 최고액면이 지반면 아래에 있는 원통종형식의 위험물탱크를 말한다. 이하 같다)인 경우에는 당해 지중탱크의 지반 및 탱크본체의 설계도

서, 공사계획서, 공사공정표 및 지질조사자료 등 지반에 관한 자료

8. 옥외저장탱크가 해상탱크[해상의 동일장소에 정치(定置)되어 육상에 설치된 설비와 배관 등에 의하여 접속된 위험물탱크를 말한다. 이하 같다]인 경우에는 당해 해상탱크의 탱크본체·정치설비(해상탱크를 동일장소에 정치하기 위한 설비를 말한다. 이하 같다) 그 밖의 설비의 설계도서, 공사계획서 및 공사공정표

9. 이송취급소의 경우에는 공사계획서, 공사공정표 및 별표 1의 규정에 의한 서류

10. 「소방산업의 진흥에 관한 법률」 제14조에 따른 한국소방산업기술원(이하 "기술원"라 한다)이 발급한 기술검토서(영 제6조제3항의 규정에 의하여 기술원의 기술검토를 미리 받은 경우에 한한다)

제7조(제조소등의 변경허가의 신청) 법 제6조제1항 후단 및 영 제6조제1항에 따라 제조소등의 위치·구조 또는 설비의 변경허가를 받으려는 자는 별지 제16호서식 또는 별지 제17호서식의 신청서(전자문서로 된 신청서를 포함한다)에 다음 각 호의 서류(전자문서를 포함한다)를 첨부하여 설치허가를 한 시·도지사 또는 소방서장에게 제출해야 한다. 다만, 「전자정부법」 제36조제1항에 따른 행정정보의 공동이용을 통하여 첨부서류에 대한 정보를 확인할 수 있는 경우에는 그 확인으로 첨부서류를 갈음할 수 있다.

1. 제조소등의 완공검사합격확인증

2. 제6조제1호의 규정에 의한 서류(라목 내지 바목의 서류는 변경에 관계된 것에 한한다)

3. 제6조제2호 내지 제10호의

규정에 의한 서류 중 변경에 관계된 서류

4. 법 제9조제1항 단서의 규정에 의한 화재예방에 관한 조치사항을 기재한 서류(변경공사와 관계가 없는 부분을 완공검사 전에 사용하고자 하는 경우에 한한다)

제8조(제조소등의 변경허가를 받아야 하는 경우) 법 제6조제1항 후단에서 "행정안전부령이 정하는 사항"이라 함은 별표 1의2에 따른 사항을 말한다.

제10조(품명 등의 변경신고서) 법 제6조제2항에 따라 저장 또는 취급하는 위험물의 품명·수량 또는 지정수량의 배수에 관한 변경신고를 하려는 자는 별지 제19호서식의 신고서(전자문서로 된 신고서를 포함한다)에 제조소등의 완공검사합격확인증을 첨부하여 시·도지사 또는 소방서장에게 제출해야 한다.

제8조(탱크안전성능검사) ① 위험물을 저장 또는 취급하는 탱크로서 대통령령이 정하는 탱크(이하 "위험물탱크"라 한다)가 있는 제조소등의 설치 또는 그 위치·구조 또는 설비의 변경에 관하여 제6조제1항의 규정에 따른 허가를 받은 자가 위험물탱크의 설치 또는 그 위치·구조 또는 설비의 변경공사를 하는 때에는 제9조제1항의 규정에 따른 완공검사를 받기 전에 제5조제4항의 규정에 따른 기술기준에 적합한지의 여부를 확인하기 위하여 시·도지사가 실시하는 탱크안전성능검사를 받아야 한다. 이 경우 시·도지사는 제6조제1항의 규정에 따른 허가를 받은 자가 제16조제1항의 규정에 따른 탱크안전성능시험자 또는 「소방산업의 진흥에 관한 법률」 제14조에 따

제8조(탱크안전성능검사의 대상이 되는 탱크 등) ① 법 제8조제1항 전단에 따라 탱크안전성능검사를 받아야 하는 위험물탱크는 제2항에 따른 탱크안전성능검사별로 다음 각 호의 어느 하나에 해당하는 탱크로 한다. 〈개정 2005. 5. 26., 2008. 12. 17., 2013. 3. 23., 2014. 11. 19., 2015. 12. 15., 2017. 7. 26., 2019. 12. 24., 2021. 10. 19.〉

1. 기초·지반검사 : 옥외탱크저장소의 액체위험물탱크 중 그 용량이 100만리터 이상인 탱크
2. 충수(充水)·수압검사 : 액체위험물을 저장 또는 취급하는 탱크. 다만, 다음 각 목의 어느 하나에 해당하는 탱크는 제외한다.
가. 제조소 또는 일반취급소에 설치된 탱크로서 용량이 지정수량 미만인 것

제12조(기초·지반검사에 관한 기준 등) ① 영 별표 4 제1호 가목에서 "행정안전부령으로 정하는 기준"이라 함은 당해 위험물탱크의 구조 및 설비에 관한 사항 중 별표 6 Ⅳ 및 Ⅴ의 규정에 의한 기초 및 지반에 관한 기준을 말한다. 〈개정 2009. 3. 17., 2013. 3. 23., 2014. 11. 19., 2017. 7. 26.〉
② 영 별표 4 제1호 나목에서 "행정안전부령으로 정하는 탱크"라 함은 지중탱크 및 해상탱크(이하 "특수액체위험물탱크"라 한다)를 말한다. 〈개정 2009. 3. 17., 2013. 3. 23., 2014. 11. 19., 2017. 7. 26.〉
③ 영 별표 4 제1호 나목에서 "행정안전부령으로 정하는 공사"라 함은 지중탱크의 경우에는 지반에 관한 공사를 말하고, 해상탱크의 경우에는 정치설비의 지반에 관한 공사를 말한다.

른 한국소방산업기술원(이하 "기술원"이라 한다)로부터 탱크안전성능시험을 받은 경우에는 대통령령이 정하는 바에 따라 당해 탱크안전성능검사의 전부 또는 일부를 면제할 수 있다. 〈개정 2008. 6. 5.〉

② 제1항의 규정에 따른 탱크안전성능검사의 내용은 대통령령으로 정하고, 탱크안전성능검사의 실시 등에 관하여 필요한 사항은 행정안전부령으로 정한다. 〈개정 2008. 2. 29., 2013. 3. 23., 2014. 11. 19., 2017. 7. 26.〉

나. 「고압가스 안전관리법」 제17조제1항에 따른 특정설비에 관한 검사에 합격한 탱크

다. 「산업안전보건법」 제84조제1항에 따른 안전인증을 받은 탱크

라. 삭제 〈2006.5.25〉

3. 용접부검사 : 제1호에 따른 탱크. 다만, 탱크의 저부에 관계된 변경공사(탱크의 옆판과 관련되는 공사를 포함하는 것을 제외한다)시에 행하여진 법 제18조제3항에 따른 정기검사에 의하여 용접부에 관한 사항이 행정안전부령으로 정하는 기준에 적합하다고 인정된 탱크를 제외한다.

4. 암반탱크검사 : 액체위험물을 저장 또는 취급하는 암반내의 공간을 이용한 탱크

② 법 제8조제1항에 따른 탱크안전성능검사는 기초·지반검사, 충수·수압검사, 용접부검사 및 암반탱크검사로 구분하되, 그 내용은 별표 4와 같다. 〈개정 2021. 10. 19.〉

제9조(탱크안전성능검사의 면제)

① 법 제8조제1항 후단의 규정에 의하여 시·도지사가 면제할 수 있는 탱크안전성능검사는 제8조제2항 및 별표 4의 규정에 의한 충수·수압검사로 한다.

② 위험물탱크에 대한 충수·수압검사를 면제받고자 하는 자는 위험물탱크안전성능시험자(이하 "탱크시험자"라 한다) 또는 기술원으로부터 충수·수압검사에 관한 탱크안전성능시험을 받아 법 제9조제1항에 따른 완공검사를 받기 전(지하에 매설하는 위험물탱크에 있어서는 지하에 매설하기 전)에 해당 시험에 합격하였음을 증명하는 서류(이하 "탱크시험합격확인증"이라 한다)를 시·도지사에게 제출해야 한다. 〈개정 2008. 12. 3., 2021. 1. 5.〉

〈개정 2009. 3. 17., 2013. 3. 23., 2014. 11. 19., 2017. 7. 26.〉

④ 영 별표 4 제1호 나목에서 "행정안전부령으로 정하는 기준"이라 함은 지중탱크의 경우에는 별표 6 ⅩⅡ 제2호 라목의 규정에 의한 기준을 말하고, 해상탱크의 경우에는 별표 6 ⅩⅢ 제3호 라목의 규정에 의한 기준을 말한다. 〈개정 2009. 3. 17., 2013. 3. 23., 2014. 11. 19., 2017. 7. 26.〉

⑤ 법 제8조제2항에 따라 기술원은 100만리터 이상 옥외탱크저장소의 기초·지반검사를 「엔지니어링산업 진흥법」에 따른 엔지니어링사업자가 실시하는 기초·지반에 관한 시험의 과정 및 결과를 확인하는 방법으로 할 수 있다. 〈개정 2005. 5. 26., 2008. 12. 18., 2013. 2. 5.〉

제13조(충수·수압검사에 관한 기준 등) ① 영 별표 4 제2호에서 "행정안전부령으로 정하는 기준"이라 함은 다음 각호의 1에 해당하는 기준을 말한다. 〈개정 2009. 3. 17., 2013. 3. 23., 2014. 11. 19., 2017. 7. 26.〉

1. 100만리터 이상의 액체위험물탱크의 경우
   별표 6 Ⅵ 제1호의 규정에 의한 기준[충수시험(물 외의 적당한 액체를 채워서 실시하는 시험을 포함한다. 이하 같다) 또는 수압시험에 관한 부분에 한한다]

2 100만리터 미만의 액체위험물탱크의 경우
   별표 4 Ⅸ 제1호 가목, 별표 6 Ⅵ 제1호, 별표 7 Ⅰ 제1호 마목, 별표 8 Ⅰ제6호·Ⅱ 제1호·제4호·제6호·Ⅲ, 별표 9 제6호, 별표

③ 시·도지사는 제2항에 따라 제출받은 탱크시험합격확인증과 해당 위험물탱크를 확인한 결과 법 제5조제4항에 따른 기술기준에 적합하다고 인정되는 때에는 해당 충수·수압검사를 면제한다.〈개정 2021. 1. 5.〉

10 Ⅱ 제1호·Ⅹ제1호 가목, 별표 13 Ⅲ 제3호, 별표 16 Ⅰ제1호의 규정에 의한 기준(충수시험·수압시험 및 그 밖의 탱크의 누설·변형에 대한 안전성에 관련된 탱크안전성능시험의 부분에 한한다)

② 법 제8조제2항의 규정에 의하여 기술원은 제18조제6항의 규정에 의한 이중벽탱크에 대하여 제1항제2호의 규정에 의한 수압검사를 법 제16조제1항의 규정에 의한 탱크안전성능시험자(이하 "탱크시험자"라 한다)가 실시하는 수압시험의 과정 및 결과를 확인하는 방법으로 할 수 있다. 〈개정 2008. 12. 18.〉

제14조(용접부검사에 관한 기준 등) ① 영 별표 4 제3호에서 "행정안전부령으로 정하는 기준"이라 함은 다음 각호의 1에 해당하는 기준을 말한다. 〈개정 2009. 3. 17., 2013. 3. 23., 2014. 11. 19., 2017. 7. 26.〉
1. 특수액체위험물탱크 외의 위험물탱크의 경우 : 별표 6 Ⅵ 제2호의 규정에 의한 기준
2. 지중탱크의 경우 : 별표 6 ⅩⅡ 제2호 마목4)라)의 규정에 의한 기준(용접부에 관련된 부분에 한한다)

② 법 제8조제2항의 규정에 의하여 기술원은 용접부검사를 탱크시험자가 실시하는 용접부에 관한 시험의 과정 및 결과를 확인하는 방법으로 할 수 있다. 〈개정 2008. 12. 18.〉

제15조(암반탱크검사에 관한 기준 등) ① 영 별표 4 제4호에서 "행정안전부령으로 정하는 기준"이라 함은 별표 12 Ⅰ의 규정에 의한 기준을 말한다. 〈개정 2009. 3. 17., 2013. 3. 23., 2014. 11. 19., 2017. 7. 26.〉

② 법 제8조제2항에 따라 기술원은 암반탱크검사를 「엔지니어링산업 진흥법」에 따른 엔지니어링사업자가 실시하는 암반탱크에 관한 시험의 과정 및 결과를 확인하는 방법으로 할 수 있다. 〈개정 2005. 5. 26., 2008. 12. 18., 2013. 2. 5.〉

제18조(탱크안전성능검사의 신청 등) ① 법 제8조제1항에 따라 탱크안전성능검사를 받아야 하는 자는 별지 제20호서식의 신청서(전자문서로 된 신청서를 포함한다)를 해당 위험물탱크의 설치장소를 관할하는 소방서장 또는 기술원에 제출하여야 한다. 다만, 설치장소에서 제작하지 아니하는 위험물탱크에 대한 탱크안전성능검사(충수·수압검사에 한한다)의 경우에는 별지 제20호서식의 신청서(전자문서로 된 신청서를 포함한다)에 해당 위험물탱크의 구조명세서 1부를 첨부하여 해당 위험물탱크의 제작지를 관할하는 소방서장에게 신청할 수 있다. 〈개정 2005. 5. 26., 2007. 12. 3., 2008. 12. 18.〉

② 법 제8조제1항 후단에 따른 탱크안전성능시험을 받고자 하는 자는 별지 제20호서식의 신청서에 해당 위험물탱크의 구조명세서 1부를 첨부하여 기술원 또는 탱크시험자에게 신청할 수 있다. 〈개정 2007. 12. 3., 2008. 12. 18.〉

③ 영 제9조제2항에 따라 충수·수압검사를 면제받으려는 자는 별지 제21호서식의 탱크시험합격확인증에 탱크시험성적서를 첨부하여 소방서장에게 제출해야 한다. 〈개정 2009. 9. 15., 2021. 7. 13.〉

④ 제1항의 규정에 의한 탱크안전성능검사의 신청시기는 다음 각호의 구분에 의한다.

1. 기초·지반검사 : 위험물탱크

의 기초 및 지반에 관한 공사의 개시 전

2. 충수·수압검사 : 위험물을 저장 또는 취급하는 탱크에 배관 그 밖의 부속설비를 부착하기 전

3. 용접부검사 : 탱크본체에 관한 공사의 개시 전

4. 암반탱크검사 : 암반탱크의 본체에 관한 공사의 개시 전

⑤ 소방서장 또는 기술원은 탱크안전성능검사를 실시한 결과 제12조제1항·제4항, 제13조제1항, 제14조제1항 및 제15조제1항에 따른 기준에 적합하다고 인정되는 때에는 해당 탱크안전성능검사를 신청한 자에게 별지 제21호서식의 탱크검사합격확인증을 교부하고, 적합하지 않다고 인정되는 때에는 신청인에게 서면으로 그 사유를 통보해야 한다. 〈개정 2008. 12. 18., 2021. 7. 13.〉

⑥ 영 제22조제1항제1호 다목에서 "행정안전부령이 정하는 액체위험물탱크"라 함은 별표 8 Ⅱ의 규정에 의한 이중벽탱크를 말한다. 〈개정 2009. 3. 17., 2013. 3. 23., 2014. 11. 19., 2017. 7. 26.〉

제9조(완공검사) ① 제6조제1항의 규정에 따른 허가를 받은 자가 제조소등의 설치를 마쳤거나 그 위치·구조 또는 설비의 변경을 마친 때에는 당해 제조소등마다 시·도지사가 행하는 완공검사를 받아 제5조제4항의 규정에 따른 기술기준에 적합하다고 인정받은 후가 아니면 이를 사용하여서는 아니된다. 다만, 제조소등의 위치·구조 또는 설비를 변경함에 있어서 제6조제1항 후단의 규정에 따른 변경허가를 신청하는 때에 화재예방에 관한 조치사항을 기재

제9조(탱크안전성능검사의 면제) ① 법 제8조제1항 후단의 규정에 의하여 시·도지사가 면제할 수 있는 탱크안전성능검사는 제8조제2항 및 별표 4의 규정에 의한 충수·수압검사로 한다.

② 위험물탱크에 대한 충수·수압검사를 면제받고자 하는 자는 위험물탱크안전성능시험자(이하 "탱크시험자"라 한다) 또는 기술원으로부터 충수·수압검사에 관한 탱크안전성능시험을 받아 법 제9조제1항에 따른 완공검사를 받기 전(지하에 매설하는 위험물탱크에 있어서는 지하에 매설하기 전)에 해당 시

제19조(완공검사의 신청 등) ① 법 제9조에 따라 제조소등에 대한 완공검사를 받으려는 자는 별지 제22호서식 또는 별지 제23호서식의 신청서(전자문서로 된 신청서를 포함한다)에 다음 각 호의 서류(전자문서를 포함한다)를 첨부하여 시·도지사 또는 소방서장(영 제22조제1항제2호에 따라 완공검사를 기술원에 위탁하는 제조소등의 경우에는 기술원)에게 제출해야 한다. 다만, 첨부서류는 완공검사를 실시할 때까지 제출할 수 있되, 「전자정부법」 제36조제1항에 따른 행정정보의 공동이

한 서류를 제출하는 경우에는 당해 변경공사와 관계가 없는 부분은 완공검사를 받기 전에 미리 사용할 수 있다.

② 제1항 본문의 규정에 따른 완공검사를 받고자 하는 자가 제조소등의 일부에 대한 설치 또는 변경을 마친 후 그 일부를 미리 사용하고자 하는 경우에는 당해 제조소등의 일부에 대하여 완공검사를 받을 수 있다.

험에 합격하였음을 증명하는 서류(이하 "탱크시험합격확인증"이라 한다)를 시·도지사에게 제출해야 한다. 〈개정 2008. 12. 3., 2021. 1. 5.〉

③ 시·도지사는 제2항에 따라 제출받은 탱크시험합격확인증과 해당 위험물탱크를 확인한 결과 법 제5조제4항에 따른 기술기준에 적합하다고 인정되는 때에는 해당 충수·수압검사를 면제한다. 〈개정 2021. 1. 5.〉

제10조(완공검사의 신청 등) ① 법 제9조의 규정에 의한 제조소등에 대한 완공검사를 받고자 하는 자는 이를 시·도지사에게 신청하여야 한다.

② 제1항에 따른 신청을 받은 시·도지사는 제조소등에 대하여 완공검사를 실시하고, 완공검사를 실시한 결과 해당 제조소등이 법 제5조제4항에 따른 기술기준(탱크안전성능검사에 관련된 것을 제외한다)에 적합하다고 인정하는 때에는 완공검사합격확인증을 교부해야 한다. 〈개정 2021. 1. 5.〉

③ 제2항의 완공검사합격확인증을 교부받은 자는 완공검사합격확인증을 잃어버리거나 멸실·훼손 또는 파손한 경우에는 이를 교부한 시·도지사에게 재교부를 신청할 수 있다. 〈개정 2021. 1. 5.〉

④ 완공검사합격확인증을 훼손 또는 파손하여 제3항에 따른 신청을 하는 경우에는 신청서에 해당 완공검사합격확인증을 첨부하여 제출해야 한다. 〈개정 2021. 1. 5.〉

⑤ 제2항의 완공검사합격확인증을 잃어버려 재교부를 받은 자는 잃어버린 완공검사합격확인증을 발견하는 경우에는 이를 10일 이내에 완공검사합격확인증을 재교부한 시·도지사에게 제출해야 한다. 〈개정

용을 통하여 첨부서류에 대한 정보를 확인할 수 있는 경우에는 그 확인으로 첨부서류를 갈음할 수 있다. 〈개정 2005. 5. 26., 2007. 12. 3., 2008. 12. 18., 2010. 11. 8., 2021. 7. 13.〉

1. 배관에 관한 내압시험, 비파괴시험 등에 합격하였음을 증명하는 서류(내압시험 등을 하여야 하는 배관이 있는 경우에 한한다)

2. 소방서장, 기술원 또는 탱크시험자가 교부한 탱크검사합격확인증 또는 탱크시험합격확인증(해당 위험물탱크의 완공검사를 실시하는 소방서장 또는 기술원이 그 위험물탱크의 탱크안전성능검사를 실시한 경우는 제외한다)

3. 재료의 성능을 증명하는 서류(이중벽탱크에 한한다)

② 영 제22조제1항제2호의 규정에 의하여 기술원은 완공검사를 실시한 경우에는 완공검사결과서를 소방서장에게 송부하고, 검사대상명·접수일시·검사일·검사번호·검사자·검사결과 및 검사결과서 발송일 등을 기재한 완공검사업무대장을 작성하여 10년간 보관하여야 한다. 〈개정 2008. 12. 18., 2009. 9. 15.〉

③ 영 제10조제2항의 완공검사합격확인증은 별지 제24호서식 또는 별지 제25호서식에 따른다. 〈개정 2021. 7. 13.〉

④ 영 제10조제3항에 따른 완공검사합격확인증의 재교부신청은 별지 제26호서식의 신청서에 따른다. 〈개정 2021. 7. 13.〉

제20조(완공검사의 신청시기) 법 제9조제1항에 따른 제조소등의 완공검사 신청시기는 다음 각 호의 구분에 따른다.

2021. 1. 5.〉

1. 지하탱크가 있는 제조소등의 경우 : 당해 지하탱크를 매설하기 전
2. 이동탱크저장소의 경우 : 이동저장탱크를 완공하고 상시 설치 장소(이하 "상치장소"라 한다)를 확보한 후
3. 이송취급소의 경우 : 이송배관 공사의 전체 또는 일부를 완료한 후. 다만, 지하·하천 등에 매설하는 이송배관의 공사의 경우에는 이송배관을 매설하기 전
4. 전체 공사가 완료된 후에는 완공검사를 실시하기 곤란한 경우 : 다음 각목에서 정하는 시기
가. 위험물설비 또는 배관의 설치가 완료되어 기밀시험 또는 내압시험을 실시하는 시기
나. 배관을 지하에 설치하는 경우에는 시·도지사, 소방서장 또는 기술원이 지정하는 부분을 매몰하기 직전
다. 기술원이 지정하는 부분의 비파괴시험을 실시하는 시기
5. 제1호 내지 제4호에 해당하지 아니하는 제조소등의 경우 : 제조소등의 공사를 완료한 후

제21조(변경공사 중 가사용의 신청) 법 제9조제1항 단서의 규정에 의하여 제조소등의 변경공사 중에 변경공사와 관계없는 부분을 사용하고자 하는 자는 별지 제16호서식 또는 별지 제17호서식의 신청서(전자문서로 된 신청서를 포함한다) 또는 별지 제27호서식의 신청서(전자문서로 된 신청서를 포함한다)에 변경공사에 따른 화재예방에 관한 조치사항을 기재한 서류(전자문서를 포함한다)를 첨부하여 시·도지사 또는 소방서장에게 신청하여야 한다.

제22조의2(위험물 누출 등의 사고 조사) ① 소방청장, 소방본부장 또는 소방서장은 위험물의 누출·화재·폭발 등의 사고가 발생한 경우 사고의 원인 및 피해 등을 조사하여야 한다. 〈개정 2017. 7. 26.〉 ② 제1항에 따른 조사에 관하여는 제22조제1항·제3항·제4항 및 제6항을 준용한다. ③ 소방청장, 소방본부장 또는 소방서장은 제1항에 따른 사고 조사에 필요한 경우 자문을 하기 위하여 관련 분야에 전문지식이 있는 사람으로 구성된 사고조사위원회를 둘 수 있다. 〈개정 2017. 7. 26.〉 ④ 제3항에 따른 사고조사위원회의 구성과 운영 등에 필요한 사항은 대통령령으로 정한다. [본조신설 2016. 1. 27.]	**제19조의2(사고조사위원회의 구성 등)** ① 법 제22조의2제3항에 따른 사고조사위원회(이하 이 조에서 "위원회"라 한다)는 위원장 1명을 포함하여 7명 이내의 위원으로 구성한다. ② 위원회의 위원은 다음 각 호의 어느 하나에 해당하는 사람 중에서 소방청장, 소방본부장 또는 소방서장이 임명하거나 위촉하고, 위원장은 위원 중에서 소방청장, 소방본부장 또는 소방서장이 임명하거나 위촉한다. 〈개정 2021. 6. 8.〉 1. 소속 소방공무원 2. 기술원의 임직원 중 위험물 안전관리 관련 업무에 5년 이상 종사한 사람 3. 「소방기본법」 제40조에 따른 한국소방안전원(이하 "안전원"이라 한다)의 임직원 중 위험물 안전관리 관련 업무에 5년 이상 종사한 사람 4. 위험물로 인한 사고의 원인·피해 조사 및 위험물 안전관리 관련 업무 등에 관한 학식과 경험이 풍부한 사람 ③ 제2항제2호부터 제4호까지의 규정에 따라 위촉되는 민간위원의 임기는 2년으로 하며, 한 차례만 연임할 수 있다. ④ 위원회에 출석한 위원에게는 예산의 범위에서 수당, 여비, 그 밖에 필요한 경비를 지급할 수 있다. 다만, 공무원인 위원이 그 소관 업무와 직접적으로 관련되어 위원회에 출석하는 경우에는 지급하지 않는다. ⑤ 제1항부터 제4항까지에서 규정한 사항 외에 위원회의 구성 및 운영에 필요한 사항은 소방청장이 정하여 고시할 수 있다. [본조신설 2020. 7. 14.]	

위험물안전관리법 시행령 [별표 1] 〈개정 2021. 6. 8.〉
위험물 및 지정수량(제2조 및 제3조 관련)

위험물			지정수량
유별	성질	품명	
제1류	산화성 고체	1. 아염소산염류	50킬로그램
		2. 염소산염류	50킬로그램
		3. 과염소산염류	50킬로그램
		4. 무기과산화물	50킬로그램
		5. 브롬산염류	300킬로그램
		6. 질산염류	300킬로그램
		7. 요오드산염류	300킬로그램
		8. 과망간산염류	1,000킬로그램
		9. 중크롬산염류	1,000킬로그램
		10. 그 밖에 행정안전부령으로 정하는 것 11. 제1호 내지 제10호의 1에 해당하는 어느 하나 이상을 함유한 것	50킬로그램, 300킬로그램 또는 1,000킬로그램
제2류	가연성 고체	1. 황화린	100킬로그램
		2. 적린	100킬로그램
		3. 유황	100킬로그램
		4. 철분	500킬로그램
		5. 금속분	500킬로그램
		6. 마그네슘	500킬로그램
		7. 그 밖에 행정안전부령으로 정하는 것 8. 제1호 내지 제7호의 1에 해당하는 어느 하나 이상을 함유한 것	100킬로그램 또는 500킬로그램
		9. 인화성고체	1,000킬로그램
제3류	자연 발화성 물질 및 금수성 물질	1. 칼륨	10킬로그램
		2. 나트륨	10킬로그램
		3. 알킬알루미늄	10킬로그램
		4. 알킬리튬	10킬로그램
		5. 황린	20킬로그램
		6. 알칼리금속(칼륨 및 나트륨을 제외한다) 및 알칼리토금속	50킬로그램
		7. 유기금속화합물(알킬알루미늄 및 알킬리튬을 제외한다)	50킬로그램
		8. 금속의 수소화물	300킬로그램
		9. 금속의 인화물	300킬로그램
		10. 칼슘 또는 알루미늄의 탄화물	300킬로그램

		11. 그 밖에 행정안전부령으로 정하는 것 12. 제1호 내지 제11호의 1에 해당하는 어느 하나 이상을 함유한 것		10킬로그램, 20킬로그램, 50킬로그램 또는 300킬로그램
제4류	인화성 액체	1. 특수인화물		50리터
		2. 제1석유류	비수용성액체	200리터
			수용성액체	400리터
		3. 알코올류		400리터
		4. 제2석유류	비수용성액체 수용성액체	1,000리터 2,000리터
		5. 제3석유류	비수용성액체 수용성액체	2,000리터 4,000리터
		6. 제4석유류		6,000리터
		7. 동식물유류		10,000리터
제5류	자기 반응 성물질	1. 유기과산화물		10킬로그램
		2. 질산에스테르류		10킬로그램
		3. 니트로화합물		200킬로그램
		4. 니트로소화합물		200킬로그램
		5. 아조화합물		200킬로그램
		6. 디아조화합물		200킬로그램
		7. 히드라진 유도체		200킬로그램
		8. 히드록실아민		100킬로그램
		9. 히드록실아민염류		100킬로그램
		10. 그 밖에 행정안전부령으로 정하는 것 11. 제1호 내지 제10호의 1에 해당하는 어느 하나 이상을 함유한 것		10킬로그램, 100킬로그램 또는 200킬로그램
제6류	산화성 액체	1. 과염소산		300킬로그램
		2. 과산화수소		300킬로그램
		3. 질산		300킬로그램
		4. 그 밖에 행정안전부령으로 정하는 것		300킬로그램
		5. 제1호 내지 제4호의 1에 해당하는 어느 하나 이상을 함유한 것		300킬로그램

비고

1. "산화성고체"라 함은 고체[액체(1기압 및 섭씨 20도에서 액상인 것 또는 섭씨 20도 초과 섭씨 40도 이하에서 액상인 것을 말한다. 이하 같다) 또는 기체(1기압 및 섭씨 20도에서 기상인 것을 말한다) 외의 것을 말한다. 이하 같다]로서 산화력의 잠재적인 위험성 또는 충격에 대한 민감성을 판단하기 위하여 소방청장이 정하여 고시(이하 "고시"라 한다)하는 시험에서 고시로 정하는 성질과 상태를 나타내는 것을 말한다. 이 경우 "액상"이라 함은 수직으로 된 시험관(안지름 30밀리미터, 높이 120밀리미터의 원통형유리관을 말한다)에 시료를 55밀리미터까지 채운 다음 당해 시험관을 수평으로 하였을 때 시료액면의 선단이 30밀리미터를 이동하는데 걸리는 시간이 90초 이내에 있는 것을 말한다.

2. "가연성고체"라 함은 고체로서 화염에 의한 발화의 위험성 또는 인화의 위험성을 판단하기 위하여 고시로 정하는 시험에서 고시로 정하는 성질과 상태를 나타내는 것을 말한다.

3. 유황은 순도가 60중량퍼센트 이상인 것을 말한다. 이 경우 순도측정에 있어서 불순물은 활석 등 불연성물질과 수분에 한한다.

4. "철분"이라 함은 철의 분말로서 53마이크로미터의 표준체를 통과하는 것이 50중량퍼센트 미만인 것은 제외한다.

5. "금속분"이라 함은 알칼리금속·알칼리토류금속·철 및 마그네슘 외의 금속의 분말을 말하고, 구리분·니켈분 및 150마이크로미터의 체를 통과하는 것이 50중량퍼센트 미만인 것은 제외한다.

6. 마그네슘 및 제2류제8호의 물품 중 마그네슘을 함유한 것에 있어서는 다음 각목의 1에 해당하는 것은 제외한다.

　가. 2밀리미터의 체를 통과하지 아니하는 덩어리 상태의 것

　나. 지름 2밀리미터 이상의 막대 모양의 것

7. 황화린·적린·유황 및 철분은 제2호에 따른 성질과 상태가 있는 것으로 본다.

8. "인화성고체"라 함은 고형알코올 그 밖에 1기압에서 인화점이 섭씨 40도 미만인 고체를 말한다.

9. "자연발화성물질 및 금수성물질"이라 함은 고체 또는 액체로서 공기 중에서 발화의 위험성이 있거나 물과 접촉하여 발화하거나 가연성가스를 발생하는 위험성이 있는 것을 말한다.

10. 칼륨·나트륨·알킬알루미늄·알킬리튬 및 황린은 제9호의 규정에 의한 성상이 있는 것으로 본다.

11. "인화성액체"라 함은 액체(제3석유류, 제4석유류 및 동식물유류의 경우 1기압과 섭씨 20도에서 액체인 것만 해당한다)로서 인화의 위험성이 있는 것을 말한다. 다만, 다음 각 목의 어느 하나에 해당하는 것을 법 제20조제1항의 중요기준과 세부기준에 따른 운반용기를 사용하여 운반하거나 저장(진열 및 판매를 포함한다)하는 경우는 제외한다.

　가. 「화장품법」 제2조제1호에 따른 화장품 중 인화성액체를 포함하고 있는 것

　나. 「약사법」 제2조제4호에 따른 의약품 중 인화성액체를 포함하고 있는 것

　다. 「약사법」 제2조제7호에 따른 의약외품(알코올류에 해당하는 것은 제외한다) 중 수용성인 인화성액체를 50부피퍼센트 이하로 포함하고 있는 것

　라. 「의료기기법」에 따른 체외진단용 의료기기 중 인화성액체를 포함하고 있는 것

　마. 「생활화학제품 및 살생물제의 안전관리에 관한 법률」 제3조제4호에 따른 안전확인대상생활화학제품(알코올류에 해당하는 것은 제외한다) 중 수용성인 인화성액체를 50부피퍼센트 이하로 포함하고 있는 것

12. "특수인화물"이라 함은 이황화탄소, 디에틸에테르 그 밖에 1기압에서 발화점이 섭씨 100도 이하인 것 또는 인화점이 섭씨 영하 20도 이하이고 비점이 섭씨 40도 이하인 것을 말한다.

13. "제1석유류"라 함은 아세톤, 휘발유 그 밖에 1기압에서 인화점이 섭씨 21도 미만인 것을 말한다.

14. "알코올류"라 함은 1분자를 구성하는 탄소원자의 수가 1개부터 3개까지인 포화1가 알코올(변성알코올을 포함한다)을 말한다. 다만, 다음 각목의 1에 해당하는 것은 제외한다.

　가. 1분자를 구성하는 탄소원자의 수가 1개 내지 3개의 포화1가 알코올의 함유량이 60중량퍼센트 미만인 수용액

　나. 가연성액체량이 60중량퍼센트 미만이고 인화점 및 연소점(태그개방식인화점측정기에 의한 연소점을 말한다. 이하 같다)이 에틸알코올 60중량퍼센트 수용액의 인화점 및 연소점을 초과하는 것

15. "제2석유류"라 함은 등유, 경유 그 밖에 1기압에서 인화점이 섭씨 21도 이상 70도 미만인 것을 말한다. 다만, 도료류 그 밖의 물품에 있어서 가연성 액체량이 40중량퍼센트 이하이면서 인화점이 섭씨 40도 이상인 동시에 연소점이 섭씨 60도 이상인 것은 제외한다.

16. "제3석유류"라 함은 중유, 클레오소트유 그 밖에 1기압에서 인화점이 섭씨 70도 이상 섭씨 200도 미만인 것을 말한다. 다만, 도료류 그 밖의 물품은 가연성 액체량이 40중량퍼센트 이하인 것은 제외한다.

17. "제4석유류"라 함은 기어유, 실린더유 그 밖에 1기압에서 인화점이 섭씨 200도 이상 섭씨 250도 미만의 것을 말한다. 다만 도료류 그 밖의 물품은 가연성 액체량이 40중량퍼센트 이하인 것은 제외한다.

18. "동식물유류"라 함은 동물의 지육(枝肉: 머리, 내장, 다리를 잘라 내고 아직 부위별로 나누지 않은 고기를 말한다) 등 또는 식물의 종자나 과육으로부터 추출한 것으로서 1기압에서 인화점이 섭씨 250도 미만인 것을 말한다. 다만, 법 제20조제1항의 규정에 의하여 행정안전부령으로 정하는 용기기준과 수납·저장기준에 따라 수납되어 저장·보관되고 용기의 외부에 물품의 통칭명, 수량 및 화기엄금(화기엄금과 동일한 의미를 갖는 표시를 포함한다)의 표시가 있는 경우를 제외한다.

19. "자기반응성물질"이라 함은 고체 또는 액체로서 폭발의 위험성 또는 가열분해의 격렬함을 판단하기 위하여 고시로 정하는 시험에서 고시로 정하는 성질과 상태를 나타내는 것을 말한다.

20. 제5류제11호의 물품에 있어서는 유기과산화물을 함유하는 것 중에서 불활성고체를 함유하는 것으로서 다음 각 목의 1에 해당하는 것은 제외한다.

    가. 과산화벤조일의 함유량이 35.5중량퍼센트 미만인 것으로서 전분가루, 황산칼슘2수화물 또는 인산1수소칼슘2수화물과의 혼합물

    나. 비스(4클로로벤조일)퍼옥사이드의 함유량이 30중량퍼센트 미만인 것으로서 불활성고체와의 혼합물

    다. 과산화지크밀의 함유량이 40중량퍼센트 미만인 것으로서 불활성고체와의 혼합물

    라. 1·4비스(2-터셔리부틸퍼옥시이소프로필)벤젠의 함유량이 40중량퍼센트 미만인 것으로서 불활성고체와의 혼합물

    마. 시크로헥사놀퍼옥사이드의 함유량이 30중량퍼센트 미만인 것으로서 불활성고체와의 혼합물

21. "산화성액체"라 함은 액체로서 산화력의 잠재적인 위험성을 판단하기 위하여 고시로 정하는 시험에서 고시로 정하는 성질과 상태를 나타내는 것을 말한다.

22. 과산화수소는 그 농도가 36중량퍼센트 이상인 것에 한하며, 제21호의 성상이 있는 것으로 본다.

23. 질산은 그 비중이 1.49 이상인 것에 한하며, 제21호의 성상이 있는 것으로 본다.

24. 위 표의 성질란에 규정된 성상을 2가지 이상 포함하는 물품(이하 이 호에서 "복수성상물품"이라 한다)이 속하는 품명은 다음 각목의 1에 의한다.

    가. 복수성상물품이 산화성고체의 성상 및 가연성고체의 성상을 가지는 경우 : 제2류제8호의 규정에 의한 품명

    나. 복수성상물품이 산화성고체의 성상 및 자기반응성물질의 성상을 가지는 경우 : 제5류제11호의 규정에 의한 품명

    다. 복수성상물품이 가연성고체의 성상과 자연발화성물질의 성상 및 금수성물질의 성상을 가지는 경우 : 제3류제12호의 규정에 의한 품명

    라. 복수성상물품이 자연발화성물질의 성상, 금수성물질의 성상 및 인화성액체의 성상을 가지는 경우 : 제3류제12호의 규정에 의한 품명

    마. 복수성상물품이 인화성액체의 성상 및 자기반응성물질의 성상을 가지는 경우 : 제5류제11호의 규정에 의한 품명

25. 위 표의 지정수량란에 정하는 수량이 복수로 있는 품명에 있어서는 당해 품명이 속하는 유(類)의 품명 가운데 위험성의 정도가 가장 유사한 품명의 지정수량란에 정하는 수량과 같은 수량을 당해 품명의 지정수량으로 한다. 이 경우 위험물의 위험성을 실험·비교하기 위한 기준은 고시로 정할 수 있다.

26. 위 표의 기준에 따라 위험물을 판정하고 지정수량을 결정하기 위하여 필요한 실험은 「국가표준기본법」 제23조에 따라 인정을 받은 시험·검사기관, 기술원, 국립소방연구원 또는 소방청장이 지정하는 기관에서 실시할 수 있다. 이 경우 실험 결과에는 실험한 위험물에 해당하는 품명과 지정수량이 포함되어야 한다.

위험물안전관리법 시행규칙

[별표 4] 〈개정 2021. 10. 21.〉

제조소의 위치·구조 및 설비의 기준(제28조 관련)

Ⅰ. 안전거리

1. 제조소(제6류 위험물을 취급하는 제조소를 제외한다)는 다음 각목의 규정에 의한 건축물의 외벽 또는 이에 상당하는 공작물의 외측으로부터 당해 제조소의 외벽 또는 이에 상당하는 공작물의 외측까지의 사이에 다음 각목의 규정에 의한 수평거리 (이하 "안전거리"라 한다)를 두어야 한다.

　가. 나목 내지 라목의 규정에 의한 것 외의 건축물 그 밖의 공작물로서 주거용으로 사용되는 것(제조소가 설치된 부지내에 있는 것을 제외한다)에 있어서는 10m 이상

　나. 학교·병원·극장 그 밖에 다수인을 수용하는 시설로서 다음의 1에 해당하는 것 에 있어서는 30m 이상

　　1) 「초·중등교육법」 제2조 및 「고등교육법」 제2조에 정하는 학교

　　2) 「의료법」 제3조제2항제3호에 따른 병원급 의료기관

　　3) 「공연법」 제2조제4호에 따른 공연장, 「영화 및 비디오물의 진흥에 관한 법률」 제2조제10호에 따른 영화상영관 및 그 밖에 이와 유사한 시설로서 3백 명 이상의 인원을 수용할 수 있는 것

　　4) 「아동복지법」 제3조제10호에 따른 아동복지시설, 「노인복지법」 제31조제1 호부터 제3호까지에 해당하는 노인복지시설, 「장애인복지법」 제58조제1항 에 따른 장애인복지시설, 「한부모가족지원법」 제19조제1항에 따른 한부모가 족복지시설, 「영유아보육법」 제2조제3호에 따른 어린이집, 「성매매 방지 및 피해자보호 등에 관한 법률」 제9조제1항에 따른 성매매피해자등을 위한 지 원시설, 「정신건강증진 및 정신질환자 복지서비스 지원에 관한 법률」 제3조 제4호에 따른 정신건강증진시설, 「가정폭력방지 및 피해자보호 등에 관한 법률」 제7조의2제1항에 따른 보호시설 및 그 밖에 이와 유사한 시설로서 20 명 이상의 인원을 수용할 수 있는 것

　다. 「문화재보호법」의 규정에 의한 유형문화재와 기념물 중 지정문화재에 있어서는 50m 이상

　라. 고압가스, 액화석유가스 또는 도시가스를 저장 또는 취급하는 시설로서 다음의

1에 해당하는 것에 있어서는 20m 이상. 다만, 당해 시설의 배관 중 제조소가 설치된 부지 내에 있는 것은 제외한다.

   1) 「고압가스 안전관리법」의 규정에 의하여 허가를 받거나 신고를 하여야 하는 고압가스제조시설(용기에 충전하는 것을 포함한다) 또는 고압가스 사용시설로서 1일 30m³ 이상의 용적을 취급하는 시설이 있는 것

   2) 「고압가스 안전관리법」의 규정에 의하여 허가를 받거나 신고를 하여야 하는 고압가스저장시설

   3) 「고압가스 안전관리법」의 규정에 의하여 허가를 받거나 신고를 하여야 하는 액화산소를 소비하는 시설

   4) 「액화석유가스의 안전관리 및 사업법」의 규정에 의하여 허가를 받아야 하는 액화석유가스제조시설 및 액화석유가스저장시설

   5) 「도시가스사업법」 제2조제5호의 규정에 의한 가스공급시설

마. 사용전압이 7,000V 초과 35,000V 이하의 특고압가공전선에 있어서는 3m 이상

바. 사용전압이 35,000V를 초과하는 특고압가공전선에 있어서는 5m 이상

2. 제1호가목 내지 다목의 규정에 의한 건축물 등은 부표의 기준에 의하여 불연재료로 된 방화상 유효한 담 또는 벽을 설치하는 경우에는 동표의 기준에 의하여 안전거리를 단축할 수 있다.

Ⅱ. 보유공지

1. 위험물을 취급하는 건축물 그 밖의 시설(위험물을 이송하기 위한 배관 그 밖에 이와 유사한 시설을 제외한다)의 주위에는 그 취급하는 위험물의 최대수량에 따라 다음 표에 의한 너비의 공지를 보유하여야 한다.

취급하는 위험물의 최대수량	공지의 너비
지정수량의 10배 이하	3m 이상
지정수량의 10배 초과	5m 이상

2. 제조소의 작업공정이 다른 작업장의 작업공정과 연속되어 있어, 제조소의 건축물 그 밖의 공작물의 주위에 공지를 두게 되면 그 제조소의 작업에 현저한 지장이 생길 우려가 있는 경우 당해 제조소와 다른 작업장 사이에 다음 각목의 기준에 따라 방화상 유효한 격벽을 설치한 때에는 당해 제조소와 다른 작업장 사이에 제1호의 규정에 의한 공지를 보유하지 아니할 수 있다.

가. 방화벽은 내화구조로 할 것, 다만 취급하는 위험물이 제6류 위험물인 경우에는 불연재료로 할 수 있다.

나. 방화벽에 설치하는 출입구 및 창 등의 개구부는 가능한 한 최소로 하고, 출입구 및 창에는 자동폐쇄식의 갑종방화문을 설치할 것

다. 방화벽의 양단 및 상단이 외벽 또는 지붕으로부터 50cm 이상 돌출하도록 할 것

Ⅲ. 표지 및 게시판

1. 제조소에는 보기 쉬운 곳에 다음 각목의 기준에 따라 "위험물 제조소"라는 표시를 한 표지를 설치하여야 한다.

가. 표지는 한변의 길이가 0.3m 이상, 다른 한변의 길이가 0.6m 이상인 직사각형으로 할 것

나. 표지의 바탕은 백색으로, 문자는 흑색으로 할 것

2. 제조소에는 보기 쉬운 곳에 다음 각목의 기준에 따라 방화에 관하여 필요한 사항을 게시한 게시판을 설치하여야 한다.

가. 게시판은 한변의 길이가 0.3m 이상, 다른 한변의 길이가 0.6m 이상인 직사각형으로 할 것

나. 게시판에는 저장 또는 취급하는 위험물의 유별·품명 및 저장최대수량 또는 취급최대수량, 지정수량의 배수 및 안전관리자의 성명 또는 직명을 기재할 것

다. 나목의 게시판의 바탕은 백색으로, 문자는 흑색으로 할 것

라. 나목의 게시판 외에 저장 또는 취급하는 위험물에 따라 다음의 규정에 의한 주의사항을 표시한 게시판을 설치할 것

    1) 제1류 위험물 중 알칼리금속의 과산화물과 이를 함유한 것 또는 제3류 위험물 중 금수성물질에 있어서는 "물기엄금"

    2) 제2류 위험물(인화성고체를 제외한다)에 있어서는 "화기주의"

    3) 제2류 위험물 중 인화성고체, 제3류 위험물 중 자연발화성물질, 제4류 위험물 또는 제5류 위험물에 있어서는 "화기엄금"

마. 라목의 게시판의 색은 "물기엄금"을 표시하는 것에 있어서는 청색바탕에 백색문자로, "화기주의" 또는 "화기엄금"을 표시하는 것에 있어서는 적색바탕에 백색문자로 할 것

Ⅳ. 건축물의 구조

위험물을 취급하는 건축물의 구조는 다음 각호의 기준에 의하여야 한다.

1. 지하층이 없도록 하여야 한다. 다만, 위험물을 취급하지 아니하는 지하층으로서 위험물의 취급장소에서 새어나온 위험물 또는 가연성의 증기가 흘러 들어갈 우려가 없는 구조로 된 경우에는 그러하지 아니하다.

2. 벽·기둥·바닥·보·서까래 및 계단을 불연재료로 하고, 연소(延燒)의 우려가 있는 외벽(소방청장이 정하여 고시하는 것에 한한다. 이하 같다)은 출입구 외의 개구부가 없는 내화구조의 벽으로 하여야 한다. 이 경우 제6류 위험물을 취급하는 건축물에 있어서 위험물이 스며들 우려가 있는 부분에 대하여는 아스팔트 그 밖에 부식되지 아니하는 재료로 피복하여야 한다.

3. 지붕(작업공정상 제조기계시설 등이 2층 이상에 연결되어 설치된 경우에는 최상층의 지붕을 말한다)은 폭발력이 위로 방출될 정도의 가벼운 불연재료로 덮어야 한다. 다만, 위험물을 취급하는 건축물이 다음 각목의 1에 해당하는 경우에는 그 지붕을 내화구조로 할 수 있다.

   가. 제2류 위험물(분상의 것과 인화성고체를 제외한다), 제4류 위험물 중 제4석유류·동식물유류 또는 제6류 위험물을 취급하는 건축물인 경우

   나. 다음의 기준에 적합한 밀폐형 구조의 건축물인 경우

      1) 발생할 수 있는 내부의 과압(過壓) 또는 부압(負壓)에 견딜 수 있는 철근콘크리트조일 것

      2) 외부화재에 90분 이상 견딜 수 있는 구조일 것

4. 출입구와 「산업안전보건기준에 관한 규칙」 제17조에 따라 설치하여야 하는 비상구에는 갑종방화문 또는 을종방화문을 설치하되, 연소의 우려가 있는 외벽에 설치하는 출입구에는 수시로 열 수 있는 자동폐쇄식의 갑종방화문을 설치하여야 한다.

5. 위험물을 취급하는 건축물의 창 및 출입구에 유리를 이용하는 경우에는 망입유리(두꺼운 판유리에 철망을 넣은 것)로 하여야 한다.

6. 액체의 위험물을 취급하는 건축물의 바닥은 위험물이 스며들지 못하는 재료를 사용하고, 적당한 경사를 두어 그 최저부에 집유설비를 하여야 한다.

V. 채광·조명 및 환기설비

1. 위험물을 취급하는 건축물에는 다음 각목의 기준에 의하여 위험물을 취급하는데 필요한 채광·조명 및 환기의 설비를 설치하여야 한다.

   가. 채광설비는 불연재료로 하고, 연소의 우려가 없는 장소에 설치하되 채광면적을 최소로 할 것

   나. 조명설비는 다음의 기준에 적합하게 설치할 것

      1) 가연성가스 등이 체류할 우려가 있는 장소의 조명등은 방폭등으로 할 것

      2) 전선은 내화·내열전선으로 할 것

      3) 점멸스위치는 출입구 바깥부분에 설치할 것. 다만, 스위치의 스파크로 인한 화재·폭발의 우려가 없을 경우에는 그러하지 아니하다.

다. 환기설비는 다음의 기준에 의할 것

   1) 환기는 자연배기방식으로 할 것

   2) 급기구는 당해 급기구가 설치된 실의 바닥면적 150m²마다 1개 이상으로 하되, 급기구의 크기는 800cm² 이상으로 할 것. 다만 바닥면적이 150m² 미만인 경우에는 다음의 크기로 하여야 한다.

바닥면적	급기구의 면적
60m² 미만	150cm² 이상
60m² 이상 90m² 미만	300cm² 이상
90m² 이상 120m² 미만	450cm² 이상
120m² 이상 150m² 미만	600cm² 이상

   3) 급기구는 낮은 곳에 설치하고 가는 눈의 구리망 등으로 인화방지망을 설치할 것

   4) 환기구는 지붕 위 또는 지상 2m 이상의 높이에 회전식 고정벤티레이터 또는 루프팬(roof fan: 지붕에 설치하는 배기장치) 방식으로 설치할 것

2. 배출설비가 설치되어 유효하게 환기가 되는 건축물에는 환기설비를 하지 아니할 수 있고, 조명설비가 설치되어 유효하게 조도(밝기)가 확보되는 건축물에는 채광설비를 하지 아니할 수 있다.

Ⅵ. 배출설비

가연성의 증기 또는 미분이 체류할 우려가 있는 건축물에는 그 증기 또는 미분을 옥외의 높은 곳으로 배출할 수 있도록 다음 각호의 기준에 의하여 배출설비를 설치하여야 한다.

1. 배출설비는 국소방식으로 하여야 한다. 다만, 다음 각목의 1에 해당하는 경우에는 전역방식으로 할 수 있다.

   가. 위험물취급설비가 배관이음 등으로만 된 경우

   나. 건축물의 구조·작업장소의 분포 등의 조건에 의하여 전역방식이 유효한 경우

2. 배출설비는 배풍기(오염된 공기를 뽑아내는 통풍기)·배출 덕트(공기 배출통로)·후드 등을 이용하여 강제적으로 배출하는 것으로 해야 한다.

3. 배출능력은 1시간당 배출장소 용적의 20배 이상인 것으로 하여야 한다. 다만, 전역방식의 경우에는 바닥면적 1m²당 18m³ 이상으로 할 수 있다.

4. 배출설비의 급기구 및 배출구는 다음 각목의 기준에 의하여야 한다.

　가. 급기구는 높은 곳에 설치하고, 가는 눈의 구리망 등으로 인화방지망을 설치할 것

　나. 배출구는 지상 2m 이상으로서 연소의 우려가 없는 장소에 설치하고, 배출 덕트가 관통하는 벽부분의 바로 가까이에 화재 시 자동으로 폐쇄되는 방화댐퍼(화재 시 연기 등을 차단하는 장치)를 설치할 것

5. 배풍기는 강제배기방식으로 하고, 옥내닥트의 내압이 대기압 이상이 되지 아니하는 위치에 설치하여야 한다.

Ⅶ. 옥외설비의 바닥

옥외에서 액체위험물을 취급하는 설비의 바닥은 다음 각호의 기준에 의하여야 한다.

1. 바닥의 둘레에 높이 0.15m 이상의 턱을 설치하는 등 위험물이 외부로 흘러나가지 아니하도록 하여야 한다.

2. 바닥은 콘크리트 등 위험물이 스며들지 아니하는 재료로 하고, 제1호의 턱이 있는 쪽이 낮게 경사지게 하여야 한다.

3. 바닥의 최저부에 집유설비를 하여야 한다.

4. 위험물(온도 20℃의 물 100g에 용해되는 양이 1g 미만인 것에 한한다)을 취급하는 설비에 있어서는 당해 위험물이 직접 배수구에 흘러들어가지 아니하도록 집유설비에 유분리장치를 설치하여야 한다.

Ⅷ. 기타설비

1. 위험물의 누출·비산방지

위험물을 취급하는 기계·기구 그 밖의 설비는 위험물이 새거나 넘치거나 비산하는 것을 방지할 수 있는 구조로 하여야 한다. 다만, 당해 설비에 위험물의 누출 등으로 인한 재해를 방지할 수 있는 부대설비(되돌림관·수막 등)를 한 때에는 그러하지 아니하다.

2. 가열·냉각설비 등의 온도측정장치

위험물을 가열하거나 냉각하는 설비 또는 위험물의 취급에 수반하여 온도변화가 생기는 설비에는 온도측정장치를 설치하여야 한다.

3. 가열건조설비

위험물을 가열 또는 건조하는 설비는 직접 불을 사용하지 아니하는 구조로 하여야 한다. 다만, 당해 설비가 방화상 안전한 장소에 설치되어 있거나 화재를 방지할 수 있는 부대설비를 한 때에는 그러하지 아니하다.

4. 압력계 및 안전장치

위험물을 가압하는 설비 또는 그 취급하는 위험물의 압력이 상승할 우려가 있는 설비
에는 압력계 및 다음 각목의 1에 해당하는 안전장치를 설치하여야 한다. 다만, 라목
의 파괴판은 위험물의 성질에 따라 안전밸브의 작동이 곤란한 가압설비에 한한다.

가. 자동적으로 압력의 상승을 정지시키는 장치

나. 감압측에 안전밸브를 부착한 감압밸브

다. 안전밸브를 병용하는 경보장치

라. 파괴판

5. 전기설비

제조소에 설치하는 전기설비는 「전기사업법」에 의한 전기설비기술기준에 의하여야
한다.

6. 정전기 제거설비

위험물을 취급함에 있어서 정전기가 발생할 우려가 있는 설비에는 다음 각목의 1에
해당하는 방법으로 정전기를 유효하게 제거할 수 있는 설비를 설치하여야 한다.

가. 접지에 의한 방법

나. 공기 중의 상대습도를 70% 이상으로 하는 방법

다. 공기를 이온화하는 방법

7. 피뢰설비

지정수량의 10배 이상의 위험물을 취급하는 제조소(제6류 위험물을 취급하는 위험
물제조소를 제외한다)에는 피뢰침(「산업표준화법」 제12조에 따른 한국산업표준 중
피뢰설비 표준에 적합한 것을 말한다. 이하 같다)을 설치하여야 한다. 다만, 제조소
의 주위의 상황에 따라 안전상 지장이 없는 경우에는 피뢰침을 설치하지 아니할 수
있다.

8. 전동기 등

전동기 및 위험물을 취급하는 설비의 펌프·밸브·스위치 등은 화재예방상 지장이 없
는 위치에 부착하여야 한다.

IX. 위험물 취급탱크

1. 위험물제조소의 옥외에 있는 위험물취급탱크(용량이 지정수량의 5분의 1 미만인 것
을 제외한다)는 다음 각목의 기준에 의하여 설치하여야 한다.

가. 옥외에 있는 위험물취급탱크의 구조 및 설비는 별표 6 Ⅵ제1호(특정옥외저장탱
크 및 준특정옥외저장탱크와 관련되는 부분을 제외한다)·제3호 내지 제9호·제
11호 내지 제14호 및 XⅣ의 규정에 의한 옥외탱크저장소의 탱크의 구조 및 설

비의 기준을 준용할 것

나. 옥외에 있는 위험물취급탱크로서 액체위험물(이황화탄소를 제외한다)을 취급하는 것의 주위에는 다음의 기준에 의하여 방유제를 설치할 것

1) 하나의 취급탱크 주위에 설치하는 방유제의 용량은 당해 탱크용량의 50% 이상으로 하고, 2 이상의 취급탱크 주위에 하나의 방유제를 설치하는 경우 그 방유제의 용량은 당해 탱크 중 용량이 최대인 것의 50%에 나머지 탱크용량 합계의 10%를 가산한 양 이상이 되게 할 것. 이 경우 방유제의 용량은 당해 방유제의 내용적에서 용량이 최대인 탱크 외의 탱크의 방유제 높이 이하 부분의 용적, 당해 방유제 내에 있는 모든 탱크의 지반면 이상 부분의 기초의 체적, 간막이 둑의 체적 및 당해 방유제 내에 있는 배관 등의 체적을 뺀 것으로 한다.

2) 방유제의 구조 및 설비는 별표 6 Ⅸ제1호 나목·사목·차목·카목 및 파목의 규정에 의한 옥외저장탱크의 방유제의 기준에 적합하게 할 것

2. 위험물제조소의 옥내에 있는 위험물취급탱크(용량이 지정수량의 5분의 1 미만인 것을 제외한다)는 다음 각목의 기준에 의하여 설치하여야 한다.

가. 탱크의 구조 및 설비는 별표 7 Ⅰ제1호 마목 내지 자목 및 카목 내지 파목의 규정에 의한 옥내탱크저장소의 위험물을 저장 또는 취급하는 탱크의 구조 및 설비의 기준을 준용할 것

나. 위험물취급탱크의 주위에는 턱(이하 "방유턱"이라고 한다)을 설치하는 등 위험물이 누설된 경우에 그 유출을 방지하기 위한 조치를 할 것. 이 경우 당해조치는 탱크에 수납하는 위험물의 양(하나의 방유턱 안에 2 이상의 탱크가 있는 경우는 당해 탱크 중 실제로 수납하는 위험물의 양이 최대인 탱크의 양)을 전부 수용할 수 있도록 하여야 한다.

3. 위험물제조소의 지하에 있는 위험물취급탱크의 위치·구조 및 설비는 별표 8 Ⅰ(제5호·제11호 및 제14호를 제외한다), Ⅱ(Ⅰ제5호·제11호 및 제14호의 규정을 적용하도록 하는 부분을 제외한다) 또는 Ⅲ(Ⅰ제5호·제11호 및 제14호의 규정을 적용하도록 하는 부분을 제외한다)의 규정에 의한 지하탱크저장소의 위험물을 저장 또는 취급하는 탱크의 위치·구조 및 설비의 기준에 준하여 설치하여야 한다.

Ⅹ. 배관

위험물제조소내의 위험물을 취급하는 배관은 다음 각호의 기준에 의하여 설치하여야 한다.

1. 배관의 재질은 강관 그 밖에 이와 유사한 금속성으로 하여야 한다. 다만, 다음 각 목

의 기준에 적합한 경우에는 그러하지 아니하다.

　가. 배관의 재질은 한국산업규격의 유리섬유강화플라스틱·고밀도폴리에틸렌 또는 폴리우레탄으로 할 것

　나. 배관의 구조는 내관 및 외관의 이중으로 하고, 내관과 외관의 사이에는 틈새공간을 두어 누설여부를 외부에서 쉽게 확인할 수 있도록 할 것. 다만, 배관의 재질이 취급하는 위험물에 의해 쉽게 열화될 우려가 없는 경우에는 그러하지 아니하다.

　다. 국내 또는 국외의 관련공인시험기관으로부터 안전성에 대한 시험 또는 인증을 받을 것

　라. 배관은 지하에 매설할 것. 다만, 화재 등 열에 의하여 쉽게 변형될 우려가 없는 재질이거나 화재 등 열에 의한 악영향을 받을 우려가 없는 장소에 설치되는 경우에는 그러하지 아니하다.

2. 배관에 걸리는 최대상용압력의 1.5배 이상의 압력으로 내압시험(불연성의 액체 또는 기체를 이용하여 실시하는 시험을 포함한다)을 실시하여 누설 그 밖의 이상이 없는 것으로 하여야 한다.

3. 배관을 지상에 설치하는 경우에는 지진·풍압·지반침하 및 온도변화에 안전한 구조의 지지물에 설치하되, 지면에 닿지 아니하도록 하고 배관의 외면에 부식방지를 위한 도장을 하여야 한다. 다만, 불변강관 또는 부식의 우려가 없는 재질의 배관의 경우에는 부식방지를 위한 도장을 아니할 수 있다.

4. 배관을 지하에 매설하는 경우에는 다음 각목의 기준에 적합하게 하여야 한다.

　가. 금속성 배관의 외면에는 부식방지를 위하여 도장·복장·코팅 또는 전기방식등의 필요한 조치를 할 것

　나. 배관의 접합부분(용접에 의한 접합부 또는 위험물의 누설의 우려가 없다고 인정되는 방법에 의하여 접합된 부분을 제외한다)에는 위험물의 누설여부를 점검할 수 있는 점검구를 설치할 것

　다. 지면에 미치는 중량이 당해 배관에 미치지 아니하도록 보호할 것

5. 배관에 가열 또는 보온을 위한 설비를 설치하는 경우에는 화재예방상 안전한 구조로 하여야 한다.

XI. 고인화점 위험물의 제조소의 특례

인화점이 100℃ 이상인 제4류 위험물(이하 "고인화점위험물"이라 한다)만을 100℃ 미만의 온도에서 취급하는 제조소로서 그 위치 및 구조가 다음 각호의 기준에 모두 적합한 제조소에 대하여는 Ⅰ, Ⅱ, Ⅳ제1호, Ⅳ제3호 내지 제5호, Ⅷ제6호·제7호 및 Ⅸ제1호

나목2)에 의하여 준용되는 별표 6 Ⅸ제1호 나목의 규정을 적용하지 아니한다.

1. 다음 각목의 규정에 의한 건축물의 외벽 또는 이에 상당하는 공작물의 외측으로부터 당해 제조소의 외벽 또는 이에 상당하는 공작물의 외측까지의 사이에 다음 각목의 규정에 의한 안전거리를 두어야 한다. 다만, 가목 내지 다목의 규정에 의한 건축물 등에 부표의 기준에 의하여 불연재료로 된 방화상 유효한 담 또는 벽을 설치하여 소방본부장 또는 소방서장이 안전하다고 인정하는 거리로 할 수 있다.

   가. 나목 내지 라목 외의 건축물 그 밖의 공작물로서 주거용으로 제공하는 것(제조소가 있는 부지와 동일한 부지내에 있는 것을 제외한다)에 있어서는 10m 이상

   나. Ⅰ제1호 나목1) 내지 4)의 규정에 의한 시설에 있어서는 30m 이상

   다. 「문화재보호법」의 규정에 의한 유형문화재와 기념물 중 지정문화재에 있어서는 50m 이상

   라. Ⅰ제1호 라목1) 내지 5)의 규정에 의한 시설(불활성 가스만을 저장 또는 취급하는 것을 제외한다)에 있어서는 20m 이상

2. 위험물을 취급하는 건축물 그 밖의 공작물(위험물을 이송하기 위한 배관 그 밖에 이에 준하는 공작물을 제외한다)의 주위에 3m 이상의 너비의 공지를 보유하여야 한다. 다만, Ⅱ제2호 각목의 규정에 의하여 방화상 유효한 격벽을 설치하는 경우에는 그러하지 아니하다.

3. 위험물을 취급하는 건축물은 그 지붕을 불연재료로 하여야 한다.

4. 위험물을 취급하는 건축물의 창 및 출입구에는 을종방화문·갑종방화문 또는 불연재료나 유리로 만든 문을 달고, 연소의 우려가 있는 외벽에 두는 출입구에는 수시로 열 수 있는 자동폐쇄식의 갑종방화문을 설치하여야 한다.

5. 위험물을 취급하는 건축물의 연소의 우려가 있는 외벽에 두는 출입구에 유리를 이용하는 경우에는 망입유리로 하여야 한다.

XII. 위험물의 성질에 따른 제조소의 특례

1. 다음 각목의 1에 해당하는 위험물을 취급하는 제조소에 있어서는 Ⅰ 내지 Ⅷ의 규정에 의한 기준에 의하는 외에 당해 위험물의 성질에 따라 제2호 내지 제4조의 기준에 의하여야 한다.

   가. 제3류 위험물 중 알킬알루미늄·알킬리튬 또는 이중 어느 하나 이상을 함유하는 것(이하 "알킬알루미늄등"이라 한다)

   나. 제4류 위험물중 특수인화물의 아세트알데히드·산화프로필렌 또는 이중 어느 하나 이상을 함유하는 것(이하 "아세트알데히드등"이라 한다)

   다. 제5류 위험물 중 히드록실아민·히드록실아민염류 또는 이중 어느 하나 이상을

함유하는 것(이하 "히드록실아민등"이라 한다)

2. 알킬알루미늄등을 취급하는 제조소의 특례는 다음 각목과 같다.

    가. 알킬알루미늄등을 취급하는 설비의 주위에는 누설범위를 국한하기 위한 설비와 누설된 알킬알루미늄등을 안전한 장소에 설치된 저장실에 유입시킬 수 있는 설비를 갖출 것

    나. 알킬알루미늄등을 취급하는 설비에는 불활성기체를 봉입하는 장치를 갖출 것

3. 아세트알데히드등을 취급하는 제조소의 특례는 다음 각목과 같다.

    가. 아세트알데히드등을 취급하는 설비는 은·수은·동·마그네슘 또는 이들을 성분으로 하는 합금으로 만들지 아니할 것

    나. 아세트알데히드등을 취급하는 설비에는 연소성 혼합기체의 생성에 의한 폭발을 방지하기 위한 불활성기체 또는 수증기를 봉입하는 장치를 갖출 것

    다. 아세트알데히드등을 취급하는 탱크(옥외에 있는 탱크 또는 옥내에 있는 탱크로서 그 용량이 지정수량의 5분의 1 미만의 것을 제외한다)에는 냉각장치 또는 저온을 유지하기 위한 장치(이하 "보냉장치"라 한다) 및 연소성 혼합기체의 생성에 의한 폭발을 방지하기 위한 불활성기체를 봉입하는 장치를 갖출 것. 다만, 지하에 있는 탱크가 아세트알데히드등의 온도를 저온으로 유지할 수 있는 구조인 경우에는 냉각장치 및 보냉장치를 갖추지 아니할 수 있다.

    라. 다목의 규정에 의한 냉각장치 또는 보냉장치는 2 이상 설치하여 하나의 냉각장치 또는 보냉장치가 고장난 때에도 일정 온도를 유지할 수 있도록 하고, 다음의 기준에 적합한 비상전원을 갖출 것

        1) 상용전력원이 고장인 경우에 자동으로 비상전원으로 전환되어 가동되도록 할 것

        2) 비상전원의 용량은 냉각장치 또는 보냉장치를 유효하게 작동할 수 있는 정도일 것

    마. 아세트알데히드등을 취급하는 탱크를 지하에 매설하는 경우에는 Ⅸ제3호의 규정에 의하여 적용되는 별표 8 Ⅰ제1호 단서의 규정에 불구하고 당해 탱크를 탱크전용실에 설치할 것

4. 히드록실아민등을 취급하는 제조소의 특례는 다음 각목과 같다.

    가. Ⅰ제1호가목부터 라목까지의 규정에도 불구하고 지정수량 이상의 히드록실아민등을 취급하는 제조소의 위치는 Ⅰ제1호가목부터 라목까지의 규정에 의한 건축물의 벽 또는 이에 상당하는 공작물의 외측으로부터 해당 제조소의 외벽 또는 이에 상당하는 공작물의 외측까지의 사이에 다음 식에 의하여 요구되는 거리 이상의 안전거리를 둘 것

$$D = 51.1\sqrt[3]{N}$$

D : 거리(m)

N : 해당 제조소에서 취급하는 히드록실아민등의 지정수량의 배수

나. 가목의 제조소의 주위에는 다음에 정하는 기준에 적합한 담 도는 토제(土堤)를 설치할 것

　　1) 담 또는 토제는 당해 제조소의 외벽 또는 이에 상당하는 공작물의 외측으로부터 2m 이상 떨어진 장소에 설치할 것

　　2) 담 또는 토제의 높이는 당해 제조소에 있어서 히드록실아민등을 취급하는 부분의 높이 이상으로 할 것

　　3) 담은 두께 15cm 이상의 철근콘크리트조·철골철근콘크리트조 또는 두께 20cm 이상의 보강콘크리트블록조로 할 것

　　4) 토제의 경사면의 경사도는 60도 미만으로 할 것

다. 히드록실아민등을 취급하는 설비에는 히드록실아민등의 온도 및 농도의 상승에 의한 위험한 반응을 방지하기 위한 조치를 강구할 것

라. 히드록실아민등을 취급하는 설비에는 철이온 등의 혼입에 의한 위험한 반응을 방지하기 위한 조치를 강구할 것

1-4. 사업장 위험성평가에 관한 지침

[시행 2023. 5. 22.] [고용노동부고시 제2023-19호]

제1장 총칙

제1조(목적) 이 고시는 「산업안전보건법」 제36조에 따라 사업주가 스스로 사업장의 유해·위험요인에 대한 실태를 파악하고 이를 평가하여 관리·개선하는 등 필요한 조치를 통해 산업재해를 예방할 수 있도록 지원하기 위하여 위험성평가 방법, 절차, 시기 등에 대한 기준을 제시하고, 위험성평가 활성화를 위한 시책의 운영 및 지원사업 등 그 밖에 필요한 사항을 규정함을 목적으로 한다.

제2조(적용범위) 이 고시는 위험성평가를 실시하는 모든 사업장에 적용한다.

제3조(정의) ① 이 고시에서 사용하는 용어의 뜻은 다음과 같다.

1. "유해·위험요인"이란 유해·위험을 일으킬 잠재적 가능성이 있는 것의 고유한 특징이나 속성을 말한다.

2. "위험성"이란 유해·위험요인이 사망, 부상 또는 질병으로 이어질 수 있는 가능성과 중대성 등을 고려한 위험의 정도를 말한다.

3. "위험성평가"란 사업주가 스스로 유해·위험요인을 파악하고 해당 유해·위험요인의 위험성 수준을 결정하여, 위험성을 낮추기 위한 적절한 조치를 마련하고 실행하는 과정을 말한다.

4. 삭제

5. 삭제

6. 삭제

7. 삭제

8. 삭제

② 그 밖에 이 고시에서 사용하는 용어의 뜻은 이 고시에 특별히 정한 것이 없으면 「산업안전보건법」(이하 "법"이라 한다), 같은 법 시행령(이하 "영"이라 한다), 같은 법 시행규칙(이하 "규칙"이라 한다) 및 「산업안전보건기준에 관한 규칙」(이하 "안전보건규칙"이라 한다)에서 정하는 바에 따른다.

제4조(정부의 책무) ① 고용노동부장관(이하 "장관"이라 한다)은 사업장 위험성평가가 효과적으로 추진되도록 하기 위하여 다음 각 호의 사항을 강구하여야 한다.

1. 정책의 수립·집행·조정·홍보

2. 위험성평가 기법의 연구·개발 및 보급

3. 사업장 위험성평가 활성화 시책의 운영

4. 위험성평가 실시의 지원

5. 조사 및 통계의 유지·관리

6. 그 밖에 위험성평가에 관한 정책의 수립 및 추진

② 장관은 제1항 각 호의 사항 중 필요한 사항을 한국산업안전보건공단(이하 "공단"이라 한다)으로 하여금 수행하게 할 수 있다.

제2장 사업장 위험성평가

제5조(위험성평가 실시주체) ① 사업주는 스스로 사업장의 유해·위험요인을 파악하고 이를 평가하여 관리 개선하는 등 위험성평가를 실시하여야 한다.

② 법 제63조에 따른 작업의 일부 또는 전부를 도급에 의하여 행하는 사업의 경우는 도급을 준 도급인(이하 "도급사업주"라 한다)과 도급을 받은 수급인(이하 "수급사업주"라 한다)은 각각 제1항에 따른 위험성평가를 실시하여야 한다.

③ 제2항에 따른 도급사업주는 수급사업주가 실시한 위험성평가 결과를 검토하여 도급사업주가 개선할 사항이 있는 경우 이를 개선하여야 한다.

제5조의2(위험성평가의 대상) ① 위험성평가의 대상이 되는 유해·위험요인은 업무 중 근로자에게 노출된 것이 확인되었거나 노출될 것이 합리적으로 예견 가능한 모든 유해·위험요인이다. 다만, 매우 경미한 부상 및 질병만을 초래할 것으로 명백히 예상되는 유해·위험요인은 평가 대상에서 제외할 수 있다.

② 사업주는 사업장 내 부상 또는 질병으로 이어질 가능성이 있었던 상황(이하 "아차사고"라 한다)을 확인한 경우에는 해당 사고를 일으킨 유해·위험요인을 위험성평가의 대상에 포함시켜야 한다.

③ 사업주는 사업장 내에서 법 제2조제2호의 중대재해가 발생한 때에는 지체 없이 중대재해의 원인이 되는 유해·위험요인에 대해 제15조제2항의 위험성평가를 실시하고, 그 밖의 사업장 내 유해·위험요인에 대해서는 제15조제3항의 위험성평가 재검토를 실시하여야 한다.

제6조(근로자 참여) 사업주는 위험성평가를 실시할 때, 법 제36조제2항에 따라 다음 각 호에 해당하는 경우 해당 작업에 종사하는 근로자를 참여시켜야 한다.

1. 유해·위험요인의 위험성 수준을 판단하는 기준을 마련하고, 유해·위험요인별로 허용 가능한 위험성 수준을 정하거나 변경하는 경우

2. 해당 사업장의 유해·위험요인을 파악하는 경우

3. 유해·위험요인의 위험성이 허용 가능한 수준인지 여부를 결정하는 경우

4. 위험성 감소대책을 수립하여 실행하는 경우

5. 위험성 감소대책 실행 여부를 확인하는 경우

제7조(위험성평가의 방법) ① 사업주는 다음과 같은 방법으로 위험성평가를 실시하여야

한다.

1. 안전보건관리책임자 등 해당 사업장에서 사업의 실시를 총괄 관리하는 사람에게 위험성평가의 실시를 총괄 관리하게 할 것
2. 사업장의 안전관리자, 보건관리자 등이 위험성평가의 실시에 관하여 안전보건관리책임자를 보좌하고 지도·조언하게 할 것
3. 유해·위험요인을 파악하고 그 결과에 따른 개선조치를 시행할 것
4. 기계·기구, 설비 등과 관련된 위험성평가에는 해당 기계·기구, 설비 등에 전문 지식을 갖춘 사람을 참여하게 할 것
5. 안전·보건관리자의 선임의무가 없는 경우에는 제2호에 따른 업무를 수행할 사람을 지정하는 등 그 밖에 위험성평가를 위한 체제를 구축할 것

② 사업주는 제1항에서 정하고 있는 자에 대해 위험성평가를 실시하기 위해 필요한 교육을 실시하여야 한다. 이 경우 위험성평가에 대해 외부에서 교육을 받았거나, 관련 학문을 전공하여 관련 지식이 풍부한 경우에는 필요한 부분만 교육을 실시하거나 교육을 생략할 수 있다.

③ 사업주가 위험성평가를 실시하는 경우에는 산업안전·보건 전문가 또는 전문기관의 컨설팅을 받을 수 있다.

④ 사업주가 다음 각 호의 어느 하나에 해당하는 제도를 이행한 경우에는 그 부분에 대하여 이 고시에 따른 위험성평가를 실시한 것으로 본다.

1. 위험성평가 방법을 적용한 안전·보건진단(법 제47조)
2. 공정안전보고서(법 제44조). 다만, 공정안전보고서의 내용 중 공정위험성 평가서가 최대 4년 범위 이내에서 정기적으로 작성된 경우에 한한다.
3. 근골격계부담작업 유해요인조사(안전보건규칙 제657조부터 제662조까지)
4. 그 밖에 법과 이 법에 따른 명령에서 정하는 위험성평가 관련 제도

⑤ 사업주는 사업장의 규모와 특성 등을 고려하여 다음 각 호의 위험성평가 방법 중 한 가지 이상을 선정하여 위험성평가를 실시할 수 있다.

1. 위험 가능성과 중대성을 조합한 빈도·강도법
2. 체크리스트(Checklist)법
3. 위험성 수준 3단계(저·중·고) 판단법
4. 핵심요인 기술(One Point Sheet)법
5. 그 외 규칙 제50조제1항제2호 각 목의 방법

제8조(위험성평가의 절차) 사업주는 위험성평가를 다음의 절차에 따라 실시하여야 한다. 다만, 상시근로자 5인 미만 사업장(건설공사의 경우 1억원 미만)의 경우 제1호의 절차를 생략할 수 있다.

1. 사전준비
2. 유해·위험요인 파악
3. 삭제
4. 위험성 결정
5. 위험성 감소대책 수립 및 실행
6. 위험성평가 실시내용 및 결과에 관한 기록 및 보존

제9조(사전준비) ① 사업주는 위험성평가를 효과적으로 실시하기 위하여 최초 위험성평가시 다음 각 호의 사항이 포함된 위험성평가 실시규정을 작성하고, 지속적으로 관리하여야 한다.
1. 평가의 목적 및 방법
2. 평가담당자 및 책임자의 역할
3. 평가시기 및 절차
4. 근로자에 대한 참여·공유방법 및 유의사항
5. 결과의 기록·보존

② 사업주는 위험성평가를 실시하기 전에 다음 각 호의 사항을 확정하여야 한다.
1. 위험성의 수준과 그 수준을 판단하는 기준
2. 허용 가능한 위험성의 수준(이 경우 법에서 정한 기준 이상으로 위험성의 수준을 정하여야 한다)

③ 사업주는 다음 각 호의 사업장 안전보건정보를 사전에 조사하여 위험성평가에 활용할 수 있다.
1. 작업표준, 작업절차 등에 관한 정보
2. 기계·기구, 설비 등의 사양서, 물질안전보건자료(MSDS) 등의 유해·위험요인에 관한 정보
3. 기계·기구, 설비 등의 공정 흐름과 작업 주변의 환경에 관한 정보
4. 법 제63조에 따른 작업을 하는 경우로서 같은 장소에서 사업의 일부 또는 전부를 도급을 주어 행하는 작업이 있는 경우 혼재 작업의 위험성 및 작업 상황 등에 관한 정보
5. 재해사례, 재해통계 등에 관한 정보
6. 작업환경측정결과, 근로자 건강진단결과에 관한 정보
7. 그 밖에 위험성평가에 참고가 되는 자료 등

제10조(유해·위험요인 파악) 사업주는 사업장 내의 제5조의2에 따른 유해·위험요인을 파악하여야 한다. 이때 업종, 규모 등 사업장 실정에 따라 다음 각 호의 방법 중 어느 하나 이상의 방법을 사용하되, 특별한 사정이 없으면 제1호에 의한 방법을 포함하여

야 한다.

1. 사업장 순회점검에 의한 방법
2. 근로자들의 상시적 제안에 의한 방법
3. 설문조사·인터뷰 등 청취조사에 의한 방법
4. 물질안전보건자료, 작업환경측정결과, 특수건강진단결과 등 안전보건 자료에 의한 방법
5. 안전보건 체크리스트에 의한 방법
6. 그 밖에 사업장의 특성에 적합한 방법

제11조(위험성 결정) ① 사업주는 제10조에 따라 파악된 유해·위험요인이 근로자에게 노출되었을 때의 위험성을 제9조제2항제1호에 따른 기준에 의해 판단하여야 한다.

② 사업주는 제1항에 따라 판단한 위험성의 수준이 제9조제2항제2호에 의한 허용 가능한 위험성의 수준인지 결정하여야 한다.

제12조(위험성 감소대책 수립 및 실행) ① 사업주는 제11조제2항에 따라 허용 가능한 위험성이 아니라고 판단한 경우에는 위험성의 수준, 영향을 받는 근로자 수 및 다음 각 호의 순서를 고려하여 위험성 감소를 위한 대책을 수립하여 실행하여야 한다. 이 경우 법령에서 정하는 사항과 그 밖에 근로자의 위험 또는 건강장해를 방지하기 위하여 필요한 조치를 반영하여야 한다.

1. 위험한 작업의 폐지·변경, 유해·위험물질 대체 등의 조치 또는 설계나 계획 단계에서 위험성을 제거 또는 저감하는 조치
2. 연동장치, 환기장치 설치 등의 공학적 대책
3. 사업장 작업절차서 정비 등의 관리적 대책
4. 개인용 보호구의 사용

② 사업주는 위험성 감소대책을 실행한 후 해당 공정 또는 작업의 위험성의 수준이 사전에 자체 설정한 허용 가능한 위험성의 수준인지를 확인하여야 한다.

③ 제2항에 따른 확인 결과, 위험성이 자체 설정한 허용 가능한 위험성 수준으로 내려오지 않는 경우에는 허용 가능한 위험성 수준이 될 때까지 추가의 감소대책을 수립·실행하여야 한다.

④ 사업주는 중대재해, 중대산업사고 또는 심각한 질병이 발생할 우려가 있는 위험성으로서 제1항에 따라 수립한 위험성 감소대책의 실행에 많은 시간이 필요한 경우에는 즉시 잠정적인 조치를 강구하여야 한다.

제13조(위험성평가의 공유) ① 사업주는 위험성평가를 실시한 결과 중 다음 각 호에 해당하는 사항을 근로자에게 게시, 주지 등의 방법으로 알려야 한다.

1. 근로자가 종사하는 작업과 관련된 유해·위험요인

2. 제1호에 따른 유해·위험요인의 위험성 결정 결과

3. 제1호에 따른 유해·위험요인의 위험성 감소대책과 그 실행 계획 및 실행 여부

4. 제3호에 따른 위험성 감소대책에 따라 근로자가 준수하거나 주의하여야 할 사항

② 사업주는 위험성평가 결과 법 제2조제2호의 중대재해로 이어질 수 있는 유해·위험요인에 대해서는 작업 전 안전점검회의(TBM: Tool Box Meeting) 등을 통해 근로자에게 상시적으로 주지시키도록 노력하여야 한다.

제14조(기록 및 보존) ① 규칙 제37조제1항제4호에 따른 "그 밖에 위험성평가의 실시내용을 확인하기 위하여 필요한 사항으로서 고용노동부장관이 정하여 고시하는 사항"이란 다음 각 호에 관한 사항을 말한다.

1. 위험성평가를 위해 사전조사 한 안전보건정보

2. 그 밖에 사업장에서 필요하다고 정한 사항

② 시행규칙 제37조제2항의 기록의 최소 보존기한은 제15조에 따른 실시 시기별 위험성평가를 완료한 날부터 기산한다.

제15조(위험성평가의 실시 시기) ① 사업주는 사업이 성립된 날(사업 개시일을 말하며, 건설업의 경우 실착공일을 말한다)로부터 1개월이 되는 날까지 제5조의2제1항에 따라 위험성평가의 대상이 되는 유해·위험요인에 대한 최초 위험성평가의 실시에 착수하여야 한다. 다만, 1개월 미만의 기간 동안 이루어지는 작업 또는 공사의 경우에는 특별한 사정이 없는 한 작업 또는 공사 개시 후 지체 없이 최초 위험성평가를 실시하여야 한다.

② 사업주는 다음 각 호의 어느 하나에 해당하여 추가적인 유해·위험요인이 생기는 경우에는 해당 유해·위험요인에 대한 수시 위험성평가를 실시하여야 한다. 다만, 제5호에 해당하는 경우에는 재해발생 작업을 대상으로 작업을 재개하기 전에 실시하여야 한다.

1. 사업장 건설물의 설치·이전·변경 또는 해체

2. 기계·기구, 설비, 원재료 등의 신규 도입 또는 변경

3. 건설물, 기계·기구, 설비 등의 정비 또는 보수(주기적·반복적 작업으로서 이미 위험성평가를 실시한 경우에는 제외)

4. 작업방법 또는 작업절차의 신규 도입 또는 변경

5. 중대산업사고 또는 산업재해(휴업 이상의 요양을 요하는 경우에 한정한다) 발생

6. 그 밖에 사업주가 필요하다고 판단한 경우

③ 사업주는 다음 각 호의 사항을 고려하여 제1항에 따라 실시한 위험성평가의 결과에 대한 적정성을 1년마다 정기적으로 재검토(이때, 해당 기간 내 제2항에 따라 실시한 위험성평가의 결과가 있는 경우 함께 적정성을 재검토하여야 한다)하여야 한다. 재검

토 결과 허용 가능한 위험성 수준이 아니라고 검토된 유해·위험요인에 대해서는 제12조에 따라 위험성 감소대책을 수립하여 실행하여야 한다.

1. 기계·기구, 설비 등의 기간 경과에 의한 성능 저하
2. 근로자의 교체 등에 수반하는 안전·보건과 관련되는 지식 또는 경험의 변화
3. 안전·보건과 관련되는 새로운 지식의 습득
4. 현재 수립되어 있는 위험성 감소대책의 유효성 등

④ 사업주가 사업장의 상시적인 위험성평가를 위해 다음 각 호의 사항을 이행하는 경우 제2항과 제3항의 수시평가와 정기평가를 실시한 것으로 본다.

1. 매월 1회 이상 근로자 제안제도 활용, 아차사고 확인, 작업과 관련된 근로자를 포함한 사업장 순회점검 등을 통해 사업장 내 유해·위험요인을 발굴하여 제11조의 위험성결정 및 제12조의 위험성 감소대책 수립·실행을 할 것
2. 매주 안전보건관리책임자, 안전관리자, 보건관리자, 관리감독자 등(도급사업주의 경우 수급사업장의 안전·보건 관련 관리자 등을 포함한다)을 중심으로 제1호의 결과 등을 논의·공유하고 이행상황을 점검할 것
3. 매 작업일마다 제1호와 제2호의 실시결과에 따라 근로자가 준수하여야 할 사항 및 주의하여야 할 사항을 작업 전 안전점검회의 등을 통해 공유·주지할 것

제3장 위험성평가 인정

제16조(인정의 신청) ① 장관은 소규모 사업장의 위험성평가를 활성화하기 위하여 위험성평가 우수 사업장에 대해 인정해 주는 제도를 운영할 수 있다. 이 경우 인정을 신청할 수 있는 사업장은 다음 각 호와 같다.

1. 상시 근로자 수 100명 미만 사업장(건설공사를 제외한다). 이 경우 법 제63조에 따른 작업의 일부 또는 전부를 도급에 의하여 행하는 사업의 경우는 도급사업주의 사업장(이하 "도급사업장"이라 한다)과 수급사업주의 사업장(이하 "수급사업장"이라 한다) 각각의 근로자수를 이 규정에 의한 상시 근로자 수로 본다.
2. 총 공사금액 120억원(토목공사는 150억원) 미만의 건설공사

② 제2장에 따른 위험성평가를 실시한 사업장으로서 해당 사업장을 제1항의 위험성평가 우수사업장으로 인정을 받고자 하는 사업주는 별지 제1호서식의 위험성평가 인정신청서를 해당 사업장을 관할하는 공단 광역본부장·지역본부장·지사장에게 제출하여야 한다.

③ 제2항에 따른 인정신청은 위험성평가 인정을 받고자 하는 단위 사업장(또는 건설공사)으로 한다. 다만, 다음 각 호의 어느 하나에 해당하는 사업장은 인정신청을 할 수 없다.

1. 제22조에 따라 인정이 취소된 날부터 1년이 경과하지 아니한 사업장

2. 최근 1년 이내에 제22조제1항 각 호(제1호 및 제5호를 제외한다)의 어느 하나에 해당하는 사유가 있는 사업장

④ 법 제63조에 따른 작업의 일부 또는 전부를 도급에 의하여 행하는 사업장의 경우에는 도급사업장의 사업주가 수급사업장을 일괄하여 인정을 신청하여야 한다. 이 경우 인정신청에 포함하는 해당 수급사업장 명단을 신청서에 기재(건설공사를 제외한다)하여야 한다.

⑤ 제4항에도 불구하고 수급사업장이 제19조에 따른 인정을 별도로 받았거나, 법 제17조에 따른 안전관리자 또는 같은 법 제18조에 따른 보건관리자 선임대상인 경우에는 제4항에 따른 인정신청에서 해당 수급사업장을 제외할 수 있다.

제17조(인정심사) ① 공단은 위험성평가 인정신청서를 제출한 사업장에 대하여는 다음에서 정하는 항목을 심사(이하 "인정심사"라 한다)하여야 한다.

1. 사업주의 관심도

2. 위험성평가 실행수준

3. 구성원의 참여 및 이해 수준

4. 재해발생 수준

② 공단 광역본부장·지역본부장·지사장은 소속 직원으로 하여금 사업장을 방문하여 제1항의 인정심사(이하 "현장심사"라 한다)를 하도록 하여야 한다. 이 경우 현장심사는 현장심사 전일을 기준으로 최초인정은 최근 1년, 최초인정 후 다시 인정(이하 "재인정"이라 한다)하는 것은 최근 3년 이내에 실시한 위험성평가를 대상으로 한다. 다만, 인정사업장 사후심사를 위하여 제21조제3항에 따른 현장심사를 실시한 것은 제외할 수 있다.

③ 제2항에 따른 현장심사 결과는 제18조에 따른 인정심사위원회에 보고하여야 하며, 인정심사위원회는 현장심사 결과 등으로 인정심사를 하여야 한다.

④ 제16조제4항에 따른 도급사업장의 인정심사는 도급사업장과 인정을 신청한 수급사업장(건설공사의 수급사업장은 제외한다)에 대하여 각각 실시하여야 한다. 이 경우 도급사업장의 인정심사는 사업장 내의 모든 수급사업장을 포함한 사업장 전체를 종합적으로 실시하여야 한다.

⑤ 인정심사의 세부항목 및 배점 등 인정심사에 관하여 필요한 사항은 공단 이사장이 정한다. 이 경우 사업장의 업종별, 규모별 특성 등을 고려하여 심사기준을 달리 정할 수 있다.

제18조(인정심사위원회의 구성·운영) ① 공단은 위험성평가 인정과 관련한 다음 각 호의 사항을 심의·의결하기 위하여 각 광역본부·지역본부·지사에 위험성평가 인정심사위

원회를 두어야 한다.

1. 인정 여부의 결정

2. 인정취소 여부의 결정

3. 인정과 관련한 이의신청에 대한 심사 및 결정

4. 심사항목 및 심사기준의 개정 건의

5. 그 밖에 인정 업무와 관련하여 위원장이 회의에 부치는 사항

② 인정심사위원회는 공단 광역본부장·지역본부장·지사장을 위원장으로 하고, 관할 지방고용노동관서 산재예방지도과장(산재예방지도과가 설치되지 않은 관서는 근로개선지도과장)을 당연직 위원으로 하여 10명 이내의 내·외부 위원으로 구성하여야 한다.

③ 그 밖에 인정심사위원회의 구성 및 운영에 관하여 필요한 사항은 공단 이사장이 정한다.

제19조(위험성평가의 인정) ① 공단은 인정신청 사업장에 대한 현장심사를 완료한 날부터 1개월 이내에 인정심사위원회의 심의·의결을 거쳐 인정 여부를 결정하여야 한다. 이 경우 다음의 기준을 충족하는 경우에만 인정을 결정하여야 한다.

1. 제2장에서 정한 방법, 절차 등에 따라 위험성평가 업무를 수행한 사업장

2. 현장심사 결과 제17조제1항 각 호의 평가점수가 100점 만점에 50점을 미달하는 항목이 없고 종합점수가 100점 만점에 70점 이상인 사업장

② 인정심사위원회는 제1항의 인정 기준을 충족하는 사업장의 경우에도 인정심사위원회를 개최하는 날을 기준으로 최근 1년 이내에 제22조제1항 각 호에 해당하는 사유가 있는 사업장에 대하여는 인정하지 아니 한다.

③ 공단은 제1항에 따라 인정을 결정한 사업장에 대해서는 별지 제2호서식의 인정서를 발급하여야 한다. 이 경우 제17조제4항에 따른 인정심사를 한 경우에는 인정심사 기준을 만족하는 도급사업장과 수급사업장에 대해 각각 인정서를 발급하여야 한다.

④ 위험성평가 인정 사업장의 유효기간은 제1항에 따른 인정이 결정된 날부터 3년으로 한다. 다만, 제22조에 따라 인정이 취소된 경우에는 인정취소 사유 발생일 전날까지로 한다.

⑤ 위험성평가 인정을 받은 사업장 중 사업이 법인격을 갖추어 사업장관리번호가 변경되었으나 다음 각 호의 사항을 증명하는 서류를 공단에 제출하여 동일 사업장임을 인정받을 경우 변경 후 사업장을 위험성평가 인정 사업장으로 한다. 이 경우 인정기간의 만료일은 변경 전 사업장의 인정기간 만료일로 한다.

1. 변경 전·후 사업장의 소재지가 동일할 것

2. 변경 전 사업의 사업주가 변경 후 사업의 대표이사가 되었을 것

3. 변경 전 사업과 변경 후 사업간 시설·인력·자금 등에 대한 권리·의무의 전부를 포괄적으로 양도·양수하였을 것

제20조(재인정) ① 사업주는 제19조제4항 본문에 따른 인정 유효기간이 만료되어 재인정을 받으려는 경우에는 제16조제2항에 따른 인정신청서를 제출하여야 한다. 이 경우 인정신청서 제출은 유효기간 만료일 3개월 전부터 할 수 있다.

② 제1항에 따른 재인정을 신청한 사업장에 대한 심사 등은 제16조부터 제19조까지의 규정에 따라 처리한다.

③ 재인정 심사의 범위는 직전 인정 또는 사후심사와 관련한 현장심사 다음 날부터 재인정신청에 따른 현장심사 전일까지 실시한 정기평가 및 수시평가를 그 대상으로 한다.

④ 재인정 사업장의 인정 유효기간은 제19조제4항에 따른다. 이 경우, 재인정 사업장의 인정 유효기간은 이전 위험성평가 인정 유효기간의 만료일 다음날부터 새로 계산한다.

제21조(인정사업장 사후심사) ① 공단은 제19조제3항 및 제20조에 따라 인정을 받은 사업장이 위험성평가를 효과적으로 유지하고 있는지 확인하기 위하여 매년 인정사업장의 20퍼센트 범위에서 사후심사를 할 수 있다.

② 제1항에 따른 사후심사는 다음 각 호의 어느 하나에 해당하는 사업장으로 인정심사위원회에서 사후심사가 필요하다고 결정한 사업장을 대상으로 한다. 이 경우 제1호에 해당하는 사업장은 특별한 사정이 없는 한 대상에 포함하여야 한다.

1. 공사가 진행 중인 건설공사. 다만, 사후심사일 현재 잔여공사기간이 3개월 미만인 건설공사는 제외할 수 있다.

2. 제19조제1항제2호 및 제20조제2항에 따른 종합점수가 100점 만점에 80점 미만인 사업장으로 사후심사가 필요하다고 판단되는 사업장

3. 그 밖에 무작위 추출 방식에 의하여 선정한 사업장(건설공사를 제외한 연간 사후심사 사업장의 50퍼센트 이상을 선정한다)

③ 사후심사는 직전 현장심사를 받은 이후에 사업장에서 실시한 위험성평가에 대해 현장심사를 하는 것으로 하며, 해당 사업장이 제19조에 따른 인정 기준을 유지하는지 여부를 심사하여야 한다.

제22조(인정의 취소) ① 위험성평가 인정사업장에서 인정 유효기간 중에 다음 각 호의 어느 하나에 해당하는 사업장은 인정을 취소하여야 한다.

1. 거짓 또는 부정한 방법으로 인정을 받은 사업장

2. 직·간접적인 법령 위반에 기인하여 다음의 중대재해가 발생한 사업장(규칙 제2조)

　　　가. 사망재해

　　　나. 3개월 이상 요양을 요하는 부상자가 동시에 2명 이상 발생

　　　다. 부상자 또는 직업성질병자가 동시에 10명 이상 발생

　　3. 근로자의 부상(3일 이상의 휴업)을 동반한 중대산업사고 발생사업장

　　4. 법 제10조에 따른 산업재해 발생건수, 재해율 또는 그 순위 등이 공표된 사업장 (영 제10조제1항제1호 및 제5호에 한정한다)

　　5. 제21조에 따른 사후심사 결과, 제19조에 의한 인정기준을 충족하지 못한 사업장

　　6. 사업주가 자진하여 인정 취소를 요청한 사업장

　　7. 그 밖에 인정취소가 필요하다고 공단 광역본부장·지역본부장 또는 지사장이 인정한 사업장

　② 공단은 제1항에 해당하는 사업장에 대해서는 인정심사위원회에 상정하여 인정취소 여부를 결정하여야 한다. 이 경우 해당 사업장에는 소명의 기회를 부여하여야 한다.

　③ 제2항에 따라 인정취소 사유가 발생한 날을 인정취소일로 본다.

제23조(위험성평가 지원사업) ① 장관은 사업장의 위험성평가를 지원하기 위하여 공단 이사장으로 하여금 다음 각 호의 위험성평가 사업을 추진하게 할 수 있다.

　　1. 추진기법 및 모델, 기술자료 등의 개발·보급

　　2. 우수 사업장 발굴 및 홍보

　　3. 사업장 관계자에 대한 교육

　　4. 사업장 컨설팅

　　5. 전문가 양성

　　6. 지원시스템 구축·운영

　　7. 인정제도의 운영

　　8. 그 밖에 위험성평가 추진에 관한 사항

　② 공단 이사장은 제1항에 따른 사업을 추진하는 경우 고용노동부와 협의하여 추진하고 추진결과 및 성과를 분석하여 매년 1회 이상 장관에게 보고하여야 한다.

제24조(위험성평가 교육지원) ① 공단은 제21조제1항에 따라 사업장의 위험성평가를 지원하기 위하여 다음 각 호의 교육과정을 개설하여 운영할 수 있다.

　　1. 사업주 교육

　　2. 평가담당자 교육

　　3. 전문가 양성 교육

　② 공단은 제1항에 따른 교육과정을 광역본부·지역본부·지사 또는 산업안전보건교육원 (이하 "교육원"이라 한다)에 개설하여 운영하여야 한다.

　③ 제1항제2호 및 제3호에 따른 평가담당자 교육을 수료한 근로자에 대해서는 해당 시

기에 사업주가 실시해야 하는 관리감독자 교육을 수료한 시간만큼 실시한 것으로 본다.

제25조(위험성평가 컨설팅지원) ① 공단은 근로자 수 50명 미만 소규모 사업장(건설업의 경우 전년도에 공시한 시공능력 평가액 순위가 200위 초과인 종합건설업체 본사 또는 총 공사금액 120억원(토목공사는 150억원)미만인 건설공사를 말한다)의 사업주로부터 제5조제3항에 따른 컨설팅지원을 요청 받은 경우에 위험성평가 실시에 대한 컨설팅지원을 할 수 있다.

② 제1항에 따른 공단의 컨설팅지원을 받으려는 사업주는 사업장 관할의 공단 광역본부장·지역본부장·지사장에게 지원 신청을 하여야 한다.

③ 제2항에도 불구하고 공단 광역본부장·지역본부·지사장은 재해예방을 위하여 필요하다고 판단되는 사업장을 직접 선정하여 컨설팅을 지원할 수 있다.

제4장 지원사업의 추진 등

제26조(지원 신청 등) ① 제24조에 따른 교육지원 및 제25조에 따른 컨설팅지원의 신청은 별지 제3호서식에 따른다. 다만, 제24조제1항제3호에 따른 교육의 신청 및 비용 등은 교육원이 정하는 바에 따른다.

② 교육기관의장은 제1항에 따른 교육신청자에 대하여 교육을 실시한 경우에는 별지 제4호서식 또는 별지 제5호서식에 따른 교육확인서를 발급하여야 한다.

③ 공단은 예산이 허용하는 범위에서 사업장이 제24조에 따른 교육지원과 제25조에 따른 컨설팅지원을 민간기관에 위탁하고 그 비용을 지급할 수 있으며, 이에 필요한 지원 대상, 비용지급 방법 및 기관 관리 등 세부적인 사항은 공단 이사장이 정할 수 있다.

④ 공단은 사업주가 위험성평가 감소대책의 실행을 위하여 해당 시설 및 기기 등에 대하여 「산업재해예방시설자금 융자 및 보조업무처리규칙」에 따라 보조금 또는 융자금을 신청한 경우에는 우선하여 지원할 수 있다.

⑤ 공단은 제19조에 따른 위험성평가 인정 또는 제20조에 따른 재인정, 제22조에 따른 인정 취소를 결정한 경우에는 결정일부터 3일 이내에 인정일 또는 재인정일, 인정취소일 및 사업장명, 소재지, 업종, 근로자 수, 인정 유효기간 등의 현황을 지방고용노동관서 산재예방지도과(산재예방지도과가 설치되지 않은 관서는 근로개선지도과)로 보고하여야 한다. 다만, 위험성평가 지원시스템 또는 그 밖의 방법으로 지방고용노동관서에서 인정사업장 현황을 실시간으로 파악할 수 있는 경우에는 그러하지 아니한다.

제27조(인정사업장 등에 대한 혜택) ① 장관은 위험성평가 인정사업장에 대하여는 제19조

및 제20조에 따른 인정 유효기간 동안 사업장 안전보건 감독을 유예할 수 있다.

② 제1항에 따라 유예하는 안전보건 감독은 「근로감독관 집무규정(산업안전보건)」 제10조제2항에 따른 기획감독 대상 중 장관이 별도로 지정한 사업장으로 한정한다.

③ 장관은 위험성평가를 실시하였거나, 위험성평가를 실시하고 인정을 받은 사업장에 대해서는 정부 포상 또는 표창의 우선 추천 및 그 밖의 혜택을 부여할 수 있다.

제28조(재검토기한) 고용노동부장관은 이 고시에 대하여 2023년 7월 1일 기준으로 매 3년이 되는 시점(매 3년째의 6월 30일까지를 말한다)마다 그 타당성을 검토하여 개선 등의 조치를 하여야 한다.

부칙 〈제2012-104호, 2012.9.26〉

제1조(시행일) 이 고시는 2013년 1월 1일부터 시행한다. 다만, 제3장의 규정은 근로자 수 50명 이상 사업장(건설공사를 제외한다)에 대해서는 2014년 1월 1일부터 시행한다.

제2조(인정신청 사업장에 관한 적용례) 제3장의 규정은 이 고시 시행 후 위험성평가 인정신청서를 제출한 사업장에 대하여 적용한다.

부칙 〈제2013-79호, 2013.12.31〉

이 고시는 2014년 1월 1일부터 시행한다.

부칙 〈제2014-14호, 2014.3.13〉

이 고시는 2014년 3월 13일부터 시행한다.

부칙 〈제2014-48호, 2014.12.1〉

제1조(시행일) 이 고시는 발령한 날부터 시행한다.

제2조(위험성평가 시기에 관한 적용례) 제13조의 규정에 의한 최초평가는 2015년 3월 12일까지 실시하여야 한다. 다만, 2014년 3월 13일 이후 설립된 사업장은 설립일로부터 1년 이내에 최초평가를 실시하여야 한다.

부칙 〈제2016-17호, 2016.3.25.〉

이 고시는 발령한 날부터 시행한다.

부칙 〈제2017-36호, 2017.7.1.〉

이 고시는 발령한 날부터 시행한다.

부칙 〈제2020-53호, 2020.1.14.〉
　이 고시는 2020년 1월 16일부터 시행한다.

부칙 〈제2023-19호, 2023.5.22.〉
　이 고시는 발령한 날부터 시행한다.

1-5. 사업장 위험성평가에 관한 지침 주요 개정 내용(신·구조문대비표)

현 행	개 정 안
제1조(목적) 이 고시는 「산업안전보건법」 제36조에 따라 사업주가 스스로 사업장의 유해·위험요인에 대한 실태를 파악하고 이를 평가하여 관리·개선하는 등 필요한 조치를 할 수 있도록 지원하기 위하여 위험성평가 방법, 절차, 시기 등에 대한 기준을 제시하고, 위험성평가 활성화를 위한 시책의 운영 및 지원사업 등 그 밖에 필요한 사항을 규정함을 목적으로 한다.	**제1조(목적)** ――――――――――――― ―――――――――――――――――――― ――――――――――――――――――――― ――――――――― 통해 산업재해를 예방할 ――――――――――――――― ――――――――――――――――――――― ――――――――――――――――――――― ――――――――――――――――――――― ――――――.
제3조(정의) ① 이 고시에서 사용하는 용어의 뜻은 다음과 같다.	**제3조(정의)** ① ―――――――――――― ――――――――――――.
1. "위험성평가"란 유해·위험요인을 파악하고 해당 유해·위험요인에 의한 부상 또는 질병의 발생 가능성(빈도)과 중대성(강도)을 추정·결정하고 감소대책을 수립하여 실행하는 일련의 과정을 말한다.	〈삭 제〉
2. (생 략)	1. (현행 제2호와 같음)
3. "유해·위험요인 파악"이란 유해요인과 위험요인을 찾아내는 과정을 말한다.	3. "위험성평가"란 사업주가 스스로 유해·위험요인을 파악하고 해당 유해·위험요인의 위험성 수준을 결정하여, 위험성을 낮추기 위한 적절한 조치를 마련하고 실행하는 과정을 말한다.
4. "위험성"이란 유해·위험요인이 부상 또는 질병으로 이어질 수 있는 가능성(빈도)과 중대성(강도)을 조합한 것을 의미한다.	2. ――――――――――― 사망, 부상 ―――― ――――――――――――――――― 가능성과 중대성 등을 고려한 위험의 정도를 말한다.
5. "위험성 추정"이란 유해·위험요인별로 부상 또는 질병으로 이어질 수 있는 가능성과 중대성의 크기를 각각 추정하여 위험성의 크기를 산출하는 것을 말한다.	〈삭 제〉
6. "위험성 결정"이란 유해·위험요인별로 추정한 위험성의 크기가 허용 가능한 범위인지 여부를 판단하는 것을 말한다.	〈삭 제〉
7. "위험성 감소대책 수립 및 실행"이란 위험성 결정 결과 허용 불가능한 위험성을 합리적으로 실천 가능한 범위에서 가능한 한 낮은 수준으로 감소시키기 위한 대책을 수립하고 실행하는 것을 말한다.	〈삭 제〉

8. "기록"이란 사업장에서 위험성평가 활동을 수행한 근거와 그 결과를 문서로 작성하여 보존하는 것을 말한다. ② (생 략) **제5조(위험성평가 실시주체)** ① 사업주는 스스로 사업장의 유해·위험요인을 파악하기 위해 근로자를 참여시켜 실태를 파악하고 이를 평가하여 관리 개선하는 등 위험성평가를 실시하여야 한다. ②·③ (생 략) 〈신 설〉	〈삭 제〉 ② (현행과 같음) **제5조(위험성평가 실시주체)** ① ─────────────────────파악───. ②·③ (현행과 같음) **제5조의2(위험성평가의 대상)** ① 위험성평가의 대상이 되는 유해·위험요인은 업무 중 근로자에게 노출된 것이 확인되었거나 노출될 것이 합리적으로 예견 가능한 모든 유해·위험요인이다. 다만, 매우 경미한 부상 및 질병만을 초래할 것으로 명백히 예상되는 유해·위험요인은 평가 대상에서 제외할 수 있다. ② 사업주는 사업장 내 부상 또는 질병으로 이어질 가능성이 있었던 상황(이하 "아차사고"라 한다)을 확인한 경우에는 해당 사고를 일으킨 유해·위험요인을 위험성평가의 대상에 포함시켜야 한다. ③ 사업주는 사업장 내에서 법 제2조제2호의 중대재해가 발생한 때에는 지체 없이 중대재해의 원인이 되는 유해·위험요인에 대해 제15조제2항의 위험성평가를 실시하고, 그 밖의 사업장 내 유해·위험요인에 대해서는 제15조제3항의 위험성평가 재검토를 실시하여야 한다.
제6조(근로자 참여) 사업주는 위험성평가를 실시할 때, 다음 각 호의 어느 하나에 해당하는 경우 법 제36조제2항에 따라 해당 작업에 종사하는 근로자를 참여시켜야 한다. 〈신 설〉 1. 관리감독자가 해당 작업의 유해·위험요인을 파악하는 경우 2. 사업주가 위험성 감소대책을 수립하는 경우	**제6조(근로자 참여)** ─────────────────────── 때, ───────────────────── 다음 각 호에 해당하는 경우 해당 작업─────. 1. 유해·위험요인의 위험성 수준을 판단하는 기준을 마련하고, 유해·위험요인별로 허용 가능한 위험성 수준을 정하거나 변경하는 경우 2. 해당 사업장────────────── 〈삭 제〉

3. 위험성평가 결과 위험성 감소대책 이행 여부를 확인하는 경우

〈신　설〉

〈신　설〉

제7조(위험성평가의 방법) ① 사업주는 다음과 같은 방법으로 위험성평가를 실시하여야 한다.

1.·2. (생　략)

3. 관리감독자가 유해·위험요인을 파악하고 그 결과에 따라 개선조치를 시행하게 할 것

4.·5. (생　략)

② 사업주는 제1항에서 정하고 있는 자에 대해 위험성평가를 실시하기 위한 필요한 교육을 실시하여야 한다. 이 경우 위험성평가에 대해 외부에서 교육을 받았거나, 관련 학문을 전공하여 관련 지식이 풍부한 경우에는 필요한 부분만 교육을 실시하거나 교육을 생략할 수 있다.

③·④ (생　략)

〈신　설〉

제8조(위험성평가의 절차) 사업주는 위험성평가를 다음의 절차에 따라 실시하여야 한다. 다만, 상시근로자수 20명 미만 사업장(총 공사금액 20억원 미만의 건설공사)의 경우에는 다음 각 호중 제3호를 생략할 수 있다.

1. 평가대상의 선정 등 사전준비

2. 근로자의 작업과 관계되는 유해·위험요인의 파악

3. 파악된 유해·위험요인별 위험성의 추정

4. 추정한 위험성이 허용 가능한 위험성인

---

3. 유해·위험요인의 위험성이 허용 가능한 수준인지 여부를 결정하는 경우

4. 위험성 감소대책을 수립하여 실행하는 경우

5. 위험성 감소대책 실행 여부를 확인하는 경우

제7조(위험성평가의 방법) ① ―――――――――――――――――――――――――――――――

1.·2. (현행과 같음)

3. 유해·위험요인――――――――――――――― 따른 개선조치를 시행할 ――――――

4.·5. (현행과 같음)

② ――――――――――――――――――――――――――――――― 위해 ―――――――――――――――――――――. ―――.

③·④ (현행과 같음)

⑤ 사업주는 사업장의 규모와 특성 등을 고려하여 다음 각 호의 위험성평가 방법 중 한 가지 이상을 선정하여 위험성평가를 실시할 수 있다.

1. 위험 가능성과 중대성을 조합한 빈도·강도법

2. 체크리스트(Checklist)법

3. 위험성 수준 3단계(저·중·고) 판단법

4. 핵심요인 기술(One Point Sheet)법

5. 그 외 규칙 제50조제1항제2호 각 목의 방법

제8조(위험성평가의 절차) ――――――――――――――――――――――――――――――. 다만, 상시근로자 5인 미만 사업장(건설공사의 경우 1억원 미만)의 경우 제1호의 절차를 생략할 수 있다.

1. 사전준비

2. 유해·위험요인 파악

〈삭　제〉

4. 위험성 결정

지 여부의 결정

5. 위험성 감소대책의 수립 및 실행

6. 위험성평가 실시내용 및 결과에 관한 기록

제9조(사전준비) ① 사업주는 위험성평가를 효과적으로 실시하기 위하여 최초 위험성평가 시 다음 각 호의 사항이 포함된 위험성평가 실시규정을 작성하고, 지속적으로 관리하여야 한다.

1. ~ 3. (생 략)

4. 주지방법 및 유의사항

5. (생 략)

② 위험성평가는 과거에 산업재해가 발생한 작업, 위험한 일이 발생한 작업 등 근로자의 근로에 관계되는 유해·위험요인에 의한 부상 또는 질병의 발생이 합리적으로 예견 가능한 것은 모두 위험성평가의 대상으로 한다. 다만, 매우 경미한 부상 또는 질병만을 초래할 것으로 명백히 예상되는 것에 대해서는 대상에서 제외할 수 있다.

③ 사업주는 다음 각 호의 사업장 안전보건정보를 사전에 조사하여 위험성평가에 활용하여야 한다.

1. ~ 7. (생 략)

제10조(유해·위험요인 파악) 사업주는 유해·위험요인을 파악할 때 업종, 규모 등 사업장 실정에 따라 다음 각 호의 방법 중 어느 하나 이상의 방법을 사용하여야 한다. 이 경우 특별한 사정이 없으면 제1호에 의한 방법을 포함하여야 한다.

1. (생 략)

〈신 설〉

2. 청취조사에 의한 방법

3. 안전보건 자료에 의한 방법

4.·5. (생 략)

제11조(위험성 추정) ① 사업주는 유해·위험요인을 파악하여 사업장 특성에 따라 부상 또는 질병으로 이어질 수 있는 가능성 및 중대성의 크기를 추정하고 다음 각 호의 어느 하나의 방법으로 위험성을 추정하여야 한다.

1. 가능성과 중대성을 행렬을 이용하여 조합

5. ―――― 감소대책 ――――――――

6. ―――――――――――――――― 기록 및 보존

제9조(사전준비) ① ―――.

1. ~ 3. (현행과 같음)

4. 근로자에 대한 참여·공유방법 ――――――――――

5. (현행과 같음)

② 사업주는 위험성평가를 실시하기 전에 다음 각 호의 사항을 확정하여야 한다.

1. 위험성의 수준과 그 수준을 판단하는 기준

2. 허용 가능한 위험성의 수준(이 경우 법에서 정한 기준 이상으로 위험성의 수준을 정하여야 한다)

③ ――――――――――――――――――――――――――――――――― 활용할 수 있다.

1. ~ 7. (현행과 같음)

제10조(유해·위험요인 파악) 사업주는 사업장 내의 제5조의2에 따른 유해·위험요인을 파악하여야 한다. 이때 업종, 규모 등 사업장 실정에 따라 다음 각 호의 방법 중 어느 하나 이상의 방법을 사용하되, ――――――――――――――――――.

1. (현행과 같음)

2. 근로자들의 상시적 제안에 의한 방법

3. 설문조사·인터뷰 등 청취조사―――

4. 물질안전보건자료, 작업환경측정결과, 특수건강진단결과 등 안전보건 ―――

5.·6. (현행 제4호 및 제5호와 같음)

〈삭 제〉

하는 방법
2. 가능성과 중대성을 곱하는 방법
3. 가능성과 중대성을 더하는 방법
4. 그 밖에 사업장의 특성에 적합한 방법
② 제1항에 따라 위험성을 추정할 경우에는 다음에서 정하는 사항을 유의하여야 한다.
1. 예상되는 부상 또는 질병의 대상자 및 내용을 명확하게 예측할 것
2. 최악의 상황에서 가장 큰 부상 또는 질병의 중대성을 추정할 것
3. 부상 또는 질병의 중대성은 부상이나 질병 등의 종류에 관계없이 공통의 척도를 사용하는 것이 바람직하며, 기본적으로 부상 또는 질병에 의한 요양기간 또는 근로손실 일수 등을 척도로 사용할 것
4. 유해성이 입증되어 있지 않은 경우에도 일정한 근거가 있는 경우에는 그 근거를 기초로 하여 유해성이 존재하는 것으로 추정할 것
5. 기계·기구, 설비, 작업 등의 특성과 부상 또는 질병의 유형을 고려할 것

제12조(위험성 결정) ① 사업주는 제11조에 따른 유해·위험요인별 위험성 추정 결과(제8조 단서에 따라 같은 조 제3호를 생략한 경우에는 제10조에 따른 유해·위험요인 파악결과를 말한다)와 사업장 자체적으로 설정한 허용 가능한 위험성 기준(「산업안전보건법」에서 정한 기준 이상으로 정하여야 한다)을 비교하여 해당 유해·위험요인별 위험성의 크기가 허용 가능한지 여부를 판단하여야 한다.
② 제1항에 따른 허용 가능한 위험성의 기준은 위험성 결정을 하기 전에 사업장 자체적으로 설정해 두어야 한다.
〈신 설〉

제11조(위험성 결정) ① 사업주는 제10조에 따라 파악된 유해·위험요인이 근로자에게 노출되었을 때의 위험성을 제9조제2항제1호에 따른 기준에 의해 판단하여야 한다.
② 사업주는 제1항에 따라 판단한 위험성의 수준이 제9조제2항제2호에 의한 허용 가능한 위험성의 수준인지 결정하여야 한다.

제13조(위험성평가의 공유) ① 사업주는 위험성평가를 실시한 결과 중 다음 각 호에 해당하는 사항을 근로자에게 게시, 주지 등의 방법으로 알려야 한다.
1. 근로자가 종사하는 작업과 관련된 유해·위험요인
2. 제1호에 따른 유해·위험요인의 위험성 결정 결과
3. 제1호에 따른 유해·위험요인의 위험성

감소대책과 그 실행 계획 및 실행 여부

4. 제3호에 따른 위험성 감소대책에 따라 근로자가 준수하거나 주의하여야 할 사항

② 제1항에 따라 근로자에게 알려야 하는 사항을 법 제29조에 따른 근로자에 대한 안전보건교육 등의 교육 시 교육내용에 포함하여 해당 작업에 종사하는 근로자에게 교육하여야 한다.

③ 사업주는 위험성평가 결과 법 제2조제2호의 중대재해로 이어질 수 있는 유해·위험요인에 대해서는 작업 전 안전점검회의(TBM: Tool Box Meeting) 등을 통해 근로자에게 상시적으로 주지시키도록 노력하여야 한다.

제13조(위험성 감소대책 수립 및 실행) ① 사업주는 제12조에 따라 위험성을 결정한 결과 허용 가능한 위험성이 아니라고 판단되는 경우에는 위험성의 크기, 영향을 받는 근로자 수 및 다음 각 호의 순서를 고려하여 위험성 감소를 위한 대책을 수립하여 실행하여야 한다. 이 경우 법령에서 정하는 사항과 그 밖에 근로자의 위험 또는 건강장해를 방지하기 위하여 필요한 조치를 반영하여야 한다.

1. ~ 4. (생 략)

② 사업주는 위험성 감소대책을 실행한 후 해당 공정 또는 작업의 위험성의 크기가 사전에 자체 설정한 허용 가능한 위험성의 범위인지를 확인하여야 한다.

③·④ (생 략)

⑤ 사업주는 위험성평가를 종료한 후 남아 있는 유해·위험요인에 대해서는 게시, 주지 등의 방법으로 근로자에게 알려야 한다.

제12조(위험성 감소대책 수립 및 실행) ①

――――― 제11조제2항에 따라 ―――――

――――――――――――――――――― 판단한

――――――――――― 수준――――― ―――

――――――――――――――――――――――

――――――――――――――――――――――

――――――――――・――――――――――――

――――――――――――――――――――――

――――――――――――――――・

1. ~ 4. (현행과 같음)

② ――――――――――――――――――――

――――――――――――――――― 수준이

――――――――――――――――――――――

――――― 수준인지――――――――――・

③·④ (현행과 같음)

〈삭 제〉

제15조(위험성평가의 실시 시기) ① 위험성평가는 최초평가 및 수시평가, 정기평가로 구분하여 실시하여야 한다. 이 경우 최초평가 및 정기평가는 전체 작업을 대상으로 한다.

제15조(위험성평가의 실시 시기) ① 사업주는 사업이 성립된 날(사업 개시일을 말하며, 건설업의 경우 실착공일을 말한다)로부터 1개월이 되는 날까지 제5조의2제1항에 따라 위험성평가의 대상이 되는 유해·위험요인에 대한 최초 위험성평가의 실시에 착수하여야 한다. 다만, 1개월 미만의 기간 동안 이루어지는 작업 또는 공사의 경우에는 특별한 사정이 없는 한 작업 또는 공사 개시 후 지체

② 수시평가는 다음 각 호의 어느 하나에 해당하는 계획이 있는 경우에는 해당 계획의 실행을 착수하기 전에 실시하여야 한다. 다만, 제5호에 해당하는 경우에는 재해발생 작업을 대상으로 작업을 재개하기 전에 실시하여야 한다.

1.·2. (생 략)

3. 건설물, 기계·기구, 설비 등의 정비 또는 보수(주기적·반복적 작업으로서 정기평가를 실시한 경우에는 제외)

4. ~ 6. (생 략)

③ 정기평가는 최초평가 후 매년 정기적으로 실시한다. 이 경우 다음의 사항을 고려하여야 한다.

1. ~ 4. (생 략)

〈신 설〉

없이 최초 위험성평가를 실시하여야 한다.

② 사업주———————————————— 해당하여 추가적인 유해·위험요인이 생기————————————— 유해·위험요인에 대한 수시 위험성평가를 ————.——————————————————————————————————————.

1.·2. (현행과 같음)

3.———————————————————————————— 이미 위험성평가————————————

4. ~ 6. (현행과 같음)

③ 사업주는 다음 각 호의 사항을 고려하여 제1항에 따라 실시한 위험성평가의 결과에 대한 적정성을 1년마다 정기적으로 재검토(이때, 해당 기간 내 제2항에 따라 실시한 위험성평가의 결과가 있는 경우 함께 적정성을 재검토하여야 한다)하여야 한다. 재검토 결과 허용 가능한 위험성 수준이 아니라고 검토된 유해·위험요인에 대해서는 제12조에 따라 위험성 감소대책을 수립하여 실행하여야 한다.

1.~ 4. (현행과 같음)

④ 사업주가 사업장의 상시적인 위험성평가를 위해 다음 각 호의 사항을 이행하는 경우 제2항과 제3항의 수시평가와 정기평가를 실시한 것으로 본다.

1. 매월 1회 이상 근로자 제안제도 활용, 아차사고 확인, 작업과 관련된 근로자를 포함한 사업장 순회점검 등을 통해 사업장 내 유해·위험요인을 발굴하여 제11조의 위험성결정 및 제12조의 위험성 감소대책 수립·실행을 할 것

2. 매주 안전보건관리책임자, 안전관리자, 보건관리자, 관리감독자 등(도급사업주의 경우 수급사업장의 안전·보건 관련 관리자 등을 포함한다)을 중심으로 제1호의 결과 등을 논의·공유하고 이행상황을 점검할 것

3. 매 작업일마다 제1호와 제2호의 실시결과에 따라 근로자가 준수하여야 할 사항 및 주의하여야 할 사항을 작업 전 안전점검회의 등을 통해 공유·주지할 것

제28조(재검토기한) 고용노동부장관은 이 고시에 대하여 <u>2020년 1월 1일</u> 기준으로 매 3년이 되는 시점(매 3년째의 <u>12월 31일</u>까지를 말한다)마다 그 타당성을 검토하여 개선 등의 조치를 하여야 한다.	**제28조(재검토기한)** ——————————— ———— <u>2023년 7월 1일</u> 기준으로 매 3년- ———————— <u>6월 30일</u>———— ——————————————— ————————————.

2. KOSHA GUIDE 목록

순번	지침번호	지침명
1	P-1-2012	공기를 이용한 가연성 물질의 안전운송에 관한 기술지침
2	P-2-2012	저장탱크 과충전방지에 관한 기술지침
3	P-3-2012	소형탱크 세정작업을 위한 안전에 관한 기술지침
4	P-4-2012	공장건물의 위험관리에 관한 기술지침
5	P-5-2012	인쇄공정에서 유기용제의 화재폭발 위험 관리에 관한 기술지침
6	P-6-2011	인화성 액체의 분무공정에서 화재·폭발 예방에 관한 가이드
7	P-7-2011	이동식 인화성 액체 저장용기의 안전에 관한 가이드
8	P-8-2012	위험성평가 실시를 위한 우선순위 결정 기술지침
9	P-9-2012	PVC 제조공정의 화재폭발 위험성평가 및 비상조치 기술지침
10	P-10-2012	소형 염소설비의 안전작업 기술지침
11	P-11-2012	발포 폴리스티렌의 취급시 화재예방 기술지침
12	P-12-2012	전자산업에서의 특수가스 취급 안전 기술지침
13	P-14-2012	FRP 제조시 화재폭발 위험관리 기술지침
14	P-15-2012	위험기반검사(RBI)기법에 의한 설비의 신뢰성 향상 기술지침
15	P-16-2012	반도체 제조설비 화재 방지 및 방호 기술지침
16	P-17-2012	침지탱크의 작업안전 관리 기술지침
17	P-18-2012	인화성 물질의 누출에 대한 안전조치 기술지침
18	P-19-2017	공정안전문화 향상에 관한 기술지침
19	P-20-2012	회분식공정의 인적오류 사고방지 기술지침
20	P-21-2010	불산 취급공정의 안전에 관한 기술지침
21	P-22-2012	드라이크리닝 공정의 안전관리 기술지침
22	P-23-2012	연료가스 배관의 사용전 작업의 위험관리에 관한 기술지침

순번	지침번호	지침명
23	P-24-2012	탄화수소 상압저장탱크의 연마작업시 폭발방지를 위한 안전작업 기술지침
24	P-25-2012	화재방지를 위한 방화벽 및 방화방벽 설치에 관한 기술지침
25	P-26-2012	인화성 액체의 혼합작업에 관한 기술지침
26	P-27-2012	폐용제 회수작업에 관한 기술지침
27	P-28-2012	선박용기에서 가스위험 제어를 위한 안전관리 기술지침
28	P-30-2021	수소충전소의 안전에 관한 기술지침
29	P-31-2012	인화성 액체 이송용 탱크차량의 안전에 관한 기술지침
30	P-32-2012	산소공급설비의 안전기술지침
31	P-33-2012	건조염소 배관시스템에 관한 기술지침
32	P-34-2012	인화성 액체 드럼 보관장소의 화재예방에 관한 기술지침
33	P-35-2012	소규모 사업장의 화기작업 안전에 관한 기술지침
34	P-36-2012	펄프.지류 제조업의 안전관리에 관한 기술지침
35	P-37-2012	인화성 잔류물이 있는 탱크의 청소 및 가스제거에 관한 기술지침
36	P-38-2012	발열 화학반응의 위험에 관한 일반안전 기술지침
37	P-39-2012	위험물질의 운송사고시 비상대응에 관한 기술지침
38	P-40-2012	공정안전 성과지표 작성에 관한 기술지침
39	P-41-2015	분진 폭발방지를 위한 폭연 방출구 설치방법에 관한 기술지침
40	P-42-2012	주정 증류공정의 안전에 관한 기술지침
41	P-43-2012	화학설비의 소방용수 산출 및 소방펌프 유지관리에 관한 기술지침
42	P-44-2012	장난감용 꽃불 안전 저장 및 취급에 관한 기술지침
43	P-45-2012	산화성 액체 및 고체의 안전관리에 관한 기술지침
44	P-46-2012	클린룸의 안전관리에 관한 기술지침
45	P-47-2021	자동차용 수소연료전지 시스템의 안전에 관한 기술지침

순번	지침번호	지침명
46	P-48-2012	압축가스 실린더의 압력방출장치에 관한 기술지침
47	P-49-2012	분진폭발위험이 있는 설비의 공정시스템 선정에 관한 기술지침
48	P-50-2012	유해 폐기물 취급 및 비상대응에 관한 기술지침
49	P-51-2012	경고표지를 이용한 화학물질 관리에 관한 기술지침
50	P-52-2012	공장 및 장치의 안전격리에 관한 기술지침
51	P-53-2012	발열반응 공정의 사고 예방 및 방호에 관한 기술지침
52	P-54-2012	아세틸렌 제조 및 충전 공정의 안전관리에 관한 기술지침
53	P-55-2012	황을 사용하는 공정의 화재 및 폭발 방지에 관한 기술지침
54	P-56-2012	발포플라스틱의 보관 시 화재예방 기술지침
55	P-57-2012	사업장의 방화문 및 내화창 안전관리 기술지침
56	P-58-2012	위험물질 사고대응에 관한 기술지침
57	P-59-2012	염산 및 질산의 탱크 저장에 관한 기술지침
58	P-60-2012	암모니아 냉매설비의 안전관리 기술지침
59	P-61-2012	지하매설 저장탱크의 안전진입에 관한 기술지침
60	P-62-2012	유기도료 제조설비의 안전관리 기술지침
61	P-63-2012	공기조화 및 환기설비의 안전관리 기술지침
62	P-64-2012	정유 및 석유화학 공정에서 황화철 취급에 관한 안전관리 기술지침
63	P-65-2012	폭주반응에 대비한 파열판 크기 산출에 관한 기술지침
64	P-66-2021	연소 소각법에 의한 휘발성 유기 화합물(VOC) 처리설비의 기술지침
65	P-67-2012	폭주반응 예방을 위한 열적위험성 평가에 관한 기술지침
66	P-68-2012	알루미늄 분진의 폭발방지에 관한 기술지침
67	P-69-2012	화학공정 설비의 운전 및 작업에 관한 안전관리 기술지침
68	P-70-2017	화염방지기 설치 등에 관한 기술지침

순번	지침번호	지침명
69	P-71-2012	건조설비설치에 관한 기술지침
70	P-72-2011	옥외 꽃불공연에 관한 안전기술지침
71	P-73-2011	사업장 소방대의 안전활동 기준에 관한 기술지침
72	P-74-2011	포장된 위험물의 창고저장에 관한 기술지침
73	P-75-2011	인화성액체의 안전한 사용 및 취급에 관한 기술지침
74	P-76-2011	화학물질을 사용하는 실험실 내의 작업 및 설비안전 기술지침
75	P-77-2011	원격차단밸브의 선정 및 설치에 관한 기술지침
76	P-78-2011	정유 및 석유화학 공정의 핵심성과지표 활용에 관한 기술지침
77	P-79-2011	기계공장에 대한 위험과 운전분석기법(M-HAZOP)
78	P-80-2022	불활성가스 치환에 관한 기술지침
79	P-81-2012	체크리스트 기법에 관한 기술지침
80	P-82-2012	연속공정의 위험과 운전분석(HAZOP)기법에 관한 기술지침
81	P-83-2021	사고예상 질문분석(WHAT-IF) 기법에 관한 기술지침
82	P-84-2021	결함수 분석기법
83	P-85-2021	이상위험도 분석기법 기술지침
84	P-86-2017	회분식 공정의 위험과 운전분석(HAZOP)기법에 과한 기술지침
85	P-87-2021	사건수 분석기법에 관한 기술지침
86	P-88-2012	사고피해영향 평가에 관한 기술지침
87	P-89-2012	회분식 공정의 안전운전지침
88	P-90-2012	작업자 실수분석 기법에 관한 기술지침
89	P-91-2012	화학물질 폭로 영향지수(CEI) 산정지침
90	P-92-2012	누출원 모델링에 관한 기술지침
91	P-93-2020	유해위험설비의 점검·정비·유지관리 지침

순번	지침번호	지침명
92	P-94-2021	안전작업허가 지침
93	P-95-2016	도급업체의 안전관리계획 작성에 관한 기술지침
94	P-96-2020	공정안전에 관한 근로자 교육훈련 지침
95	P-97-2012	가동전 안전점검에 관한 기술지침
96	P-98-2017	변경요소관리에 관한 기술지침
97	P-99-2012	자체감사에 관한 기술지침
98	P-100-2012	공정사고 조사계획 및 시행에 관한 기술지침
99	P-101-2012	비상조치계획 수립에 관한 기술지침
100	P-102-2021	사고피해예측 기법에 관한 기술지침
101	P-103-2012	위험도 계산카드 사용기법에 관한 기술지침
102	P-104-2012	휘발성 유기화합물(VOC)처리에 관한 기술지침
103	P-105-2017	자체감사점검표 작성에 관한 기술지침
104	P-106-2016	중대산업사고 조사에 관한 기술지침
105	P-107-2020	최악 및 대안의 누출 시나리오 선정에 관한 기술지침
106	P-108-2012	안전운전 절차서 작성에 관한 기술지침
107	P-109-2012	유기과산화물 및 그 제제의 저장에 관한 기술지침
108	P-110-2012	화학공장의 피해최소화대책 수립에 관한 기술지침
109	P-111-2021	공정안전성분석(K-PSR) 기법에 관한 기술지침
110	P-112-2014	마그네슘 분진폭발 예방에 관한 기술지침
111	P-113-2012	방호계층분석(LOPA) 기법에 관한 기술지침
112	P-114-2020	화학설비 및 부속설비에서 정전기의 계측·제어에 관한 기술지침
113	P-115-2012	정유 및 석유화학 공장의 소방설비에 관한 기술지침
114	P-116-2012	경보시스템의 효율적인 관리에 관한 기술지침

순번	지침번호	지침명
115	P-117-2012	화학보호의의 선정, 사용 및 유지에 관한 기술지침
116	P-118-2012	체크리스트를 활용한 공정안전지침
117	P-119-2012	노후설비의 관리에 관한 기술지침
118	P-120-2012	설계 및 재설계 과정에서의 재해예방 기술지침
119	P-121-2012	공기분리설비의 안전설계 및 운전에 관한 기술지침
120	P-122-2012	반도체 공정에서 가스를 취급하는 벌크시스템의 안전에 관한 기술지침
121	P-123-2012	공업용 가열로의 안전에 관한 기술지침
122	P-124-2012	파열판 점검 및 교환 등에 관한 기술지침
123	P-126-2012	이황화탄소 드럼작업에 관한 기술지침
124	P-127-2012	반도체 제조공정의 안전작업에 관한 기술지침
125	P-128-2012	금속분진 취급 공정의 화재폭발예방에 관한 기술지침
126	P-129-2013	화학공장 계측기의 관리 및 점검에 관한 기술지침
127	P-130-2013	화학설비 고장율 산출기준에 관한 기술지침
128	P-131-2013	화학공정에서의 분진폭발 방지에 관한 기술지침
129	P-132-2013	화학공장의 혼합공정에서 화재 및 폭발 예방에 관한 기술지침
130	P-133-2013	화학공장의 인터록 관리에 관한 기술지침
131	P-134-2013	설비 배치에 관한 기술지침-제정
132	P-137-2018	산소 검지경보기 등의 설치 및 보수에 관한 기술지침
133	P-138-2013	산소 과잉 분위기의 화재위험성 및 방지대책에 관한 기술지침
134	P-139-2013	가스용기의 비상조치방법에 관한 기술지침
135	P-141-2014	산화에틸렌 취급설비의 안전에 관한 기술지침
136	P-142-2014	히드록실아민 등의 화재·폭발 예방에 관한 기술지침
137	P-143-2014	용해로의 설치 및 유지보수에 관한 기술지침

순번	지침번호	지침명
138	P-144-2014	농산물 및 식료품 공정의 분진 화재·폭발예방에 관한 기술지침
139	P-145-2015	화학공장 도급업체 자율안전관리에 관한 기술지침
140	P-146-2015	소규모 화학공장의 비상조치계획 수립에 관한 기술지침
141	P-148-2015	화학공장 폐수 집수조의 안전조치에 관한 기술지침
142	P-149-2016	저장캐비닛의 가스 실린더 보관에 관한 기술지침
143	P-150-2016	유해위험공간의 안전에 관한 기술지침
144	P-151-2016	사고의 근본원인 분석(Root Cause Analysis)기법에 관한 기술지침
145	P-152-2016	화학물질 취급 사업장에서의 보안 취약성평가에 관한 기술지침
146	P-153-2016	독성가스 취급시설 등의 안전관리에 관한 기술지침
147	P-154-2016	정비보수작업계획서 작성에 관한 기술지침
148	P-155-2017	공정안전보고서 등의 통합서식 작성방법에 관한 기술지침
149	P-156-2017	하수슬러지 탄화공정의 안전작업에 관한 기술지침
150	P-157-2017	정기적인 공정위험성평가에 관한 기술지침
151	P-158-2017	장거리 이송배관 안전관리에 관한 기술지침
152	P-159-2017	산소 및 불활성 기체의 대기벤트 설계에 관한 기술지침
153	P-160-2017	니트로셀룰로오스의 저장 및 취급에 관한 기술지침
154	P-161-2017	폐용제 정제공정의 안전에 관한 기술지침
155	P-162-2017	정유 및 석유화학 산업의 고정식 물분무설비(Water spray system)의 설계 등에 관한 기술지침
156	P-163-2017	사고시나리오에 따른 비상대응계획 작성에 관한 기술지침
157	P-164-2018	연구실험용 파일럿플렌트(Pilot plant)의 안전에 관한 기술지침
158	P-166-2020	가스누출감지경보기 설치 및 유지보수에 관한 기술지침
159	P-167-2020	화학물질의 취급 및 시료채취 등에 관한 기술지침

※ 찾아보는 방법 : 「안전보건공단 홈페이지(www.kosha.or.kr)」접속 → 정보마당 → 법령/지침정보 → 안전보건 기술지침(GUIDE) → 공정안전지침(P)

참고문헌

제1장

1. PSM/SMS 제도의 합리적 개선방안 연구(한국가스안전공사, 한국산업안전보건공단, pp.4~28, 64~78, 106~123)
2. 화학공장의 사고 현황과 예방을 위한 대책 고찰(전남대학교 화학공학부, 응용화학부)
3. Flixborough, 1 June 1974(National Archives)
4. Flixborough Explosion(Process Engineering)
5. National Archives
6. Failure Knowledge Database
7. "The Bhopal Disaster"(R. Varma and D. R. Varma)
8. 구미 불산사고로 되돌아본 인도 보팔참사의 교훈(사이언스온)
9. Seveso, Italy(toxipedia)
10. Dennis P. Nolan Handbook of Fire and Explosion Protection Engineering Principles, pp.3~98
11. 공정안전관리제도(한국산업안전보건공단)

제2장

1. 공정안전관리제도(한국산업안전보건공단)
2. 가스켓 선정방법 및 제작, 코드요건(한국산업안전보건공단)
3. 기계건강관리전략(부경대학교, Assignment #2)
4. Instrumentation Today, 철골 내화피복의 종류(GIGUMI)
5. 하론소화설비계통도(REAL STORY)
6. Root Cause Failure Analysis, R. Keith Mobley, Plant Engineering Series.
7. The Root Cause Analysis Handbook : A Simplified Approach to Identifying, Correcting & Reporting Workplace Errors by Max Ammerman.

8. Root Cause Analysis Handbook : A Guide to Effective Incident Investigation, by Risk & Reliability Division, ABS Group, Inc. Root Cause Map. 2005, Pages 215.

9. 공정안전보고서 작성 및 평가(한국산업안전보건공단)

10. HAZOP(한국산업안전보건공단)

11. 폭발위험구역 전기설비(한국산업안전보건공단)

12. 공정안전관리(중앙경제사, pp.448~493)

제3장

1. Dr. Gyongyver B.Lenkey, Risk Based Inspection and Maintenance in Central Eastern Europe-Experience at the Hungarian Oil- and Gas Company, Bay Zoltan Foundation for Applied Research Institute for Logistics and Productions Systems

2. 정진우, 위험성평가해설, 중앙경제, 2014, pp.20, 32, 50, 82-89, 101-105

3. 한국가스안전공사, 한국산업안전보건공단, PSM/SMS제도의 합리적 개선방안 연구, pp.4-28, 64-78

4. Dr.-Ing.R.Skiba Taschenbuch Arbeitssicherheit, Erich Schmiidt Verlag, 1985, pp.28-29

5. www.dynamicrisk.net/, Risk Matrix or Risk Ranking Matrix

6. Gert Koppen, European Ethylene Producers Committe, 4th Annual HSE Conference, The Hague, 4 Oct. 2001

7. 심상훈, API 기준에 근거한 RBI 절차개발 및 소프트웨어의 구현, 한국산업안전학회, 2002, pp.66-72

8. Prasanta Kumar Dey, Stephen O. Ogunlana, Sittichai Naksuksakul, Risk based maintenance model for offshore oil and gas pipelines: a case study, Journal of Quality in Maintenance Engineering Volume 10, 2004, pp.169-183

9. http://research.dnv.com/rimap

10. ASME, Risk Based Inspection Vol. 1 General Document, Vol. 3 Fossil Fuel Fired Electric Power Generating System

11. ISO 14121, Safety of machinery-Principles of risk assessment

12. Risk Assessments, How and What, UNIV of BRISTOL

13. 위험성평가 실무 길라잡이, 고용노동부, 한국산업안전보건공단

14. 위험성평가 해설지침서, 고용노동부, 한국산업안전보건공단

15. 위험성평가지원시스템(KRAS)사용자 매뉴얼, 한국산업안전보건공단, 2016

16. 화학물질 위험성평가(CHARM) 매뉴얼, 한국산업안전보건공단, 2016

17. 사업장 위험성평가에 관한 지침, 고용노동부 고시, 2020

18. 위험성평가 인정업무 처리규칙, 한국산업안전보건공단 규칙, 2016

19. 위험성평가 해설지침서, 한국산업안전보건공단, 2016

20. 위험성평가 실무 길라잡이, 한국산업안전보건공단, 2016

21. 화학물질 및 물리적 인자의 노출기준, 고용노동부 고시, 2020

22. HAZOP Guidelines, NSW, 2011.1

23. Marvin Rausand, HAZOP, System Reliability Theory (2nd ed), Wiley, 2004

24. HAZOP 사례, 한국산업안전보건공단, pp.171~243

25. Dena Shewring, HAZOP STUDY REPORT, REMEDIATION OF THE FORMER, ORICA VILLAWOOD SITE, 17. April. 2013

26. KOSHA GUIDE P-82-2012 연속공정의 위험과 운전분석(HAZOP)기법에 관한 기술지침, 한국산업안전보건공단

27. KOSHA GUIDE P-86-2017 회분식 공정에 대한 위험과 운전분석기법에 관한 기술지침, 한국산업안전보건공단

28. Job Safety Analysis_cis-wsh-cetsp32-137664-7_MIOSHA (Michigan Occupational Safety & Health Administration)

29. Job Hazard Analysis, OSHA 3071, 2002

30. KOSHA GUIDE P-140-2013 작업안전분석(Job safety analysis) 기법에 관한 기술지침, 한국산업안전보건공단

31. NASA, Langley Research Center, Job Hazard Analysis Program, National Aeronautics and Space Administration, 2007

32. KOSHA GUIDE P-111-2012 공정안전성 분석(K-PSR)기법에 관한 기술지침, 한국산업안전보건공단

33. Eco-station의 사고피해영향 평가 및 안전성에 관한 연구

34. KOSHA GUIDE P-81-2012 위험성평가에서의 체크리스트(Check list) 기법에 관한 기술지침, 한국산업안전보건공단

35. KOSHA GUIDE P-118-2012 체크리스트를 활용한 공정안전지침, 한국산업안전보건공단

36. 공정안전보고서 작성예시집 한국산업안전보건공단 전문기술총괄실 중대산업사고 예방팀 공정위험성평가 예시, pp.505~516

37. KOSHA GUIDE P-83-2021 사고예상질문(WHAT-IF)기법에 관한 기술지침, 한국산업안전보건공단

38. KOSHA GUIDE X-47-2011 사고예상질문/체크리스트분석 결합기법에 관한 기술지침, 한국산업안전보건공단

39. KOSHA GUIDE X-01-2014 리스크 관리의 용어 정의에 관한 지침, 한국산업안전보건공단

40. 공정위험성분석 개요-화학물질안전원

41. What-if Questions for Biodiesel, OSHA(Occupational Safety and Health Administration)

42. Ruptured Gas Cylinder Destroys Laboratory Hood, AIHA(American Industrial Hygiene Association)

43. What-if Analysis, ACS(American Chemical Society), 2015

44. National Minerals Industry Safety and Health Assessment Guideline, Version4. 2005, pp.144~157

45. ISO 14121: Safety of machinery, Principles of risk assessment

46. KOSHA GUIDE X-8-2012 예비위험분석에 관한지침, 한국산업안전보건공단

47. H. R. Greenberg and J. J. Cramer (eds.), Risk Assessment and Risk Management for the Chemical Process Industry, ISBN 0-442-23438-4, Van Nostrand Reinhold, New York, 1991

48. CCPS, Guideline for Chemical Process Quantitative Risk Analysis, AIChE, New York, 1999

49. CCPS, Guideline for Hazard Evaluation procedures, AIChE, New York, 1989

50. Department of Defense, Military Standard System Safety Program Requirements, MIL-STD-882B(updated by Notice 1), Washington, DC, 1987

51. J. Stephenson, System Safety 2000-A Practical Guide for Planning, Managing, and Conducting System Safety Programs, (ISBN 0-0442-23840-1), Van Nostrand Reinhold, New York, 1991

52. W. Hammer, Handbook of System and Product Safety, Prentice Hall, Inc., New York, 1972

53. KOSHA GUIDE P-87-2021 사건수 분석기법, 한국산업안전보건공단

54. KOSHA GUIDE P-84-2021 결함수 분석기법, 한국산업안전보건공단

55. KSA IEC60812 고장모드 영향분석 절차(FMEA)

56. IEC 60812 Ed. 1.0 b: Analysis techniques for system reliability-Procedure for failure mode and effects analysis(FMEA)

57. KOSHA GUIDE M-32-2000 기계류의 위험성평가 지침, 한국산업안전보건공단

58. IEC 61025 : Fault Tree Analysis(FTA)

59. P. Chatterjee, Modularization of Fault Tree-A Method to Reduce the Cost of Analysis. SIAM, 1975, pp.101~126

60. R.C. Erdmann, F.L Leverenz, and h.kirch, "WAMCUT, A Computer Code for Fault Tree Evaluation", Science Applications, Inc. EPRI NP-803, 1978

61. CCPS : Guideline for engineering process quantitative risk analysis, 2000

62. Antoine Rauzy, New algorithms for fault trees analysis, Reliability Engineering and System Safety, 1993, pp.203~211

63. KOSHA GUIDE P-177-2020 상대위험순위 결정 기법에 관한 기술지침, 한국산업안전보건공단

64. 방호계층분석(단순화된 안전해석기법) CCPS(미국 화학공학엔지니어 협회 화학공정안전센터), 2001

65. KOSHA GUIDE P-113-2012 방호계층분석(LOPA)기법에 관한 기술지침, 한국산업안전보건공단

66. PHR(Process Hazard Review) Overview, CEC 기술사 사무소, 차스텍 이앤씨

67. KOSHA GUIDE P-107-2020 최악 및 대안의 누출시나리오 선정에 관한 기술지침, 한국산업안전보건공단

68. KOSHA GUIDE P-110-2012 화학공장의 피해최소화대책 수립에 관한 기술지침, 한국산업안전보건공단

69. 4M 기법 위험성 평가 매뉴얼, 한국산업안전보건공단

70. KOSHA GUIDE X-14-2014 4M 리스크 평가 기법에 관한 기술지침, 한국산업안전보건공단

71. 양보석, Risk-based Maintenance(RBM) Pukyong National Univ. 지능역학연구실, 2007

제5장

KOSHA GUIDE, '공정안전관리 우수사례 발표대회' 우수사례, 한국산업안전보건공단

제6장

질의회시집, 한국산업안전보건공단

기타

KOSHA GUIDE, 고용노동부 고시, 산업안전보건법, 네이버, 구글 등 인터넷에 공개된 자료를 수집하여 참조함

기업 경영자와 현장 실무자를 위한

PSM 길라잡이

2019. 2. 1. 초 판 1쇄 발행
2024. 1. 3. 개정 1판 1쇄 발행

저자와의
협의하에
검인생략

지은이 | 송지태
펴낸이 | 이종춘
펴낸곳 | **BM** ㈜도서출판 **성안당**
주소 | 04032 서울시 마포구 양화로 127 첨단빌딩 3층(출판기획 R&D 센터)
　　　 10881 경기도 파주시 문발로 112 파주 출판 문화도시(제작 및 물류)
전화 | 02) 3142-0036
　　　 031) 950-6300
팩스 | 031) 955-0510
등록 | 1973. 2. 1. 제406-2005-000046호
출판사 홈페이지 | **www.cyber.co.kr**
ISBN | 978-89-315-2987-6(13500)
정가 | **40,000원**

이 책을 만든 사람들

기획 | 최옥현
진행 | 박현수, 이용화
전산편집 | 김인환
표지 디자인 | 박원석
홍보 | 김계향, 유미나, 정단비, 김주승
국제부 | 이선민, 조혜란
마케팅 | 구본철, 차정욱, 오영일, 나진호, 강호묵
마케팅 지원 | 장상범
제작 | 김유석

www.cyber.co.kr
성안당 Web 사이트